应用型本科院校“十三五”规划教材/生物类

刘松梅　赵丹丹　李盛贤　主编

生物化学

（第2版）

Biochemistry

哈爾濱工業大學出版社

内 容 简 介

本书是作者在十余年生物化学教学与科研工作经验基础上，结合国内外生物化学理论和实验的新发展、新技术撰写而成的。本书在内容上由浅入深、循序渐进，并适当扩展学生的应用视野，使学生掌握生物化学的发展趋势。

本书共13章，主要包括糖类、脂质和生物膜、蛋白质化学、核酸化学、酶学、维生素和辅酶、生物氧化、糖代谢、脂类代谢、蛋白质和氨基酸的代谢、核酸代谢、蛋白质的生物合成、细胞代谢和基因表达的调控。每章的章末均有内容小结和习题。为便于双语教学和读者掌握生物化学英文专业词汇，在全书的最后列出了英汉生化名词对照。

本书为生物化学课程教材，可供综合性大学、师范院校和农（林）院校生物类本科生、专科生教学使用，也可供研究生及相关专业的教师和科技人员参考。

图书在版编目(CIP)数据

生物化学/刘松梅，赵丹丹，李盛贤主编．—2版．—哈尔滨：哈尔滨工业大学出版社，2017.6

应用型本科院校“十三五”规划教材

ISBN 978-7-5603-6704-0

Ⅰ．生…　Ⅱ．①刘…②赵…③李…　Ⅲ．生物化学-高等学校-教材　Ⅳ．①Q5

中国版本图书馆CIP数据核字(2017)第129979号

策划编辑　杜　燕　赵文斌
责任编辑　杜　燕
出版发行　哈尔滨工业大学出版社
社　　址　哈尔滨市南岗区复华四道街10号　邮编150006
传　　真　0451-86414749
网　　址　http://hitpress.hit.edu.cn
印　　刷　肇东市一兴印刷有限公司
开　　本　787mm×1092mm　1/16　印张28.25　字数640千字
版　　次　2013年7月第1版　2017年6月第2版
　　　　　2017年6月第1次印刷
书　　号　ISBN 978-7-5603-6704-0
定　　价　46.00元

序

哈尔滨工业大学出版社策划的《应用型本科院校"十三五"规划教材》即将付梓,诚可贺也。

该系列教材卷帙浩繁,凡百余种,涉及众多学科门类,定位准确,内容新颖,体系完整,实用性强,突出实践能力培养。不仅便于教师教学和学生学习,而且满足就业市场对应用型人才的迫切需求。

应用型本科院校的人才培养目标是面对现代社会生产、建设、管理、服务等一线岗位,培养能直接从事实际工作、解决具体问题、维持工作有效运行的高等应用型人才。应用型本科与研究型本科和高职高专院校在人才培养上有着明显的区别,其培养的人才特征是:①就业导向与社会需求高度吻合;②扎实的理论基础和过硬的实践能力紧密结合;③具备良好的人文素质和科学技术素质;④富于面对职业应用的创新精神。因此,应用型本科院校只有着力培养"进入角色快、业务水平高、动手能力强、综合素质好"的人才,才能在激烈的就业市场竞争中站稳脚跟。

目前国内应用型本科院校所采用的教材往往只是对理论性较强的本科院校教材的简单删减,针对性、应用性不够突出,因材施教的目的难以达到。因此亟须既有一定的理论深度又注重实践能力培养的系列教材,以满足应用型本科院校教学目标、培养方向和办学特色的需要。

哈尔滨工业大学出版社出版的《应用型本科院校"十三五"规划教材》,在选题设计思路上认真贯彻教育部关于培养适应地方、区域经济和社会发展需要的"本科应用型高级专门人才"精神,根据前黑龙江省委书记吉炳轩同志提出的关于加强应用型本科院校建设的意见,在应用型本科试点院校成功经验总结的基础上,特邀请黑龙江省9所知名的应用型本科院校的专家、学者联合编写。

本系列教材突出与办学定位、教学目标的一致性和适应性,既严格遵照学科体系的知识构成和教材编写的一般规律,又针对应用型本科人才培养目标及与之相适应的教学特点，精心设计写作体例，科学安排知识内容，围绕应用讲授理论，做到“基础知识够用、实践技能实用、专业理论管用”。同时注意适当融入新理论、新技术、新工艺、新成果，并且制作了与本书配套的PPT多媒体教学课件，形成立体化教材，供教师参考使用。

《应用型本科院校“十三五”规划教材》的编辑出版，是适应“科教兴国”战略对复合型、应用型人才的需求，是推动相对滞后的应用型本科院校教材建设的一种有益尝试，在应用型创新人才培养方面是一件具有开创意义的工作，为应用型人才的培养提供了及时、可靠、坚实的保证。

希望本系列教材在使用过程中，通过编者、作者和读者的共同努力，厚积薄发、推陈出新、细上加细、精益求精，不断丰富、不断完善、不断创新，力争成为同类教材中的精品。

第2版前言

生物化学历经100多年的发展,特别是近50多年的发展,已成为生物学科的主体框架课程。在生物化学、微生物学、遗传学和生物物理学等基础上发展起来的分子生物学中,生物化学的基础作用越来越明显。1943年青霉素工业化的研发成功,1947年前后出现的生物化学工程,显示了生物学、化学和工程学结合形成的技术科学对社会经济效益所产生的巨大作用。

本书共分13章,包括糖类、脂质和生物膜、蛋白质化学、核酸化学、酶学、维生素和辅酶、生物氧化、糖代谢、脂类代谢、蛋白质和氨基酸的代谢、核酸代谢、蛋白质的生物合成、细胞代谢和基因表达的调控。

本书参考了国内外近20年出版的主要生物化学教材和生物化学实验教材,旨在使本书能更好地满足生物技术、生物工程、食品工程等相关专业的人员需求。我们借鉴了我国生物化学的开拓学者留下的至今仍有影响力的吴宪、窦维廉、林国镐、侯祥川、梁之彦、李缵之、鲁宝重、周启源、张昌颖、沈昭文、王应睐、李亮、任邦哲、许鹏程、叶蕙兰、郑集、沈同、李建武等先生的生物化学教材和相关著作,特别是李盛贤等编著的生物化学教材为我们提供了蓝本,激励我们严谨于生物化学的教学与研究,使教材内容更加充实、准确,更适宜作为本科生教材及考研参考教材来使用。

本书力求在内容编排上由浅入深、循序渐进;在语言上通俗易懂、简明扼要;在知识体系上以近代生物化学和分子生物学的基础知识为主体,以应用生物工艺技术为实例,并适当扩展读者的应用视野,使其了解和掌握生物化学的发展趋势。

本书由多年从事生物化学和生物化学实验教学、具有丰富经验的主讲教师撰写,撰写分工为:刘松梅(第1章、第2章);赵丹丹(第7章、第9章、第13章);李盛贤(第3章、第8章、第10章、第12章);李秀凉(第5章);贾树彪(第6章);康宏(第4章、第11章),由刘松梅负责对全书内容进行组织、策划和修订,赵丹丹辅助修订。

本书在撰写过程中征求了多所高校同行们的意见,得到从事生物化学和分子生物学教学多年老先生们的指导和帮助,在此深表谢意。感谢黑龙江大学新世纪教育教学改革工程重点项目《高校生物化学课程教材建设的研究与实践》的鼎力支持。

希望本书能满足高等院校生物工程、生物技术、食品生物工程、生物制药等专业教学的需要。

尽管在撰写过程中对书稿做了多次审定,但由于水平有限,时间较仓促,不足和疏漏之处在所难免,恳请读者批评指正。

编　者

2017年5月

目　录

绪 论

（一）生物化学的涵义和研究内容

生物化学(biochemistry)是用化学的理论和方法作为主要手段来研究生物的学科，因此又称生命的化学。

生物化学的涵义是应用物理、化学、生物学的理论和方法去研究生物体内各种物质的化学本质及其化学变化规律，通过对这些规律的了解，以期认识和阐明生命现象的本质，并将这些知识应用于工业、农业、医学等实践领域，为人类的物质文明和精神文明建设服务。

生物化学研究构成生物机体包括糖类、脂类、蛋白质、核酸、酶、维生素、激素、抗生素等各种物质的组成、结构、性质及生物学功能；研究生物体内各种物质的化学变化及与外界进行物质和能量交换的规律，即物质代谢与能量代谢；研究重要生命物质的结构与功能的关系，以及环境对机体代谢的影响，从分子水平来阐明生命现象的机制和规律。

（二）生物化学与其他生命科学的关系

1. 生物化学是分子水平的生物学

生物化学的起源虽然可以追溯到一个多世纪前，但生物化学的真正发展始于20世纪40年代末、50年代初。由于对构成生物体的基础物质——蛋白质和核酸的分子结构得到初步探明，便促进了生物化学的快速发展，产生了一门崭新的生命学科——分子生物学，从而使人们对生命的本质和生物进化的认识向前迈进了一大步。一个新品种的产生，用经典遗传学的方法选育，需要几年、几十年，而应用现代分子遗传学方法可以在几天、几小时产生一个新品种。可见，生命科学深入到分子水平，使人们无论对生命的认识，还是在实践上的应用，其深度和广度都是前所未有的。

2. 生物化学是现代生物学科的基础和前沿

生物化学既是现代各门生物学科的基础，又是其发展的前沿。说其是基础，是因为生物科学已发展到分子水平，必须借助于生物化学的理论和方法来探讨各种生命现象，包括生长、繁殖、遗传、变异、生理、病理、生命起源和进化等，因此它是各学科的共同语言；说其是前沿，是因为各生物学科的进一步发展要取得更大的进展或突破，在很大的程度上有赖于生物化学研究进展和所取得的成就。事实上，没有生物化学对核酸和蛋白质结构与功能的阐明，就不会有遗传密码、信息传递途径的发现以及今天的分子生物学和分子遗传学。没有生物化学对限制性核酸内切酶的发现及提取分离纯化，也就没有今天的生物工程。由此可见，生物化学与各门生物学科的关系是非常密切的，在生物学科中占有重要的地位。

以生物化学、生物物理学、微生物学和遗传学为基础发展起来的分子生物学，其主要任务是从分子水平更深入阐明生命现象和生物学规律。因此广义而言，生物化学研究的蛋白质和核酸等生物大分子的结构和功能，也纳入了分子生物学的研究范畴，这就很难将生物化学与分子生物学分开。正因为如此，国际生物化学协会（The International Union of Biochemistry）现已改名为国际生物化学与分子生物学协会（The International Union of Biochemistry and Molecular Biology），中国生物化学学会也已更名为中国生物化学与分子生物学学会。

（三）生物化学与现代工业

1. 生物化学对现代化工、轻工、食品、医药工业的渗透

生物化学理论的发展和应用上的验证，不仅在生命现象及生物进化等理论问题上成就卓著，而且随着研究生物化学技术和设备的进步，不断地应用于工业、农业、医学等实践领域，在现代发酵工业、现代农业和现代医学中起着越来越重要的作用。

由于许多酶的分离纯化，它们正逐步应用于皮革、纺织、日化、酿造等轻化工工业。蛋白质（酶）、糖类、脂类、核酸等生命物质的研究成就及应用，已使传统食品、医药工业发生了根本性的变化。例如，基因工程和蛋白质工程可以利用细菌来生产胰岛素、生长素、干扰素等重要药物，利用生物化学的手段可以不断研制具有高效性、长效性的新药，或者改造现有药物的疗效，减少毒副作用；食品生物化学作为开发食品资源、研究食品工艺、质量管理和贮藏技术的理论基础，必将促进新型食品生产的大发展，以满足人们对营养的需要，适应人们的生理特点和感官要求。

2. 酶工程与自动化

早在4000多年前，人类已开始掌握酿酒、制酱、制饴技术，所用的曲（酵母）又称"媒"，这就是最早将"酶"用于生产食品。所谓酶工程就是起源于酶的生产与应用。酶作为生物催化剂，因其具有专一性强、催化效率高、作用条件温和等特点，已在食品、轻工、化工、医药、环保、能源等领域广泛应用。

酶在工业上的应用将会导致工业上某些领域的革命。根据酶作用条件温和的特点，酶反应所要求的设备不需要一般化工设备所要求的耐温、耐压、耐酸碱，加上酶反应的专一性和高效性，所设计的酶反应器较易做到生产的程序化和自动化，较易得到高产量和高纯度的产品。

（四）21世纪的生物化学发展趋势

20世纪后半叶生物学的发展迅速，生物化学与分子生物学的发展使整个生命科学进入分子时代，开创了从分子水平阐明生命活动的本质。19世纪中期细胞学说的建立从细胞水平证明生物界的统一性；20世纪中期后生物化学与分子生物学则在分子水平上揭示了生命世界的基本结构和基础生命活动方面的高度一致性。

1. 大分子结构与功能的关系

蛋白质分子结构与功能的研究除了要继续阐明由氨基酸形成的一定顺序的肽链结构（称为一级结构）外，21世纪的前30年将特别重视肽链折叠成的三维空间结构（高级结构），因为蛋白质的生物功能与它空间结构的关系更为密切。

核酸是遗传信息的携带者和传递者，研究核酸的结构和功能，特别是DNA及基因的结构，包括人体全套基因的结构，将会给整个生命科学、医学、农业带来崭新的面貌。糖类

不仅作为能源，而且在细胞识别、免疫、信息接收与传递方面具有重要作用。因此，糖的结构与功能的研究，也将受到重视。

2. 生物膜的结构与功能

细胞质和细胞内的细胞器膜构成生命活动本质的许多基本问题，如物质转运、能量转换、细胞识别、神经传导、免疫、激素和药物的作用都离不开生物膜的作用，此外，新陈代谢的调节控制，甚至遗传变异、生长发育、细胞癌变等也与生物膜息息相关。21 世纪对生物膜的结构、功能、人工模拟与人工合成的研究将是生物化学的课题之一。

3. 机体自身调控的分子机理

生物体内的新陈代谢是以高度协调、统一、自动化的方式进行的，一个正常机体体内各种生命物质既不会缺乏，又不会过多积累，它们间互相制约、彼此协调，这是机体高度精密调节控制机制实现的，这一调节控制系统是任何非生物系统或现代机器所不能比拟的。阐明生物体内新陈代谢调节的分子基础，揭示其自我调节的规律，不仅有助于揭开生命之谜，而且可以用于工业体系，使其高效率、自动化生产某些产品。生物反馈调节原理已初步用于抗生素、氨基酸和核苷酸等生产中。

4. 生化技术的创新与发明

生命科学的很多领域的发展还受到技术的限制，例如，基因工程受到产品分离纯化技术的限制。有的基因工程技术实现了基因筛选、分离、转移，并得以表达，但其产品得不到分离纯化，因此尚未达到目的。21 世纪初的首要任务是使生物化学在产品的分离纯化技术上有新突破。在蛋白质等物质的分离纯化、微量及微量生命物质的检测与分析、酶功能基团的修饰、酶的新型抑制剂的筛选、酶的分子改造与模拟酶、生物膜的分离与人工膜制造等方面要有较大的发展，才能适应科学发展的需要，也才能促进生物化学理论和技术在工农业生产中的进一步应用。

第 1 章

糖 类

1.1 概 述

糖类是自然界中含量最多的有机化合物,它广泛分布于生物体中,在植物体中的分布最为广泛,如谷类和薯类中的淀粉,木材、稻草、棉花、麻类中的纤维素和半纤维素,甘蔗和甜菜中的蔗糖,水果中的葡萄糖等。存在于植物体中的糖类以干物质计,其质量分数可高达80%以上;菌体中糖类的质量分数可达10%~30%;动物体中糖类的质量分数虽然小于2%,但其生命活动所需能量却主要来源于糖类。动物体内的糖最初由植物提供,植物通过光合作用将二氧化碳和水合成为糖类。

1.1.1 糖类的组成与定义

1. 组成

糖类主要由C、H、O三种元素组成,大多数糖类可用通式$(CH_2O)_n$表示,因其氢氧比与水的组成比例相同,过去有些教材常将糖类物质称为碳水化合物(carbohydrate),现在看,这种定义并不十分准确,因为有些符合上述通式的物质,例如甲醛(HCHO)、乙酸(CH_3COOH)等,并不是糖类;而有些物质虽不符合上述通式,如脱氧核糖($C_5H_{10}O_4$)、鼠李糖($C_6H_{12}O_5$)等,却属于糖类;还有一些糖类除了含有C、H、O三种元素外,还含有N、P、S,如氨基葡萄糖(glucosamine),又称葡萄糖胺($C_6H_{13}O_5N$)等。

2. 定义

从化学结构上看,糖是一类多羟基醛或多羟基酮及其缩聚物和衍生物。最简单的糖是甘油醛和二羟丙酮,它们都含有3个碳原子和2个羟基。

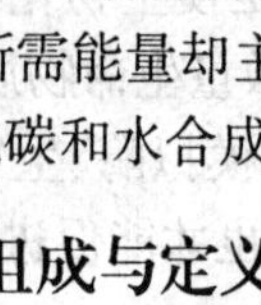

```
     O
    //
    C—H                 CH2OH
    |                    |
H—C—OH                  C=O
    |                    |
    CH2OH               CH2OH
```

甘油醛(醛糖)
(Glyceraldehyde)

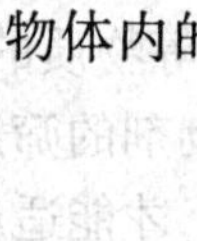

二羟丙酮(酮糖)
(Dihydroxyacetone)

1.1.2 糖的命名与分类

1. 命名

糖的命名方法主要有以下几种。

① 多数根据来源命名,如核糖(ribose)、葡萄糖(glucose)、果糖(fructose)、麦芽糖(maltose)、蔗糖(sucrose)和乳糖(lactose)等。

② 根据碳原子数命名,如丙糖(triose,又称三碳糖)、丁糖(tetrose,又称四碳糖)、戊糖(pentose,又称五碳糖)、己糖(hexose,又称六碳糖)和庚糖(heptose,又称七碳糖)等,它们都属于单糖。

③ 根据羰基位置命名,分为醛糖(aldose),如甘油醛等;酮糖(ketose),如二羟丙酮等。

④ 根据糖分子数命名,如二糖(disaccharide,又称双糖)、三糖(trisaccharide)、四糖(tetrasaccharide)、五糖(pentasaccharide)和六糖(hexasaccharide)等,它们都属于寡糖。

2. 分类

根据糖类物质能否水解以及水解后的产物,把糖类分为单糖、寡糖和多糖。

(1) 单糖(monosaccharide)

单糖是不能再水解的简单的糖类物质。其中,丙糖和丁糖常见于糖代谢中间产物中,丁糖和庚糖多存在于植物光合作用中。自然界中最常见的单糖是戊糖和己糖,含量较多的戊糖和己糖有以下几种。

① 戊糖。如核糖、脱氧核糖(deoxyribose)、阿拉伯糖(arabinose),它们都是戊醛糖。

② 己糖。如葡萄糖、果糖、半乳糖(galactose)。葡萄糖和半乳糖是己醛糖,果糖是己酮糖。

(2) 寡糖(oligosaccharide)

寡糖是由2~20个单糖分子缩合而成,水解后产生单糖。寡糖中最重要的是二糖,如蔗糖、麦芽糖和乳糖,其次是三糖,如棉子糖(raffinose)、龙胆三糖(gentianose)等。

(3) 多糖(polysaccharide)

多糖是由许多单糖分子失水缩合而成的,完全水解后能生成20个以上的单糖分子。根据水解后的单糖分子是否相同,多糖可分为以下两类。

① 同聚多糖(homopolysaccharide)。同聚多糖指水解产物为同一种单糖或单糖衍生物的多糖,如淀粉(starch)、糖原(glycogen)、纤维素(cellulose)和壳多糖(chitin)等。

② 杂聚多糖(heteropolysaccharide)。杂聚多糖指水解产物为一种以上单糖或单糖衍生物的多糖,如琼脂(agar)、果胶物质(pectic substance)、半纤维素(hemicellulose)、透明质酸(hyaluronic acid)、硫酸软骨素(chondroitin sulfate)和肝素(heparin)等。

根据糖类物质的组成成分不同,糖类又可分为单纯糖和复合糖(结合糖)。

①单纯糖。单纯糖成分单一,均为糖物质,包括单糖、寡糖、同聚多糖和部分杂聚多糖。

②复合糖。复合糖由糖和非糖类物质共价结合而成,如糖脂(glycolipid)、糖蛋白(glycoprotein)等。

1.1.3 糖的生物学功能

（1）重要的能源物质

一切生命活动都需要消耗能量，而这些能量主要来自糖类物质在机体内的分解代谢。植物体内重要的贮存能量的多糖是淀粉，在种子萌芽或生长发育时，植物细胞将它所贮藏的淀粉降解为小分子糖类物质以提供能量；糖原是贮存于动物体中的重要能源物质，肝脏和肌肉中糖原含量最高，分别满足机体不同部位的能量需要。

（2）起支持作用的结构物质

有些糖类物质在生物体内充当结构物质，如构成细菌细胞壁的主要成分是一类特殊多糖，称为细菌多糖；昆虫和甲壳类动物的外骨骼也是一种糖类物质，即壳多糖；植物细胞壁的主要成分是纤维素和半纤维素，纤维素分子可聚集成束，形成长的纤维，为植物细胞壁提供一定的抗张强度。

（3）特殊生理功能物质

一些特殊的复合糖和寡糖在动植物及微生物体内具有重要的生物学功能。人类的ABO血型是由所谓的血型物质决定的，这类血型物质实际上是一种糖蛋白，大多数情况下，糖所占的比例较小，却起着非常重要的生物学作用，血型的特异性往往由它们决定。此外，机体免疫、细胞识别、信息传递、器官移植等都与糖蛋白中的寡糖链密切相关，由此还出现了一门新的分支学科——糖生物学（glycobiology）。

1.2 单糖的结构和性质

1.2.1 单糖的物理性质

1. 旋光性（optical activity）

用一束光照射尼科尔棱镜（Nicol prism）时，光波只能沿一个平面振动通过，这种光称为平面偏振光，与平面偏振光垂直的面称为偏振面（polarization plane）。当平面偏振光通过溶有某些物质的溶液时，光的偏振面就会发生旋转，我们把这些物质称为旋光物质。旋光物质使平面偏振光的偏振面发生旋转的能力，称为旋光性、光学活性或旋光度。使其向右（顺时针方向或正向）旋转的物质，称为右旋光物质，这种能力称为右旋性（符号为“*d*”或“+”）；使其向左（逆时针方向或负向）旋转的物质，称为左旋光物质，这种能力称为左旋性（符号为“*l*”或“-”）。

凡具有旋光性的物质，其分子都是不对称分子，这种分子与它的镜像不能重叠，如同左右手一样，因而又称为手性分子。手性分子最基本的特征就是含有手性碳原子（不对称碳原子），手性碳原子是指4个共价键与4个不同的原子或原子团相连接的碳原子，用“C^*”表示。除二羟丙酮无手性碳原子外，其他单糖都有手性碳原子，因而都具有旋光性。

一定条件下旋光度与偏振光通过待测液的路径长度 L 和待测液浓度 c 的积成正比，即

$$\alpha_D^t = [\alpha]_D^t cL$$

则

$$c = \frac{\alpha_D^t}{[\alpha]_D^t L} \times 100\%$$

式中，α_D^t 代表实际测得的旋光度；t 代表测定时的温度；D 代表以钠光灯（称为 D 线，波长为 589 nm）为光源；L 为光程，即旋光管的长度，旋光管长度一般以 10 cm 为一个单位；c 为质量浓度，即 100 mL 溶液中所含溶质的质量（g）；$[\alpha]_D^t$ 是比例常数，称为比旋度或旋光率（specific rotation），表示单位浓度和单位长度下的旋光度，是旋光物质特征性的物理常数，可借此对糖作定性和定量的测定，具体数值前用"+"号或"-"号表示旋光方向，一些重要单糖和寡糖的比旋度列于表 1.1。

表 1.1　一些重要单糖和寡糖的比旋度*

名　称	$[\alpha]_D^{20}(H_2O)$	名　称	$[\alpha]_D^{20}(H_2O)$
D-甘油醛	+9.4°	α-*D*-吡喃半乳糖	+150.7°→+80.2°
D-赤藓糖	-9.3°	β-*D*-吡喃半乳糖	+52.8°→+80.2°
D-赤藓酮糖	-11°	蔗糖	+66.5°
D-核糖	-19.7°	转化糖	-19.8°
2-脱氧-*D*-核糖	-59°	α-乳糖（$1H_2O$）	+85°→+52.6°
D-核酮糖	-16.3°	β-乳糖	+34°→+52.3°
D-木糖	+18.8°	β-麦芽糖（$1H_2O$）	+112°→+130°
D-木酮糖	-26°	β-麦芽糖（$2H_2O$）	+179.9°
D-果糖	-92.4°	α-纤维二糖	+68.7°→+35°
D-景天庚酮糖	+2.5°	β-纤维二糖	+16.2°→+35°
L-阿拉伯糖	+104.5°	α-龙胆二糖	+31°→+9.6°
L-山梨糖	-43.1°	β-龙胆二糖	-0.8°→+10°
L-岩藻糖	-75°	α-蜜二糖（$2H_2O$）	+134°
L-鼠李糖	+8.2°	α-蜜二糖（$1H_2O$）	+134.3°
α-*D*-吡喃葡萄糖	+112.2°→+52.5°	棉子糖（$5H_2O$）	+130°
β-*D*-吡喃葡萄糖	+18.7°→+52.5°	松三糖（$2H_2O$）	+88.2°
α-*D*-吡喃甘露糖	+29.3°→+14.5°	龙胆糖	+30.8°
β-*D*-吡喃甘露糖	-17°→+14.5°	水苏糖（$4H_2O$）	+133°

* 异头物的比旋度由起始值→平衡值，其余均指互变平衡时的比旋度。

2. 甜度（sweetness）

严格地说，甜度不属于物理特性，它只是人的一种感觉。为比较方便，通常以蔗糖为参照物，规定它的甜度为 100，目前常见天然糖类中最甜的是果糖，最不甜的是乳糖。一些糖、糖醇及其他增甜剂（sweetener）的相对甜度见表 1.2。

表 1.2　某些糖、糖醇及其他增甜剂的相对甜度

名　称	相对甜度	名　称	相对甜度
乳糖	16	蔗糖	100
半乳糖	30	木糖醇	125
麦芽糖	35	转化糖	150
山梨醇	40	果糖	175
木糖	45	蛋白糖(天冬苯丙二肽)	15 000
甘露醇	50	M 甜蛋白(应乐果甜蛋白)	20 000
葡萄糖	70	蛇菊苷	30 000
麦芽糖醇	90	糖精(邻苯甲酰磺亚胺)	50 000

糖醇(glycitol)是一类不易被口腔细菌所利用、低热量的增甜剂,如木糖醇(xylitol)已被广泛用于防龋齿的口香糖中;天冬苯丙二肽(aspartame)和糖精(saccharin)是人工合成的增甜剂,天冬苯丙二肽一般被认为是安全的,但不适用于遗传性苯丙酮尿(phenylketonuria)患者;糖精的食用安全性目前争议很大;蛇菊苷(stevioside)和应乐果甜蛋白(monellin)均来自于植物,是无毒、低热量的非糖类天然增甜剂,可作为糖尿病、肥胖病、心血管病和高血压患者的食品添加剂。

3. 溶解性

除甘油醛微溶于水外,其他单糖均易溶于水,微溶于乙醇,不溶于乙醚、丙酮等非极性有机溶剂。

1.2.2　单糖的结构

1. *D*、*L* 构型和开链结构——具有游离羰基的形式

结构最简单的甘油醛仅有一个手性碳原子,羟基可在手性碳原子的左边,也可以在其右边,这就形成两个互为镜像但又不重合的对映体(enantiomer),又称对映异构体。其具体表示为

$$\begin{array}{c} CHO \\ | \\ HO-C-H \\ | \\ CH_2OH \end{array} \quad \vdots \text{镜面} \quad \begin{array}{c} CHO \\ | \\ H-C-OH \\ | \\ CH_2OH \end{array}$$

由于对映体的空间排布不同,故其旋光性也不同。旋光仪测定结果表明,羟基在左侧的表现出左旋性(-),羟基在右侧的表现出右旋性(+),它们是一对旋光异构体(optical isomeride)。

1906 年规定甘油醛分子的羟基在左边的为 *L*-型,标为 *L*(-)-甘油醛;羟基在右边的为 *D*-型,标为 *D*(+)-甘油醛,用 Fischer(费歇尔)投影式表示为

$$\begin{array}{c} O \\ \| \\ C-H \\ | \\ HO-C^*-H \\ | \\ CH_2OH \end{array} \quad \begin{array}{c} CHO \\ | \\ HO\blacktriangleright C \blacktriangleleft H \\ | \\ CH_2OH \end{array} \qquad \begin{array}{c} O \\ \| \\ C-H \\ | \\ H-C^*-OH \\ | \\ CH_2OH \end{array} \quad \begin{array}{c} CHO \\ | \\ H\blacktriangleright C \blacktriangleleft OH \\ | \\ CH_2OH \end{array}$$

L-甘油醛　　　　*D*-甘油醛

需要指出的是,糖的构型(*D*、*L*)与其旋光性(+、-)是两个不同的概念,构型是人为规定的,旋光性则是用旋光仪实际测得的。因而,*D*-型糖可能具有右旋性(+),也可能具有左旋性(-),反之亦然。

对于含有3个以上碳原子的单糖,由于存在不止1个手性碳原子,在规定其构型时,以距离羰基(—C=O)最远的手性碳原子为准,与*L*-甘油醛一样的羟基在左侧的为*L*-型,属于*L*系糖;羟基在右侧与*D*-甘油醛相同的为*D*-型,属于*D*系糖,大多数天然糖是*D*系糖。*D*、*L*构型取决于羟基的位置(图中方框部分),即

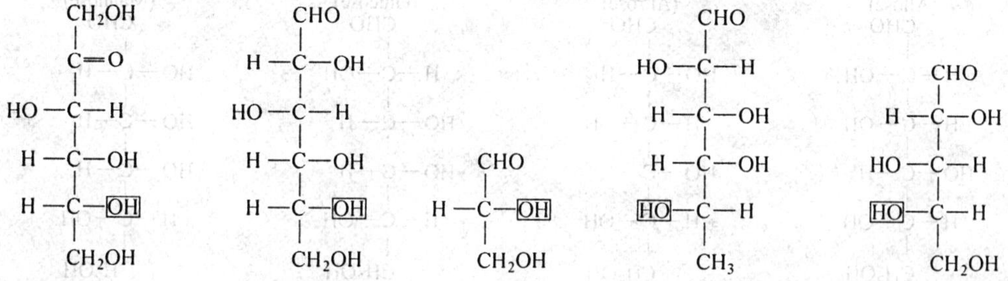

```
  CH2OH          CHO                               CHO
   |              |                                 |
   C=O        H—C—OH                          HO—C—H              CHO
   |              |                                 |                  |
HO—C—H       HO—C—H                           H—C—OH          H—C—OH
   |              |                                 |                  |
 H—C—OH       H—C—OH          CHO              H—C—OH         HO—C—H
   |              |              |                  |                  |
 H—C—[OH]     H—C—[OH]     H—C—[OH]          [HO]—C—H       [HO]—C—H
   |              |              |                  |                  |
  CH2OH         CH2OH          CH2OH               CH3              CH2OH
```

D(-)-果糖　*D*(+)-葡萄糖　*D*(+)-甘油醛　*L*(-)-岩藻糖　*L*(+)-阿拉伯糖

四碳醛糖有2个手性碳原子,分子结构可能有4(2^2)种不同的排布方式,因此有4个旋光异构体,其中1和2、3和4分别为对映体,即

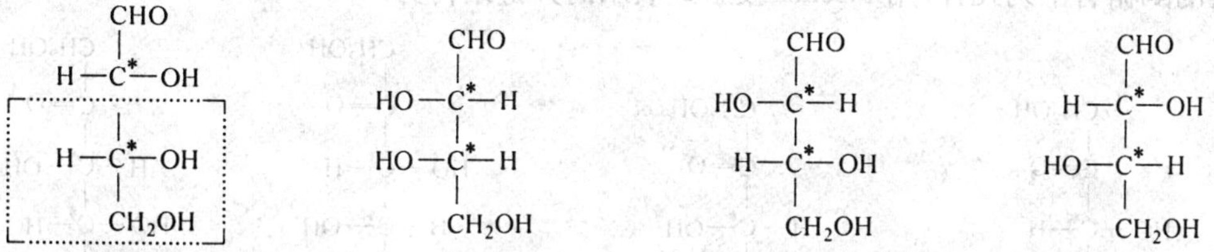

```
    CHO              CHO              CHO              CHO
     |                |                |                |
 H—C*—OH        HO—C*—H         HO—C*—H          H—C*—OH
     |                |                |                |
 H—C*—OH        HO—C*—H          H—C*—OH        HO—C*—H
     |                |                |                |
   CH2OH            CH2OH            CH2OH            CH2OH
```

D-赤藓糖 (Erythrose) 1　*L*-赤藓糖 2　*D*-苏阿糖 (Threose) 3　*L*-苏阿糖 4

五碳醛糖有3个手性碳原子,故有8(2^3)个旋光异构体,其中*D*-型异构体(对映体为相应的*L*-型)为

```
    CHO              CHO              CHO              CHO
     |                |                |                |
 H—C*—OH        HO—C—H           H—C—OH          HO—C—H
     |                |                |                |
 H—C*—OH         H—C—OH          HO—C—H          HO—C—H
     |                |                |                |
 H—C*—OH         H—C—OH           H—C—OH           H—C—OH
     |                |                |                |
   CH2OH            CH2OH            CH2OH            CH2OH
```

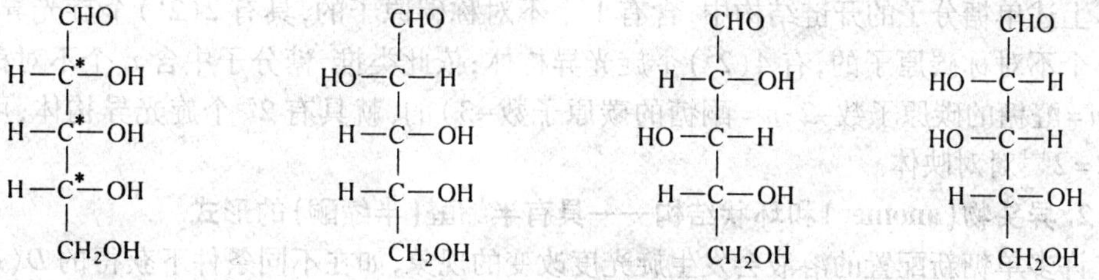

D-核糖 (Ribose)　*D*-阿拉伯糖 (Arabinose)　*D*-木糖 (Xylose)　*D*-来苏糖 (Lyxose)

六碳醛糖有4个手性碳原子,故有16(2^4)个旋光异构体。其中已糖的8个*D*-型异构体(对映体为相应的*L*-型)为

CHO H—C*—OH H—C*—OH H—C*—OH H—C*—OH CH_2OH	CHO HO—C—H H—C—OH H—C—OH H—C—OH CH_2OH	CHO H—C—OH HO—C—H H—C—OH H—C—OH CH_2OH	CHO HO—C—H HO—C—H H—C—OH H—C—OH CH_2OH
D(+)-阿洛糖 (Allose)	*D*(+)-阿浊糖 (Altrose)	*D*(+)-葡萄糖 (Glucose)	*D*(+)-甘露糖 (Mannose)
CHO H—C—OH H—C—OH HO—C—H H—C—OH CH_2OH	CHO HO—C—H H—C—OH HO—C—H H—C—OH CH_2OH	CHO H—C—OH HO—C—H HO—C—H H—C—OH CH_2OH	CHO HO—C—H HO—C—H HO—C—H H—C—OH CH_2OH
D(+)-古洛糖 (Gulose)	*D*(−)-艾杜糖 (Idose)	*D*(+)-半乳糖 (Galactose)	*D*(+)-太洛糖 (Talose)

以上讨论的是醛糖的旋光异构现象，酮糖也具有同样的旋光异构现象。自然界中重要的酮糖有下列几种，用 Fischer 投影式表示的开链结构为

CH_2OH C=O HO—C*—H H—C*—OH CH_2OH	CH_2OH C=O H—C*—OH H—C*—OH CH_2OH	CH_2OH C=O HO—C*—H H—C*—OH H—C*—OH CH_2OH	CH_2OH C=O H—C*—OH HO—C*—H H—C*—OH CH_2OH
D-木酮糖（戊酮糖） (Xylulose)	*D*-核酮糖（戊酮糖） (Ribulose)	*D*-果糖（己酮糖） (Fructose)	*D*-山梨糖（己酮糖） (Sorbose)

上述单糖分子的开链结构中，含有 1 个不对称碳原子的，具有 $2(2^1)$ 个旋光异构体；含 2 个不对称碳原子的，有 $4(2^2)$ 个旋光异构体；依此类推，糖分子中含 n 个不对称碳原子（n=醛糖的碳原子数-2；n=酮糖的碳原子数-3）的，就具有 2^n 个旋光异构体，可形成 $2^n/2=2^{n-1}$ 对对映体。

2. 异头物（anomer）和环状结构——具有半缩醛（半缩酮）的形式

许多单糖新配置的溶液会发生旋光度改变的现象，如在不同条件下获得的 *D*(+)-葡萄糖，其比旋值不同。从 30℃以下乙醇中结晶出的葡萄糖比旋值为+112.2°，称为 α-型；从 98℃吡啶中结晶出的葡萄糖比旋值为+18.7°，称为 β-型。将这两种结晶体分别溶于水中，放置一定时间后，它们的比旋值最终都会稳定于+52.5°，这种旋光度自行改变的现象，称为变旋（mutarotation）。

葡萄糖是多羟基醛，应该显示醛的化学特性，如遇 Schiff（品红-亚硫酸）试剂应发生

紫红色反应，与亚硫酸氢钠应发生加成反应，而实际上葡萄糖很难发生类似反应；也不像简单醛类那样在催化剂的作用下，与无水甲醇生成二甲基缩醛，而是生成 α-或 β-甲基葡萄糖苷，二者都能表现出缩醛的特征。

从羰基的性质可知，醇与醛或酮能快速而又可逆地亲核加成（nucleophilic addition），形成半缩醛（hemiacetal）。

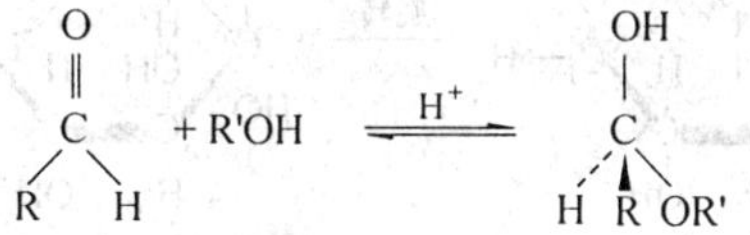

$$RCHO + R'OH \xrightleftharpoons{H^+} RCH(OH)OR'$$

由此分析，单糖分子内部的羰基完全可能与自身的羟基发生亲核加成反应，形成环状的半缩醛。1891 年 E. Fischer 提出葡萄糖分子环状结构（ring structure）学说。

单糖由直链变成环状结构后，羰基碳原子变成了手性碳原子，上面的羟基可能与决定其构型的羟基同侧，也可能是异侧，这就产生了一对仅有一个手性碳原子构型不同的非对映异构体，称为差向异构体（epimer），D-葡萄糖和 D-甘露糖为 2-位差向异构体，D-葡萄糖和 D-半乳糖为 4-位差向异构体。在羰基上形成的差向异构体称为异头物，羰基碳原子称为异头碳原子（anomeric carbon atom）或异头中心，异头碳原子上新形成的羟基称为半缩醛羟基。α-或 β-葡萄糖或果糖分子（环状己醛糖或环状己酮糖）旋光异构体的计算公式则由 2^n 变为 2^{n+1}，因为醛糖 C-1 位或酮糖 C-2 位也变成了手性碳原子。

异头碳上的羟基与决定其构型的羟基同侧时，称为 α 异头物；异侧时，称为 β 异头物。二者可以通过开链形式互相转变，经过一定时间后达到平衡，这就是某些单糖可以产生变旋现象的原因。六元环 D-葡萄糖异头物的 Fischer 式结构为

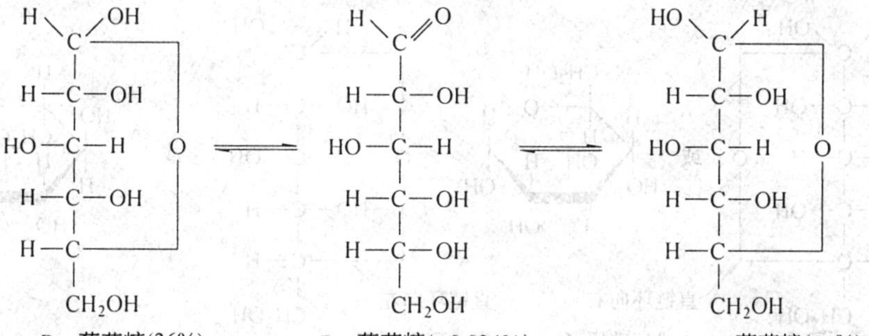

α-D-葡萄糖(36%) $\rightleftharpoons$ D-葡萄糖(<0.024%) $\rightleftharpoons$ β-D-葡萄糖(64%)

α-D-葡萄糖(36%) $[\alpha]_D^{20}=+112.2°$

D-葡萄糖(<0.024%)

β-D-葡萄糖(64%) $[\alpha]_D^{20}=+18.7°$

应该指出，α 与 β 异头物不是对映体，平衡时的含量不是 1 : 1，如 D-葡萄糖溶液，平衡后 α-D-葡萄糖的质量分数为 36%，β-D-葡萄糖的质量分数为 64%，含游离醛基的开链式葡萄糖的质量分数不到 0.024%，因而葡萄糖的醛基特性表现不明显。

鉴于上述 Fischer 环式结构中过长的氧桥不符合实际情况的问题（碳原子所处的键角并不等于 180°），1926 年英国化学家 W. N. Haworth 建议使用透视式表示单糖的环状结构，这种透视式常称为 Haworth 透视式或 Haworth 式。以 D-葡萄糖为例，由 Fischer 式改写为 Haworth 式的步骤见图 1.1。

将 Fischer 式改写为 Haworth 式，除了要将 C-1 与 C-5 之间的氧原子写在环的后方，

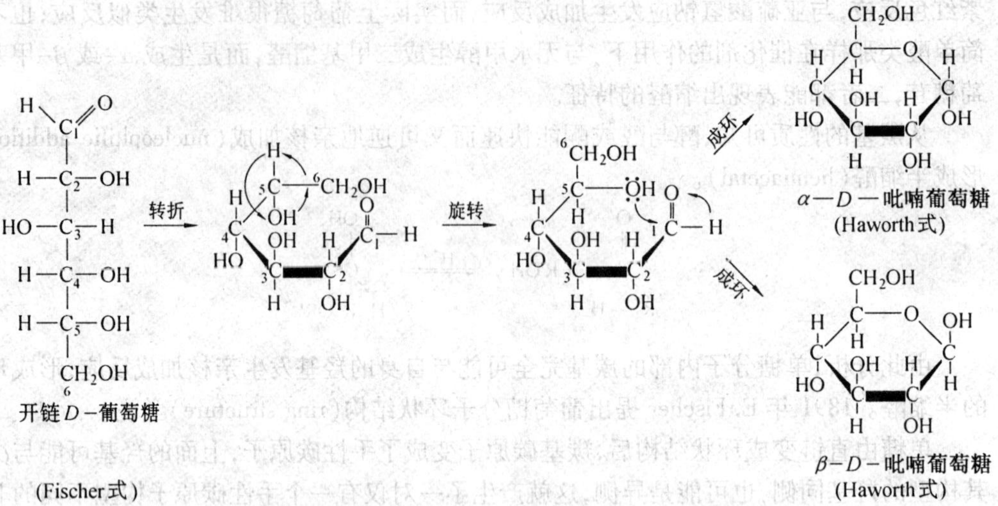

H C1=O
H—C2—OH
HO—C3—H
H—C4—OH
H—C5—OH
6 CH2OH
开链 D-葡萄糖
(Fischer 式)

转折 旋转 成环 成环

α-D-吡喃葡萄糖
(Haworth 式)

β-D-吡喃葡萄糖
(Haworth 式)

图 1.1　D-葡萄糖由 Fischer 式改写为 Haworth 式的步骤

异头碳原子写在环的右侧外，还应该遵循以下几项原则(以葡萄糖为例)。

① 碳链右侧的基团应写在环平面的下方，左侧的基团写在环平面的上方(酮糖 C-1 位按此执行)；

② 糖环外如有多余的碳原子，D-型的写在环平面的上方，L-型的写在环平面的下方；

③ 半缩醛羟基与环外碳原子(酮糖 C-1 位除外)位于异侧的为 α-型，位于同侧的为 β-型；粗线代表视近端，细线代表视远端。

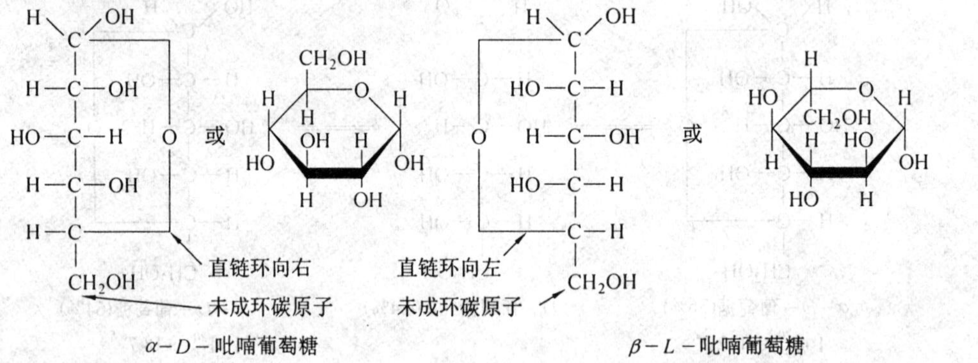

或　　或

直链环向右
未成环碳原子
直链环向左
未成环碳原子

α-D-吡喃葡萄糖　　β-L-吡喃葡萄糖

葡萄糖和果糖为多羟基的醛和酮，理论上羰基可分别和自身的多个羟基发生成环反应，即半缩醛反应(seiacetol reaction)。但是最常见的环式结构却只有两种：一种是醛基与 C-5 位(或酮基与 C-6 位)上的羟基反应生成吡喃环(六元环)，称吡喃糖(pyranose)；另一种是醛基与C-4位(或酮基与 C-5 位)上的羟基反应生成呋喃环(五元环)，称呋喃糖(furanose)，它们的Haworth式结构见图 1.2。

天然葡萄糖中主要成分是吡喃葡萄糖，因为对葡萄糖来说吡喃型比呋喃型更稳定，而果糖则以呋喃型为主。

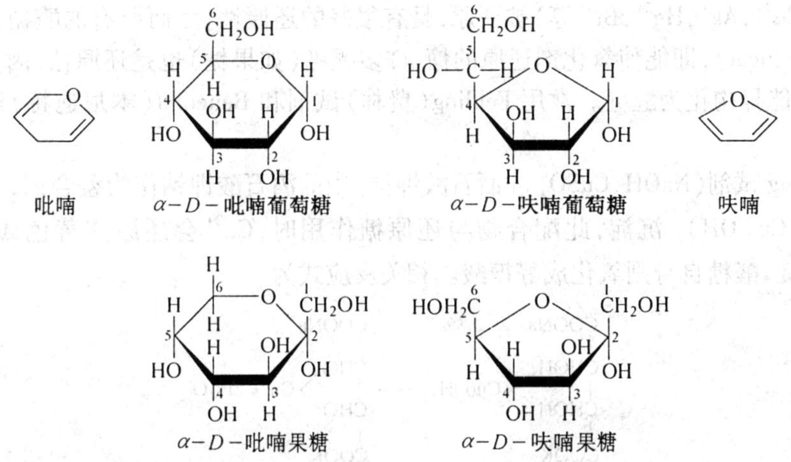

吡喃　　α-D-吡喃葡萄糖　　α-D-呋喃葡萄糖　　呋喃

α-D-吡喃果糖　　α-D-呋喃果糖

图 1.2　吡喃型和呋喃型的 D-葡萄糖和 D-果糖(Haworth 式)

3. 构象——单糖的立体结构

以葡萄糖为例,Haworth 设计的环状结构是将呋喃式和吡喃式设想为平面结构,但根据 X 光衍射得知,葡萄糖的吡喃环上的 5 个碳原子不在一个平面上,而是扭曲成释放全部角张力的三维构象,即船式(boat form)和椅式(chair form),见图 1.3。

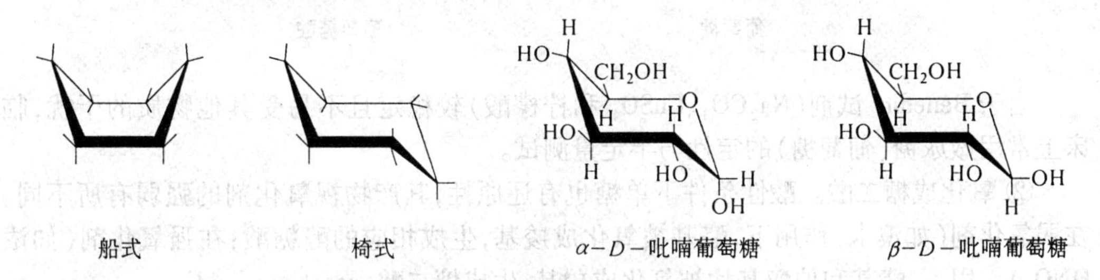

图 1.3　葡萄糖的两种构象

热力学测定表明,船式不如椅式稳定,D-吡喃葡萄糖的两种椅式构象可以经过船式相互转变。椅式构象中的基团,可分为直立键或 a 键(axial bond)和平伏键或 e 键(equatorial bond)。一般而言,占优势的构象应该是比氢原子大的基团尽可能多地处于平伏键上,β-D-吡喃葡萄糖就是如此,它所有比氢原子大的基团都处于平伏键上,故对于 D-吡喃葡萄糖来说,β 异头物比 α 异头物更稳定。

1.2.3　单糖的化学性质

单糖是多羟基的醛或酮,具有羰基和羟基的性质,其中羰基参与的化学反应有:氧化、还原、与苯肼加成、异构化;一般羟基参与的化学反应有成酯、成醚、脱水、脱氧、氨基化等反应;异头羟基(半缩醛羟基)参与的成苷反应。某些单糖(如葡萄糖、果糖、甘露糖等)能被酵母发酵生成乙醇,有些(半乳糖、木糖、阿拉伯糖等)则不能。

1. 由羰基产生的化学性质

(1) 单糖的氧化

① 氧化成醛糖酸。醛糖含有游离的醛基,可使许多弱氧化剂,如碱性溶液中的重金

属离子（Cu^{2+}，Ag^{+}，Hg^{2+}，Bi^{3+}等）被还原，具有很好的还原性，因而所有的醛糖都是还原糖（reducing sugar），即能使氧化剂还原的糖；许多酮糖（如果糖）也是还原糖，因为在碱性溶液中酮糖能异构化为醛糖。常用 Fehling（费林）试剂和 Benedict（本尼迪特）试剂检测还原糖。

Fehling 试剂（NaOH、$CuSO_4$ 和酒石酸钾钠）中的酒石酸钾钠作为螯合剂，与 Cu^{2+} 配合防止形成 $Cu(OH)_2$ 沉淀，此配合物与还原糖作用时，Cu^{2+} 会还原成黄色或红色 Cu_2O（Cu^{+}）沉淀，醛糖自身则氧化成醛糖酸。相关反应式为

$$\begin{array}{c}COONa\\|\\CHOH\\|\\CHOH\\|\\COOK\end{array} + Cu(OH)_2 \longrightarrow \begin{array}{c}COONa\\|\\CHO\\|\\CHO\\|\\COOK\end{array}\!\!> Cu + 2H_2O$$

酒石酸钾钠　　　　可溶性氧化铜配合物

$$2\begin{array}{c}COONa\\|\\CHO\\|\\CHO\\|\\COOK\end{array}\!\!> Cu + \begin{array}{c}CHO\\|\\(CHOH)_4\\|\\CH_2OH\end{array} + 2H_2O \xrightarrow[\text{加热}]{NaOH} 2\begin{array}{c}COONa\\|\\CHOH\\|\\CHOH\\|\\COOK\end{array} + \begin{array}{c}COOH\\|\\(CHOH)_4\\|\\CH_2OH\end{array} + Cu_2O\downarrow$$

葡萄糖　　　　葡萄糖酸

由于 Benedict 试剂（Na_2CO_3、$CuSO_4$ 和柠檬酸）较稳定且不易受其他物质的干扰，临床上常用做尿糖（葡萄糖）的定性与半定量测试。

② 氧化成糖二酸。酸性条件下单糖也有还原性，其产物视氧化剂的强弱有所不同。在弱氧化剂（如溴水）作用下，醛基被氧化成羧基，生成相应的醛糖酸；在强氧化剂（如浓 HNO_3）作用下，醛基和伯醇基均被氧化成羧基，生成糖二酸（saccharic acid）。

③ 氧化成糖醛酸。某些醛糖在特定脱氢酶的作用下，伯醇基（$—CH_2OH$）被氧化而醛基被保留，生成糖醛酸（uronic acid），如葡萄糖醛酸。

以葡萄糖为例，根据氧化条件不同，醛糖可被氧化成 3 类糖酸（sugar acid），即葡萄糖酸（gluconic acid）、葡萄糖二酸（glucaric acid）和葡萄糖醛酸（glucuronic acid）。醛糖酸和糖醛酸都可形成稳定的分子内的酯，称内酯（lactone），内酯又可以还原为糖醛酸。

$$\begin{array}{c}COOH\\|\\(CHOH)_4\\|\\CH_2OH\end{array} \xleftarrow{\text{溴水}} \begin{array}{c}CHO\\|\\(CHOH)_4\\|\\CH_2OH\end{array} \xrightarrow{\text{浓}HNO_3} \begin{array}{c}COOH\\|\\(CHOH)_4\\|\\COOH\end{array} \xrightarrow[\triangle]{-H_2O} \begin{array}{c}C{=}O\\|\\H—C—OH\\|\\HO—C—H\\|\\H—C—\\|\\H—C—OH\\|\\COOH\end{array} \xrightarrow[\text{（还原）}]{Na\text{-}Hg\text{齐}} \begin{array}{c}CHO\\|\\(CHOH)_4\\|\\COOH\end{array}$$

葡萄糖酸　　葡萄糖　　葡萄糖二酸　　葡萄糖二酸-γ-内酯　　葡萄糖醛酸

工业上葡萄糖酸可通过葡萄糖氧化酶作用于葡萄糖而大量制备;葡萄糖与硝酸作用又可得到葡萄糖二酸;葡萄糖醛酸不能通过直接氧化葡萄糖制得,因为醛基比羟基更易被氧化,因此常以淀粉为原料,仍用硝酸将淀粉中的葡萄糖基上C-6位的羟基氧化成羧基,同时淀粉在反应过程中发生水解,C-1位的醛基游离出来,于是生成葡萄糖醛酸。

葡萄糖酸和葡萄糖醛酸都是机体代谢的中间产物。葡萄糖酸钙在医药上用于消除过敏,补充钙质。葡萄糖醛酸具有解毒作用,能与体内含羟基的有害化合物结合并排出体外。

(2) 单糖的还原

单糖在加氢条件下被还原成糖醇,如*D*-葡萄醇(*D*-glucitol)常称为山梨醇(sorbitol),可由硼氢化钠($NaBH_4$)处理*D*-葡萄糖或*L*-古洛糖(*L*-gulose)后获得,即

D-葡萄糖 $\xrightarrow{NaBH_4}$ *D*-葡萄醇(山梨醇) $\underset{180°}{\overset{旋转}{\rightleftharpoons}}$ *L*-古洛醇 $\xleftarrow{NaBH_4}$ *L*-古洛糖

山梨醇也可由*D*-果糖和*L*-山梨糖还原获得。酮糖被还原时,会产生一对差向异构体的糖醇,如山梨糖可还原成山梨醇和*L*-艾杜糖醇(*L*-iditol),即

D-葡萄醇(山梨醇) $\underset{180°}{\overset{旋转}{\rightleftharpoons}}$ *L*-古洛醇 $\xleftarrow{NaBH_4}$ *L*-山梨糖 $\xrightarrow{NaBH_4}$ *L*-艾杜糖醇

自然界广泛存在的己糖醇有*D*-山梨醇、*D*-甘露醇(*D*-mannitol)和半乳糖醇(galactitol)等,此外还有丙三醇(甘油)、赤藓糖醇(erythritol)、核糖醇(ribitol)和木糖醇。糖醇是生物体的代谢产物,同时也是食品、化工、医药上的重要原料。山梨醇是最重要的一种糖醇,工业上用葡萄糖催化加氢获得,产品主要用于合成维生素C,我国这项合成工艺在国际上处于领先地位。*D*-甘露醇是降低颅内压的药物,可用于治疗青光眼,防止肾功能衰竭等疾病。

(3) 成脎

羰基与苯肼加成可形成糖的苯脎(phenylosazone),即糖脎。不同碳原子数的还原糖所形成的脎,晶形与熔点各不相同,如葡萄糖脎呈黄色细针状,麦芽糖脎呈长薄片形。因此,成脎反应可用来鉴别多种还原糖。但是对于碳原子个数相同,特别是C-3位以下完

全相同的*D*-葡糖糖、*D*-果糖和*D*-甘露糖则无法用此反应进行鉴别,因为它们的产物完全相同。

(4) 异构化(弱碱作用)

单糖对稀酸相当稳定,但在弱碱作用下会发生分子重排,通过烯二醇(enediol)中间物互相转化,称酮-烯醇互变异构(keto-enol tautomerism),如*D*-葡萄糖、*D*-甘露糖和*D*-果糖,通过1,2-烯醇式葡萄糖可以互相转化,见图1.4。

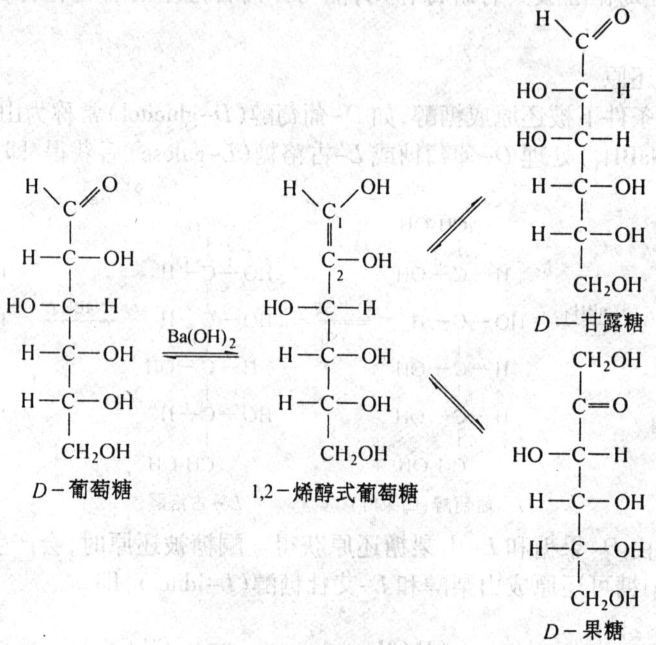

图1.4 单糖在碱催化下的酮-烯醇互变异构

2. 由一般羟基和异头羟基产生的主要化学性质

(1) 成酯

与简单的醇一样,单糖的羟基也可以转变成酯基。例如,生物体内单糖与磷酸可生成各种磷酸酯,如葡萄糖-1-磷酸,果糖-1,6-二磷酸等,它们都是重要的代谢中间物。生物学中最重要的几个单糖磷酸酯的结构式为

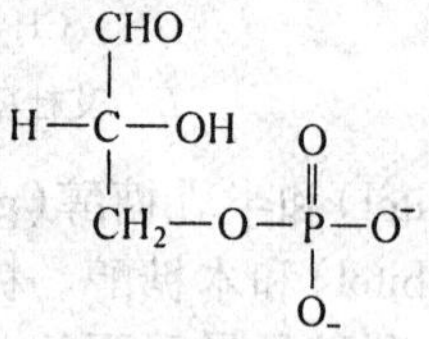
D-甘油醛-3-磷酸

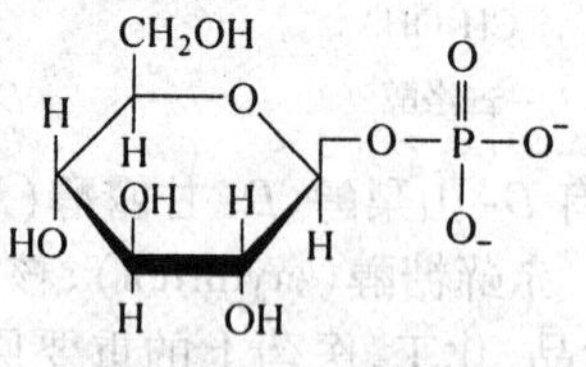
β-*D*-葡萄糖-1-磷酸

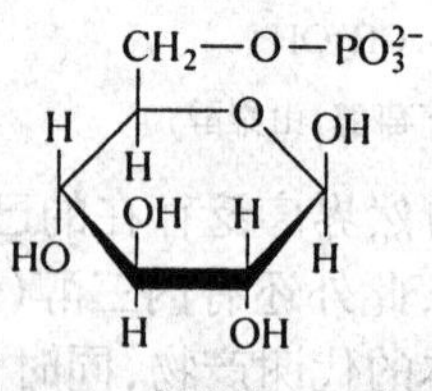
β-*D*-葡萄糖-6-磷酸

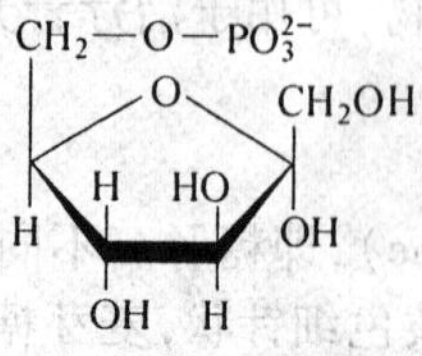
α-*D*-果糖-6-磷酸

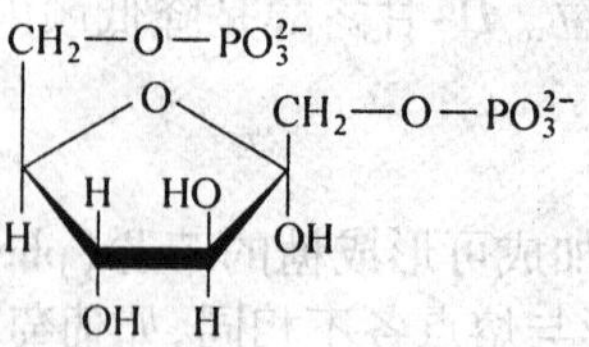
α-*D*-果糖-1,6-二磷酸

（2）成苷

环状单糖的半缩醛（或半缩酮）羟基与另一化合物发生缩合所形成的缩醛（或缩酮），称为糖苷或苷（glycoside），也译作糖甙或甙。糖苷分子中提供半缩醛羟基的部分，称为糖基（glycone，glycosyl），与之缩合的部分称为配基（aglycon），连接两部分的化学键，称为糖苷键（glycosidic bond）。按连接原子不同，糖苷键可分为 *O*-苷、*N*-苷、*S*-苷和 *C*-苷，最常见的是 *O*-苷（如糖苷），其次是 *N*-苷（如核苷），另外两种比较少见。

由于环状单糖有 α 和 β 两种异头物，所以糖苷也有两种形式，其中糖苷键的类型由糖基决定。例如，*D*-葡萄糖与无水甲醇缩合时，得到的两种异构体为

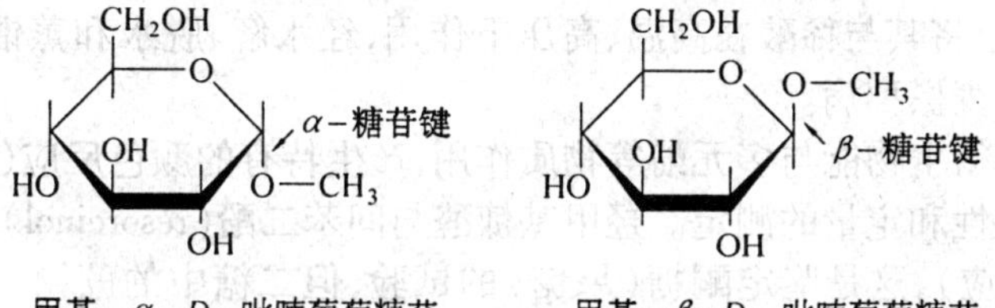

α-糖苷键　　β-糖苷键

甲基-α-*D*-吡喃葡萄糖苷　$[\alpha]_D^{20}=+159°$

甲基-β-*D*-吡喃葡萄糖苷　$[\alpha]_D^{20}=-34°$

如果配基也是糖，这样形成的糖苷，即为寡糖或多糖。糖苷和单糖的性质不同，单糖是半缩醛，易变成游离的醛，因而性质较活泼；糖苷是缩醛，一般不显醛的性质，对碱溶液稳定，易被酸水解成原来的糖和配基。

自然界中，很多药用植物的有效成分就是糖苷，糖苷在医药工业上具有很大的实用价值。例如，具有止咳祛痰功效的苦杏仁，其有效成分为苦杏仁苷（amygdalin）；以毛（洋）地黄为代表的强心苷（cardiac glycoside）也是糖苷的一种，它不仅可以加强心跳，调整脉搏节律，还有利尿作用。此外，许多糖苷还是天然的颜料和色素，如花色素苷（anthocyanin）是许多花和果实的着色物质。

（3）脱水与脱氧

① 脱水。戊糖与体积分数为12%的HCl共热（蒸馏）时脱水环化，生成糠醛（furfural），即呋喃醛（furaldehyde）。例如 *D*-木糖的脱水反应，即

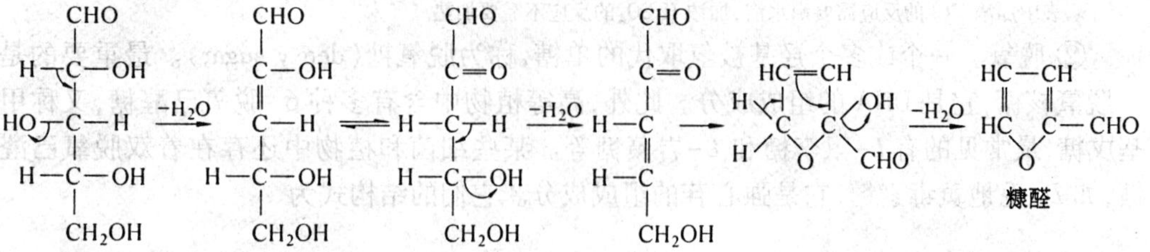

D-木糖 $\xrightarrow{-H_2O}$ … $\xrightarrow{-H_2O}$ … $\xrightarrow{-H_2O}$ 糠醛

己糖与酸共热产生5-羟甲基糠醛（5-hydroxymethyl furfural），它比糠醛易溶于酸，并且不挥发，因而受热酸进一步作用，分解成乙酰丙酸（levulinic acid）、甲酸和暗色的不溶缩合物，称腐黑物（humin）。其反应式为

$$\underset{\text{己醛糖}}{CHO-(CHOH)_4-CH_2OH} \xrightarrow[\triangle]{HCl} \underset{\text{5-羟甲基糖醛}}{HOCH_2-\overset{}{HC}\underset{O}{\overset{HC-CH}{}}C-CHO} \xrightarrow{2H_2O} \underset{\text{乙酰丙酸}}{COOH-CH_2-CH_2-C(=O)-CH_3} + HCOOH$$

糖醛及其分解产物乙酰丙酸都是塑料和医药工业的重要原料。玉米棒心中含有丰富的多聚戊糖,工业上将其与稀酸在高温、高压下作用,经水解、脱水和蒸馏制得糖醛,它的水溶液可以抑制小麦黑穗病。

不同糖醛及其衍生物能与多元酚等物质作用,产生特有的颜色反应(表1.3),借此可对糖类物质进行定性和定量的测定。羟甲基糖醛与间苯二酚(resorcinol)反应生成红色缩合物(Seliwanoff 反应),这是鉴定酮糖(果糖)的试验,但二糖中的蔗糖也会有阳性反应,因为蔗糖酸水解时会产生果糖。戊糖脱水生成的糖醛与间苯三酚或称根皮酚(phloroglucinol)缩合成朱红色物质(杜氏或间苯三酚反应),可用于鉴别戊糖,但专一性不强。糖醛与甲基间苯二酚或地衣酚(orcinol)缩合生成蓝绿色或橄榄绿色物质,称为 Bial 反应或苔黑酚反应,该试验常用于测定 RNA 的含量。Molisch 反应用于鉴定糖类物质时,阴性反应确证无糖存在,阳性反应只证明有糖存在的可能。蒽酮(anthrone)反应常用于总糖量的测定。

表1.3　糖的颜色反应

反应名称	试剂	适用糖类	颜色
莫氏(Molisch)反应	α-奈酚+浓 H_2SO_4	所有糖类	紫红
蒽酮(Anthrone)反应	蒽酮+浓 H_2SO_4	所有糖类	蓝绿
塞氏(Seliwanoff)反应	间苯二酚+浓 HCl	酮糖	鲜红
杜氏(Tollen)反应	间苯三酚+浓 HCl	戊糖	朱红
拜尔(Bial)反应	甲基间苯二酚(地衣酚/苔黑酚)+浓 HCl	戊糖	蓝绿

* 表中加浓 HCl 的反应需要沸水浴,加浓 H_2SO_4的反应不需要加热

② 脱氧。一个或多个羟基被氢取代的单糖,称为脱氧糖(deoxy sugar)。最重要的是2-脱氧核糖,它是 DNA 的组成成分。此外,高等植物中含有多种6-脱氧已醛糖,又称甲基戊糖,最常见的有 *L*-鼠李糖和 *L*-岩藻糖等。某些细菌和植物中还存在着双脱氧已醛糖,如 *D*-毛地黄毒素糖,它是强心苷的组成成分。它们的结构式为

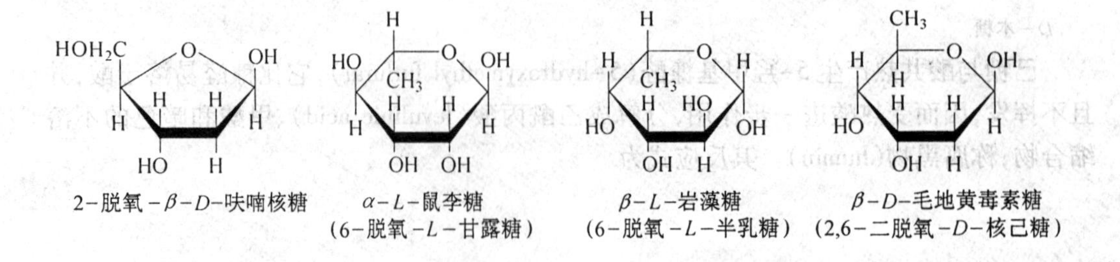

2-脱氧-*β*-*D*-呋喃核糖　　*α*-*L*-鼠李糖(6-脱氧-*L*-甘露糖)　　*β*-*L*-岩藻糖(6-脱氧-*L*-半乳糖)　　*β*-*D*-毛地黄毒素糖(2,6-二脱氧-*D*-核已糖)

(4) 氨基化

氨基糖(amino sugar)是单糖分子中一个羟基被氨基取代的单糖,自然界中最常见的是C-2位羟基被取代的2-脱氧氨基糖。氨基糖中只有少数氨基是游离的,如氨基葡萄糖和氨基半乳糖(galactosamine);大多数的氨基常常发生乙酰化,形成*N*-乙酰氨基糖,如*N*-乙酰葡萄糖胺(*N*-acetylglucosamine)和*N*-乙酰半乳糖胺(*N*-acetylgalactosamine)。其结构为

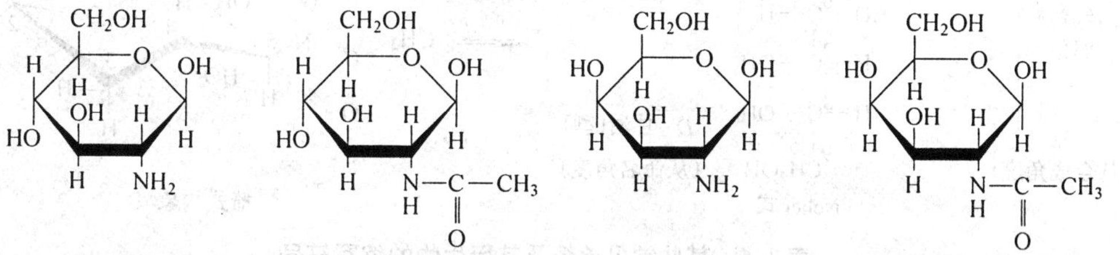

β-*D*-葡萄糖胺　　*β*-*D*-*N*-乙酰葡萄糖胺　　*β*-*D*-半乳糖胺　　*β*-*D*-*N*-乙酰半乳糖胺

氨基糖及其衍生物,如胞壁酸(muramic acid)和神经氨酸(neuraminic acid)等,常存在于动物甲壳素、软骨、糖蛋白、血型物质、细菌细胞壁以及红霉素、氯霉素等抗生素中。

N-乙酰胞壁酸是细菌细胞壁结构多糖的成分之一,由*N*-乙酰-*D*-葡萄糖胺和*D*-乳酸组成。胞壁酸和*N*-乙酰胞壁酸的结构式为

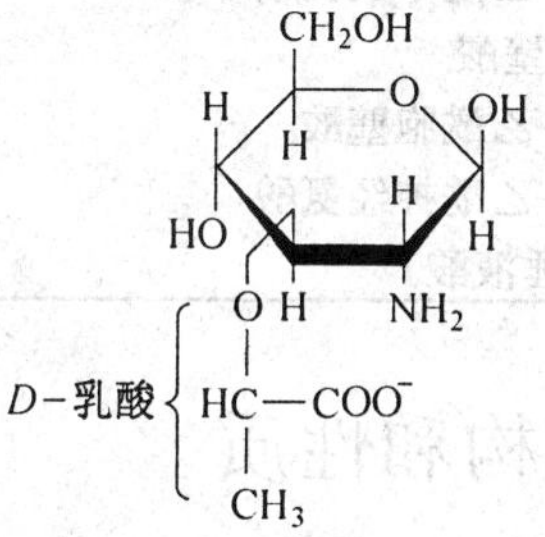

D-乳酸

胞壁酸　$[\alpha]_D^{20}=+115°$

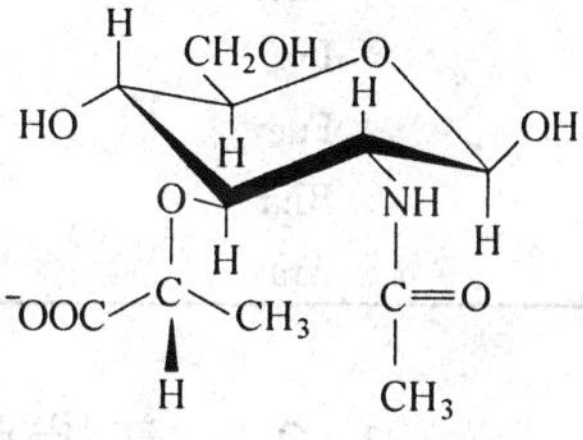

N-乙酰胞壁酸　$[\alpha]_D^{23}=+65°$

神经氨酸是含一个氨基的9碳糖酸,生物体内由丙酮酸和*D*-甘露糖合成碳骨架,全称为5-氨基-3,5-二脱氧-*D*-甘油-*D*-半乳壬酮糖酸。自然界中以乙酰化的形式存在,如*N*-乙酰、*N*-羟乙酰和*N*-乙酰-4-*O*-乙酰神经氨酸,统称为唾液酸(sialic acid),唾液酸是动物细胞膜上的糖蛋白和糖脂的重要组成成分。下面是*N*-乙酰神经氨酸的开链型结构和吡喃型环式结构,两种结构式处于平衡中,但平衡常数偏向吡喃型一方。

为方便书写复杂寡糖和多糖的结构,常用缩写符号代表单糖及其衍生物。一些重要的单糖及其衍生物的缩写符号列于表1.4中。

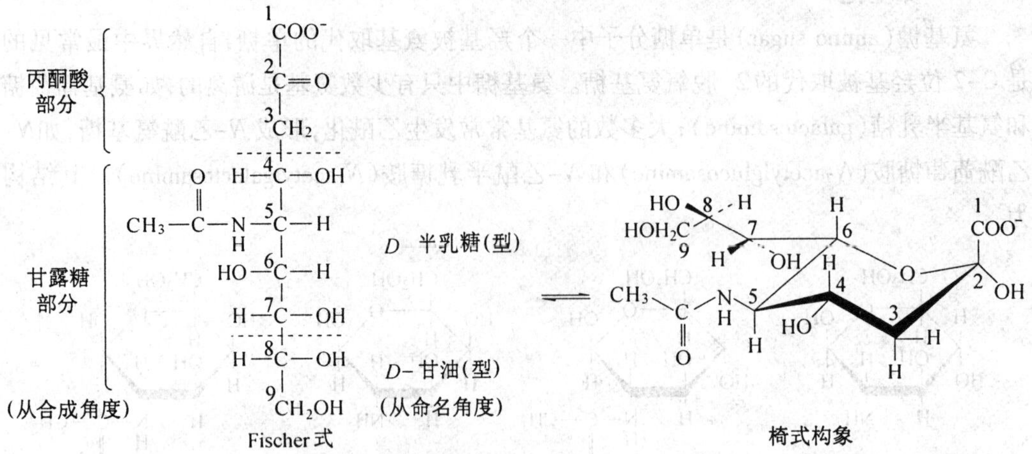

丙酮酸部分　甘露糖部分　(从合成角度)

D 半乳糖(型)　D-甘油(型)　(从命名角度)

Fischer式　　椅式构象

表1.4　某些常见单糖及其衍生物的缩写符号

单　糖		单糖衍生物	
核糖	Rib	葡萄糖酸	GlcA
木糖	Xyl	葡萄糖醛酸	GlcUA
果糖	Fru	葡萄糖胺	GlcN
半乳糖	Gal	*N*-乙酰葡萄糖胺	GlcNAc
葡萄糖	Glc	半乳糖胺	GalN
甘露糖	Man	*N*-乙酰半乳糖胺	GalNAc
来苏糖	Lyx	胞壁酸	Mur
岩藻糖	Fuc	*N*-乙酰胞壁酸	MurNAc
鼠李糖	Rha	*N*-乙酰神经氨酸	NeuNAc
阿拉伯糖	Ara	(唾液酸)	(Sia)

1.3　寡糖的结构和性质

寡糖是由2~20个单糖通过糖苷键相连而成的糖类物质。有的寡糖结构非常复杂，寡糖与多糖之间并无绝对的划分界线。根据组成的单糖基数，通常分为二糖、三糖、四糖等。

1.3.1　二糖

二糖(双糖)是由2分子单糖缩合而成的糖苷，是最简单也是最重要的寡糖。二糖的表示方法为糖基写在左侧，配基写在右侧，中间用糖苷键连接，糖苷键的α、β构型由糖基决定，括号内的数字表示所连碳原子的位置，箭头方向由糖基指向配基，如(1→4)、(1→6)，双箭头表示两端都是糖基，如(1↔1)、(1↔2)等。

单糖在形成二糖时有两种成苷方式：一种是糖基的半缩醛(酮)羟基与配基的羟基形成糖苷键，即上述用单箭头表示的二糖，其配基仍有潜在的游离醛基，具有还原性、旋光性和变旋性，属于还原糖，如麦芽糖、乳糖以及纤维二糖等；另一种则是由两个糖基的半缩醛

（酮）羟基形成的糖苷键，即用双箭头表示的二糖，由于没有游离的半缩醛羟基，所以无还原性和变旋性，属于非还原糖，但具有旋光性，如蔗糖。酵母能使麦芽糖和蔗糖发酵，而不能使乳糖和纤维二糖发酵。如何利用实验现象来鉴别具有还原性质的糖液是单糖，还是还原二糖呢？用 Barfoed（巴福德）反应可以判断。与常用鉴别还原糖的 Fehling 反应和 Benedict 反应不同，Barfoed 反应是在弱酸性条件下进行的还原作用。Barfoed 试剂由乙酸铜和冰乙酸配制而成，在酸性溶液中，单糖和还原二糖的还原速度有明显差异，单糖在 3 min 内就能还原 Cu^{2+}，而还原二糖则需要 20 min 以上。所以，利用黄红色 Cu_2O 沉淀出现的时间长短不同可以区分单糖和还原二糖。

1. 麦芽糖和纤维二糖（cellobiose）

麦芽糖大量存在于发芽的各类种子中，淀粉水解后也可得到麦芽糖。麦芽糖是由 2 分子 α-D-葡萄糖通过 $\alpha(1\rightarrow4)$ 糖苷键连接而成，可以表示为葡萄糖 $\alpha(1\rightarrow4)$ 葡萄糖苷。若 2 分子 β-D-葡萄糖以 $\beta(1\rightarrow4)$ 糖苷键连接，则生成纤维二糖，纤维二糖是构成纤维素的基本单位。

半缩醛羟基

麦芽糖（葡萄糖 $\alpha(1\rightarrow4)$ 葡萄糖苷）　　纤维二糖（葡萄糖 $\beta(1\rightarrow4)$ 葡萄糖苷）

由两个葡萄糖分子（符号为 Glc）构成的二糖称为葡二糖，葡二糖有 11 个异构体（不包括 α、β 异头物），它们都已在自然界中找到，见表 1.5。

表 1.5　葡二糖异构体的结构与存在形式

名　称	结　构	存在形式
α、α-海藻糖（α,α-trehalose）	Glc($\alpha1\leftrightarrow\alpha1$)Glc	藻类，酵母，其他真菌，昆虫血
异海藻糖（isotrehalose）	Glc($\beta1\leftrightarrow\beta1$)Glc	酵母，真菌孢子
新海藻糖（neotrehalose）	Glc($\alpha1\leftrightarrow\beta1$)Glc	蜂蜜*，藻类，蕨类
曲二糖（kojibose）	Glc$\alpha(1\rightarrow2)$Glc	米酒（sake），蜂蜜，粪链球菌（*Streptococcus faecalis*）
槐糖（sophorose）	Glc$\beta(1\rightarrow2)$Glc	槐属（*Sophara*）植物
黑曲霉糖（nigerose）	Glc$\alpha(1\rightarrow3)$Glc	蜂蜜，米酒
海带二糖（laminaribiose）	Glc$\beta(1\rightarrow3)$Glc	海带，松针，酵母
麦芽糖（maltose）	Glc$\alpha(1\rightarrow4)$Glc	淀粉和糖原的酶解产物
纤维二糖（cellobiose）	Glc$\beta(1\rightarrow4)$Glc	纤维素的酶解产物
异麦芽糖（isomaltose）	Glc$\alpha(1\rightarrow6)$Glc	支链淀粉的酶解产物
龙胆二糖（gentiobiose）	Glc$\beta(1\rightarrow6)$Glc	龙胆属（*Gentiana*）植物

*蜂蜜中的寡糖是蜜蜂肠道及肠道中微生物分泌的酶作用于花蜜（nectar）和蜜露（honeydew）而产生的。

2. 乳糖

乳糖主要存在于各种动物的乳汁中，牛奶中乳糖的质量分数为 4%，人乳中乳糖的质量分数为 5% ~7%。乳糖是由 1 分子 β-D-半乳糖和 1 分子 α-D-葡萄糖缩合而成，2 个单糖之间通过 $\beta(1\rightarrow4)$ 糖苷键连接。

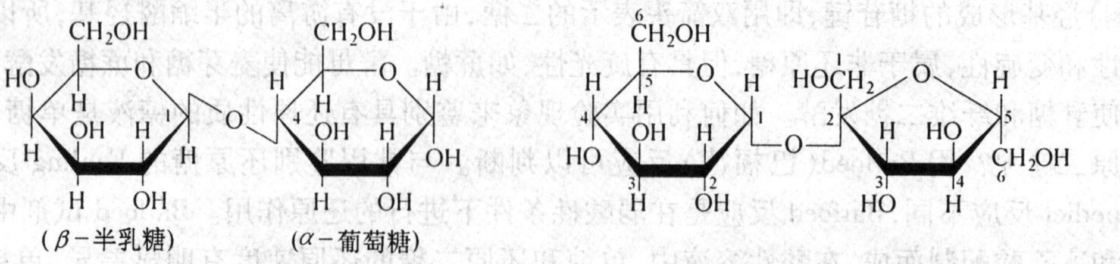
(β-半乳糖)
(α-葡萄糖)

乳糖(半乳糖β(1→4)葡萄糖苷)　　　　蔗糖(葡萄糖α,β(1↔2)果糖苷)

3. 蔗糖

蔗糖俗称食糖,广泛存在于植物中,主要来源于甘蔗和甜菜。蔗糖由1分子*α-D*-葡萄糖和1分子*β-D*-果糖脱水缩合而成,即α-葡萄糖C-1位上的半缩醛羟基与β-果糖C-2位上的半缩酮羟基缩合而成,连接键为α,β(1↔2)糖苷键,无还原性,可表示为葡萄糖α,β(1↔2)果糖苷,也可表示为葡萄糖(α1↔β2)果糖苷,还可以表示为果糖(β2↔α1)葡萄糖苷,结构式见上图。

蔗糖具有右旋性,受稀酸或蔗糖酶(sucrase)作用时,可以水解成等量的葡萄糖和果糖,因为果糖的左旋性比葡萄糖的右旋性强,所以蔗糖水解物具有左旋性,蔗糖这种由右旋变为左旋的过程,称为转化(inversion)。转化作用所生成的等量葡萄糖和果糖的混合物,称为转化糖(invert sugar),转化糖的甜度大于蔗糖。蜂蜜中含有大量的天然转化糖,因为蜜蜂体内含有蔗糖酶。蔗糖加热到200℃左右,则变成棕褐色的焦糖(caramel),有苦味,食品工业中用做酱油、饮料、糖果和面包等的着色剂。

1.3.2　三糖

三糖是由3个单糖缩合而成的。常见的三糖有棉子糖、龙胆三糖、松三糖(melezitose)等。

1. 棉子糖

棉子糖广泛分布于棉子、桉树和甜菜等植物中,无游离的半缩醛羟基,是一种非还原糖,完全水解后产生葡萄糖、果糖和半乳糖各1个分子,其结构式为

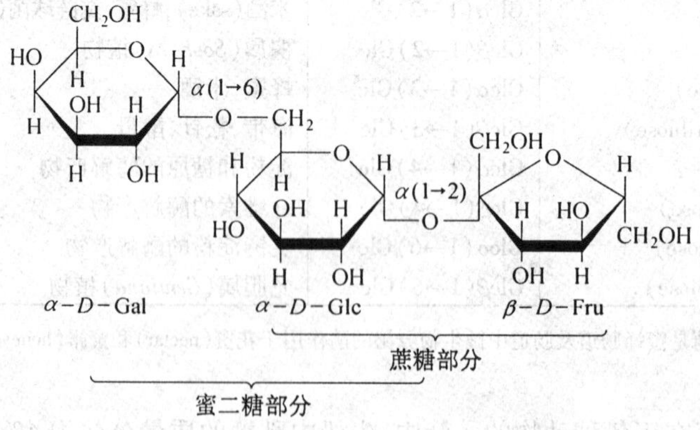
α(1→6)
α(1→2)
α-D-Gal
α-D-Glc
β-D-Fru
蔗糖部分
蜜二糖部分

2. 龙胆三糖

龙胆三糖可表示为葡萄糖β(1→6)葡萄糖β(1→6)葡萄糖苷,是还原糖,存在于龙胆

属植物中。

3. 松三糖

松三糖可表示为葡萄糖 $\alpha(1\rightarrow3)$果糖 $\beta(2\leftrightarrow1)$葡萄糖苷，是一种非还原糖，存在于很多种植物中，特别是松科和椴科植物的分泌物中含有松三糖。

1.3.3 四糖、五糖和六糖

水苏糖(stachyose)是棉子糖家族中的一员，它的第二个半乳糖残基是通过 $\alpha(1\rightarrow6)$糖苷键连接到棉子糖部分的半乳糖基上的。

Gal $\alpha(1\rightarrow6)$Gal $\alpha(1\rightarrow6)$Glc($\alpha1\leftrightarrow\beta2$)Fru
棉子糖部分

半乳糖残基通过这样的一系列连接，则得五糖(如毛蕊花糖(verbascose))、六糖(如筋骨草糖(ajugose))，直至九糖(nonasaccharide)。棉子糖系列广泛分布于植物界，与蔗糖一样都是糖类的转运和贮存形式。蔗糖和棉子糖系列在植物的冷适应(cold adaptation)中起重要作用，某些植物，如裸子植物中棉子糖系列的积累甚至超过蔗糖。

1.4 多糖的结构和性质

自然界中糖类主要以多糖形式存在，多糖相对于单糖和寡糖是一类结构复杂的大分子物质。如前所述，按多糖的组成，可分为同聚多糖和杂聚多糖；按多糖的功能，可分为贮存多糖和结构多糖。属于贮存多糖的有淀粉(starch)、糖原(glycogen)、右旋糖酐(dextran)等；属于结构多糖的有纤维素、壳多糖及各种杂多糖等。

多糖在性质上与单糖和寡糖不同，多糖在水中不形成真溶液，只能形成胶体，无甜味，无还原性，有旋光性，但无变旋性。

1.4.1 同聚多糖

同聚多糖是由同一种单糖或单糖衍生物聚合而成，由葡萄糖聚合而成的称为葡聚糖(glucan)，此外还有甘露聚糖(mannan)、半乳聚糖(galactan)、木聚糖(xylan)等。常见的同聚多糖有淀粉、糖原、右旋糖酐、纤维素和壳多糖等。

1. 淀粉

淀粉是植物生长期间以淀粉粒(granule)形式贮存于细胞中的贮存多糖，它在种子、根茎及果实等器官中含量特别丰富。

淀粉是由许多 α-D-葡萄糖分子通过 O-苷键连接而成。天然淀粉一般含有两种组分，即直链淀粉(amylose)和支链淀粉(amylopectin)，一般二者的质量分数比例为(20%～25%)：(75%～80%)，但糯米中几乎只含支链淀粉，皱缩豌豆中98%都是直链淀粉。

(1) 直链淀粉(amylose)

直链淀粉是 α-D-葡萄糖分子通过 $\alpha(1\rightarrow4)$糖苷键连接而成的线形分子(linear molecule)。平均相对分子质量为 $1\times10^5\sim2\times10^6$，相当于含有600～12 000个葡萄糖残基。构

成直链淀粉的二糖单位为麦芽糖。

直链淀粉有极性(polarity),即方向性,单个直链淀粉分子一端存在一个游离的半缩醛羟基,称为还原端,另一端为非还原端。书写一级结构(糖链中残基的序列和残基间的连接方式)时,非还原端(NRE)放在左边,还原端(RE)放在右边。直链淀粉的结构式为

$$\mathrm{NRE}-\left[\mathrm{O}-\mathrm{Glc}\xrightarrow{\alpha-1,4}\mathrm{O}-\mathrm{Glc}\right]_n-\mathrm{O}-\mathrm{RE}$$

根据X射线衍射分析,直链淀粉的二级结构(多糖链的折叠方式)是一个左手螺旋(left-handed helix),每个螺旋圈内含6个葡萄糖残基,许多螺旋圈构成弹簧状的空间结构。碘分子(I_2)能嵌入螺旋中心空道,每圈可容纳一个I_2,糖的羟基成为电子供体,I_2成为电子受体,形成稳定的深蓝色淀粉-碘配合物(图1.5)。淀粉的空间结构并不十分稳定,在加碱、加热或加乙醇等情况下往往遭到破坏,与I_2形成的特征性蓝色也会随之消失。

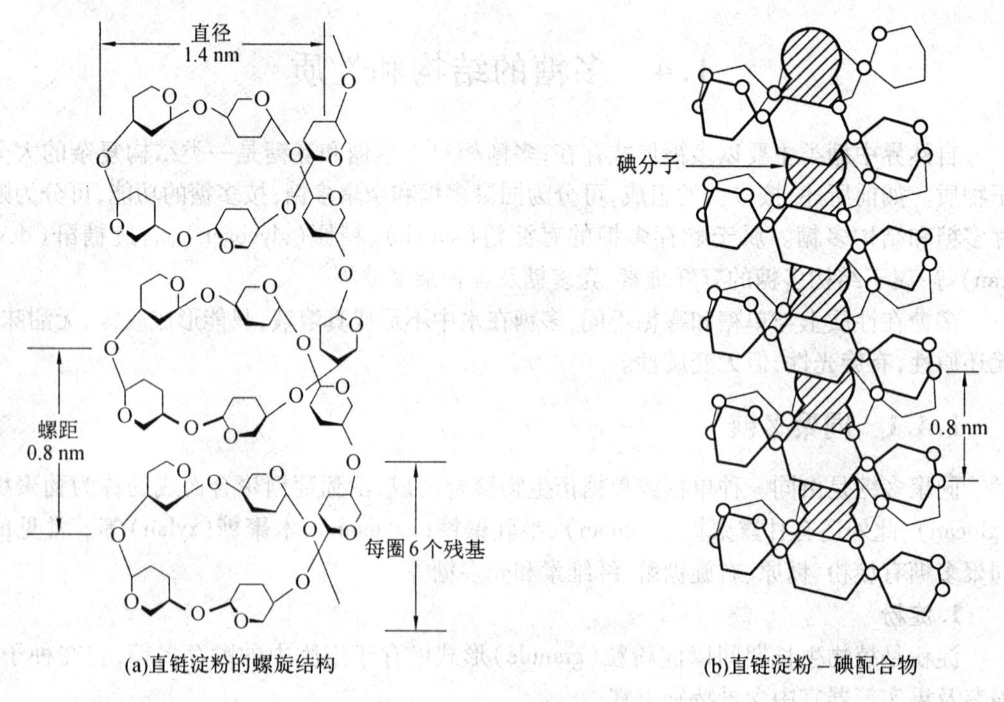

(a)直链淀粉的螺旋结构　(b)直链淀粉–碘配合物

图1.5　直链淀粉

(2)支链淀粉(amylopectin)

支链淀粉是一种高度分支的多糖,约每25~30个葡萄糖单位中有1个分支点,线形链段的葡萄糖残基以$\alpha(1\rightarrow4)$糖苷键连接,分支点处以$\alpha(1\rightarrow6)$糖苷键连接,分支上的葡萄糖残基仍通过$\alpha(1\rightarrow4)$糖苷键连接。一个支链淀粉分子中有1个还原端和n+1个非还原端,n为分支数,具体结构见图1.6。

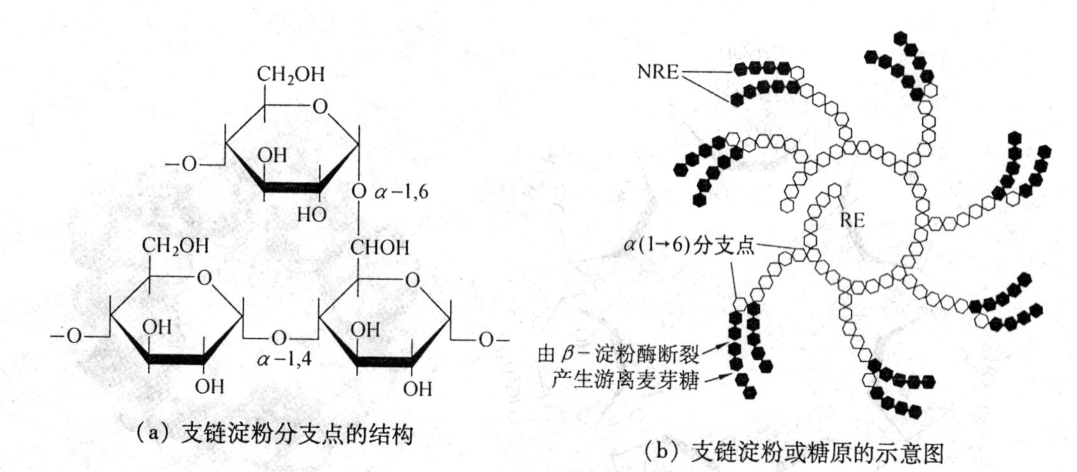

图1.6 支链淀粉

支链淀粉的平均相对分子质量比直链淀粉大,一般为 $1\times10^6\sim6\times10^6$,相当于含有6 000~37 000个葡萄糖残基。

支链淀粉和直链淀粉在物理、化学性质上有明显区别。纯的直链淀粉仅少量溶于热水,溶液放置时重新析出淀粉晶体。支链淀粉易溶于热水,形成稳定的胶体,静置时溶液不出现沉淀,在天然淀粉溶液中支链淀粉是直链淀粉的保护胶体。

支链淀粉遇碘产生紫红色。淀粉的碘反应性质与淀粉的螺旋结构有关,一个螺旋结构所含的葡萄糖基数称为聚合度或重合度(degree of polymerization)。当聚合度为20左右时,与碘形成的配合物显红色;当聚合度为20~60时为紫红色(支链淀粉的聚合度为25~30),大于60时则呈蓝色;当链长小于6个葡萄糖基时,不能形成一个螺旋圈,此时遇碘不显色。

淀粉在酸或酶的作用下水解产生一系列分子大小不等的复杂多糖,统称为糊精(dextrin)。淀粉水解时首先生成淀粉糊精(遇碘呈蓝色),然后是红糊精(遇碘呈红色)、无色糊精(遇碘不显色)、麦芽糖(遇碘不显色),最后生成α-葡萄糖(遇碘不显色),即

淀粉→淀粉糊精→红糊精→无色糊精→麦芽糖→葡萄糖

环糊精(cyclodextrins)是某些芽孢杆菌中的环糊精糖基转移酶(cyclodextrin glucosyl transferase)作用于淀粉(以直链淀粉为佳)生成的环状寡糖。一般由6、7或8个葡萄糖残基以α(1→4)糖苷键连接而成,分别称为α-、β-或γ-环糊精。

环糊精分子的结构像一个大轮胎(图1.7),无游离的异头羟基,属于非还原糖。它们在热的碱性溶液中较稳定,对酸水解较慢,对淀粉酶有较强的抗性。

环糊精的另一个突出特点是,不论它是结晶还是处在溶液中,都易同某些小分子或离子形成包含配合物,如极性的酸类、胺类、SCN—和卤素离子,无极性的芳香碳氢化合物以及稀有气体,都可以包含在环糊精形成的空穴里。这一特性使得环糊精在工业上具有极为广泛的用途,常作为稳定剂、乳化剂、增溶剂、抗氧化剂等,广泛用于食品、医药中。

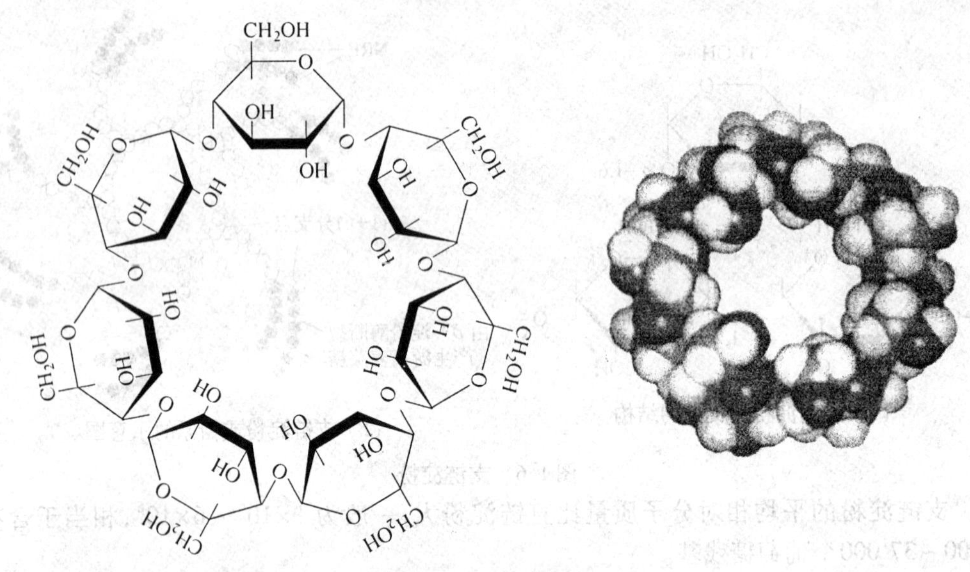

图1.7 β-环糊精

2. 糖原

糖原是动物体内的贮存多糖,相当于植物体内的淀粉,以颗粒形式存在于动物细胞液中,主要分布在动物的肝脏(肝糖原)和骨骼肌(肌糖原)中。在一些低等植物、真菌、酵母和细菌中,也存在糖原类似物。肝脏中的糖原含量与血糖的水平高低有关。人体需要能量时,肝糖原经分解变成葡萄糖而进入血液,供机体消耗;在饭后或其他情况下血中葡萄糖的含量升高时,多余的葡萄糖又可以转变成糖原而贮存于肝脏中。肌糖原则为肌肉收缩提供能源。

糖原的基本组成单位与淀粉相同,也是α-D-葡萄糖,相对分子质量很大(肝糖原为10^6,肌糖原为5×10^6),相当于3万个葡萄糖单位。糖原的基本结构与支链淀粉相似(图1.6)。不同的只是糖原的分支程度更高,分支链更短,平均每8~12个残基发生1次分支。糖原与碘作用呈红色。

糖原无还原性,具右旋性。糖原能溶于水和三氯乙酸,但不溶于乙醇及其他有机溶剂。因此,可用冷的三氯乙酸抽提动物肝脏中的糖原,然后再用乙醇沉淀。

3. 右旋糖酐

右旋糖酐是酵母和细菌的贮存多糖,它可以由某些细菌发酵蔗糖产生。

$$n\ \text{蔗糖} \xrightarrow{\text{酶}} (\text{葡萄糖})_n + n\ \text{果糖}$$

催化聚合反应的是右旋糖酐蔗糖酶(dextransucrase),形成的聚合物主链是$\alpha(1\rightarrow6)$糖苷键连接的葡聚糖(主链占95%),支链因发酵菌株的不同而分支点不同。

用部分水解的方法可以从天然右旋糖酐中获得相对分子质量为50 000~100 000的产品,产率达90%。这种产品临床上用做血浆代用品,治疗因丢失体液而引起的休克。人口腔中生长的几种细菌能合成大量的右旋糖酐,它是牙斑(dental plaque)的主要成分,因此营养学家十分关注饮食中蔗糖的消耗。

右旋糖酐经交联剂处理,则被交联成立体网状的交联葡聚糖(cross-linked dextran),

其珠状凝胶的商品名为 Sephadex。通过控制葡聚糖与交联剂的比例,可得到不同网孔大小的交联凝胶,它们广泛地用于生化分离。

4. 纤维素

纤维素是自然界中分布最广、含量最多的一种多糖,以结构多糖的形式存在于植物体内,是构成植物细胞壁和支撑组织的重要成分。木材内纤维素的质量分数为干重的 50% 以上,麻纤维素的质量分数为 70% ~80%,棉花中纤维素的质量分数为 90% ~98%。纤维素不是植物界独有的,无脊椎动物甚至人体内也有少量。

纤维素的结构类似于直链淀粉,分子中无分支,是一条螺旋状的长链。纤维二糖是它的二糖单位,由 β-D-葡萄糖分子以 $\beta(1\rightarrow4)$ 糖苷键连接而成。长链之间通过氢键形成片层结构(sheet structure),见图 1.8。

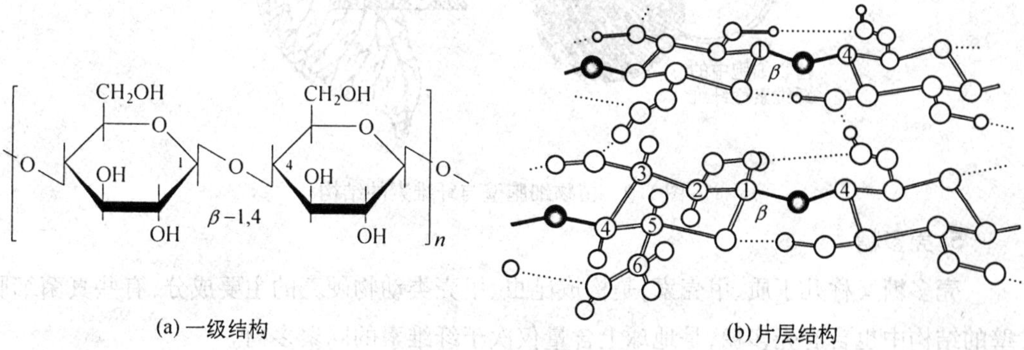

(a) 一级结构

(b) 片层结构

图 1.8 纤维素的结构

纤维素相对分子质量的大小会因植物种类、处理过程及测定方法不同而有较大差别,一般为 50 000 ~2 000 000。纤维素在植物体内集结成一种称为微纤维(microfibril)的生物学结构单元,包埋在果胶质、木质素等组成的基质(matrix)中,增强了细胞壁的抗张强度(tensile strength)和机械性能(图 1.9)。

纤维素不溶于水和一般的有机溶剂,也不溶于稀酸和稀碱。纯纤维素最好是从棉花中用有机溶剂脱蜡,然后在无氧条件下用热的质量分数为 1% 的 NaOH 溶液除去果胶物质的方法制取。

人和哺乳动物缺乏纤维素酶(cellulase),因此不能消化木头和植物纤维;某些反刍动物在肠道内共生着能产生纤维素酶的细菌,因而能消化纤维素;白蚁消化木头依赖于消化道中的原生动物。

天然纤维素在工业上主要用于纺织和造纸。如果将纤维素加入浓硝酸和浓硫酸的硝化剂中,可生成纤维素三硝酸酯,即所谓的硝化纤维(俗称火棉),是制造炸药的原料,其外表与棉花相似,但遇火迅速燃烧。醋酸纤维(cellulose acetate)是最重要的纤维素酯,可用于制造胶片和薄膜,如生化实验中用做电泳支持物的醋酸纤维薄膜。此外,一些改型纤维素(modified cellulose)还可作为食品和医药工业的原料。

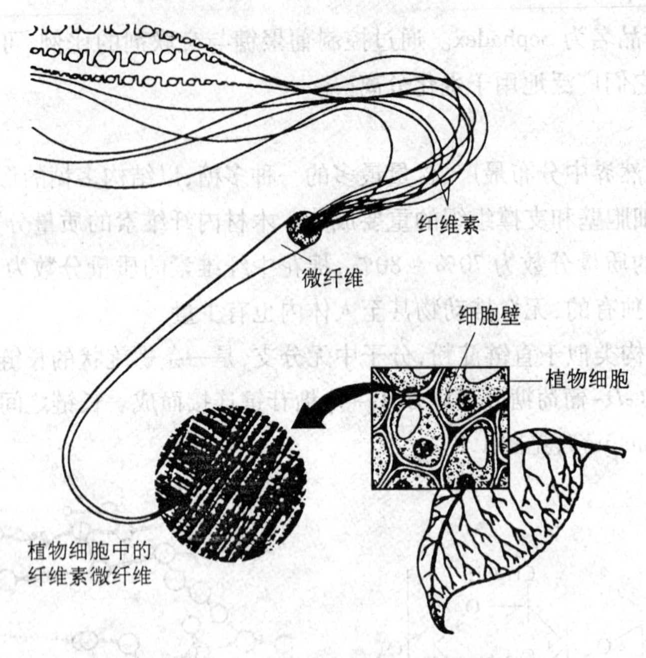

图 1.9　植物细胞壁与纤维素的结构

5. 壳多糖

壳多糖又称几丁质、甲壳素，是构成昆虫、甲壳类动物硬壳的主要成分，有些真菌细胞壁的结构中也含有壳多糖，是地球上含量仅次于纤维素的同聚多糖。

构成壳多糖的基本单位是 *N*-乙酰葡萄糖胺通过 $\beta(1\rightarrow4)$ 糖苷键连接而成。壳多糖的结构与纤维素相似，只是每个残基的 C-2 位上的羟基被乙酰化的氨基所取代。壳多糖的结构式为

壳多糖的结构式

壳多糖的性质稳定，不溶于水和绝大多数有机溶剂，在虾、蟹等动物甲壳中的质量分数为 10% ~30%。工业上常以甲壳为原料，用亚硫酸氢钠漂白法、草酸漂白法等制得不溶性壳多糖。不溶性壳多糖经三氯乙酸处理，可制成透明薄膜，用于制备食品包装袋、记录带及磁带，因具有良好的透气、吸水性能，还可用做“人工皮肤”，将其贴在烧伤或烫伤

的创口上,创口中的溶菌酶可缓慢地分解薄膜,最后致使伤口愈合;还可以制成纸形薄膜用于包裹植物种子,既不影响种子的萌发,同时又具有保温、不受菌类侵袭、提高抗病力的作用。

将不溶性壳多糖用碱等方法除去分子中的乙酰基,制成脱乙酰化的可溶性壳多糖,则此多糖称为脱乙酰壳多糖(chitosan)。由于脱乙酰壳多糖的阳离子性质和无毒性,近来被广泛地应用于水和饮料处理,以及化妆品、制药、医学、农业、食品、饲料加工等方面。

1.4.2 杂聚多糖

杂聚多糖由一种以上的单糖或衍生物组成,其中有的还含有非糖物质。下面介绍几种常见的杂聚多糖。

1. 琼脂

琼脂俗称洋菜,是一类海藻多糖的总称。石花菜科(*Gelidiaceae*)的海藻中琼脂含量较高,所以海藻常作为琼脂的生产原料。琼脂是琼脂糖(agarose)和琼脂胶(agaropectin)的混合物。琼脂糖是琼脂的主要组分,由2种半乳糖聚合而成,即*D*-半乳糖以$\beta(1\rightarrow4)$糖苷键与3,6位脱水的*L*-半乳糖连接,*L*-半乳糖又以$\alpha(1\rightarrow3)$糖苷键与后一个*D*-半乳糖连接。琼脂的结构式为

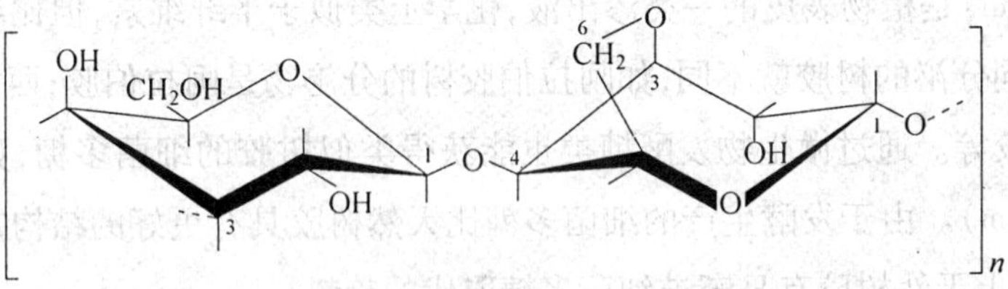

琼脂胶是琼脂糖的衍生物,单糖残基不同程度地被硫酸基、甲氧基、丙酮酸等所取代,其实琼脂糖只是被这些基团取代最少的琼脂组分。

琼脂不溶于冷水而溶于热水,质量分数为1% ~2%的琼脂溶液冷至40 ~50℃,便可形成凝胶,因此在医药、食品工业中广泛用做凝固剂、赋形剂、浊度稳定剂等,加之不被微生物利用,它还可以作为微生物培养基组分,此外琼脂糖在生化实验中常用做层析、电泳的支持物。

2. 果胶物质

果胶物质主要存在于植物细胞壁和细胞的中胶层(middle lamella)内,是细胞壁的基质多糖,在浆果和茎中含量最丰富。果胶物质包括两种酸性多糖(聚半乳糖醛酸和聚鼠李半乳糖醛酸)及3种中性多糖(阿拉伯聚糖、半乳聚糖和阿拉伯半乳聚糖)。每种多糖随植物来源不同,残基种类、数目、连接方式等都有相当大的变化。

羟基不同程度被甲基化的线形聚半乳糖醛酸或聚鼠李半乳糖醛酸,称为果胶(pectin);羟基完全去甲酯化了的果胶,称为果胶酸(pectinic acid)。果胶分为可溶性果胶和不溶性果胶,存在于植物中与纤维素和半纤维素等结合的水不溶性果胶,称为原果胶(protopectin),原果胶经植物体内果胶酶(pectinase)作用或稀酸处理变为水溶性果胶。

果胶类物质的一个特性是可以形成凝胶。果胶溶液是亲水胶体,在一定酸度(pH 2 ~3.5)下与糖(质量分数为60% ~65%的蔗糖)共沸,冷却后形成凝胶。形成凝胶的机制是糖使高度水化了的果胶脱水,酸消除果胶分子的负电荷。果胶广泛用于制糖、饮料、面包、蜜饯、奶品等食品加工业,此外还用于制药、化妆品等工业。

3. 半纤维素

半纤维素(hemicellulose)是碱溶性的植物细胞壁多糖,即除去果胶物质后的残留物能被质量分数为15%的NaOH提取的多糖。这些多糖多具有侧链,分子大小为50 ~400个残基,在细胞壁中与微纤维非共价结合,也是一种基质多糖。这类多糖包括多聚戊糖、己糖和少量的糖醛酸,如阿拉伯聚糖、木聚糖、半乳聚糖等,它们都不溶于水,可溶于稀碱,比纤维素更易被酸水解,产物为阿拉伯糖、木糖、半乳糖、甘露糖及糖醛酸等。

半纤维素大量存在于植物的木质化部分,如木材中半纤维素的质量分数为干重的15% ~25%,在农作物的秸秆中其质量分数为25% ~45%。

4. 树胶

树胶(gum)是植物表皮的一类渗出液,化学上类似于半纤维素,但比半纤维素更为复杂。植物不同分泌的树胶就不同,如阿拉伯胶树的分泌物是阿拉伯胶;西黄芪胶树的分泌物是西黄芪胶等。通过微生物发酵糖类也能获得类似树胶的细菌多糖,如黄杆胶或黄原胶(xanthangum)。由于发酵生产的细菌多糖比天然树胶具有更好的结构重现性和来源的可靠性,市场上天然树胶有日渐被细菌多糖取代的趋势。

树胶在工业上有广泛的用途,可用于食品、制药、纺织、印染、造纸、印刷、水泥、涂料、皮革、橡胶、陶瓷、电镀、金属加工、包装材料、化妆品、农业、渔业、国防等工业中。

5. 细菌多糖

细菌多糖包括构成细菌细胞壁的结构性多糖和分泌到胞外的分泌性多糖。这里主要介绍细胞壁的结构性多糖。

(1) 肽聚糖(peptidoglycan)

肽聚糖也称为黏肽(mucopeptide)或胞壁质(murein),是糖和肽(peptide)的复合物。肽聚糖由2种单糖衍生物和4种氨基酸构成,主链由单糖衍生物*N*-乙酰葡萄糖胺(GlcNAc)和*N*-乙酰胞壁酸(MurNAc)通过$\beta(1\to4)$糖苷键交替连接而成,侧链是由4个氨基酸连接而成的四肽,然后通过5个甘氨酸(glycine)肽链连接起来构成肽聚糖,见图1.10。

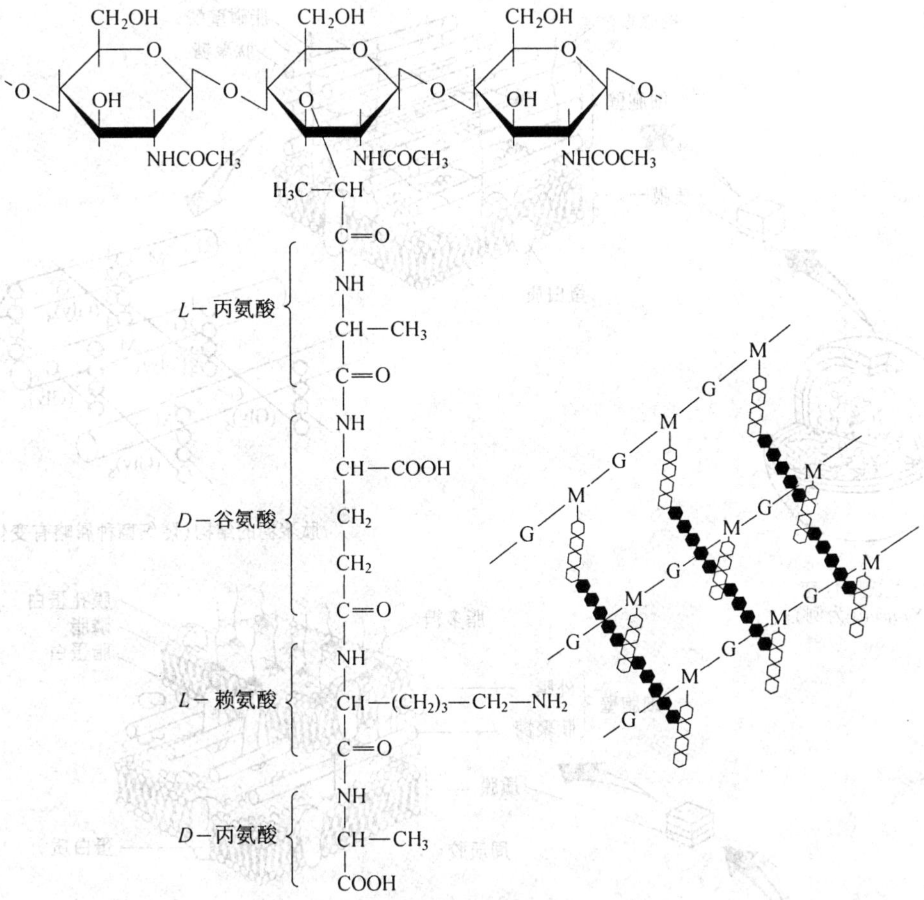

图 1.10 细菌细胞壁肽聚糖的结构

G = GlcNAc; M = MurNAc; ○代表4种氨基酸; ●代表甘氨酸

革兰氏阳性菌和革兰氏阴性菌细胞壁中肽聚糖的结构区别在于它们各有不同的氨基酸及不同方式构成的肽链。革兰氏阳性菌的细胞壁由多层网状结构的肽聚糖组成,由磷壁酸(teichoic acid)相连(图1.11(a))。革兰氏阴性菌的细胞壁成分复杂,不含磷壁酸,含有质量分数为10%的单层肽聚糖,肽聚糖外还覆盖着一层脂双层膜,称外膜(outer membrane)。外膜由脂多糖(lipopolysaccharide)、脂蛋白、膜孔蛋白(porin)和磷脂组成(图1.11(b))。这一差异使革兰氏阴性菌在革兰氏染色时易被脱色剂(如体积分数为95%的乙醇)洗去而显阴性。

(2) 磷壁酸

磷壁酸是革兰氏阳性菌细胞壁的特有成分,在某些细菌中,其质量分数达细胞壁干重的50%。磷壁酸的主链由醇(甘油或核糖醇)和磷酸分子交替连接而成,侧链是单个的*D*-葡萄糖或丙氨酸(*D*-Ala)等,分别以糖苷键或磷酸二酯键连接。按磷壁酸所含的醇组分不同,可分为甘油磷壁酸和核糖醇磷壁酸。

(3) 脂多糖

脂多糖是革兰氏阴性菌细胞壁的特有成分,除对细胞具有保护作用外,通常还具有抗

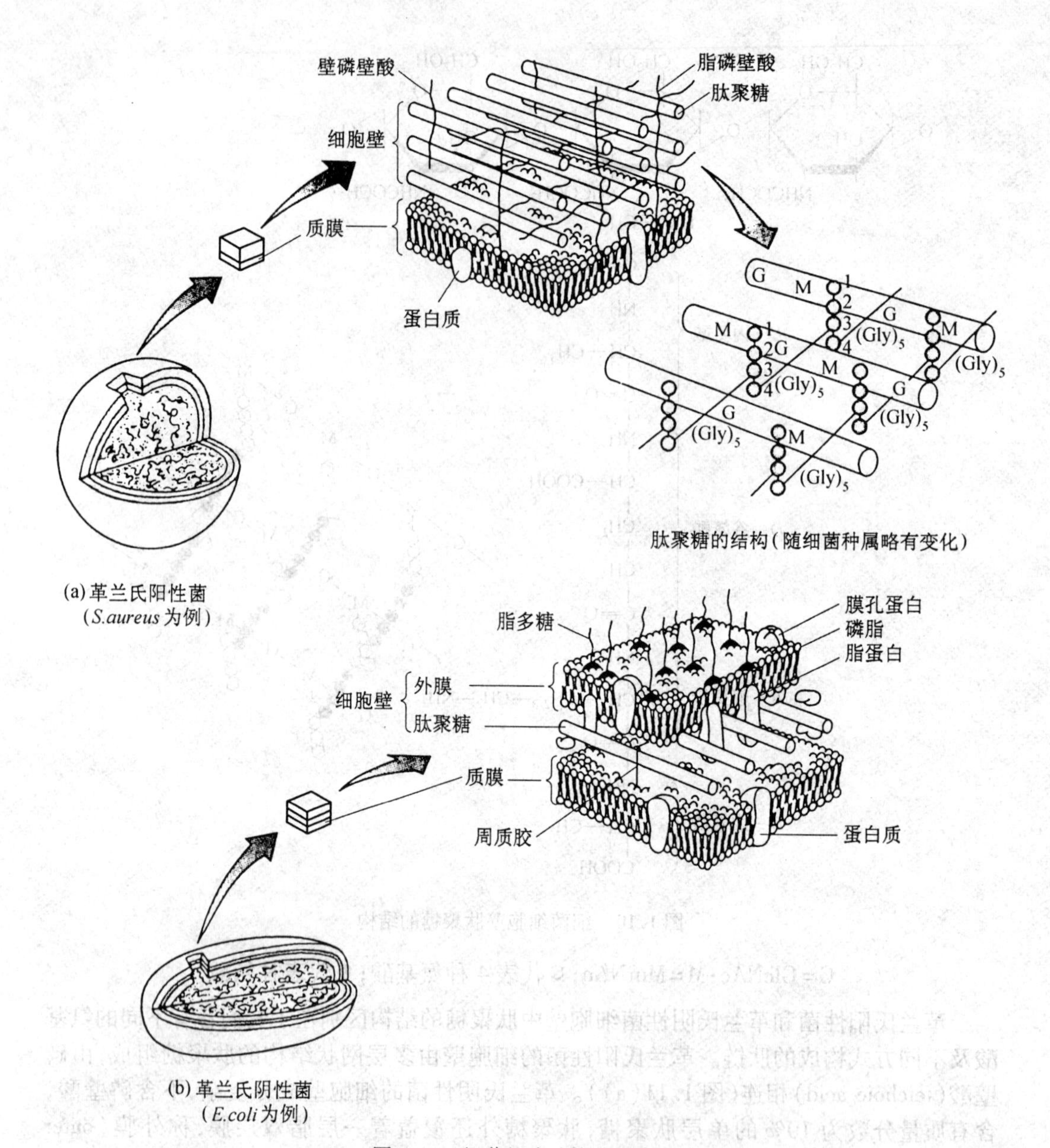

图 1.11　细菌细胞壁构造示意图

原性(antigenicity,即由于抗原的刺激能形成特异抗体的能力),又称为抗原性多糖。细菌脂多糖经常引起哺乳动物的毒性效应,又称内毒活性(endotoxic activity),因此"内毒素"(endotoxin)与脂多糖可相互替用。

不同细菌所含脂多糖的组分和结构差别较大,通常含有 5~9 种单糖或其衍生物,如肠道细菌除含有 *D*-葡萄糖、*D*-半乳糖、*N*-乙酰葡萄糖胺外,还含有一些特殊的糖组分,即 3,6-二脱氧岩藻糖、*L*-甘油甘露庚糖、2-酮-3-脱氧辛糖酸等。对沙门氏菌(*Salmanella*)的脂多糖研究较为深入,全部结构可分为 3 个部分(图 1.12),*O*-特异链(*O*-specific chain)、核心寡糖(core oligosaccharide)和脂质 A(lipids A)。

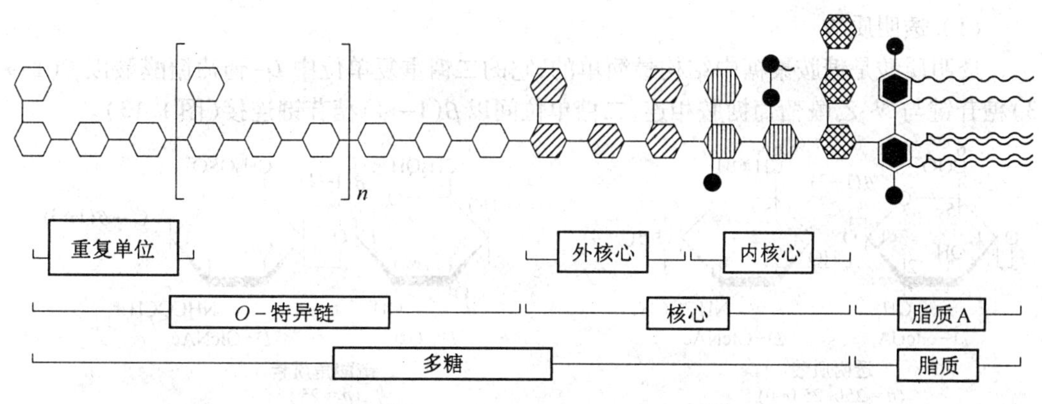

图1.12　沙门氏菌脂多糖的化学结构示意图(n平均为50)

⬡为单糖；　●为磷酸；　～为乙醇胺；　～～～为长链(羟基)脂肪酸

① O-特异链或O-多糖，位于脂多糖的最外层，由数十个相同的寡糖单位组成，因其具有抗原性，又称O-抗原，相当于革兰氏阳性菌的磷壁酸，O-抗原是借血清学方法鉴别革兰氏阴性菌种类的根据。

② 核心寡糖分为内核心和外核心，功能是作为特异性噬菌体的受体，在缺乏O-特异链时作为抗原，还能调节脂质A的生物活性。

③ 脂质A是决定脂多糖内毒活性的部分，当出现在哺乳动物的血液和胃肠道时，会引起发烧、血压升高、血凝和血清补体系统的活化，甚至不可逆的休克。脂质A的脂肪酸链伸进外膜，并因此使整个脂多糖分子固定在外膜中。

含有O-特异链的脂多糖细菌称S-型，S是指在琼脂板上生长的光滑菌落(smooth colony)。野生型肠道菌和沙门氏杆菌是典型的S-型，S-型菌株能引起疾病。许多突变体天然缺乏O-特异链，这些细菌具有粗糙菌落(rough colony)的形态学特征，称为R-型，R-型沙门氏杆菌属于非病原菌。

6. 糖胺聚糖

糖胺聚糖(glycosaminoglycan，GAG)是一类重要的动物杂多糖，这类杂多糖通常含有氮和硫，因为大多具有黏性，故早先称其为黏多糖(mucopolysaccharide)，又因分子中含有许多酸性基团，也称为酸性黏多糖。

糖胺聚糖常存在于动物的软骨、筋、腱等部位(表1.6)，是结缔组织间质和细胞间质的主要成分。常见的糖胺聚糖有透明质酸(hyaluronic acid，HA)、硫酸软骨素(chondroitin-sulfate，CS)、肝素(heparin，HP)等。

表1.6　糖胺聚糖的组成及分布

名　称	组　成	相对分子质量	存在部位
透明质酸(HA)	N-乙酰葡萄糖胺，葡萄糖醛酸	$4\times10^6\sim8\times10^6$	眼球玻璃体，脐带，关节
硫酸软骨素(CS)	硫酸-N-乙酰半乳糖胺，葡萄糖醛酸	$5\times10^3\sim5\times10^4$	骨，软骨，皮肤，血管，角膜
硫酸皮肤素(DS)	4-硫酸乙酰半乳糖胺，艾杜糖醛酸	$1.5\times10^4\sim4\times10^4$	皮肤，韧带，动脉壁
硫酸角质素(KS)	6-硫酸乙酰葡萄糖胺，半乳糖	$4\times10^3\sim1.9\times10^4$	角膜，软骨
肝素(HP)	硫酸-艾杜糖醛酸，硫酸葡萄糖胺	$6\times10^3\sim2.5\times10^4$	肝，肺，肾，肠黏膜
硫酸类肝素(HS)	葡萄糖醛酸，N-乙酰葡萄糖胺	5×10^4	肝，肺，动脉，细胞膜

(1) 透明质酸

透明质酸是糖胺聚糖中结构最简单的，它的二糖重复单位中 *D*-葡萄糖醛酸以 β(1→3)糖苷键与 *N*-乙酰葡萄糖胺相连，二糖单位间以 β(1→4)糖苷键连接(图 1.13)。

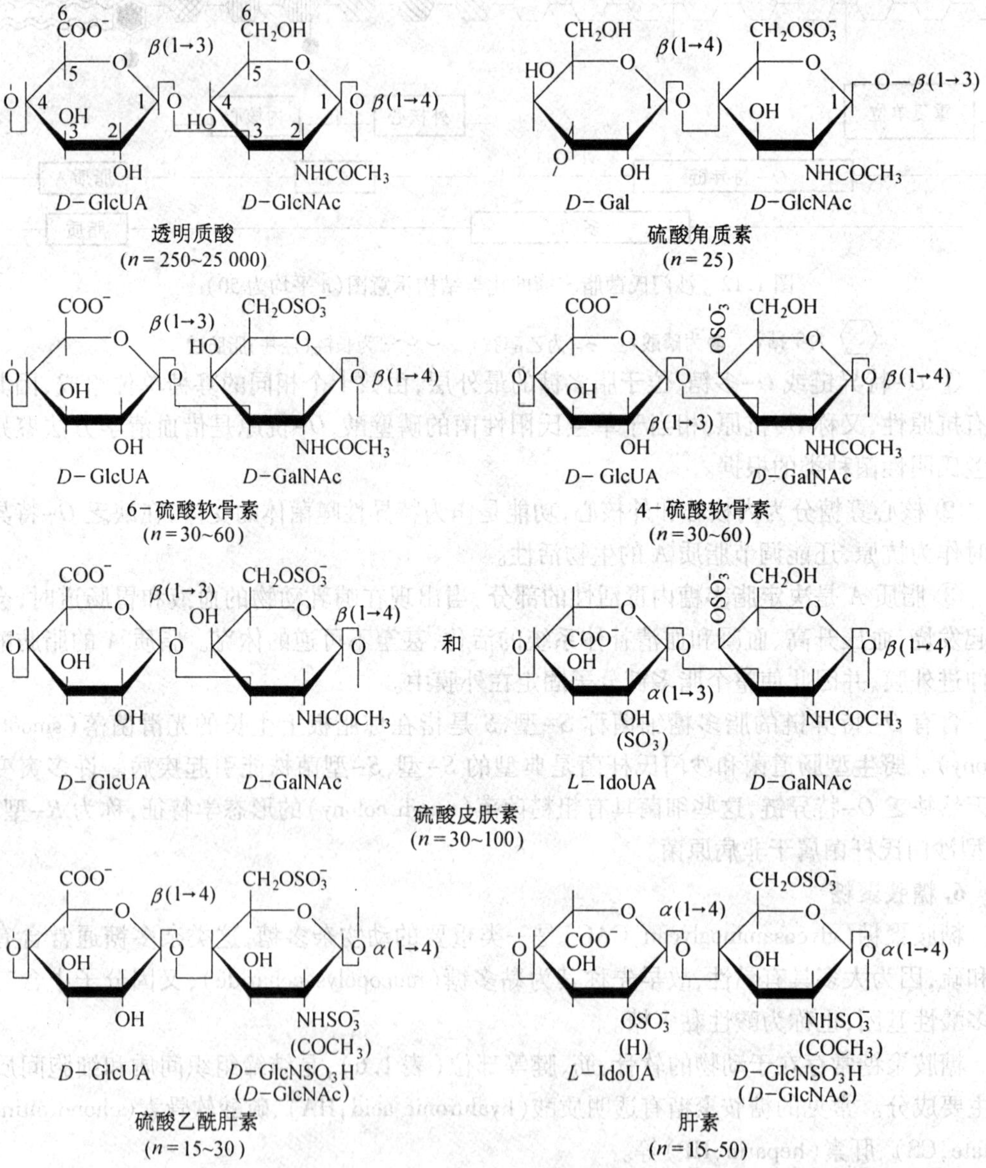

D-GlcUA　*D*-GlcNAc
透明质酸
(n=250~25 000)

D-Gal　*D*-GlcNAc
硫酸角质素
(n=25)

D-GlcUA　*D*-GalNAc
6-硫酸软骨素
(n=30~60)

D-GlcUA　*D*-GalNAc
4-硫酸软骨素
(n=30~60)

D-GlcUA　*D*-GalNAc　和　*L*-IdoUA　*D*-GalNAc
硫酸皮肤素
(n=30~100)

D-GlcUA　*D*-GlcNSO$_3$H (*D*-GlcNAc)
硫酸乙酰肝素
(n=15~30)

L-IdoUA　*D*-GlcNSO$_3$H (*D*-GlcNAc)
肝素
(n=15~50)

图 1.13　糖胺聚糖二糖重复单位的结构

透明质酸与其他糖胺聚糖不同，即它不被硫酸化；也不与蛋白质共价结合，而是以游离形式或非共价复合体形式存在；它的结构简单，但相对分子质量很大；它是惟一不局限于动物组织，在细菌中也能生产的糖胺聚糖。透明质酸广泛存在于动物结缔组织的细胞外基质中，在胚胎、关节液、玻璃体、鸡冠等组织中尤为丰富。牛玻璃体、人脐带和公鸡冠是提取透明质酸的常用材料。

由于分子表面含有很多亲水基团,透明质酸能结合大量(1 000～10 000倍)的水,形成透明的高黏性水合凝胶,当其处于封闭间隙时将产生膨胀压,因而软骨、腱等结缔组织具有抗压和弹性。关节液和玻璃体液中的透明质酸起着润滑、防震和增稠剂的作用。

具有强烈侵染性的细菌、迅速生长的恶性肿瘤、蜂毒和蛇毒中都含有透明质酸酶(hyaluronidase),能引起透明质酸的分解,搞清楚透明质酸和透明质酸酶在病理过程中的作用,在临床上是很有价值的。

(2) 硫酸软骨素

根据*N*-乙酰半乳糖胺被硫酸化的部位(C-4位或C-6位)不同,分为4-硫酸软骨素(软骨素A)和6-硫酸软骨素(软骨素C),多数硫酸软骨素都是二者的混合体。

硫酸软骨素作用广泛,不仅具有特殊的免疫抑制作用(immunosuppression),还能减少局部胆固醇的沉积,起到抗动脉硬化的作用。在临床上,硫酸软骨素用于治疗神经痛、关节炎、多种中毒症、预防手术后粘连、链霉素引起的听觉障碍等。因其具有吸湿保水、改善皮肤细胞代谢的功能,已应用于化妆品中,作为水包油型表面促进剂,达到充分吸收的目的。

(3) 肝素

肝素是天然的抗凝血剂,还能加速血浆中三酰甘油(triacylglycerols)的清除,防止血栓的形成。硫酸类肝素(又称硫酸乙酰肝素)也有抗凝血活性,但比肝素低得多。

1.5 复合糖

糖与非糖物质(如脂类)共价结合,可形成糖脂或脂多糖;与蛋白质共价结合,可形成糖蛋白或蛋白聚糖(proteoglycan,PG),它们统称为复合糖或结合糖。

糖与蛋白质之间,以蛋白质为主的是糖蛋白,其总体性质更接近于蛋白质;以糖为主的是蛋白聚糖,总体性质更接近于糖。

1.5.1 糖蛋白

糖蛋白是一类复合糖,寡糖作为蛋白质的辅基。寡糖链常有分支,单糖残基数一般不超过15个。糖蛋白的含糖量变化很大,如胶原蛋白的质量分数不到1%,人红细胞膜糖蛋白称血型糖蛋白(glycophorin)的质量分数为60%,胃黏蛋白中糖的质量分数高达82%。

至今发现构成糖蛋白的糖有10余种,己糖为主,戊糖次之,有*D*-葡萄糖、*D*-半乳糖、*D*-甘露糖、*D*-木糖、*L*-阿拉伯糖、*L*-岩藻糖、*N*-乙酰氨基己糖和唾液酸等。参与糖肽共价连接的氨基酸种类很少,常见的有丝氨酸、苏氨酸、天冬酰氨等。

由于连接方式的不同,糖蛋白可分为*O*-型糖蛋白和*N*-型糖蛋白两种(图1.14),*O*-型糖蛋白是指蛋白质中的苏氨酸或丝氨酸残基的羟基与糖基相连,而*N*-型糖蛋白则主要是蛋白质中的天冬酰胺与糖基相连。

糖蛋白包括许多酶、蛋白质激素、血浆蛋白、全部抗体、补体因子、血型物质、黏液组分和许多膜蛋白。其寡糖链在不同情况下呈现多方面的作用,即作为识别标记和多肽链构

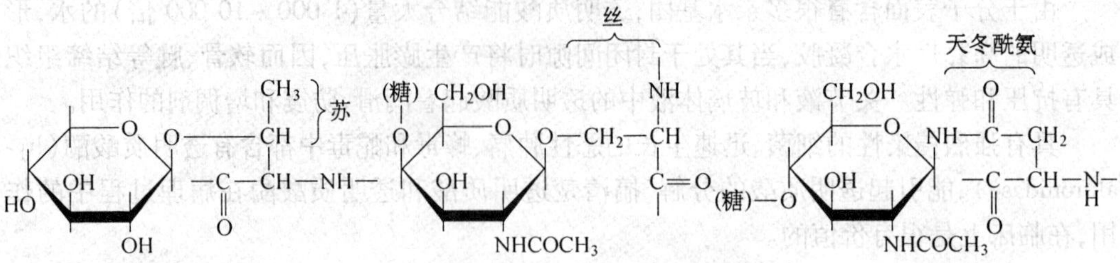

木糖　　　*N*－乙酰半乳糖胺　　　*N*－乙酰葡萄糖胺

图 1.14　糖蛋白中糖与蛋白质的连接方式

象的决定因子；影响某些糖蛋白与其他分子的结合；改变糖蛋白的溶解度、沉淀性和在水溶液中的黏度；影响糖蛋白对蛋白水解酶的耐受能力；参与糖蛋白的分泌及运输等。

1.5.2　蛋白聚糖

以糖胺聚糖为主连接若干肽链的复合多糖，称为蛋白聚糖。糖胺聚糖具有黏稠性，所以蛋白聚糖曾被称为黏蛋白、软骨黏蛋白等。与糖蛋白比较，蛋白聚糖中按质量计算，糖的比例高于蛋白质，糖的质量分数可达 95% 或更高，糖的主要成分是无分支的糖胺聚糖链，典型的每条链约含 80 个单糖残基，通常无唾液酸。蛋白聚糖不仅分布于细胞外基质，也存在于细胞表面及细胞内的分泌颗粒中。

在蛋白聚糖的分子结构中，蛋白质分子居于中间，构成一条主链，称为核心蛋白（core protein），糖胺聚糖分子排列在蛋白质分子的两侧，这种结构称为蛋白聚糖的“单体”。

由于核心蛋白分子的大小和结构不同，糖胺聚糖链的成分、数目、链长、硫酸化部位和程度不同，形成的蛋白聚糖的种类繁多。目前从各种组织中分离到的蛋白聚糖已有数十种，但尚无统一、理想的命名和分类方法。早期根据来源、聚糖成分命名的有软骨蛋白聚糖、硫酸皮肤素蛋白聚糖、角膜硫酸角质素蛋白聚糖等。最近 Kjellen 和 Lindahl 根据核心蛋白氨基酸序列的同源性，综合各种分类依据把蛋白聚糖分成若干个家族，如大分子聚集型胞外基质蛋白聚糖、小分子富含亮氨酸胞外基质蛋白聚糖以及跨膜胞内蛋白聚糖。

（1）大分子聚集型胞外基质蛋白聚糖

大分子聚集型胞外基质蛋白聚糖包括可聚蛋白聚糖（aggrecan）、多能蛋白聚糖（versican）等。它们存在于细胞外基质中，具有抵抗压力的作用，如使动脉平滑肌不断承受来自心脏的搏动力和血流冲击，维持血管的正常结构与功能等。可聚蛋白聚糖存在于软骨组织中，多以聚集体形式存在。

（2）小分子富含亮氨酸胞外基质蛋白聚糖

小分子富含亮氨酸胞外基质蛋白聚糖包括饰胶蛋白聚糖（decorin）、双糖链蛋白聚糖（biglycan）、纤调蛋白聚糖（fibromodulin）和光蛋白聚糖（lumican）等。它们存在于细胞外基质中，相对分子质量较小。光蛋白聚糖存在于角膜中，对维持角膜的透明度具有重要作用。

（3）跨膜胞内蛋白聚糖

跨膜胞内蛋白聚糖包括串珠蛋白聚糖（perlecan）、黏结蛋白聚糖（syndecan）、纤维蛋白聚糖(fibroglycan)和丝甘蛋白聚糖(Serglycan)等。串珠蛋白聚糖在肾小球基底膜中起滤膜作用,使血流中的分子滤向尿液。

蛋白聚糖单体可以聚集形成蛋白聚糖聚集体(proteoglycan aggregate),如软骨可聚蛋白聚糖,整个分子结构如一个“试管刷”,在透明质酸(HA)主干上有规则地每间隔约40 nm结合一个蛋白聚糖单体(图1.15(a))。每个核心蛋白的透明质酸结合区与透明质酸的十糖序列(5个重复二糖)非共价结合,并由小分子连接蛋白使结合稳定化(图1.15(b))。

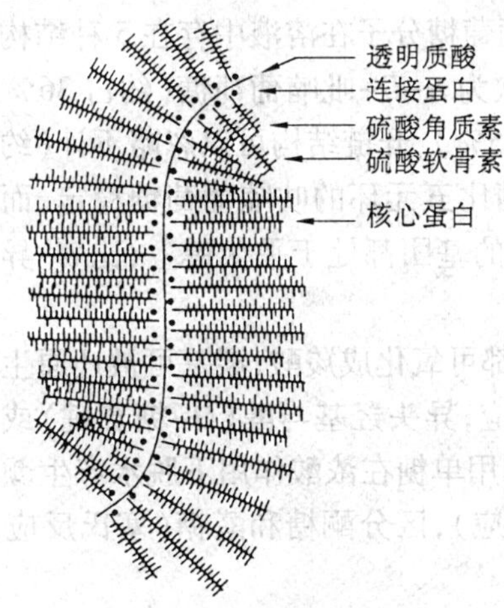

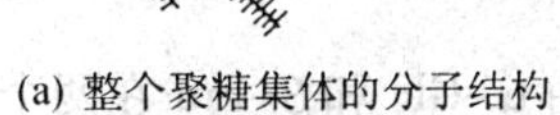

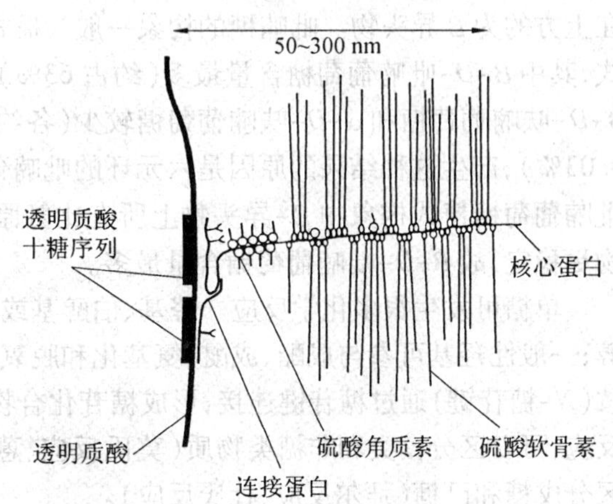

图1.15 软骨可聚蛋白聚糖聚集体结构示意图

这样形成的聚集体含100多个单体,是目前已知的最大分子之一,其体积比一个细菌细胞还大,在电镜下就可以观察到分子的外形。可聚蛋白聚糖对维持软骨形态和功能具有重要的意义。

本 章 小 结

糖类是构成生物体的四大重要物质之一,广泛存在于生物界,特别是植物界中。多数糖类具有$(CH_2O)_n$的结构式,其化学本质是多羟基醛或多羟基酮及其缩聚物和衍生物。糖类按其聚合度分为单糖、寡糖和多糖。同聚多糖是指仅含一种单糖或单糖衍生物的多糖;杂聚多糖是指含一种以上单糖或单糖衍生物的多糖。糖类与非糖类物质共价结合而成的复合物,称为复合糖,如糖脂、糖蛋白等。

除二羟丙酮外,单糖均含不对称碳原子或手性碳原子(C^*),都是不对称分子(手性分子),都具有旋光性。一个C^*有两种构型,即D-型和L-型,含有n个C^*的单糖,其中直链的有2^n个旋光异构体,组成2^{n-1}对对映体;α-或β-葡萄糖或果糖分子(环状己醛糖或环状己酮糖)旋光异构体的计算公式则由2^n变为2^{n+1},因为醛糖C-1位或酮糖C-2位也变成了手性碳原子,所以环状的(包括α和β异头物)有2^{n+1}个旋光异构体,组成2^n对对映体。任意旋光异构体只有一个对映体,其他旋光异构体都是它的非对映体,仅有一个C^*构型不同的两个旋光异构体为差向异构体。

单糖的构型是指离羰基碳最远的那个 C* 的构型，与 D-甘油醛构型相同，属 D 系糖，反之属 L 系糖，大多数天然糖属于 D 系糖。许多单糖水溶液有变旋现象，是因为开链单糖分子内的醇基与醛基或酮基发生了可逆的亲核加成反应，形成了环状的半缩醛或半缩酮。这种反应经常发生在 C-5 位羟基和 C-1 位醛基之间，形成六元环的吡喃糖；或发生在 C-5 位羟基和 C-2 位酮基之间，形成五元环的呋喃糖。由于成环后羰基碳成为新的不对称中心，出现了两个异头差向异构体，分别称为 α 和 β 异头物，它们通过开链形式发生互变并处于平衡中。在 Haworth 式中，D-单糖异头碳的羟基在氧环下方的为 α 异头物，在上方的为 β 异头物。吡喃糖的构象一般为椅式。葡萄糖分子在溶液中存在 5 种结构形式，其中 β-D-吡喃葡萄糖含量最多（约占 63%），其次为 α-D-吡喃葡萄糖（约占 36%），β-D-呋喃葡萄糖和 α-D-呋喃葡萄糖较少（各约占 0.5%），开链结构可以忽略不计（约占 0.03%），产生这种结果的原因是六元环的吡喃葡萄糖比五元环的呋喃葡萄糖稳定，而在吡喃葡萄糖椅式构象中 β-异头物上所有比氢原子大的基团都处于平伏键上，比 α-异头物更稳定，故 β-D-吡喃葡萄糖含量最多。

单糖可发生很多化学反应。醛基、伯醇基或两者都可氧化成羧酸；羰基可被还原生成醇；一般性羟基可参与成酯、成醚、氨基化和脱氧等反应；异头羟基与醇（O-糖苷键）或与胺（N-糖苷键）通过糖苷键连接，形成糖苷化合物。利用单糖在浓酸作用下脱水产生颜色反应，可以区分糖类和非糖类物质（莫氏反应、蒽酮反应），区分酮糖和醛糖（塞氏反应），区分戊糖和己糖（拜尔反应、杜氏反应）。

蔗糖、乳糖、纤维二糖和麦芽糖是最常见的二糖。蔗糖由 α-Glc 和 β-Fru 在两个异头碳之间通过 α,β(1↔2) 糖苷键连接而成，无潜在的自由醛基，因而失去还原、成脎、变旋等性质，称之为非还原糖。乳糖的结构是 Galβ(1→4)Glc，麦芽糖的结构是 Glcα(1→4)Glc，它们末端的葡萄糖残基仍有潜在的自由醛基，故为还原糖。利用 Fehling 反应、Benedict 反应和 Barfoed 反应可以区分还原糖和非还原糖，利用 Barfoed 反应还可以区分出单糖（所有单糖都是还原糖）和还原二糖。

常见的同聚多糖有淀粉、糖原、右旋糖酐、纤维素和壳多糖。淀粉、糖原和纤维素是最常见的同聚多糖，它们都由葡萄糖聚合而成。淀粉和糖原分别是植物和动物的贮存养料，属贮能多糖。淀粉由直链淀粉和支链淀粉组成，直链淀粉中只有 α(1→4) 糖苷键，碘显色反应为蓝色。糖原和支链淀粉除有 α(1→4) 糖苷键外，还有形成分支的 α(1→6) 糖苷键，糖原的分支程度比支链淀粉高，糖原碘显色反应为红色，支链淀粉碘显色反应为紫红色。纤维素由葡萄糖通过 β(1→4) 糖苷键连接而成，这一结构特点使其具有适于作为结构成分的物理性质，属于结构多糖。

常见的杂聚多糖有琼脂、果胶物质、树胶、半纤维素、细菌多糖、糖胺聚糖。肽聚糖是细菌细胞壁的成分，属结构多糖，由一种称胞壁肽的基本结构重复排列构成。胞壁肽是由含四肽侧链的二糖单位通过 β(1→4) 糖苷键连接而成的多糖链。磷壁酸是革兰氏阳性细菌细胞壁的特有成分；脂多糖是革兰氏阴性细菌细胞壁的特有成分。

糖胺聚糖和蛋白聚糖是动物细胞外基质的重要成分，糖胺聚糖由己糖醛酸和己糖胺组成二糖单位的重复结构，多数糖胺聚糖都不同程度地被硫酸化，如 4-硫酸软骨素、硫酸角质素等。糖胺聚糖多以蛋白聚糖形式存在，但透明质酸例外。

糖蛋白是一类复合糖。许多内在膜蛋白和分泌蛋白都是糖蛋白。糖蛋白和糖脂中的寡糖链,序列多变,结构信息丰富。寡糖链的还原端与多肽链的氨基酸残基间的连接方式有 N-糖肽链和 O-糖肽链,糖蛋白中的寡糖链在细胞识别等生物学过程中起重要作用。

习　题

1. 判断对错。如果错误,请说明原因。

(1) 所有单糖都具有还原性和旋光性。

(2) 半乳糖和甘露糖是一对差向异构体。

(3) 淀粉与糖原、纤维素同属于贮存多糖,且都是同聚多糖。

(4) 糖类俗称“碳水化合物”,凡符合通式(CH_2O)n 的均为糖类。

(5) 戊糖和己糖与强酸共热时可分别脱水生成糠醛和羟甲基糠醛,二者均能与 α-奈酚反应呈紫红色。

2. 环状己醛糖和环状己酮糖有多少个可能的旋光异构体?[$2^5=32$;$2^4=16$]

3. 有哪些单糖还原后可生成山梨醇(D-葡萄醇)?

4. 写出 β-D-脱氧核糖、β-D-呋喃果糖、β-D-吡喃葡萄糖、α-D-吡喃葡萄糖、β-D-半乳糖、α-D-半乳糖的 Fischer 投影式和 Haworth 透视式。

5. 写出蔗糖、乳糖、麦芽糖、纤维二糖的结构式,并指出哪些是还原糖,哪些是非还原糖?

6. D-葡萄糖的 α 和 β 异头物的比旋度($[\alpha]_D^{20}$)分别为+112.2°和+18.7°。当 α-D-吡喃葡萄糖晶体样品溶于水时,比旋度将由+112.2°降至平衡值+52.5°。计算平衡混合液中 α 和 β 异头物的比率(开链形式和呋喃形式可忽略不计)。[36.2%;63.8%]

7. 某麦芽糖溶液的旋光度 α_D^t 为+26°,测定时使用的旋光管长度为 10 cm,已知麦芽糖的比旋度$[\alpha]_D^t$ 为+130°,请问麦芽糖的质量分数是多少?[20%或 20 g/100 mL]

8. 已知 α-D-半乳糖的$[\alpha]_D^{25}$ 为+150.7°,β-D-半乳糖的$[\alpha]_D^{25}$ 为+52.8°。现有一个 D-半乳糖溶液,平衡时的$[\alpha]_D^{25}$ 为+80.2°,求该溶液中 α 和 β-D-半乳糖的质量分数(醛式半乳糖可忽略不计)分别是多少?[28%;72%]

9. 利用与糖脱水和还原性质相关的实验,分别用最少的步骤将葡萄糖、果糖、蔗糖、核糖、麦芽糖及淀粉溶液与蒸馏水区分开(写出所用反应的名称和实验现象)。

第 2 章 脂质和生物膜

2.1 概　　述

2.1.1 脂质的概念

(1) 定义

脂质(lipid)又称脂类或类脂,是一类难溶于水而易溶于非极性溶剂的生物有机大分子。大多数脂质的化学本质是醇与高级一元酸(或脂肪酸)作用生成的酯及其衍生物。

(2) 组成

组成脂质的元素除 C、H、O 外,还含有 N、P、S。

组成脂质的醇类有甘油(glycerol)、鞘氨醇、高级一元醇和固醇;组成脂质的脂肪酸(fatty acid,FA)大多是 4 个碳原子以上的长链一元酸。

(3) 特性

脂质包括的范围很广,而且化学结构和化学成分差异较大,具有能溶于有机溶剂而不溶于水的特性,因此称其为脂溶性。但这种特性并不是绝对的,由低级脂肪酸构成的脂质可溶于水,在高温高压条件下,完全不溶于水或很少溶于水的脂质也能大量溶于水。

2.1.2 脂质的分类

脂质是根据溶解性质定义的,在化学组成上变化较大,因此给分类造成一定困难。按化学组成脂质大体上可分为三大类。

(1) 单脂(simple lipid)

由醇和脂肪酸构成的酯称为单脂,包括油脂和蜡(wax)。

(2) 复脂(compound lipid)

复脂除含醇和脂肪酸外,还含有其他物质,如含糖的称为糖脂(glycolipid),含磷酸的称为磷脂(phospholipid),含蛋白质的称为脂蛋白(lipoprotein)。复脂往往兼有两种不同化合物的理化性质,因而具有特殊的生物学功能。

(3) 其他脂质

其他脂质是指其他不含脂肪酸但与单脂、复脂关系密切,并具有脂溶性的物质,如固醇类和萜类。

① 固醇类(甾类)(steroid)。固醇类是环戊烷多氢菲(perhydrocyclopentanophenanthrene)的衍生物,包括固醇(甾醇)、胆汁酸、维生素 D、性激素、肾上腺皮质激素等。

② 萜类(terpene)。萜类是异戊二烯单位(isoprene unit)的聚合物或衍生物,包括许多天然色素(如胡萝卜素)、维生素 A、香精油、天然橡胶等。

按功能脂质可分为三大类,贮存脂(storage lipid,如油脂和蜡)、结构脂(structural lipid,如磷脂和糖脂)、活性脂(active lipid,如脂质类激素等)。

2.1.3　脂质的生物学功能

(1) 贮存能源

贮存脂是机体代谢所需能源的贮存形式。如果机体摄取的营养物质超过正常需要量,就会转变成油脂积累起来,由于其疏水,可以大量贮存。人体中的贮存部位主要是皮下、大网膜、肠系膜和脏器周围,贮存量可达 15 ~ 20 kg,足以维持人一个月的能量需要。但作为能源物质的脂质因为疏水,动员速度比亲水的糖类慢许多,所以维持生命所需的能量主要来源于糖类。

动物组织、器官表面的脂质起润滑作用,可缓冲机械损伤;皮下脂质还能减缓热量散失,对机体起保温作用。蜡是海洋浮游生物代谢能源的主要贮存形式。

(2) 结构组分

磷脂是生物膜的重要组成成分,可增加生物膜的柔软性、半通透性及高电阻性。

(3) 生物活性

脂质类激素,如前列腺素、肾上腺皮质激素、性激素等都具有重要的生物学活性。同时,一些脂质还是生物活性物质(如脂溶性维生素 A、D、E、K 等)的最好溶剂。

2.2 单脂的结构和性质

2.2.1 油脂

油脂又称中性脂(neutral fat)或真脂(true fat),其化学本质是酰基甘油(acylglycerol),油脂中主要是三酰甘油(triacylglycerol,TG),或称甘油三酯(triglyceride),还有少量的二酰甘油(diacylglycerol)和单酰甘油(monoacylglycerol)。

常温下呈液态的酰基甘油称为油(oil),呈固态或半固态的称为脂(fat),二者无严格的区分界限。植物性油脂多为油(可可脂例外),贮存于果实和种子中,如大豆、花生、油菜子、芝麻、向日葵等,其质量分数可高达 40% ~50%;动物性油脂多为脂(鱼油例外),脂肪含量不稳定,一般成年男性脂肪占体重的 10% ~20%;在微生物体内脂肪以颗粒形式存在,某些产脂性微生物其脂肪颗粒含量较高。

1. 酰基甘油的结构

酰基甘油是由甘油和脂肪酸失水缩合而成的酯。

(1) 脂肪酸

脂肪酸是由 1 个长烃链(非极性尾)和 1 个羧基末端(极性头)组成的羧酸。烃链中不含双键的为饱和脂肪酸(saturated FA);含一个或多个双键的为不饱和脂肪酸(unsaturated FA);含单个双键的为单不饱和脂肪酸或单烯酸;含一个以上双键的为多不饱和脂肪酸或多烯酸。有的脂肪酸还含有取代基,如羟脂酸中含有羟基。

不同脂肪酸之间的差别主要取决于碳原子数、双键的位置和数目。

天然脂肪酸的碳原子数为 4 ~36 个,几乎都是偶数,多数为 12 ~24 个碳,最常见的天然脂肪酸碳原子数为 16 和 18,如软脂酸、硬脂酸和油酸等。高等动植物体内主要是 12 个碳原子以上的高级脂肪酸;12 个碳以下的低级脂肪酸主要存在于哺乳动物的乳脂中。

脂肪酸可用通俗名、系统名和简写符号 3 种方法表示,见表 2.1。书写简写符号时,先写脂肪酸的碳原子数,再写双键数,中间用冒号(:)隔开。如饱和脂肪酸中的软脂酸,含有 16 个碳原子,双键数为零,简写为 16:0(通常将 0 省去)。不饱和脂肪酸还需指出双键的位置,书写方法有两种,一种用 Δ(delta)右上角标数字(从羧基端开始计数,双键键合的头一个碳原子的号码),数字间用逗号(,)隔开,如 α-亚麻酸为 18 碳三烯酸,简写符号为 $18:3\Delta^{9,12,15}$;另一种写法是用括号代替 Δ,如 α-亚麻酸可写为 18:3(9,12,15)。系统命名法除 Δ 编码体系外,还有 ω 或 n 编码体系,排序是从脂肪酸的甲基端($-CH_3$)开始计算碳原子顺序,如 α-亚麻酸还可写为 $18:3(\omega^{3,6,9})$,属 ω-3 族。

表2.1　某些天然存在的脂肪酸(Δ系统命名)

通俗名	系统名	简　写	结　构	熔点/℃	存　在
饱和脂肪酸					
酪酸	丁酸	4:0	$CH_3(CH_2)_2COOH$	-7	[牛]乳脂
软脂酸(棕榈酸)	十六碳酸	16:0	$CH_3(CH_2)_{14}COOH$	63.1	动、植物油脂
硬脂酸	十八碳酸	18:0	$CH_3(CH_2)_{16}COOH$	69.6	动、植物油脂
花生酸	二十碳酸	20:0	$CH_3(CH_2)_{18}COOH$	76.5	花生油
蜡酸(蜂酸)	二十六碳酸	26:0	$CH_3(CH_2)_{24}COOH$	88.5	蜂蜡、植物蜡
单不饱和脂肪酸					
棕榈油酸	十六碳-9-烯酸(顺)	16:1(9)	$CH_3(CH_2)_5CH=CH(CH_2)_7COOH$	-0.5~0.5	乳脂、海藻类
油酸	十八碳-9-烯酸(顺)	18:1(9)	$CH_3(CH_2)_7CH=CH(CH_2)_7COOH$	13.4	橄榄油等、分布广
神经酸(鲨油酸)	二十四碳-15-烯酸(顺)	24:1(15)	$CH_3(CH_2)_7CH=CH(CH_2)_{13}COOH$	42~43	神经组织、鱼肝油
多不饱和脂肪酸					
亚油酸	十八碳-9,12-二烯酸(顺,顺)	18:2(9,12)	$CH_3(CH_2)_4(CH=CHCH_2)_2(CH_2)_6COOH$	-5	大豆油、亚麻子油等
α-亚麻酸	十八碳-9,12,15-三烯酸(全顺)	18:3(9,12,15)	$CH_3CH_2(CH=CHCH_2)_3(CH_2)_6COOH$	-11	亚麻子油等
γ-亚麻酸	十八碳-6,9,12-三烯酸(全顺)	18:3(6,9,12)	$CH_3(CH_2)_4(CH=CHCH_2)_3(CH_2)_3COOH$	-14.4	月见草种子油、动物脂中微量
花生四烯酸	二十碳-5,8,11,14-四烯酸(全顺)	20:4(5,8,11,14)	$CH_3(CH_2)_4(CH=CHCH_2)_4(CH_2)_2COOH$	-49	卵磷脂、脑磷脂
EPA	二十碳-5,8,11,14,17-五烯酸(全顺)	20:5(5,8,11,14,17)	$CH_3CH_2(CH=CHCH_2)_5(CH_2)2COOH$	-54~-53	鱼油、动物磷脂
DHA	二十二碳-4,7,10,13,16,19-六烯酸(全顺)	22:6(4,7,10,13,16,19)	$CH_3CH_2(CH=CHCH_2)_6CH_2COOH$	-45.5~-44.1	鱼油、动物磷脂

天然脂肪酸具有以下几个特点。

① 饱和脂肪酸构成的脂质常温下多为固态,动物和微生物中含量较多。不饱和脂肪酸构成的脂质常温下多为液态,植物特别是高等植物中含量丰富。

② 细菌中的不饱和脂肪酸为单烯酸,动植物中既有单烯酸,又有多烯酸。

③ 单烯酸的双键一般位于C-9位和C-10位之间(Δ^9);多烯酸的双键多为非共轭系

统,相邻双键间隔着一个亚甲基($—CH_2$),即3个碳原子(如$\Delta^{9,12,15}$)。

④ 不饱和脂肪酸由于具有双键,因此有顺反异构现象,天然存在的不饱和脂肪酸多为顺式构型。

⑤ 饱和与不饱和脂肪酸的构象不同。饱和脂肪酸中的每个单键都可以自由旋转,构象形式多样,烃链完全伸展,如图2.1中所示的硬脂酸;不饱和脂肪酸的双键由于不能旋转,烃链中会产生1个或多个结节(kink)。

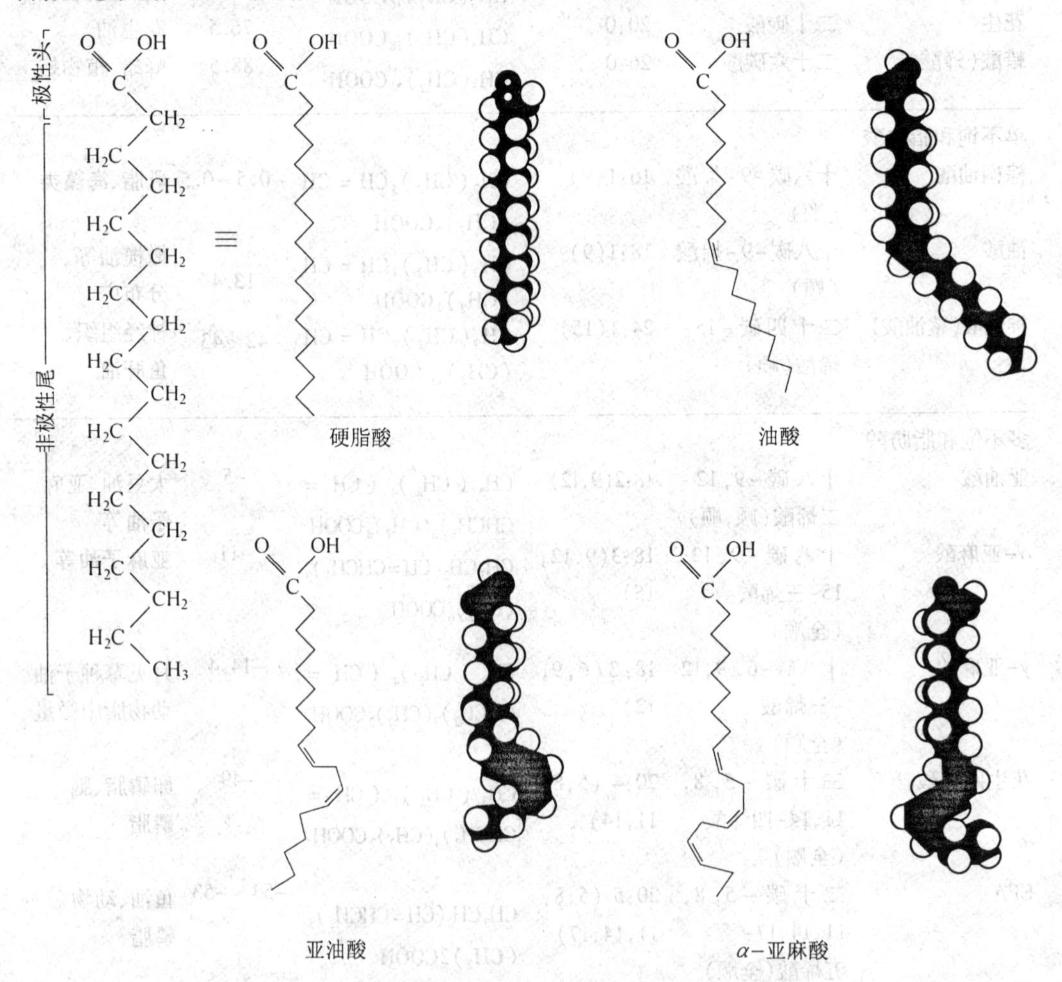

图2.1 几个典型脂肪酸的立体结构(空间填充模型)

脂肪酸和含脂肪酸类化合物的物理性质(溶解度和熔点)取决于烃链的长度与不饱和程度。非极性烃链是造成脂肪酸类化合物在水中溶解度降低的主要原因,其烃链越长,溶解度就越低;当不饱和程度相同时,烃链越长,熔点越高;当烃链长度相同时,不饱和程度越高,熔点越低,如室温下12:0到24:0饱和脂肪酸为蜡状固体,同样链长的不饱和脂肪酸为油状液体。

人和哺乳动物自身只能合成ω-9及ω-7族的单不饱和脂肪酸,不能合成含2个以上双键的多不饱和脂肪酸,必须由膳食提供,因此称它们为必需脂肪酸(essential fatty acid), ω-6 及 ω-3 族的多不饱和脂肪酸为必需脂肪酸，如亚油酸和 α-亚麻酸。

亚油酸和 α-亚麻酸分属于 ω-6 和 ω-3 系列多不饱和脂肪酸（PUFA）家族，ω-6 和 ω-3系列是分别指第一个双键离甲基末端 6 个碳和 3 个碳的 PUFA。缺乏 ω-6 PUFA 将导致皮肤病变，缺乏 ω-3 PUFA 将导致神经、视觉和心脏疾病。大多数人可以从膳食中获得足够量的 ω-6 PUFA，但是可能缺乏最适量的 ω-3 PUFA。有些学者认为 ω-6 和 ω-3 PUFA的理想比例是(4 ~ 10)∶1，它们主要的膳食来源见表 2.2。

α-亚麻酸是合成二十碳五烯酸（EPA）和二十二碳六烯酸（DHA）的前体，DHA 在视网膜和大脑皮层中特别活跃，大脑中约一半的 DHA 是在出生前积累的，可见脂质的积累在怀孕期和哺乳期是非常重要的。

表 2.2　ω-6 和 ω-3 多不饱和脂肪酸（PUFA）的来源

ω-6 PUFA	来　源	ω-3 PUFA	来　源
亚油酸	植物（大豆、花生、芝麻、葵花子、棉子、油菜子、玉米胚、小麦胚等）	α-亚麻酸	植物（芝麻、胡桃、大豆、油菜子、小麦胚等）
γ-亚麻酸和花生四烯酸	肉类，玉米胚油等（或在体内由亚油酸合成）	EPA 和 DHA	人乳，鱼（鲭、鲑、鲱、沙丁鱼等），贝类，甲壳类（虾、蟹等）（或在体内由 α-亚麻酸合成）

亚油酸和 α-亚麻酸在哺乳动物体内能转变为 γ-亚麻酸，继而延长为花生四烯酸，植物中并无花生四烯酸的存在。花生四烯酸是维持细胞膜结构和功能所必需的，也是合成生物活性物质——类二十碳烷酸（eicosanoid）的前体。类二十碳烷酸包括前列腺素（prostaglandin，PG）、凝血噁烷（thromboxane，TX）、白三烯（leukotriene，LT）等几类信号分子，它们的结构见图 2.2。类二十碳烷酸是体内的局部激素（local hormone），发挥其生理效应一般局限在合成部位附近，半寿期（half-life）短，只有几十秒到几分钟，而且同一物质在不同组织中会产生不同的效应。

前列腺素是脂肪酸衍生物类激素（二十碳四烯酸），是人体中分布最广、效应最大的生物活性物质之一，对全身各个系统均有作用，如升高体温、产生疼痛、促进炎症、控制跨膜转运、诱导睡眠、调节血流进入特定器官、刺激分娩等。

前列腺素（PG）是前列腺烷酸的衍生物，都含有一个五碳饱和环和两条侧链；带羧基的七碳链与环的第 8 位碳相连，虚楔形键表示突出于环面之下；八碳链连接在环的第 12 位碳上，实楔形键表示突出于环面之上，见图 2.2。天然前列腺素中发现了 7 种环的取代类型，分别用 A、B、D、E、F、G（H）和 I 表示，每一类中又分若干个亚类，其中 PGI_2 称为前列环素（prostacyclin），由花生四烯酸合成，是血管内皮产生的前列腺素，能扩张冠状动脉血管，防止血小板聚集和黏附于血管内皮表面，临床用于心肺分流手术以减少凝血危险。

凝血噁烷 A_2 是血小板产生的前列腺素类物质，能引起动脉收缩、诱发血小板聚集，促进血栓形成，因此与前列环素效应相反。白三烯与机体免疫有关，能促进趋化、炎症和过敏反应。

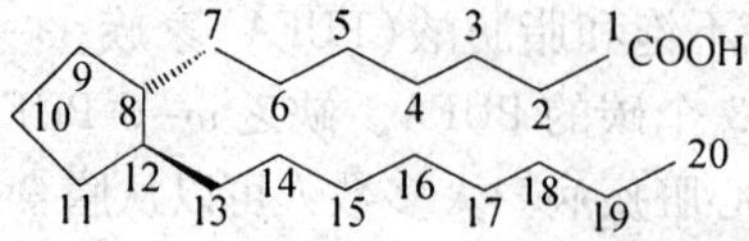

前列腺烷酸

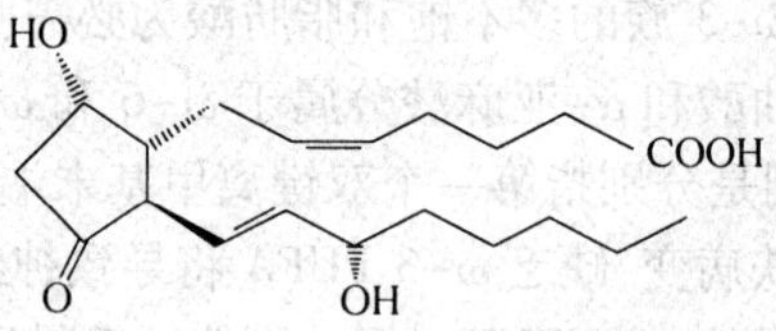

PGD_2

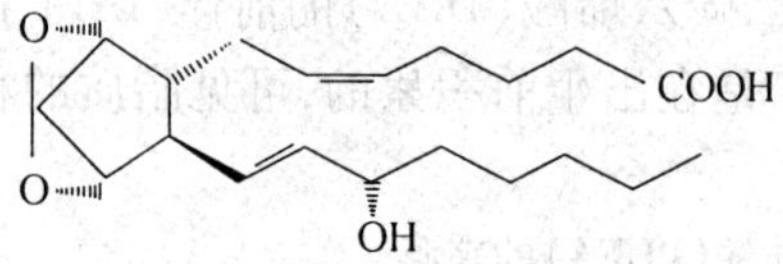

PGH_2

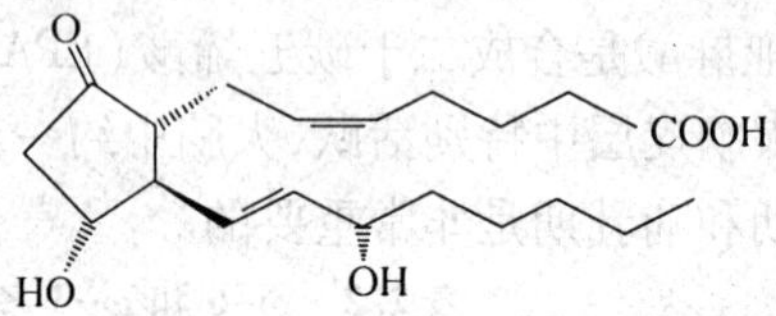

PGE_2

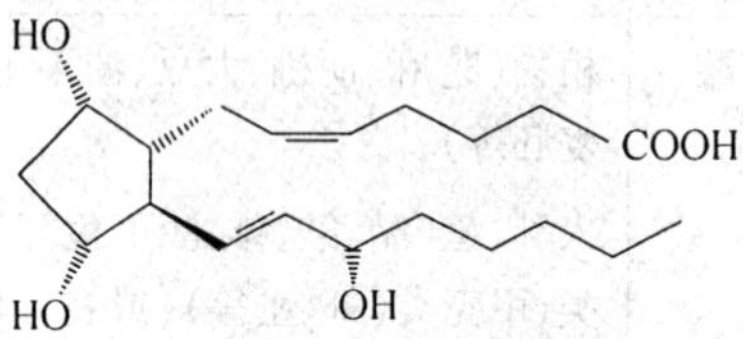

$PGF_{2\alpha}$

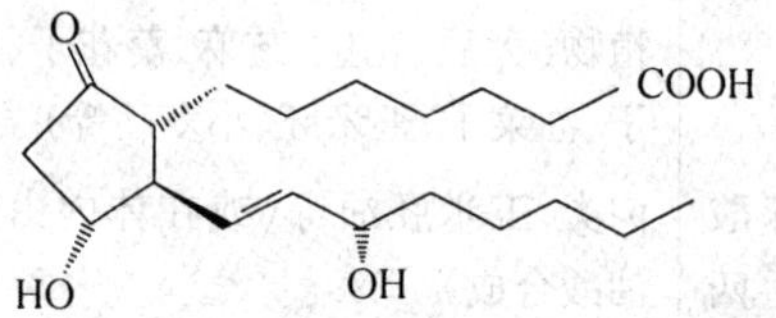

PGE_1

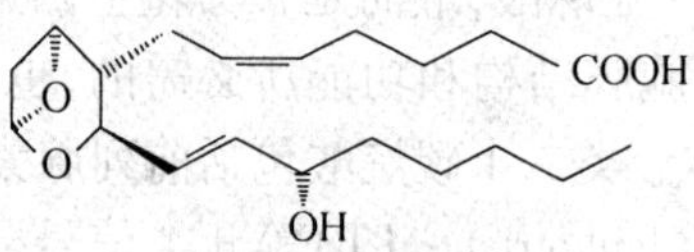

TXA_2(凝血噁烷A_2)

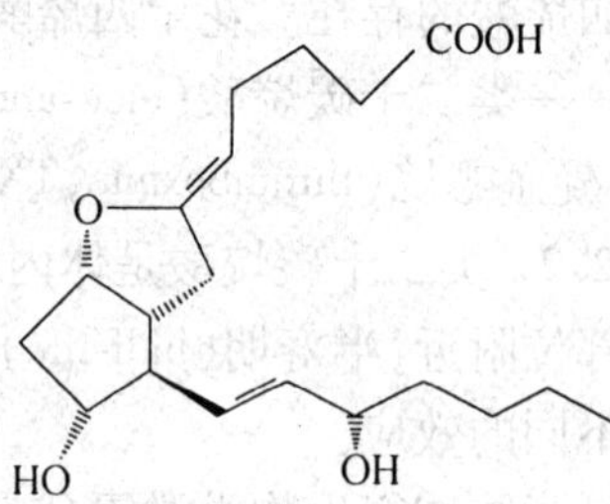

PGI_2(前列环素)

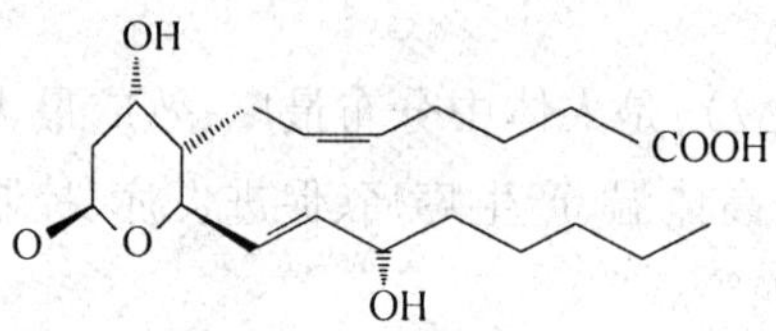

TXB_2

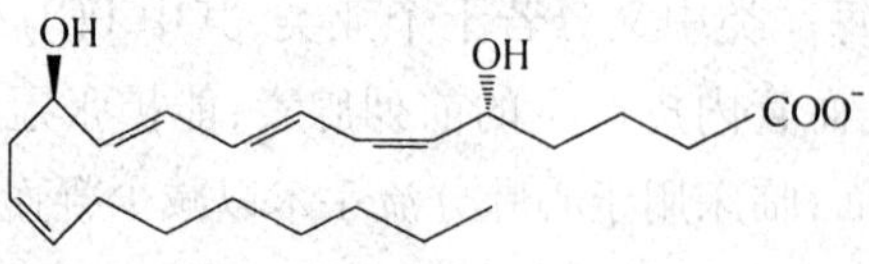

LTB_4(白三烯B_4)

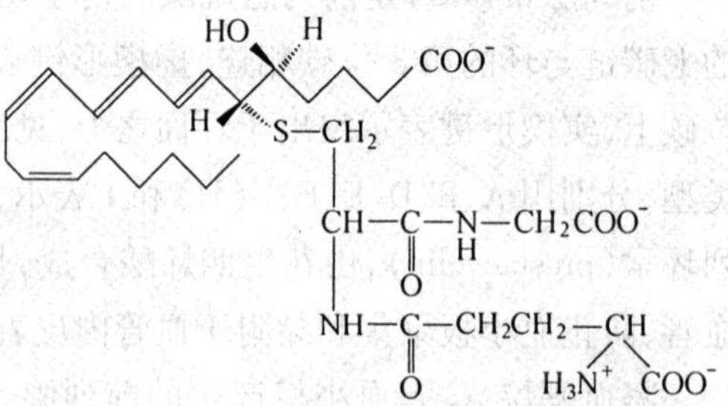

LTC_4

图2.2　几种常见类二十碳烷酸的结构

阿司匹林(aspirin,即乙酰水杨酸)能抑制机体前列腺素的合成,医学上用于消炎、镇痛、退热,此外它还能抑制凝血噁烷 A_2 的形成,每天服用小剂量的阿司匹林可以预防心脑血管疾病的发生。

(2) 甘油

甘油即丙三醇,为无色无臭略带甜味的黏稠液体,可与水、乙醇以任意比例互溶。甘油用途极为广泛,可作为甜味剂、防冻剂、防干剂、柔软剂等,广泛应用于食品、化妆品、医药、油漆、国防等工业中。

甘油分子中含有3个羟基,可逐一被脂肪酸酯化,生成酰基甘油。其中只有1个羟基被酯化的称为单酰甘油,2个羟基被酯化的称为二酰甘油。最常见的是三酰甘油,即由1分子甘油和3分子脂肪酸缩合而成,其化学反应式为

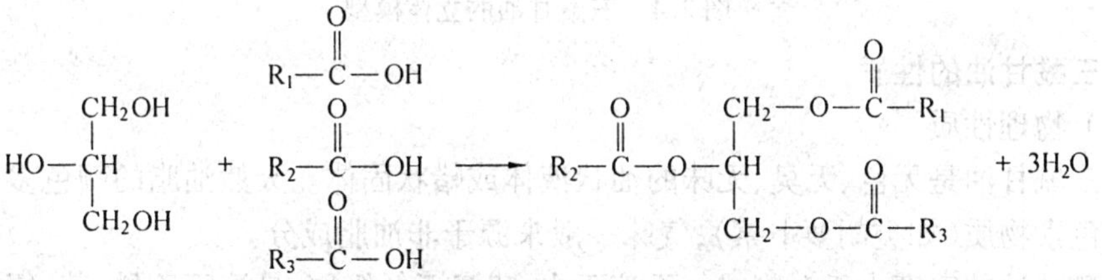

$$\begin{array}{c} CH_2OH \\ | \\ HO-CH \\ | \\ CH_2OH \end{array} + \begin{array}{c} R_1-\overset{O}{\overset{\|}{C}}-OH \\ R_2-\overset{O}{\overset{\|}{C}}-OH \\ R_3-\overset{O}{\overset{\|}{C}}-OH \end{array} \longrightarrow R_2-\overset{O}{\overset{\|}{C}}-O-\begin{array}{l} CH_2-O-\overset{O}{\overset{\|}{C}}-R_1 \\ | \\ CH \\ | \\ CH_2-O-\overset{O}{\overset{\|}{C}}-R_3 \end{array} + 3H_2O$$

甘油　　　　脂肪酸　　　　　　　　三酰甘油

甘油酯化的产物在命名时易出现错误,如图2.3(b)中所示的2个结构式,当碳原子自上而下编号时,左边的应命名为 *L*-甘油-3-磷酸,右边的应命名为 *D*-甘油-1-磷酸,实际上它们是完全等同的,都代表着同一种化合物。

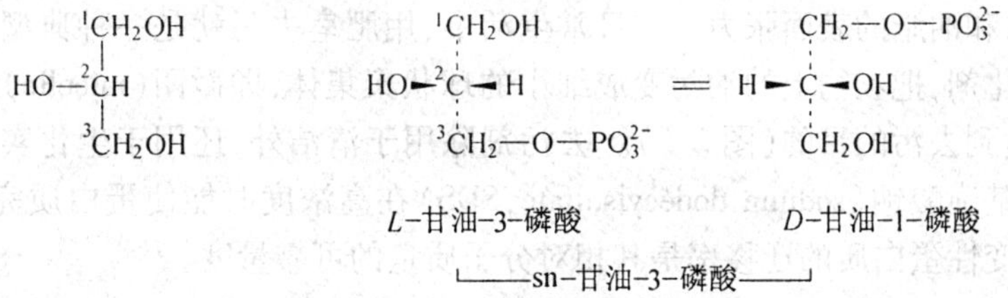

$$\begin{array}{c} {}^1CH_2OH \\ | \\ HO-{}^2CH \\ | \\ {}^3CH_2OH \end{array} \qquad \begin{array}{c} {}^1CH_2OH \\ \vdots \\ HO\blacktriangleright {}^2C \blacktriangleleft H \\ \vdots \\ {}^3CH_2-O-PO_3^{2-} \end{array} \quad = \quad \begin{array}{c} CH_2-O-PO_3^{2-} \\ \vdots \\ H\blacktriangleright C \blacktriangleleft OH \\ \vdots \\ CH_2OH \end{array}$$

L-甘油-3-磷酸　　　*D*-甘油-1-磷酸

└——sn-甘油-3-磷酸——┘

(a)甘油　　　(b) sn-甘油-3-磷酸的绝对构型

图2.3　甘油和sn-3-磷酸的绝对构型

1967年国际纯化学和应用化学联合会及国际生物化学联合会(IUPAC-IUB)的生物化学命名委员会推荐采用立体专一编号(stereospecific numbering)或称sn-系统命名法。该系统规定甘油的3个碳原子由上至下按顺序分别标号为1、2、3(不能随意颠倒,如图2.3(a)),用Fischer投影式表示,C-2位上的羟基一定放在左边,即 *L*-构型。按sn-系统命名法,图2.3中的 *L*-甘油-3-磷酸和 *D*-甘油-1-磷酸都应称为sn-甘油-3-磷酸。

三酰甘油通式中 R_1、R_2、R_3 为各种脂肪酸的烃基。当 $R_1=R_2=R_3$ 时,称为单纯甘油酯或简单三酰甘油(simple TG),如硬脂酸甘油酯(图2.4)。R_1、R_2、R_3 中有2个或3个不同时,称为混合甘油酯或混合三酰甘油(mixed TG)。大多数天然油脂都是单纯甘油三酯和混合甘油三酯的复杂混合物。

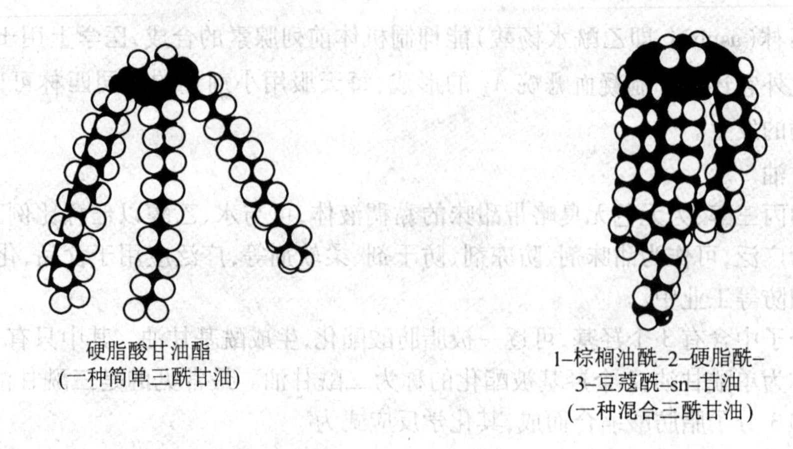

图 2.4　三酰甘油的立体模型

2. 三酰甘油的性质

(1) 物理性质

纯三酰甘油是无色、无臭、无味的油状液体或蜡状固体。天然油脂的颜色多来自溶于其中的色素物质(如类胡萝卜素),气味一般来源于非油脂成分。

三酰甘油的密度小于1 g/cm^3,不溶于水,略溶于低级醇,易溶于乙醚、苯、氯仿和石油醚等非极性有机溶剂,称脂溶剂(fat solvent)。三酰甘油能被乳化剂(如胆汁酸盐)所乳化。

油脂在乳化剂的作用下变成细小的颗粒,均匀地分散在水中,形成稳定的乳状液的过程,称为乳化作用(emulsification)。所谓乳化剂是一种表面活性物质,具有疏水和亲水部分,能降低水和油脂的表面张力。在日常生活中,用肥皂去污就是一种典型的乳化作用,以肥皂为乳化剂,把衣物上的油污变成细小的球状聚集体,即微团(micelle),均匀地分散在水中,可达到去污的目的(图 2.5)。去污剂除用于清洁外,还用于生化实验,离子型去污剂十二烷基磺酸钠(sodium dodecylsulfate,SDS)在高浓度时能使蛋白质完全变性,SDS 凝胶电泳中变性蛋白质的迁移率是其相对分子质量的可靠量度。

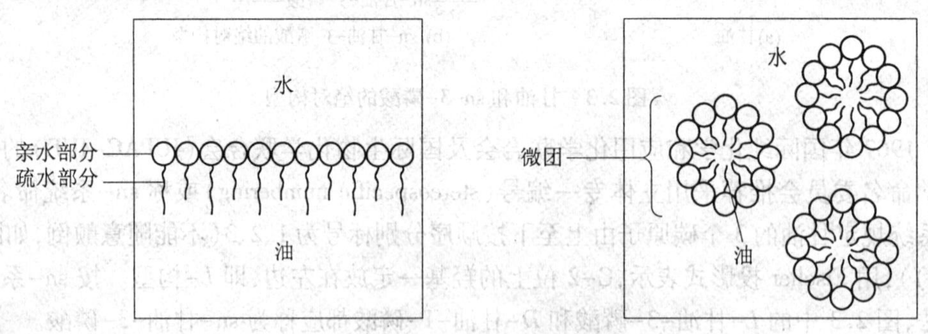

图 2.5　去污剂通过形成微团乳化油脂

(2) 化学性质

① 水解与皂化。油脂的理化性质主要取决于脂肪酸。三酰甘油可被酸、碱和脂酶(lipase)水解为甘油和脂肪酸。如果在碱溶液中水解,产物之一是脂肪酸的盐类(如钾

盐、钠盐)，俗称肥皂。因此，把油脂的碱水解过程称为皂化作用(saponification)。

$$\begin{array}{l} CH_2-O-\overset{O}{\overset{\|}{C}}-R_1 \\ R_2-\overset{O}{\overset{\|}{C}}-O-CH \\ CH_2-O-\overset{O}{\overset{\|}{C}}-R_3 \end{array} + 3KOH \xrightarrow{\text{皂化}} \begin{array}{l} CH_2OH \\ HO-C-H \\ CH_2OH \end{array} + \begin{array}{l} R_1COOK \\ R_2COOK \\ R_3COOK \end{array}$$

油脂的皂化作用对于油脂的分析鉴定极为重要。通过皂化值可检测出油脂的质量，分析油脂中是否混有其他物质；还可以测定油脂的水解程度，指示油脂转化为肥皂所需的碱量。

皂化值(价)(saponification value or number)是指完全皂化 1 g 油脂所需 KOH 的质量(mg)。皂化值是三酰甘油(TG)中脂肪酸平均链长的量度，与 TG 的平均相对分子质量(M_r)成反比。

中和 1 mol TG 需要 3 mol KOH，所以

$$\text{皂化值}=\frac{3\times56\times1\ 000}{\text{TG 的平均相对分子质量}} \tag{2.1}$$

式中，56(或 56.1)为 KOH 的相对分子质量。

$$\text{皂化值}=\frac{V\times c\times56}{W} \tag{2.2}$$

(2.2)式中，V 为滴定 KOH 所需 HCl 的体积(mL)，c 为 HCl 的浓度(mol/L)，W 为油脂的质量(g)，56(或 56.1)为 KOH 的相对分子质量。

② 氢化与卤化。油脂中不饱和脂肪酸中的双键在一定条件和催化剂作用下，可以与氢或卤素起加成反应，生成饱和脂肪酸。与氢加成的反应称氢化(hydrogenation)，氢化作用可以使液态的植物油变成固态的脂(称为氢化油或硬化油)，食品工业的人工黄油就是棉子油的氢化产物。

与卤素中的溴或碘加成，生成饱和卤化脂的过程称卤化(halogenation)，利用这一性质可以推断油脂中脂肪酸的不饱和程度，具体用碘值(价)来表示。

碘值(iodine value)是指 100 g 油脂卤化时所吸收碘的质量(g)，也可用碘的质量分数表示。碘值越大，说明油脂中所含的不饱和脂肪酸越多，不饱和程度越大。实际碘值测定中，多用 IBr 或 ICl 为卤化试剂。

$$\text{碘值}=\frac{2\times127\times n\times100}{M_r} \tag{2.3}$$

(2.3)式中，n 为双键数；M_r 为平均相对分子质量；127(或 126.9)为碘的相对原子质量。

$$\text{碘值}=\frac{V\times c\times(2\times127\div1\ 000)\times100}{W} \tag{2.4}$$

(2.4)式中，V 为滴定 I_2 所需 $Na_2S_2O_3$ 的体积(mL)，c 为 $Na_2S_2O_3$ 的浓度(mol/L)，W 为油脂的质量(g)，2×127(或 126.9)为 I_2 的相对分子质量。

碘值变化可指示氢化进行程度，可推断干性油的优劣(双键数多为优，见表 2.3)。干性油碘值>130；半干性油碘值＝100～130；非干性油碘值<100。

③ 乙酰化(acetylation)。含羟基脂肪酸的油脂可与乙酸酐或其他酰化剂作用形成乙

酰化油脂或其他酰化油脂。油脂的羟基化程度一般用乙酰(化)值(价)(acetylation number)表示。乙酰值指中和从 1 g 乙酰化产物中释放的乙酸所需要 KOH 的质量(mg)。常见油脂的乙酰值一般为 2～20。

④ 酸败与自动氧化。天然油脂在空气中长时间暴露会产生一种难闻气味,这种现象称酸败(rancidity)。酸败的主要原因是不饱和脂肪酸发生自动氧化(autoxidation),称过氧化作用(peroxidation),产生的过氧化物再降解为挥发性的醛、酮、酸混合物;其次是微生物作用的原因,它们把油脂水解为游离的甘油和脂肪酸,甘油氧化可生成具有异臭的 1,2-环氧丙醛。一些低级脂肪酸本身就有臭味,而且脂肪酸经过系列酶促反应还能生成具有挥发性的低级酮。铜、铁等金属盐,光、热、湿气等都可加速油脂的自动氧化。

油脂酸败程度用酸值(价)(acid value)表示。酸值是指中和 1 g 油脂中的游离脂肪酸所需 KOH 的质量(mg)。油脂的酸值越大,酸败程度就越高,所以酸值可指示油脂的品质。

油脂的酸败对油脂的品质及食品的质量有重要影响,因此,在油脂的加工、贮藏和运输中应保持低温、干燥、避光,控制微生物污染;还可用排出氧气(真空、充氮),加添抗氧化剂(如维生素 E)等方法防止和延缓酸败的发生。

油脂自动氧化作用也有其可利用的一面。自动氧化的结果是形成黏稠、胶状乃至固化的聚合物。油漆、涂料成分中的高不饱和油经空气氧化后,表面可形成一层坚硬而富于弹性的氧化薄膜,因而称为干性油,我国特有的桐油和南美的亚麻子油都属于干性油。某些油脂的皂化值、碘值及酸值见表 2.3。

表 2.3　某些油脂的皂化值、碘值及酸值

分类	名称	皂化值	碘值	酸值
非干性油	菜子油	170～180	92～109	2.4
	菌麻油	176～187	81～90	0.12～0.08
	花生油	185～195	83～98	—
	牛油	190～200	31～47	0.25
	单油	192～195	32～50	1.7～1.4
	猪油	193～200	46～66	1.56
	奶油	216～235	25～45	0.45～3.54
半干性油	芝麻油	187～195	103～112	—
	棉子油	191～196	103～115	0.6～0.9
干性油	豆油	189～194	124～136	—
	亚麻油	189～196	170～204	1～3.5
	桐油	190～197	160～180	—

3. 油脂的鉴定

油脂在应用上的目的不同,对油脂成分和性质的要求也不同,如生产肥皂用的油脂以含饱和脂肪酸多的为宜,生产油漆则用不饱和脂肪酸多的油脂为宜。油脂在贮藏期间需经常检查有无酸败,这些都需要对油脂组成、游离脂肪酸含量、脂肪酸的不饱和程度等理化性质进行分析和鉴定。

油脂物理分析法有测定熔点、凝固点、密度、折射率、旋光性及光谱吸收等指标;化学分析法有测定皂化值、碘值、酸值和乙酰化值等指标。

2.2.2 蜡

蜡是长链一元醇或固醇和长链脂肪酸形成的酯，长链中烃基的碳原子数至少要有16个。蜡的通式为RCOOR′，蜡完全不溶于水，其硬度由烃链的长度和饱和度决定。天然蜡是多种蜡的混合物，蜡中发现的脂肪酸一般为饱和脂肪酸；醇有饱和的，也有不饱和的。

天然蜡按其来源可分为动物蜡和植物蜡两大类。动物蜡主要是昆虫的分泌物，如白蜡（Chinese wax）和蜂蜡（beeswax）等。

白蜡又称中国虫蜡，是我国西南地区放养在女贞树上，以吸食叶汁为生的白蜡虫所分泌的，主要是C_{26}醇和C_{26}、C_{28}酸所形成的酯，熔点为80～83℃，是一种重要的工业原料。

蜂蜡是蜜蜂的分泌物，用以建造蜂巢。碱水解时主要产生C_{30}、C_{32}醇和C_{26}、C_{28}酸，熔点为60～82℃。蜂蜡和白蜡可用做涂料、润滑剂及其他化工原料。此外，抹香鲸（又称巨头鲸）头部含有鲸蜡（spermaceti wax）。巨头鲸的头部占全身总质量的1/3，含鲸油约4 t，由三酰甘油和鲸蜡组成。鲸蜡的主要成分是鲸蜡醇（cetyl alcohol，即十六烷醇）和软脂酸形成的酯，熔点为42～47℃。

从羊毛的洗涤液中可以回收到羊毛蜡（wool wax），羊毛蜡具有特殊的性质，即遇水能形成一种稳定的半固体胶，胶体中水的质量分数可达80%。羊毛脂是从羊毛蜡中纯化获得的，可用于药品和化妆品中，羊毛脂有助于水溶性物质和脂溶性物质“混溶”，有利于皮肤吸收。

植物蜡广泛存在于植物体中，许多植物的叶、茎和果实的表皮上常有蜡质覆盖。巴西棕榈蜡（carnauba wax）是天然蜡中经济价值最高的一种，其熔点高（86～90℃）、硬度大、不透水，可用做高级抛光剂，如汽车蜡、地板蜡、船蜡及鞋油等。

蜡是动植物代谢的终产物，具有一定的保护作用。如植物根、茎、叶、果实表面的蜡质可减少水分蒸发，防止细菌及某些药物的侵蚀，昆虫体表的蜡质也有类似作用。

2.3 复脂的结构和性质

2.3.1 磷脂

磷脂是一类含磷酸的复脂，广泛存在于动植物与微生物中，是细胞膜特有的结构组分，有重要的生物学功能。根据其分子中所含醇的不同，磷脂可分为两类，甘油磷脂（glycerophospholipid，glycerol phsphatide）和鞘磷脂（sphingomyelin）。

1. 甘油磷脂的结构

甘油磷脂也称磷酸甘油酯（phosphoglyceride），天然存在的磷酸甘油酯均由*L*-构型的sn-甘油-3-磷酸（图2.3）衍生而来。甘油C-1位和C-2位上的羟基分别与2分子脂肪酸酯化，形成最简单的甘油磷脂，即1，2-二酰基-sn-甘油-3-磷酸，称为3-sn-磷脂酸（3-sn-phosphatidic acid）。

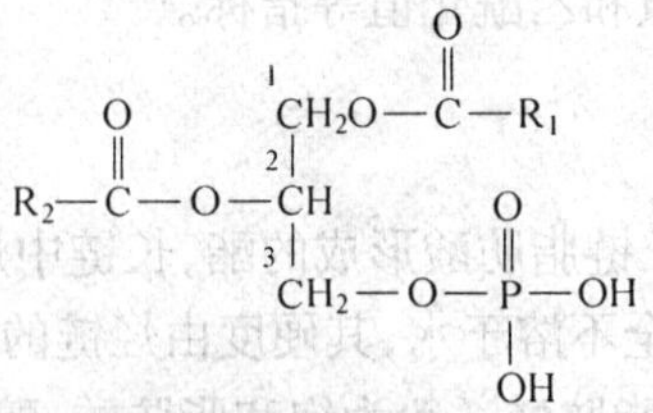

3-sn-磷脂酸是其他甘油磷脂的母体化合物，由磷脂酸的磷酸基与极性醇（X—OH）羟基酯化后形成其他甘油磷脂。磷脂酸少量存在于生物体中，主要作为合成其他甘油磷脂的前体。极性醇（X—OH）一般为含氮的碱性化合物，如胆碱（choline）、乙醇胺（ethanolamine，又称胆胺）、丝氨酸等，此外还有肌醇、甘油、磷脂酰甘油等，见表2.4。

甘油磷脂分子的结构通式和立体结构模型见图2.6。其中C-1位上通常连接的是饱和脂肪酸，C-2位上是不饱和脂肪酸，它们组成了2个疏水的非极性“尾”；C-2位被磷酸酯化，并带有1个亲水性的X基团，组成了亲水性的“头”。整个磷脂分子既有非极性的尾部，又有极性的头部，通常把这种分子称为两性脂或两性分子（amphipathic），这种两性性质对于磷脂构成生物膜结构具有重要作用。

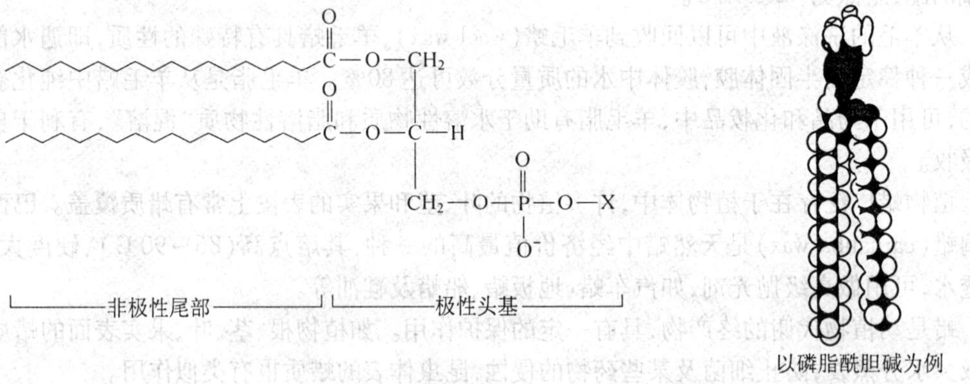

非极性尾部 极性头基

以磷脂酰胆碱为例

(a) 结构通式 (b) 立体结构

图2.6 甘油磷脂的结构通式和立体结构模型

极性头中X为胆碱时，称为卵磷脂（磷脂酰胆碱）；X为乙醇胺时，称为脑磷脂（磷脂酰乙醇胺）；X为丝氨酸时，称为丝氨酸磷脂（磷脂酰丝氨酸）；X为肌醇时，称为肌醇磷脂（磷脂酰肌醇）；X为磷脂酰时，称为甘油心磷脂（二磷脂酰甘油），它们都是比较常见的甘油磷脂。

2. 甘油磷脂的性质

纯的甘油磷脂为白色蜡状固体，由于不饱和脂肪酸的过氧化作用，暴露于空气时颜色会逐渐变暗。甘油磷脂属于两亲脂质，一般溶于含水量少的非极性溶剂，不溶于无水丙酮，用氯仿-甲醇混合液可从细胞和组织中提取磷脂。

在生理pH7左右时，甘油磷脂分子极性头中的磷酸基带1个负电荷，胆碱或乙醇胺基带1个正电荷，丝氨酸基带1个正电荷、1个负电荷，肌醇基和甘油基不带电荷，它们组成极性头的净电荷数见表2.4。

表 2.4　常见甘油磷脂极性头基的结构和净电荷

X 部分的名称	X 部分的结构	净电荷(pH=7)
胆碱	$—CH_2—CH_2—\overset{+}{N}(CH_3)_3$	0
乙醇胺	$—CH_2—CH_2—\overset{+}{N}H_3$	0
丝氨酸	$—CH_2—CH(COO^-)—\overset{+}{N}H_3$	-1
1D-肌醇 (1D 指逆时针方向编号)	肌醇环(1—6 位,2、3、4、5、6 位 OH)	-1
甘油	$—CH_2—CH(OH)—CH_2OH$	-1
磷脂酰甘油	$—CH_2—CH(OH)—CH_2—O—P(=O)(O^-)—O—CH_2—CH(—O—CO—R_2)—CH_2—O—CO—R_1$	-2

甘油磷脂可皂化,产生脂肪酸盐(皂)、醇(X—OH)和甘油-3-磷酸,甘油-3-磷酸不能被碱水解,可被酸水解。甘油磷脂的酯键可被磷脂酶(phospholipase)专一水解,根据水解酯键(箭头所指)的位置不同,分别命名为磷脂酶 A_1、A_2、C 和 D。

$$
\begin{array}{l}
CH_2—O \overset{A_1}{\downarrow} —\overset{O}{\overset{\|}{C}}—R_1 \\
R_2—\overset{O}{\overset{\|}{C}} \overset{A_2}{\uparrow} —O—CH \\
CH_2—O \overset{C}{\uparrow} —\overset{O}{\overset{\|}{P}}(O^-)—O \overset{D}{\uparrow} —X
\end{array}
$$

磷脂酶 A_1 广泛存在于生物界,磷脂酶 A_2 主要存在于蛇毒、蜂毒和哺乳类胰脏(酶原)中,磷脂酶 C 存在于细菌和其他生物组织中,磷脂酶 D 存在于高等植物中。磷脂酶 A_1 或 A_2 在水解甘油磷脂时,可产生许多仅含 1 个脂肪酸的溶血甘油磷脂(lysophosphoglyceride),它们是一种很强的表面活性剂,高浓度时能使细胞膜(如红细胞膜)溶解,最终导致动物死亡。响尾蛇和眼镜蛇的蛇毒中含磷脂酶 A_2,在印度每年有数千人死于蛇毒。

3. 重要的甘油磷脂

(1) 卵磷脂(lecithin)

卵磷脂又称磷脂酰胆碱,是生物体中分布最广的一类磷脂,尤以卵黄、脑、精液、肾上腺中含量最高。磷脂酰胆碱 C-1 位上主要是软脂酸或硬脂酸,C-2 位上主要是 18 碳不饱和脂肪酸,如油酸、亚油酸和亚麻酸。胆碱的碱性极强,在生物界分布很广,具有重要的生物学功能,是物质代谢的甲基供体。乙酰化的胆碱,即乙酰胆碱(acetylcholine)$(CH_3)_3\overset{+}{N}—CH_2CH_2OCOCH_3$ 是一种神经递质,与神经冲动的传导有关。卵磷脂和胆碱在医药中被认为有防止脂肪肝形成的作用,食品工业中广泛用做乳化剂,工业用卵磷脂主要从大豆深加工的副产品中获得。

(2) 脑磷脂(cephalin)

脑磷脂又称磷脂酰乙醇胺。磷脂酰乙醇胺与卵磷脂一样同为细胞膜中含量最多的磷脂。其 C-1 位上同样以软脂酸或硬脂酸为主,C-2 位上除 18 碳不饱和脂肪酸外,还有更多的 PUFA,包括花生四烯酸(20:4)和 DHA(22:6)等。

(3) 磷脂酰丝氨酸(phosphatidylserine)

血小板膜中以磷脂酰丝氨酸为主的带负电的酸性磷脂称血小板第三因子。当血小板被激活时,血小板第三因子作为表面活性剂与其他因子一起活化凝血酶原,因而与凝血有关。

磷脂酰丝氨酸与磷脂酰乙醇胺、磷脂酰胆碱可以通过含氮碱基互相转化。

$$—CH_2\underset{\underset{^{+}NH_3}{|}}{CH}COO^- \xrightarrow{\text{脱羧}} —CH_2CH_2\overset{+}{N}H_3 \xrightarrow{\text{甲基化}} —CH_2CH_2\overset{+}{N}(CH_3)_3$$

4. 醚甘油磷脂

甘油磷脂中还有一类称为醚甘油磷脂(ether phosphoglyceride)的,它与上述甘油磷脂的区别在于甘油 C-1 位上的—OH 与长的烷基或烯基键合,形成醚键(O-烃基),而不是酯键(O-酰基),其结构通式为

$$\begin{array}{l} \qquad\qquad\qquad\qquad\quad CH_2—O—R_1\ (\text{含醚键}) \\ \qquad\quad \overset{O}{\|} \qquad\qquad\quad | \\ R_2—C—O—CH \qquad\quad \overset{O}{\|} \\ \qquad\qquad\qquad\quad | \\ \qquad\qquad\qquad\quad CH_2—O—P—O—X \\ \qquad\qquad\qquad\qquad\qquad\quad | \\ \qquad\qquad\qquad\qquad\qquad\quad O^- \end{array}$$

醚甘油磷脂包括缩醛磷脂(plasmalogen)和血小板活化因子(platelet-activating factor, PAF)。

(1) 缩醛磷脂

缩醛磷脂是 C-1 位上含顺-α,β-不饱和醚基的一类醚甘油磷脂,其结构通式为

$$\begin{array}{l} \qquad\qquad\qquad\qquad\qquad H \qquad\quad H \\ \qquad\qquad\qquad\qquad\qquad\ C_{\alpha}{=}C_{\beta} \\ \qquad\quad \overset{O}{\|} \qquad\qquad CH_2—O \qquad\quad R_1 \\ R_2—C—O—CH \qquad\qquad \overset{O}{\|} \\ \qquad\qquad\qquad\quad | \\ \qquad\qquad\qquad\quad CH_2—O—P—O—X \\ \qquad\qquad\qquad\qquad\qquad\quad | \\ \qquad\qquad\qquad\qquad\qquad\quad O^- \end{array}$$

当 X 为胆碱时称缩醛磷脂酰胆碱(phosphatidal choline);当 X 为乙醇胺时称缩醛磷

脂酰乙醇胺(phosphatidal ethanolamine);当 X 为丝氨酸时称缩醛磷脂酰丝氨酸(phosphatidal serine)。缩醛磷脂在红细胞和心脏中含量较高,缩醛磷脂约占心脏磷脂的1/2,其中缩醛磷脂酰胆碱含量最多。

(2) 血小板活化因子

血小板活化因子是由嗜碱性粒细胞释放的,能引起血小板凝集和血管扩张的一种醚甘油磷脂。它是炎症和过敏反应中的有效介体(mediator),即使浓度很低也能发挥生物学效应,因为乙酰基取代了 C-2 位上的长链酰基,从而增加了其水溶性,使其在水环境中能更好地发挥信使作用,其结构式为

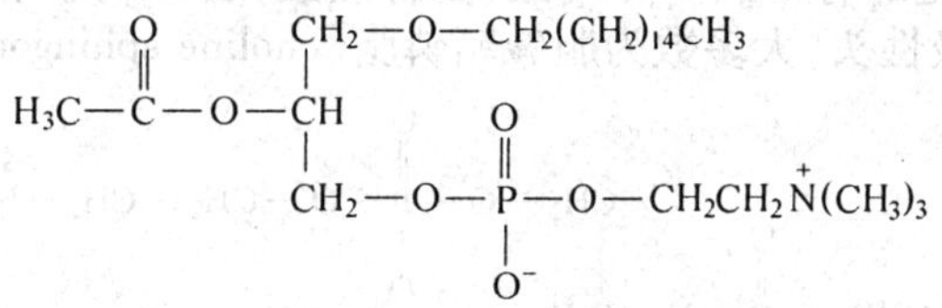

$$\begin{array}{l} \qquad\qquad\quad CH_2-O-CH_2(CH_2)_{14}CH_3 \\ H_3C-\overset{O}{\overset{\|}{C}}-O-CH \\ \qquad\qquad\quad CH_2-O-\underset{O^-}{\overset{O}{\overset{\|}{P}}}-O-CH_2CH_2\overset{+}{N}(CH_3)_3 \end{array}$$

5. 鞘磷脂

鞘磷脂即鞘氨醇磷脂,大量存在于高等动物脑髓鞘和红细胞膜中,也存在于许多植物种子中,是细胞膜的重要组成部分。鞘磷脂中不含甘油,它由鞘氨醇、脂肪酸和磷酰胆碱或磷酰乙醇胺组成。

(1) 鞘氨醇(sphingosine)

鞘氨醇是一个 18 碳的氨基醇,目前发现的已有 60 多种。哺乳动物中最常见的鞘氨醇是不饱和的 *D*-鞘氨醇,其次是饱和的二氢鞘氨醇和植物鞘氨醇(又称 4-羟二氢鞘氨醇),它是植物和真菌鞘磷脂的主要成分。它们的结构式分别如下。

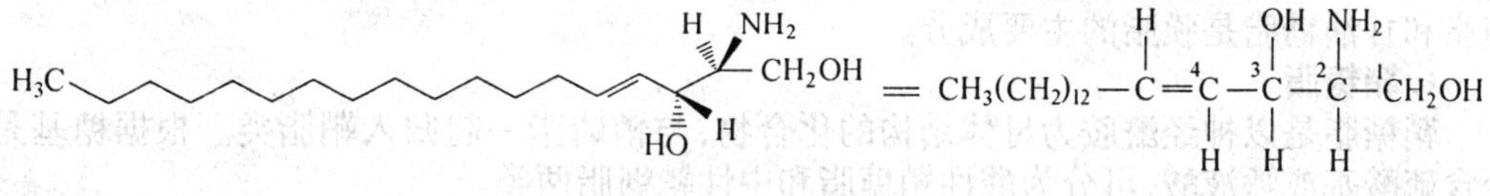

$$= CH_3(CH_2)_{12}-\overset{H}{C}{=}\overset{4}{C}-\overset{3}{\underset{H}{\overset{OH}{C}}}-\overset{2}{\underset{H}{\overset{NH_2}{C}}}-\overset{1}{C}H_2OH$$

D-鞘氨醇

(反式-*D*-赤藓糖型-2-氨基-4-十八碳烯-1,3-二醇)

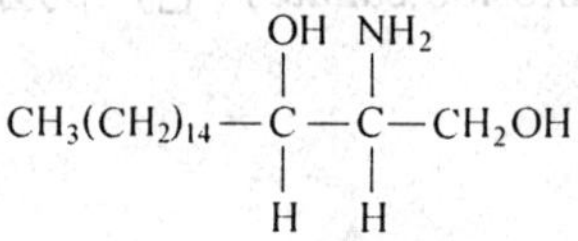

$$CH_3(CH_2)_{14}-\underset{H}{\overset{OH}{C}}-\underset{H}{\overset{NH_2}{C}}-CH_2OH$$

二氢鞘氨醇

$$CH_3(CH_2)_{13}-\underset{H}{\overset{OH}{C}}-\underset{H}{\overset{OH}{C}}-\underset{H}{\overset{NH_2}{C}}-CH_2OH$$

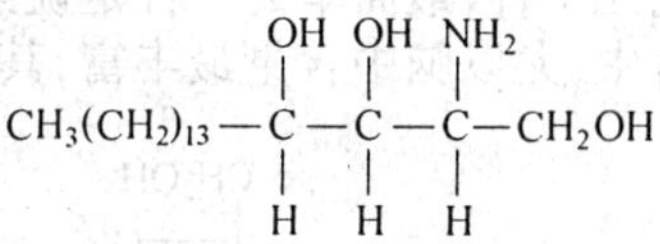

植物鞘氨醇

(2) 神经酰胺(ceramide,Cer)

神经酰胺鞘磷脂与甘油磷脂不同,它的脂肪酸并非与—OH 相连,而是借酰胺键与C-2 位上的—NH_2 相连,形成神经酰胺。神经酰胺是鞘脂类(鞘磷脂和鞘糖脂)共有的基本结构。

$$
\begin{array}{l}
{}^{1}CH_2-OH \\
R-\overset{O}{\overset{\|}{C}}-\underset{H}{\underset{|}{N}}-{}^{2}CH \\
CH_3(CH_2)_{12}-CH=CH-{}^{3}\underset{H}{\underset{|}{C}}-OH
\end{array}
$$

神经酰胺的结构通式

(3) 鞘磷脂

神经酰胺 C-1 位上的—OH 被磷酰胆碱或磷酰乙醇胺酯化,即为鞘磷脂。鞘磷脂只含 1 个脂肪酸分子,常见的有 C_{16}、C_{18}、C_{24}酸(如神经酸,表 2.1)。鞘磷脂同样具有两条非极性尾(烃链)和一个极性头,大多数为胆碱鞘磷脂(choline sphingomyelin)。

$$
\begin{array}{l}
CH_2-O-\overset{O}{\overset{\|}{P}}(O^-)-O-CH_2-CH_2-\overset{+}{N}(CH_3)_3 \\
CH_3(CH_2)_{14}-\overset{O}{\overset{\|}{C}}-\underset{H}{\underset{|}{N}}-CH \\
CH_3(CH_2)_{12}-CH=CH-CH-OH
\end{array}
$$

N-棕榈酰-*D*-鞘氨醇-1-磷酰胆碱

植物鞘磷脂中极性头的 X 基不是胆碱或乙醇胺,而是由肌醇连接的三糖或四糖。因其含有糖基又称为植物糖鞘磷脂(phytoglycophosphosphingolipid)。

2.3.2 糖脂

糖通过糖苷键与脂质连接的化合物称为糖脂。上述植物糖鞘磷脂中的糖基是以糖脂键相连,不属于糖脂类。糖脂的理化性质同脂类物质,根据脂质的不同,糖脂分为鞘糖脂(glycosphingolipid)、甘油糖脂(glyceroglycolipid)及类固醇衍生的糖脂(如强心苷),其中鞘糖脂和甘油糖脂是膜脂的主要成分。

1. 鞘糖脂

鞘糖脂是以神经酰胺为母体结构的化合物,与鞘磷脂一起归入鞘脂类。根据糖基是否含硫酸基或唾液酸,可分为酸性鞘糖脂和中性鞘糖脂两类。

(1) 酸性鞘糖脂

酸性鞘糖脂分子显酸性,分为硫酸鞘糖脂和唾液酸鞘糖脂。

① 硫酸鞘糖脂。硫酸鞘糖脂又称硫苷脂(sulfatide),是糖基被硫酸化的鞘糖脂。目前已分离到几十种,最简单的一种是硫酸脑苷脂(cerebroside sulfate),它广泛分布于哺乳动物各器官中,尤以脑中含量最丰富,其结构式如下。

$$
\begin{array}{l}
CH_2OH \quad HO \quad OSO_3^- \quad OH \\
O-CH_2 \\
HC-NH-\overset{O}{\overset{\|}{C}}-(CH_2)_{16}CH_3 \\
HO-CH-CH=CH-(CH_2)_{12}CH_3
\end{array}
$$

硫酸脑苷脂(SO_4^--3Galβ1→1Cer)

② 唾液酸鞘糖脂。唾液酸鞘糖脂又称神经节苷脂(ganglioside),是糖基包含唾液酸的鞘糖脂。其糖基为寡糖链,包含 1 个或多个唾液酸(Sia),人体中的唾液酸几乎都是 *N*-乙酰神经氨酸,唾液酸之间以 $\alpha 2 \rightarrow 8$ 糖苷键相连,唾液酸与半乳糖或 *N*-乙酰半乳糖之间以 $\alpha 2 \rightarrow 3$ 或 $\alpha 2 \rightarrow 6$ 连接。寡糖链一端的鞘氨醇与脂肪酸形成神经酰胺(Cer)。

唾液酸鞘糖脂的命名是用 G 代表神经节苷脂,右下标的 M、D、T 分别代表所含唾液酸的数目为 1 个、2 个、3 个,右下标的 1、2、3 分别代表神经酰胺与寡糖链的连接顺序,其中下标 1 代表 Gal-GalNAc-Gal-Glc-Cer,下标 2 代表 GalNAc-Gal-Glc-Cer,下标 3 代表 Gal-Glc-Cer,G_{M1}、G_{M2}、G_{M3} 结构见图 2.7。

G_{M1}　Galβ1→3GalNAcβ1→4Galβ1→4Glcβ1→1Cer
3
↑
2
α Sia

G_{M2}　GalNAcβ$_1$→4Galβ1→4Glcβ1→1Cer
3
↑
2
α Sia

G_{M3}　4Galβ1→4Glcβ1→1Cer
3
↑
2
α Sia

图 2.7　神经节苷脂(G_{M1}、G_{M2}、G_{M3})结构

神经节苷脂是最重要的鞘糖脂,迄今已有 60 多种,大量存在于神经系统特别是神经末梢中,在传导神经冲动中起重要作用。神经节苷脂具有受体功能,如霍乱毒素、干扰素、促甲状腺素和破伤风素等的受体都是神经节苷脂类化合物;它们可能还有调节膜蛋白功能的作用。许多遗传性疾病与神经节苷脂的非正常积累有关,如脑中 G_{M2} 过多会导致人失明、麻痹、进行性发育阻滞,出生后 3 ~ 4 年内便会死亡。

(2) 中性鞘糖脂

中性鞘糖脂是糖基中不含唾液酸的一类动物糖脂。糖基由 *β*-己糖(多数为半乳糖,少数为葡萄糖)或寡糖组成,鞘氨醇与脂肪酸相连形成神经酰胺。根据所连脂肪酸的不同分别命名为角苷脂(二十四酸)、烯脑苷脂(Δ^9-二十四烯酸)和羟苷脂(*α*-羟二十四酸)等。

第一个发现的鞘糖脂,即半乳糖基神经酰胺(galactosylceramide)是从人脑中获得的,所以又称为半乳糖脑苷脂(galactocerebroside),其结构为烯脑苷脂。

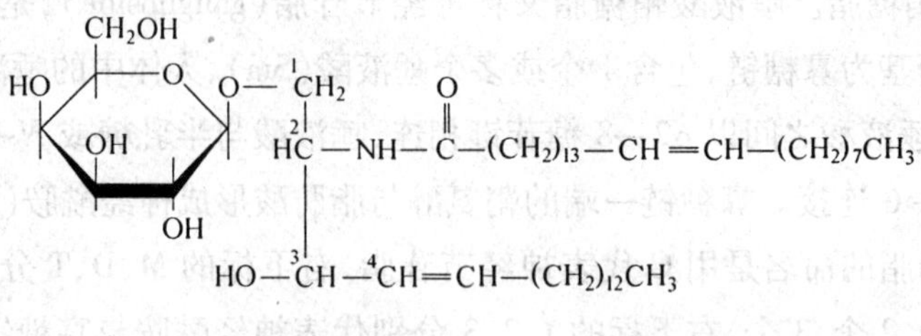

N－神经酰脑苷脂（Galβ1→1Cer）

目前脑苷脂泛指半乳糖基神经酰胺（Galβ1→1Cer）和葡萄糖基神经酰胺（Glcβ1→1Cer）。血型表面抗原物质也是中性鞘糖脂（有些是糖蛋白），因其糖基含有岩藻糖，所以又称岩藻糖脂（fucolipid）。鞘糖脂疏水的尾部伸入膜脂中，极性的糖基露在表面，不仅与血型、组织和器官的特异性有关，还与细胞识别等功能有关。

2. 甘油糖脂

甘油糖脂又称糖基甘油酯（glycoglyceride），它的醇为甘油，结构与甘油磷脂相似。非极性部分亚麻酸含量较丰富，极性部分则是糖残基，糖基多为己糖（如半乳糖、葡萄糖和甘露糖等）或二糖，最常见的甘油糖脂是单半乳糖基和二半乳糖基二酰基甘油，结构式如下。

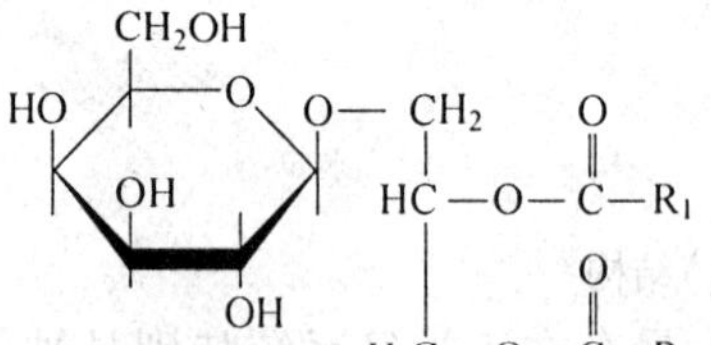

单半乳糖基二酰甘油 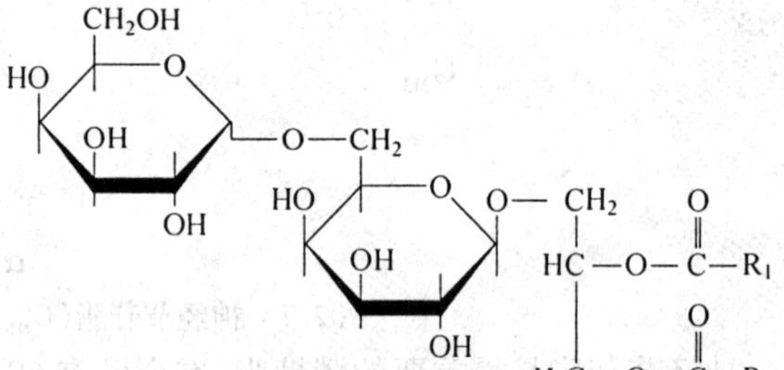　　二半乳糖基二酰甘油

细菌和植物细胞质膜的糖脂几乎都是甘油糖脂，在叶绿体和微生物质膜中大量分布，在动物精子和睾丸质膜及中枢神经系统髓磷脂中少量存在。

2.3.3　脂蛋白

脂蛋白是脂质和蛋白质以非共价键结合而成的复合物。脂蛋白广泛存在于血浆中，称血浆脂蛋白（plasma lipoprotein），其中的蛋白质称载脂蛋白（apolipoprotein，apo）。血浆脂蛋白与细胞膜蛋白统称为细胞脂蛋白。

（1）血浆脂蛋白的分类

多数脂质的转运是以脂质复合体（lipoprotein complex）形式进行的。复合体的密度取决于蛋白质的含量，蛋白质越多，复合体的密度越大。按脂蛋白密度从小到大排序，即乳糜微粒（chylomicron，CM）、极低密度脂蛋白（very low density lipoprotein，VLDL）、中间密度脂蛋白（intermediate density lipoprotein，IDL）、低密度脂蛋白（low density lipoprotein，LDL）和高密度脂蛋白（high density lipoprotein，HDL）（表2.5）。

表2.5 人血浆脂蛋白的主要组成和性质

脂蛋白类别	密度/(g·cm^{-3})	颗粒直径/nm	主要载脂蛋白(apo)	占干重的质量分数/%				
				蛋白质	胆固醇	胆固醇酯	磷脂	三酰甘油
CM	0.92~0.96	100~500	B-48,A,C,E	1~2	2	4	8	84~85
VLDL	0.95~1.006	30~80	B-100,C,E	10	8	14	18	50
IDL	1.006~1.019	25~50	B-100,E	18	8	22	22	30
LDL	1.019~1.063	18~28	B-100	25	9	40	21	5
HDL	1.063~1.21	5~15	A-1,A-2,C,E	50	3	17	27	3

(2) 血浆脂蛋白的结构

血浆脂蛋白为球状颗粒,疏水的核心由三酰甘油和胆固醇酯组成,亲水的极性外壳由极性脂(磷脂和游离的胆固醇)和单分子层的载脂蛋白构成(图2.8)。

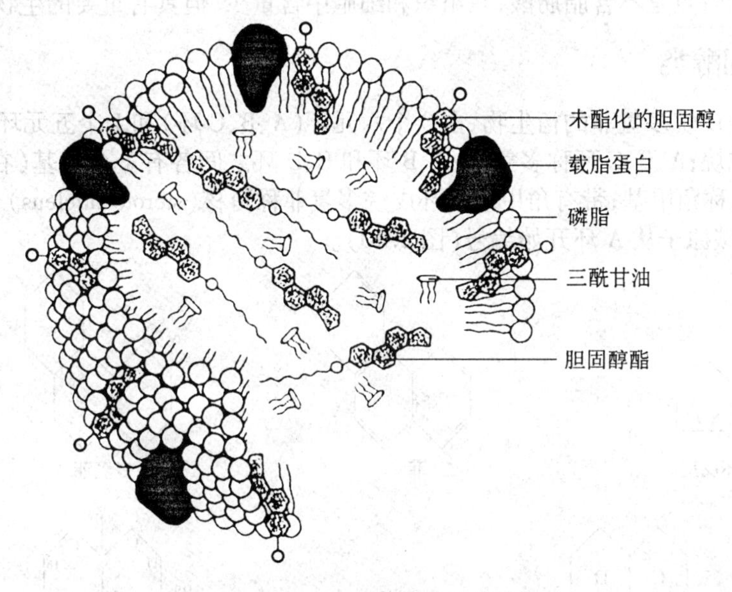

图2.8 血浆脂蛋白的结构

至今已有10多种载脂蛋白被分离和鉴定,结构与功能研究得比较清楚的有apoA、apoB、apoC、apoD与apoE五类,它们主要在肝脏和小肠中合成。载脂蛋白的主要功能:一是作为疏水脂质的增溶剂;二是作为脂蛋白受体的识别部位。

根据不同脂蛋白所带电荷和颗粒大小的差别,用纸(醋酸纤维薄膜、琼脂糖)电泳或密度梯度超离心法将不同血浆脂蛋白分为四个区带,即原点的乳糜微粒区、含LDL和IDL的β-脂蛋白区、含VLDL的前β-脂蛋白区和含HDL的α-脂蛋白区,见图2.9。

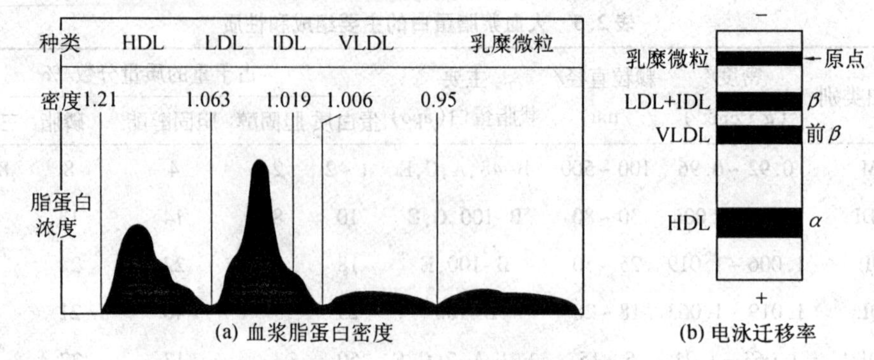

图 2.9 血浆脂蛋白密度和电泳迁移率之间的对应关系

2.4 其他脂质的结构和性质

其他脂质的特点是不含脂肪酸,在组织和细胞中含量少,但具有重要的生物学功能。

2.4.1 固醇类

固醇类是环戊烷多氢菲的衍生物,由 3 个六元环(A、B、C 环)和 1 个五元环(D 环)组成。D 环称环戊烷;A、B、C 环称多氢菲;A、B 环和 C、D 环之间各有 1 个甲基(在 C-18 位和 C-19 位上),称角甲基;带有角甲基的环戊烷多氢菲称甾核(steroid nucleus),是固醇类的母体,甾核的碳原子从 A 环开始编号(图 2.10)。

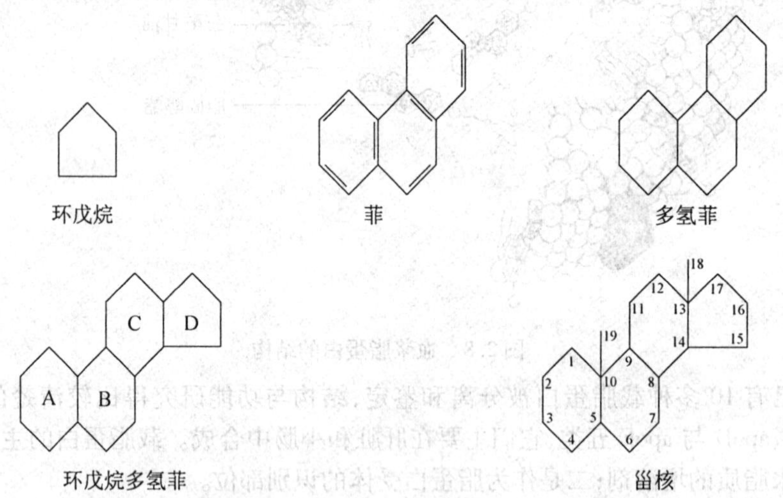

图 2.10 环戊烷多氢菲和甾核的结构

自然界中各种环戊烷多氢菲衍生物不但基本碳架相同,而且所含侧链的位置也相同。将 C-3 位上有一个—OH,C-10 位和 C-13 位上各有一个$—CH_3$,C-17 位上有一个含 8 ~ 10 个碳烃基的一大类环状高级一元醇称为固醇或甾醇(sterol)。它们有游离存在的,也有与脂肪酸结合成酯(蜡)的,主要分布在多数真核生物的细胞膜中,低等生物细菌不含固醇类。根据甾核上—OH 的变化,固醇类可分为固醇和固醇衍生物。根据来源不同,固醇又分为动物固醇、植物固醇和真菌固醇。

1. 动物固醇

动物固醇多以胆固醇酯的形式存在。常见的动物固醇有胆固醇(cholesterol)、7-脱氢胆固醇(7-dehydrocholesterol)、胆甾烷醇(cholestanol,又称二氢胆固醇)、羊毛固醇(lanosterol)和粪固醇(coprostanol)等。

(1) 胆固醇

胆固醇主要存在动物细胞膜上,尤以肝、脑、肾和蛋黄中含量最多。胆固醇酯参与血脂蛋白的合成,与动脉粥样硬化有关。胆固醇还是固醇类激素和胆汁酸的前体,也是胆结石的主要成分,其结构式见图 2.11。

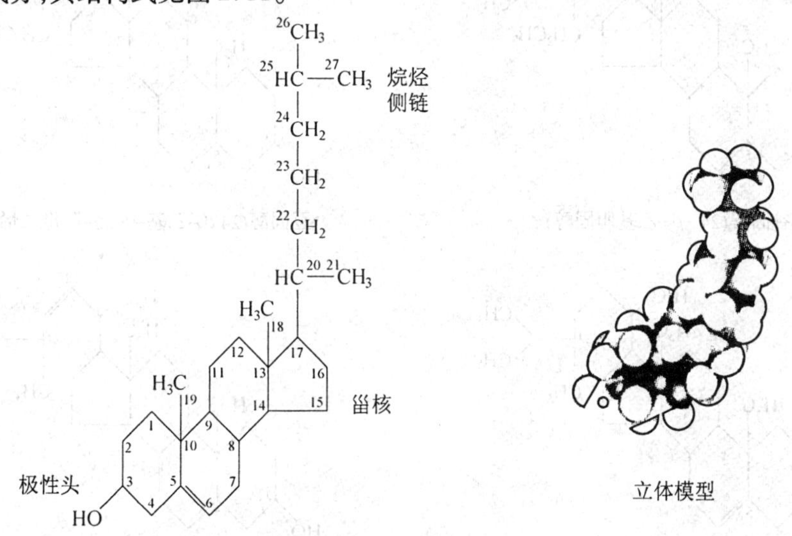

图 2.11　胆固醇(5-胆甾烯-3β-醇)的结构

胆固醇是两性分子,极性头基(C-3 位上的—OH)弱,非极性头基(余下部分)强,对膜中脂质的物理状态具有调节作用。

胆固醇还是临床上重要的生化指标。正常情况下,肝脏合成的胆固醇和食物中摄取的胆固醇将转化为细胞膜的组分或固醇类激素,并保持血液中胆固醇浓度的恒定。如肝脏发生严重病变胆固醇浓度会降低;而黄疸性梗阻和肾病综合症患者的胆固醇浓度却往往会升高。

胆固醇在氯仿溶液中可与乙酸酐、浓硫酸反应,颜色为蓝绿色,其颜色深浅与胆固醇含量成正比,利用这一特性可以测定胆固醇的含量。

(2) 7-脱氢胆固醇

7-脱氢胆固醇存在于动物皮下,是胆固醇在 7、8 位脱氢后的产物,在紫外线的照射下形成维生素 D_3,维生素 D_3 参与机体的钙磷代谢,其与骨骼的生长发育有关。

2. 植物固醇

植物固醇是植物细胞的重要组成部分,与胆固醇结构相似,主要差别在于其第 24 位上多一个乙基(图 2.12)。常见的植物固醇有谷固醇(glusterol)、豆固醇(stigmasterol)、菜油固醇(campesterol)和麦芽中的麦固醇(sitosterol)等。

植物固醇几乎不被动物吸收和利用,饭前服用还可以抑制肠黏膜细胞对胆固醇的吸收。谷固醇或豆固醇可作为降胆固醇药物,且以可溶性微团形式给药比固体结晶形式更为有效。

3. 真菌固醇

酵母和麦角菌等微生物产生的麦角固醇(ergosterol)是真菌固醇的典型代表。它的B环有2个双键,第17位上是9个碳的烯基(图2.12),麦角固醇在紫外线照射下可转化成维生素D_2,故麦角固醇又称为维生素D_2原。此外,真菌固醇还包括酵母固醇(zymosterol),即8,24-胆甾二烯-3β-醇等。

β-谷固醇(24-β-乙基胆固醇)　　豆固醇(24β-乙基-5,22-胆甾二烯-3β-醇)

菜油固醇(24α-甲基-5-胆甾烯-3β醇)　　麦角固醇(24β-甲基-5,7,22-胆甾三烯-3β-醇)

图2.12　几种植物固醇和真菌固醇

4. 固醇衍生物

固醇衍生物包括固醇类激素、胆汁酸、植物类固醇(如强心苷的配基)、维生素D等。

(1) 固醇类激素

固醇类激素是一类动物体内起调节代谢作用的固醇衍生物,包括肾上腺皮质、性腺和胎盘分泌的激素,分别是孕烃(如肾上腺皮质激素和孕酮)、雄烃(如雄性激素)或雌烃(如卵泡激素)的衍生物,同时又都是环戊烷多氢菲的衍生物。

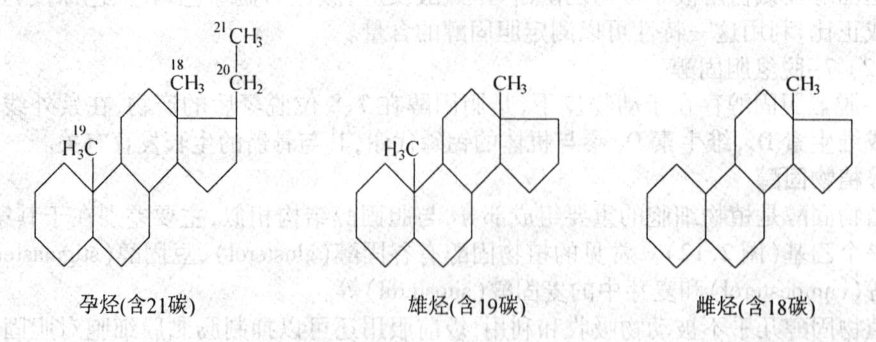

孕烃(含21碳)　　雄烃(含19碳)　　雌烃(含18碳)

① 肾上腺皮质激素的主要功能是调节糖代谢、矿质平衡(盐代谢)及保持体内Na^+浓度。根据其生理功能可分为糖皮质激素和盐皮质激素,二者结构相似,生理活性有所交叉。

② 糖皮质激素的主要生理功能是抑制糖的氧化,促使蛋白质转变为糖,升高血糖,利

尿,大剂量时可减轻炎症及过敏反应,此类激素有皮质醇、皮质酮和可的松。

③ 盐皮质激素主要生理功能是促使体内排钾、保钠,调节水、盐代谢,此类激素中醛甾酮效应最强,脱氧皮质酮次之,皮质酮最弱。

各种固醇类激素都是由27碳的胆固醇开始,转变成21碳的孕酮后分别生成其他激素,见图2.13。

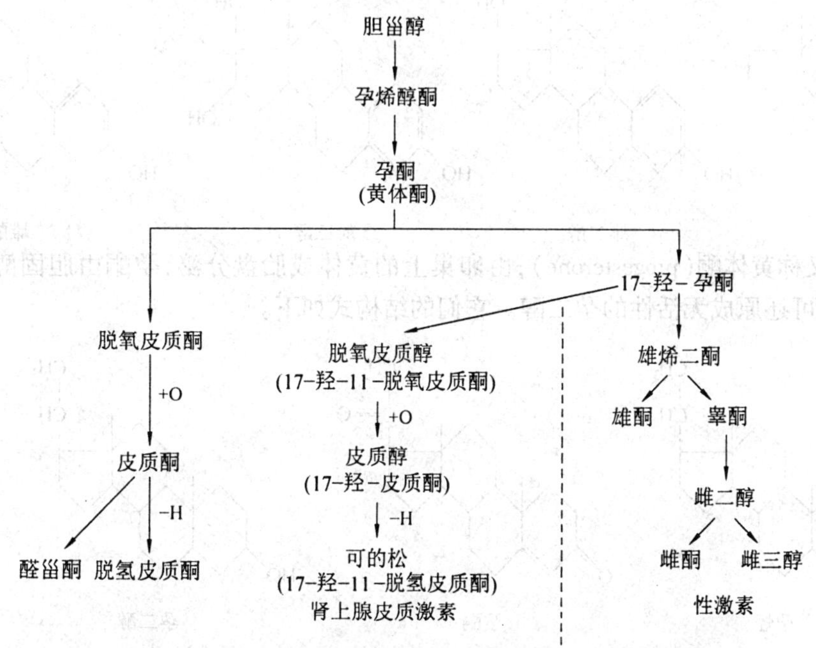

图2.13 肾上腺皮质激素及性激素的生物合成途径

雄性激素中睾酮(testosterone)的活性最大,它的代谢产物是雄酮(androsterone),雄酮可转变为脱氢异雄酮,其活性只有睾酮的1/3,此外还包括肾上腺雄酮(androstenedione)。

雄激素的功能是促进雄性动物及其附属器官生长发育、维持雄性特征,其结构式如下。

雄烃　　睾酮　　雄酮

脱氢异雄酮　　肾上腺雄酮

固醇类雌性激素包括卵泡雌激素和孕酮。卵泡雌激素由卵巢中的卵泡分泌，生理活性最强的是雌二醇，其次是它的代谢产物雌三醇和雌酮，雌三醇活性最低，三者可以互相转换。卵泡雌激素的功能是促进雌性动物及其附属器官的生长发育，维持雌性特征，其结构式如下。

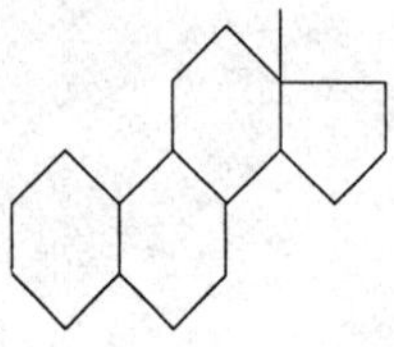

雌烃 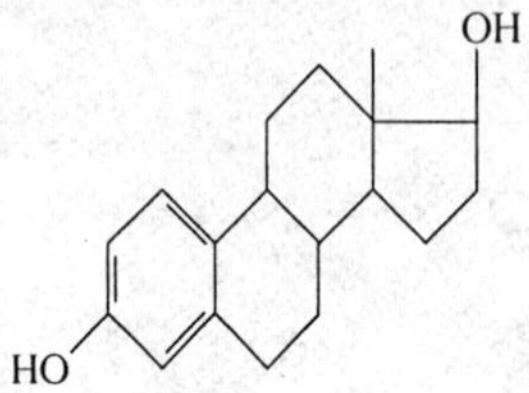　　雌二醇 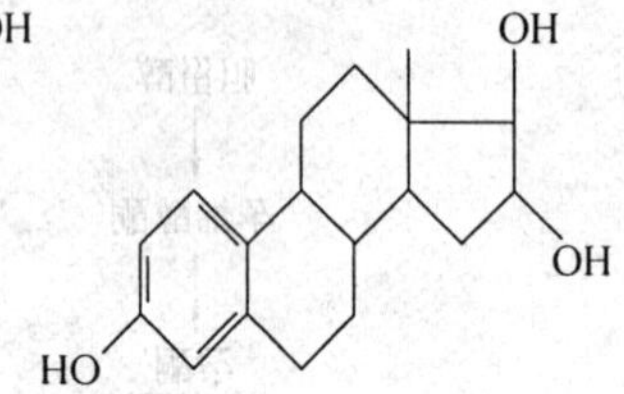　　雌三醇 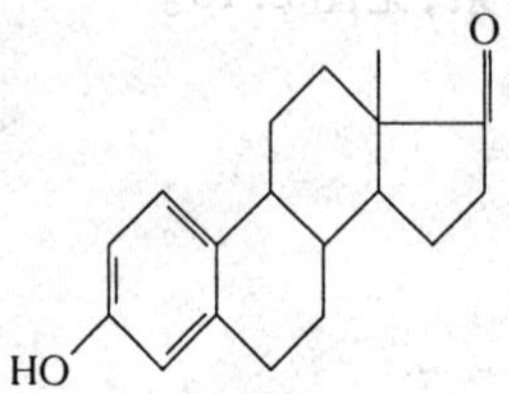　　雌酮

孕酮又称黄体酮(progesterone)，由卵巢上的黄体或胎盘分泌，孕酮由胆固醇转变而来，在体内可还原成无活性的孕二醇。它们的结构式如下。

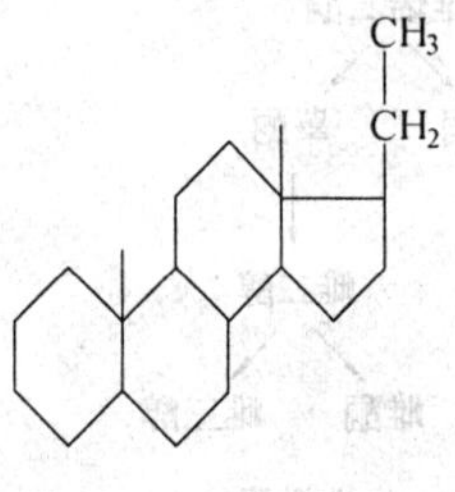

孕烃 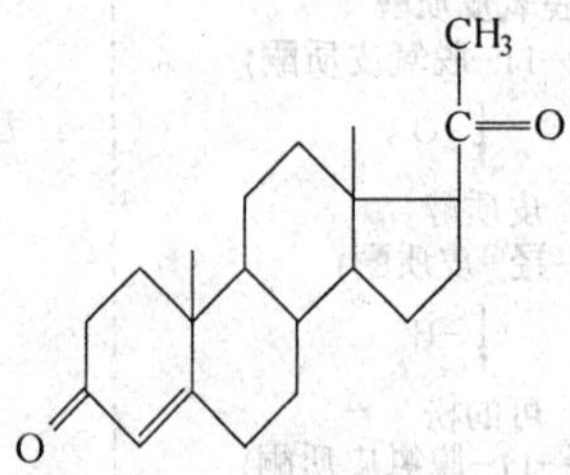　　孕酮 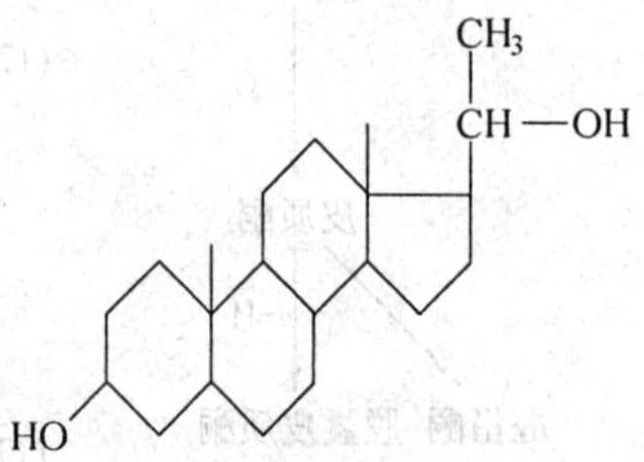　　孕二醇

孕酮有促进子宫内膜增生、安胎的作用。孕酮与雌二醇联合作用时，月经和妊娠才能正常进行。

(2) 胆汁酸

胆汁酸是在肝内由胆固醇直接转化而来，是机体胆固醇代谢的主要终产物。人的胆汁中含有3种胆汁酸，即胆酸(cholic acid)、脱氧胆酸(deoxycholic acid)、鹅(脱氧)胆酸(chenodeoxycholic acid)。胆酸和鹅胆酸是在肝脏中合成的，称初级胆汁酸。脱氧胆酸是胆酸在肠道中经细菌作用衍生而来的，称次级胆汁酸。它们的结构式为

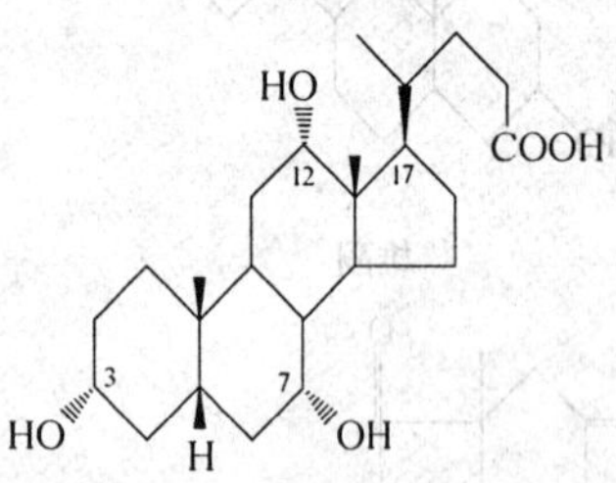

胆酸(3α,7α,12α－三羟－5β－胆烷酸) 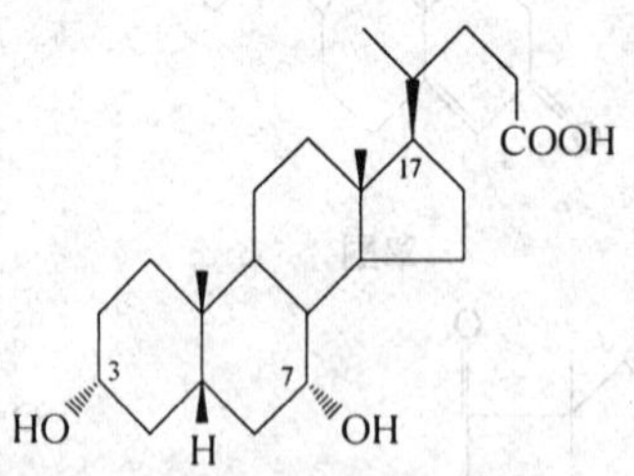　鹅胆酸(3α,7α－二羟－5β－胆烷酸) 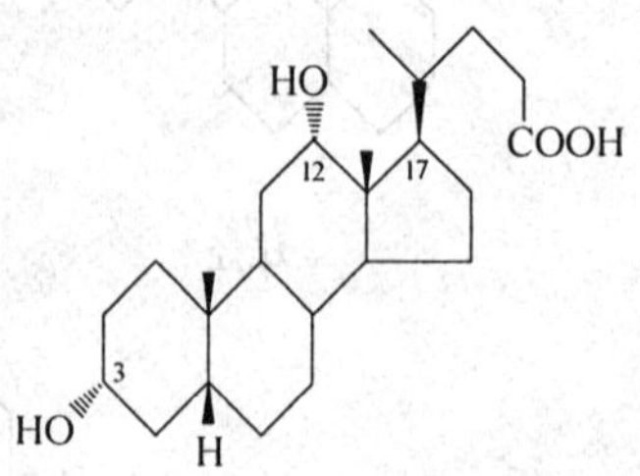　脱氧胆酸(3α,12α－二羟－5β－胆烷酸)

胆汁酸是脂质的乳化剂，在脂代谢中起重要作用。胆汁酸还是去污剂，实验室用来增溶酶和膜蛋白。胆汁酸通常不游离存在，而是通过酰胺键与牛磺酸(taurine)或甘氨酸连

接,生成具有苦味的牛磺胆酸(taurocholic acid)或甘氨胆酸(glycocholic acid),它们是胆汁酸存在的主要形式,具体结构式为

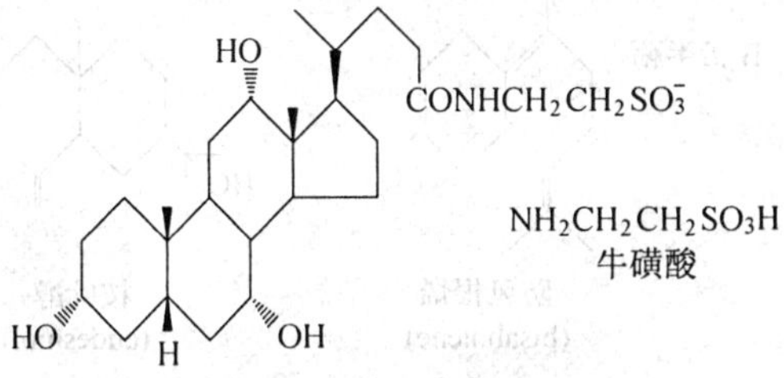
HO
$CONHCH_2CH_2SO_3^-$
$NH_2CH_2CH_2SO_3H$
牛磺酸
HO
H
OH
牛磺胆酸

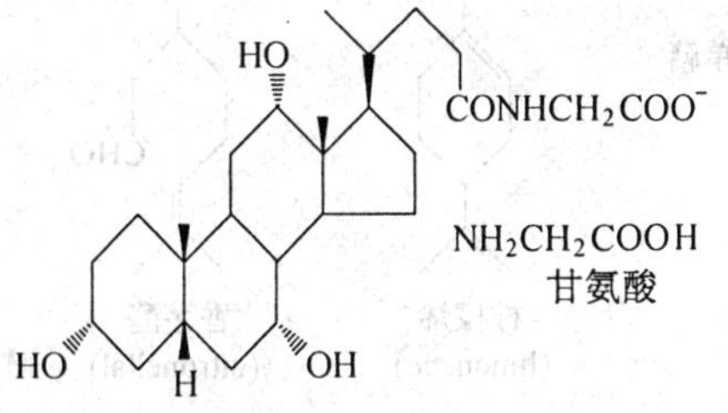
HO
$CONHCH_2COO^-$
NH_2CH_2COOH
甘氨酸
HO
H
OH
甘氨胆酸

牛磺胆酸或甘氨胆酸常以钠盐或钾盐形式存在,称为胆汁酸盐。水溶性的胆汁酸盐是一种表面活性剂,能使肠道中的脂肪、胆固醇和脂溶性维生素乳化,促进肠壁细胞的吸收。此外,胆汁酸盐还能激活脂肪酶,对脂肪的消化吸收具有重要的生理意义。

2.4.2　萜类

萜类是异戊二烯(isoprene)的衍生物。异戊二烯是含有支链的五碳烯烃(2-甲基-1,3-丁二烯,缩写为 C_5),其连接方式一般是头尾相连,也有尾尾相连的(图2.14)。形成的萜类有直链的,也有环状的,环状的又分为单环、双环和多环萜类。

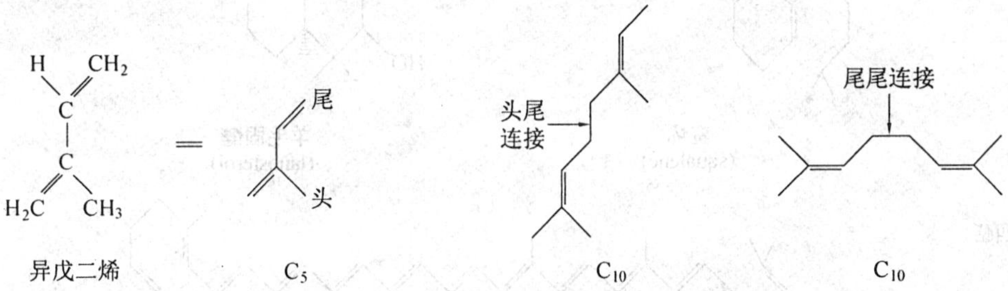
H
CH_2
C
C
H_2C
CH_3
=
尾
头
头尾
连接
尾尾连接
异戊二烯
C_5
C_{10}
C_{10}

图2.14　异戊二烯的结构和在萜中的连接方式

根据所含异戊二烯的数目,萜可分为:单萜(monoterpene)、倍半萜(sesquiterpene)、双萜(diterpene)、三萜(triterpene)、四萜(tetraterpene)和多萜(polyterpene)。

① 单萜。单萜由2分子异戊二烯构成(C_{10}),存在于高等植物中,是植物特有油类的主要成分,如玫瑰油和香茅油中的香茅醛,柠檬油中的柠檬烯(图2.15)。

② 倍半萜。倍半萜由3分子异戊二烯构成(C_{15}),结构形式多样,如中草药中的防风根烯、桉叶醇等。

③ 双萜。双萜由4分子异戊二烯构成(C_{20}),如叶绿素分子中的叶绿醇(或称植醇)、全顺-视黄醛、植物激素赤霉酸等。

④ 三萜。三萜由6分子异戊二烯构成(C_{30}),如鲨烯和羊毛固醇,它们是固醇类化合物的前体。

⑤ 四萜。四萜由8分子异戊二烯构成(C_{40}),最常见的是类胡萝卜素(carotenoid),它

是有色光合色素，包括番茄红素、胡萝卜素(carotene)及其氧化物类胡萝卜素，约70多种。番茄红素与胡萝卜素的结构相似，只是后者链的一端或两端是一个环己烯环(图2.15)。

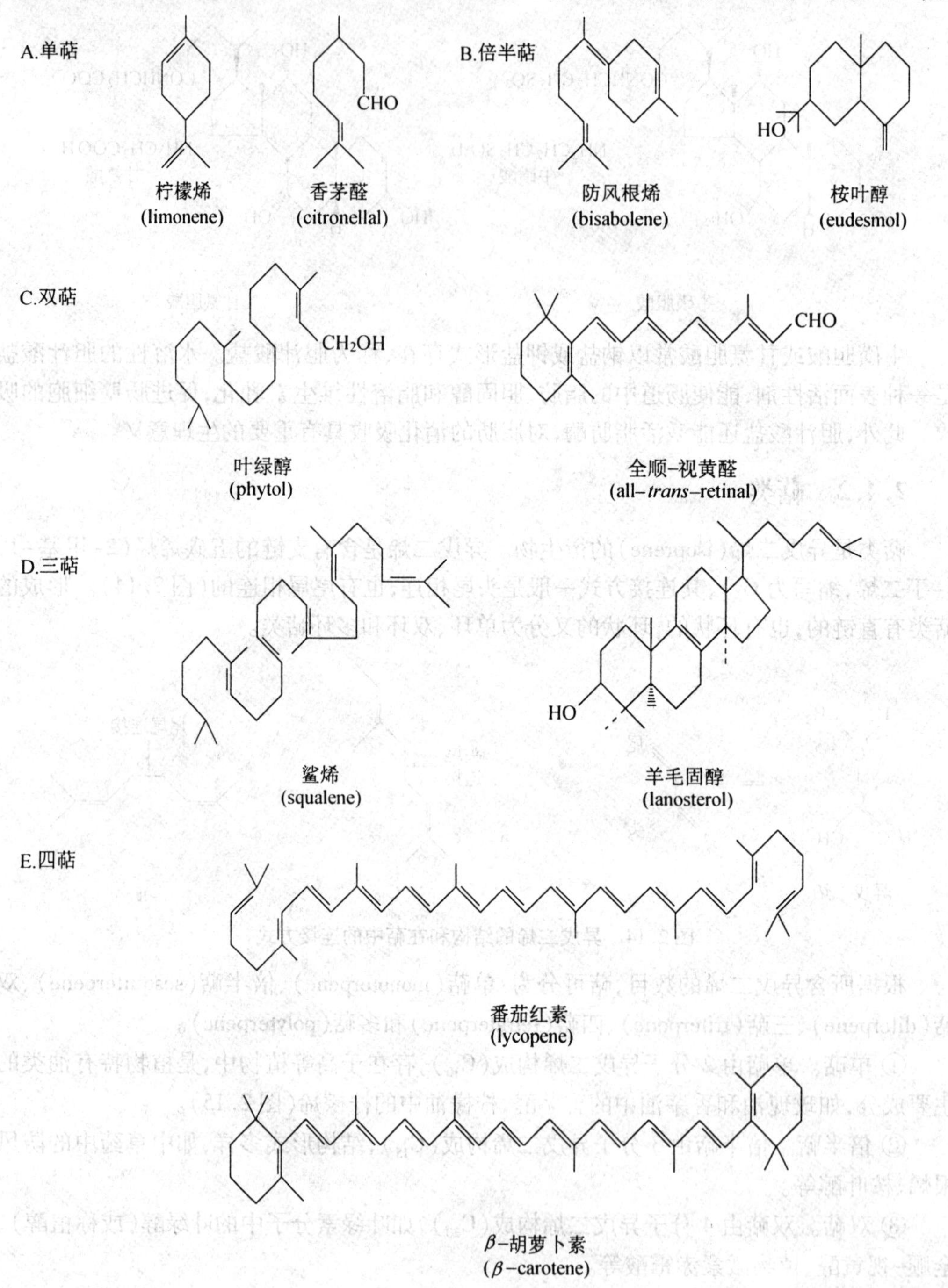

图2.15　某些萜类化合物的结构

根据胡萝卜素的双键数目或位置不同，又分为α,β,γ等6种异构体，其中β-胡萝卜素是维生素 A 的前体。玉米、蛋黄中的玉米黄质(zeaxanthin)和节肢动物中的虾青素(astaxanthin)及其氧化物虾红素(astacin)都是β-胡萝卜素的氧化产物,它们和细菌中的紫菌素(rhodomycetin)一样都属于类胡萝卜素。

⑥ 多萜。天然橡胶是由几千个异戊二烯单位头尾相连而成的聚合物,蒸馏后可获得异戊二烯;辅酶 Q 的侧链由 10 个异戊二烯组成;细菌十一异戊二烯醇磷酸由 11 个异戊二烯单位组成。

此外,脂溶性维生素 A、E、K 都是天然存在的萜类衍生物。

2.5　脂质的分离提取与鉴定

脂质存在于细胞内和细胞外的体液(如血浆、胆汁、乳和肠液)中。欲研究某一特定部位的脂质,首先需将这部分组织或细胞分离出来。由于脂质不溶于水,所以提取和分离都需使用有机溶剂和某些特殊技术。脂质混合物的分离一般是根据其极性差别或在非极性溶剂中的溶解度不同进行的。以酯键或酰胺键连接的脂肪酸可用酸或碱水解成可分析的成分,如三酰甘油,甘油磷脂和固醇酯中以酯键连接的脂肪酸,只要用温和的酸或碱处理即可释放;而鞘脂中以酰胺键连接的脂肪酸则需要较强的水解条件才能被释放。

1. 脂质的提取

非极性脂质(三酰甘油、蜡和色素等)用乙醚、苯或氯仿等很容易从组织中提取出来,这些非极性有机溶剂不会使脂质因疏水作用而引起聚集。膜脂(磷脂、糖脂、固醇等)要用极性有机溶剂(如乙醇或甲醇)提取,此类溶剂既能降低脂质分子间的疏水作用,又能减弱膜脂与膜蛋白之间的氢键结合和静电作用。

常用的提取剂是氯仿、甲醇和水(体积比为 1∶2∶0.8)的混合液。此比例的混合液可混溶,形成一个相(phase)。组织(如肝脏)在此混合液中被匀浆(homogenizing)提取所有脂质,匀浆后形成的不溶物(包括蛋白质、核酸和多糖)用离心或过滤的方法除去。然后向所得的提取液中加入过量的水使之分成两个相,上相是甲醇-水,下相是氯仿。极性大的分子(如蛋白质、多糖)进入上相(甲醇-水),脂质则留在氯仿相。取出氯仿相,蒸发浓缩或干燥、称重。

2. 脂质的分离

提取的脂质混合物可用色谱(层析)法进行分级分离,如硅胶柱吸附层析可把脂质分成非极性、极性带电、极性不带电等多个组分。硅胶(silica gel)是硅酸 $Si(OH)_4$ 的极性不溶物。当脂质混合物(氯仿提取液)通过硅胶柱时,非极性脂质直接通过柱子,最先随氯仿液流出。极性、带电的脂质与硅胶结合被留在柱上。然后,不带电的极性脂质(如脑苷脂)可用丙酮洗脱,极性大、带电的脂质(如磷脂)可用甲醇洗脱。分别收集各个组分,在不同系统中再次层析,分离单个组分,如磷脂可分离成磷脂酰胆碱、磷脂酰乙醇胺、鞘磷脂等。此外,可用分辨率更高、更快的薄层层析(TLC)和高效液相色谱(HPLC)进行脂质分离。TLC 层析板上被分离的脂质组分可喷染料罗丹明(rhodamine)进行检测,因为它与脂质结合会发荧光;或用碘熏蒸层析板,用来检测含不饱和脂肪酸的脂质,碘与双键卤化发生黄色或棕色颜色反应。

3. 脂质的分析

气液色谱(GLC)可用于分离分析混合物中的挥发性成分。除某些脂质具有天然挥发性外,大多数脂质沸点都很高,6 碳以上的脂肪酸沸点在 200℃以上。用 GLC 分析前须先将脂质转变为衍生物以增加其挥发性(即降低沸点),如分析油脂或磷脂中的脂肪酸,需先对甲醇-HCl 或甲醇-NaOH 混合物加热,让脂肪酸发生转酯基作用(transesterification),使其从甘油酯变为甲酯,然后对甲酯混合物进行气液色谱分析。洗脱顺序取决于柱中固定液的性质及样品中成分的沸点和其他性质。GLC 技术可将不同链长和不饱和程度的脂肪酸完全分开。

4. 脂质的测定

专一性水解某些脂质的酶可用于脂质结构的测定。磷酸脂酶 A_1、A_2、C 和 D 各能断裂甘油磷脂分子中的一个特定键,并产生具有特别溶解度和层析行为的产物,如磷脂酶 C 作用于完整的磷脂,其水解产物经 TLC 或 GLC 相结合的技术可测定一个脂的结构。质谱分析对于确定烃链长度和双键的位置特别有效。

2.6 生物膜

细胞是生物体的基本结构和功能单位,生命活动几乎都在细胞内进行。将细胞内容物与外界环境隔开的薄膜称为细胞膜或外周膜。细胞内还有许多内膜系统,如细胞核、线粒体、内质网、高尔基体、叶绿体、溶酶体等也都由各种内膜包裹着。细胞膜(外周膜)和内膜系统统称为生物膜(biomembrane)。

生物膜结构是细胞结构的基本形式,细胞内环境通过生物膜与外界环境进行信息、能量和物质交换。生物体内许多重要过程(如物质运输、能量转换、细胞识别、细胞免疫、神经传导和代谢调控)以及激素和药物作用、肿瘤发生等,都与生物膜有关。

2.6.1 生物膜的组成

生物膜主要由蛋白(包括酶)、脂质(主要是磷脂)和糖类组成,此外还有水、金属离子等。生物膜的组分,尤其是蛋白质和脂质的比例,因膜的种类不同而有很大的差异(表 2.6)。如神经髓鞘,脂质的质量分数达 79%,蛋白质的质量分数只有 18%;细菌细胞质膜和线粒体内膜,蛋白质的质量分数占 76%,脂质的质量分数仅占 24%。一般认为膜功能简单,膜蛋白含量和种类较少;相反,功能复杂或多样的膜,蛋白质比例较大,如神经髓鞘主要功能为绝缘作用,仅含 3 种蛋白质,而线粒体内膜功能复杂,具有电子传递和偶联磷酸化等相关组分,约含 60 种蛋白质。

表2.6　生物膜的化学组成　　%（质量分数）

类　别	蛋白质	脂　质	糖　类
神经髓鞘质膜	18	79	3
小鼠肝细胞	44	52	4
人红细胞	49	43	8
嗜盐菌紫膜	75	25	0
线粒体内膜	76	24	0

1. 膜蛋白

生物膜中蛋白质含量因细胞类型不同而有所差异，其质量分数大多为40%～60%。膜蛋白体现着生物膜的主要功能，根据蛋白质在膜上的位置，分为膜周边蛋白质或称外周膜蛋白（peripheral membrane protein）和膜内在蛋白质或称整合膜蛋白（integral membrane protein）（图2.16）。

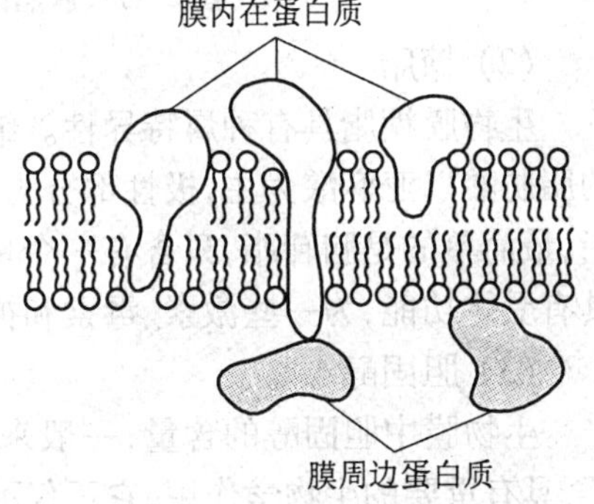

图2.16　生物膜蛋白质示意图

（1）膜周边蛋白质

水溶性蛋白位于膜表面，其质量分数占膜蛋白的20%～30%。靠离子键或其他较弱的键与膜表面的蛋白质分子或脂质结合，只要改变溶液的离子强度，甚至提高温度即可较容易地将其提取出来。

（2）膜内在蛋白质

水不溶性蛋白位于脂质内，其质量分数占膜蛋白的70%～80%。膜内在蛋白有多种类型，有的全埋藏于脂质层内，如髓磷脂蛋白质；有的部分镶嵌在脂质层内，如细胞色素 aa_3；有的则贯通全膜，蛋白质分子在膜内、外表面均有露出，如血型糖蛋白。膜内在蛋白与脂质结合紧密，只有用去垢剂（如SDS）、有机溶剂、超声波等剧烈手段使膜崩解才能分离出来。

膜蛋白不仅是膜的结构组分，而且还具有许多重要的生物学功能。

2. 膜脂

生物膜内的脂质简称膜脂，有磷脂、糖脂、胆固醇等，其中磷脂为主要组分，分布广泛。

（1）磷脂

磷脂分子的主要特征为都是两性分子，具有1个极性头、2个非极性尾（心磷脂除外），以双分子（脂双层）排列；以甘油磷脂（磷脂酰胆碱、磷脂酰乙醇胺等）为主，鞘磷脂较少；除饱和脂肪酸外，还含有不饱和脂肪酸，不饱和脂肪酸多为顺式结构。

不饱和脂肪酸对膜的流动性有极大影响，温度较低时，磷脂呈类似晶体的凝胶状态，其分子相对不能移动；温度较高时，磷脂呈流动的液晶态，其疏水基有较大的活动性，可以移动。将“凝胶态”与“液晶态”可逆地互变称相变（图2.17(a)），相变与脂肪酸的饱和度密切相关。磷脂分子的运动方式见图2.17(b)。

膜磷脂的主要作用是作为生物膜的骨架，作为极性化合物的通透屏障，可激活某些膜蛋白。

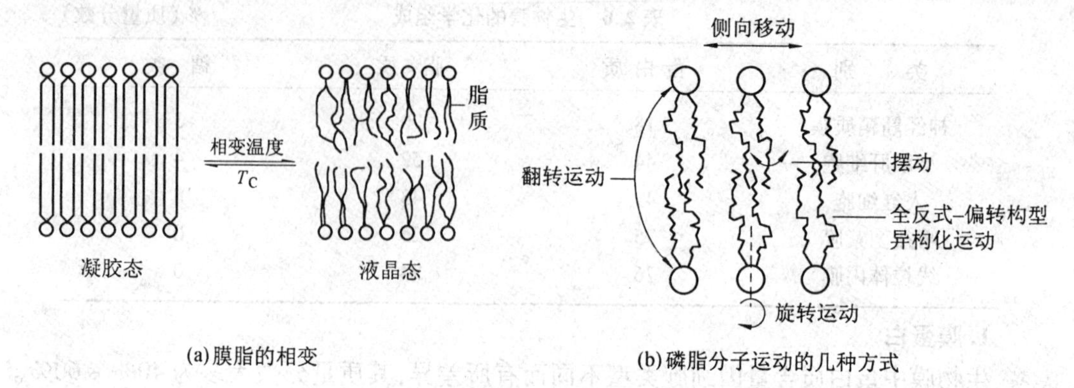

图 2.17　膜脂的相变和磷脂分子运动的几种方式

(2) 糖脂

生物膜糖脂具有种属特异性。细菌和植物的膜糖脂几乎都是甘油糖脂,非极性部分的脂肪酸以亚麻酸为主,极性部分为糖基(一个或多个)。动物细胞的质膜几乎都是鞘糖脂,最简单的是脑苷脂,只含有一个单糖基(葡萄糖或半乳糖);神经节苷脂含 7 个糖基,具有受体功能,为一些激素、毒素和神经递质的受体。

(3) 胆固醇

生物膜中胆固醇的含量,一般来说动物高于植物,质膜高于内膜。胆固醇是两性分子,具有重要的生物学作用,它不仅可以调节膜的流动性,增加膜的稳定性,还可以降低水溶性物质的通透性。

3. 糖类

在真核细胞中,无论质膜还是细胞内膜系统均有糖类分布。糖类的质量分数占质膜的 2% ~10%,多数为糖蛋白,少数为糖脂。膜蛋白与寡糖构成了细胞外壳(cell coat),又称糖萼(图 2.18)。糖类在膜上的分布不对称,都分布在非细胞质一侧:质膜在外表面,内膜系的糖类位于膜系的内腔。糖与膜蛋白、膜脂均以共价键连接。糖蛋白可能与大多数细胞的表面行为有关,细胞与周围环境的相互作用均涉及糖蛋白。

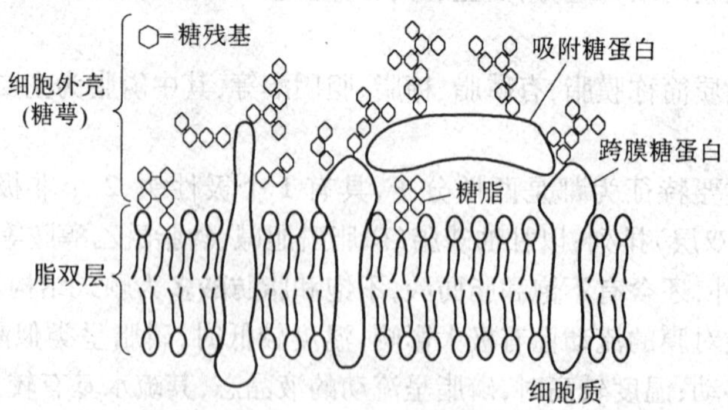

图 2.18　细胞外壳(糖萼)示意图

2.6.2 生物膜中分子间的作用力

膜分子间作用力有3种:静电力、疏水力和范德华力(Van der Waals force)。

① 静电力。静电力是分子中一切极性和带电荷基团间相互吸引或排斥的力。膜两侧的脂质与蛋白质的亲水极性基团通过静电力的相互吸引可形成稳定的结构。

② 疏水力。疏水力是非极性基团间为不与水接触而相互趋近的力。疏水作用对维持膜结构起主要作用。当非极性基团相互靠近时,范德华引力就成为疏水作用的主要因素。

③ 范德华引力。范德华引力是静电引力的一种,可使膜分子间尽量靠近。范德华引力与疏水力有相互补充的作用,对维持膜结构十分重要。

2.6.3 生物膜的主要特征

(1) 膜组分的不对称性

构成膜组分的脂质、蛋白质和糖类在膜两侧的分布呈不对称性,表现在磷脂组分在膜两侧分布是不对称的;膜上的糖基(糖蛋白或糖脂)在膜上分布不对称,哺乳动物质膜的糖基都位于膜的外表面;膜蛋白在膜上呈明确的拓扑学排列;酶分布的不对称性;受体分布亦呈不对称性。这些特点对保障行使膜的功能至关重要,如物质运输的方向性、膜的流动性、膜电位的维持等,这种特性也决定了膜内、外两侧功能的不同。

(2) 膜的流动性

膜的流动性是生物膜结构的主要特征,包括膜脂流动性和膜蛋白流动性。大量研究结果表明,合适的流动性对生物膜表现其正常功能有重要作用,如能量转换、物质运送、信息传递、细胞分裂、细胞融合、胞吞或内吞(endocytosis)、胞吐(exocytosis)及激素作用都与膜的流动性有关。

2.6.4 生物膜分子的结构模型

1935年Danielli和Davson提出"蛋白质-脂质-蛋白质"的三明治式(图2.19(a))质膜结构模型以来,迄今已提出数十种生物膜结构的模型,大家公认的是1972年美国Singer和Nicoson提出的流体(液态)镶嵌模型(图2.19(b))。

流体镶嵌模型与以往提出模型的主要区别在于突出了膜的流动性,认为膜是由脂质和蛋白质分子二维排列的流体;显示了膜蛋白分布的不对称性,有的蛋白质全部镶嵌在脂双层内部;有的部分镶嵌在其中,亲水性残基露出膜表面;有的横跨整个膜,包括"运载蛋白"(carrier proteins)和"通道蛋白"(channel proteins)。膜蛋白可以侧向扩散和旋转扩散,但不能翻转运动。

流体镶嵌模型也有局限性。实验结果表明,生物膜各部分的流动性是不均匀的,在一定温度下,有的膜脂处于凝胶态,有的处于液晶态,即使都是液晶态,各部分的流动性也各不相同,整个膜可视为具有不同流动"微区"(domain)相间隔的动态结构,因此脂双层上的蛋白质既可以运动,又受到限制,据此Jain和White提出了"板块镶嵌"模型。但目前流体镶嵌模型仍被广泛认同。

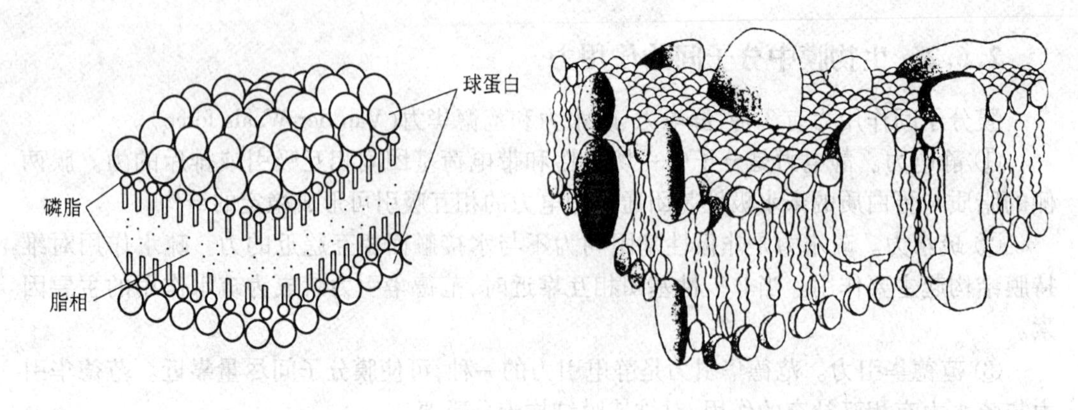

(a) Danielli-Davson 模型　　(b) 流体镶嵌模型

图 2.19　生物膜分子的结构模型

2.6.5　生物膜的功能

生物膜结构决定其有多种重要生物学功能。首先为细胞的生命活动提供相对稳定的内环境,介导细胞与细胞、细胞与间质之间的连接。生物膜可选择地进行物质运输,主要是代谢底物的输入和产物的输出,同时伴随能量的传递。生物膜还提供细胞识别位点,从而完成细胞内外信息跨膜传递。

(1) 物质转运

物质转运是生物膜的主要功能。细胞质膜是细胞与环境进行物质交换的通透性屏障,是一种半透性膜,营养物质通过质膜由外向内转运,质膜对这些物质的转运具有选择通透性。

小分子物质进出细胞的方式主要有简单扩散(simple diffusion)、促进扩散(facilitated diffusion)、主动运输(active transport)3 种方式。

① 简单扩散。简单扩散指物质由浓度高的一侧转运到浓度低的一侧,不需要膜蛋白协助和细胞提供能量,主要依赖物质浓度差和分子大小。

② 促进扩散。促进扩散物质也是顺浓度梯度递减的方向进行跨膜转运,扩散过程中不需要能量,但要有特异膜蛋白"促进"其转运。这类特异膜蛋白有运载蛋白和通道蛋白两类。

③ 主动运输。主动运输与上两种转运方式截然不同,它是物质逆浓度梯度或电化学梯度运输的跨膜转运方式,需 ATP 直接提供能量,还需特异膜蛋白参与。如 K^+ 和 Na^+ 逆浓度与电化学梯度输入和输出的跨膜运送方式就是典型的主动运输。

(2) 信息传递

细胞质膜接受外界刺激或某种信息,通过质膜上的受体(膜蛋白)将其传入细胞内,启动一系列代谢过程,最终表现为生物学效应。如一些亲水性的化学信号分子(包括神经递质、蛋白激素、生长因子等)一般都不进入细胞内,而是通过与细胞膜上特异的受体结合,最终对靶细胞产生效应。

(3) 能量转换

线粒体膜是能量转换的主要场所。线粒体双层膜的内膜分布着电子传递体系，糖类、脂类等营养物质在氧化分解时，通过电子传递逐步释放能量，最终转换为三磷酸腺苷（ATP）直接被细胞利用，所以线粒体是为细胞生命活动直接提供能量的场所。

生物膜的研究不仅有重要的理论意义，而且还有很好的应用前景。在工业上生物膜的多种功能正成为模拟对象，如果生物膜选择透性的功能模拟成功，将极大提高污水处理、海水淡化以及工业副产品的回收效率。农业上正从生物膜结构与功能的角度来研究农作物抗寒、抗旱、耐盐和抗病等机制，这方面的研究成果将为农业增产带来显著成效。医药上几乎所有疾病都与膜的变异有关，很多细胞膜上的受体可能就是药物的靶体，经过大量研究，人工膜（脂质体）作为药物载体，有的已经进入临床试验。

本章小结

脂质是一类难溶于水而易溶于非极性溶剂的生物有机大分子。大多数脂质的化学本质是醇与高级一元酸（或脂肪酸）生成的酯及其衍生物。脂质按化学组成分为单脂、复脂和其他脂质（如固醇类、萜类）；按生物功能可分贮存脂、结构脂和活性脂。

天然脂肪酸通常具有偶数碳原子，一般为 12 ~ 24 个碳。脂肪酸分为饱和、单不饱和、多不饱和脂肪酸，单不饱和脂肪酸的双键多位于 C-9 位和 C-10 位之间（Δ^9），一般为顺式。脂肪酸的物理性质主要取决于其烃链的长度和不饱和程度。

必需脂肪酸是指对人体功能不可缺少，必须由膳食提供的 2 个多不饱和脂肪酸，即亚油酸和 α-亚麻酸，前者属 ω-6 族，后者属 ω-3 族。

类二十碳烷主要是由 20 碳的花生四烯酸衍生而来，主要包括前列腺素、凝血嘧烷和白三烯，它们都是体内的脂肪酸类激素。

甘油三酯（TG）是脂肪酸与甘油形成的三酯，分为简单三酰甘油和混合三酰甘油，天然油脂是二者的混合物。三酰甘油与碱共热可发生皂化反应。三酰甘油也和游离脂肪酸一样，其不饱和双键可发生氢化、卤化、过氧化作用。测定天然油脂的皂化值、碘值、酸值和乙酰化值，可以确定该油脂的特性。三酰甘油主要作为贮存能源，以油滴形式存在于细胞中。

蜡是长链一元醇或固醇和长链脂肪酸形成的酯。天然蜡是多种蜡酯的混合物。蜡是动植物代谢的终产物，有一定的保护功能。蜡还是海洋浮游生物中代谢能源的主要贮存形式。

磷脂包括甘油磷脂和鞘磷脂。甘油磷脂是由 sn-甘油-3-磷脂衍生而来，最简单的甘油磷脂是 3-sn-磷酸酯，是其他甘油磷脂的母体。磷脂酸如果被一个极性醇（如胆碱、乙醇胺等）酯化，则形成各种甘油磷脂，如磷脂酰胆碱（卵磷脂）和磷脂酰乙醇胺（脑磷脂）。鞘磷脂是由鞘氨醇代替甘油而形成的磷脂。鞘氨醇是一种长链的氨基醇，其第 2 位氨基与脂肪酸连接形成神经酰胺，是这类磷脂的母体。神经酰胺的第 1 位羟基被磷酰胆碱或磷酰乙醇胺酯化则形成鞘磷脂。磷脂是两性分子，有一个极性头部和两个非极性尾部，在水介质中能形成脂双层，主要参与膜的组成。

糖脂主要指鞘糖脂，它也是神经酰胺的衍生物。重要的鞘糖脂有脑苷脂和神经节苷脂,后者含有唾液酸。膜上的鞘糖脂与细胞识别以及组织、器官的特异性有关。

脂蛋白是由脂质和蛋白质以非共价键结合而成的复合体。其中的蛋白质部分称载脂蛋白。血浆脂蛋白是血浆中转运脂质的脂蛋白颗粒。由于各种血浆脂蛋白的密度不同,可用超离心法把它们分成5个组分(以密度增加为序),即乳糜微粒(CM),极低密度脂蛋白(VLDL),中间密度脂蛋白(IDL),低密度脂蛋白(LDL)和高密度脂蛋白(HDL)。血浆脂蛋白都是球形颗粒,有一疏水核心和一极性外壳。载脂蛋白的主要作用是增溶疏水脂质和作为脂蛋白受体的识别部位。

固醇类和萜类,都不含脂肪酸。固醇类或称甾类,是环戊烷多氢菲的衍生物。固醇或甾醇是固醇类中的一大类,其结构特点是在甾核的C-3位上有一个β羟基,C-17位上有一含8~10个碳的烃链。固醇存在于大多数真核细胞膜中,但细菌不含固醇。胆固醇是最常见的一种动物固醇,参与动物细胞膜的组成。胆固醇也是固醇类激素(肾上腺皮质激素、性激素等)和胆汁酸(胆酸、鹅胆酸和脱氧胆酸)的前体。胆固醇与动脉粥样硬化有关。植物固醇如谷固醇、豆固醇,它们自身不易被肠黏膜吸收,还能抑制胆固醇的吸收。萜类可以看做是异戊二烯的聚合物,有倍半萜、双帖、三萜、四萜等。萜的结构有线型的,也有环状的。许多植物精油、光合色素和甾类的前体鲨烯都是萜。

测定脂质组成需用有机溶剂从组织中提取,用薄层层析或气液相色谱进行分析。单个的脂质可根据其层析行为、对专一性酶水解的敏感性或质谱分析加以鉴定。

细胞的外周膜(质膜)和内膜系统均称为“生物膜”。生物膜结构是细胞结构的基本形式。生物膜具有多种功能,生命活动中许多重要过程(如物质转运、能量转换、细胞识别、信息传递、神经传导、代谢调控)以及药物作用、肿瘤发生等等都与生物膜有关。

生物膜主要由蛋白质(包括酶)、脂质(主要是磷脂)和糖类等组成。根据在膜上的定位,膜蛋白分为膜周边蛋白质和膜内在蛋白质,前者溶于水较易分离,后者不溶于水,需用较剧烈手段(如去垢剂、有机溶剂、超声波等)才能把它们从膜内分离出来。其主要组分(蛋白质、脂质、糖类)在膜两侧的分布都是不对称的,这对于膜功能的表现是很重要的。生物膜在一般条件下都呈脂双层结构。

生物膜的流动性(包括膜脂和膜蛋白的运动状态)是其结构的主要特征。合适的流动性对生物膜行使正常功能有重要作用。磷脂运动有下列方式:在膜内做侧向扩散或侧向移动;在脂双层中做翻转运动;烃链围绕C—C键旋转而导致异构化运动;围绕与膜平面相垂直的轴左右摆动;围绕与膜平面相垂直的轴做旋转运动。膜蛋白运动分为侧向扩散和旋转扩散两种形式。

生物膜分子间的作用力主要有静电力、疏水作用力和范德华引力。

生物膜分子结构的“液态镶嵌”模型仍然得到比较广泛的支持。

生物膜的主要功能是物质转运、信息传递和能量转换。质膜对小分子物质的转运有选择通透性,转运的方式主要有简单扩散、促进扩散和主动运输。

习　题

1. 判断对错。如果错误,请说明原因。

(1) 脂肪皂化值高表示其含低分子量的脂肪酸少。

(2) 自然界中常见的不饱和脂肪酸多具有顺式结构。

(3) 磷脂是生物膜的主要成分,它的两个脂肪酸基均处于膜的内部。

(4) 酸值与油脂酸败的程度成正比,碘值与脂肪酸的饱和度成正比。

(5) α-亚麻酸分子结构式为 $CH_3(CH_2)_4CH=CHCH_2CH=CH(CH_2)_7COOH$,属于人体必需脂肪酸。

2. 依据 Δ 编码简写符号写出下列脂肪酸结构式并标示俗名。

(1)16:0　(2)18:0　(3)18:1(9)　(4)18:2(9,12)　(5)18:3(9,12,15)

3. 一软脂酰二硬脂酰甘油的相对分子质量为 862,计算其皂化值。[194.9 mg/g]。

4. 50.0 g 纯橄榄油样品完全皂化消耗了 9.5 g 的 KOH。计算橄榄油中甘油三酯的平均相对分子质量。[884]

5. 一分子三硬脂酰甘油、三油酰甘油和三亚油酰甘油的相对分子质量分别为 891、885 和 879(碘的相对原子质量为 126.9),计算它们的碘值。[0;86;173]

6. 680 mg 纯橄榄油吸收碘 578 mg,若橄榄油中甘油三酯的相对分子质量为 884,计算橄榄油中每个甘油三酯分子的平均双键和碘值。[3;85]

7. 某甘油三酯皂化值为 210,碘值为 64,计算此甘油三酯的平均相对分子质量和双键数。[800;2]

8. 1.8 g 奶油加 KOH 酒精液 25.0 mL 皂化,然后用了 0.5 mol/L HCl 9.0 mL 滴定完剩余的碱;空白试验(不加奶油)消耗 0.5 mol/L HCl 23.5 mL,计算奶油皂化值及其相对分子质量。[225.6 mg/g;744.7]

9. 从鳄梨中提取甘油三酯 5 g,用 0.5 mol/L KOH 36.0 mL 水解并皂化(假定甘油三酯为饱和的单纯甘油酯),试计算该样品中脂肪酸的平均链长。[16.7]

10. 油脂 A 的皂化值大于油脂 B, A 的碘值是 B 的 1/7 左右,说明这两种油脂结构上的差异。

11. 表面亲水内部疏水的生物膜特性是由膜蛋白决定的,还是由膜脂决定的?如何形成这种特性?

12. 请写出 C-1 位是硬脂酸,C-2 位是亚油酸的卵磷脂结构式。

第 3 章

蛋白质化学

3.1 蛋白质概论

蛋白质是一类最重要的生物大分子。恩格斯曾经指出:"生命是蛋白体的存在方式","无论在什么地方,只要我们遇到生命,我们就会发现生命是和某种蛋白质相联系的"。蛋白质(protein)来源于希腊文 προτο,其含义是"最原初的","第一重要的"。蛋白质和核酸是构成细胞内原生质(protoplasm)的主体成分,而原生质是生命现象的物质基础。因此蛋白质在生物体内占有特殊重要的地位。

3.1.1 蛋白质的化学组成

蛋白质的元素组成与糖类和脂质不同,除含有 C、H、O 外,还含有一定比例的 N 和少量的 S。有些蛋白质还含有 P、Fe、Cu、I、Zn、和 Mo 等微量元素。组成蛋白质的各元素所占的质量分数见表 3.1。

表 3.1 不同来源蛋白质的组成元素的质量分数

元素	质量分数/%	元素	质量分数/%
C	50	H	7
O	23	S	0~3
N	16	P、Fe、Cu 等	微量

从表 3.1 可见,不同生物蛋白质的氮的平均质量分数为 16%,这是所有蛋白质元素组成的一个共性特点,是凯氏(kjedahl)测氮法测定生物样品中蛋白质含量的计算依据,即蛋白质含量=蛋白氮×6.25,式中 6.25 即 16% 的倒数,为 1 g 氮代表的蛋白质量(g)。

3.1.2 蛋白质的分类

对研究的物质进行分类,是为了便于认识和了解它。提出一个简单的分类系统,试图描述各种蛋白质的主要特征或全部变化范围是很困难的。目前常用的蛋白质分类方法有 3 种,即按蛋白质的分子形状分类、按蛋白质的组成成分分类、按蛋白质的生物学功能分类。

1. 按蛋白质的分子形状分类

(1) 纤维状蛋白质(fibrous protein)

纤维状蛋白质具有较简单的、规则的线性结构,呈细棒状或纤维状,分子的轴径比(分子的长度与直径之比)大于10。这类蛋白质在生物体内主要起结构作用。典型的纤维状蛋白质如胶原蛋白、弹性蛋白、角蛋白和丝蛋白等,不溶于水和低浓度盐溶液。有些纤维状蛋白质如肌球蛋白(myosin)和血纤维蛋白原(fibrinogen)是可溶的。

(2) 球状蛋白质(globular protein)

球状蛋白质的形状近似球形或椭球形,分子的轴径比小于10,甚至接近1∶1,其多肽链折叠紧密,亲水的氨基酸侧链位于分子外部,疏水的侧链位于分子内部,因此水溶性好。细胞中的大多数可溶性蛋白质都属于球状蛋白质,如细胞质中的酶类以及血液中的血红蛋白、血清球蛋白、豆类的球蛋白等。

2. 按蛋白质的组成分类

(1) 单纯蛋白质(simple protein)

单纯蛋白质仅由氨基酸组成,不含其他化学成分,如核糖核酸酶、肌动蛋白等。单纯蛋白质的种类可根据其溶解性划分,见表3.2。

表3.2　单纯蛋白质的不同种类和特点

名　　称	特　　点
清蛋白(albumin)	溶于水及低浓度酸、碱或盐溶液;可与饱和$(NH_4)_2SO_4$发生沉淀反应;广泛存在于生物体内,如血清清蛋白、乳清蛋白
球蛋白(globulin)	溶于水的称假球蛋白(pseudoglobulin);不溶于水而溶于低浓度中性盐溶液的称优球蛋白(euglobulin);可与半饱和$(NH_4)_2SO_4$发生沉淀反应;普遍存在于生物体内,如血清球蛋白、肌球蛋白和植物种子球蛋白等
谷蛋白(glutelin)	易溶于低浓度的酸、碱溶液;不溶于水、醇和中性盐溶液,如米谷蛋白(oryzenin)和麦谷蛋白(glutenin)
醇溶蛋白(prolamine)	溶于体积分数为70%~80%的乙醇;不溶于水及无水乙醇;含脯氨酸和酰胺较多,非极性侧链多;主要存在于植物种子中,如玉米醇溶蛋白(zein)和麦醇溶蛋白(gliadin)
组蛋白(histone)	溶于水及低浓度酸溶液;可被低浓度氨水沉淀;含碱性氨基酸,如组氨酸、赖氨酸较多,呈碱性;是细胞核的组成成分之一
鱼精蛋白(protamine)	溶于水及低浓度酸溶液,不溶于氨水;含碱性氨基酸特别多,呈碱性,如鲑精蛋白(salmine)
硬蛋白(scleroprotein)	不溶于水、盐、低浓度酸和低浓度碱溶液;是动物体内结缔组织的蛋白及具保护功能的蛋白质,如角蛋白、弹性蛋白等

(2) 结合蛋白质(conjugated protein)

结合蛋白质除含有氨基酸外还含有其他化学成分(如糖、脂肪、核酸、磷酸及色素等)。其非蛋白质部分称辅基(prosthetic group)或配体(ligand)。如果非蛋白质部分与蛋白质以共价键连接,必须水解蛋白质才能释放它;如果是非共价键连接,则可通过蛋白质变性把它除去。结合蛋白质可按辅基成分分类,见表3.3。

表 3.3　结合蛋白质的不同种类和辅基成分

名　　称	辅基成分
核蛋白(nucleoprotein)	辅基为核酸,存在于一切细胞中,如染色体、核糖体、AIDS 病毒和腺病毒等
糖蛋白(glycoprotein)	含糖类(常为半乳糖、甘露糖、氨基己糖、葡萄糖醛酸等),分布在几乎所有动物组织中(如血液、骨骼、内脏、角膜、黏膜及生物膜等),许多细胞外基质蛋白属于此类,如胶原蛋白、黏性蛋白、软骨素蛋白、蛋白聚糖和 γ-球蛋白等
脂蛋白(lipoprotein)	含脂类(如甘油三酯、胆固醇、磷脂),存在于乳汁、血液、生物膜和细胞核中,如血浆脂蛋白(HDL、LDL 等)、膜脂蛋白等
金属蛋白(metalloprotein)	含金属,以含 Fe 的血红素为辅基的血红素蛋白(hemoprotein),如血红蛋白、Cyt c、过氧化氢酶和硝酸盐还原酶等;再如含 Fe 的铁蛋白(ferritin)、含 Zn 的乙醇脱氢酶、含 Cu 和 Fe 的 Cyt 氧化酶、含 Mn 的丙酮酸羧化酶、含 Mo 的固氮酶等
黄素酶(flavo-enzyme)	含黄素,辅基为 FMN 和 FAD,如含 FAD 的琥珀酸脱氢酶、含 FMN 的 NADH 脱氢酶、含 FMN 和 FAD 的二氢乳清酸脱氢酶、含 FMN 和 FAD 的亚硫酸盐还原酶等
磷蛋白(phosphoprotein)	此类蛋白质中的 Ser、Thr 或 Tyr 残基的羟基被磷酸酯化,如酪蛋白(casein)、卵黄蛋白、糖原磷酸化酶 a

3. 按蛋白质的生物学功能分类

具有不同组成、结构和特性的蛋白质,行使广泛而重要的生物学功能。不同组成、结构和特性的蛋白质的生物学功能见表 3.4。

表 3.4　不同组成、结构和特性的蛋白质的生物学功能

分　类	举　例
酶(enzyme)	各种酶类
调节蛋白(regulatory protein)	激素、受体、阻抑物、转录因子等
转运蛋白(transport protein)	血红蛋白、载脂蛋白、葡萄糖转运蛋白和血清清蛋白等
贮存蛋白(storage protein)	乳汁中的酪蛋白、蛋类中的卵清蛋白、植物种子中的醇溶蛋白等
结构蛋白(structural protein)	α-角蛋白、胶原蛋白、弹性蛋白、丝蛋白等
收缩和游动蛋白(contractile and motile protein)	肌动蛋白、肌球蛋白、微管蛋白、动力蛋白(dynein)和驱动蛋白(kinesin)
支架蛋白(scaffolding protein)	信号传递转录激活剂(STAT)、胰岛素受体底物-1(IRS-1)等
保护蛋白(protective protein)	免疫球蛋白、凝血酶、血纤维蛋白原、抗冻蛋白等
异常蛋白(exotic protein)	应乐果甜蛋白(monellin)、节肢弹性蛋白(resilin)

3.1.3　蛋白质的多样生物学功能

生物界中蛋白质的种类估计有 10^{10} ~ 10^{12} 种。不同种类的蛋白质是由于氨基酸在肽链中排列的顺序不同。例如由 20 种氨基酸组成的二十肽,理论上其序列异构体可达 20!(2×10^{18})种。蛋白质肽链中氨基酸排序的差异是蛋白质生物学功能的多样性和物种特异性的结构基础。蛋白质的生物学功能主要有以下几种。

（1）催化功能

作为生物新陈代谢的催化剂——酶，是蛋白质中最大的一类，也是蛋白质最重要的生物功能之一。国际生化委员会公布的《酶命名法》（Enzyme Nomenclature）中列出了3 000多种酶。生物体内各种化学反应几乎都是在相应的酶催化下进行的。

（2）调节功能

能调节其他蛋白质执行其生物功能的蛋白质称为调节蛋白。激素是一类调节蛋白，如胰岛素调节人和动物体内的血糖代谢。另一类调节蛋白参与基因表达的调控，它们起激活（正调控因子）或抑制（负调控因子）RNA转录的作用，如原核生物乳糖操纵子中的阻遏物。

（3）结构功能

结构蛋白建造和维持生物体的结构，保护和支持细胞和组织，是蛋白质的重要功能之一。结构蛋白多数为不溶性纤维状蛋白，如构成动物毛发、蹄、角、指甲的α-角蛋白，骨、腱、韧带、皮肤中的胶原蛋白。胶原蛋白还与蛋白聚糖等构成动物的胞外基质，后者是细胞的保护性屏障。

（4）运输功能

转运蛋白把特定物质从体内一处运输到另一处。转运蛋白的功能一是其通过血液流动转运物质，如血红蛋白把氧气从肺转运到其他组织，血清清蛋白把脂肪酸从脂肪组织转运到各器官中；二是转运蛋白为膜转运蛋白，它们在膜内形成通道，被转运的物质经过它进出细胞，如葡萄糖转运蛋白。

（5）贮存功能

蛋白质中的氨基酸在生物体必需时可提供氮素，例如卵清蛋白为鸟类胚胎发育提供氮源，乳汁中的酪蛋白是哺乳类幼子生长发育的主要氮源，许多高等植物种子中的贮存蛋白可为种子发芽准备足够的氮素。蛋白质除可为生物体发育提供C、H、O、N、S元素外，如铁蛋白还可为血红蛋白的合成提供Fe，1分子铁蛋白（相对分子质量4.6×10^5）可以结合4 500个铁原子（占其总质量的35%）。

（6）运动功能

收缩和游动蛋白质可使肌肉收缩和细胞游动，形成细胞收缩系统的肌动蛋白（actin）和肌球蛋白（myosin）以及微管的主要成分——微管蛋白（tubulin）都属于这一类蛋白。细胞有丝分裂或减数分裂过程中的纺锤体以及鞭毛、纤毛等都涉及微管蛋白。另一类运动蛋白质为发动机蛋白（motor protein），如前所述的动力蛋白和驱动蛋白，可驱使小泡、颗粒和细胞器沿微管移动。

（7）防御和保护功能

在具有防御功能的蛋白中，最典型的实例是脊椎动物体内的免疫球蛋白，即抗体。淋巴细胞在抗原（外来蛋白质或其他高分子化合物）刺激下产生抗体，抗体能专一地与相应的抗原结合，以排除外源异种蛋白对生物体的干扰。保护蛋白如血液凝固蛋白、凝血酶原和血纤维蛋白原等参与凝血过程。南极鱼和北极鱼含有抗冻蛋白，可遏制在0℃以下的海水中血液冷凝。

（8）支架功能

支架蛋白或称接头蛋白(adaptor protein)在细胞应答激素和其他信号分子的复杂途径中起协调和通信作用。支架蛋白结构中的特定组件组织(modular organization)以蛋白-蛋白的相互作用识别并结合其他蛋白质中某些结构元件。

(9)特殊功能

特殊功能指除具有上述功能以外的蛋白质,如应乐果甜蛋白是尼日利亚的一种植物(*Discoreophyllum cumminisii*)果肉中的一种蛋白质,是无毒的非糖天然甜味剂;节肢弹性蛋白是昆虫翅膀的铰合部存在的一种有特殊弹性的蛋白质;胶质蛋白是贝类分泌的一种蛋白质,它可以把贝壳牢固粘在岩石或其他硬表面物上。

3.2 蛋白质的基本结构单位——氨基酸

蛋白质相对分子质量很大,一般为 $10^4 \sim 10^6$,结构也非常复杂。研究蛋白质的组成和结构,需将其水解成小分子物质,蛋白质完全水解的产物是各种氨基酸的混合物,不完全水解的产物是各种大小不等的肽段和氨基酸,可见氨基酸(amino acid)是蛋白质的基本结构单位。蛋白质的水解方法有酸、碱和酶法,各有优缺点。酸水解一般用 6 mol/L 的 HCl 或 4 mol/L 的 H_2SO_4 煮沸回流约 20 h,可完全水解蛋白质,得到 *L*-氨基酸,不引起消旋作用,缺点是色氨酸可被完全破坏,羟基氨基酸可被部分水解,天冬酰胺和谷氨酰胺的酰胺基可被水解下来;碱完全水解一般用 5 mol/L 的 NaOH 与蛋白质共沸 10 ~ 20 h,产物为 *D*-和 *L*-氨基酸的混合物,而产生消旋现象,色氨酸虽不被破坏,但其余多数氨基酸可受到不同程度的破坏,还可引起精氨酸脱氨生成鸟氨酸和尿素;多种蛋白酶协同作用才能使蛋白质完全水解,但需较长时间,常用的有胰蛋白酶(trypsin)、胰凝乳蛋白酶或称糜蛋白酶(chymotrypsin)及胃蛋白酶(pepsin)等;按目前水平体外酶法还不能将蛋白质完全水解,但酶法水解蛋白不产生消旋作用,也不破坏氨基酸,因此氨基酸测试一般仍采用低浓度酸法水解蛋白质。

3.2.1 氨基酸的结构特征

1. 氨基酸的一般结构

组成蛋白质的常见的氨基酸有 20 种,除脯氨酸及其衍生物外,其余氨基酸都是含有氨基的羧酸,即羧酸中 α-碳原子上的一个氢原子被氨基取代而生成的化合物。其结构通式见图 3.1。

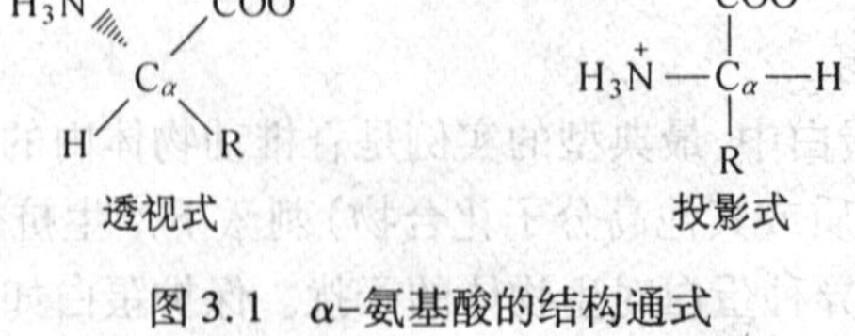

$H_3\overset{+}{N}$ COO^- C_α H R

透视式

COO^- $H_3\overset{+}{N}—C_\alpha—H$ R

投影式

图 3.1 α-氨基酸的结构通式

式中 R 表示 1 个可变的侧链,R 基不同就构成不同的氨基酸。α-氨基和 α-羧基连在α-碳原子上,统称 α-氨基酸,这是氨基酸结构的共同特点。氨基酸在溶液及反应中常以两性离子形式存在。

从结构通式可以看出,除R为氢原子(即甘氨酸)外,所有α-氨基酸的α-碳原子都是不对称碳原子,即手性碳原子,它是α-氨基酸的不对称中心,所以氨基酸都有旋光活性,每一种氨基酸都有D-型和L-型两种立体异构体。

$$\begin{array}{c} COOH \\ | \\ H-C-NH_2 \\ | \\ R \end{array} \qquad \begin{array}{c} COOH \\ | \\ H_2N-C-H \\ | \\ R \end{array}$$

D-氨基酸　　　　L-氨基酸

氨基酸的构型以α-氨基在空间的排布来区分。像单糖一样,氨基酸的构型与实际旋光性是两个不同的概念。构成蛋白质的L-氨基酸大多为右旋性,少数为左旋性。

2. 常见氨基酸和不常见氨基酸

组成蛋白质的常见的氨基酸有20种,又称为组成蛋白质的基本氨基酸,它们大都是L-氨基酸,见表3.5。

表3.5　20种常见的氨基酸及简写符号

氨基酸名称	缩　写	单字母符号
丙氨酸(alanine)	Ala	A
精氨酸(arginine)	Arg	R
天冬酰胺(asparagine)	Asn	N
天冬氨酸(aspartic acid)	Asp	D
半胱氨酸(cysteine)	Cys	C
谷氨酰胺(glutamine)	Gln	Q
谷氨酸(glutamic acid)	Glu	E
甘氨酸(glycine)	Gly	G
组氨酸(histidine)	His	H
异亮氨酸(isoleucine)	Ile	I
亮氨酸(leucine)	Leu	L
赖氨酸(lysine)	Lys	K
甲硫氨酸(蛋氨酸)(methionine)	Met	M
苯丙氨酸(phenylalanine)	Phe	F
脯氨酸(proline)	Pro	P
丝氨酸(serine)	Ser	S
苏氨酸(threonine)	Thr	T
色氨酸(tryptophan)	Trp	W
酪氨酸(tyrosine)	Tyr	Y
缬氨酸(valine)	Val	V

此外,在有些蛋白质中还有一些不常见的氨基酸,它们含量少,都是在蛋白质合成后由相应的常见氨基酸修饰形成的。例如:5-羟赖氨酸(5-hydroxylysine)和4-羟脯氨酸(4-hydroxyproline)存在于结缔组织的胶原蛋白中,肌球蛋白中含有甲基组氨酸(methylhistidine)、ε-N-甲基赖氨酸(ε-N-methyllysine)和ε-N,N,N-三甲基赖氨酸(ε-N,N,N-trimethyllysine）；存在于凝血酶原和与血液凝固有关的蛋白质中的 γ-羧基谷氨酸（γ-carboxyglutamicacid）；谷物蛋白质中的 α-氨基己二酸（α-aminoadipic acid）。一些不常见的蛋白质氨基酸见图 3.2。

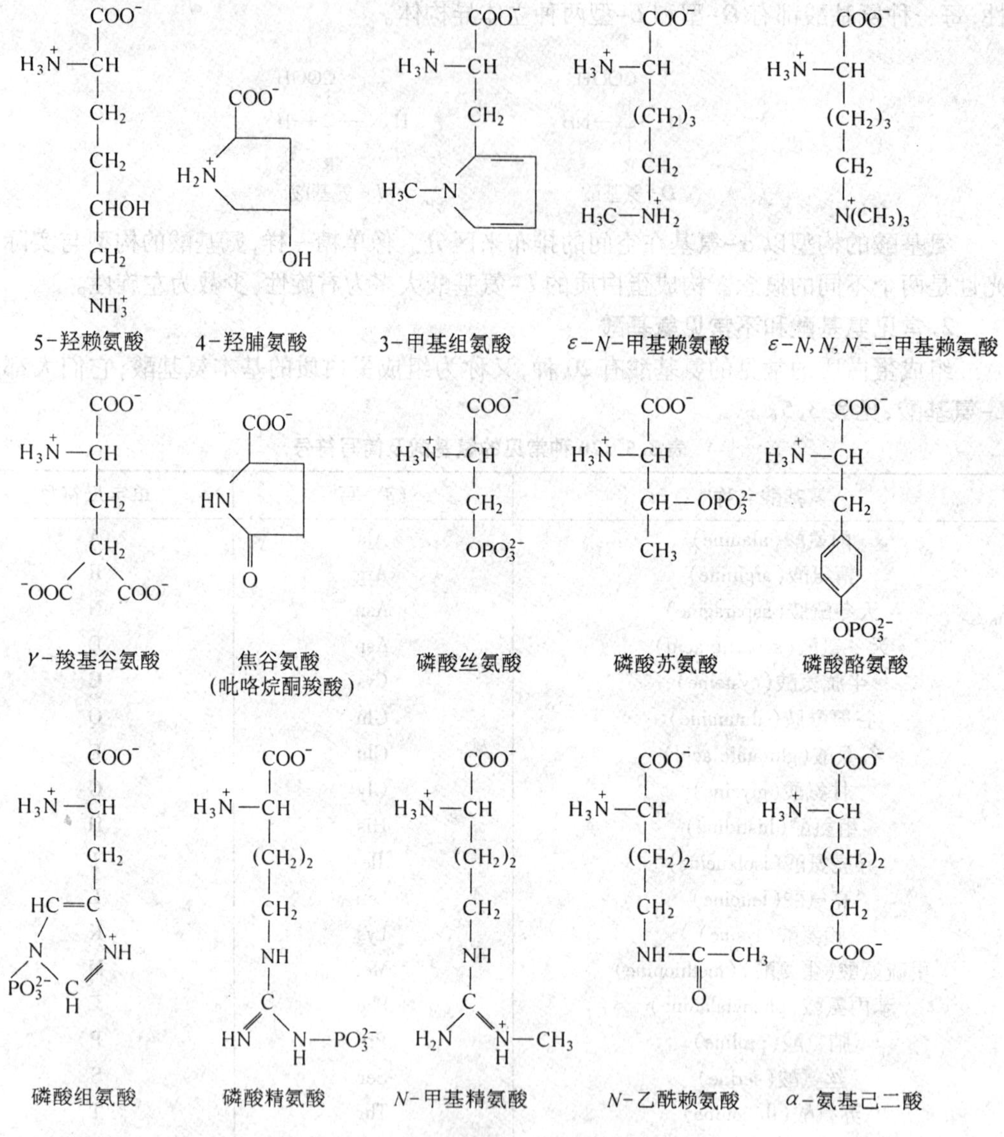

5-羟赖氨酸　4-羟脯氨酸　3-甲基组氨酸　ε-N-甲基赖氨酸　ε-N,N,N-三甲基赖氨酸

γ-羧基谷氨酸　焦谷氨酸（吡咯烷酮羧酸）　磷酸丝氨酸　磷酸苏氨酸　磷酸酪氨酸

磷酸组氨酸　磷酸精氨酸　N-甲基精氨酸　N-乙酰赖氨酸　α-氨基己二酸

图 3.2　某些不常见的蛋白质氨基酸

3.2.2　氨基酸的分类

组成蛋白质的 20 种常见的氨基酸的分类主要有 3 种方法。

（1）根据氨基酸的酸碱性质分类

① 酸性氨基酸有 2 种，即谷氨酸和天冬氨酸，它们都含有一个氨基和两个羧基。

② 碱性氨基酸有 3 种，即精氨酸、赖氨酸和组氨酸，它们含有一个羧基、两个或两个

以上的氨基或亚氨基。

③ 中性氨基酸有15种，即均为含一个氨基一个羧基的氨基酸，其中包括两种酸性氨基酸产生的酰胺。

(2) 根据氨基酸R基的化学结构分类

① 芳香族氨基酸有3种，即苯丙氨酸、酪氨酸和色氨酸，它们的R基含有芳香环，见图3.3。

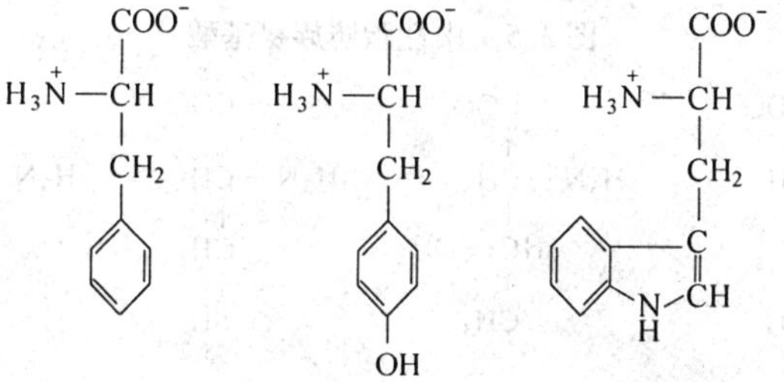

苯丙氨酸(Phe,F)　酪氨酸(Tyr,Y)　色氨酸(Trp,W)

图3.3　芳香族氨基酸

② 杂环族氨基酸有2种，即组氨酸和脯氨酸，组氨酸的R基中含有咪唑基，脯氨酸的R基取代了氨基的一个氢而形成一个杂环，使脯氨酸中没有自由氨基，而只有一个亚氨基，见图3.4。

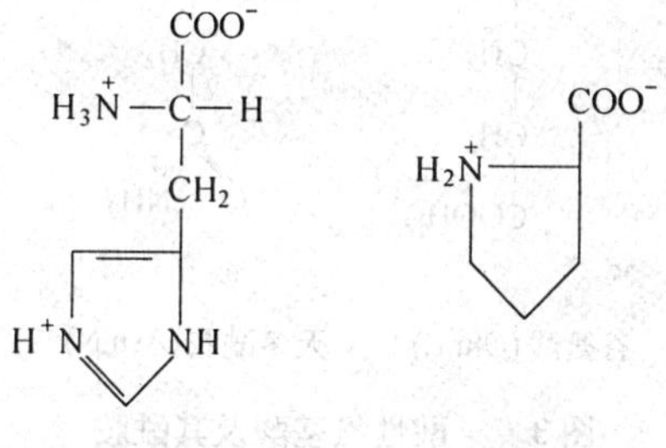

组氨酸(His,H)　脯氨酸(Pro,P)

图3.4　杂环氨基酸

③ 脂肪族氨基酸共15种，其中中性氨基酸5种(甘氨酸、丙氨酸、缬氨酸、亮氨酸、异亮氨酸)；含羟基或含硫氨基酸4种(丝氨酸、苏氨酸、半胱氨酸、甲硫氨酸)；酸性氨基酸及其酰胺4种(天冬氨酸、谷氨酸、天冬酰胺、谷氨酰胺)；碱性氨基酸2种(精氨酸、赖氨酸)。值得注意的是脂肪族氨基酸15种与按酸碱性质分类的中性氨基酸15种不完全一致。脂肪族氨基酸的分子结构见图3.5、图3.6，酸性氨基酸及其酰胺的分子结构见图3.7，碱性氨基酸的分子结构见图3.8。

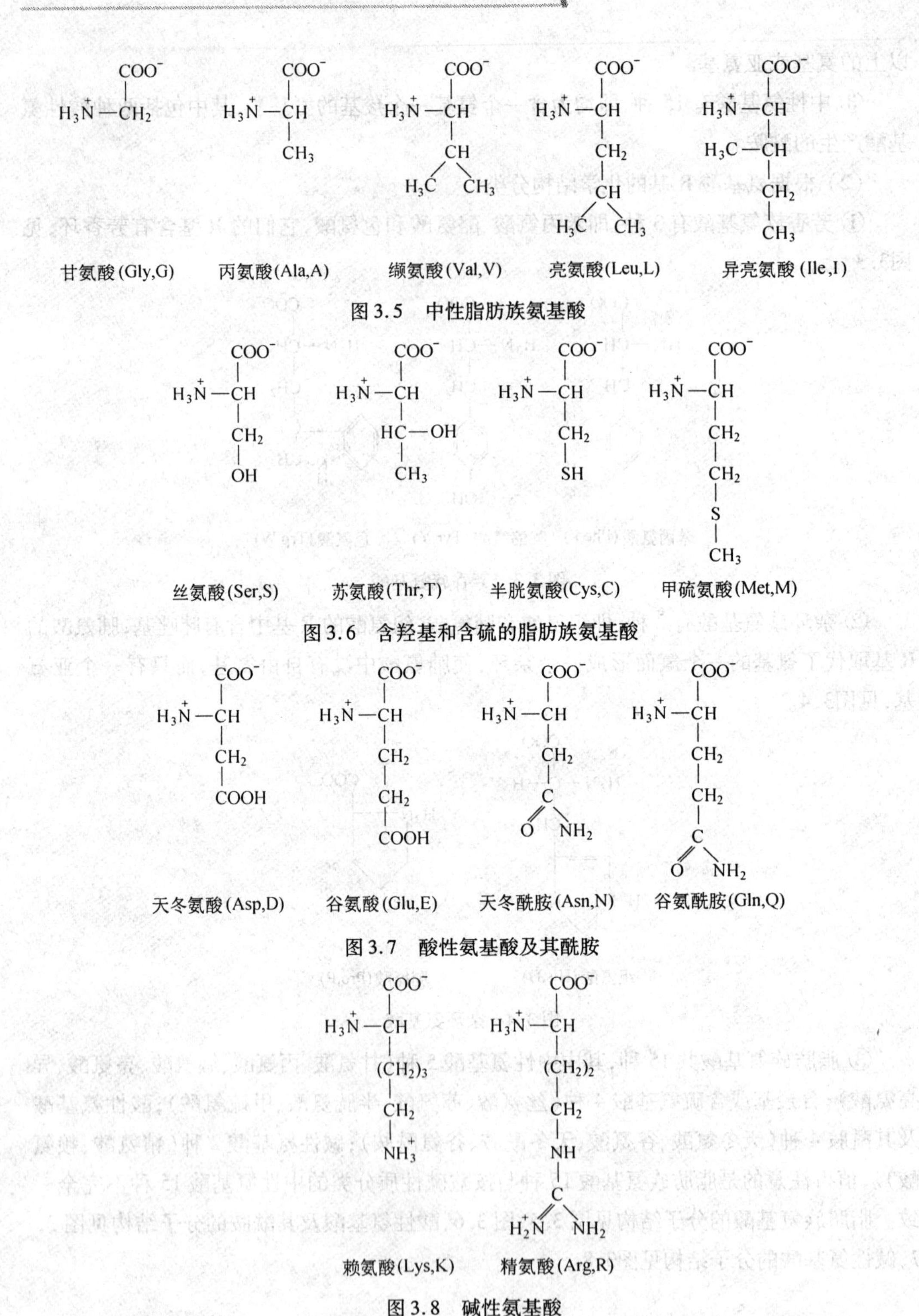

图 3.5 中性脂肪族氨基酸

图 3.6 含羟基和含硫的脂肪族氨基酸

图 3.7 酸性氨基酸及其酰胺

图 3.8 碱性氨基酸

(3) 根据氨基酸 R 基团的极性分类

① 极性带正电荷的氨基酸。此类氨基酸共有 3 种,为碱性氨基酸,在 pH7 时带净正

电荷。

② 极性带负电荷的氨基酸。此类氨基酸共有2种，为酸性氨基酸，在pH6~7时带净负电荷。

③ 极性不带电荷氨基酸的R基中含有不解离的极性基团，比非极性R基氨基酸易溶于水，能与水形成氢键。此类氨基酸共有7种，包括含羟基的丝氨酸、苏氨酸和酪氨酸；含酰胺基的天冬酰胺和谷氨酰胺；含巯基的半胱氨酸；甘氨酸的R基为1个氢原子，对强极性的氨基、羧基影响很小，其极性最弱，有时将它归于非极性氨基酸类中。

④ 非极性氨基酸的R基中含有脂肪烃侧链或芳香环等。此类氨基酸共有8种，其中带有脂肪烃侧链的有丙氨酸、缬氨酸、亮氨酸和异亮氨酸；含有芳香环的有苯丙氨酸和色氨酸；含硫的甲硫氨酸；一种亚氨基酸——脯氨酸。非极性氨基酸在水中的溶解度比极性氨基酸小，其中丙氨酸的疏水性最小，它介于非极性氨基酸和极性不带电荷的氨基酸之间。

除了构成蛋白质的20种常见的氨基酸外，在多种组织和细胞中还存在非蛋白质氨基酸（约150多种），这些氨基酸大多是蛋白质中*L*-型氨基酸的衍生物，但有一些是β、γ、δ-氨基酸，也有些是*D*-型氨基酸（图3.9）。

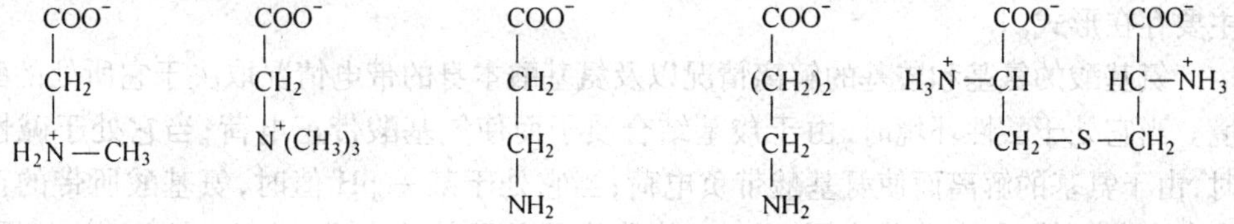

肌氨酸（*N*-甲基甘氨酸）　甜菜碱（*N*,*N*,*N*-三甲基甘氨酸）　β-丙氨酸　γ-氨基丁酸　羊毛硫氨酸

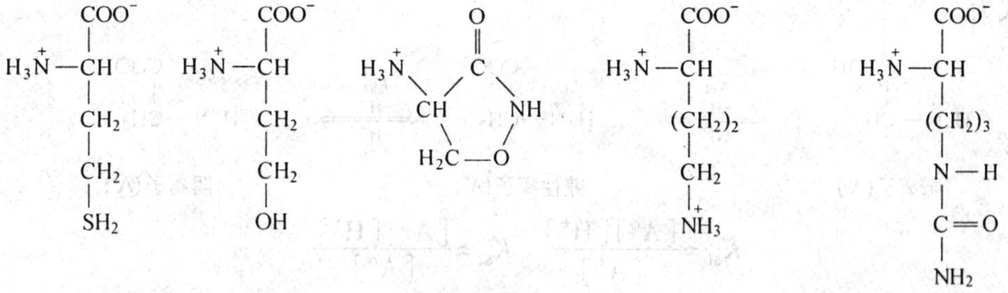

高半胱氨酸　高丝氨酸　环丝氨酸　鸟氨酸　瓜氨酸

图3.9　某些非蛋白质氨基酸

非蛋白质氨基酸也具有生物活性，功能不尽相同。如细菌细胞壁肽聚糖中有*D*-谷氨酸和*D*-丙氨酸；抗生素短杆菌肽S（gramicidin S）中含有*D*-苯丙氨酸；肌肽和鹅肌肽中的β-丙氨酸是遍多酸（一种维生素）的组成成分；γ-氨基丁酸由谷氨酸脱羧产生，是神经递质（neurotransmitter）；肌氨酸（sarcosine）是一碳单位代谢中间物，它和*D*-缬氨酸是放线菌素D的结构成分；*D*-环丝氨酸（cycloserine）是一种由链霉菌属（*Streptomyces*）细菌产生的抗生素，能抑制细菌细胞壁的形成，可用做抗结核菌药物；羊毛硫氨素（lanthionine）的内消旋体和外消旋体混合物是肽类抗生素——枯草菌素（subtilin）和乳酸链球菌肽（nisin）

的组成成分;瓜氨酸(L-citrulline)和鸟氨酸(L-ornithine)是尿素循环的中间产物。另外,甜菜碱(betaine)、高半胱氨酸(homocysteine)和高丝氨酸(homoserine)等都是重要的代谢中间产物。

3.2.3 氨基酸的性质

构成蛋白质的α-氨基酸为无色晶体,氨基酸晶体由离子晶格组成,像 NaCl 晶体一样,维持晶体中质点的作用力是较强的异性电荷之间的静电吸引力,因此熔点较高(一般高于 200℃,如甘氨酸的熔点为 233℃、L-酪氨酸的熔点为 344℃);一般能溶于水、低浓度酸或低浓度碱中,但不溶于有机溶剂;通常酒精可把氨基酸从其溶液中析出;除甘氨酸外都具有旋光性。

1. 氨基酸的酸碱性质

同一氨基酸分子中含有碱性的氨基($-NH_2$)和酸性的羧基(—COOH),因此,它是两性电解质(ampholyte)。它的—COOH 基可解离释放 H^+,其自身变为$-COO^-$,释放出的 H^+离子与$-NH_2$ 结合,使$-NH_2$ 变成$-NH_3^+$,此时氨基酸成为同一分子上带有正、负两种电荷的偶极离子(dipolarion)或称兼性离子(zwitterion),这是氨基酸在水中或结晶态时的主要存在形式。

氨基酸的氨基和羧基的解离情况以及氨基酸本身的带电情况取决于它所处的酸碱环境。当它处于酸性环境时,由于羧基结合质子而使氨基酸带正电荷;当它处于碱性环境时,由于氨基的解离而使氨基酸带负电荷;当它处于某一 pH 值时,氨基酸所带的正电荷和负电荷相等,即净电荷为零,此 pH 值称为氨基酸的等电点(isoelectric point),用 pI 表示。氨基酸在等电点时,在电场中既不向正极也不向负极移动,等电兼性离子(极少数为中性分子)少数解离成阳离子和阴离子,但两向解离的数目和趋势相等。氨基酸的两性解离式为

$$\underset{\text{阳离子}(A^+)}{H_3\overset{+}{N}-\underset{\displaystyle |}{\overset{COOH}{|}}CH_2} \underset{+H^+}{\overset{K_{a1},\ -H^+}{\rightleftharpoons}} \underset{\text{兼性离子}(A^\circ)}{H_3\overset{+}{N}-\overset{COO^-}{|}CH_2} \underset{+H^+}{\overset{K_{a2},\ -H^+}{\rightleftharpoons}} \underset{\text{阴离子}(A^-)}{H_2N-\overset{COO^-}{|}CH_2}$$

$$K_{a1}=\frac{[A^\circ][H^+]}{[A^+]} \quad K_{a2}=\frac{[A^-][H^+]}{[A^\circ]}$$

在生理 pH 值时,大多数氨基酸主要以两性离子的形式存在。

在等电点时,氨基酸由于静电作用,溶解度最小,容易沉淀。利用这一性质可以分离制备某些氨基酸。例如,谷氨酸的生产,就是将微生物发酵液的 pH 值调节到 3.22(谷氨酸的等电点)而使谷氨酸沉淀析出。

氨基酸两性电解质在水溶液中,既可被酸滴定,又可被碱滴定。对氨基酸进行酸碱滴定,可计算出各种解离基团的解离常数和等电点。例如,滴定可从等电甘氨酸溶液、甘氨酸盐酸盐或甘氨酸钠溶液开始。当 0.1 mol 甘氨酸溶于水时,溶液的 pH 值约等于 6.0。如用标准 NaOH 溶液滴定,以加入的 NaOH 的摩尔数对 pH 作图,得到滴定曲线的右段。从滴定曲线的右段看出,随着滴定碱量增加,溶液 pH 值由小变大,碱度上升,在 pH9.60

处有一个拐点,表示甘氨酸的兼性离子有一半变成阴离子,—NH_3^+ 有一半被中和了。如用标准 HCl 滴定,以加入的 HCl 的摩尔数对 pH 作图,则得到滴定曲线的左段。从滴定曲线的左段看出,随着滴入酸量增加,溶液 pH 由大变小,酸度上升,在 pH2.34 处有一个拐点,表示甘氨酸的兼性离子有一半变成阳离子,—COO^- 有一半被中和了。甘氨酸的滴定曲线见图3.10。

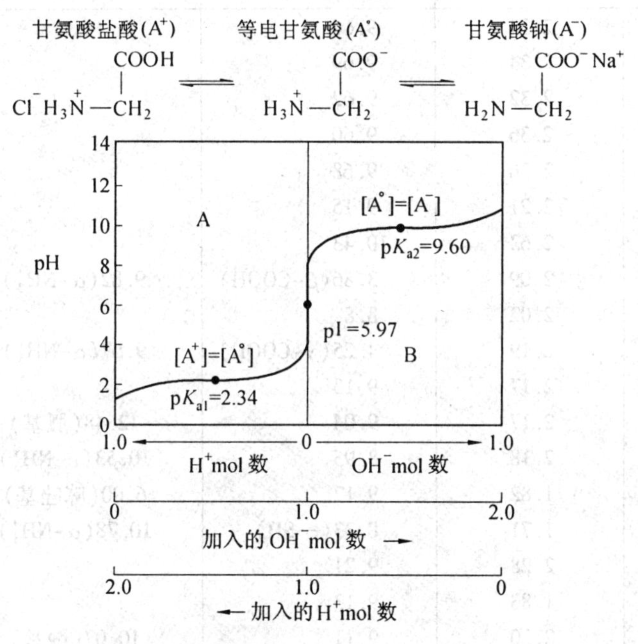

图3.10　甘氨酸的酸碱滴定曲线(解离曲线)

由氨基酸的滴定,利用 Handerson-Hasselbalch 公式:

$$pH=pK_a+\lg\frac{[质子受体]}{[质子供体]}$$

根据所给的 pK_{a1} 和 pK_{a2} 等数据,即可计算出在任一 pH 条件下一种氨基酸的各种离子的比例。推而广之,公式中的任一项未知,而其他项已知,都可根据已知条件求出未知项。

由上式可见,解离常数 pK_a 是一种特定条件下的 pH 值,即当质子供体与质子受体浓度相等时的 pH 值。

R 基不解离的氨基酸都具有类似甘氨酸的滴定曲线。这类氨基酸的 pK_a 值相当 pK_{a1} 的范围为2.0~3.0,pK_{a2} 为9.0~10.0。带有可解离 R 基的氨基酸相当于三元酸,有3个 pK_a 值,因此滴定曲线比较复杂。

氨基酸等电点的计算方法:pI 值相当于氨基酸的两性离子状态向正、负离子解离时可解离基团的 pK_a 值之和的一半。中性氨基酸和酸性氨基酸的等电点是它的 pK_{a1} 和 pK_{a2} 的算术平均值,即

$$pI=\frac{(pK_{a1}+pK_{a2})}{2}$$

碱性氨基酸的等电点是它的 pK_{a2} 和 pK_{a3} 的算术平均值,即

$$pI=\frac{pK_{a2}+pK_{a3}}{2}$$

常见氨基酸的解离常数和等电点见表3.6。

表3.6 氨基酸的解离常数和等电点

氨基酸	pK_{a1}(α—COO^-)	pK_{a2}(多为 α-NH_3^+)	pKa_3(多为-R基)	pI
甘氨酸	2.34	9.60		5.97
丙氨酸	2.34	9.69		6.02
缬氨酸	2.32	9.62		5.97
亮氨酸	2.36	9.60		5.98
异亮氨酸	2.36	9.68		6.02
丝氨酸	2.21	9.15		5.68
苏氨酸	2.63	10.43		6.53
天冬氨酸	2.09	3.86(β-COOH)	9.82(α-NH_3^+)	2.97
天冬酰胺	2.02	8.8		5.41
谷氨酸	2.19	4.25(γ-COOH)	9.67(α-NH_3^+)	3.22
谷氨酰胺	2.17	9.13		5.65
精氨酸	2.17	9.04	12.48(胍基)	10.76
赖氨酸	2.18	8.95	10.53(ε-NH_3^+)	9.74
组氨酸	1.82	9.17	6.00(咪唑基)	7.59
半胱氨酸	1.71	8.33(—SH)	10.78(α-NH_3^+)	5.02
甲硫氨酸	2.28	9.21		5.75
苯丙氨酸	1.83	9.13		5.48
酪氨酸	2.20	9.11	10.07(酚基)	5.66
色氨酸	2.38	9.39		5.89
脯氨酸	1.99	10.60		6.30

* 表示除半胱氨酸是30℃测定的数值外,其他氨基酸都是25℃时测定的数值。

由表3.6可知,酸性氨基酸的pI较小,碱性氨基酸的pI较大;中性氨基酸的pI一般在6.0左右。

2. 氨基酸的紫外吸收

组成蛋白质的氨基酸在可见光区均无光吸收,在红外区和远紫外区(λ<200 nm)都有光吸收,在近紫外光区(200~400 nm)仅苯丙氨酸、酪氨酸和色氨酸有光吸收。苯丙氨酸的最大光吸收在257 nm,酪氨酸的最大光吸收在275 nm,色氨酸的最大光吸收在280 nm。因蛋白质含有这些芳香族氨基酸,所以也有紫外吸收能力,一般在280 nm波长处,可利用分光光度法来测定样品中蛋白质的含量。但是不同的蛋白质中这些氨基酸的含量不同,所以它们的摩尔吸收系数也不完全相同。分光光度法定量分析的依据是Lambert-Beer(朗伯-比尔)定律,即

$$A=\lg\frac{I_0}{I}=-\lg T=\varepsilon cl$$

式中 A——吸光度(absorbance),也称光密度(optical density,OD);

ε——摩尔吸收系数(旧称摩尔消光系数);

l——吸收杯的内径或光程长度(cm);

I_0——入射光强度；

I——透射光强度；

T——透光率（transmittancy，$T=I/I_0$）。

3. 氨基酸的化学性质

氨基酸的化学性质主要是指它的α-氨基、α-羧基以及侧链上的功能基团所参与的一些反应。

（1）α-氨基参与的反应

① 与亚硝酸反应。氨基酸的氨基和其他伯胺一样，在室温下可与亚硝酸作用生成氮气，反应式为

$$R-CH(NH_2)-COOH + HNO_2 \longrightarrow R-CH(OH)-COOH + H_2O + N_2\uparrow$$

反应产生的氮气（N_2）有一半来自氨基酸的氨基氮，另一半来自亚硝酸。在标准条件下测定生成的氮气体积，可计算出氨基酸的量，这就是 Van Slyke（范斯莱克）法测定氨基氮的基础。在生产上，可用此法来进行氨基酸定量和蛋白质水解程度的测定。因为在水解过程中，蛋白质的总氮量是不变的，而氨基氮却不断上升，用氨基氮与总蛋白氮的比例可表示蛋白质的水解程度。除 α-NH_2 外，赖氨酸的 ε-NH_2 虽也能与亚硝酸反应，但速度较慢，而 α-NH_2 只需 3～4 min 反应即可完全。

② 与甲醛反应。氨基酸在溶液中有如下平衡，即

$$R-CH(\overset{+}{N}H_3)-COO^- \rightleftharpoons R-CH(NH_2)-COO^- + H^+$$

氨基酸分子在溶液中主要是两性离子。氨基酸的酸性羧基与碱性氨基相距很近，当用碱滴定羧基时，受氨基的影响，氨基酸两性离子即使达到滴定终点也不会完全分解，因而不能准确测定。如果用中性甲醛与氨基酸的氨基化合，将氨基保护起来使其不生成两性离子，然后再用碱来滴定氨基酸中的羧基，就能测定出氨基酸的量。反应式为

$$R-CH(NH_3^+)-COO^- + HCHO \rightleftharpoons R-CH(NH-CH_2OH)-COO^- + H^+ \xrightarrow{OH^-} 中和$$

$$R-CH(NH-CH_2OH)-COO^- \xrightarrow{HCHO} R-CH(N(CH_2OH)_2)-COO^-$$

氨基酸的氨基与甲醛反应，使—NH_3^+ 解离释放出 H^+，使溶液酸性增加，就可用酚酞作指示剂用 NaOH 来滴定，这就是生物化工产品、食品和发酵产物等所含氨基氮的测定原理和方法，称为甲醛滴定法（formol titration）。

③ 与2，4-二硝基氟苯的反应。氨基酸氨基的一个 H 原子可被烃基（包括环烃及其衍生物）取代，例如与2，4-二硝基氟苯（2，4-dinitrofluorobenzene，DNFB）在弱碱性溶液中发生亲核芳环取代反应生成稳定的黄色二硝基苯氨基酸（dinitrophenyl amino acid，DNP-氨基酸）。此反应首先被英国的 Sanger 用来鉴定肽、蛋白质结构的 N-末端氨基酸，所以

DNFB 常称 Sanger 试剂。反应式为

$$R-\underset{\displaystyle COOH}{\underset{|}{CH}}-NH_2 + F-C_6H_3(NO_2)_2 \xrightarrow{pH8\sim9} R-\underset{\displaystyle COOH}{\underset{|}{CH}}-NH-C_6H_3(NO_2)_2 + HF$$

DNFB　　DNP－氨基酸

④ 酰化反应。氨基酸与酰氯或酸酐作用时,氨基中有一个或两个氢原子被酰基取代而被酰化。例如氨基酸与苄氧甲酰氯(carbobenzyloxy-chloride)的反应。

$$C_6H_5-CH_2-O-\overset{O}{\overset{\|}{C}}-Cl + H_2N-\underset{R}{\underset{|}{\overset{COONa}{\overset{|}{CH}}}} \xrightarrow[\text{(后酸化)}]{\text{在弱碱中}}$$

苄氧酰氯

$$C_6H_5-CH_2-O-\overset{O}{\overset{\|}{C}}-\underset{H}{\underset{|}{N}}-\underset{R}{\underset{|}{\overset{COOH}{\overset{|}{CH}}}} + Na^+ + Cl^-$$

苄氧酰氨基酸

在蛋白质和多肽人工合成中,酰化试剂可作为氨基的保护剂。它们的化学结构式为

$$H_3C-\underset{CH_3}{\underset{|}{\overset{CH_3}{\overset{|}{C}}}}-O-\overset{O}{\overset{\|}{C}}-Cl$$

叔丁氧甲酰氯

$$H_3C-C_6H_4-\underset{O}{\underset{\|}{\overset{O}{\overset{\|}{S}}}}-Cl$$

对甲苯磺酰氯

邻苯二甲酸酐

丹磺酰氯

丹磺酰氯(dansyl chloride)可用于多肽链 N-末端氨基酸的标记和微量氨基酸的定量测定。

⑤ 成盐反应。氨基酸的氨基与 HCl 作用产生氨基酸盐化合物。用 HCl 水解蛋白质得到的就是氨基酸盐酸盐,反应式为

$$R-\underset{NH_2}{\underset{|}{CH}}-COOH + HCl \longrightarrow R-\underset{NH_3^+\cdot Cl^-}{\underset{|}{CH}}-COOH$$

氨基酸盐酸盐

⑥ 形成希夫碱反应。氨基酸的 α-氨基能与醛类化合物反应生成弱碱,称希夫碱(Schiff's base),其反应式为

$$R'-\overset{O}{\overset{\|}{C}}-H + H_2N-\overset{R}{\overset{|}{CH}}-COOH \rightleftharpoons R'-\underset{H}{\underset{|}{C}}=N-\overset{R}{\overset{|}{CH}}-COOH + H_2O$$

上述化学反应是引起食品褐变的反应之一。食品中的氨基酸与葡萄糖的醛基发生羰氨反应,生成希夫碱,进一步转变成有色物质,这是非酶促褐变的一种机制。

⑦ 脱氨基反应。氨基酸在生物体内经酶催化可脱去α-氨基而转变成α-酮酸。

$$R-\underset{NH_2}{\underset{|}{CH}}-COOH + \frac{1}{2}O_2 \xrightarrow{\text{酶}} R-\overset{O}{\overset{\|}{C}}-COOH + NH_3$$

(2) 由α-羧基参与的反应

氨基酸的α-羧基和其他有机酸的羧基一样,在一定条件下可发生成盐、成酯、成酰氯、成酰胺、脱羧和叠氮化等反应。

① 成盐反应。氨基酸的α-羧基可以和碱作用生成盐,其中重金属盐不溶于水。

$$\underset{\text{谷氨酸}}{HOOC-CH_2-CH_2-\underset{NH_2}{\underset{|}{CH}}-COOH} + NaOH \longrightarrow \underset{\text{谷氨酸钠}}{HOOC-CH_2-CH_2-\underset{NH_2}{\underset{|}{CH}}-COONa} + H_2O$$

② 成酯反应。氨基酸的羧基被醇酯化形成相应的酯。如氨基酸在无水乙醇中通入干燥氯化氢气体或加入二氯亚砜,然后回流,生成氨基酸乙酯的盐酸盐。

$$R-\overset{NH_2}{\overset{|}{CH}}-COOH + C_2H_5OH \xrightarrow[\text{回流}]{\text{干燥、HCl}} R-\overset{\overset{+}{N}H_3\cdot Cl^-}{\overset{|}{CH}}-COOC_2H_5 + H_2O$$

羧基被酯化后,羧基的化学反应性能被掩蔽,可增强氨基的化学活性,氨基更易起酰化反应,生成酰胺或酰肼。在蛋白质人工合成中可用成酯反应将氨基酸活化。成酯反应也可用于氨基酸的分离纯化,由于各种氨基酸与醇所成的酯的沸点不同,酯化反应后氨基酸通过分级蒸馏进行分离。

③ 酰化反应。氨基酸的氨基用苄氧甲酰氯、氯乙酰等酰化剂保护以后,其羧基可与二氯亚砜或五氯化磷作用生成酰氯,该反应可使氨基酸的羧基活化,容易与另一氨基酸的氨基结合,常用于人工多肽合成。

$$R-\overset{HN-\text{保护基}}{\overset{|}{CH}}-COOH + PCl_5 \longrightarrow R-\overset{HN-\text{保护基}}{\overset{|}{CH}}-COOCl + POCl_3 + HCl$$

④ 脱羧基反应。生物体内的氨基酸经脱羧酶作用放出CO_2,并产生相应的一级胺。

$$R-\overset{NH_2}{\overset{|}{CH}}-COOH \xrightarrow{\text{脱羧酶}} \underset{\text{一级胺}}{R-CH_2-NH_2} + CO_2$$

⑤ 叠氮反应。氨基酸的氨基经酰化，羧基经酯化变为酰化氨基酸甲酯，然后与肼和HNO_2作用变成叠氮化合物。

$$R-\underset{\text{YNH}}{CH}-\overset{O}{\overset{\|}{C}}-OCH_3 \xrightarrow{NH_2NH_2} R-\underset{\text{YNH}}{CH}-\overset{O}{\overset{\|}{C}}-NHNH_2$$

酰化氨基酸甲酯（Y=酰基）　　酰化氨基酸酰肼

$$\xrightarrow{HNO_2} R-\underset{\text{YNH}}{CH}-\overset{O}{\overset{\|}{C}}-\bar{N}-\overset{+}{N}\equiv N + 2H_2O$$

酰化氨基酸叠氮

此反应能使氨基酸的羧基活化，常用于肽的人工合成。

(3) 由α-氨基和α-羧基共同参加的反应

① 与茚三酮(ninhydrin)的反应。α-氨基酸与水合茚三酮在弱碱性溶液中共热，引起氧化脱氨、脱羧作用，最后茚三酮与反应产物——氨和还原茚三酮(hydrindatin)生成蓝紫色物质，反应式为

茚三酮 + H_2O ⇌ 水合茚三酮

水合茚三酮 + $H_2N-\underset{R}{CH}-COOH$ $\xrightarrow{\text{加热}}$ 还原茚三酮 + $RCHO + CO_2 + NH_3$

还原茚三酮 + NH_3 + 茚三酮 ⟶ 蓝紫色物质 + $3H_2O$

用纸层析或柱层析把各种氨基酸分开后，利用茚三酮显色可以定性鉴定并用分光光度法在570 nm定量测定各种氨基酸。定量释放的CO_2可用测压法测量，计算出参加反应的氨基酸量。

两个亚氨基酸，脯氨酸和羟脯氨酸，与茚三酮反应不释放NH_3，直接生成亮黄色化合物，最大吸收在440 nm处。其结构式为

② 成肽反应。一个氨基酸的氨基与另一个氨基酸的羧基可以缩合成肽，形成的键为酰胺键（肽键）。举例为

$$H_2N-\underset{}{\overset{R_1}{\overset{|}{C}}}H-COOH + H_2N-\overset{R_2}{\overset{|}{C}}H-COOH \xrightarrow{-H_2O} H_2N-\overset{R_1}{\overset{|}{C}}H-\overset{O}{\overset{\|}{C}}-\underset{H}{\underset{|}{N}}-\overset{R_2}{\overset{|}{C}}H-COOH$$

多个氨基酸可按此反应方式生成链状的肽。

（4）侧链 R 基参加的反应

α-氨基酸分子中的侧链（R 基）具有功能基团时也能发生化学反应，这些功能基团包括巯基（包括二硫键）、羟基、酚基、吲哚基、咪唑基、胍基、甲硫基以及非 α-氨基和非 α-羧基等，含有相应基团的氨基酸就具有相关的化学性质，这些性质可用于鉴别特定氨基酸，也可对蛋白质进行分子修饰并改变蛋白质的功能。蛋白质的化学修饰是在较温和的条件下，以可控制的方式使蛋白质与化学修饰剂起特异反应，以引起蛋白质中个别氨基酸侧链或功能基团发生共价化学改变。

① 巯基及二硫键。巯基还原性强，很活泼，可与苄氯、碘乙酰胺等结合，保护巯基不被破坏，在肽合成中常用到。举例如下。

$$\underset{NH_2}{\underset{|}{\overset{COOH}{\overset{|}{C}}}}H-CH_2-SH + C_6H_5-CH_2-Cl \longrightarrow \underset{NH_2}{\underset{|}{\overset{COOH}{\overset{|}{C}}}}H-CH_2-S-CH_2-C_6H_5 + HCl$$

苄氯

$$\underset{NH_2}{\underset{|}{\overset{COOH}{\overset{|}{C}}}}H-CH_2-SH + ICH_2\overset{O}{\overset{\|}{C}}-NH_2 \longrightarrow \underset{NH_2}{\underset{|}{\overset{COOH}{\overset{|}{C}}}}H-CH_2-S-CH_2-\overset{O}{\overset{\|}{C}}-NH_2 + HI$$

碘乙酰胺

两个—SH 通过氧化可失去两个氢原子而形成—S—S—，称为二硫键。如两个半胱氨酸通过氧化而形成胱氨酸。相反，二硫键（—S—S—）也可通过还原作用形成两个—SH，巯基乙醇、巯基乙酸、二硫苏糖醇及其异构体二硫赤藓糖醇等可做还原剂。所以，—SH 和—S—S—组成一个氧化还原体系。二硫苏糖醇使二硫键还原的反应式为

$$\begin{array}{l} CH_2SH \\ | \\ HOCH \\ | \\ HCOH \\ | \\ CH_2SH \end{array} + R-S-S-R \rightleftharpoons \text{(HO, OH 取代的环状二硫化物)} + 2R-SH$$

② 羟基。羟基可与酸生成酯，如丝氨酸或苏氨酸与乙酸、磷酸反应，生成相应的酯。磷蛋白中磷酸通常都与这两种氨基酸的侧链羟基缩合成磷酸酯。

氨基酸侧链功能基团参与的反应及用途见表 3.7。

表 3.7　氨基酸侧链功能基团参与的反应及用途

R 基名称	化学反应	用　途
苯环（Tyr、Trp）	黄色反应:与 HNO_3 作用生成黄色物质	测定 Trp 和 Tyr,蛋白质定性鉴定
酚基（Tyr）	Millon 反应:与 $HgNO_3$、$Hg(NO_3)_2$ 和 HNO_3 反应呈红色 Folin 反应:酚基可还原磷钼酸、磷钨酸成蓝色物质	测定 Tyr,蛋白质定性定量鉴定
吲哚基（Trp）	乙醛酸反应:与乙醛酸或二甲基氨甲醛反应(Ehrlich 反应)生成紫红色化合物;还原磷钼酸、磷钨酸成钼蓝、钨蓝。	测定 Trp,蛋白质定性鉴定
胍基（Arg）	坂口(Sakaguchi)反应:在碱性溶液中胍基与含 α-萘酚及次氯酸钠的物质反应生成红色物质	测定 Arg
咪唑基（His）	Pauly(重氮苯磺酸)反应:咪唑基与重氮盐化合物结合生成棕红色物质,酚基则为不明显红色	测定 His 及 Tyr
巯基（Cys）	亚硝基铁氰化钠反应:在稀氨溶液中与亚硝基铁氰化钠反应生成红色物质	测定 Cys 及胱氨酸
羟基（Thr、Ser）	与乙酸或磷酸作用生成酯	保护 Ser 及 Thr 的羟基,用于蛋白质人工合成

3.3　肽

3.3.1　肽的概念

(1) 肽和肽键的结构

肽是氨基酸的线性聚合物,常称肽链(peptide chain)。蛋白质是由一条或多条具有特定氨基酸序列的多肽链构成的大分子。

除蛋白质外,蛋白质的部分水解产物和生物体内游离存在的一些激素和抗生素也是多肽,不过与蛋白质分子相比,它们是较短的多肽。肽中氨基酸间的连接是肽键(peptide bond)。肽键是由一个氨基酸的 α-氨基与另一个氨基酸的 α-羧基失水缩合而形成的酰胺键。

$$H_2N-\underset{R_1}{CH}-COOH + H_2N-\underset{R_2}{CH}-COOH \xrightarrow{H_2O} H_2N-\underset{R_1}{CH}-\boxed{\overset{O}{\overset{\|}{C}}-\underset{H}{N}}-\underset{R_2}{CH}-COOH$$

肽键这种酰胺键和一般酰胺键一样,由于酰胺氮上的孤对电子与相邻羰基之间的共振相互作用,而使 C—N 键具有部分双键的性质,使—CO—具有部分单键的性质。肽键的共振结构形式为

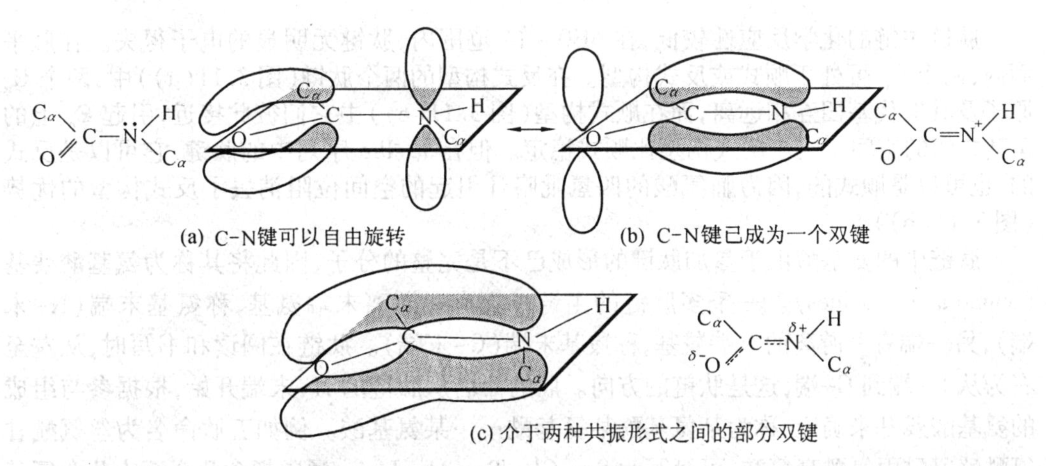

肽键共振产生 4 个重要结果：

① 组成肽键的 4 个原子和 2 个相邻的 α-C 原子倾向于共平面，形成多肽主链的酰胺平面(amide plane)或称肽平面(peptide plane)。肽平面在肽链折叠成三维结构中很重要。

② 限制绕肽键的自由旋转，肽主链的每个氨基酸残基只有两个自由度，即绕 N—C_α 单键的旋转和绕 C_α—C 单键的旋转。

③ C—N 键的长度为 0.133 nm，比正常的 C—N 键(如 C_α—N 键长为 0.145 nm)短，但比典型的 C ═N 键(0.125 nm)长。C—N 键具有约 40% 双键性质，而 C ═O 键具有约 40% 单键性质。

④ 肽键中酰胺中的 N 带正电荷，羰基中的 O 带负电荷，表明肽键具有永久偶极。

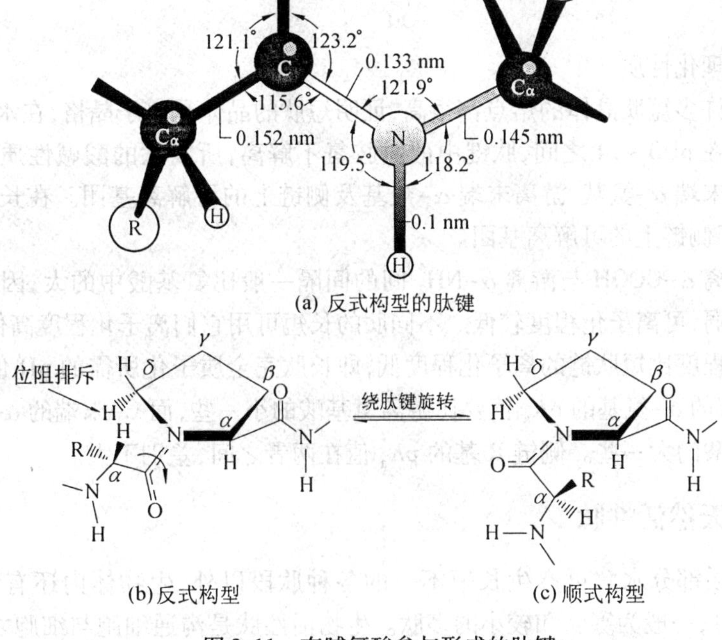

图 3.11　有脯氨酸参与形成的肽键

肽链主链的化学反应性较低，在 pH0～14 范围内，肽键无明显的电子得失。在肽平面内，两个 C_α 可处于顺式或反式构型。在反式构型的两个肽键（图 3.11(a)）中，两个 C_α 原子及其取代基团互相远离，而在顺式构型（图 3.11(c)）中它们彼此接近，引起 C_α 上的 R 基之间的空间位阻。反式构型比顺式稳定。但在 X-Pro 序列中的肽键，它可以是反式的，也可以是顺式的，因为脯氨酸的四氢吡咯环引起的空间位阻消去了反式构型的优势（图 3.11(b)）。

肽链中的氨基酸由于参加肽键的形成已不是完整的分子，因此将其称为氨基酸残基（amino acid residues）。一条多肽链的主链一端有一游离末端氨基，称氨基末端（N-末端），另一端有一游离的末端羧基，称羧基末端（C-末端）。肽链在阅读和书写时，从左至右为从 N-端到 C-端，这是肽链的方向。肽的命名从肽链的 N-末端开始，根据参与组成的氨基酸残基来确定，称为某氨基酰某氨基酰……某氨基酸。例如五肽命名为丝氨酰甘氨酰酪氨酰丙氨酰亮氨酸，可简写为 Ser-Gly-Tyr-Ala-Leu。通常把含几个至十几个氨基酸残基的肽链统称为寡肽（oligopeptide），更长的肽链称为多肽（polypeptide）。有人把少于 12 个氨基酸残基的肽按所含氨基酸残基的数目直接称为二肽、三肽、四肽等，把含 12 至 20 个氨基酸残基的肽链称为寡肽，把多于 20 个氨基酸残基的肽链称为多肽（这些术语是人为规定的）。

N-端　Ser　Gly　Tyr　Ala　Leu　C-端

$$H_3\overset{+}{N}-\underset{\underset{OH}{|}\atop{CH_2}}{CH}-\overset{O}{\overset{\|}{C}}-NH-CH_2-\overset{O}{\overset{\|}{C}}-NH-\underset{CH_2-C_6H_4-OH}{CH}-\overset{O}{\overset{\|}{C}}-NH-\underset{CH_3}{CH}-\overset{O}{\overset{\|}{C}}-NH-\underset{CH_2-CH(CH_3)_2}{CH}-COO^-$$

（2）肽的理化性质

已得到的许多短肽晶体的熔点都很高，证明短肽的晶体是离子晶格，在水溶液中以偶极离子存在。在 pH0～14 之间，肽键中的酰胺氢不解离，所以肽的酸碱性质主要取决于肽链中的游离末端 α-氨基、游离末端 α-羧基及侧链上的可解离基团。在长肽或蛋白质中，主要决定于侧链上的可解离基团。

肽链中游离 α-COOH 与游离 α-NH_2 间的间隔一般比氨基酸中的大，因此它们之间的静电引力较弱，可离子化程度较低。不同肽的长短可用它们离子化程度高低来鉴别，长肽链的离子化程度比短肽链的离子化程度低，即长肽完全质子化所需的 pH 值比短肽低。肽中的 N-末端的 α-氨基的 pK_a 值要比游离氨基酸的小一些，而 C-末端的 α-羧基的 pK_a 值比游离氨基酸的大一些。侧链 R 基的 pK_a 值在两者之间，差别不大。

3.3.2　天然活性肽

除了蛋白质部分水解可产生长短不一的各种肽段以外，生物体内还有许多活性肽（active peptide），一般为寡肽和较小的多肽。生物活性肽是沟通细胞与细胞之间、器官与器官之间的重要化学信使，通过内分泌、旁分泌、神经内分泌、乃至神经分泌等作用方式，传递各种特异信息，使机体构成一系列严密的控制系统，从而调节生长、发育、繁殖、代谢和行为等生命过程。对生物活性肽的研究甚至涉及人类意识、行为、学习、记忆等更高层次的生命形态和活动规律，涉及免疫防御、肿瘤病变、抗衰防老、生殖控制、生物钟等一系列理论和实际问题，因而具有重要的理论意义和实践意义。

(1) 谷胱甘肽

还原型谷胱甘肽(reduced glutathione)即γ-谷氨酰半胱氨酰甘氨酸，分子中含有游离的—SH，常用GSH表示，广泛存在于动植物和微生物细胞中。由于侧链有—SH，可由还原型脱氢氧化成氧化型(GSSG)，它们的结构式为

甘氨酸：^{-}O—C(=O)—CH_2—NH—
半胱氨酸：—C(=O)—CH(CH_2—SH)—NH—
γ-谷氨酸：—C(=O)—CH_2—CH_2—CH($H_3\overset{+}{N}$)—C(=O)—O^{-}

还原型谷胱甘肽
(γ-谷氨酰半胱氨酰甘氨酸)

$$\begin{matrix}\gamma\text{-Glu—Cys—Gly}\\ |\\ S\\ |\\ S\\ |\\ \gamma\text{-Glu—Cys—Gly}\end{matrix} + NADPH + H^{+} \rightleftharpoons 2\begin{matrix}\gamma\text{-Glu—Cys—Gly}\\ |\\ SH\end{matrix} + NADP^{+}$$

氧化型谷胱甘肽(GSSG)　　　　还原型谷胱甘肽(GSH)

谷胱甘肽含有巯基(—SH)，能保护含巯基的蛋白质及以巯基为活性基团的酶的活性，还能保护血液中的红细胞不受氧化损伤，维持血红素中半胱氨酸处于还原态。正常情况下GSH与GSSG之比为500∶1以上。在运动细胞中谷胱甘肽的含量很高(约5 mol/L)，因此谷胱甘肽是—SH的"缓冲剂"(sulfhydryl buffer)。

还原型谷胱甘肽与H_2O_2或其他有机氧化物反应还可起到解毒作用。

谷胱甘肽还参与氨基酸的跨膜转运，A. Meister首先提出γ-谷氨酰循环来解释转运的机制(图3.12)。

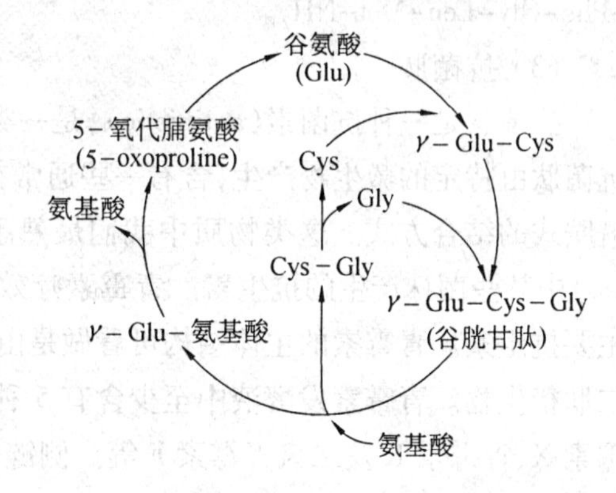

图3.12　谷胱甘肽跨膜转运氨基酸的作用机制

图3.12中谷胱甘肽通过γ-谷氨酰循环完成氨基酸的跨膜转运，氨基酸以γ-Glu-氨基酸的形式，从一个细胞转移到另一个细胞，谷胱甘肽与氨基酸形成γ-谷氨酰氨基酸的

反应发生在细胞质膜的外表面。循环中所有其他反应都在细胞质中进行。

(2) 神经肽

神经肽(nervonic peptide)是首先从脑组织中分离出来并主要存在于中枢神经系统(其他组织也有分布)的一类活性肽。重要的有脑啡肽、内啡肽、强啡肽等一系列脑肽和P-物质。这些肽类都与痛觉有关,且具有吗啡一样的镇痛作用,所以把它们称做脑内产生的吗啡样肽(脑啡肽)或内源性吗啡样肽(内啡肽)(enkephalin)。

① 脑啡肽是1975年英国人J. Hughes等从猪脑内发现并分离出来的5肽,有两种存在形式,即

Tyr-Gly-Gly-Phe-Met　　甲硫氨酸脑啡肽

Tyr-Gly-Gly-Phe-Leu　　亮氨酸脑啡肽

这两种脑啡呔都有镇痛作用。它们由同一前体——前脑啡肽原(含267个氨基酸残基)转变而来。

② 内啡肽有3种,即α-、β-和γ-内啡肽(endorphin),它们由同一前体——促黑素促皮质激素原(含265个氨基酸残基)转变而来。其中β-内啡肽(31肽)的镇痛作用最强,而α-内啡肽(16肽)和γ-内啡肽(17肽)除具有镇痛作用外,还对动物行为调节起作用。α-内啡肽和γ-内啡肽对动物的行为效应正好相反。

③ 强啡肽是A. Goldstein等从猪脑垂体中提取出来的几个具有格外强镇痛作用的吗啡样活性肽,其中强啡肽A(17肽)比亮氨酸脑啡肽的活性强700倍,比β-内啡肽的活性强50倍。

④ P-物质是由瑞典学者Von Ealer Gaddum首先(1931)在马肠中发现的,它能引起肠平滑肌收缩、血管舒张、血压下降。因为当时不知其化学本质,取名为P-物质,仅表示是一种制剂(preparation)或粉状物(powder)。现已确知是肽类,而且与痛觉(pain)有关,刚好英文第一个字母也是"P",所以这个名称就沿用下来了。P-物质是一种特殊的化学信使,它是将外周感官神经冲动传入脊髓经转换后继续传至大脑的一种致痛物质。P-物质直到20世纪70年代初才得以纯化为11肽,其结构为:Arg-Pro-Lys-Pro-Gln-Gln-Phe-Phe-Gly-Leu-Met-NH_2。

(3) 抗菌肽

抗菌肽是一种抗菌素(antibiotic),是一类抑制细菌和其他微生物生长或繁殖的物质。抗菌肽由特定的微生物产生,含有一些通常在蛋白质或肽类中没有的氨基酸,或含有异常酰胺式的结合方式。这类物质中我们最熟悉的青霉素(penicillin)是青霉菌属(*Penicillium*)中某些菌株产生的抗生素。青霉素疗效显著,半个多世纪以来一直是临床上应用的主要抗生素。青霉素的主体结构可看做是由*D*-半胱氨酸和*D*-缬氨酸以非肽键结合成的二肽衍生物。青霉素发酵液中至少含有5种以上的不同青霉素:青霉素F、青霉素G、青霉素X、青霉素K及二氢青霉素F等。侧链R基不同,即为不同的青霉素,其结构通式如下。如R为苄基,即为苄青霉素(青霉素G)。

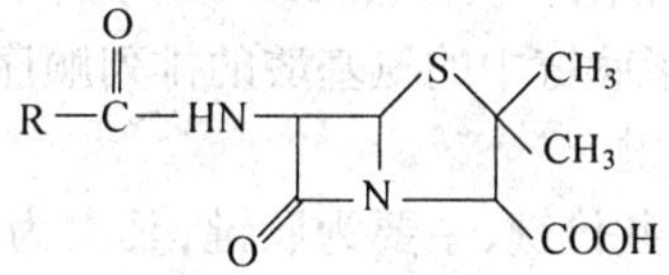

青霉素主要破坏细菌细胞壁肽聚糖的合成,引起溶菌。另外,短杆菌肽S(gramicidin S)和短杆菌酪肽(tyrocidine)都是环状10肽,分子中含有两个*D*-苯丙氨酸残基。这些环状肽主要作用于革兰氏阴性细菌的细胞膜上。

放线菌素D(actinomycin D)的结构复杂,它有一个染料基以酰胺的方式分别连接在2个五肽的末端氨基处,五肽的末端羧基形成大的内酯环。放线菌素D通过与模板DNA相结合的方式阻碍转录而抑制细菌生长。放线菌素D对恶性葡萄胎、绒毛膜上皮癌、何杰金氏病等都有一定疗效,但因毒性太大,很少使用。放线菌素D的结构式为

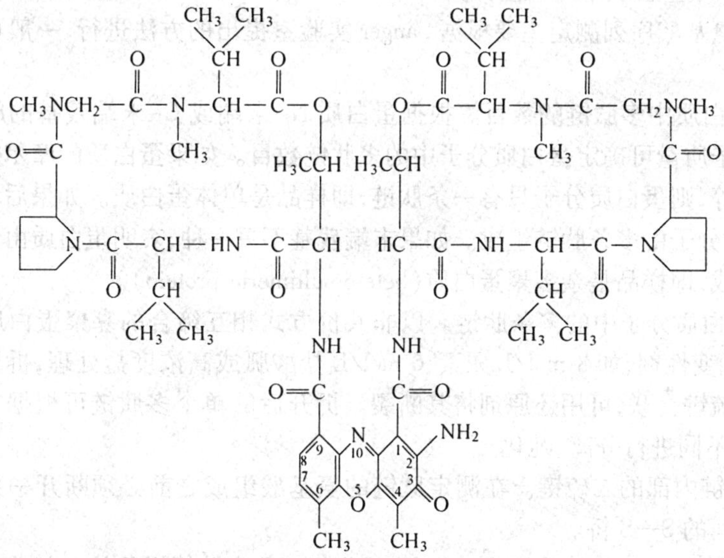

3.4　蛋白质的分子结构

蛋白质的相对分子质量很大,含氨基酸数量很多,结构十分复杂。为了表示蛋白质结构的不同组织层次,将其分为一级结构、二级结构、三级结构和四级结构。一级结构是指蛋白质的多肽链的氨基酸排列顺序,称为初级结构;二、三、四级结构是指蛋白质肽链的空间排布(即肽链的构象),称为高级结构。

3.4.1　蛋白质的共价结构

1. 一级结构的概念

(1) 蛋白质的化学结构

曾经将蛋白质的化学结构视为一级结构(primary structure),包括多肽链数目,每条链中氨基酸残基的数目、种类及排列顺序,链间或链内桥键的位置和数目。

1969 年,国际纯化学与应用化学联合会(IUPAC)为了对化学结构和一级结构加以区别,规定蛋白质的一级结构特指肽链中的氨基酸的排列顺序。

(2) 维持一级结构的化学键

维持一级结构的化学键为共价键,主要为肽键,其次为二硫键,所以蛋白质分子的一级结构称为共价结构。一个蛋白质分子的复杂结构的建立,所需全部信息都含于一级结构的氨基酸序列中。

2. 一级结构的测定

自 1953 年英国剑桥大学 F. Sanger 报告了牛胰岛素 2 条多肽链的氨基酸顺序以来,至今已知约 10 万个不同蛋白质的氨基酸序列,其中相当一部分序列是应用 Sanger 首先确定的原理测定得到的。现在大多根据编码蛋白质的基因核苷酸序列推导出来。

测定蛋白质的一级结构,要求样品必须均一,纯度应在 97% 以上,同时必须知道其相对分子质量,其误差允许在 10% 左右。

多肽链的氨基酸序列测定主要根据 Sanger 实验室提出的方法进行,一般可包括如下步骤。

① 测定蛋白质中多肽链的数目。根据蛋白质 N-末端或 C-末端残基的摩尔数和蛋白质的相对分子质量可确定蛋白质分子中的多肽链数目。如果蛋白质的摩尔数与末端残基的摩尔数相等,则蛋白质分子只有一条肽链,即样品是单体蛋白质。如果后者是前者的倍数,则蛋白质分子由多条肽链组成。如果末端残基不只一种,表明蛋白质由 2 条或多条不同的肽链组成,即样品是杂多聚蛋白质(heteromultimeric protein)。

② 拆分蛋白质分子中的多条肽链。以非共价方式相互缔合的寡聚蛋白质中的多肽链(亚基),可用变性剂,如 8 mol/L 尿素、6 mol/L 盐酸胍或高浓度盐处理,拆开亚基。如果肽链间有二硫键交联,可用还原剂将其断裂。拆开后的单个多肽链可根据它们的大小或(和)电荷的不同进行分离、纯化。

③ 断裂肽链内部的二硫键。在测定肽链的氨基酸组成之前必须断开一条肽链内半胱氨酸残基之间的 S—S 桥。

④ 测定每一肽链的氨基酸组成。分离、纯化得到的多肽链样品的一部分用于完全水解以测定其氨基酸组成,计算各种氨基酸的分子比或各种残基的数目。

⑤ 鉴定肽链的 N-末端和 C-末端残基。将得到的多肽链样品的另一部分用于末端残基鉴定,以建立两个重要的氨基酸序列参考点。

⑥ 断开肽链成较小的肽段。分别运用两种或多种不同的断裂方法,将每条肽链样品裂解为断裂点不同的两套或多套重叠的肽段。分离、纯化每套肽段后,测定肽段的氨基酸组成、鉴定肽段的末端残基。

⑦ 测定各肽段的氨基酸序列。目前常用 Edman 降解法对肽段测序,并有自动序列分析仪。此外还有酶解法和质谱法等。

⑧ 拼凑读出肽链的一级结构。利用一条肽链的两套或多套肽段的氨基酸序列间的交错重叠,拼接出原来完整肽链的氨基酸序列,确定半胱氨酸残基之间的二硫键位置。

(1) 肽链末端氨基酸残基的鉴定

① N-末端分析。N-末端分析主要有 DNFB 法(Sanger 法)、苯异硫氰酸酯法(Edman

法)、二甲氨基萘磺酰氯法(DNS 法)和氨肽酶法。

a. DNFB 法(Sanger 法)。肽链末端的游离 α-NH_2 可与二硝基氟苯(DNFB)发生取代反应,生成二硝基苯衍生物,即 DNP-肽链。由于 DNP-肽链中苯核与氨基形成的键比肽键稳定,不易被酸水解,因此 DNP-肽链经酸水解后,得到一个只有 N-末端氨基酸为黄色的 DNP-氨基酸和全部游离氨基酸的混合液。反应式为

$$O_2N\text{-}C_6H_3(NO_2)\text{-}F + H_2N\text{—}\underset{R_1}{CH}\text{—}CO\text{—}NH\text{—}\underset{R_2}{CH}\text{—}CO\text{—}\cdots \xrightarrow[\text{pH8.5~9.0}]{-HF} \text{(肽链)}$$

$$O_2N\text{-}C_6H_3(NO_2)\text{-}NH\text{—}\underset{R_1}{CH}\text{—}CO\text{—}NH\text{—}\underset{R_2}{CH}\text{—}CO\cdots \xrightarrow[\text{水解}]{HCl} O_2N\text{-}C_6H_3(NO_2)\text{-}NH\text{—}\underset{R_1}{CH}\text{—}COOH + H_2N\text{—}\underset{R_2}{CH}\text{—}COOH + \cdots$$

(DNP—肽链)　(DNP—氨基酸)　(氨基酸)

DNP-氨基酸可用乙醚抽提,然后用纸层析、薄层层析或高效液相色谱(HPLC)进行分离鉴定和定量测定。

b. 苯异硫氰酸酯法(Edman 法)。肽链的末端氨基也能与苯异硫氰(PITC)作用,生成苯氨基硫甲酰多肽(PTC-肽链)。后者在酸性有机溶剂中加热时,N-末端 PTC-氨基酸环化生成苯乙内酰硫脲氨基酸(PTH-氨基酸),并从肽链上分离下来,留下一条缺少一个氨基酸残基的完整的肽链。反应式为

$$C_6H_5\text{—}N\text{=}C\text{=}S + H_2N\text{—}\underset{R_1}{CH}\text{—}CO\text{—}NH\text{—}\underset{R_2}{CH}\text{—}CO\text{—}\cdots \xrightarrow{\text{pH8.9~9.0,40℃}} \text{(肽链)}$$

$$C_6H_5\text{—}NH\text{—}\underset{\underset{S}{\|}}{C}\text{—}NH\text{—}\underset{R_1}{CH}\text{—}CO\text{—}NH\text{—}\underset{R_2}{CH}\text{—}CO\text{—}\cdots \xrightarrow[\text{水解}]{H^+,40℃} \text{PTH—氨基酸} + H_2N\text{—}\underset{R_2}{CH}\text{—}CO\text{—}NH\text{—}\cdots$$

(PTC—肽链)　(PTH—氨基酸)　(少一个氨基酸的肽链)

PTH-氨基酸用乙酸乙酯抽提后,可用薄层层析、气相色谱和 HPLC 等鉴定。抽提后剩余的肽链可重复上述降解方法,每次从肽链的 N-末端依次移去一个氨基酸残基,最终测出全部肽链或肽段的氨基酸顺序。此法目前采用较多。Edman 降解法测序遇到 N-末端残基被封闭时则不能发生作用,N-末端被封闭的种类有焦谷氨酰环化、乙酰化以及某些环状肽的 N-末端和 C-末端连接成环等。对封闭的 N-末端残基需单独处理和鉴定。剩余的肽链可按Edman法测序。

氨基酸顺序自动分析仪是根据 P. Edman 降解法的原理设计的。目前,美国 ABI 公司生产的多肽顺序测定仪,理论上一次可测 60 ~ 80 个氨基酸残基。顺序仪对样品的要求

是:纯度达到 HPLC 单峰大于98%,N-末端不封闭。

c. 二甲氨基萘磺酰氯法(DNS 法)。二甲氨基萘磺酰氯简称丹磺酰氯(dansyl chloride)。DNS 法的原理与 DNFB 法相同,只是用 DNS 代替 DNFB 试剂。由于丹磺酰基具有强烈的荧光,其灵敏度比 DNFB 法高 100 倍,并且水解后的 DNS-氨基酸不需要抽提,可直接用纸电泳或薄层层析进行鉴定,还可用荧光计检测。反应式为

$$\text{DNS-Cl} + \text{H-NH-HCR-C(=O)-多肽} \xrightarrow{-HCl} \text{DNS-NH-HCR-C(=O)-多肽} \xrightarrow{水解} \text{DNS-NH-HCR-COOH} + 氨基酸混合物$$

（DNS：$(H_3C)_2N$-萘-SO_2-；产物 DNS-氨基酸）

d. 氨肽酶法。氨肽酶(aminopeptidase)是一类肽链外切酶(exopeptidase),它们能从多肽链的 N-端逐个水解氨基酸残基。根据不同的反应时间测出酶水解所释放的氨基酸种类和数量,按反应时间和残基释放量作动力学曲线,以此推测蛋白质的 N-末端残基顺序。此法应用有实际困难,因为氨肽酶对各种肽键敏感性不同,常难判断哪个残基在前,哪个残基在后。

② C-末端分析。C-末端分析主要有肼解法、羧肽酶法。

a. 肼解法。肼解法是目前测定 C-末端残基最重要的方法。多肽与肼在无水条件下加热可以断裂所有的肽键,除 C-末端氨基酸外,其他氨基酸都转变成相应的酰肼化合物。加入苯甲醛可与氨基酸酰肼生成不溶于水的二苯基衍生物而沉淀。上清液中肼解下来的 C-末端氨基酸可借 DNFB 法或 DNS 法以及层析技术进行鉴定。肼解反应式为

$$H_2N-CH(R_1)-C(=O)-NH-\cdots-C(=O)-NH-CH(R_{(n-1)})-C(=O)-NH-CH(R_n)-COOH \xrightarrow[100\,^\circ C]{无水\ NH_2NH_2}$$

$$H_2N-CH(R_1)-C(=O)-NHNH_2+\cdots+H_2N-CH(R_{(n-1)})-C(=O)-NHNH_2 + H_2N-CH(R_n)-COOH$$

(n-1) 个氨基酸酰肼　　　　C-末端氨基酸

肼解法的缺点是肼解中天冬酰胺、谷氨酰胺和半胱氨酸等被破坏而不易测出,精氨酸转变为鸟氨酸,致使以这几种氨基酸为 C-末端的分析不够准确。

b. 羧肽酶法。羧肽酶法是目前测定C-末端残基的最有效、最常用的方法。羧肽酶是一类专一地逐个降解并释放肽链C-末端氨基酸的肽链外切(carboxypeptidase)酶。被释放的氨基酸数目与种类随反应时间而变化,因此可根据释放的氨基酸量(摩尔数)与反应时间的关系(图3.13)来排列肽链的C-末端氨基酸顺序。但当几个氨基酸以相近的速度释放或两个以上相同氨基酸相毗邻时,结果须小心解释。

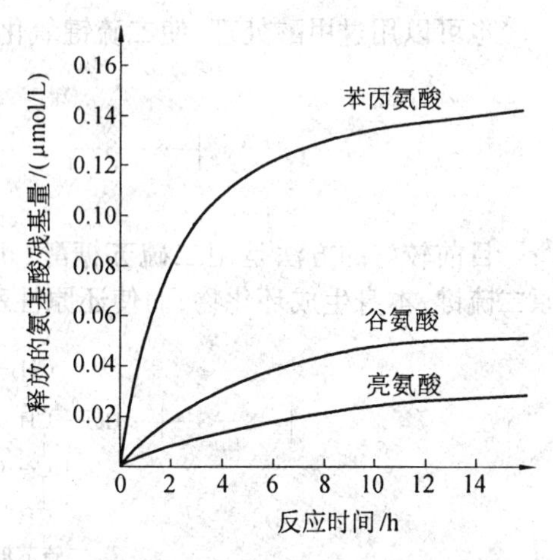

图3.13　羧肽酶A作用于肾上腺皮质激素氨基酸的释放速度

目前常用的羧肽酶有A、B、C和Y四种,它们分别来自牛胰、猪胰、柑橘叶和面包酵母。最广泛使用的为羧肽酶A和B。羧肽酶A能释放除Pro、Arg和Lys以外的所有C-末端残基;羧肽酶B只水解碱性氨基酸,即Arg和Lys的C-末端残基;羧肽酶A和B的混合物能释放除Pro以外的任一C-末端残基,羧肽酶Y可作用于任一C-末端残基。

(2) 二硫键的拆开和肽链的分离

如果蛋白质分子含有几条肽链,应先把这些肽链分开,再测定每条肽链的氨基酸顺序。如果几条肽链以非共价键连接,可用酸、碱、高浓度的盐或其他变性剂处理,将肽链分开;如果几条肽链以共价键(二硫键)交联,或者虽然蛋白质分子只有一条肽链,但存在链内二硫键,则必须先将二硫键打开。通常采用氧化还原法,即用过量的β-巯基乙醇处理,然后用烷化剂如碘乙酸保护还原生成的半胱氨酸的巯基,以防止它重新被氧化。反应式为

$$\begin{array}{c}\cdots-NH-CH(C=O)-\cdots\\ |\\ CH_2\\ |\\ S\\ |\\ S\\ |\\ CH_2\\ |\\ \cdots-NH-CH(C=O)-\cdots\end{array} + \underset{\beta\text{-巯基乙醇}}{2HSCH_2CH_2OH} \longrightarrow \begin{array}{c}\cdots-NH-CH(C=O)-\cdots\\ |\\ CH_2\\ |\\ SH\\ \\ SH\\ |\\ CH_2\\ |\\ \cdots-NH-CH(C=O)-\cdots\end{array} + \begin{array}{l}S-CH_2-CH_2-OH\\ |\\ S-CH_2-CH_2-OH\end{array}$$

$$\begin{array}{c}\cdots-NH-CH(C=O)-\cdots\\ |\\ CH_2\\ |\\ SH\end{array} + \underset{\text{碘乙酸}}{ICH_2COOH} \longrightarrow HI + \underset{S\text{-羧甲基衍生物}}{\begin{array}{c}\cdots-NH-CH(C=O)-\cdots\\ |\\ CH_2\\ |\\ S-CH_2-COO^-\end{array}}$$

也可以用过甲酸处理,使二硫键氧化成磺酸基而将肽链分开。

$$\vdash S-S \dashv \xrightarrow{HCOOH} 2 \vdash SO_3$$

目前较好的方法是用二硫苏糖醇(dithiothreitol)或二硫赤藓糖醇(dithioerythritol)还原二硫键,本身生成环化物,而使还原性巯基稳定,反应式为

$$\vdash S-S \dashv + HO-CH(CH_2-SH)-CH(OH)-CH_2-SH \longrightarrow 2\vdash SH + \text{环化物}(CH_2-S-S-CH_2 \text{ 环, 含 } HO-CH, HC-OH)$$

二硫苏糖醇

二硫键拆开后形成的单个肽链,可用纸层析、离子交换层析或电泳等方法进行分离。

(3) 肽链的部分水解和肽段混合物的分离

由于最常用也是最有效的 Edman 化学降解法一次也只能连续降解分析几十个氨基酸残基,而天然蛋白质分子多在 100 个残基以上,因此需先将多肽裂解成小肽段,然后分离并测定每一肽段的氨基酸顺序。为此,经分离提纯并打开二硫键的多肽链选用专一性强的蛋白水解酶或化学试剂进行有控制地裂解。

肽链进行部分水解的基本要求是选择性强,裂解点少,反应产率高。基本方法有化学裂解法和酶解法。用化学裂解法获得的肽段一般比较大,适合在自动测序仪中测序。化学裂解法常用溴化氰裂解和羟胺断裂,酶解法常用胰蛋白酶水解。

① 溴化氰裂解。溴化氰(CNBr)只切断肽链中甲硫氨酸羧基端的肽键。此方法在肽链上切点少,产率高(可达 85%);蛋白质中一般含甲硫氨酸很少,故可获得较大的片段,产物的 C-末端为甲硫氨酸(原来肽链的 C-端片段除外)。断裂反应在体积分数为 70% 的甲酸中进行,这样可使卷曲的多肽链松散开来,以利于暴露甲硫氨酸侧链,与 CNBr 发生作用。

② 用羟胺断裂。NH_2OH 在 pH9 下能断裂 Asn-Gly 之间的肽键,但专一性不强,Asn-Leu 及Asn-Ala键也能部分裂解。由于各种蛋白质中 Asn-Gly 键出现的概率很低,平均每 150 个肽键不一定出现一次,故此法所得的肽段都很大,对相对分子质量大的蛋白质的测序有用。羟胺断裂肽链的反应式为

$$-NH-CH(CH_2-CONH_2)-CO-NH-CH_2-CO- \xrightarrow{\text{羟胺}} -NH-CH-\text{(环状琥珀酰亚胺: } CH_2-C(=O)-N-C(=O)\text{)}-N-CH_2-CO-$$

$$\longrightarrow -NH-CH(CH_2-CO-NHOH)-CO-NHOH + H_2N-CH_2-CO-$$

N-末端肽段　　　　C-末端肽段

③ 酶水解。用于断裂肽链的蛋白酶(proteinase)已有十几种,且不断有新蛋白酶发现并投入使用。不同的蛋白酶水解肽链的不同位点。常用的蛋白水解酶有胰蛋白酶、胃蛋白酶、胰凝乳蛋白酶(也称糜蛋白酶)、嗜热菌蛋白酶及几种近年来发现的蛋白酶等内肽酶。

a. 胰蛋白酶(trypsin)。胰蛋白酶只断裂肽链中赖氨酸或精氨酸残基的羧基端肽键。

b. 胃蛋白酶(pepsin)。胃蛋白酶的专一性与胰凝乳蛋白酶类似,但它要求断裂点两侧的残基都是疏水性氨基酸,如 Phe-Phe,其作用的最适 pH 值为 8 ~ 9。

c. 胰凝乳蛋白酶(Chymotrypsin)。胰凝乳蛋白酶作用于芳香族氨基酸及一些有大的非极性侧链氨基酸的羧基端肽键上。

d. 嗜热菌蛋白酶(thermolysin)。嗜热菌蛋白酶是含 Zn 和 Ca 的蛋白酶,Zn 为酶活力必需,Ca 与酶的热稳定性有关,此酶专一性较差。

e. 木瓜蛋白酶(papain)。木瓜蛋白酶专一性差,断裂点与其附近的序列关系密切,对 Arg 和 Lys 残基的羧基端肽键敏感。香木瓜(*Caria papaya*)果中含丰富的木瓜蛋白酶,与其类似的蛋白酶是菠萝中的菠萝蛋白酶(bromelin)。

f. 葡萄球菌蛋白酶和梭菌蛋白酶。此两种酶是近年来发现的高度专一性内肽酶,用于相对分子质量较大的多肽链的逐级专一性降解。葡萄球菌蛋白酶(*Staphylococcal* protease)亦称 Glu 蛋白酶,它从金黄色葡萄球菌菌株 Vs(*Staphylococoas aureus*)中分离得到,是近年来发现的最有效、应用最广泛的一种蛋白酶。在 pH7.8 的磷酸缓冲液中,它断裂 Glu 和 Asp 残基的羧基端肽键。而在碳酸氢铵缓冲液(pH7.8)或乙酸铵缓冲液(pH4.0)中,只断裂 Glu 残基的羧基端肽键。

g. 梭菌蛋白酶(clostripain)。梭菌蛋白酶又称 Arg 蛋白酶,是从溶组织梭状芽孢杆菌(*Clostridium histolyticcum*)中分离出来的,它专门断裂 Arg 残基的羧基端肽键。此酶在 6 mol/L 尿素中 20 h 内仍有活力,因此对不溶性蛋白质的长时间裂解很有效。几种蛋白水解酶的专一性见图 3.14。

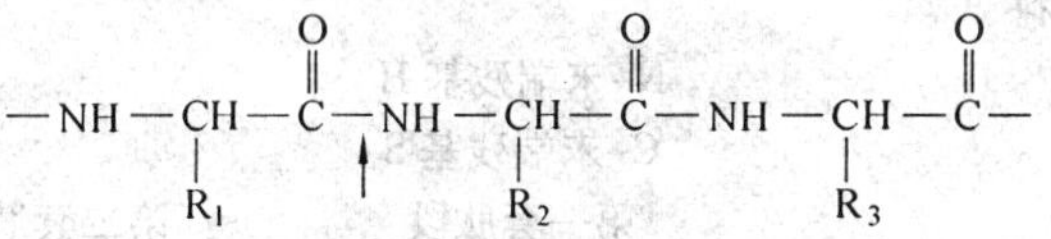

$$-\mathrm{NH}-\underset{\mathrm{R_1}}{\underset{|}{\mathrm{CH}}}-\overset{\mathrm{O}}{\overset{\|}{\mathrm{C}}}\underset{\uparrow}{-}\mathrm{NH}-\underset{\mathrm{R_2}}{\underset{|}{\mathrm{CH}}}-\overset{\mathrm{O}}{\overset{\|}{\mathrm{C}}}-\mathrm{NH}-\underset{\mathrm{R_3}}{\underset{|}{\mathrm{CH}}}-\overset{\mathrm{O}}{\overset{\|}{\mathrm{C}}}-$$

胰蛋白酶　R_1 = Lys 或 Arg 侧连(高度专一,水解速度快);AECys(能水解,速度较慢)
R_2 = Pro(抑制水解)

糜蛋白酶　R_1 = Phe、Trp 或 Tyr(水解速度快);Leu、Met 或 His(水解速度次之)
R_2 = Pro(抑制水解)

嗜热菌蛋白酶　R_2 = Leu、Ile、Phe、Trp、Val、Tyr 或 Met(疏水性强的残基,水解速度快)
R_2 = Gly 或 Pro(不水解)
R_1 或 R_3 = Pro(抑制水解)

胃蛋白酶　R_1 和(或)R_2 = Phe、Leu、Trp、Tyr 以及其他疏水性残基(水解速度快)
R_1 = Pro(不水解)

图 3.14　几种蛋白水解酶(内肽酶)的专一性

（4）肽段的氨基酸顺序测定

肽段的氨基酸顺序测定主要采用 Edman 降解法，此外还有酶水解法、质谱法、气谱-质谱联用法和根据核苷酸序列的推定法等。酶水解法的主要程序是首先利用一种酶水解产生一个或两个可知末端特征的片段；再用另一种酶作用产生另一组片段；将后一组片段层析分离，并进行末端测定；最后进行片段重叠分析，确定氨基酸顺序。蛋白质序列仪（protein sequenator）既可免除手工测定的麻烦，又可进行蛋白质微量序列分析，样品最低用量在 5 皮摩尔（5 pmol）水平。

（5）肽段在多肽链中次序的决定

如果多肽链断裂成两段或三段便能测出它们的氨基酸序列，就容易推断出它们在原多肽链中的前后次序，只要知道原多肽链的 C-端和 N-端的氨基酸残基即可，但末端残基恰好与切口的氨基酸一样不能定论。如果断裂得到的肽段多于前述，那么除了能确定 C-端肽段和 N-端肽段的位置之外，中间那些肽段的次序不能肯定。为此，需用两种或两种以上的不同专一性的断裂方法，将多肽样品断裂成两套或几套肽段，切口彼此错位，因此两套肽段正好相互跨过切口而重叠（overlap），这种跨过切口而重叠的肽段称重叠肽（overlapping peptide）。

借助重叠肽可确定肽段在原多肽链中的正确位置，拼凑出整个多肽链的氨基酸序列（图3.15）。如果两套肽段还不能提供全部必要的重叠肽，则需使用第三种甚至第四种断裂方法以得到足够的重叠肽，用于确定多肽链的全序列。图 3.15 中字母代表氨基酸残基（在这里不是氨基酸的单字母符号），字母下的黑线连接表示是一个肽段。

所得资料

N-末端残基 H
C-末端残基 S

第一套肽段	第二套肽段
OUS	SEO
PS	WTOU
EOVE	VERL
RLA	APS
HOWT	HO

借助重叠肽确定肽段次序

末端残基	H	S
末端肽段	H O W T	A P S 或O U S
第一套肽段	H O W T O U S E O V E R L A P S	
第二套肽段	H O W T O U S E O V E R L A P S	
推断全序列	H O W T O U S E O V R L A P S	

图 3.15 借助重叠肽确定肽段在原多肽链中的次序

英国Sarger等人在1953年首次完成了牛胰岛素的全部化学结构的测定，这是蛋白质化学研究史上的一项重大成就。牛胰岛素的相对分子质量为5 700，含2条多肽链：A链（含21个残基）和B链（含30个残基），有2个链间二硫键和1个链内（A链）二硫键。二硫键的定位见图3.16，胰岛素（B链）的测序步骤见图3.17。

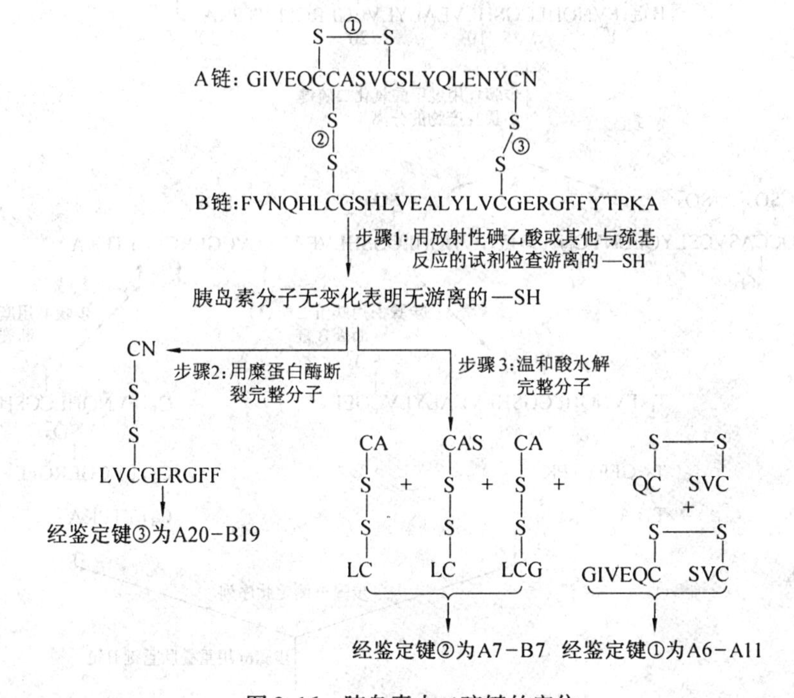

图3.16 胰岛素中二硫键的定位

测定蛋白质一级结构已能做到自动化，所用的仪器是根据Edman降解法原理设计的自动蛋白质序列仪。目前采用的有液相序列仪（如美国的Beckman890C和Ⅱ-litron、日本的JEOLJAE47K）、固相序列仪（如美国的Sequematl2、英国的LKB4030、法国的SoeosiPs300）、气相序列仪（如美国的Applied Biosystems Model470A）等类型。用这些先进的测定仪已测定了1 500多种蛋白质的一级结构，并建立了计算机蛋白质序列库，这些数据库中较有名的有美国国家生物医学基金会（National Biomedical Research Foundation）主持的PIR，即Protein Information Resource（蛋白质信息库）或Protein Identification Resource（蛋白质鉴定库），美国政府支持的GenBank，即Gene Sequence Data Bank（基因序列数据库）和欧洲的EMBL，即European Molecular Biology Laboratory Data Bank（欧洲分子生物学实验室数据库）。

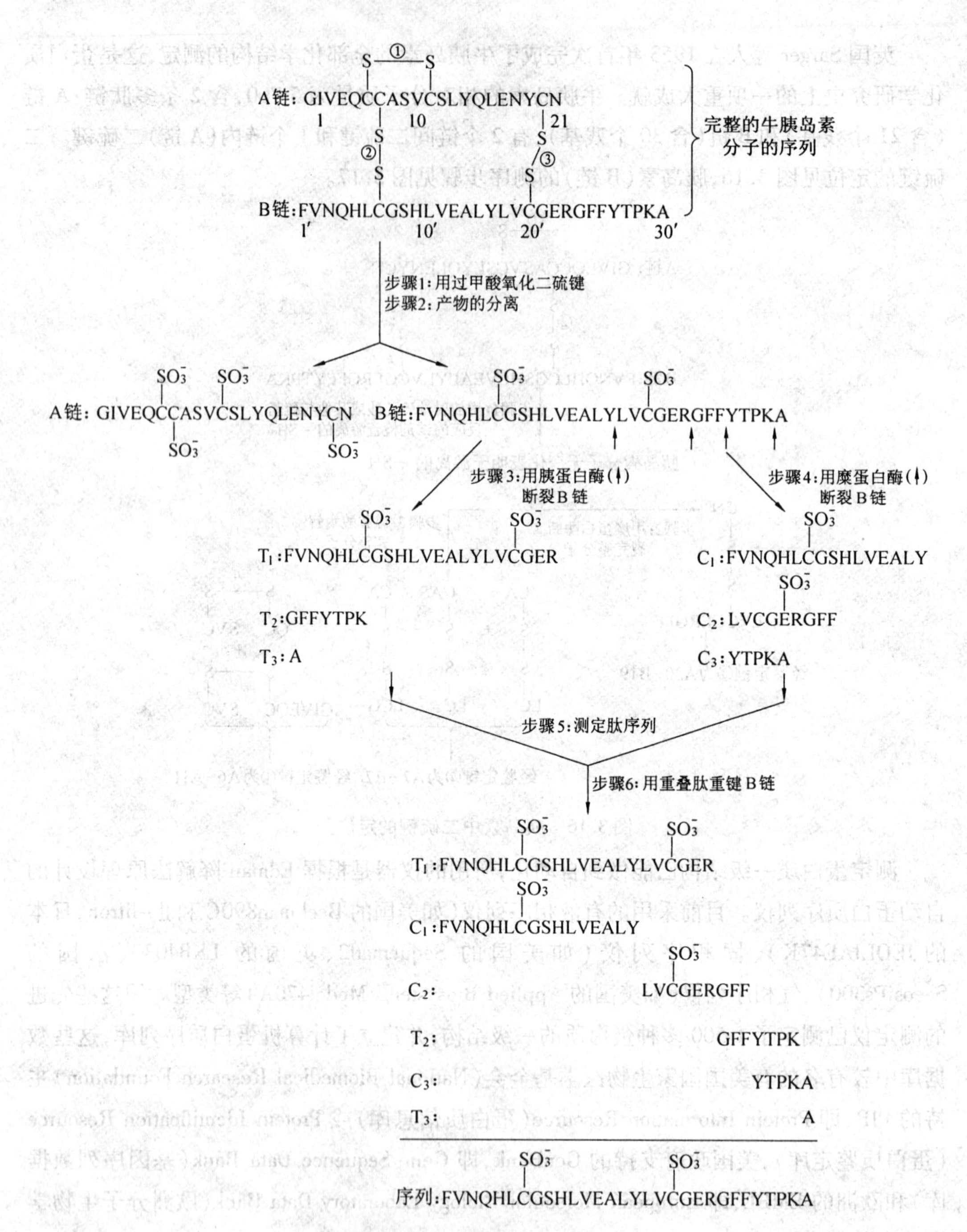

图 3.17　胰岛素（B 链）的测序

3.4.2　蛋白质的空间结构

蛋白质分子的空间结构又称为构象、高级结构、立体结构、三维结构，指的是蛋白质分子中所有原子在三维空间中的排布，分为二、三、四级结构 3 个不同层次。

1. 蛋白质空间结构的概念

（1）蛋白质空间结构的组织层次含义

二级结构（secondary structure）指多肽链主链折叠产生的由主链内和主链间周期性氢键维系的有规则的构象。常见的二级结构元件（secondary structure element）有 α-螺旋、β-折叠片、β-转角和无规卷曲等。二级结构不涉及氨基酸残基的侧链构象。三级结构（tertiary structure）是指多肽链由二级结构元件借助各种次级键（主要为疏水作用）构建成的总三维结构，包括一级结构中相距远的肽段之间的几何相互关系和侧链在三维空间中彼此间的相互关系。四级结构（quaternary structure）是指寡聚蛋白质中以非共价键彼此缔合在一起的各亚基形成聚集体的方式。

（2）稳定蛋白质分子三维结构的作用力

稳定蛋白质三维结构的作用力主要是一些弱的相互作用力，或称非共价键或次级键，包括氢键、范德华力、疏水作用和盐键（离子键）。这些弱的相互作用力，也是稳定核酸构象、生物膜结构的作用力。此外共价二硫键在稳定某些蛋白质构象方面也起重要作用（图3.18）。

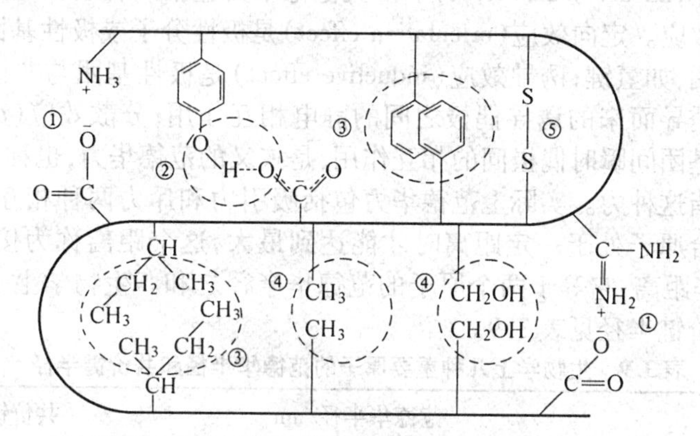

图3.18　稳定蛋白质三维结构的各种作用力

①—盐键；②—氢键；③—疏水作用；④—范德华力；⑤—二硫键

稳定蛋白质三维结构的几种键的键能见表3.8。

表3.8　稳定蛋白质三维结构的几种键的键能

键	键能/（kJ·mol^{-1}）
氢键	13~30
范德华力	4~8
疏水作用	12~20
盐键	12~30
二硫键	21

注：1. 键能是指断裂该键所需的自由能。

2. 此表中键能表示在25℃非极性侧链从蛋白质内部转移到水介质中所需的自由能。它与其他键的键能不同，此数值在一定温度范围内随温度的升高而增加。实际上它并不是键能，此能量的大部分并不用于伸展过程中键的断裂。

① 氢键（hydrogen bond）。氢键是由电负性强的原子与氢形成的基团，如 N—H 和

O—H 有很大的偶极矩，成键电子云分布偏向负电性大的原子，使正电荷的氢原子在外侧裸露。当带正电荷的氢原子遇到另一个电负性强的原子时，就产生静电引力，形成氢键，即 X—H…Y。这里 X、Y 是电负性强的原子（N、O、S 等），X—H 是共价键，H…Y 是氢键。X 是氢（质子）供体，Y 是氢（质子）受体。氢键有两个重要特征，一是方向性，Y 与 X 之间的角度接近 180°；二是饱和性，一般情况下 X—H 只能和一个 Y 原子结合。氢键是稳定蛋白质二级结构的主要作用力。

② 盐键（离子键）。盐键是正电荷与负电荷之间的一种静电吸引作用。吸引力 F 与电荷电量的乘积（Q_1Q_2）成正比，与电荷质点间的距离平方（R^2）成反比，在溶液中此吸引力随周围介质的介电常数 ε 的增大而降低，即

$$F = Q_1Q_2/\varepsilon R^2$$

在生理 pH 下，蛋白质中的酸性氨基酸（如 Asp 和 Glu）的侧链可解离成负离子，碱性氨基酸（Lys、Arg 和 His）的侧链可解离成正离子。在多数情况下这些基团都分布在球状蛋白质分子表面，而与介质水分子发生电荷-偶极之间的相互作用，形成排列有序的水化层，对稳定蛋白质构象有一定作用。盐键随加入非极性溶剂而加强，随加入盐类而减弱。

③ 范德华力（Van der Waals force）。广义范德华力包括 3 种弱作用力，即定向效应、诱导效应和分散效应。定向效应（orientation effect）是极性分子或极性基团之间的永久偶极的静电相互作用，如氢键；诱导效应（inductive effect）是极性基团与非极性基团之间的永久偶极与由它诱导而来的诱导偶极之间的静电相互作用；分散效应（dispersion effect）是非极性分子或基团间瞬时偶极间的相互作用，是狭义的范德华力，也称 London 分散力，通常范德华力即指这种力。实际上范德华力包括吸引力和斥力两种相互作用，而吸引力只有当两个非键合原子处于一定距离时才能达到最大，这个距离称为接触距离（contact distance）或范德华距离，它等于两个原子的范德华半径之和。生物学上一些重要原子的范德华半径及共价键半径见表 3.9。

表 3.9　生物学上几种重要原子的范德华半径和共价键半径

原子	范德华半径/nm	共价键半径/nm
H	0.12	0.030
C	0.20	0.077
N	0.15	0.070
O	0.14	0.066
S	0.18	0.104
P	0.19	0.110

④ 疏水作用（hydophobic interaction）。疏水作用是疏水基团或疏水侧链出自避开水的需要而被迫接近，并非疏水基团之间有什么吸引力。但是当疏水基团接近到等于范德华距离时，相互间将有弱的范德华引力，但这不是主要的。疏水作用使水介质中球状蛋白质折叠，总是倾向把疏水残基埋藏在分子的内部，它对稳定蛋白质三维结构有突出重要的作用。

⑤ 二硫键。二硫键的形成并不规定多肽链的折叠，但对蛋白质构象起稳定作用。某些二硫键为蛋白质生物活性所必需，另一些则不是。在绝大多数情况下，二硫键在多肽链的 β-转角附近形成。

（3）蛋白质中肽链的空间结构原则

肽键—CO—NH—具有部分双键的性质，不能沿 C—N 键自由旋转。肽键中亚氨基上

的氢原子在 pH0～14 范围不解离。

由肽键中的4个原子和与肽键相邻的2个 α-碳原子构成一刚性平面,称为肽平面或酰胺平面(amide plane),肽平面上各原子所构成的键长、键角固定不变。

肽链主链上的重复结构称为肽单元或肽单位(peptide unit),它包括完整的肽键及 α-碳原子,即 C_α—CO—NH—。肽单元旋转,就出现各种主链构象,从而使侧链 R 基处于不同位置,相互影响,达到最稳定状态。

肽平面之间可以旋转。肽链主链上只有 α-碳原子连接的两个键,C_α—N 和 C_α—C 是纯的单键,能自由旋转;α-碳是两个相邻肽平面的连接点,虽然肽平面是刚性的,但肽平面之间的位置可以任意取向。两个相邻肽平面的空间位置关系用二面角表示,二面角是在 A-B-C-D 四原子依次连接的系统中,含 A、B、C 的平面和含 B、C、D 的平面之间的夹角。绕 C_α—N 键轴旋转的二面角(C—N—C_α—C)称为 φ,绕 C_α—C 键轴旋转的二面角(N—C_α—C—N)称为 ψ。从 C_α 沿键轴方向观察,顺时针旋转的 φ 和 ψ 角度为正值(+),逆时针旋转的为负值(-)。

当 C_α 的一对二面角 $\varphi=180°$ 和 $\psi=180°$ 时,C_α 的两个相邻肽单位呈现充分伸展的肽链构象(图3.19)。虽然理论上 C_α 原子的两个单键(C_α—N 和 C_α—C)可以在 -180°～+180°范围内自由旋转,但因位阻的存在,实际上不是任意二面角(φ,ψ)所决定的肽链构象都是立体化学所允许的,例如当 φ 和 ψ 同时等于0°时的构象(图3.20)实际上并不能存在,因为两个相邻肽单位上的酰胺基 H 原子和羰基上 O 原子的接触距离比其范德华力半径之和小,将发生空间重叠(steric overlap)。二面角(φ,ψ)所规定的构象能否存在,主要取决于两个相邻肽单位中非共价键合原子之间的接近有无阻碍。

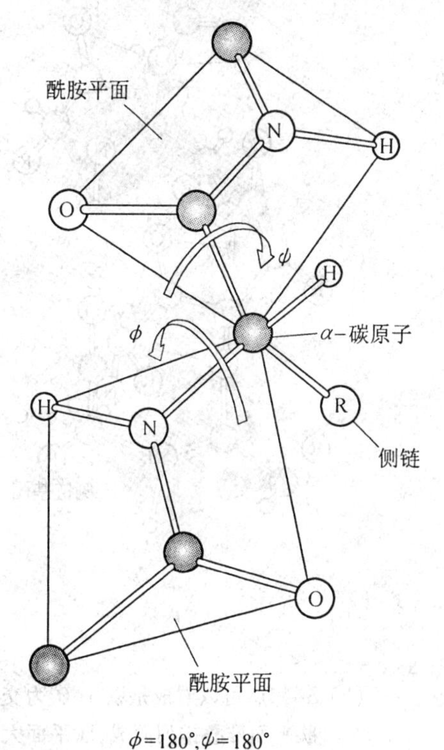

图3.19　完全伸展的肽链主链构象

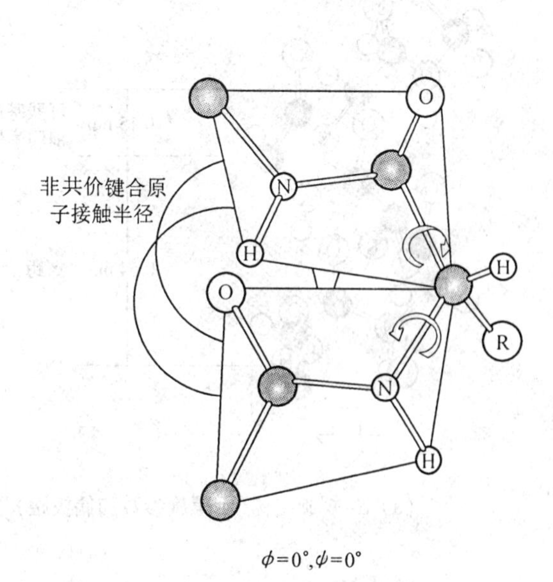

图3.20　$\varphi=0°$和$\psi=0°$时的主链构象

2. 蛋白质分子的二级结构

蛋白质的二级结构表现为多肽链中有规则重复的构象，它仅限于主链原子的局部空间排列，不包括与肽链其他区段的相互关系及侧链构象。常见的二级结构元件有 α-螺旋、β-折叠、β-转角和无规卷曲等。

（1）α-螺旋

α-螺旋（α-helix）是蛋白质中最常见、最典型、含量最丰富的二级结构元件，是 1951 年由美国人 L. Pauling 和 R. B. Corey 根据对角蛋白的 X-射线衍射结果而提出来的。α-螺旋结构模型要点如下。

① α-螺旋是一种重复结构，螺旋中每个 α-碳的 φ 和 ψ 分别在 -57° 和 -47° 附近。在 α-螺旋中，多肽链的主链围绕一个“中心轴”螺旋上升，每 3.6 个氨基酸残基上升一圈，沿螺旋轴方向上升 0.54 nm，称为螺距（pitch），每个氨基酸残基绕轴旋转 100°，沿轴上升 0.15 nm（图 3.21（a））。

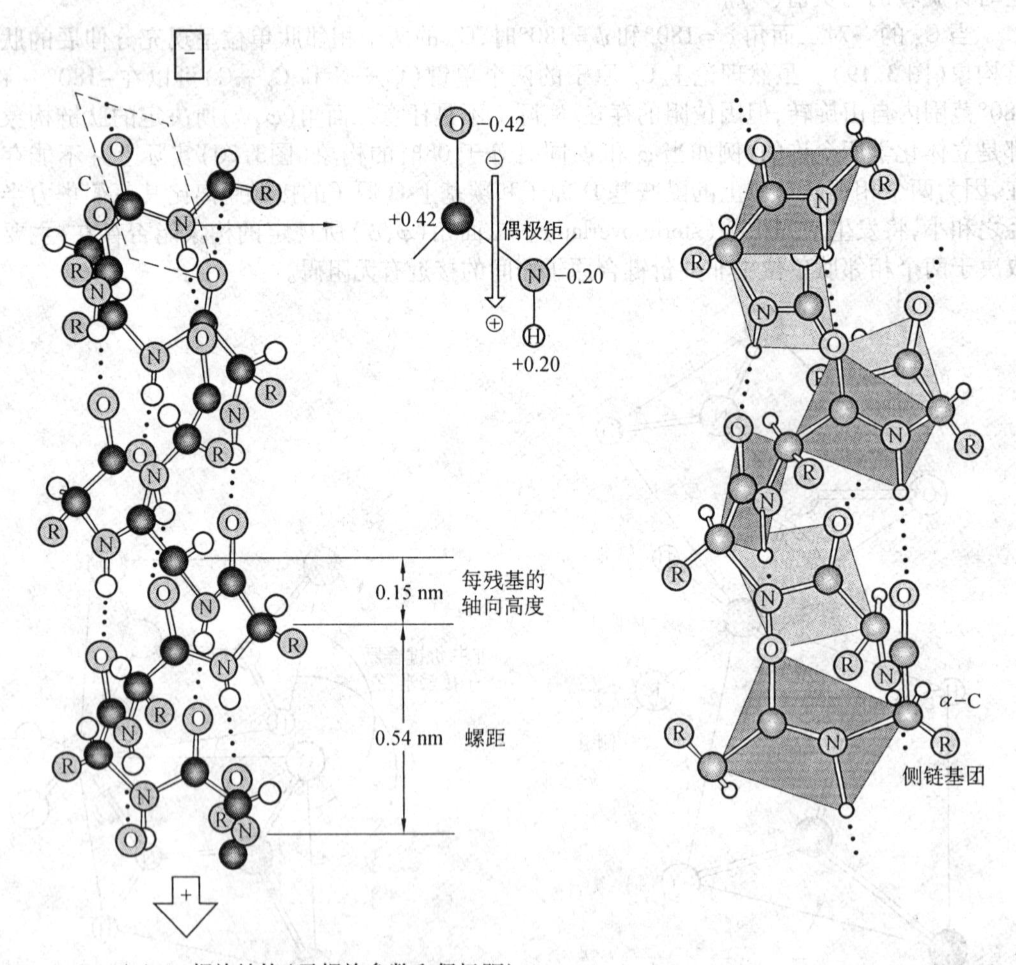

（a）α-螺旋结构（示螺旋参数和偶极距）

（b）α-螺旋可以看成是以 α-碳为交点的肽平面堆叠排列而成，肽平面大体平行于螺旋轴

图 3.21　α-螺旋

② 每个氨基酸残基的N—H与其前面第4个氨基酸残基的羰基间形成相邻螺旋圈之间的链内氢键。氢键的取向几乎与螺旋中心轴平行(氢键的4个原子位于一条直线上),是维系α-螺旋的主要作用力(图3.21(b))。

③ 氨基酸残基的侧链在螺旋的外侧。如果侧链不计在内,螺旋的直径约为0.6 nm。

④ 天然蛋白质中的α-螺旋大多数是右手螺旋。

标准α-螺旋表示为3.6_{13}。α-螺旋的表示方法为n_s,n为上升一圈AA的数目,s表示氢键封闭的环内原子数。

```
    O----------------H
    ‖         H      |
 —C—( NH—C—CO)₃—N—
              |
              R
```

影响α-螺旋形成和稳定的因素如下。

① 氨基酸的组成和排列顺序。一条肽链能否形成α-螺旋,以及形成α-螺旋是否稳定,与其氨基酸的组成和序列有极大关系。例如,不带电荷的多聚丙氨酸,在pH7的水溶液中能自发地卷曲成α-螺旋;但多聚赖氨酸在同样的pH条件下却不能形成α-螺旋,而是以无规卷曲形式存在。这是因为多聚赖氨酸在pH7时R基具有正电荷,彼此间由于静电排斥,不能形成氢键。多聚谷氨酸也与此类似。又如肽链中有脯氨酸成分时,由于脯氨酸所含的亚氨基参与了肽键的形成,无酰胺H原子形成链内氢键,从而使α-螺旋在脯氨酸处产生"结节"(kink),螺旋被中断或拐弯。

② 侧链的大小。如果在Cα原子附近有较大的R基,造成空间位阻,也不能形成α-螺旋。

(2) β-折叠

β-折叠又称β折叠片(β-pleated sheet),也是蛋白质中常见的二级结构。同样是1951年由Pauling等人在研究丝蛋白的X-射线衍射结果时首先提出来的。β-折叠与α-螺旋相比较,它具有以下几个特点。

① 肽链几乎是完全伸展的重复性结构。

② 肽链主链呈锯齿状,按层平行排列,形状如折叠的条状纸片侧向并排而成,肽平面并排成折叠形式,α-碳原子位于折叠线上,称为折叠片(图3.22)。

③ β-折叠中每条肽链称为β-折叠股或β股(β-strand),相邻肽链肽键上的—CO—与—NH—形成链间氢键,以维持片层间结构的稳定。

④ 肽链的侧链基团都垂直于折叠片的平面,并交替地从平面上下两侧伸出。在平行β-折叠片中,相邻肽链是同向的(都是N→C或C→N),在反平行β-折叠片中,相邻肽链是反向的。平行β-折叠片比反平行β-折叠片更规则。平行式中α-碳的φ和ψ值(分别为-119°和+113°左右)比反平行式中的(分别为-139°和+135°左右)小很多。

⑤ 折叠片的平行式(parallel)和反平行式(antiparallel)两种类型见图3.23。

⑥ 在两种β折叠中,反平行式结构更稳定。因为反平行式中氢键垂直于肽链,氢键中各原子与主链各原子间排斥力较小。

⑦ β-折叠存在于纤维状蛋白和球状蛋白中。在纤维状蛋白质中β-折叠片主要是反

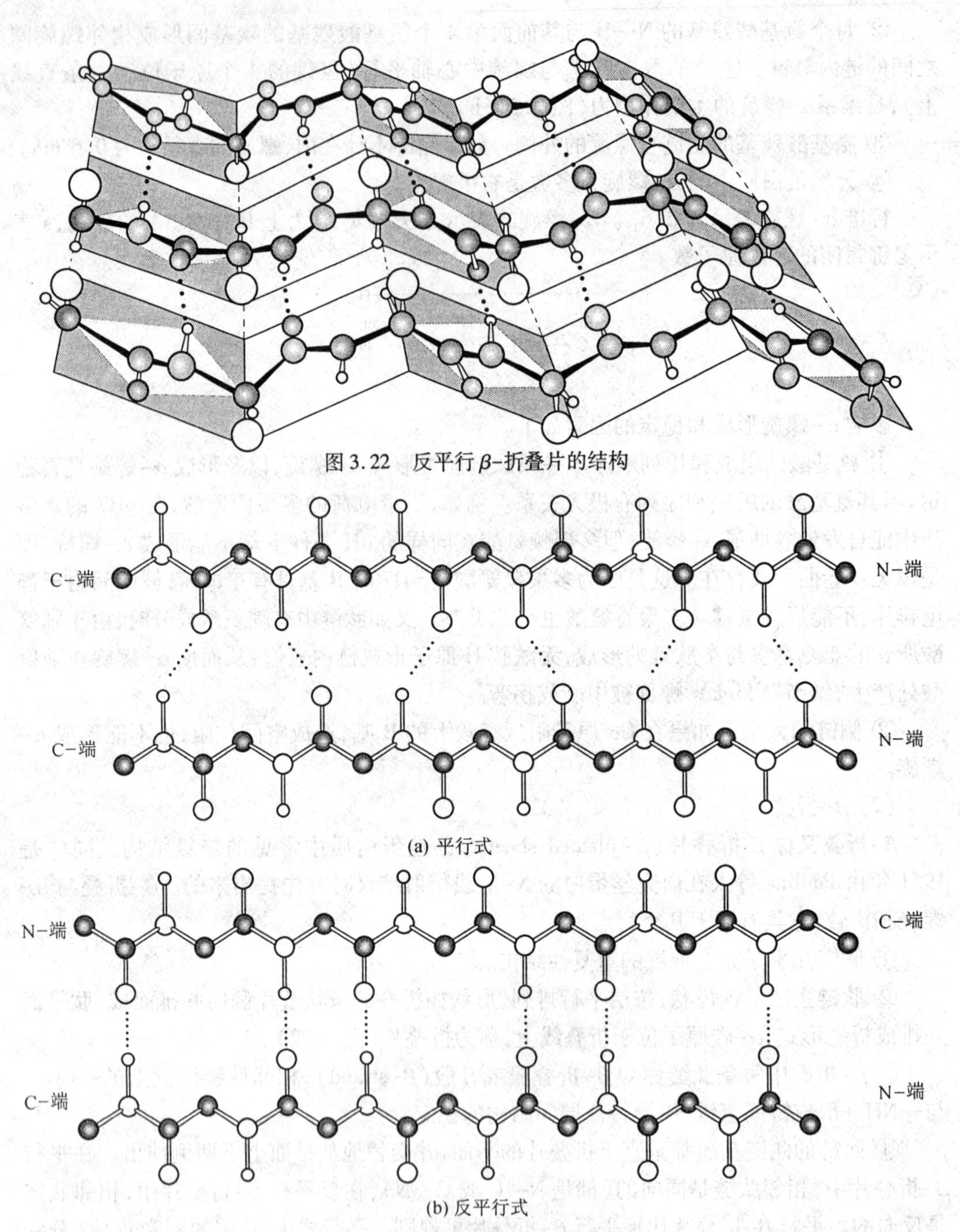

图 3.22 反平行 β-折叠片的结构

(a) 平行式

(b) 反平行式

图 3.23 β-折叠片中氢键的排列

平行式的,而球状蛋白质中反平行和平行两种方式几乎同样广泛地存在。在纤维状蛋白质中,β-折叠片中的氢键主要是在不同肽链之间形成,而球状蛋白质中既可以在不同肽链或不同分子之间形成,也可以在同一肽链的不同肽段(β-股)之间形成。

β-折叠与 α-螺旋的转变。在某些蛋白质分子结构中,α-螺旋可与 β-折叠互相转变。

例如，加热可使 α-螺旋转变为 β-折叠。这是由于受热时，α-螺旋中氢键受破坏，肽链伸长。头发(α-角蛋白)在湿热时伸长，就是由于角蛋白的 α-螺旋伸展变成了平行式 β-折叠。

(3) β-转角

球状蛋白质的多肽链必须有弯曲、回折和重新定向的能力，才能生成结实、球状的结构。多肽链自身180°回折的形成依赖 β-转角(β-turn)，或称 β-弯曲(β-bend)或发夹结构(hairpin structure)。β-转角是一种简单的二级结构元件，是非重复性结构。在 β-转角中第一个氨基酸残基的 C═O 与第四个氨基酸残基的 N—H 氢键键合，形成一个紧密的环，使 β-转角成为较稳定的结构。图3.24示出 β-转角的两种主要类型，它们之间的差别只是中央肽平面旋转了180°。此外，蛋白质中还有若干种不太常见的 β-转角类型。脯氨酸和甘氨酸经常在 β-转角序列中存在。由于甘氨酸缺少侧链(只有一个H)，在 β-转角中能很好地调整其他残基的空间阻碍，因此是立体化学上最合适的氨基酸，而脯氨酸具有环状结构和固定的 φ 角，因此在一定程度上迫使 β-转角形成，促使肽链自身回折。这些回折有助于反平行 β-折叠片的形成。

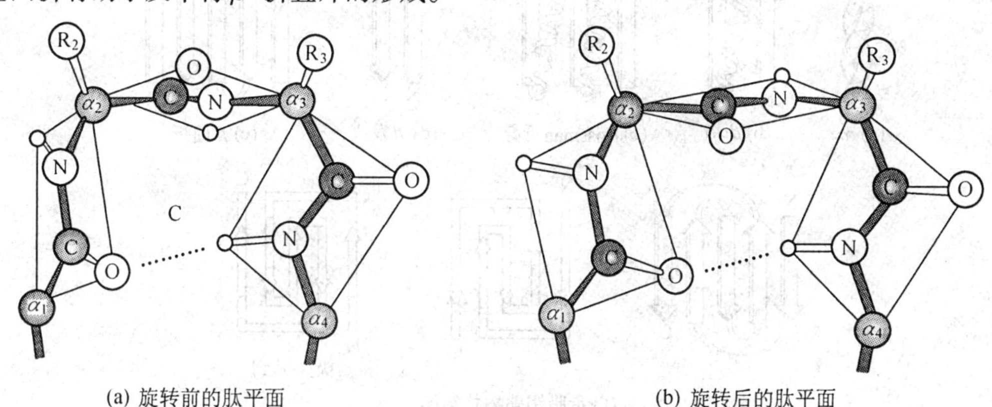

图3.24　β-转角的两种主要类型

目前发现的 β-转角多数都处在蛋白质分子表面，在这里改变多肽链方向的阻力比较小。β 转角在球状蛋白质中的含量相当丰富，约占全部残基的1/4。β-转角的构象由第二个残基 α-碳(图3.24中的 α_2)和第三个残基 α-碳(α_3)的二面角决定。

(4) 无规卷曲

无规卷曲(random coil)是指那些不能被归入明确的二级结构的多肽区段。虽然也存在少数柔性的无序区段，实际上这些区段大多数既非卷曲，也非完全无规则。"无规卷曲"也像其他二级结构一样是明确而稳定的结构，否则蛋白质不可能形成三维空间上每维都具有周期性结构的晶体。但它们受侧链相互作用的影响很大。这类有序的非重复性结构经常构成酶活性部位和其他蛋白质特异的功能部位，如铁氧还蛋白和红氧还蛋白中结合铁硫串的肽环。

3. 超二级结构和结构域

如果细分蛋白质的空间结构层次，还可以在二级结构和三级结构之间增加两个层次，即超二级结构和结构域。

(1) 超二级结构

蛋白质分子中特别是球状蛋白质分子中经常有若干相邻二级结构元件(主要是 α-螺旋和 β-折叠片)组合在一起,彼此相互作用,形成种类不多的、有规则的二级结构组合或二级结构簇(cluster),在多种蛋白质中充当三级结构的构件,称为超二级结构(super-secondary structure)。1973 年 M. G. Rossman 首先提出超二级结构概念。目前已知的超二级结构有 3 种基本组合形式:$\alpha\alpha$、$\beta\alpha\beta$ 和 $\beta\beta$。

① $\alpha\alpha$。$\alpha\alpha$ 是一种 α-螺旋束,它常由两股(或三股和四股)平行或反平行排列的右手螺旋段互相缠绕而成的左手卷曲螺旋(coiled coil)或称超螺旋(图 3.25(a))。卷曲螺旋是纤维状蛋白质如 α-角蛋白、肌球蛋白和原肌球蛋白的主要结构元件。α 螺旋束也存在于球状蛋白质中,如蚯蚓血红蛋白(hemerythrin)、烟草花叶病毒外壳蛋白(TMV coat protein)等。纤维状蛋白中的 α-螺旋束由几条肽链的 α-螺旋区缠绕而成,而球状蛋白质中的 α-螺旋束则是由同一条肽链一级序列上邻近的 α-螺旋组成。

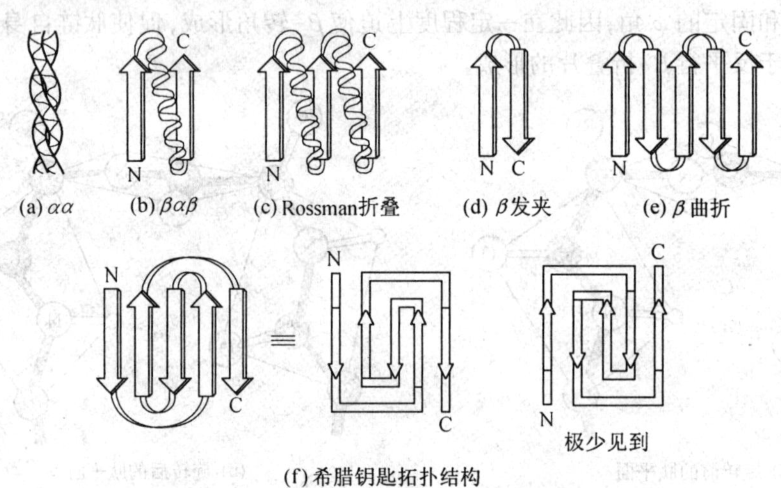

图 3.25　蛋白质中的几种超二级结构

② $\beta\alpha\beta$。最简单的 $\beta\alpha\beta$ 组合又称 $\beta\alpha\beta$ 单元($\beta\alpha\beta$-unit),它由两段平行 β-折叠股和一段 α-螺旋连接链(connector)或无规卷曲组成。β-股之间有氢键连接,连接链反平行地交叉在 β-折叠片的一侧,β-折叠片的疏水侧链面向 α-螺旋的疏水面,彼此紧密装配(图 3.25(b))。最常见的 $\beta\alpha\beta$ 组合是由 3 段平行 β 股和两段 α-螺旋构成(图 3.25(c)),相当于两个 $\beta\alpha\beta$ 单元组合在一起,这种结构称为 Rossman 折叠($\beta\alpha\beta\alpha\beta$)。

③ $\beta\beta$。$\beta\beta$ 实际上是反平行式 β-折叠片。在球状蛋白质中多由一条多肽链的若干段 β-折叠股反平行组合而成,相邻 β-股之间由一个短回环(发夹)连接(图 3.25(d)~(f))。最简单的 $\beta\beta$ 折叠花式为 β-发夹(β-hairpin)结构(图 3.25(d)),几个 β-发夹可形成更大更复杂的折叠片图案,例如 β-曲折(β-meander)和希腊钥匙拓扑结构(Greek Key topology)(图3.25(e)和图 3.25(f))。

(2) 结构域

① 结构域概念。多肽链在二级结构或超二级结构基础上形成三级结构的局部折叠

区称为结构域(structural domain)或域(domain)。结构域是多肽链上相对独立的紧密球状实体,结构域序列连续的氨基酸残基数为40~400个左右,常见的为100~200个氨基酸残基。较小的球状蛋白质分子或亚基若是单结构域(single domain)的,其结构域就是三级结构,如红氧还蛋白(rubredoxin)(图3.26)、核糖核酸酶(图3.27)、抹香鲸肌红蛋白(图3.28)。较大的球状蛋白质分子或亚基,常由两个或多个结构域缔合成三级结构,是多结构域(multidomain)的,例如血液中的纤溶系统包括纤溶酶原(plasminogen)、纤溶酶原激活剂(plasminogen activator,PA)及其他因子。体内主要是组织型PA(tissue-type-PA),简称t-PA。人的t-PA含527个残基,相对分子质量为7.0×10^4,分子有5个结构域:指形区(finger region)、生长因子区(grouth factor)、两个环饼区和一个丝氨酸蛋白酶区(图3.29)。结构域有时也指功能域(functional domain),它是蛋白质分子中能独立存在的功能单位,功能域可以是一个结构域,也可由两个或两个以上结构域组成,酵母己糖激酶(hexokinase)的功能域(活性部位)处于两个结构域的交界处。

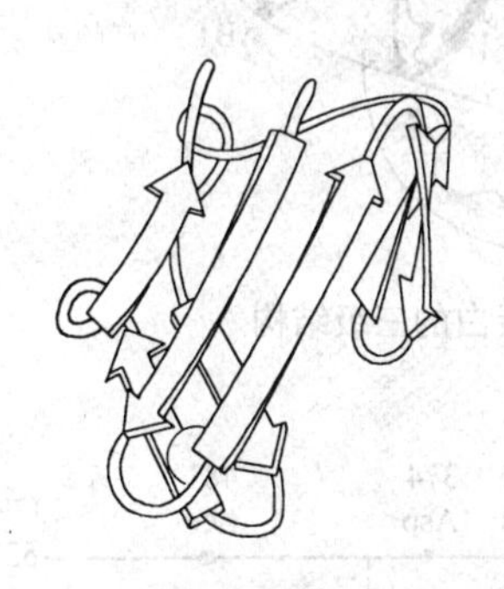

(a) 带式图解(细带表示连接区域回环)

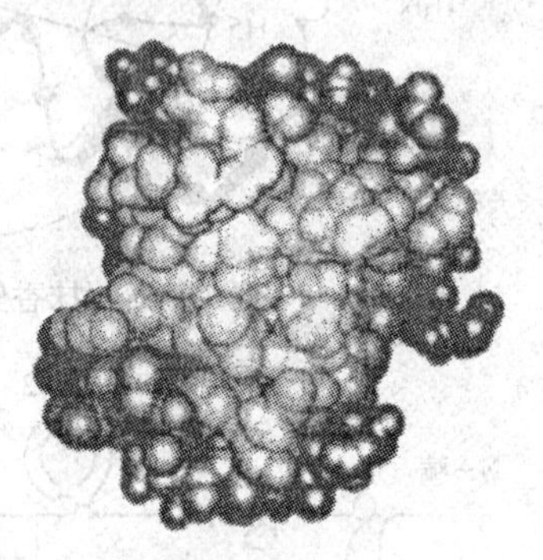

(b) 空间充满模型

图3.26　单结构域的红氧还蛋白的三级结构

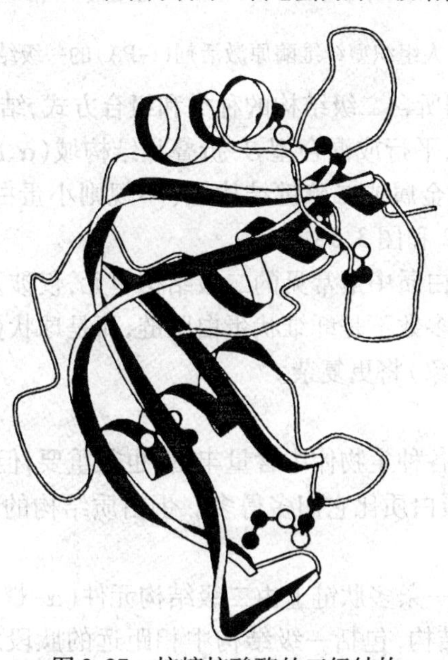

图3.27　核糖核酸酶的三级结构

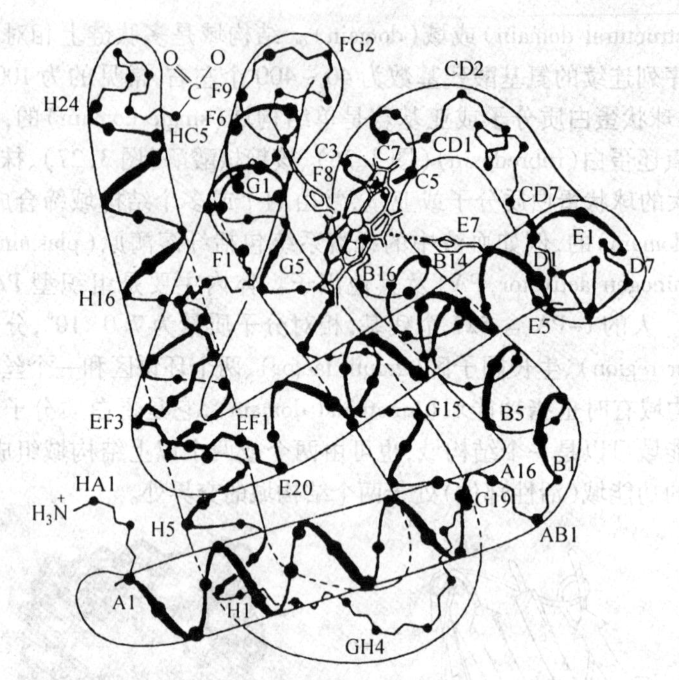

图 3.28　抹香鲸肌红蛋白的三级结构

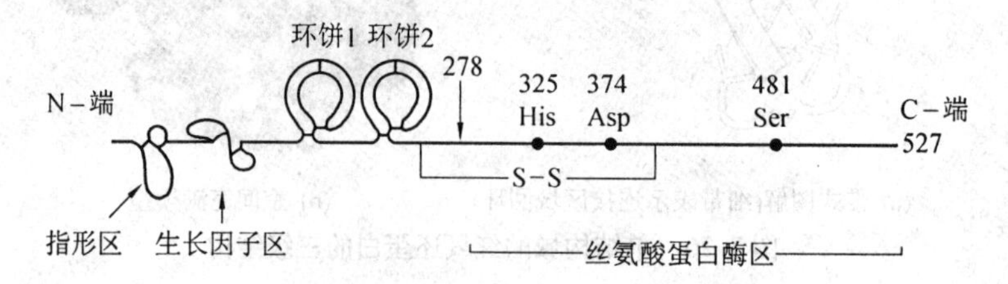

图 3.29　人组织型纤维酶原激活剂(t-PA)的一级结构示意图

② 结构域类型。根据所含二级结构的种类和组合方式,结构域可分为4类:反平行α-螺旋结构域(全α结构)、平行或混合型β-折叠片结构域(α、β结构)、反平行β-折叠片结构域(全β结构)和富含金属或二硫键结构域(不规则小蛋白结构)。它们的结构分别见图3.30、图3.31、图3.32和图3.33。

以上所述都是多数蛋白质中最常见的二级结构单元,仅涉及多肽主链本身的盘曲、折叠。然而活性蛋白质绝大多数不是纤维状蛋白肽链,而是球状蛋白质,如果涉及侧链的作用,蛋白质的空间结构(构象)将更复杂。

4. 三级结构

虽然纤维状蛋白质在各种生物体中含量丰富,也很重要,但它们的种类只占自然界中蛋白质的很小部分,球状蛋白质比它们多得多。蛋白质结构的复杂性和功能的多样性主要体现在球状蛋白质上。

蛋白质三级结构是指一条多肽链上由二级结构元件(α-螺旋、β-折叠、β-转角和无规卷曲等)构建成的总三维结构,包括一级结构中相距远的肽段之间的几何相互关系和侧链在三维空间中彼此间的相互关系(即包括全部主链、侧链的所有原子的空间排布),但

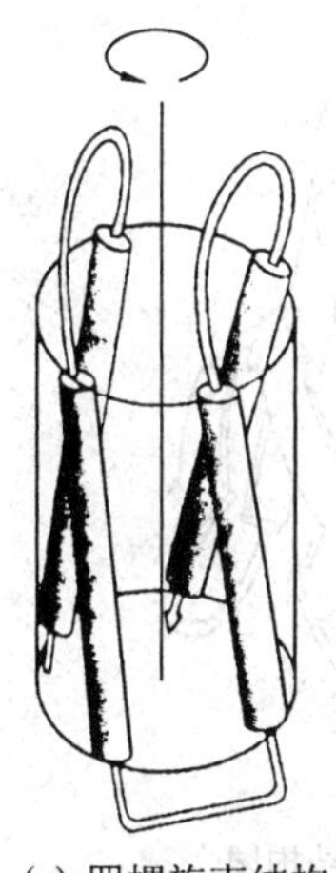

(a) 四螺旋束结构

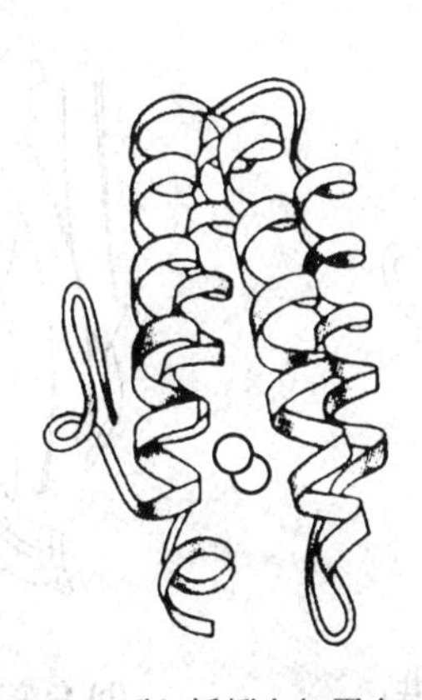

(b) 蚯蚓血红蛋白

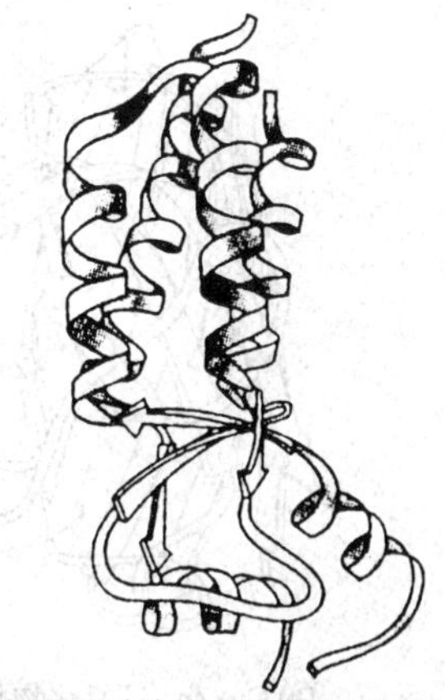

(c) 烟草花叶病毒外壳蛋白(亚基)

图3.30　反平行α-螺旋结构域

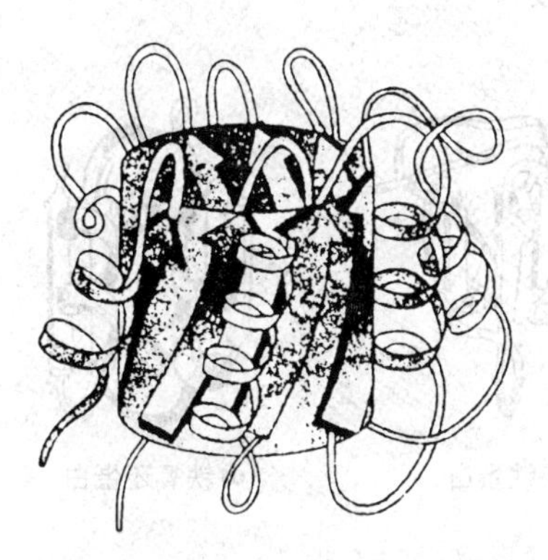

磷酸丙糖异构酶(侧面)

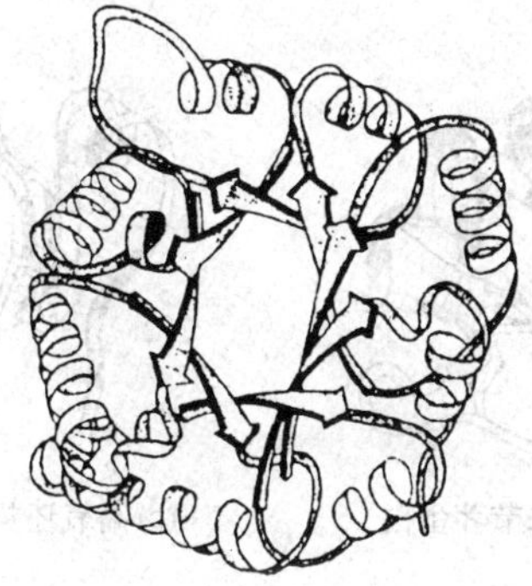

磷酸丙糖异构酶(顶面)

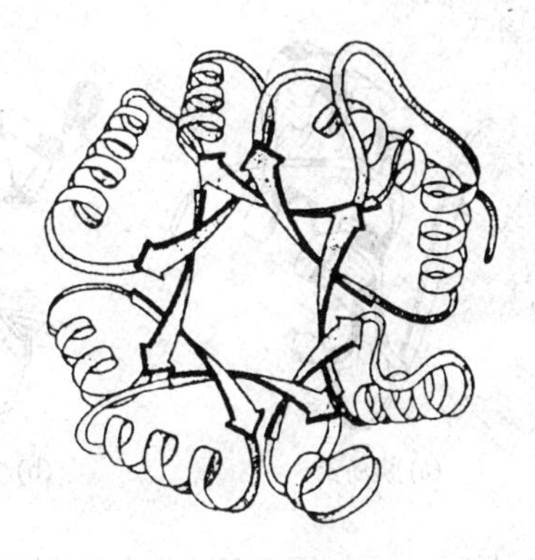

丙酮酸激酶结构域1

(a) 平行β桶

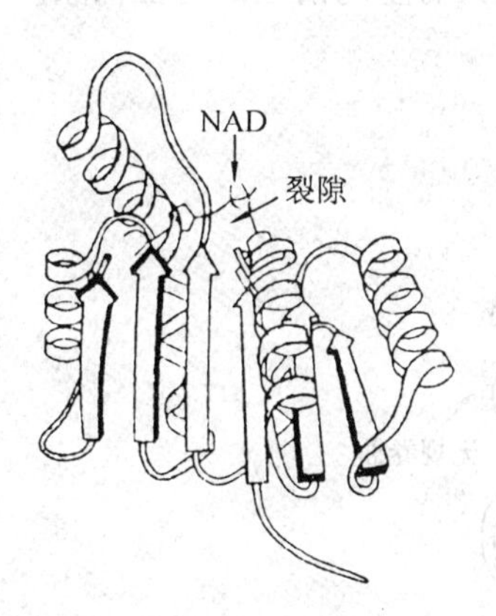

乳酸脱氢酶结构域1(侧面)

乳酸脱氢酶结构域1(顶面)

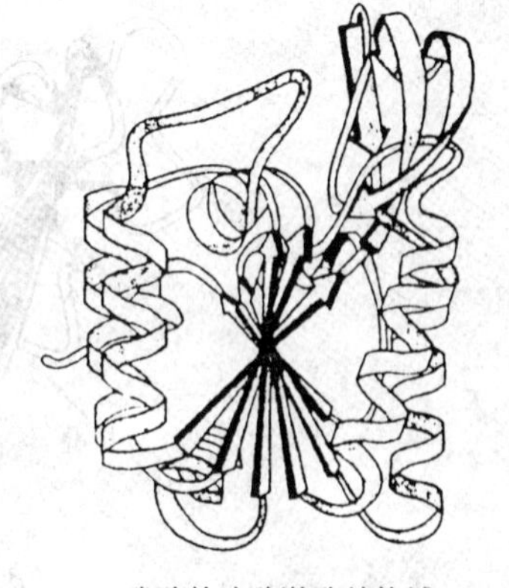

磷酸甘油酸激酶结构域2

(b) 马鞍形扭曲片

图3.31　平行β折叠片结构域

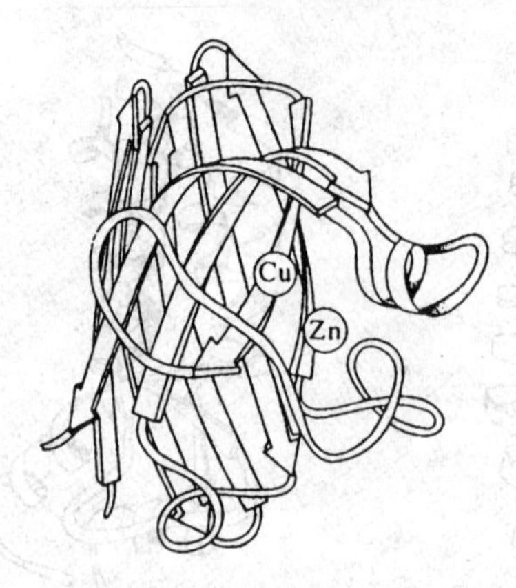

(a) Cu·Zn 超氧化物歧化酶(亚基)

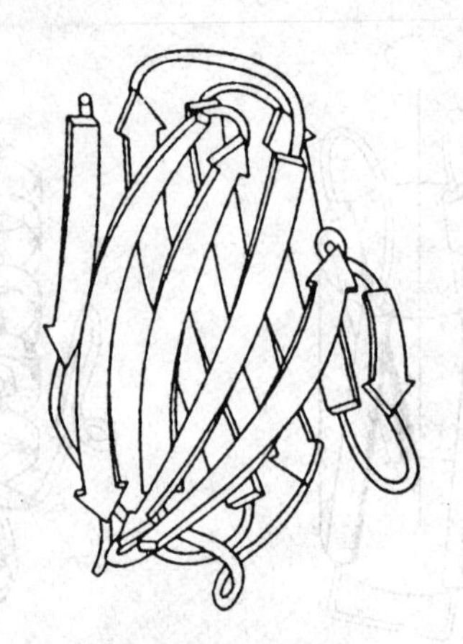

(b) 免疫球蛋白V_L结构域
(免疫球蛋白折叠)

图 3.32 反平行β折叠片结构域

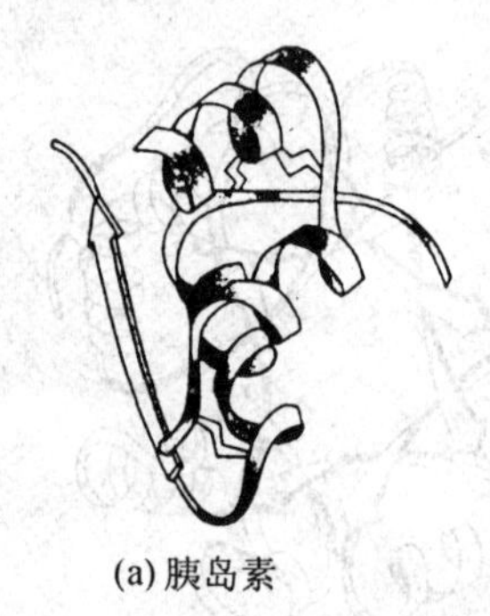

(a) 胰岛素

(b) 二节荠蛋白

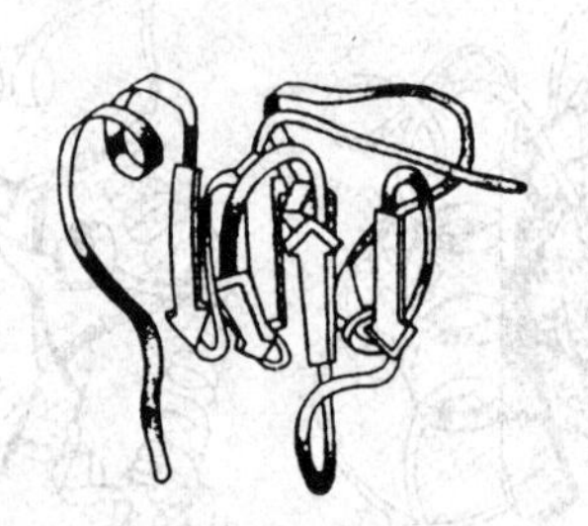

(c) 高氧还势铁蛋白

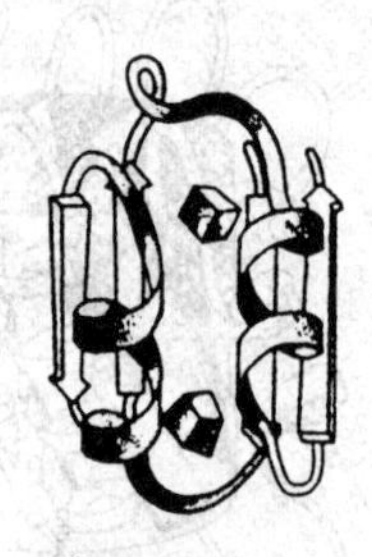

(d) 铁氧还蛋白

图 3.33 富含二硫键蛋白质((a)、(b))和富含金属蛋白质((c)、(d))的实例

不包括肽链之间的相互关系(图 3.34)。三级结构是蛋白质具有生物活性的特征构象。

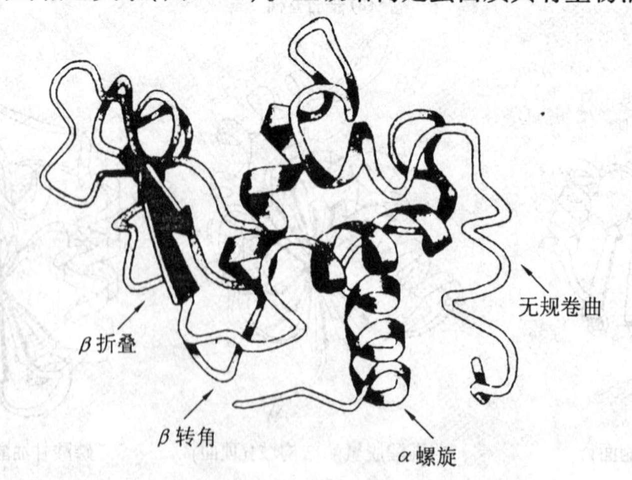

图 3.34 鸡卵清溶菌酶的三级结构

1963 年 J. Kendrew 等用 X-射线衍射法阐明了抹香鲸肌红蛋白(myoglobin)的三级结

构(图3.28)。肌红蛋白分子多肽链由8段直的长短不等的α-螺旋组成,最长的α-螺旋含23个残基,最短的7个残基,分子中约80%的氨基酸残基在α-螺旋区内,此8段螺旋分别命名为A、B、C、D、E、F、G、H。相应的非螺旋区肽段称为NA(N-末端段),AB、BC、…、FG、GH、HC(C-末端段)。8个螺旋段大体上组装成两层,构成肌红蛋白的结构域。拐弯是由1~8个残基组成的无规卷曲,在C-末端也有一段5个残基的松散肽链。肌红蛋白中4个Pro残基各处在一个拐弯处,处于拐弯处的残基还有Ser、Thr、Asn和Ile,如果它们在肽链上紧挨排列,那么由于其侧链形状或体积的影响而不利于形成α-螺旋。整个分子十分致密结实,分子内部只有一个容纳4分子H_2O的空间。含亲水基团侧链的氨基酸残基几乎全部分布在分子的外表面,疏水侧链的氨基酸残基几乎全部埋在分子内部,不与水接触。在分子表面的侧链亲水基团正好与水分子结合,使肌红蛋白成为可溶性蛋白质。辅基血红素(heme)处于肌红蛋白分子表面的一个空穴内,通过His残基与分子内部连接。球状蛋白质分子表面的空穴(也称裂沟、凹槽或口袋)常是结合底物、效应物等配体并行使生物功能的活性部位。空穴约能容纳1~2个小分子配体或大分子配体的一部分。空穴周围分布着许多疏水侧链,为底物等发生化学反应营造疏水环境(低介电区域)。

稳定三级结构的作用力有氢键、二硫键、离子键、疏水作用和范德华力,其中以疏水作用为主。

5. 四级结构

许多天然球状蛋白质是由两条或多条肽链构成的,在这些蛋白质分子中,肽链间借非共价键聚集在一起。这种由两条或两条以上具有三级结构的多肽链借非共价键缔合形成聚集体的特定构象称为蛋白质的四级结构。具有四级结构的蛋白质中每个最小共价单位称为亚基或亚单位(subunit)。一条独立的肽链是一个最小共价单位,两条或两条以上肽链以共价键(二硫键)连接在一起亦是一个最小共价单位。

四级结构涉及亚基的种类和数目以及各亚基或原聚体在整个分子中的空间排布,包括亚基间的接触位点(结构互补)和作用力(主要是非共价相互作用),而不包括亚基本身的构象。

维持蛋白质四级结构的化学键主要是疏水作用,此外,氢键、离子键及范德华力也参与四级结构的形成。

由两个或两个以上亚基组成的蛋白质统称为寡聚蛋白质,这类蛋白质包括许多重要的酶和转运蛋白。由单一类型亚基组成的寡聚蛋白称为同多聚(homo multimeric)蛋白质,如肝乙醇脱氢酶(α_2),酵母己糖激酶(α_4)等;由不同类型亚基组成的寡聚蛋白称为杂多聚(hetero multimeric)蛋白质,如血红蛋白($\alpha_2\beta_2$)、天冬氨酸转甲酰酶(r_6c_6)等。在同多聚体中一个亚基可称为一个原聚体或原体(protomer),在杂多聚体中则把两种或多种不同的亚基合称为一个原体。例如血红蛋白分子可以看成是由两个原体组成的对称二聚体,其中每个原体是由一个α亚基和一个β亚基构成的聚集体(αβ)。这里若把原体看做单体(monomer),可称血红蛋白二聚体。如果以亚基为单体,则称血红蛋白四聚体。

亚基、单体、原聚体和分子都是一词多义,有时它们等同,有时各异,视具体场合而定。多数人认为分子是一个完整的独立功能单位,例如四聚体的血红蛋白才具有完全的转运氧及其他功能,而它的任一亚基(α 链或 β 链)或原聚体($\alpha\beta$ 聚集体)都不具有这种功能,因此四聚体是血红蛋白的分子。胰岛素是单体蛋白质(含二硫键交联的 A、B 两条链),这种单体蛋白质是分子,是胰岛素的功能单位,而由胰岛素单体蛋白质缔合形成的二聚体和六聚体则是分子的聚集体。

大多数寡聚蛋白质分子中亚基数目为偶数,其中尤以 2 个和 4 个的为多;个别的为奇数,如荧光素酶分子含 3 个亚基。蛋白质分子亚基的种类一般为一种或两种,多于两种的占少数。

蛋白质四级结构具有结构和功能上的优越性,具体表现在以下几个方面。

① 增强结构稳定性。蛋白质表面与溶剂水相互作用常不利于稳定,亚基缔合使蛋白质表面积与体积的比值降低,增强蛋白质结构的稳定性。

② 提高遗传经济性和效率。编码一个同多聚蛋白质的单体所需的 DNA 比编码一条相对分子质量相同的多肽链要少,因此蛋白质单体的寡聚体缔合在遗传上是经济的。

③ 使催化基团汇集在一起。许多寡聚酶可使不同亚基上的催化基团汇集在一起形成完整的催化部位。例如,细菌谷氨酰胺合成酶的活性部位是由相邻的亚基对形成的,解离的单体无活性。寡聚酶还可在不同的亚基上催化不同但相关的反应,如四聚体($\alpha_2\beta_2$)色氨酸合成酶(tryptophan synthetase)的 α 亚基催化吲哚甘油-3-磷酸生成吲哚和甘油醛-3-磷酸,而 β 亚基催化吲哚和 L-丝氨酸加合生成 L-色氨酸。吲哚是前一反应的产物和后一反应的底物,它不游离而是直接从 α 亚基转移到 β 亚基。

④ 具有协同性和别构效应。大多数寡聚蛋白质借助亚基相互作用调节其生物活性,如酶的催化活性。多亚基蛋白质一般具有多个结合部位,配体分子结合到结合部位对其他部位产生的影响(如改变亲和力或催化能力)称为别构效应(allosteric effect)。具有别构效应的蛋白质称为别构蛋白质(如别构酶)。

对亚基数目和种类的确定,可采用超离心法或凝胶过滤法测定天然寡聚蛋白的相对分子质量,然后用 SDS 聚丙烯酰胺凝胶电泳法测定亚基的数目和亚基的相对分子质量(见本章第 6 节)。亚基的空间排布则用 X-射线衍射及电子显微镜进行分析。

最简单的具有四级结构的蛋白质是血红蛋白。血红蛋白是由两条 α 链和两条 β 链组成的四聚体,四条链的三级结构很像肌红蛋白,每条肽链与一个血红素结合(图 3.35)。病毒外壳蛋白质的亚基结合方式也是四级结构,例如 TMV 病毒(烟草花叶病毒)的外壳蛋白由 2 130 个亚基聚合而成棒状(图 3.36)。

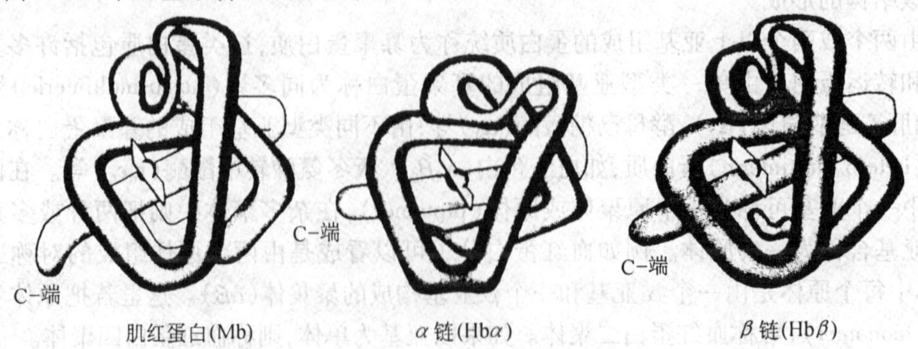

图 3.35　血红蛋白的 α 链、β 链和肌红蛋白的构象相似性

图 3.36　TMV 片段的结构模型(示 TMV 外壳蛋白的螺旋聚集体)

3.4.3　蛋白质结构与功能的关系

一般说来,蛋白质的生物学功能是蛋白质分子的天然构象所具有的属性,其功能依赖于其相应的构象。

1. 一级结构与功能的关系

蛋白质的一级结构决定空间结构,而空间结构是蛋白质生物学功能表现所必需的,因此蛋白质的一级结构也与其功能密切相关。

(1) 同功蛋白质氨基酸的种属差异和分子进化

同功蛋白质是指不同种属来源的执行同种生物学功能的蛋白质,它们的分子组成基本相同,个别处有差异,同功蛋白质的氨基酸组成可区分为两部分:一部分是不变的氨基酸顺序,它决定蛋白质的空间结构与功能,各种同功蛋白质的不变氨基酸顺序完全一致;另一部分是可变的氨基酸顺序,这部分是同功蛋白质的种属差异的体现。例如,牛、猪、羊、鲸、人等,虽在种属上差异很大,但它们的胰岛素在化学结构上几乎一致,仅在 A 链的第 8、9、10 位上的 3 个氨基酸有差异,(表 3.10),但这些差异可能仅表现其种属特异性,并不影响胰岛素的功能。

表 3.10　不同种属来源的胰岛素分子中氨基酸顺序的部分差异

胰岛素来源	氨基酸顺序的部分差异				胰岛素来源	氨基酸顺序的部分差异			
	A_8	A_9	A_{10}	B_{30}		A_8	A_9	A_{10}	B_{30}
人	苏	丝	异亮	苏	牛	丙	丝	缬	丙
猪	苏	丝	异亮	丙	羊	丙	甘	缬	丙
狗	苏	丝	异亮	丙	马	苏	甘	异亮	丙
兔	苏	丝	异亮	丝	抹香鲸	苏	丝	异亮	丙

同功蛋白质在组成上的差异也表现出生物进化中亲缘关系的远近。例如细胞色素C(cytochrome C)是一种广泛存在于生物体内的含铁卟啉的色蛋白,大多数生物的细胞色素C由104个氨基酸残基组成,对近100种生物的细胞色素C的氨基酸顺序进行比较(表3.11),发现亲缘关系越近,其结构越相似;亲缘关系越远,在结构组成上差异越大。根据同功蛋白质在组成上的差异程度,可以判断它们亲缘关系的远近,可以绘制出生物的系统进化树(phylogenetic tree),从而辩证地阐明分子进化(图3.37)。

表3.11 不同生物细胞色素C的氨基酸差异(与人比较)

生物名称	与人不同的氨基酸数目	生物名称	与人不同的氨基酸数目	生物名称	与人不同的氨基酸数目
黑猩猩	0	狗、驴	11	狗鱼	23
恒河猴	1	马	12	小蝇	25
兔	9	鸡	13	小麦	35
袋鼠	10	响尾蛇	14	粗糙链孢霉	43
鲸	10	海龟	15	酵母	44
牛、猪、羊	10	金枪鱼	21		

(2) 同种蛋白质中氨基酸顺序的个体差异和分子病

同种生物的、具有相同生物活性的蛋白质称为同种蛋白质。同种蛋白质的氨基酸组成的个体差异引起蛋白质结构的改变,从而导致其生物学功能的改变。例如,镰刀形细胞贫血病,病人的血红蛋白分子与正常人血红蛋白分子的主要差异在β链上第6位氨基酸残基,正常人为谷氨酸,病人则为缬氨酸。缬氨酸侧链与谷氨酸侧链的性质和在蛋白质分子结构形成中的作用完全不同,所以导致病人的血红蛋白结构异常,红细胞呈镰刀状,当红细胞脱氧时,这种镰刀状细胞明显增加。这种血红蛋白质称为血红蛋白S(HbS)以区别于正常成人的血红蛋白A(HbA)。HbS使运输氧的能力减弱,引起贫血症状。

HbS与HbA有差异肽段的氨基酸序列分别是:

HbA　H_2N　Val-His-Leu-Thr-Pro-Glu-Glu-LysCOOH

HbS　H_2N　Val-His-Leu-Thr-Pro-Val-Glu-LysCOOH

(β链)　1　2　3　4　5　6　7　8

镰刀状细胞贫血病(sickle-cell anemia)是最早被认识的一种分子病。该病在非洲中西部、波斯湾、地中海、印度等部分地区十分流行,它由基因突变引起,反映出蛋白质的一级结构氨基酸序列起决定其二、三、四级结构及其生物功能的重大作用。该病患者的血红蛋白含量仅为正常人(15~16 g/100 mL)的一半,红细胞数目也是正常人($(4.6\sim6.2)\times10^6$个/mL)的一半左右,除有大量的未成熟红细胞以外,还有许多长而薄的新月状或镰刀状的红细胞。该病是致死性的,它的纯合子患者(50%的红细胞呈镰刀状)有的在童年夭亡,杂合子患者(1%的红细胞镰刀状化)的寿命也不长(图3.38)。

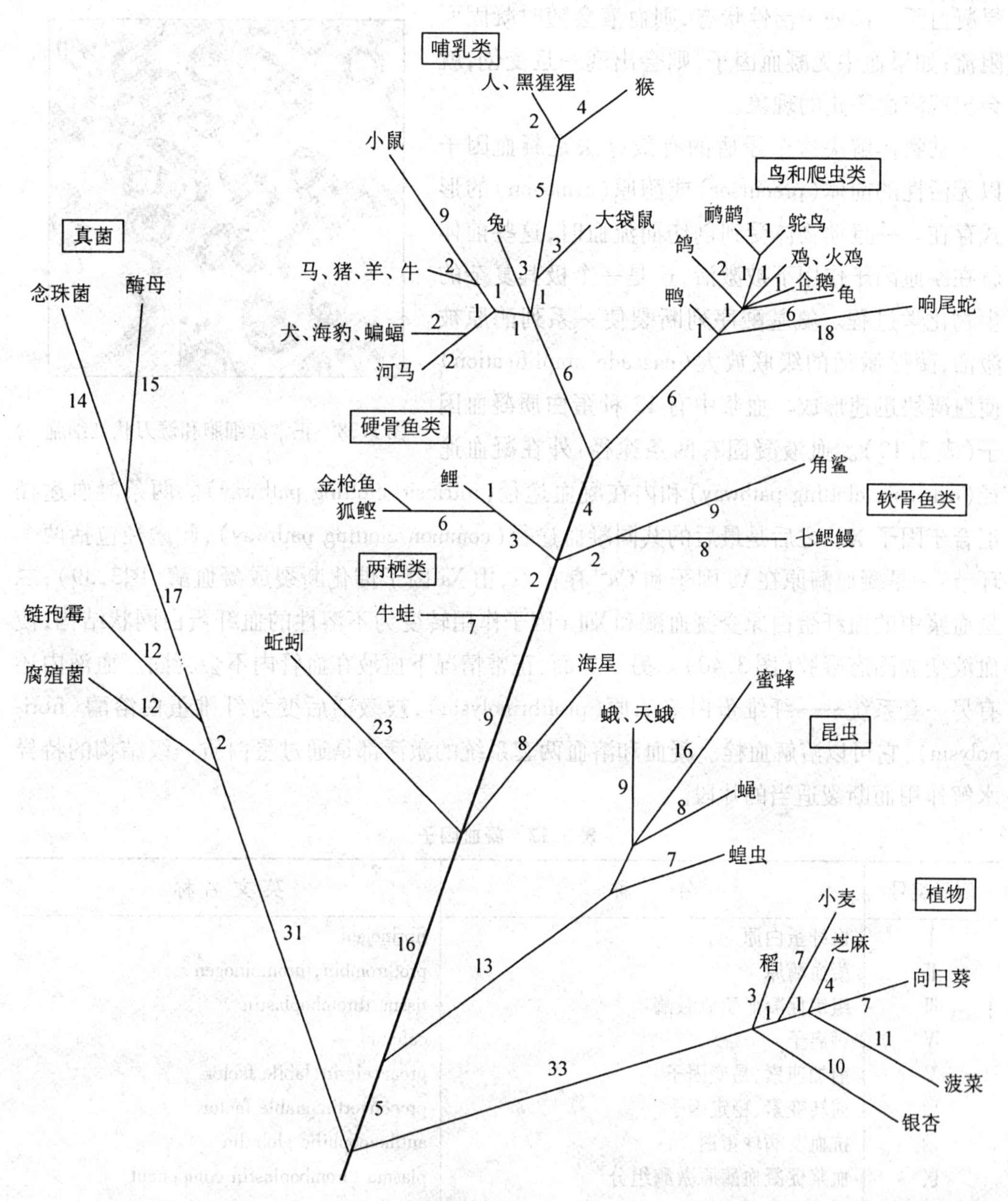

图3.37 按细胞色素C序列的物种差异建立的进化树(分支顶端为现存物种,沿分支线的数字表示和潜在(假设)祖先之间的氨基酸变化)

(3)一级结构的局部断裂与蛋白质的激活

在生物体内的某些生化过程中,蛋白质分子的部分肽链要按特定方式先断裂,然后才能表现出生物活性。

① 血液凝固的生化机理。血液中包含着对立统一的两个系统,即凝血系统和溶血系统。这两个系统相互制约,既可保证血液畅流,又可保证血管出现创伤时能及时堵漏。如

果凝血因子都处于活性状态，则血液会随时凝固而阻流；如果血中无凝血因子，则会出现一旦受创，就会出现流血不止的现象。

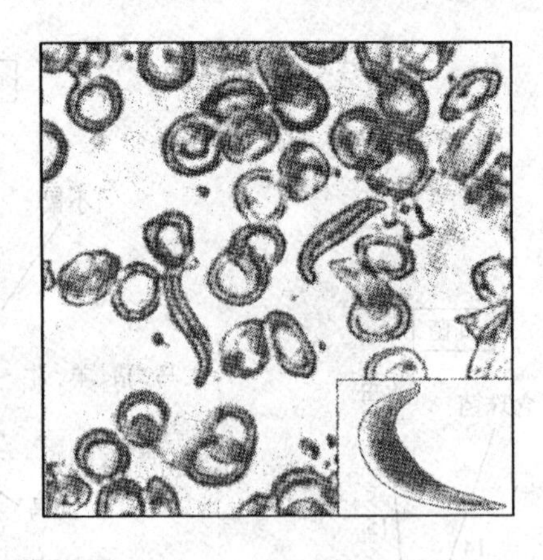

图3.38 正常红细胞和镰刀状红细胞

动物体解决这个矛盾的有效办法是凝血因子以无活性的前体（precursor）或酶原（zymogen）的形式存在。一旦动物体受到创伤而流血时，这些前体就在凝血因子作用下被激活，这是一个极其复杂的生物化学过程。氨基酸序列断裂使一系列酶原被激活，酶促激活的级联放大（cascade amplification）使血凝块迅速形成。血浆中有12种蛋白质凝血因子（表3.12）。血液凝固有两条途径：外在凝血途径（extrinsic clotting pathway）和内在凝血途径（intrinsic clotting pathway）。两条凝血途径汇合于因子X。之后是最后的共同凝血途径（common clotting pathway），此途径包括两个环节：一是凝血酶原在Ⅴa因子和Ca^{2+}存在下，由Xa因子催化断裂成凝血酶（图3.39）；二是血浆中的血纤蛋白原受凝血酶和XⅢa因子作用转变为不溶性的血纤蛋白网状结构，使血液变成固态凝胶（图3.40）。另一方面，正常情况下血液在血管内不会凝固。血液内还有另一套系统——纤维蛋白溶酶原（profibrinolysin），被激活后变为纤维蛋白溶酶（fibrinolysin），它可以溶解血栓。凝血和溶血两套系统的激活都是通过蛋白质一级结构的特异水解作用而断裂适当的片段。

表3.12 凝血因子

因子编号	名称	英文名称
Ⅰ	血纤蛋白原	fibrinogen
Ⅱ	凝血酶原	prothrombin, thrombinogen
Ⅲ	组织促凝血酶原激酶	tissue thromboplastin
Ⅳ	钙离子	calcium
Ⅴ	前加速素、易变因子	proaccelerin, labile factor
Ⅶ	前转变素、稳定因子	proconvertin, stable factor
Ⅷ	抗血友病球蛋白	antihemophilic globulin
Ⅸ	血浆促凝血酶原激酶组分	plasma thromboplastin component
Ⅹ	司徒因子	Stuart factor
Ⅺ	血浆促凝血酶原激酶前体	plasma thromboplastin antecedent
Ⅻ	接触因子、哈根曼因子	contact factor, Hageman factor
XⅢ	血纤蛋白稳定因子、转谷酰胺酶	fibrin stabilizing factor, transglutaminase
—	前激肽释放酶	prekallikrein
—	高分子质量激肽原（HMWK）	high molecular weight kininogen

注：近年来发现的一些凝血因子未加编号；因子Ⅵ是因子Ⅴ的激活中间物，不算独立的凝血因子；除因子Ⅲ存在于组织中以外，其他因子主要由肝脏产生并释放到血浆中；除因子Ⅳ为钙离子外，其他均为蛋白质且多数为糖蛋白。

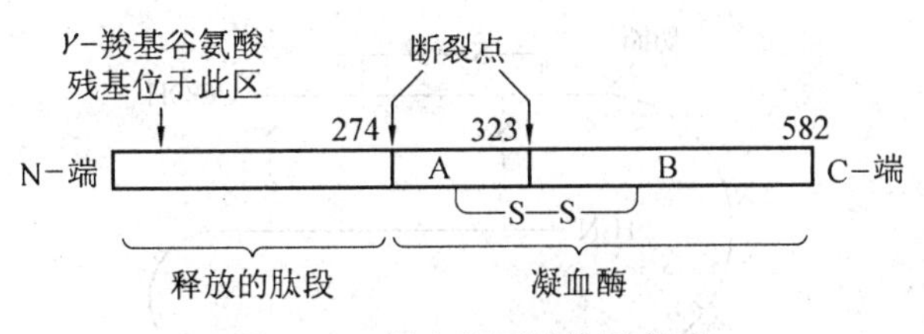

图 3.39 凝血酶原结构示意图

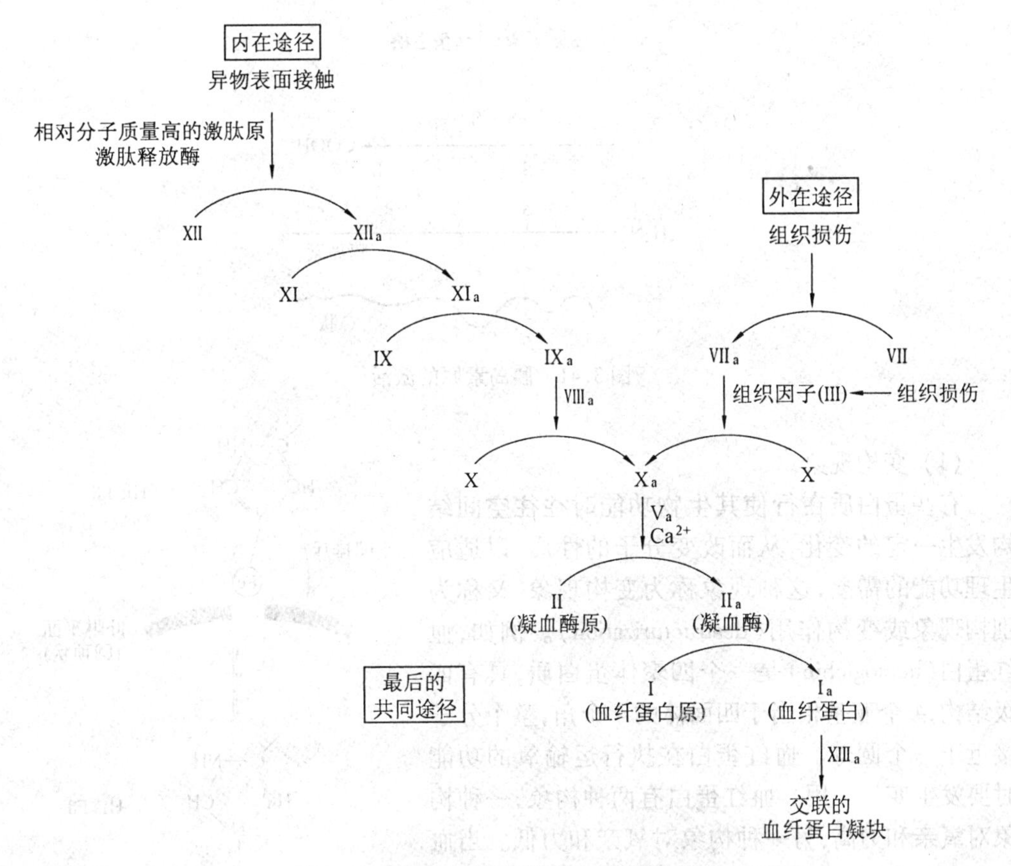

图 3.40 导致血液凝固的激活步骤的级联

② 胰岛素原的激活。胰岛素是由胰岛β细胞合成的重要的多肽类激素，胰岛素可促进组织细胞摄取葡萄糖，促进肝糖原和肌糖原的合成，抑制肝糖原分解，从而降低血糖含量。胰岛素最初合成的是一个比较大的单链多肽(比胰岛素分子大一倍)，称为前胰岛素原(preproinsulin)，它是胰岛素原(proinsulin)的前体，而胰岛素原是胰岛素的前体。人的胰岛素原含有86个氨基酸残基，分A、B、C三段，经胰蛋白酶作用后切去约30个氨基酸残基组成的C肽而转变为活性胰岛素(insulin)，见图3.41。

2. 蛋白质空间结构与功能的关系

蛋白质空间结构与生物学功能是统一的、对应的关系，只有蛋白质具备了特定的空间结构，它才具有相应的生物学功能，空间结构的变化必然会导致功能的改变。

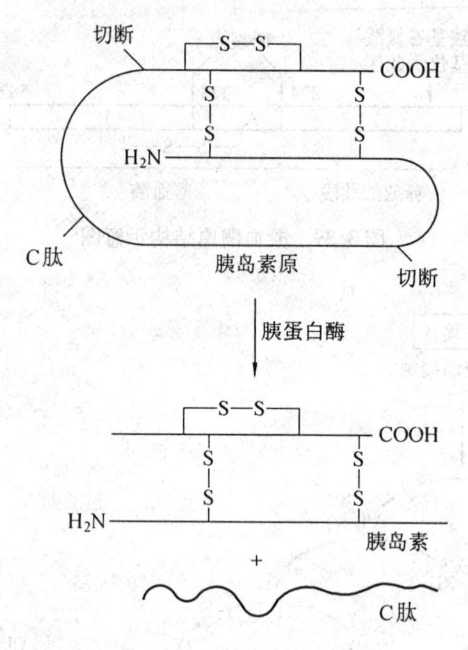

图3.41　胰岛素原的激活

(1) 变构现象

有些蛋白质在行使其生物功能时往往空间结构发生一定的变化,从而改变分子的性质,以适应生理功能的需要,这种现象称为变构现象,又称为别构现象或变构作用(destructurization)。例如,血红蛋白(hemoglobin)是一个四聚体蛋白质,具有四级结构,4个亚基相当于四面体的4个角,整个分子接近于一个圆球。血红蛋白在执行运输氧的功能时要发生变构作用。血红蛋白有两种构象,一种构象对氧亲和力高,另一种构象对氧亲和力低。当血红蛋白氧合后,由于铁原子移到血红素中心,拖动与之络合的His(F8),使其靠近血红素(图3.42),His(F8)的移动引起亚基构象的一系列变化,从而导致亚基的重排。这种蛋白质与效应物的结合引起整个蛋白质分子构象发生改变的现象称为蛋白质的变构效应(图3.43)。并且,当第一亚基与氧结合后,还导致其余3个亚基的构象发生改变,亚基间重排时,其间的次级键也被破坏,整个分子的构象由致密态变成松弛态,致使各亚基都变得适合于与氧结合,最终表现为血红蛋白与氧的亲和力急剧增加,血红蛋白运输氧能力大大加强。这种一个亚基与氧结合后增加其余亚基对氧的亲和力的现象称为协同效应(cooperative effect)。

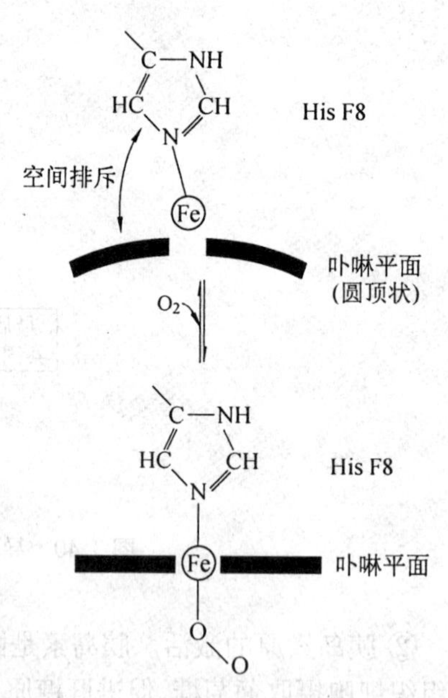

图3.42　血红蛋白氧合时铁原子移近血红素平面

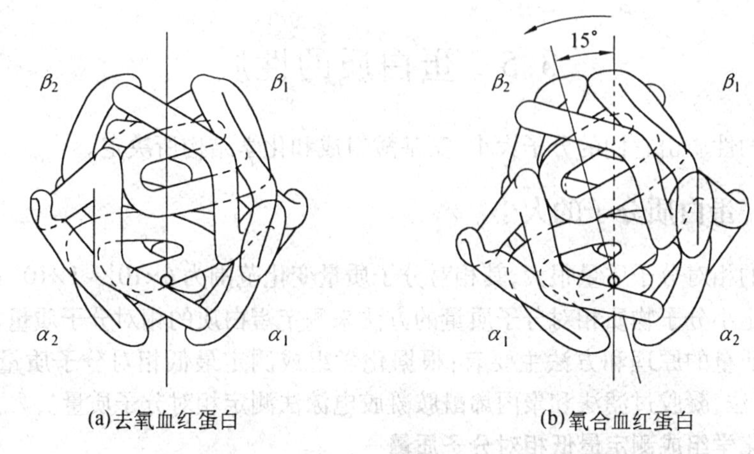

图3.43　去氧血红蛋白(a)转变为氧合血红蛋白(b)时亚基的移动

(2) 变性作用

天然蛋白质受到某些理化因素的影响,氢键、离子键等次级键被破坏,引起天然构象解体,致使生物学性质、物理化学性质改变,这种现象称为蛋白质的变性作用(denaturation)。

引起蛋白质变性的物理因素有:加热、紫外线、X-射线、超声波、机械搅拌、高压和表面张力等;化学因素有:强酸、强碱、尿素、胍、乙醇、三氯乙酸等有机溶剂。

蛋白质变性过程中,其理化性质也发生改变。

① 生物活性丧失。此为蛋白质变性的主要特征,有时即使空间结构的轻微局部改变,其理化性质尚未改变,而生物活性已经丧失。

② 某些侧链基团暴露。蛋白质变性时,某些原来包藏在分子内部的侧链基团,由于结构的伸展松散而暴露出来,易与化学试剂起反应。

③ 物理化学性质改变,溶解度降低。蛋白质变性后,疏水基外露,一般在等电点区域不溶解,分子相互聚集,形成沉淀。但在碱性溶液中,或有尿素、盐酸、胍等竞争肽链主链上氢键的变性剂存在时,则蛋白质仍保持溶解状态,透析除去变性剂后,又可沉淀出来。去污剂,如十二烷基磺酸钠(SDS)也是蛋白质的变性剂,它能破坏蛋白质分子内的疏水相互作用使非极性基团暴露于介质水中。

④ 黏度增加、扩散系数降低、旋光和紫外吸收发生变化。这是由于球状蛋白质变性后,分子形状改变、分子伸展、不对称程度增高所致。

⑤ 生物化学性质改变。蛋白质变性后,分子结构伸展松散,易被蛋白酶水解,这就是熟食易于消化的道理。蛋白质变性是一个协同过程,能在所加变性剂的很窄浓度范围内或很窄 pH 值或很小的温度区间内突然发生。

当变性蛋白质除去变性因素后,可重新恢复到天然构象,这一现象称为蛋白质复性(renaturation)。是否所有蛋白质变性都是可逆的,尚未有定论。

由变构现象和变性现象可知,蛋白质的空间结构是完成其功能所必需的。

3.5 蛋白质的性质

蛋白质的性质由它们的分子大小、氨基酸组成和化学结构所决定。

3.5.1 蛋白质分子的大小

蛋白质的相对分子质量很大,其相对分子质量变化范围为 $6\times10^3 \sim 1\times10^6$ 或更大。因此不能用测定小分子物质相对分子质量的方法来测定蛋白质的相对分子质量。测定蛋白质相对分子质量的原理和方法主要有:根据化学组成测定最低相对分子质量,以渗透压法、沉降分析法、凝胶过滤法和聚丙烯酰胺凝胶电泳法测定相对分子质量。

1. 根据化学组成测定最低相对分子质量

用化学分析方法测定出蛋白质中某一微量元素的含量,并假设蛋白质分子中只有一个该种元素的原子,则可由此计算出蛋白质的最低相对分子质量(minimum relative molecularmass)。求最低相对分子质量的公式为

$$\text{最低相对分子质量}=\frac{\text{所测微量元素的原子量}}{\text{所测微量元素在蛋白质中的质量分数}}$$

例如,肌红蛋白中铁的质量分数为 0.335%,其最低相对分子质量为

$$\text{最低相对分子质量}=\frac{\text{铁的原子量}}{\text{铁的质量分数}}=\frac{55.8}{0.335}\times100=16\ 700$$

如果蛋白质中只含有一个所测元素的原子,即所测元素原子的数目 $n=1$,计算出的最低相对分子质量($M\text{r}$)就是该蛋白质分子的真实 $M\text{r}$。如肌红蛋白分子中只含一个铁原子,其真实 $M\text{r}$ 就是16 700。如果蛋白质分子含有 2 个以上所测元素的原子,即 $n>1$,则其真实 $M\text{r}=n\times$最低相对分子质量。又如血红蛋白中铁的质量分数也是 0.335%,但它含有 4 个铁原子,即 $n=4$,其真实 $M\text{r}=16\ 700\times4=66\ 800$。当蛋白质分子中某一氨基酸的含量特别少时,应用同样的原理,根据对该氨基酸含量分析的结果,也可计算蛋白质的最低相对分子质量。例如牛血清清蛋白中色氨酸的质量分数为 0.58%,计算所得的最低相对分子质量为 32 500;用其他方法测得的 $M\text{r}$ 是 69 000,所以每一个牛血清清蛋白分子含有 2 个色氨酸残基。

2. 渗透压法测定相对分子质量

当用一种半透膜(semipermeable membrane)将蛋白质溶液与纯水隔开时,只有水分子能自由通过半透膜进入蛋白质溶液,而蛋白质分子却不能透过半透膜进入纯水中。像这样溶剂分子由纯溶剂(或稀溶液)向溶液(或浓溶液)单方向移动的现象称为渗透(osmosis)。渗透的结果,溶液内的体积增加,液面升高,直至达到一定静水压力时维持平衡。这时的净水压力就是溶液在平衡浓度时的渗透压(osmotic pressure),也就是为了制止溶液与纯溶剂之间的净移动所需施加于溶液的压力(图 3.44)。渗透压是溶液的依数性质(colligative property)之一,它是单位体积内溶质质点数的函数,而与溶质的性质和形状无关。

理想溶液的渗透压(π)与溶质浓度(c)的关系可用范托夫(Van't Hoff)公式表示,即

$$\pi = nRT/V = (g/Mr)RT/V$$

$$\pi = (g/V)RT/Mr = cRT/Mr$$

式中　π——渗透压(N/m^2,即 Pa);

V——溶液体积(m^3);

n——溶液中溶质的摩尔数;

g——溶质的质量(g);

c——溶质的浓度(g/m^3);

T——绝对温度(K);

R——气体常数(8.314J/(K·mol));

Mr——溶质的相对分子质量或摩尔质量(g/mol)。

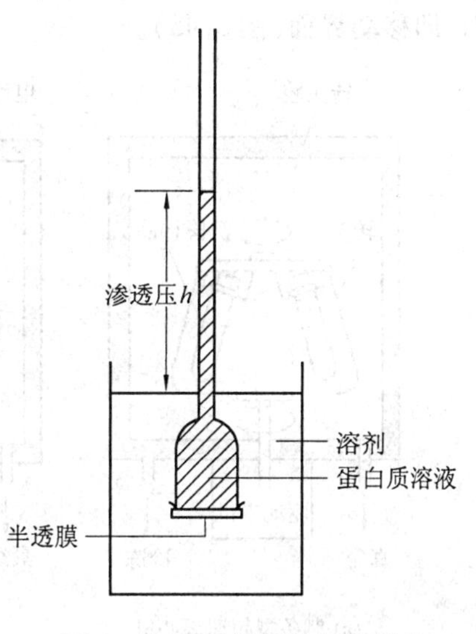

图3.44　渗透压测定的示意图

实际高分子溶液与理想溶液的偏差较大,渗透压与浓度之间不是简单的线性关系。在浓度不大时,溶质的相对分子质量与渗透压和溶质浓度的关系可用下式表示,即

$$Mr = \frac{RT}{\lim\limits_{c \to 0} \frac{\pi}{c}}$$

以渗透压的测定来计算蛋白质 Mr 时,实际上都是测定几个不同浓度的渗透压,以 π/c 对 c 作图,并外推到蛋白质浓度为0时所得截距,即 $\lim\limits_{c \to 0} \frac{\pi}{c}$ 值,以此代入上式求出蛋白质的 Mr。以渗透压法估算相对分子质量10 000至100 000范围内的蛋白质 Mr,结果还是可靠的。但此法不能区别所测的蛋白质溶液中蛋白质分子是否均一。如果蛋白质样品中含有其他蛋白质,所得结果实际上代表几种蛋白质的平均相对分子质量。

3. 沉降分析法测定相对分子质量

蛋白质分子在溶液中受到强大的离心力作用时,如果其密度大于溶液的密度,就会沉降。超速离心机(ultracentrifuge)是当今分析生物大分子的强有力工具。超速离心机能够产生强大的离心场,例如质量为1 g的物质在转速为60 000~80 000 r/min时,位于距转轴中心10 cm处的分子受到的离心场相当于重力加速度 g 的400 000~700 000倍。

利用超速离心机测定蛋白质或其他生物大分子的相对分子质量,常用的方法有两种,一种是沉降速度法(sedimentation velocity),另一种是沉降平衡法(sedimentation equilibrium)。

(1) 沉降速度法

蛋白质样品溶液在超速离心机的离心场作用下,蛋白质分子沿旋转中心向外周方向(径向)移动产生沉降界面,界面的移动速度代表蛋白质分子的沉降速度。在界面处因浓度差造成折射率不同,可借助暗线照相光学系统(如schlieren光学系统),观察界面的移动。利用溶液的折射率梯度(dn/dx)和样品的浓度梯度(dc/dx)成正比这一特点,设计恰当的光路,使移动的界面以峰形曲线呈现在照相图片上,峰顶代表最大的 dn/dx 或 $dc/$

dx，即移动界面（图 3.45）。

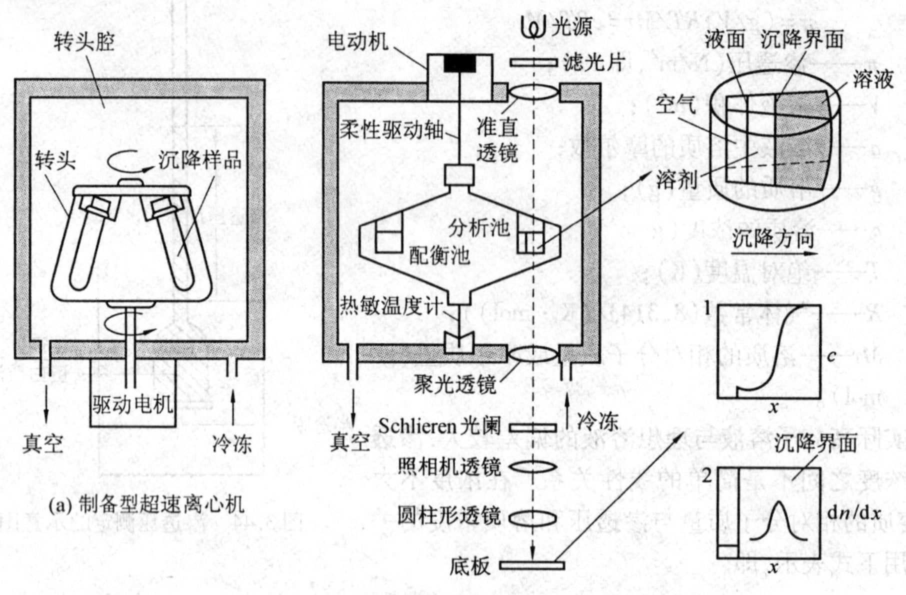

(a) 制备型超速离心机

(b) 分析型超速离心机

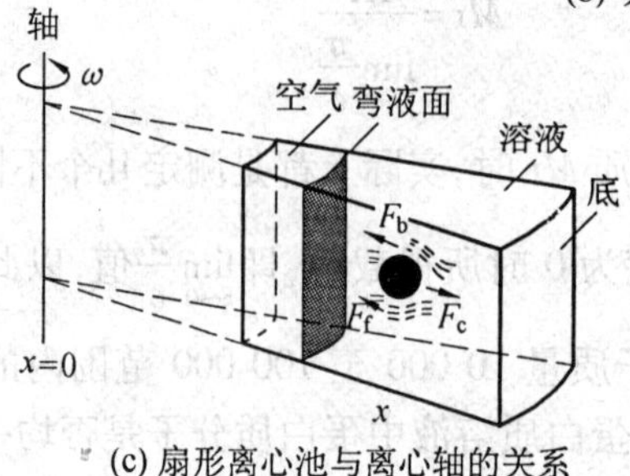

(c) 扇形离心池与离心轴的关系

图 3.45 超速离心机工作原理图

当分子颗粒以恒定速度移动时，净离心力与摩擦力（阻力）处于稳态平衡，单位离心力场的沉降速度为定值，称为沉降系数（sedimentation coefficient）或沉降常数，用 s（小写）表示，即

$$s=\frac{dx/dt}{\omega^2 x}$$

式中 dx/dt——沉降速度，即 v（m/s）；

x——旋转中心至界面的径向距离（cm）；

t——时间（s）；

ω——转头的角速度（rad/s）；

$\omega^2 x$——离心加速度（离心场，是单位质量受到的作用力）。

将上式改写为

$$\frac{d\lg x}{dt}=\frac{s\omega^2}{2.303}$$

$d\lg x/dt$ 是 $\lg x$ 对 t 作图所得直线的斜率，因此测得在 $t_1, t_2, t_3 \cdots t_n$ 时间相应的 $x_1, x_2,$

$x_3, \cdots, x_n$ 值,求出斜率,代入上式即得 s 值。式中角速度为

$$\omega = 转头每分钟的旋转次数 \times (2\pi/60)$$

蛋白质、核酸、核糖体和病毒等的沉降系数介于 1×10^{-13} 到 200×10^{-13} 秒的范围。为了便于表示,把 10^{-13} 秒称为一个沉降系数单位或 Svedberg 单位,用 S(大写)表示。如人血红蛋白沉降系数为 4.46×10^{-13} 秒,即4.46S。

用沉降速度法计算蛋白质相对分子质量的方程称为Svedberg(斯维得贝格)方程,即

$$Mr = \frac{RTs}{D(1-v\rho)}$$

式中 Mr——相对分子质量;

R——气体常数(采用 cm. g. s 时为 8.314×10^7 尔格/秒);

T——绝对温度(K);

s——沉降系数;

D——扩散系数(diffusion coefficient),表示当浓度梯度为1个单位时,在1秒钟内通过 $1\ cm^2$ 面积所扩散的溶质量($cm^2 \cdot s^{-1}$);

ρ——溶剂的密度(g/cm^3);

v——蛋白质的偏微比容(partial specific volume),偏微比容的定义是把1 g干物质加到无限大体积的溶剂中时,溶液体积的增量。

(2) 沉降平衡法

利用沉降平衡法测定相对分子质量是在较低速度(8 000 ~20 000 r/min)的离心场中进行的。离心开始时,分子颗粒发生沉降而形成浓度梯度,因而产生了扩散作用,扩散力的作用方向与离心力相反(图3.46)。

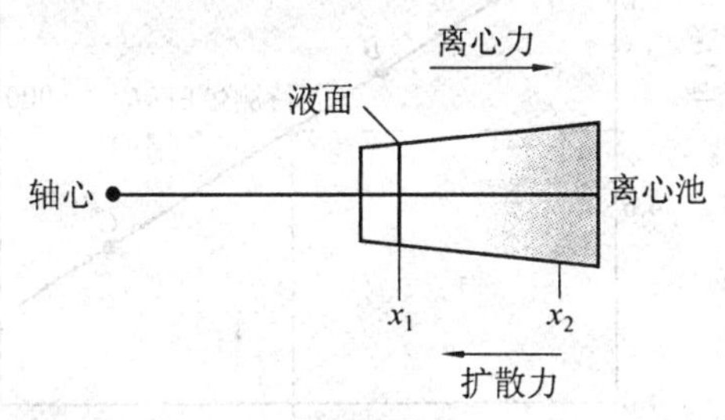

图3.46 蛋白质的沉降平衡

以沉降平衡法计算蛋白质相对分子质量,公式为

$$Mr = \frac{2RT\mathrm{d}\ln(c_2/c_1)}{(1-v\rho)\omega^2(x_2^2-x_1^2)}$$

式中 Mr、R、ω、v、ρ 的意义与前面的Svedberg方程相同,c_1 和 c_2 是离旋转中心 x_1 和 x_2 处的蛋白质浓度,只要测得 c_1、c_2、v 和 ρ,就可算出蛋白质的相对分子质量。

4. 凝胶过滤法测定相对分子质量

凝胶过滤(gel filtration)法是一种分离纯化蛋白质的方法,利用此法可以把蛋白质混合物按分子大小分离开来。该法比较简便,能相当准确地测出蛋白质的相对分子质量。蛋白质分子通过凝胶柱的速度(洗脱体积的大小)不直接取决于相对分子质量,而取决它的斯托克半径。如果某种蛋白质与一理想的非水化球体的过柱速度相同,即洗脱体积相

同,则认为这种蛋白质与此球体的半径相同,称蛋白质分子的斯托克半径。以凝胶过滤法测定蛋白质相对分子质量时,标准蛋白质(已知 Mr 和斯托克半径)和待测蛋白质必须具有相同的分子形状(近似球体),否则不能得到比较准确的 Mr。蛋白质分子为线状或能与凝胶吸附的,不能用此法测定 Mr。

1966 年,Andrews 根据他的实验结果提出一个用凝胶过滤法测蛋白质相对分子质量的经验公式,即

$$\frac{V_e}{V_o}=a-b\lg Mr$$

式中 V_e——洗脱体积;

V_o——外水体积;

Mr——相对分子质量;

a、b——常数。

上式移项后得

$$\lg Mr=\frac{a}{b}-\frac{1}{b}\cdot\frac{V_e}{V_o}$$

只要测得几种标准蛋白质(marker protein 或 standard protein)相对分子质量的 V_e,以它们的相对分子质量的对数($\lg Mr$)对 V_e 作图得一直线,再测出待测样品的 V_e,则可从图中确定样品的相对分子质量(图 3.47)。

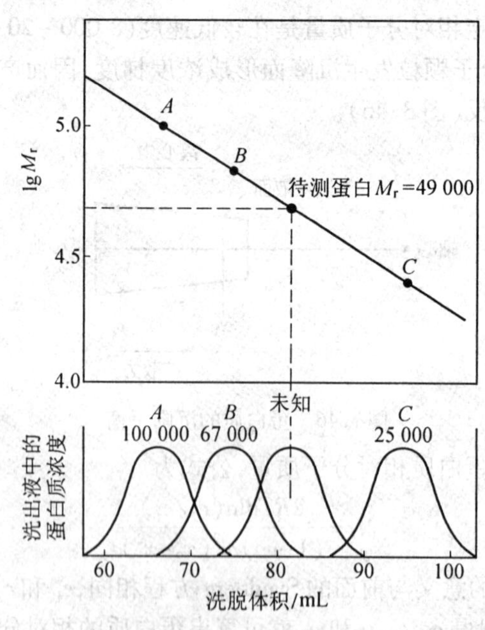

图 3.47 洗脱体积与相对分子质量的关系

利用此法测 Mr 的优点是待测样品可以不纯,只要它有专一的生物活性,借助活性找出洗脱峰位置,根据它的洗脱体积即可确定其 Mr。测定蛋白质相对分子质量一般采用葡聚糖凝胶,其商品名称为 Sephadex。SephadexG-75 分级分离 Mr 的范围为 3 000 ~ 80 000;SephadexG-100 分级分离 Mr 的范围为 4 000 ~ 150 000。

5. SDS 聚丙烯酰胺凝胶电泳法测定相对分子质量

蛋白质颗粒进行聚丙烯酰胺凝胶电泳(polyacrylamide gel eletrophoresis,PAGE)时,其迁移率由它所带的净电荷及其分子大小和形状等因素决定。1967 年,Shapiro 等人发现,向样品中加入阴离子去污剂十二烷基磺酸钠(SDS)和少量巯基乙醇,则蛋白质分子的电泳迁移率变为主要取决于它的相对分子质量,而与其原来所带的电荷和分子形状无关。在一定条件下,SDS 与大多数蛋白质的结合比为 1.4 g SDS∶1 g 蛋白质,相当于每两个氨基酸残基结合一个 SDS 分子。

由于聚丙烯酰胺的分子筛效应,电泳迁移率(R_f)与多肽链相对分子质量的对数有如下关系,即

$$\lg Mr = K_1 - K_2 R_f$$

式中 Mr 为相对分子质量,K_1 和 K_2 都是常数,相对迁移率为

$$R_f = \frac{\text{样品迁移距离}}{\text{前沿(染料)迁移距离}}$$

实验测定时,以几种标准蛋白质的 Mr 的对数对其 R_f 值作图,根据待测样品的 R_f 值,从标准曲线上查出它的 Mr。

3.5.2　两性解离和等电点

(1) 蛋白质的酸碱性质

由于蛋白质除了仍然具有游离的末端 α-NH_2 和 α-COOH 外,其组成的碱性、酸性氨基酸残基侧链也有酸性基团和碱性基团,如果是结合蛋白质,还有辅基成分所包含的可解离基团,所以蛋白质也是两性电解质。蛋白质分子的可解离基团主要来自侧链的功能基团,因此蛋白质的理化性质有些是与氨基酸相同的。

由于在蛋白质分子中可解离基团受到邻近电荷的影响,它们和游离氨基酸中相应基团的 pK_a 值不完全相同。蛋白质分子可解离基团的 pK_a 值列于表 3.12。

表 3.12　蛋白质分子中可解离基团的 pK_a 值

基　团	酸⇌碱+H^+	pK_a(25℃)
α-羧基	$—COOH \rightleftharpoons —COO^- + H^+$	3.0~3.2
β-羧基(Asp)	$—COOH \rightleftharpoons —COO^- + H^+$	3.0~4.7
γ-羧基(Glu)	$—COOH \rightleftharpoons —COO^- + H^+$	4.4
咪唑基(His)	咪唑环 N^+H(质子化)$\rightleftharpoons$ 咪唑环 N $+ H^+$	5.6~7.0
α-氨基	$—\overset{+}{N}H_3 \rightleftharpoons —NH_2 + H^+$	7.6~8.4
ε-氨基(Lys)	$—\overset{+}{N}H_3 \rightleftharpoons —NH_2 + H^+$	9.4~10.6
巯基(Cys)	$—SH \rightleftharpoons —S^- + H^+$	9.1~10.8
苯酚基(Tyr)	$—C_6H_4—OH \rightleftharpoons —C_6H_4—O^- + H^+$	9.8~10.4
胍基(Arg)	$—C(\overset{+}{N}H_3)=NH \rightleftharpoons —C(NH_2)=NH + H^+$	11.6~12.6

天然球状蛋白质的可解离基团大多数可被滴定,但埋藏在分子内部或参与氢键形成的可解离基团不能被滴定。所有天然球状蛋白质处于变性状态时,可解离基团可全部被滴定。

(2) 等电点

蛋白质分子可以多价解离,所带电荷性质和数量由分子中可解离基团的种类和数目及溶液的 pH 决定。当某一蛋白质,在某一 pH 值下所带正、负电荷恰好相等(净电荷为零)时,该 pH 值称为该蛋白质的等电点。处于等电点的蛋白质分子在电场中既不向阳极移动,也不向阴极移动;在小于等电点的 pH 溶液中,蛋白质带正电荷,在电场中向阴极移动;在大于等电点的 pH 溶液中,蛋白质带负电荷,在电场中向阳极移动。一些蛋白质的等电点见表 3.13。

表 3.13　几种蛋白质的等电点

蛋白质	等电点	蛋白质	等电点
胃蛋白酶	1.0	α-胰凝乳蛋白酶	8.3
卵清蛋白	4.6	α-胰凝乳蛋白酶原	9.1
血清清蛋白	4.7	核糖核酸酶	9.5
β-乳球蛋白	5.2	细胞色素 C	10.7
胰岛素	5.3	溶菌酶	11.0
血红蛋白	6.7		

蛋白质的滴定曲线形状和等电点,在有中性盐存在时可发生明显改变,因为蛋白质分子中某些解离基团可与中性盐的阳离子如 Ca^{2+}、Mg^{2+} 等或阴离子如 Cl^-、HPO_4^{2-} 等相结合,因此蛋白质的等电点在一定程度上取决于介质中的离子组成。在不含任何盐的纯水中,蛋白质质子供体基团解离出来的质子数与质子受体基团结合的质子数相等,此时测得的蛋白质等电点称为等离子点(isoionic point)。等离子点是蛋白质的一个特征常数。

蛋白质分子在等电点时,其导电率、渗透压、溶解度、黏度等均达最低值。这是由于在等电点时,蛋白质分子以两性离子存在,总净电荷为零,这样的蛋白质颗粒无电荷间的排斥作用,容易凝集成大颗粒,因而最不稳定,溶解度最小,易沉淀析出。常利用这一性质测定蛋白质的等电点、分离纯化蛋白质、鉴定蛋白质的纯度。

利用蛋白质的两性解离性质,可电泳(electrophoresis)分离各种蛋白质。

3.5.3　胶体性质

蛋白质溶液是一种分散系统。在这种分散系统中,蛋白质颗粒为分散相,水是分散介质。分散系统依分散程度可分为 3 类:分散相质点小于 1 nm 的为真溶液,大于 100 nm 的为悬浊液,介于 1 ~ 100 nm 的为胶体溶液。蛋白质分子的直径在 2 ~ 20 nm,蛋白质溶液属于胶体系统(colloidal system)。

蛋白质溶液是一种亲水胶体(hydrophilic colloid)。蛋白质分子表面的亲水基团($—NH_2$、—COOH、—OH 及—CO—NH—等)在水溶液中能与水分子起水化作用(hydration),使蛋白质分子表面形成一个水化层(hydration shell),每克蛋白质分子能结合 0.3 ~ 0.5 克水。蛋白质分子表面的可解离基团,在适当的 pH 下,都带有相同的净电荷,与其周围的反离子构成稳定的双电层(electric double layer),蛋白质胶体系统的稳定性依赖于水化层和双电层两方面因素。

蛋白质溶液也和一般胶体系统一样具有丁达尔效应(Tyndall effect)、布朗运动以及不能通过半透膜等性质。利用蛋白质分子不能通过半透膜的性质,可用透析(dialysis)方法将其与小分子物质分离开。把欲纯化的蛋白质溶液放入透析袋(半透膜袋)内,透析袋置于流水中使无机盐等小分子物质透过半透膜扩散入水中,而蛋白质则留在袋内。

超滤(ultrafiltration)是利用外加压力或离心力使水和其他小分子通过半透膜,而蛋白质留在膜内。超滤是工业生产上常用的一种蛋白质纯化方法。透析和超滤只能分开大、小分子物质,而不能分开不同的蛋白质。透析和超滤的装置见图3.48。

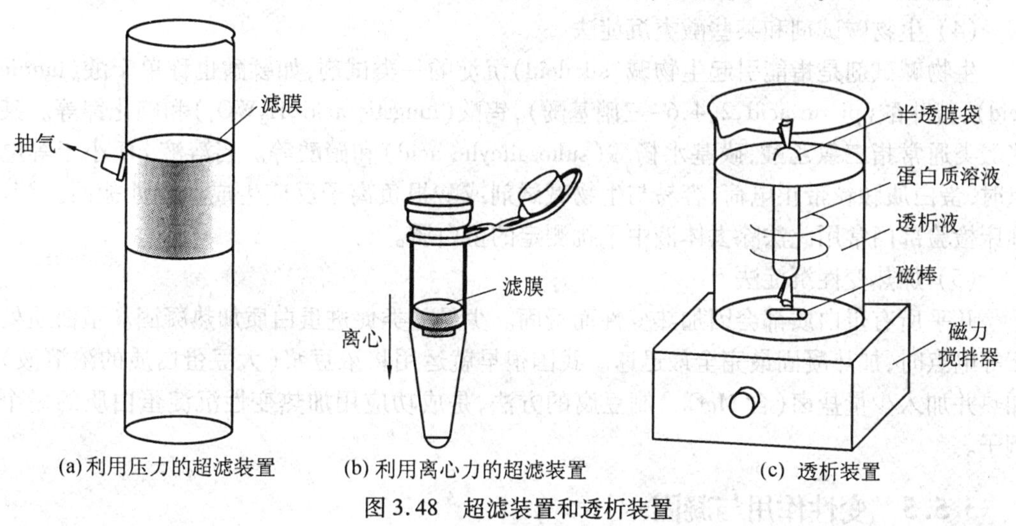

(a)利用压力的超滤装置　(b)利用离心力的超滤装置　(c) 透析装置

图3.48　超滤装置和透析装置

3.5.4　沉淀作用

蛋白质溶液的稳定性与质点大小、电荷和水化作用有关。如果破坏蛋白质溶液稳定的条件,蛋白质就会从溶液中沉淀出来。向蛋白质溶液中加入脱水剂(dehydrating agent)可除去它的水化层,或者改变溶液的pH值,使其达到蛋白质的等电点,使质点不携带相同的净电荷,或加入电解质破坏双电层,则蛋白质分子就会凝集成大的质点而沉淀。沉淀蛋白质的方法有以下几种。

(1) 盐析法

盐析法是常用的蛋白质沉淀方法。向蛋白质溶液中加入大量中性盐,如$(NH_4)_2SO_4$、Na_2SO_4、NaCl,使蛋白质脱去水化层而聚集沉淀析出的作用称为盐析(salting out)。盐析所需中性盐浓度较高,但一般不引起蛋白质变性。除去中性盐后,可复溶。不同蛋白质盐析时所需盐浓度不同,逐渐增加中性盐(常用硫酸铵)的浓度,不同蛋白质就先后析出,这种方法称为分段盐析(fractional salting out)。例如血清中加入质量分数为50%的$(NH_4)_2SO_4$可使球蛋白析出,加入质量分数为100%的$(NH_4)_2SO_4$可使清蛋白析出。

(2) 有机溶剂沉淀法

向蛋白质溶液中加入一定量的极性有机溶剂,如甲醇、乙醇或丙酮等,可使蛋白质脱去水化层并降低其介电常数而增加带电质点的相互作用,使蛋白质颗粒容易凝集而沉淀。有机溶剂容易引起蛋白质变性,因此应在低温下操作并尽量缩短处理时间,这样可使变性速度减慢。

(3) 重金属盐沉淀法

当溶液 pH 大于等电点时,蛋白质颗粒带负电荷,容易与重金属离子(Hg^{2+}、Pb^{2+}、Cu^{2+}、Ag^{+}等)结合成不溶性盐而沉淀。误服重金属盐的人可口服大量牛乳或豆浆等蛋白质进行解救就是因为它们能和重金属离子形成不溶性盐,然后再服用催吐剂而将其排出体外。重金属盐水解可生成酸和碱,所以常能使蛋白质变性。

(4) 生物碱试剂和某些酸类沉淀法

生物碱试剂是指能引起生物碱(alkaloid)沉淀的一类试剂,如鞣酸也称单宁酸(tannic acid),苦味酸(picric acid,2,4,6-三硝基酚),钨酸(tungstic acid,H_2WO_4)和碘化钾等。某些酸类通常指三氯乙酸,磺基水杨酸(sulfosalicylic acid)和硝酸等。当溶液 pH 小于等电点时,蛋白质颗粒带正电荷,容易与生物碱试剂或酸根负离子反应生成不溶性盐而沉淀。临床检验部门常用此法除去体液中干扰测定的蛋白质。

(5) 加热变性沉淀法

几乎所有蛋白质都会因加热变性而凝固。少量盐类促进蛋白质加热凝固。蛋白质处于等电点时,加热凝固最完全最迅速。我国很早就运用将浓豆浆(大豆蛋白质的浓溶液)加热并加入少量盐卤(含 $MgCl_2$)制豆腐的方法,是成功应用加热变性沉淀蛋白质的一个例子。

3.5.5 变性作用与凝固

1931 年,我国生物化学家吴宪在世界上第一次提出了蛋白质变性学说。关于蛋白质变性的概念、引起蛋白质变性的理化因素以及蛋白质变性过程中理化性质的改变等,在本章第 4 节已有介绍。

变性蛋白质的一级结构并未改变,一旦解除引起变性的条件,蛋白质有可能重新形成空间结构,并恢复部分理化特性和生物学活性,即存在复性可能。因此蛋白质的变性可分为可逆变性和不可逆变性两种类型。剧烈条件下引起的变性一般是不可逆的,反之则可逆。可逆变性一般造成蛋白质三级以上结构被破坏,而不可逆变性则是二级结构也被破坏,不能再恢复为原来的构象。

变性蛋白质常常相互凝聚成块,这种现象称为凝固(coagulation)。凝固是蛋白质变性深化的表现。利用或防止蛋白质变性在实践中具有重要意义。例如,在防治病虫害、消毒、灭菌时,应利用高温、高压、紫外线及高浓度有机溶剂等促进和加深蛋白质变性;在生产酶制剂等有活性的蛋白质产品时,需要采取措施防止蛋白质变性。

3.5.6 颜色反应

蛋白质分子中某些氨基酸残基的侧链基团和肽键可发生一些颜色反应。

(1) 一般颜色反应

氨基酸具有的黄色反应、米伦反应、乙醛酸反应、茚三酮反应、坂口反应、酚试剂反应,蛋白质也具有上述这些颜色反应，它们可用做蛋白质的定性鉴定和定量测定，酚试剂反应还可用于鉴定蛋白质水解(hydrolysis)是否彻底(表3.14)。

表3.14　蛋白质的颜色反应

反应名称	试剂	颜色	反应基团	有此反应的蛋白质和氨基酸
双缩脲反应	$NaOH+CuSO_4$	紫红	2个以上的肽键	所有蛋白质
米伦(Millon)反应	$HgNO_3$ 与 $Hg(NO_3)_2$ 混合物	红	酚基	酪氨酸、酪蛋白
乙醛酸反应(Hopkins-Cloe反应)	乙醛酸	紫	吲哚基	色氨酸
黄色反应	浓硝酸及碱	黄	苯基	色氨酸、酪氨酸
酚试剂反应(Folin Cioculten反应)	碱性硫酸铜及磷钨酸-钼酸	蓝	酚基	酪氨酸
茚三酮反应	茚三酮	蓝	自由氨基及羧基	α-氨基酸、蛋白质
α-萘酚-次氯酸盐反应(Sakaguchi反应，也称坂口反应)	α-萘酚、次氯酸盐	红	胍基	精氨酸

(2) 特殊颜色反应

特殊颜色反应是指蛋白质能发生双缩脲反应(biuret reaction)，而氨基酸不能发生这种颜色反应。生成双缩脲的反应为

$$2H_2N-\overset{\overset{\displaystyle O}{\|}}{C}-NH_2 \xrightarrow{132^\circ C} H_2N-\overset{\overset{\displaystyle O}{\|}}{C}-NH-\overset{\overset{\displaystyle O}{\|}}{C}-NH_2+NH_3\uparrow$$

(尿素)　　　　(双缩脲)

$$\text{双缩脲} \xrightarrow{CuSO_4+NaOH} \text{紫红色物质}$$

在碱性溶液中，双缩脲与硫酸铜结合，生成紫红色或红色物质，这一反应称为双缩脲反应。凡含两个或两个以上肽键结构的化合物都能发生这种反应。

双缩脲反应是肽键理论的根据之一。同时，双缩脲反应还可用于定性鉴定、定量测定蛋白质(比色波长为540 nm)。

3.6　蛋白质及氨基酸的分离纯化与测定

蛋白质在组织或细胞中一般都以复杂的混合形式存在，因此蛋白质的分离(separation，isolation)和纯化(purification)是生物化学中一项艰巨而繁重的工作。迄今为止，尚无一个单独的或一套现成的方法能把任何一种蛋白质从复杂的混合蛋白质中纯化出来。但是对于任何一种蛋白质都有可能选择一套适当的分离纯化程序以获得高纯度的制品(preparation)。

蛋白质纯化的总目标是增加制品的纯度(purity)或比活(specific activity),设法除去变性的和不要的蛋白质,以增加单位蛋白质质量中目标蛋白质的含量或生物活性。

3.6.1 分离纯化的一般原则及基本步骤

(1) 一般原则

分离、纯化某一特定蛋白质的一般程序分为材料前处理、粗分级分离和细分级分离 3 步。

① 材料前处理(pretreatment of material)。材料前处理的目的是使蛋白质从原来的组织或细胞中以溶解状态释放出来,并保持原来的天然状态,不丢失生物活性。

动物材料应先剔除结缔组织和脂肪组织,然后可用电动捣碎机(waring blender)、匀浆器(homogenizer)或超声波处理(ultrasonic treatment)破碎。

植物材料如果是种子材料应先去壳甚至去种皮,以免受单宁等物质污染,油料种子应先用低沸点的有机溶剂(如乙醚)抽提脱脂。植物细胞具有由纤维素、半纤维素和果胶质等物质组成的细胞壁,一般需用石英砂或玻璃粉和适当的提取液一起研磨或用纤维素酶来破碎细胞壁。

细菌细胞壁和骨架是以共价键连接而成的肽聚糖囊状大分子,非常坚韧,破碎比较麻烦。破碎细菌细胞壁的方法有超声波震荡、与砂共研磨、高压挤压或溶菌酶(分解肽聚糖)处理等。

组织和细胞破碎以后,可选择适当的缓冲液提取目标蛋白质。细胞碎片和不溶物用离心或过滤等方法除去。

② 粗分级分离(rough fractionation)。粗分级分离的目的主要是把目标蛋白质与其他杂蛋白分离开来。一般采用盐析、等电点沉淀和有机溶剂分级分离等方法。这些方法的特点是简便、处理量大,既能除去大量杂质(包括脱盐),又能浓缩蛋白质溶液。

③ 细分级分离(fine fractionation)。细分级分离是样品的进一步纯化,一般使用层析法,包括凝胶过滤、离子交换层析、吸附层析及亲和层析等。必要时可选择区带电泳,等电聚焦电泳等作为最后纯化步骤。

(2) 基本步骤

① 取材。选取含有某种蛋白质丰富的材料,要求便于提取。

② 组织细胞破碎。组织细胞破碎主要有机械、物理、化学和酶法 4 种方法。机械法是用组织分散器、匀浆器、细菌磨等进行破碎;物理法是应用超声波、渗透压、压榨等物理原理进行,但超声的空化作用易使酶等失活,应用时需加保护剂;化学法是指在碱性条件下处理对碱稳定的蛋白质或酶。酶法如溶菌酶、纤维素酶可破坏细胞壁。在大规模生产时,渗透压休克法、细菌磨研磨和压榨更适用。

③ 提取。选用适当的溶剂进行。

④ 分离纯化。根据待分离蛋白质的特异理化性质设计分离纯化方法。

⑤ 结晶。分离提纯的蛋白质常常要制成晶体,结晶也是进一步纯化的步骤。结晶的最佳条件是使溶液略处于过饱和状态,可通过控制温度、盐析、加有机溶剂或调节 pH 值进行沉淀等方法来实现。

⑥ 鉴定、分析。对所制得的蛋白质产品还需进行蛋白质的纯度、含量、相对分子质量等理化性质的鉴定和分析测定，主要方法有电泳法、色谱法、定氮法及分光光度法等。

3.6.2 分离纯化的基本方法

对蛋白质分离纯化的方法，是根据蛋白质在溶液中的性质，即分子大小、溶解度、电荷、吸附性质和对配体分子的生物学亲和力等确定分离纯化蛋白质的方法。

(1) 根据溶解度不同的分离方法

① 盐析。中性盐对球状蛋白质的溶解度有显著影响。低浓度的中性盐可以增加蛋白质的溶解度，这种现象称为盐溶(salting in)。同样浓度的二价离子中性盐，如 $MgCl_2$、$(NH_4)_2SO_4$ 对蛋白质溶解度影响的效果，要比单价中性盐如 NaCl、NH_4Cl 大得多。当溶液的离子强度增加到一定数值时，蛋白质溶解度开始下降。当离子强度增加到饱和或半饱和的程度，很多蛋白质可从水溶液中沉淀出来，这种现象称为盐析(salting out)。中性盐对蛋白质溶解度的影响见图 3.49。

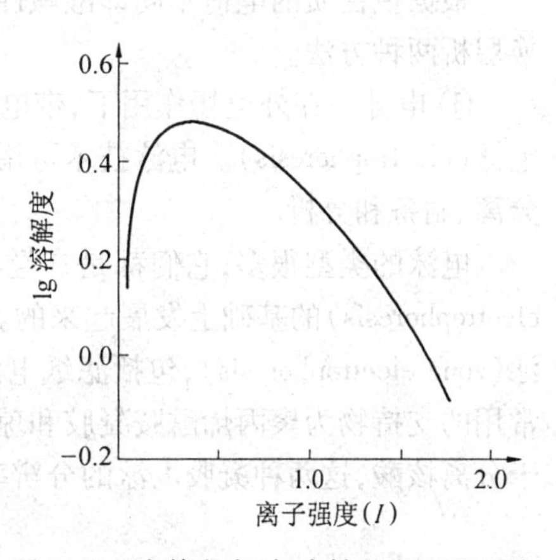

图 3.49 在等电点时，中性盐(K_2SO_4)对血红蛋白溶解度的影响

在盐析分级分离中，改变硫酸铵浓度的两个很重要的计算公式如下。

在0℃下，$(NH_4)_2SO_4$ 浓度由饱和度 S_1 增至 S_2，应向 1 L 溶液中添加的固体硫酸铵的克数为

$$W=\frac{505(S_2-S_1)}{1-0.285S_1}$$

式中 S_1 和 S_2 分别为以小数表示的起始饱和度和终了饱和度。饱和度是在给定条件下以溶质可能达到的最大质量分数表示的盐在溶液中的质量分数。505 为 0℃时 1 000 mL 饱和$(NH_4)_2SO_4$(100%或1.00饱和度)溶液中所含的$(NH_4)_2SO_4$ 的克数(即 505 g/1 000 mL 溶液或707 g/1 000 g溶剂水)。100 mL$(NH_4)_2SO_4$ 溶液，由饱和度 S_1 变为 S_2，应向其中加入饱和$(NH_4)_2SO_4$ 的毫升数 V 为

$$V=\frac{100(S_2-S_1)}{1-S_2}$$

② 等电点沉淀。蛋白质分子的电荷性质和数量因 pH 不同而变化。处于等电点时的蛋白质，其净电荷为零，由于相邻蛋白质分子之间没有静电斥力而趋于聚集沉淀。在其他条件相同时，它的溶解度最低。当把 pH 调至蛋白质混合物中某种成分的等电点 pH 时，这种蛋白质的大部分或全部将沉淀下来。这样沉淀出来的蛋白质保持天然构象，能重新溶解于适当的 pH 和一定浓度的盐溶液中。

③ 有机溶剂分级分离。与水互溶的有机溶剂(如甲醇、乙醇和丙酮等)能使蛋白质在水中的溶解度显著降低。在一定温度、pH 和离子强度条件下，通过控制有机溶剂浓度可以分离纯化蛋白质。例如，在−5℃、体积分数为 25% 的乙醇中卵清的卵清蛋白可以沉淀

析出而与其他蛋白质分开。室温下有机溶剂沉淀蛋白质伴随变性，解决办法可在低温-40℃～-60℃不断搅拌下加入有机溶剂。

④ 温度影响蛋白质溶解。在0℃～40℃之间，大部分球状蛋白质的溶解度随温度升高而增加。在40℃～50℃以上，大部分蛋白质开始变性，在中性介质中不溶解。蛋白质分级分离一般应在0℃或更低温度下进行。

（2）根据电荷不同的分离方法

根据蛋白质的电荷不同即酸碱性质不同分离蛋白质混合物的方法，有电泳和离子交换层析两种方法。

① 电泳。在外电场作用下，带电颗粒向着与其电性相反的电极移动，这种现象称为电泳（electrophoresis）。电泳技术可用于氨基酸、肽、蛋白质和核酸、核苷酸等生物分子的分离、制备和分析。

电泳的类型很多，它们都是在经典的自由电泳或称移动界面电泳（moving-boundary electrophoresis）的基础上发展起来的。在支持物上将混合物分离成若干区带称为区带电泳（zone electrophoresis），包括滤纸电泳、薄膜电泳、粉末电泳、细丝电泳和凝胶电泳。最常用的支持物为聚丙烯酰胺凝胶和琼脂糖凝胶，前者适于分离蛋白质和寡核苷酸，后者适于分离核酸，这两种凝胶电泳的分辨率都很高。平板凝胶电泳装置见图3.50。

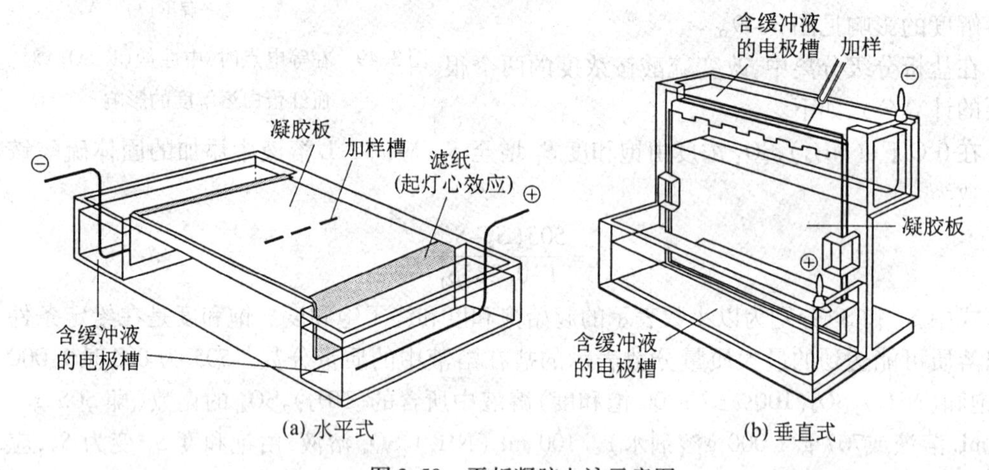

图3.50　平板凝胶电泳示意图

氨基酸混合物特别是寡核苷酸混合物经过一次电泳往往不能完全分开。可以将第一次电泳分开的斑点通过支持介质间的接触印迹（blotting）转移到第二个支持介质上，旋转90°，进行第二次电泳。这种方法称为双向电泳（2D电泳，two-dimensional electrophoresis）。

聚丙烯酰胺凝胶电泳（polyacrylamide gel electrophoresis，简称PAGE）是在区带电泳基础上发展起来的。其对混合物的分离基于3种物理效应，样品的浓度效应、凝胶对被分离分子的筛选效应（颗粒小的移动快，颗粒大的移动慢）、被分离分子的电荷效应。

毛细管电泳（capillary electrophoresis）技术泛指高效毛细管电泳、毛细管区带电泳、自由溶液毛细管电泳和毛细管电泳。毛细管电泳装置见图3.51。将微量样品液（一般取5～30 μL的质量浓度为1mg/mL的样品液）注入微内径（一般为50 μm内径和300 μm外径)的石英玻璃毛细管的正极端,加样可采用高电压注射法或加压注射法。一般毛细管长50~100 cm,电压10~50 kV,电泳时间10~30 min。电泳过程中,样品的组分分子沿毛细管纵向以不同速度迁移。被分离分子接近负极时通过紫外检测器,检出的信号传递给记录仪,记录仪显示的是被分离组分的紫外吸收对时间的峰谱。

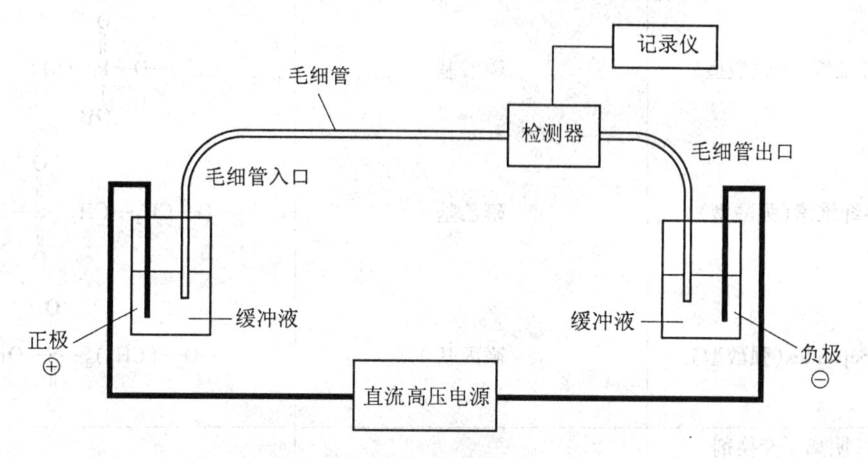

图3.51　毛细管电泳仪示意图

等电聚焦电泳(isoelectric focusing electrophoresis)是将蛋白质混合物置于具有pH梯度的介质中进行,在外电场作用下各种蛋白质将移向并聚焦(停留)在等于其等电点的pH梯度上,形成一个很窄的区带。混合蛋白质的pI只要有0.02(甚至小于0.02)pH单位的差别就能分开,特别适用于同工酶(isoenzyme)的鉴定。

② 离子交换层析。离子交换层析(ion-exchange column chromatography)是一种用离子交换树脂作支持剂的层析法。

离子交换树脂是具有酸性或碱性基团的人工合成聚苯乙烯-苯二乙烯等不溶性高分子化合物。它是离子交换树脂的基质(matrix),带电基团通过后来的化学反应引入基质。树脂一般都制成球形颗粒。

阳离子交换树脂含有酸性基团,可解离出 H^+,当溶液中含有其他阳离子时,它们可以与 H^+ 发生交换而"结合"到树脂上;阴离子交换树脂含有碱性基团,可解离出 OH^- 离子,能与溶液中的其他阴离子发生交换而结合到树脂上。

广泛用于蛋白质和核酸大分子层析的支持介质是纤维素离子交换剂和交联葡聚糖离子交换剂。纤维素离子交换剂的基质是纤维素,它具有松散的亲水性网状结构,较大的表面积,大分子可自由通过,因此对蛋白质的交换容量比离子交换树脂大。同时具有洗脱条件温和,蛋白质回收率高的优点。纤维素离子交换剂的品种较多,可适用于各种分离目的。常用的纤维素离子交换剂的类型和结构见表3.15。

表 3.15　一些常用的纤维素离子交换剂和 Sephadex 离子交换剂

离子交换剂	可电离基团	可电离基团结构
Ⅰ. 阳离子交换剂		
CM-纤维素（弱酸型）	羧甲基	$-O-CH_2COOH$
P-纤维素（中强酸型）	磷酸基	$-O-P(=O)(OH)-OH$
SE-纤维素（强酸型）	磺乙基	$-O-CH_2-CH_2-S(=O)_2-OH$
SP-Sephadex（强酸型）	磺丙基	$-O-(CH_2)_3-S(=O)_2-OH$
Ⅱ. 阴离子交换剂		
E-纤维素（弱碱型）	氨基乙基	$-O-CH_2-CH_2-NH_2$
AB-纤维素（弱碱型）	对氨基苯甲基	$-O-CH_2-C_6H_4-NH_2$
EAE-纤维素（中强碱型）	二乙基氨基乙基	$-O-CH_2-CH_2-N(C_2H_5)_2$
EAE-Sephadex（中强碱型）	二乙基氨基乙基	$-O-CH_2-CH_2-N(C_2H_5)_2$
EAE-纤维素（强碱型）	三乙基氨基乙基	$-O-CH_2-CH_2-\overset{+}{N}\equiv(C_2H_5)_3$
AE-Sephadex（强碱型）	二乙基(2-羟丙基)-氨基乙基	$-O-CH_2-CH_2-\overset{+}{N}(C_2H_5)_2-CH_2-CH(OH)-CH_3$

交联葡聚糖离子交换剂(Sephadex ion exchanger)的类型和可电离基团的种类与纤维素离子交换剂差不多，只是基质换成交联葡聚糖。Sephadex 离子交换剂每克干重的可解离基团相当多，容量比纤维素离子交换剂大 3 ~ 4 倍，其优点是既可按分子的净电荷又可按分子的大小进行分离。

改变溶液中的盐离子强度和 pH，可以使结合到离子交换剂的蛋白质依据结合力由小到大的先后顺序被洗脱下来。层析洗脱可采用两种方式，即保持洗脱液成分不变的方式和改变洗脱液的盐浓度或(和)pH 的方式。后一种方式又可分为洗脱液浓度跳跃式分段改变的分段洗脱(stepwise elution)和洗脱液浓度渐进式连续改变的梯度洗脱(gradient elution)。梯度洗脱一般分离效果好，分辨率高。

(3) 根据相对分子质量不同的分析方法

① 透析和超滤。透析和超滤方法见3.5.3胶体性质。

② 密度梯度(区带)离心。将蛋白质颗粒置于具有密度梯度(density gradient)的介质中离心,当蛋白质颗粒沉降到与自身密度相等的介质密度梯度时,即停止不前,最后各种蛋白质在离心管(常用塑料管)中被分离成各自独立的区带,可经管底孔逐滴分部收集,每个组分进行小样分析以确定区带的位置。常用的有蔗糖梯度(图3.52)、聚蔗糖梯度和其他合成材料的密度梯度。

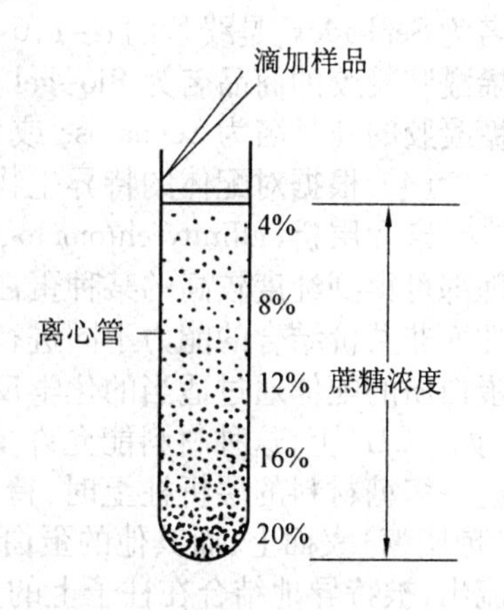

图3.52　蔗糖密度梯度

③ 凝胶过滤。凝胶过滤又称分子筛层析(molecular sieve chromatography),是一种柱层析,是根据分子大小来分离蛋白质混合物的最有效的方法之一。当不同分子大小的蛋白质混合液通过装填有高度水化的惰性多聚体的层析柱时,由于凝胶颗粒内部是多孔的网状结构,凝胶的交联度或孔度(网孔大小)决定能被该凝胶分离开来的蛋白质混合物的相对分子质量范围,比凝胶"网孔"大的蛋白质分子不能进入"网孔"而被排阻在凝胶颗粒之外,比"网孔"小的分子则进入凝胶颗粒的内部。这样,通过不同大小的分子所经历的路程不同而得以分离,大分子先洗脱下来,小分子后洗脱下来,(图3.53)。

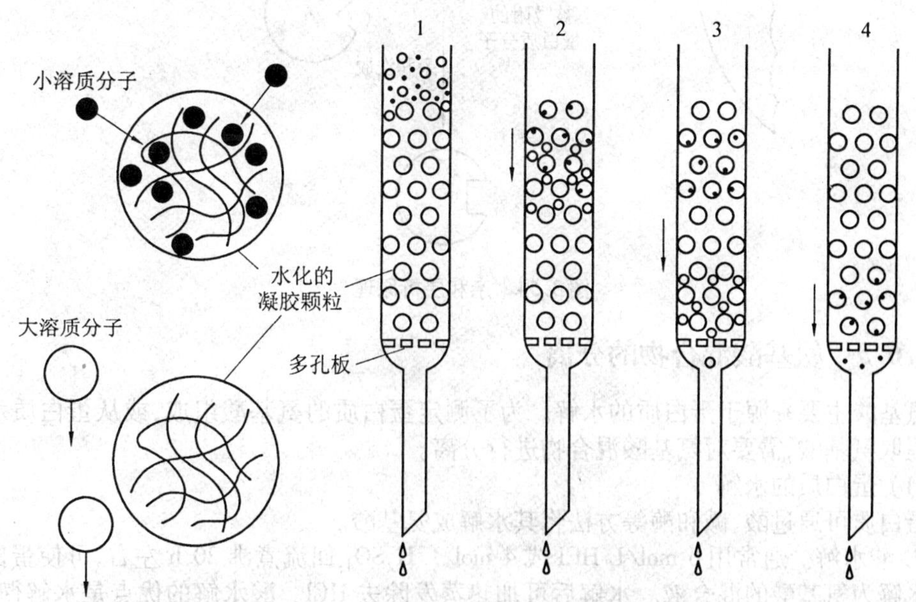

(a) 小分子由于扩散作用进入凝胶颗粒内部而被滞留,大分子被排阻在凝胶颗粒外面,在凝胶颗粒之间迅速通过

(b) ①蛋白质混合物上柱;②洗脱开始,小分子扩散进入凝胶颗粒内部而被滞留,而大分子则被排阻于颗粒之外并向下移动,大、小分子开始分开;③大、小分子完全分开;④大分子因行程较短,已被洗脱出层析柱,小分子尚在进行中

图3.53　凝胶过滤层析的原理

目前常使用的凝胶有交联葡聚糖，聚丙烯酰胺凝胶和琼脂糖等。交联葡聚糖的商品名为 Sephadex，是线状的 α-1，6-葡聚糖与1-氯-2，3-环氧丙烷反应生成的化合物。聚丙烯酰胺凝胶的商品名为 Bio-gel P，由丙烯酰胺与交联剂甲叉双丙烯酰胺共聚而成。琼脂糖凝胶的商品名为 Sepharose 或 Bio-gel A，此种凝胶的优点是孔径大，排阻极限高。

（4）根据对配体的特异生物学亲和力不同的分离方法

亲和层析（affinity chromatography）是分离蛋白质的一种极有效的方法，常只需一步处理即可得到纯度较高的某种蛋白质。它是根据不同蛋白质对其配体（ligand）分子的特异性而非共价结合的能力不同进行蛋白质分离的。亲和层析的基本步骤是先把提纯的某种蛋白质的配体通过适当的化学反应共价地连接到像琼脂糖凝胶一类的载体表面的官能团（如—OH）上，这种材料能允许蛋白质自由通过；当含有待提纯的蛋白质的混合样品加到这种多糖材料的层析柱上时，待提纯的蛋白质则与其特异的配体结合，因而吸附在载体（琼脂糖）表面上，而其他的蛋白质，因对这个配体不具有特异的结合位点，将通过柱子而流出；被特异地结合在柱子上的蛋白质可用含自由配体的溶液洗脱下来（图3.54）。

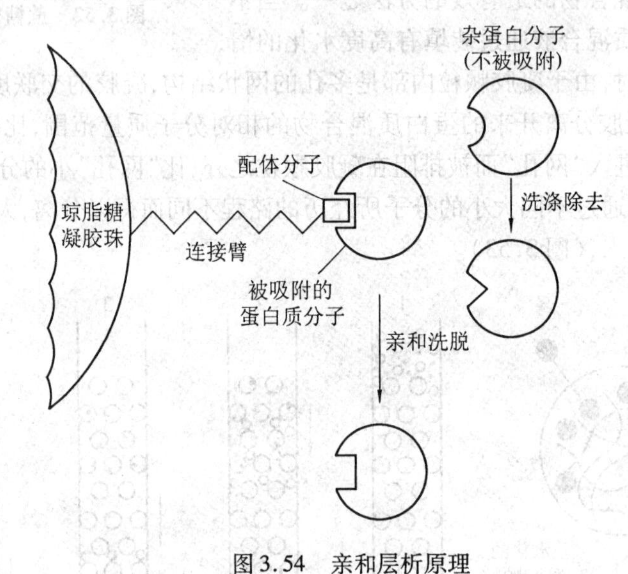

图3.54　亲和层析原理

3.6.3　氨基酸混合物的分离

氨基酸主要来源于蛋白质的水解。为了测定蛋白质的氨基酸组成，或从蛋白质水解液中提取氨基酸，需要对氨基酸混合物进行分离。

（1）蛋白质的水解

蛋白质可通过酸、碱和酶等方法将其水解成氨基酸。

① 酸水解。通常用6 mol/L HCl 或4 mol/L H_2SO_4 回流煮沸20 h左右，可使蛋白质完全水解为氨基酸的混合液。水解后可加热蒸发除去 HCl。酸水解的优点是水解彻底，所得氨基酸都是 *L*-型，不引起消旋作用；缺点是色氨酸全部被破坏，而且水解液因色氨酸与醛基化合物作用生成的腐黑质而呈黑色，需脱色去除。羟基氨基酸（Ser 及 Thr）有一小部分被分解，天冬酰胺和谷氨酰胺的酰胺基被水解。

② 碱水解。用5 mol/L NaOH 共沸10～20 h可完全水解蛋白质得到氨基酸混合液。此法优点是不破坏色氨酸，但多数氨基酸被不同程度破坏，而且部分氨基酸转变为 *D*-型。

③ 酶法水解。酶法水解不产生消旋作用，也不破坏氨基酸，但使用一种酶往往水解

不彻底,需要几种酶协同作用才能使蛋白质完全水解。酶法主要用于蛋白质的部分水解。常用的蛋白酶有胰蛋白酶、胰凝乳蛋白酶及胃蛋白酶。

(2) 滤纸层析

所有的层析系统通常都由2个相组成,一个为固定相(stationary phase),另一个为流动相(mobile phase)。混合物在层析系统中的分离决定于该混合物的组分在这两相中的分配情况。当一种溶质在两种给定的互不相溶的溶剂中分配时,在一定温度下达到平衡后,溶质在两相中的浓度比值为一常数,称为分配系数(K_d)。

$$分配系数(K_d)=\frac{溶质在溶剂\ A\ 中的浓度(c_A)}{溶质在溶剂\ B\ 中的浓度(c_B)}$$

式中 c_A 和 c_B 分别代表某一物质在互不相溶的两相中,即A相(流动相)和B相(固定相)中的浓度。

利用层析法分离氨基酸混合物的先决条件是各种氨基酸成分的分配系数要有差异,差异越大,越容易分开。

分配层析的原理可用逆流分溶或逆流分配(countercurrent distribution)的方法加以说明(图3.55)。

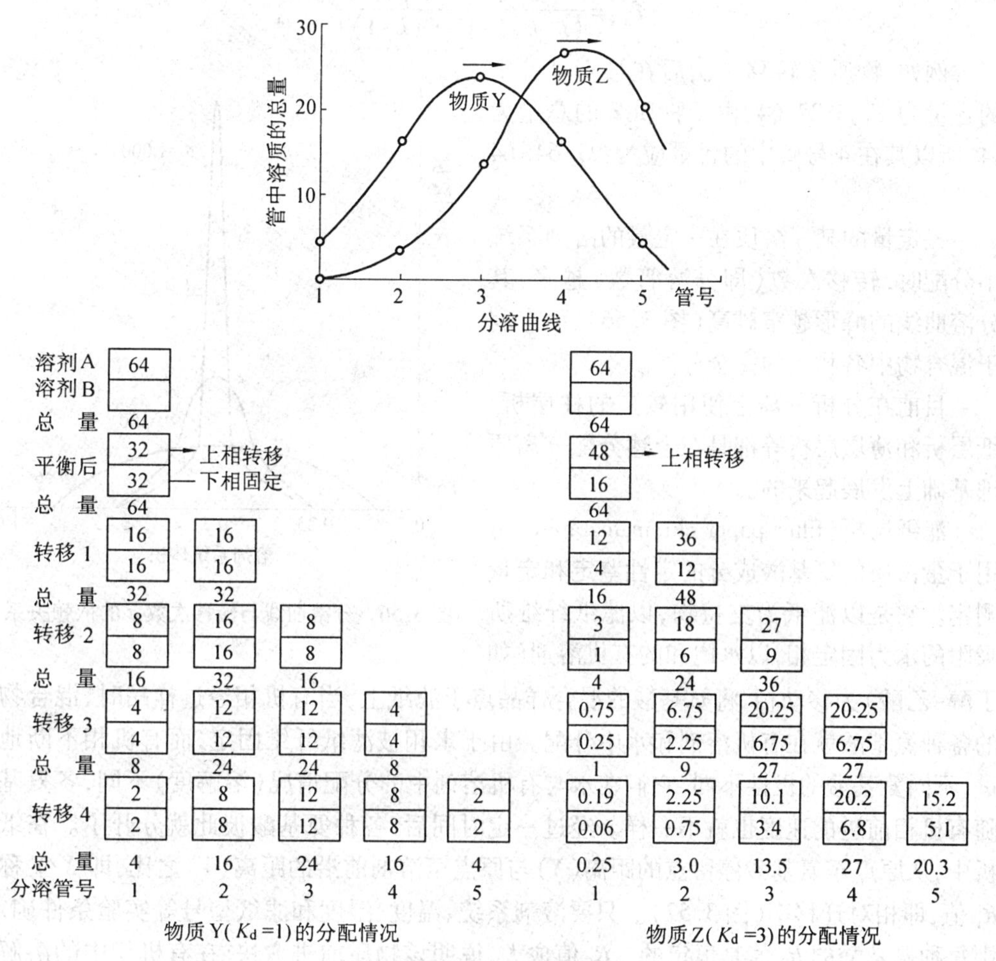

图3.55　逆流分溶原理

向一系列试管(分溶管)中的第 1 号管中加入互不相溶的两种溶剂,A 溶剂为上相(流动相),B 溶剂为下相(固定相),并假设上下两相的体积相等。然后加入物质 Y (K_d=1)和物质 Z(K_d=3)的混合物(假设总量各为 64 份),两种组分物质将按自身的分配系数在上下相中进行分配。达到平衡后,将上相转移到第 2 号管内,其中含有相同体积的新下相。从第 1 号管转移来的样品将在第 2 号管的上下相中再分配。与此同时,向第 1 号管内加入新的上相,这里的样品进行再分配,则第 1 次转移完成。按此程序将上相连续地向第 3,4,5,…,n 号管作第 2,3,4,…,n 次的转移。转移 n 次后,某一物质在(n+1)个管中分布的含量是$(p+q)^n=1$展开式的相应项的值。p 和 q 分别为某一物质在固定相(下相)和流动相(上相)中的含量,即 $p+q=1$。例如物质 Y 的分配系数为

$$K_d=q/p=1$$

即

$$p+q=1/2+1/2=1$$

转移 n 次后,在第 k 号管中某一物质的含量可按下式计算,即

$$T_{n,k}=\frac{n!\ P^{n-k+1}\cdot q^{k-1}}{(n-k+1)!\ \cdot(k-1)!}$$

例如,物质 Z 转移 4 次后在第 4 号管中的含量为 $T_{4,4}=27/64$,由于物质 Z 的总量为 64,所以其在 4 号管中的含量应为:27/64×64=27。

一定量的某一溶质在一定量的溶剂系统中分配时,转移次数(即分溶管数)越多,其分溶曲线的峰形越窄越高(图 3.56),而有利于混合物中各物质的完全分离。

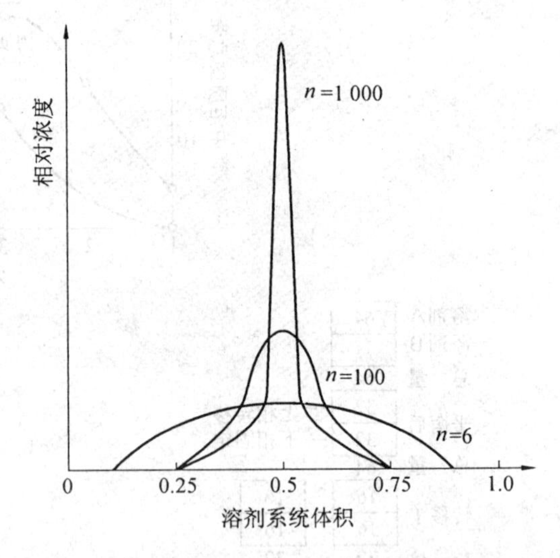

图 3.56　分溶曲线与转移次数 n 的依赖关系

目前在分析分离上使用较广的柱层析、纸层析和薄层层析等都是在上述分配分离原理基础上发展起来的。

滤纸层析(filter paper chromatography)可用于蛋白质的氨基酸成分的定性鉴定和定量测定。它是以滤纸为支持物,以滤纸纤维所吸附的水为固定相,以水饱和的有机溶剂(如丁醇–乙酸)为移动相,将氨基酸的混合样品点于滤纸上,当有机相经过样品时,混合物中的各种氨基酸就在有机溶剂和水中分配。由于水相被滤纸纤维固定,而有机相不断地前进,不同氨基酸的极性不同,它们在水与有机溶剂中的分配情况(溶解度)不同,各氨基酸随有机相前进的速度也就不一样。经过一定时间后,各种氨基酸彼此就分开了。在纸层析中,从原点至氨基酸停留点的距离(X)与原点至溶剂前沿的距离(Y)之比,即 X/Y 称为 R_f 值,即相对迁移率(图 3.57)。只要溶剂系统、温度、湿度和滤纸型号等实验条件确定,则每种氨基酸的 R_f 值是恒定的。R_f 值愈大,说明该物质前进愈快,在有机相中的溶解度愈大。

如果混合物中的氨基酸种类较多，且有些氨基酸的 R_f 值彼此相差不大，可以在两个溶剂系统中进行双向纸层析进行分离。将氨基酸混合物点在滤纸的一个角上，称原点。先用一个溶剂系统（如丁醇-乙酸）沿滤纸的一个方向进行展层（development）；烘干滤纸后，旋转90°，再用另一个溶剂系统（如苯酚-甲酚-水）进行第二向展层。由于各种氨基酸在两个溶剂系统中具有不同的 R_f 值，彼此就可以分开，分布在滤纸的不同区域。用茚三酮溶液显色可得到一个双向纸层析图谱（two-dimensional paper chromatogram）（图3.58）。

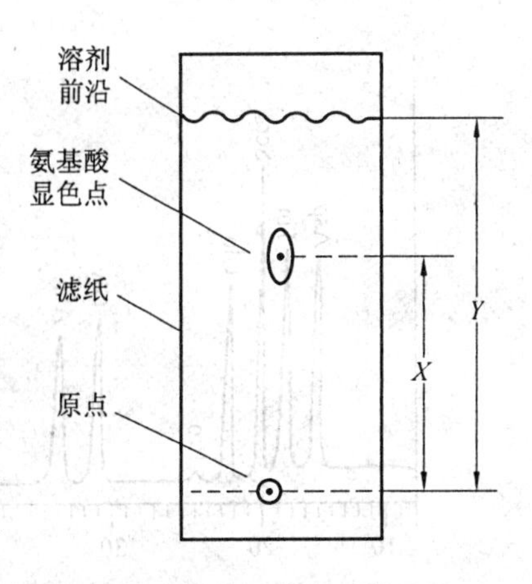

图3.57　纸层析中的 R_f 值，$R_f=X/Y$

(3) 离子交换层析

离子交换层析（ion exchange chromatography）法是一种常用的氨基酸分离、制备方法。常用酸性或碱性的人工合成的高分子化合物（如聚苯乙烯-苯二乙烯）作为离子交换树脂装填于柱内进行层析。阳离子交换树脂含有的酸性基团（如—SO_3H（强酸型）或—COOH（弱酸型）在固定相中。在交换柱中，树脂先用碱处理成钠型，将氨基酸混合液（pH2～3）上柱。当流动相中有氨基酸阳离子存在时，可与其发生正离子交换，氨基酸阳离子被交换后固定在树脂上，Na^+、H^+等离子被洗下来。在一定pH值下，不同氨基酸所带电荷不同，因此其交换行为也不同。用阳离子交换柱时，氨基酸一般按酸性、中性、碱性氨基酸的顺序先后被洗脱。在带电荷相同的情况下，极性大的氨基酸先被洗脱下来。

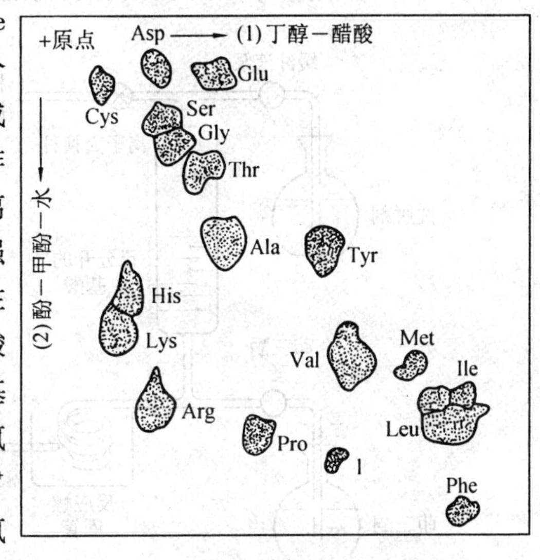

图3.58　氨基酸的双向纸层析图谱

阴离子交换树脂含有强碱性基团（如—$N(CH_3)_3^+OH^-$）或弱碱性基团（如—NH_3OH），碱性基团解离出的OH^-离子可以和溶液里的氨基酸阴离子发生交换，然后被洗脱。氨基酸的洗脱顺序与阳离子交换柱相反。

氨基酸自动分析仪可自动完成全部离子交换层析过程，在洗脱液中，氨基酸的浓度通过茚三酮反应的颜色深浅来检测，并自动记录成一条洗脱曲线（图3.59、图3.60）。

(4) 薄层层析——根据吸附性不同进行薄层层析

薄层层析（thin-layer chromatography）分辨率高，所需样品量微、层析速度快，可使用的支持剂种类多（如纤维素粉、硅胶和氧化铝粉等）。薄层层析的原理是将支持剂均匀地

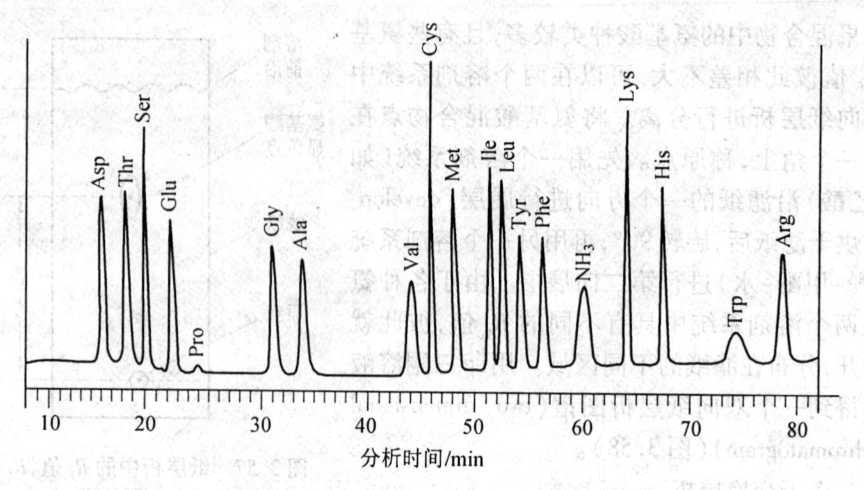

图 3.59　氨基酸自动分析仪记录的氨基酸混合物的分析结果

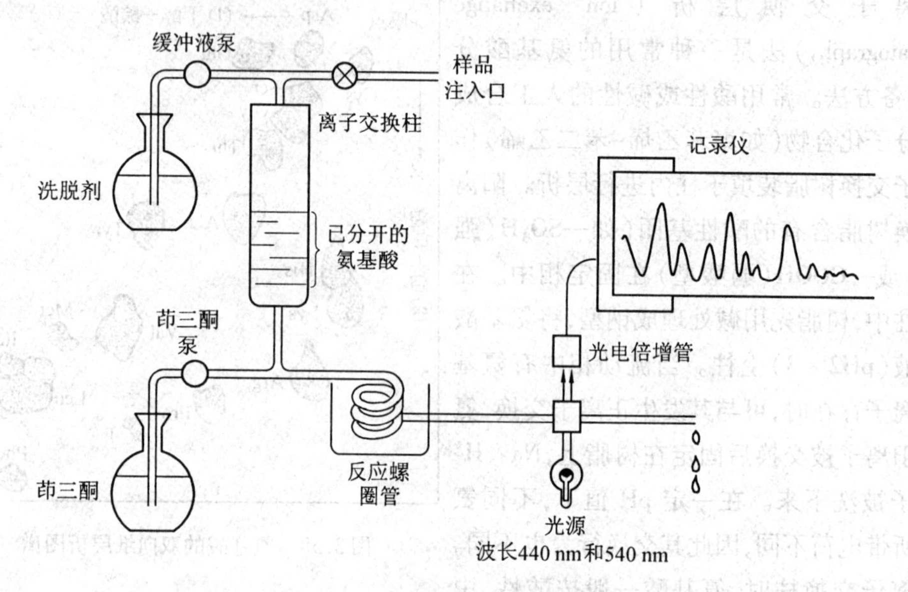

图 3.60　氨基酸自动分析仪示意图

涂布在玻璃板上形成一个薄层，根据支持剂对样品中各组分的吸附力不同使不同组分分离。例如，将氨基酸混合物加在薄板近下缘的起始线上，然后将板放在含溶剂的槽中(溶剂浸没线比起始线低)，溶剂则由毛细管引力向上渗入薄板中，由于薄板吸附剂对不同氨基酸的吸附力不同，于是不同氨基酸就以不同的距离分布在板上。当溶剂上升到板的另一端时，将板取出并干燥，然后向板喷茚三酮溶液，并加热片刻，氨基酸就呈现出蓝紫色斑点而被识别(图 3.61)。

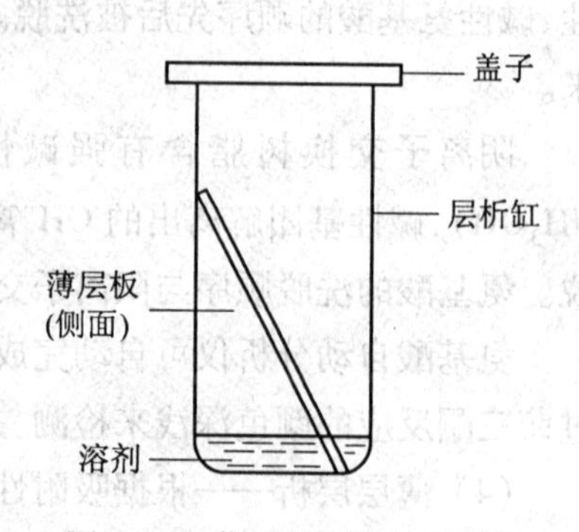

图 3.61　薄层层析装置示意图

(5) 气相层析

气相层析(gas chromatography)即气相色谱,其流动相为氢气、氦气、氮气(称为载气),固定相为涂渍在固体颗粒表面的液体。气相层析法分离混合物中的组分也是基于分配过程,即利用样品组分在流动的气相和固定在颗粒表面的液相中的分配系数不同而达到分离组分的目的。涂有薄层液体的惰性颗粒(固定相)装在一根长的不锈钢管或玻璃管中,称层析柱(chromatographic column),保持在适当的温度下,使高压的气体(流动相)连续通过层析柱。待分析的样品注入进样室后经气化导入气相,流经固定相。此时,气化的样品将在流动的气相和固定的液相之间进行分配,使组分分离。被分开的组分和载气直接进入检测器,组分的量在此转变为电信号由记录仪记录,生成气相层析的洗脱曲线。气相层析仪的基本组件见图3.62。

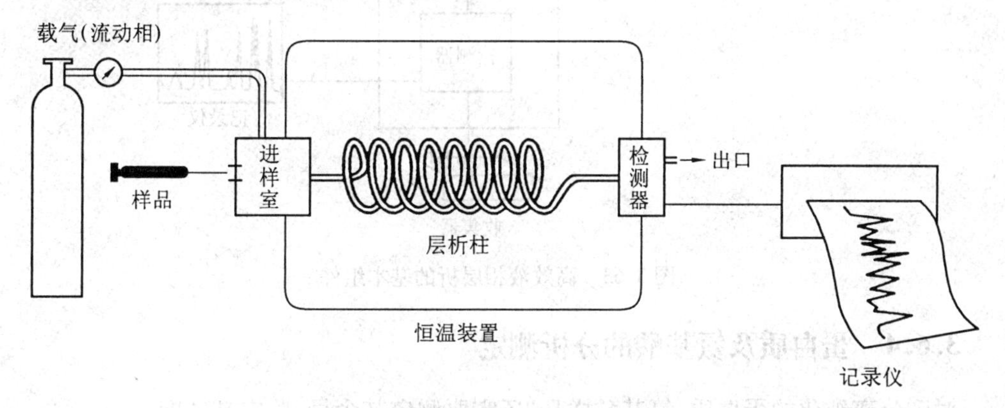

图3.62　气相层析仪的基本组件

气相色谱法的优点是样品微量,检测快速,但它要求样品能气化和热稳定性高。氨基酸因含有各种极性基团,气化十分困难,必须将其转变为易挥发的化合物才能进行气相层析。氨基酸与苯异硫氰酸酯反应生成PTH-氨基酸,然后经三甲基硅烷基化,其所得氨基酸的衍生物很容易气化。

(6) 高效液相层析

高效液相层析(high performance liquid chromatography,简称HPLC)曾称高压液相色谱(highpressure liquid chromatography),是近20多年来发展起来的一种快速、灵敏、高效的分离技术。HPLC有以下几个优点。

① 所用的固定相支持剂颗粒很细,故比表面积很大。

② 采用高压溶剂系统使洗脱速度加快。

③ 可代替多种类型的柱层析,如分配层析、离子交换层析、吸附层析及凝胶过滤。

高效液相层析的基本组件见图3.63。

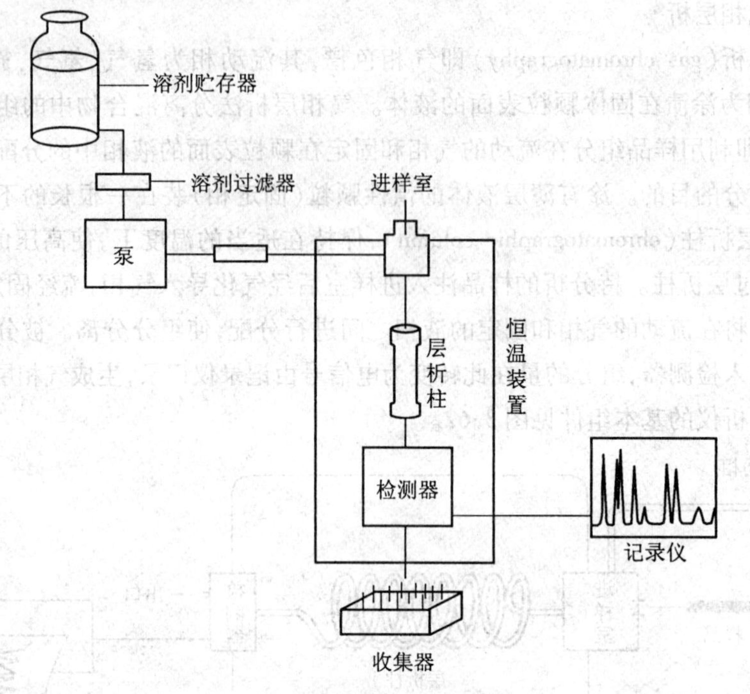

图 3.63　高效液相层析的基本组件

3.6.4　蛋白质及氨基酸的分析测定

对已分离纯化的蛋白质、氨基酸样品,还需要测定其含量,鉴定其纯度。

(1) 测定蛋白质含量

测定蛋白质总量常用的方法有 4 种:凯氏定氮法、双缩脲法、Folin-酚试剂法(Lowry 法)、紫外吸收法。

① 凯氏定氮法。此法由 19 世纪丹麦化学家凯道尔(J. kjedahl,1883 年)创造,是经典的标准方法。先将样品蛋白质中的氮通过消化,将其全部转变成无机氮,再用分析化学的方法,测出氮的含量,进而算出蛋白质含量。此法所得的结果误差较小,比较准确,但现已不多用。

由于氮在蛋白质分子中含量恒定(平均占 16%),测出样品中氮的含量后,即可求得样品中的蛋白质含量(蛋白质含量=氮量×6.25)。

将蛋白质样品用浓 H_2SO_4 消化分解(加热,常加少量的硫酸铜、硫酸钾作催化剂),使其中的氮转变为铵盐,碳转变为 CO_2,硫转变为 SO_2、SO_3 等逸出;铵盐再与浓碱反应,放出的氨被硼酸吸收,用标准盐酸滴定四硼酸铵,算出氮的含量。反应式如下

消化　　$蛋白质+H_2SO_4 \rightarrow (NH_4)_2SO_4+SO_2\uparrow+CO_2\uparrow+H_2O$

蒸馏　　$(NH_4)_2SO_4+2NaOH \rightarrow Na_2SO_4+2H_2O+2NH_3\uparrow$

$$2NH_3+4H_3BO_3 \rightarrow (NH_4)_2B_4O_7+5H_2O$$

滴定　　$(NH_4)_2B_4O_7+2HCl+5H_2O \rightarrow 2NH_4Cl+4H_3BO_3$

② 双缩脲法。在碱性条件下,蛋白质与碱性硫酸铜反应显示的颜色深浅与蛋白质浓度成正比。将样品同标准蛋白质同时试验,并于 540 ~ 560 nm 下比色测光吸收值,通过标准曲线求出蛋白质的含量。此法简便、迅速,但灵敏度较差,所需样品量大(0.2 ~ 1.7 mg/mL)。

③ Folin-酚试剂法(Lowry 法)。Folin-酚试剂法多年来被选为测定蛋白质含量的标准方法,它基于 Folin-酚试剂能定量地与 Cu^+ 反应,Cu^+ 是由蛋白质的易氧化成分(如巯基、酚基)还原 Cu^{2+} 产生的。所用试剂为 $CuSO_4$-NaOH 试剂和磷钼酸、磷钨酸混合试剂。碱性铜试剂与蛋白质发生双缩脲反应,然后蛋白质中酪氨酸的酚基在碱性条件下易将磷钼酸、磷钨酸混合试剂还原成蓝色的钼蓝和钨蓝,蓝色的深浅与蛋白质含量成正比。在 650 ~ 660 nm 下测定光吸收值,可测定蛋白质含量。此法比双缩脲法灵敏,所测的样品中蛋白质含量范围为 25 ~ 250 μg/mL。

④ 紫外吸收法。蛋白质分子中的酪氨酸、色氨酸在 280 nm 左右具有最大紫外吸收(UV),且各种蛋白质中这两种氨基酸含量差别不大,所以 280 nm 的吸收值与蛋白质浓度成正比关系,可用于蛋白质含量的测定。但此法准确度较差,因为存在其他具有紫外吸收的物质(如核酸)的干扰。为减小测定误差,可利用在 280 nm 及 260 nm 下的吸收差求出蛋白质的质量浓度,即

$$\text{蛋白质浓度}/\text{mg}\cdot\text{mL}^{-1}=1.45\,A_{280}-0.74\,A_{260}$$

(2) 蛋白质纯度鉴定

蛋白质纯度鉴定通常采用电泳、离心沉降、HPLC、溶解度分析和免疫印记法等方法。目前采用的电泳分析有等电聚焦、聚丙烯酰胺凝胶电泳(PAGE)和 SDS-PAGE、毛细管电泳等。纯的蛋白质在不同 pH 条件下电泳时的移动速度是单一的,其电泳图谱只呈现一个条带或峰,在离心场中同样应以单一的沉降速度移动。由于离心沉降系数主要由分子大小和形状决定,而与化学组成无关,因此作为鉴定蛋白质纯度的方法比电泳法差。HPLC 也常用于多肽、蛋白质纯度的鉴定,纯蛋白质样品的 HPLC 洗脱图谱应呈现单一的对称峰。

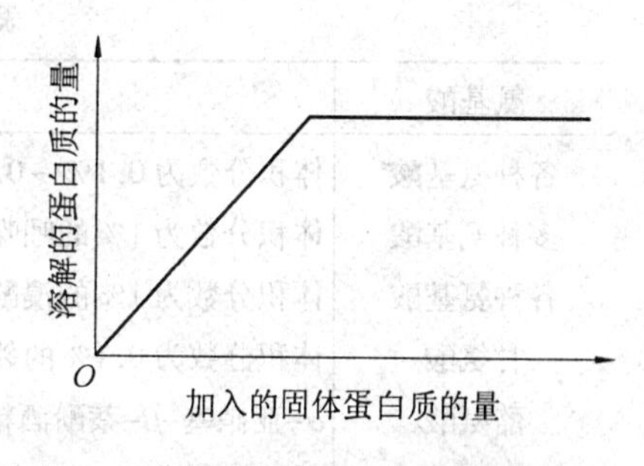

图 3.64　蛋白质的溶解度曲线

用恒浓度法鉴定蛋白质纯度的理论和条件都是严格的。纯蛋白质在一定的溶剂系统中的溶解度是恒定的,它不依赖于溶液中未溶解固体的数量。以加入的固体蛋白质对溶解的蛋白质作图,如果溶解度曲线只呈现一个折点,在折点以前,直线的斜率为 1,折点以后,斜率为 0,则蛋白质制品是纯的(图 3.64)。如果溶解曲线呈现 2 个或 2 个以上的折点,则蛋白质是不纯的。

免疫印迹法是一种高精度的分析鉴定蛋白质的技术,又称为蛋白质印迹法或蛋白质转移电泳法。它是将经过 SDS-PAGE 梯度电泳后,凝胶中所含的样品蛋白质借助电泳方

法转移，固定到硝酸纤维素(NC)膜上，然后利用酶标记的抗原、激素或凝集素等物质特异检出固定在NC膜上相应的组分——抗体、受体或不同类型的糖蛋白。

把电泳后的凝胶条平铺在NC膜上，由于蛋白质的疏水键和NC膜上的某些基团相互发生作用，同时又借助电场力将蛋白质谱带由凝胶条转移至NC膜上。这样既可除去蛋白质中的SDS，恢复蛋白质的构象及生物活性，又能提高酶与底物、受体与激素、抗体与抗原、糖蛋白与凝集素的反应性，并可用于鉴定特殊组分。例如，用辣根过氧化物酶标记的伴刀豆球蛋白(Con A)作探针能灵敏、专一地检出血清中含葡萄糖、甘露糖或果糖链的糖蛋白。

需要指出，单独采用任何一种方法鉴定所得的结果只能作为蛋白质均一性的必要条件，而不是充分条件。能够全部满足上述严格要求的蛋白质很少，往往在一种鉴定中表现为均一的蛋白质，在另一种鉴定中又表现出不均一性。

(3) 氨基酸的显色测定

氨基酸在层析、电泳等分离后，还需进行定性定量测定。由于氨基酸一般为无色，所以需借助一定的显色剂使它们显现出来。显色剂的种类很多，灵敏度也各不相同，有的适用于纸上显色，有的适于溶液显色。有些显色剂对各种氨基酸都有作用，如茚三酮、吲哚醌等；而某些显色剂只对个别氨基酸有显色作用(表3.16)。有些显色剂同氨基酸所生成的颜色与氨基酸的含量成正比，借此可作定量测定。

表3.16 氨基酸的显色

氨基酸	显色试剂	颜　色
各种氨基酸	体积分数为0.1%~0.5%的茚三酮丙酮(或乙醇)溶液	蓝紫
多种氨基酸	体积分数为1%的吲哚醌酒精冰醋酸溶液	不同氨基酸显不同颜色
各种氨基酸	体积分数为1%的溴酚蓝酒精溶液	蓝
甘氨酸	体积分数为0.1%的邻苯二醛酒精溶液	墨绿
酪氨酸	α-亚硝基-β-萘酚酒精硝酸溶液	红
酪氨酸	对氨基苯磺酸-碳酸钠溶液	浅红
组氨酸	对氨基苯磺酸-碳酸钠溶液	橘红
丝氨酸	碘酸钠甲醇溶液及醋酸铵处理	黄
精氨酸	尿素萘酚酒精溶液、氢氧化钠溴溶液	红
半胱氨酸	亚硝酸铁氰化钠甲醇溶液	红
脯氨酸	吲哚醌-醋酸锌异丙醇溶液	蓝
色氨酸	对甲基苯甲醛丙酮溶液	蓝紫

本章小结

组成蛋白质的基本氨基酸有20种，它们大都是α-L-氨基酸。蛋白质可用酸、碱或蛋白酶法水解得到氨基酸混合物。除基本氨基酸外，蛋白质中有些氨基酸是在蛋白质生物合成后由相应的基本氨基酸残基经化学修饰而成的。在组织和细胞中还存在非蛋白质氨基酸，即β-、γ-或δ-氨基酸，有些是D-氨基酸。

除甘氨酸外，组成蛋白质的α-氨基酸都具有旋光性，比旋光度可作为鉴别氨基酸的一种根据。

芳香族氨基酸，如色氨酸、酪氨酸和苯丙氨酸具有UV吸收特性，可作为紫外吸收法定量蛋白质的依据。

两性解离是氨基酸的重要性质。当某一氨基酸带的正负电荷相等，净电荷为零，即处于兼性离子状态时的介质pH称为该氨基酸的等电点，用pI表示。当pH接近1时，氨基酸的可解离基团全部质子化，当pH在13左右时，则全部去质子化。

茚三酮显色反应是α-氨基酸的共有反应。Sanger反应（α-NH_2与2,4-二硝基氟苯作用产生相应的DNP-氨基酸）和Edman反应（α-NH_2与苯异硫氰酸酯作用生成相应氨基酸的苯基硫甲酰衍生物）首先被用来鉴定多肽或蛋白质的N-端氨基酸，在多肽和蛋白质的氨基酸序列分析方面占有重要地位。胱氨酸中的二硫键可用氧化剂（如过甲酸）或还原剂（如巯基乙醇）断裂。半胱氨酸的—SH可在空气中氧化形成二硫键。以上都是氨基酸和蛋白质重要的化学反应。

蛋白质分子可由1条或多条多肽链构成。多肽链是由氨基酸通过肽键共价连接而成的特定氨基酸序列。使多肽间交联或使多肽链内成环的共价键是二硫键。

蛋白质根据化学组成可分为两大类：单纯蛋白质和结合蛋白质。根据分子形状可分为纤维状蛋白质和球状蛋白质。蛋白质还可按生物学功能进行分类。

蛋白质具有复杂的结构，其结构层次用一级结构、二级结构、三级结构和四级结构表示。一级结构又称初级结构，指肽链中以肽键连接的氨基酸序列。二、三和四级结构统称空间结构（构象）或高级结构。

DNA的脱氧核苷酸序列决定肽链的一级结构，一级结构决定高级结构，高级结构决定蛋白质的功能。

多肽链或蛋白质部分水解时可形成长短不一的肽段。生物界还存在许多游离的小肽，如谷胱甘肽等。有些小肽具有重要的生理作用。

测定蛋白质一级结构的总体步骤是：① 测定蛋白质分解的多肽链数目。② 拆分蛋白质分子的多肽链。③ 断开肽链内的二硫键。④ 测定每条肽链的氨基酸组成。⑤鉴定肽链的N-末端和C-末端残基。⑥ 断裂多肽链成较小的肽段并分离。⑦ 测定各肽段的氨基酸序列。⑧ 拼凑重叠肽段，重建完整的一级结构。⑨ 确定半胱氨酸残基间形成的二硫键位置。

同源蛋白质是在不同生物体中行使相同或相似功能的蛋白质。同源蛋白质具有明显的序列相似性，根据蛋白质的氨基酸序列资料可以建立进化树，同源蛋白质具有共同的进化起源。

在生物体内有些蛋白质常以前体形式合成，只有在肽链一定部位裂解除去部分肽段之后才表现生物活性，这种现象称为蛋白质激活。例如血液凝固就是一系列酶原被激活的结果，其中凝血酶原和血纤蛋白原是两个最重要的凝血因子。

稳定蛋白质构象的作用力有氢键、范德华力、疏水作用和离子键。二硫键在稳定某些蛋白质的构象中也起重要作用。

由蛋白质主链折叠形成由氢键维系的重复结构称为二级结构。常见的二级结构元件有α-螺旋、β-折叠、和β-转角等。超二级结构是指在一级结构序列上相邻的二级结构在三维折叠中彼此靠近并相互作用形成的组合体。超二级结构有三种基本形式，即$\alpha\alpha$、$\beta\alpha\beta$和$\beta\beta$。结构域常常是功能域。结构域的基本类型有4类：全平行α-螺旋结构域、平行或混合型β-折叠结构域、反平行β-折叠结构域和富含金属或二硫键结构域。

亚基（包括单体蛋白质）的总三维结构称三级结构。寡聚蛋白是由两个或多个亚基通过非共价相互作用缔合而成的聚集体。缔合形成聚集体的方式构成蛋白质的四级结构，四级结构涉及亚基在聚集体中的空间排列、亚基之间的接触位点和作用力。

蛋白质受到某些理化因素作用时，会造成次级键断裂，天然构象解体，引起生物活性丢失，溶解度降低及其他物理化学常数的改变，这种现象称为蛋白质变性。有些变性是可逆的。

蛋白质溶液是亲水胶体系统。蛋白质分子颗粒周围的双电层和水化层是稳定蛋白质胶体系统的主要因素，破坏这些因素会引起蛋白质沉淀。

蛋白质也是一种两性电解质，其酸碱性质主要决定于肽链上可解离的R基团。蛋白质分子具有等电点，其意义与氨基酸等电点相同。

测定蛋白质相对分子质量（Mr）的最重要方法是利用超速离心机的沉降速度法和沉降平衡法。沉降系数（s）表示单位离心场强度的沉降速度，s也常用来近似地描述生物大分子的大小。凝胶过滤是一种简便的测定蛋白质Mr的方法。SDS-PAGE用于测定单体蛋白质或亚基的Mr。

根据蛋白质分子的大小、溶解度、电荷、吸附性质及对配体分子特异的生物学亲和力可将蛋白质混合物分离。盐析、等电点沉淀、有机溶剂分级分离、透析、超过滤、密度梯度离心、凝胶过滤层析、凝胶电泳、毛细管电泳、等电聚焦、离子交换柱层析、亲和层析、高效液相色谱等都是不同水平的分离、纯化蛋白质可采用的方法。

习　题

1. 判断对错。如果错误，请说明原因。

（1）所有的肽和蛋白质都能和硫酸铜的碱性溶液发生双缩脲反应。

（2）蛋白质的变性是蛋白质立体结构遭到破坏，因此涉及肽键的断裂。

（3）盐析是在蛋白质溶液中加入大量中性盐使蛋白质溶解度降低的现象。

（4）蛋白质二级结构由链内氢键维持，肽链上每个肽键都参与氢键的形成。

(5) 蛋白质是两性电解质,它的酸碱性主要取决于肽链上可解离的 R 基团。

2. 已知 Lys 的 ε-氨基的 pK'_a 为 10.5,问在 pH9.5 时,Lys 水溶液中—NH_3^+ 和—NH_2 各占多少?[$\frac{10}{11}$;$\frac{1}{11}$]

3. 在强酸性阳离子交换柱上 Asp、His、Gly 及 Leu 等几种氨基酸的洗脱顺序如何?为什么?[顺序:Asp-Gly-Leu-His]

4. Asp、His、Glu 和 Lys 分别在 pH1.9、6.0 和 7.6 三种不同缓冲溶液中的电泳行为如何?电泳完毕后它们的排列次序如何?[排列:阴极 Lys-His-Glu-Asp 阳极]

5. 1.068 g 的某种结晶 α-氨基酸,其 pK'_1 和 pK'_2 值分别为 2.4 和 9.7,溶解于 100 mL 的 0.1 mol/L NaOH 溶液中时,其 pH 值为 10.4。计算该氨基酸的相对分子质量,并提出其可能的分子式。[89;$C_3H_7O_2N$ 为丙氨酸]

6. 向 1 升 1 mol/L 的处于等电点的甘氨酸溶液中加入 0.3 mol HCl,问所得溶液的 pH 值是多少?如果加入 0.3 mol NaOH 代替 HCl 时,pH 值又将如何?[2.71;9.23]

7. 现有一个六肽,根据下列条件,给出此六肽的氨基酸排列顺序。

(1) DNFB 反应,得到 DNP-Val。

(2) 肼解后,再用 DNFB 反应,得到 DNP-Phe。

(3) 胰蛋白酶水解此六肽,得到三个片段,分别含 1 个、2 个和 3 个氨基酸,后两个片段坂口反应呈阳性。

(4) 溴化氰与此六肽反应,水解得到两个三肽,这两个三肽片段经 DNFB 反应分别得到 DNP-Val 和 DNP-Ala。[顺序:Val-Arg-Met-Ala-Arg-Phe]

8. 有一个肽段,经酸水解测定知由 4 个氨基酸组成。用胰蛋白酶水解成为两个片段,其中一个片段在 280 nm 有强的光吸收,并且对 Pauly 反应、坂口反应都呈阳性;另一个片段用 CNBr 处理后释放出一个氨基酸,与茚三酮反应呈黄色。试写出这个肽的氨基酸排列顺序及其化学结构式。[顺序:Tyr-Arg-Met-Pro]

9. 1.0 mg 某蛋白质样品进行氨基酸分析后得到 58.1 μg 的亮氨酸和 36.2 μg 的色氨酸,计算该蛋白质的最小相对分子质量。[11274(亮),11271(色)]

10. 某一蛋白质分子具有 α-螺旋及 β-折叠两种构象,分子总长度为 5.5×10^{-5} cm,该蛋白质的相对分子质量为 250 000。试计算该蛋白质分子中 α-螺旋及 β-折叠两种构象各占多少?(氨基酸残基平均相对分子质量以 100 计算,假设 β-折叠构象中每个氨基酸残基的长度为 0.35 nm)。[65%;35%]

11. 将丙氨酸溶液(400 mL)调节到 pH8.0,然后向该溶液中加入过量的甲醛。当所得溶液用碱反滴定至 pH8.0 时,消耗 0.2 mol/L NaOH 溶液 250 mL。问起始溶液中丙氨酸的含量为多少克?[4.45 g]

12. 甘氨酸在溶剂 A 中的溶解度为在溶剂 B 中的 4 倍,苯丙氨酸在溶剂 A 中的溶解度为在溶剂 B 中的 2 倍。利用在溶剂 A 和 B 之间的逆流分溶方法将甘氨酸和苯丙氨酸分开,在起始溶液中甘氨酸含量为100 mg,苯丙氨酸为81 mg。试回答下列问题:(1) 利用由4个分溶管组成的逆流分溶系统时,甘氨酸和苯丙氨酸各在哪一号分溶管中含量最高?(2)在这样的管中每种氨基酸各为多少克?[(1)第4管和第3管;(2) 51.2 mg Gly+24 mg Phe和38.4 mg Gly+36 mg Phe]

13.今有一个七肽,经分析它的氨基酸组成是:Lys、Pro、Arg、Phe、Ala、Tyr和Ser。此肽未经糜蛋白酶处理时,与DNFB反应不产生α-DNP-氨基酸。经糜蛋白酶作用后,此肽断裂成两个肽段,其氨基酸组成分别为Ala、Tyr、Ser和Pro、Phe、Lys、Arg。这两个肽段分别与DNFB反应,可分别产生DNP-Ser和DNP-Lys。此肽与胰蛋白酶反应,同样能生成两个肽段,它们的氨基酸组成分别是Arg、Pro和Phe、Tyr、Lys、Ser、Ala。试问此七肽的一级结构是怎样的?[它是一个环肽,序列为:-Phe-Ser-Ala-Tyr-Lys-Pro-Arg-]

14.(1)计算一个含有78个氨基酸残基的α-螺旋的轴长。(2)此多肽的α-螺旋完全伸展时有多长?[11.7 nm;28.08 nm]

15.某一蛋白质的多肽链除一些区段为α-螺旋构象外,其他区段均为β-折叠片构象。该蛋白质相对分子质量为240 000,多肽外形的长度为5.06×10^{-5} cm。试计算α-螺旋占该多肽链的质量分数(假设β-折叠片构象中每个氨基酸残基的长度为0.35 nm)。[69.6%]

16.测得一种血红素蛋白质中铁的质量分数为0.426%,计算其最低相对分子质量。一种纯酶按质量计算含亮氨酸的质量分数为1.65%、异亮氨酸的质量分数为2.48%,问其最低相对分子质量是多少?[13110;13697(亮),13669(异亮)]

17.一种蛋白质的偏微比容为0.707 cm^3/g;当温度校正为20℃,溶剂校正为水时,扩散系数($D_{20,w}$)为$13.1\times10^{-7}cm^2/s$;沉降系数($S_{20,w}$)为2.05 S,20℃时水的密度为0.998 g/m^3。根据斯维德贝格公式计算该蛋白质的相对分子质量。[12 950]

第4章 核酸化学

核酸(nucleic acid)是生物体内一类含有磷酸基团的重要生物大分子,其主要作用是遗传信息的储存和传递。核酸化学是生物化学研究的一个重要领域,也是分子生物学的基础和组成部分。

4.1 概 述

4.1.1 核酸的发现和研究简史

1. 核酸的发现

1868 年 F. Miescher 从外科手术绷带上脓细胞的核中分离出一种溶于碱但不溶于酸的含磷并呈强酸性的有机化合物,称为核素(nuclein)。此后,Miescher 转向研究鲑鱼精子头部的物质,除了分离到相对分子质量高的含磷酸化合物(即现在所知的 DNA)外,还提取出一种碱性化合物,称为鱼精蛋白(protamine)。Miescher 被认为是细胞核化学的创始人和 DNA 的发现者。R. Altmann发展了 Miescher 的工作,提出从酵母和动物组织中制备不含蛋白质的核酸的方法,核酸这个名称就是由 Altmann 在 1889 年最先提出来的。A. Kossel 和 A. Neuman 于 1894 年报导了一种从胸腺中制备核酸的方法。

胸腺细胞核很大,酵母的细胞质很丰富,是提取核酸的极好材料。O. Hammars 于 1894 年证明酵母核酸中的糖是戊糖,1909 年经 P. A. Levene 和 W. A. Jacobs 鉴定是 *D*-核糖。当时曾认为胸腺核酸中的糖是己糖,1929 年 Levene 和 Jacobs 确定其为 2-脱氧-*D*-核糖。在 19 世纪末和 20 世纪初分别鉴定出两类核酸的碱基的差别。可见在 19 世纪末已经发现有两类核酸存在,虽然还不清楚它们化学本质的差别。

2. 核酸的早期研究

Miescher 的发现曾给生物学家带来巨大希望。Hoppe-Seyler 认为,核素“可能在细胞发育中发挥着极为重要的作用”。1885 年细胞学家 O. Hertwig 提出,核素可能负责受精和传递遗传性状。1895 年遗传学家 E. B. Wilson 推测,染色质与核素是同一物质,是遗传的物质基础。

核酸中的碱基大部分由 Kossel 及其同事鉴定,他在 1910 年因在核酸化学研究中的成就获诺贝尔医学奖。Levene 在鉴定核酸中的糖以及阐明核苷酸的化学键中做出了重要贡献。

理论研究的重大发展往往首先从技术上的突破开始。20 世纪 40 年代 T. Caspersson 的显微紫外分光光度研究,J. Brachet 的组织化学实验,A. L. Dounce 的细胞器的分离以及 J. N. Davidson 的化学分析结果都确证 DNA 存在于细胞核中,RNA 存在于细胞质中,它们都是动物、植物和细菌细胞共同的重要组成成分。

3. DNA 双螺旋结构模型的建立

20 世纪上半叶,数理学科进一步渗入生物学,生物化学作为一门交叉学科,成为数理学科与生物学之间的桥梁。数理学科的渗入不仅带来了新的理论和理性思维方法,而且引入了许多新的技术思想和实验方法。1953 年 J. D. Watson 和 F. Crick 提出 DNA 双螺旋结构模型,就是在学科融合的背景下产生的。DNA 双螺旋模型的发现是 20 世纪自然科学中最伟大的成就之一,给生命科学带来深远的影响,并为分子生物学的发展奠定了基础。

1944 年 O. Avery 等人首次证明 DNA 是细菌遗传性状的转化因子。

20 世纪 50 年代许多实验室对 DNA 双螺旋结构模型进行验证。1956 年 A. Kornberg 发现 DNA 聚合酶,可用在体外复制 DNA。1958 年 Crick 总结了当时分子生物学的成果,提出了"中心法则"(central dogma),即遗传信息从 DNA 传到 RNA,再传到蛋白质,一旦传给蛋白质就不再转移。

每当 DNA 研究取得理论上或技术上的重大进展,都会带动 RNA 研究出现一个高潮。20 世纪 60 年代 RNA 研究取得大发展。1961 年 F. Jacob 和 J. Monod 提出操纵子学说并假设了 mRNA 功能。1965 年 R. W. Holley 等最早测定了酵母丙氨酸 tRNA 核苷酸序列。1966 年由 M. W. Nirenberg 等的多个实验室共同破译了遗传密码。所有这些成果都是在"中心法则"的框架内取得的。1970 年 H. M. Temin 等和 D. Baltimore 等从致瘤 RNA 病毒中发现了逆转录酶,这种现象是对"中心法则"的补充,并没有动摇"中心法则"的基础。

4. 生物技术的兴起

20 世纪 70 年代前期诞生了 DNA 重组技术(DNA recombinant technology)。这一技术系统依托的是 DNA 切割技术、分子克隆和快速测序三项关键技术。

DNA 重组技术的出现极大地推动了 DNA 和 RNA 的研究。20 世纪 80 年代对 RNA 的研究出现了第二个高潮,取得了一系列生命科学研究领域最富挑战性的成果。例如:用于基因操作的工具酶——限制性核酸内切酶、DNA 修饰酶(连接酶、聚合酶、转录酶)的发现,DNA 酶法测序技术和化学测序技术的建立,细菌质粒重组体的克隆等等。1981 年 T. Cech 发现四膜虫 rRNA 前体能够通过自我拼接切除内含子,表明个别 RNA 也具有酶功能,称为核酶(ribozyme),从而打破"酶一定是蛋白质"的传统观点。

5. 人类基因组计划开辟了生命科学新纪元

1986年，著名生物学家、诺贝尔奖获得者 H. Dulbecco 在 Science 杂志上率先提出“人类基因组计划”（简称 HGP）。人类体细胞有23对染色体，单倍体细胞基因组大约有 3×10^9 碱基对。完成人类基因组 DNA 全序列的测定，使人类明确对自己遗传信息的认识，将有益于人类健康、医疗、制药、人口、环境等诸多方面，必将对生命科学做出极大贡献。1990年10月美国政府决定出资30亿美元，用15年时间（1991～2005）完成“人类基因组计划”。“人类基因组计划”是生物学有史以来最巨大，意义最深远的一项科学工程，它首先在美国启动，并很快得到国际科学界的重视，英国、日本、法国、德国和中国科学家先后加入这个国际合作计划。中国在1999年加入该计划，承担了1%的测序任务，美、英、日、法、德和中国科学家经过13年努力于2003年共同绘制完成了人类基因组序列图，比原计划提前两年，在人类揭示生命奥秘，认识自我的漫漫长路上又迈出重要一步。

后基因组时代生物学研究的重要领域之一是“蛋白质组学”。“蛋白质组学”概念是1994年澳大利亚学者 M. Wilkins 和 K. Williams 首先提出来的，是指细胞内基因组表达的所有蛋白质。自从1997年举行第一次国际“蛋白质组学”会议以来，在这个研究领域内基础研究和应用研究都得到了迅速发展。

4.1.2　核酸的种类和分布

1. 核酸的化学组成

组成核酸的化学元素除 C、H、O、N 外，还含有较多的磷和少量的硫，其中磷的质量分数为9%～10%。含磷高是核酸组成元素的特点，可用定磷法来测核酸的含量。

核酸同蛋白质一样，也是高分子有机化合物，经不同程度地水解，可得到多核苷酸、寡核苷酸和核苷酸；核酸彻底水解的产物是糖、含氮的碱基和磷酸。

2. 核酸中的糖

核酸中的糖有两种，*D*-核糖和 *D*-2-脱氧核糖。两者都是 β-构型，结构式为

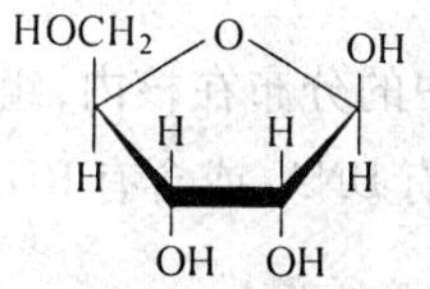

β-*D*-核糖　　　　β-*D*-2-脱氧核糖

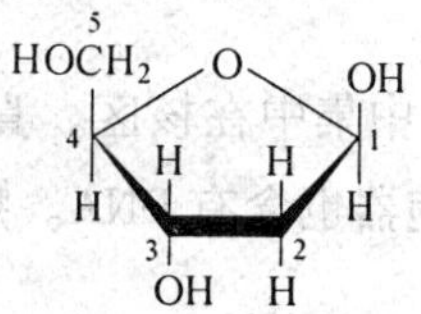

RNA所含核糖为 β-*D*-核糖，DNA所含核糖为 β-*D*-2-脱氧核糖。*D*-核糖可与苔黑酚反应呈绿色，*D*-2-脱氧核糖可与二苯胺反应呈蓝色。

RNA中的碱基主要有4种：腺嘌呤、鸟嘌呤、胞嘧啶、尿嘧啶；DNA中的碱基主要也有4种，其中3种与RNA中的相同，只是胸腺嘧啶代替了尿嘧啶。两类核酸的主要化学组成见表4.1。

表 4.1　两类核酸的基本化学组成

	DNA	RNA
嘌呤碱 (purine bases)	腺嘌呤(adenine) 鸟嘌呤(guanine)	腺嘌呤(adenine) 鸟嘌呤(guanine)
嘧啶碱 (pyrimidine bases)	胞嘧啶(cytosine) 胸腺嘧啶(thymine)	胞嘧啶(cytosine) 尿嘧啶(uracil)
戊糖 (pentose)	*D*-2-脱氧核糖 (*D*-2-deoxyribose)	*D*-核糖 (*D*-ribose)
酸 (acid)	磷酸 (phosphoric acid)	磷酸 (phosphoric acid)

3. 分类

根据彻底水解产物中含糖的不同,核酸分为脱氧核糖核酸(deoxyribonucleic acid,简称 DNA)和核糖核酸(ribose nucleic acid,简称 RNA)两类。所有生物细胞都含有这两类核酸。生物体的遗传信息以密码形式编码在核酸分子上,表现为特定的核苷酸序列。DNA 是主要的遗传物质,通过复制将遗传信息由亲代传给子代。RNA 是某些病毒的遗传物质,还与遗传信息的表达有关。

(1) RNA

RNA 又分为信使 RNA(messenger RNA,mRNA)、转运 RNA(transfer RNA,tRNA)和核糖体 RNA(ribosomal RNA,rRNA)。原核生物和真核生物都有这 3 类 RNA。两者 tRNA 的大小和结构基因基本相同,rRNA 和 mRNA 却有明显的差异。

mRNA 约占细胞总 RNA 量的 5%,其作用是将遗传信息从 DNA 传递到蛋白质,在肽链合成中起决定氨基酸排列顺序的模板作用。tRNA 约占细胞总 RNA 量的 15%,相对分子质量较小,游离在细胞质中,主要功能是在蛋白质合成中转运氨基酸。rRNA 约占细胞总 RNA 量的 80%,相对分子质量较大,是核糖体的组成成分(占 60% 左右),核糖体是蛋白质合成的场所。

(2) DNA

DNA 在原核细胞中集中在核区。真核细胞中的分布在核内,组成染色体(染色质)。线粒体、叶绿体等细胞器也含有 DNA。病毒或含有 DNA,或含有 RNA,尚未发现两者兼有的病毒。

原核生物染色体 DNA、质粒 DNA、真核生物细胞器 DNA 都是环状双链 DNA(circular double-stranded DNA)。质粒是指染色体外基因,能够自主复制,并给出附加的性状。真核生物染色体是线型双链 DNA(linear double-stranded DNA),末端具有高度重复序列的端粒(telomere)结构。

病毒必须依赖宿主细胞才能生存,因此将它们只看做是一些游离的基因。病毒 DNA 种类很多,结构各异。动物病毒 DNA 通常是环状双链或线型双链。植物病毒基因组大多是 RNA,DNA 较少见。少数植物病毒 DNA 或是环状双链,或是环状单链。噬菌体 DNA

多数是线型双链,如λ噬菌体、T系列噬菌体。

4.2　核苷酸

核酸是多聚核苷酸(polynucleotide),它的基本结构单位是核苷酸(nucleotide)。核苷酸可分为核糖核苷酸(ribo nucleotide)和脱氧核糖核苷酸(deoxyribonucleotide)两类,两者基本化学结构相同,但所含戊糖不同。核糖核苷酸是核糖核酸的结构单位;脱氧核糖核苷酸是脱氧核糖核酸的结构单位。细胞内还有各种游离的核苷酸和核苷酸衍生物,它们具有重要的生理功能。

1. 含氮碱基

含氮碱基(base)是核酸中含氮的碱性杂环化合物,核酸中的碱基分两类:嘧啶碱和嘌呤碱。

(1) 嘧啶碱

嘧啶碱是母体化合物嘧啶的衍生物。嘧啶上的原子编号有新旧两种方法。国际"有机化学物质的系统命名原则"中采用的是新系统,本书也采用这个系统。核酸中常见的嘧啶有3类,胞嘧啶、尿嘧啶和胸腺嘧啶,其中胞嘧啶为DNA和RNA两类核酸共有。胸腺嘧啶只存在于DNA中,但tRNA中也少量存在;尿嘧啶只存在于RNA中。植物DNA中有相当数量的5-甲基胞嘧啶。一些大肠杆菌噬菌体DNA中,5-羟甲基胞嘧啶代替了胞嘧啶。

嘧啶(新系统)　嘧啶(旧系统)　胞嘧啶 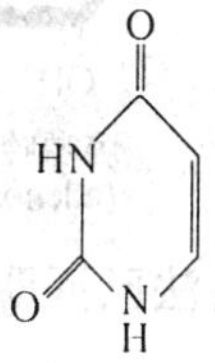　尿嘧啶

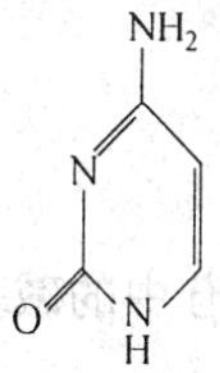

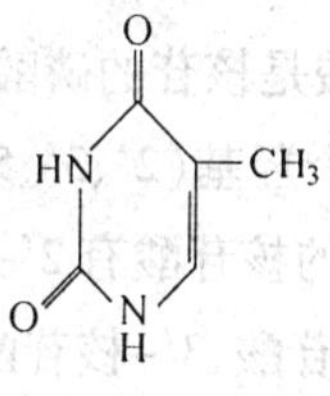

胸腺嘧啶 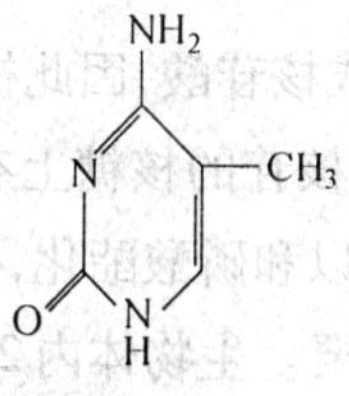　5-甲基胞嘧啶(5-methylcytosine)　5-羟甲基胞嘧啶(5-hydroxy-methylcytosine)

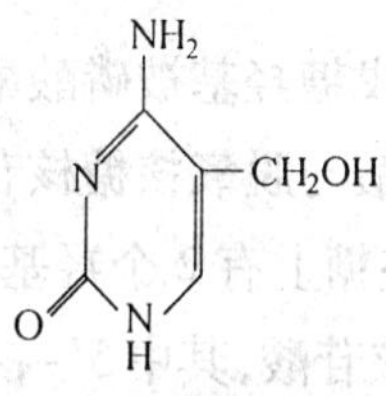

(2) 嘌呤碱

核酸中常见的嘌呤碱有两类,腺嘌呤及鸟嘌呤。嘌呤碱由母体化合物嘌呤衍生而来。

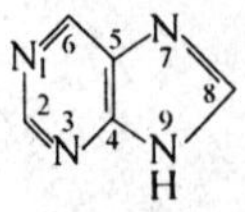

嘌呤 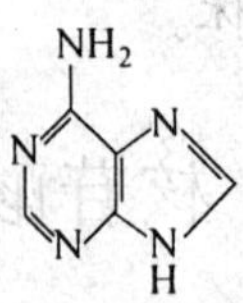　　腺嘌呤 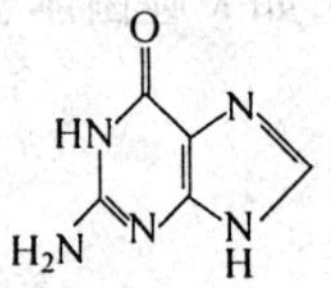　　鸟嘌呤

除上述几种碱基外，核酸中还有一些稀有碱基，多数稀有碱基是上述主要碱基甲基化、硫代、乙酰化等的衍生物。

2. 核苷

核苷是一种糖苷，由戊糖和含氮碱基缩合而成。碱基与戊糖连接形成核苷，其糖苷键由戊糖的半缩醛羟基与碱基上的 N 原子缩合而成，称为 *N*–苷键。嘧啶碱和戊糖的连接：嘧啶环的第 1 位 N 与戊糖的第 1′位 C 相连，（为了与碱基标号区别，在核苷中糖环上的原子编号右上角加撇表示），即 N1–C1′；嘌呤碱和戊糖的连接：嘌呤环的第 9 位 N 与戊糖的第 1′位 C 相连，即 N9–C1′，核苷的结构式为

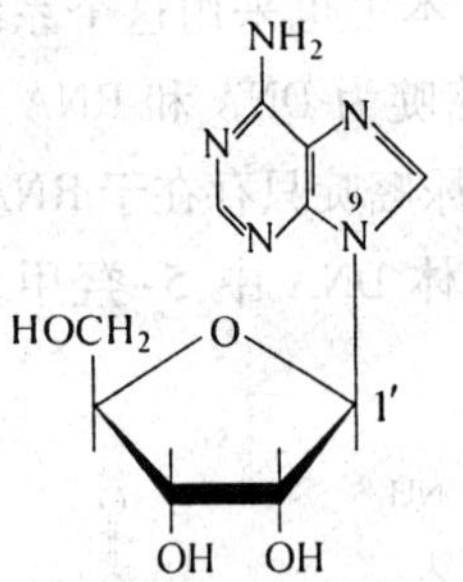

腺嘌呤核苷 (adenosine)　　胞嘧啶脱氧核苷 (deoxycytidne)

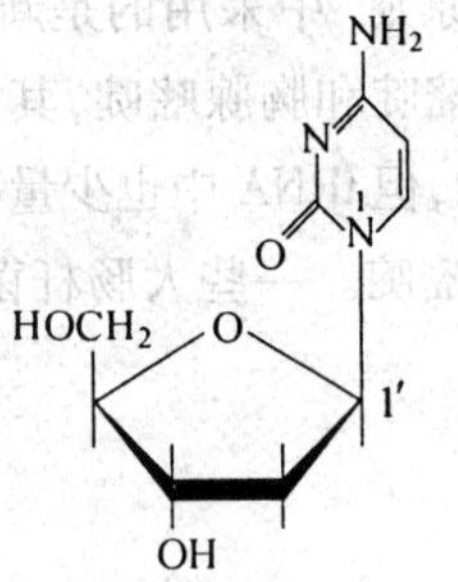

应用 X 射线衍射法已证明，核苷中的碱基环平面与戊糖环平面相垂直，碱基环可沿 *N*–苷键自由旋转。

3. 核苷酸

核苷中的戊糖羟基被磷酸酯化，就形成核苷酸，因此核苷酸是核苷的磷酸酯。核苷酸分成核糖核苷酸与脱氧核糖核苷酸两类。核苷的核糖上有 3 个羟基（2′、3′、5′）可以和磷酸酯化；脱氧核糖上有 2 个羟基（3′、5′）可以和磷酸酯化，生成的核苷酸有 2′–核苷酸、3′–核苷酸和 5′–核苷酸，其中 5′–核苷酸最重要。生物体内 2′–核苷酸、3′–核苷酸都不如 5′–核苷酸稳定，所以生物体内游离核苷酸主要是 5′–核苷酸或 5′–脱氧核苷酸。它们各有 4 种。

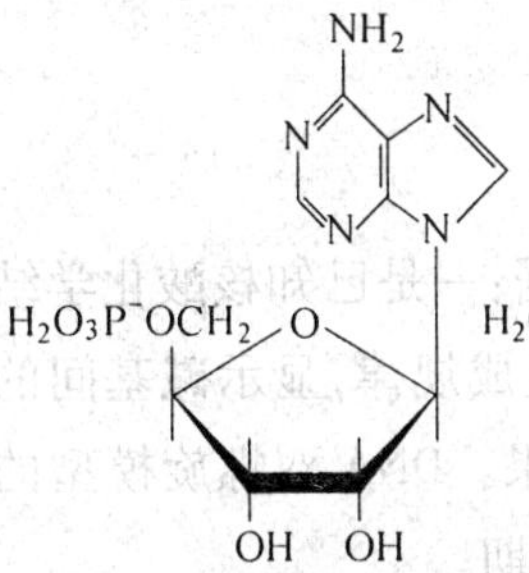

5′-磷酸腺苷
(5′-AMP)

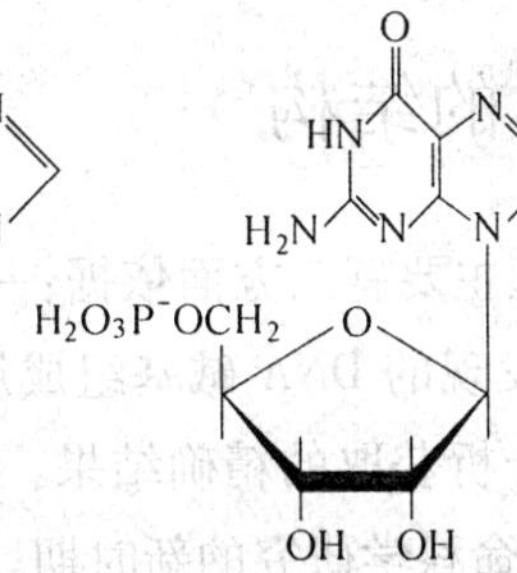

5′-磷酸鸟苷
(5′-GMP)

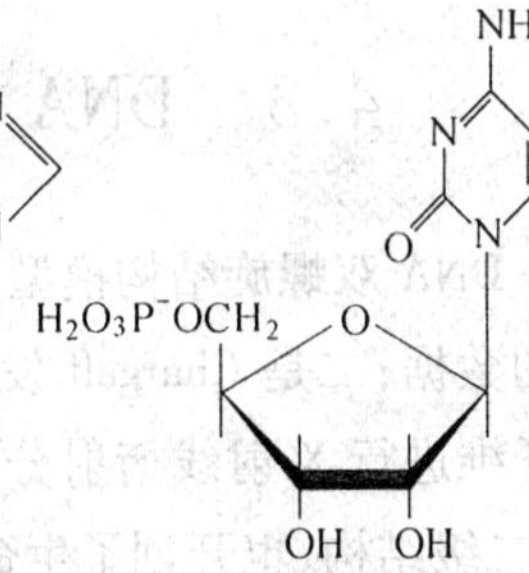

5′-磷酸胞苷
(5′-CMP)

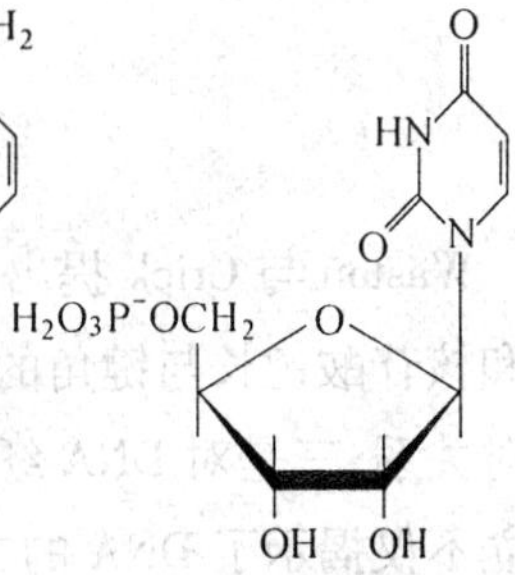

5′-磷酸尿苷
(5′-UMP)

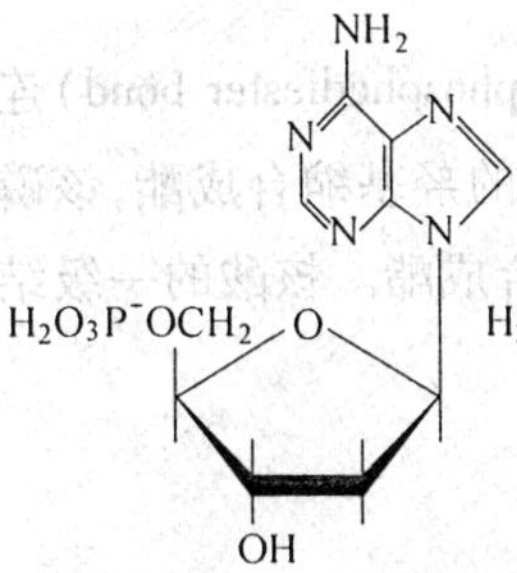

5′-磷酸脱氧腺苷
(5′-dAMP)

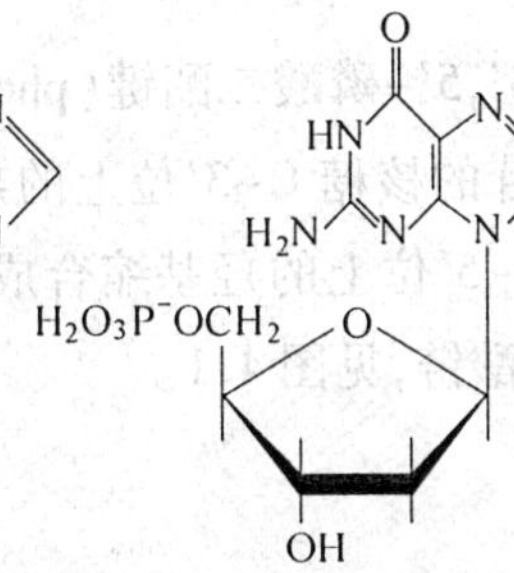

5′-磷酸脱氧鸟苷
(5′-dGMP)

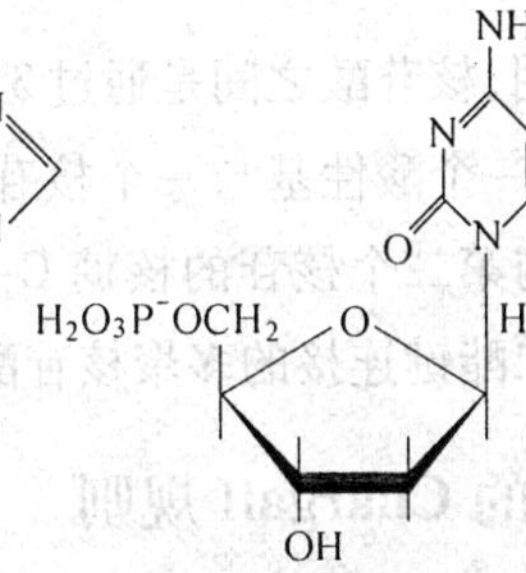

5′-磷酸脱氧胞苷
(5′-dCMP)

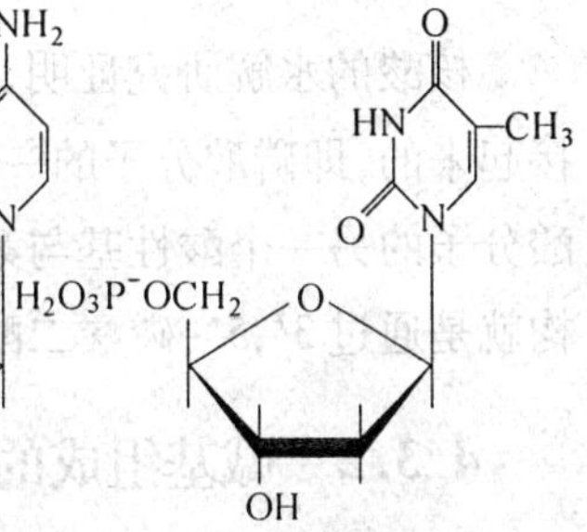

5′-磷酸脱氧胸苷
(5′-dTMP)

参与核酸生物合成的直接原料不是核苷单磷酸，而是核苷(脱氧核苷)三磷酸。其中腺苷三磷酸(5′-adenosine triphosphate, ATP)还是细胞中重要的能源转换物质。ATP的结构式为

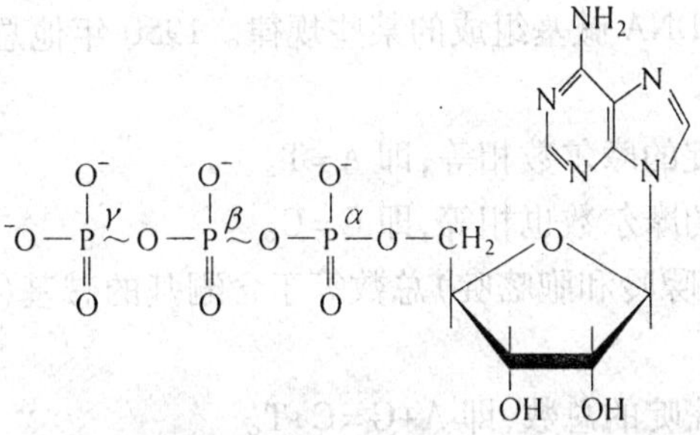

环化核苷酸往往是细胞功能的调节分子和信号分子。重要的有3′,5′-环化腺苷酸(3′,5′-cyclic adenylic acid, cAMP)及3′,5′-环化鸟苷酸(3′,5′-cyclic guanylic acid, cGMP)。

核酸组分的表示方式通常用3个字母表示碱基，1个字母表示核苷，如Ade为腺嘌呤，A为腺苷。腺苷酸用pA(磷酸5′位)或Ap(磷酸3′位)表示。B代表任一碱基，N代表任一核苷。甲基化稀有组分，如$m_3^{1,3,7}G$为N^1，N^3，N^7-三甲基鸟苷，m代表甲基，右上角数字为甲基所在位置，右下角数字为甲基数目。

4.3　DNA 的结构

Waston 与 Crick 提出 DNA 双螺旋结构模型主要有三方面依据：一是已知核酸化学结构和核苷酸键长与键角的数据；二是 Chargaff 发现的 DNA 碱基组成规律，显示碱基间的配对关系；三是对 DNA 纤维进行 X 射线衍射分析获取的精确结果。DNA 双螺旋模型的建立不仅揭示了 DNA 的二级结构，也开创了生命科学研究的新时期。

4.3.1　核酸中核苷酸的连接方式

核酸的水解研究证明，核苷酸之间是通过 3′,5′-磷酸二酯键(phosphodiester bond)连接起来的，即磷酸分子的一个酸性基与一个核苷的核糖 C-3′位上的羟基缩合成酯，该磷酸分子的另一个酸性基与第二个核苷的核糖 C-5′位上的羟基缩合成酯。核酸的一级结构就是通过 3′,5′-磷酸二酯键连接的多聚核苷酸链，见图 4.1。

4.3.2　碱基组成的 Chargaff 规则

参与 DNA 组成的碱基主要有 4 种，即腺嘌呤、鸟嘌呤、胞嘧啶和胸腺嘧啶。Chargaff 等科学家在 20 世纪 40 年代应用纸层析及紫外分光光度技术测定各种生物 DNA 的碱基组成。结果发现 DNA 的碱基组成具有生物物种的特异性，即不同物种的 DNA 有其独特的碱基组成。而同一物种不同组织和器官的 DNA 碱基组成是相同的，不受生长发育、营养状况以及环境条件的影响。

Chargaff 首先发现了 DNA 碱基组成的某些规律。1950 年他总结出 DNA 碱基组成的规律，称为 Chargaff 规则。

① 腺嘌呤和胸腺嘧啶的摩尔数相等，即 A=T。

② 鸟嘌呤和胞嘧啶的摩尔数也相等，即 G=C。

③ 含氨基的碱基(腺嘌呤和胞嘧啶)总数等于含酮基的碱基(鸟嘌呤和胸腺嘧啶)总数，即 A+C=G+T。

④ 嘌呤的总数等于嘧啶的总数，即 A+G=C+T。

所有 DNA 中碱基组成必定是 A=T，G=C，这一规律暗示 A 与 T，G 与 C 相互配对的可能性，这是 Watson 和 Crick 提出 DNA 双螺旋结构的重要依据。

4.3.3　DNA 的一级结构

DNA 的一级结构是由数量极多的 4 种脱氧核糖核苷酸，即腺嘌呤脱氧核苷酸、鸟嘌呤脱氧核苷酸、胞嘧啶脱氧核苷酸和胸腺嘧啶脱氧核苷酸，通过 3′,5′-磷酸二酯键连接起来的直线形或环形多聚体。由于 DNA 的脱氧核糖中 C-2′位上不含羟基，C-1′位又与碱基相连接，惟一可以形成的键是 3′,5′-磷酸二酯键。所以 DNA 不能有支链。图 4.2 表示 DNA 多核苷酸链的一个小片段。

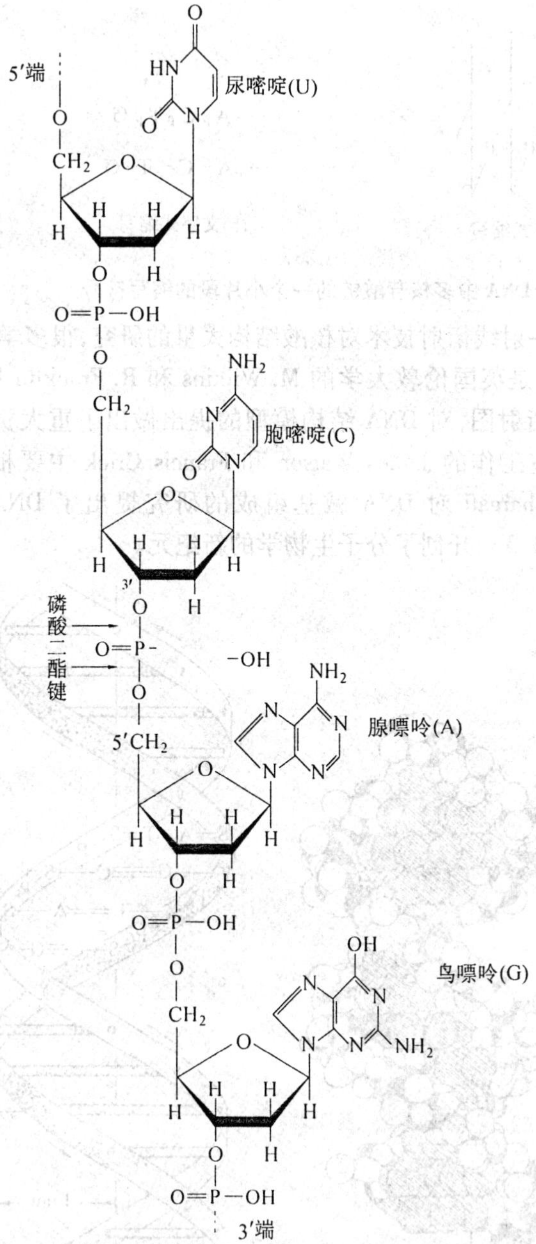

图 4.1　核苷酸链

4.3.4　DNA 的高级结构

由于核酸分子的相对分子质量比较大,在一级结构基础上核苷酸链折叠或盘曲,形成复杂的三维结构即高级结构。

1. DNA 的二级结构

(1) DNA 双螺旋结构模型提出的依据

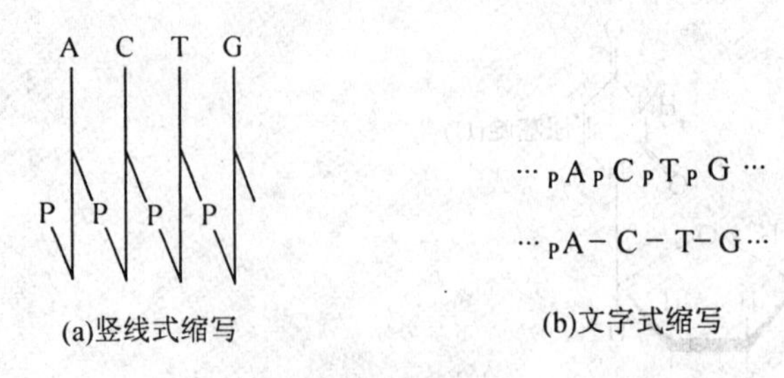

图4.2　DNA中多核苷酸链的一个小片段的缩写符号

根据20世纪40年代X-射线衍射技术对核酸结构大量的研究,很多学者摄制了大量核酸X-射线衍射图谱,特别是英国伦敦大学的M. Wilkins和R. Franklin用高纯度DNA纤维拍摄的高质量X-射线衍射图,对DNA结构模型的提出做出了重大贡献。1953年,在剑桥大学卡尔文许实验室工作的James Watson和Francis Crick主要根据Wilkins和Franklin的研究成果及E. Chargaff对DNA碱基组成的研究提出了DNA二级结构模型——双螺旋结构模型(图4.3),开创了分子生物学的新纪元。

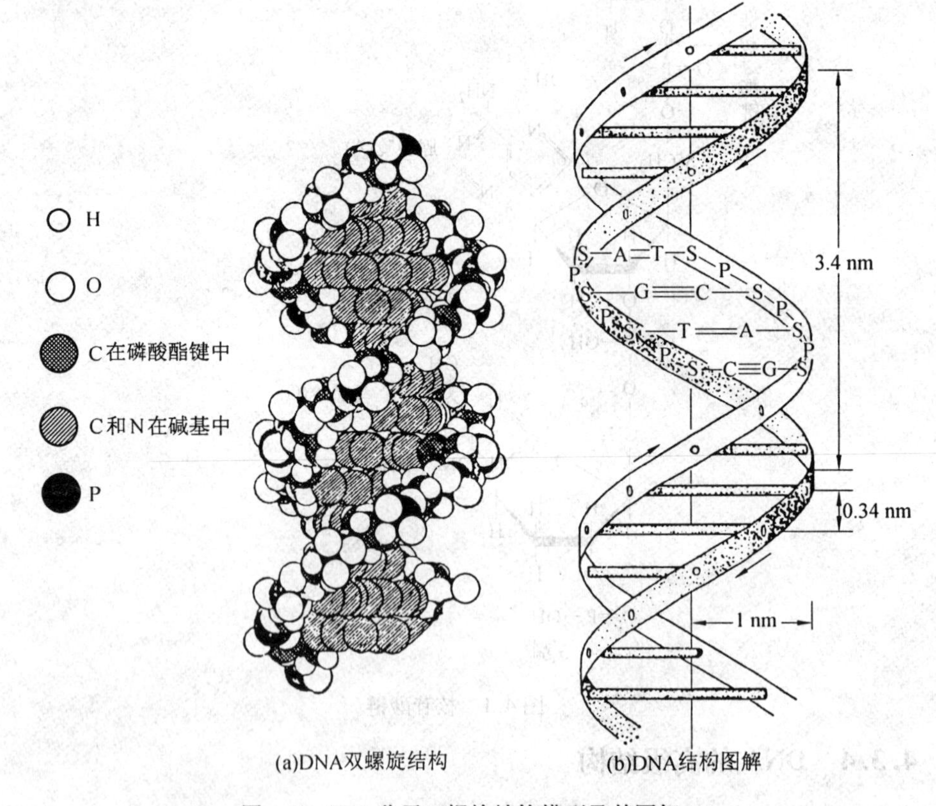

图4.3　DNA分子双螺旋结构模型及其图解

(2) DNA双螺旋结构模型的特征

①主链。两条反向平行的脱氧多核苷酸链围绕同一“中心轴”相互缠绕,形成双螺旋,碱基对位于双螺旋内侧,糖和磷酸在外侧,脱氧核苷酸彼此通过3′,5′磷酸二酯键相连

接形成 DNA 分子的骨架。碱基平面与纵轴垂直,糖环平面平行于纵轴;两条链均为右手螺旋,其磷酸二酯键的方向互为相反,即一条为 5′→3′,另一条为 3′→5′,其中 3′→5′者为正向链。

② 碱基配对。两条核苷酸链依靠彼此碱基之间形成的氢键结合在一起。根据分子模型计算,一条链上的嘌呤碱必须与另一条链上的嘧啶碱配对,其距离才正好与双螺旋的直径相吻合。为了让碱基间尽可能多地形成氢键, A 只能与 T 配对,形成两个氢键;G 与 C 配对,形成 3 个氢键,因此在 DNA 分子中一个碱基对(base pair,bp)是一个单位。碱基配对规律是 DNA、RNA 生物合成的分子基础。

③ 螺旋参数。双螺旋的平均直径为 2 nm,两个相邻的碱基对之间的高度即碱基垂直堆积距离为 0.34 nm,两个核苷酸之间的夹角是 36°,所以每圈螺旋含有 10 个核苷酸(残基),螺距为3.4 nm。

④ 螺旋表面。配对碱基并不充满双螺旋的全部空间,而且碱基对占据的空间不对称,因而在双螺旋的表面形成两条螺形凹沟,一条较深称为大沟(major groove),宽 1.2 nm,深 0.85 nm;一条较浅为小沟(minor groove),宽 0.6 nm,深 0.75 nm。

碱基在一条链上的排列顺序不受任何限制。但根据碱基配对原则,当一条核苷酸链的序列被确定后,即可决定另一条互补链的序列。遗传信息由碱基的序列所携带。

(3) DNA 双螺旋结构的稳定因素

① 氢键。两条链间碱基的相互作用,形成氢键,虽然氢键是弱键,但 DNA 中氢键数量大,所以氢键是稳定双螺旋结构的比较重要的因素。

② 碱基堆积力(base stacking action)。碱基堆积力是一条链上相邻两个平行碱基环间的相互作用,这是来自芳香族碱基 π 电子之间的相互作用,是维持 DNA 双螺旋稳定的主要因素。碱基堆积使双螺旋内部形成疏水核心,从而有利于碱基间形成氢键。

③ 离子键。DNA 分子中磷酸基团在生理条件下解离,使 DNA 成为一种多阴离子,有利于与带正电荷的组蛋白或介质中的阳离子之间形成静电作用,能减少双链间的静电排斥,有利于双螺旋的稳定。

(4) DNA 双螺旋的结构类型

每个核苷酸残基都有 6 个可自由旋转的单键,使得 DNA 分子具有柔性,并具有不同的构象形式。根据对天然及合成核酸的 X 射线衍射分析,DNA 构象形式可分为以下类型(表 4.2、图 4.4),主要取决于制备 DNA 晶体时的相对湿度、盐的种类及盐浓度。另外对合成的寡聚嘌呤嘧啶核苷酸(如 d(CGCATGCGG))的结构分析中发现有左旋 DNA,称为 Z-DNA。上述 Watson-Crick 模型主要指 B-DNA(右旋 DNA),这是细胞内 DNA 的主要构象。

表 4.2　主要 DNA 构象的平均螺旋参数

结构类型	螺旋方向	碱基/螺旋	糖折叠	沟宽/nm		沟深/nm	
				小	大	小	大
A-DNA	R	11	C3′-endo	1.10	0.27	0.28	1.35
dGGCCGGCC	R	11	C3′-endo	0.96	0.79	—	—
B-DNA	R	10	C2′-endo	0.57	1.17	0.75	0.88
dCGCGAATTCGCG	R	9.7	C2′-endo	0.38	1.17	—	—
C-DNA	R	9.33	C3′-exo	0.48	1.05	0.79	0.75
D-DNA	R	8	C3′-exo	0.13	0.80	0.67	0.58
T-DNA	R	8	C2′-endo	窄	宽	深	浅
Z-DNA	L	12	C3′-endo(syn)	0.20	0.88	1.38	0.37
A-RNA	R	11	C3′-endo	—	—	—	—
A′-RNA	R	12	C3′-endo	—	—	—	—

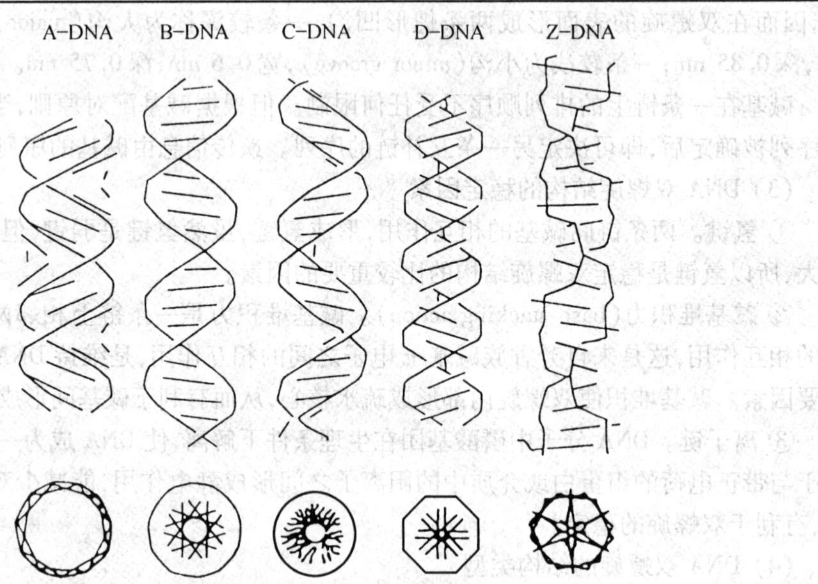

图 4.4　DNA 双螺旋的不同构象

2. DNA 三级结构

DNA 的三级结构是指在双螺旋结构基础上分子的进一步扭曲或再次螺旋所形成的构象。其中,超螺旋(superhelix)是最常见也是研究最多的 DNA 三级结构。

由于 DNA 双螺旋是处于最低能量状态的结构,如果使正常 DNA 的双螺旋额外地多转几圈或少转几圈,就会使双螺旋内的原子偏离正常的位置,这样在双螺旋分子中就存在额外张力。如果双螺旋末端是开放的,张力会通过链的旋转而释放;如果 DNA 分子两端是以某种方式固定的,这些额外张力就不能释放到分子之外,而只能在 DNA 分子内部重新分配,从而造成原子或基团的重排,导致 DNA 形成超螺旋。

细胞内的 DNA 主要以超螺旋形式存在,比如人的 DNA 在染色体中的超螺旋结构,使 DNA 分子反复折叠盘旋后共压缩 8 400 倍左右。

20 世纪 60 年代,J. Vinograd 对环状 DNA 分子的拓扑结构进行了研究,许多 DNA 是双链环状分子(double-stranded circular molecule),如细菌染色体DNA、质粒DNA、细胞器DNA、某些病毒DNA等。细菌染色体DNA太大,很难分离出完整的DNA分子。但可以提取到相对分子质量较小的天然环状DNA。通常在这类制剂中可以观察到3种形式的DNA:共价闭环DNA(covalent closed circular DNA,cccDNA),这类DNA常呈超螺旋型(superhelical form);双链环状DNA的一条链断裂,称为开环DNA(open circular DNA,ocDNA),分子呈松弛态;环状DNA双链断裂,成为线型DNA(linear DNA)。

应用拓扑学(topology)可深入对DNA分子构象进行了解。拓扑学是数学的一个分支,专门研究物体变形后仍然保留下来的结构特征。为了说明问题,以一段由260碱基对组成的线型B-DNA为例来加以讨论。图4.5(a)中为一段长260碱基对的B-DNA。这段DNA的螺旋周数应为25(260/10.4=25)。当将此线型DNA连接成环状时,此环状DNA称为松弛型DNA(relaxed DNA)(图4.5(b))。但若将上述线型DNA的螺旋先拧松两周再连接成环状时,可以形成两种环状DNA。一种称解链环状DNA(unwound circle DNA)(图4.5(c)),它的螺旋周数为23,还含有一个解链后形成的突环。另一种环状DNA称为超螺旋DNA(superhelix DNA)(图4.5(d)),它的螺旋周数仍为25,但同时具有两个螺旋套螺旋,即超螺旋。超螺旋DNA具有更为致密的结构,可将很长的DNA分子压缩在极小的体积内。在生物体内,绝大多数DNA以超螺旋的形式存在。由于超螺旋DNA有较大的密度,在离心场中移动较线型或开环DNA要快,在凝胶电泳中泳动的速度也较快。应用超速离心及凝胶电泳也可以很容易地将不同构象的DNA分离开来。环状DNA有一些重要的拓扑学特性。

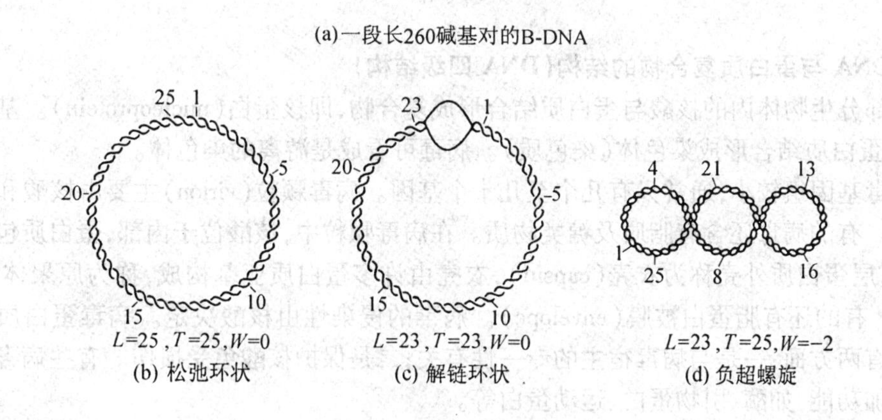

图4.5 环状DNA的不同构象

(1) 连环数(linking number)

连环数是环状DNA的一个很重要的特性。连环数指在双螺旋DNA中,一条链以右手螺旋绕另一条链缠绕的次数,以字母L表示。在上述松弛环状DNA中,L=25,在解链环状分子中及超螺旋分子中L值皆为23。这3种环状DNA分子具有相同的结构,但L值不同,所以称它们为拓扑异构体(topoisomer)。拓扑异构酶可催化拓扑异构体之间的转换。

(2) 扭转数(twisting number)

扭转数指 DNA 分子中的 Watson-Crick 螺旋数,以 T 表示。上述解链环状与超螺旋 DNA 虽都有相同的 L 值,但他们却具有不同的 T 值。前面 $T=23$,后者为 25。

(3) 超螺旋数

超螺旋数(number of turns of superhelix)或缠绕数(writhing number),以 W 表示。上述解链环状和超螺旋 DNA 的 W 值也是不同的,前者为 0,后者为-2。

L、T、W 三者之间的关系为

$$L=T+W$$

T 与 W 值可以是小数,但 L 值必须是整数。L 值相同的 DNA 之间可以不经链的断裂而相互转变。

用琼脂糖凝胶电泳可将 L 值相差 1 的拓扑异构体分开。

(4) 比连环差

比连环差(specific linking difference)以 λ 表示。它用来表示 DNA 的超螺旋程度。

$$\lambda=(L-L_0)/L_0$$

上式中,DNA 解链环状分子及超螺旋分子的连环数 $L=23$,松弛环状 DNA 的连环数 $L_0=25$,所以 $\lambda=-0.08$。天然环状 DNA 一般都以负超螺旋构象存在,超螺旋密度大约在-0.05 左右。负超螺旋代表环状 DNA 分子的连环数小于构象决定的螺旋圈数,B 型 DNA 是右手螺旋,其负超螺旋的扭曲方向与之相反,应为左手螺旋。负超螺旋 DNA 易于解链。DNA 的复制、重组和转录等过程都需将两条链解开,因此负超螺旋有利于这些功能的进行。但这些生物学过程需要的负超螺旋程度各不相同,可通过 DNA 的拓扑结构来调节其功能。

3. DNA 与蛋白质复合物的结构(DNA 四级结构)

大部分生物体内的核酸与蛋白质结合形成复合物,即核蛋白(nucleoprotein)。基因组 DNA 与蛋白质结合形成染色体(染色质)。病毒可看成是游离的染色体。

病毒基因组较小,通常只有几个至几十个基因。病毒颗粒(virion)主要由核酸和蛋白质组成。有的病毒还含有脂质及糖类物质。在病毒颗粒中,核酸位于内部,蛋白质包裹着核酸,这层蛋白质外壳称为衣壳(capsid),衣壳由许多蛋白质亚基构成,称为原聚体(protomer)。有的还有脂蛋白被膜(envelope)。病毒的侵染性由核酸决定。病毒蛋白质的主要作用有两方面:一是与病毒宿主的专一性有关;二是保护核酸免受损伤。有些病毒蛋白还有附加功能,如酶、引物蛋白、运动蛋白等。

噬菌体(phage)是以细菌与放线菌为宿主的病毒。有的噬菌体含 DNA,有的噬菌体含 RNA。单链环状 DNA 的噬菌体,或为二十面体或为细丝状(如大肠杆菌噬菌体 fd)。双链 DNA 噬菌体具有特殊的蝌蚪状结构。T 系列噬菌体都是蝌蚪形的,具有一个二十面体的头部和一个尾部。其中以 T_2 研究得最清楚。它的头部连接一个 100 nm 的尾部,尾部末端有基板、尖钉和尾丝,相对分子质量为 2×10^6,含 55% 的 DNA,40% 的蛋白质,还有 5% 为碳水化合物。T_2 入侵宿主细胞时,只把 DNA 从尾端注射进细胞,而将外壳留在细胞外面。一些噬菌体的结构见图 4.6。

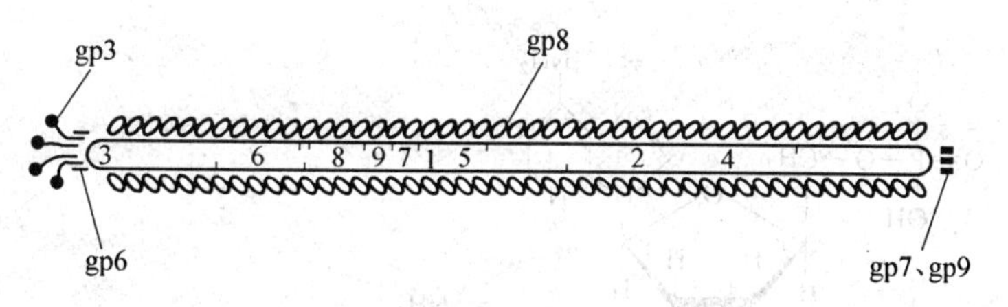

（a）噬菌体 fd 的结构

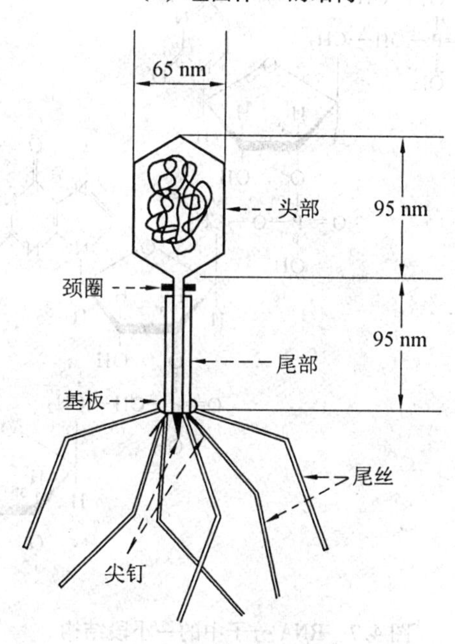

（b）噬菌体的 T_2 结构

图 4.6　一些噬菌体的结构

植物病毒大多数为 RNA 病毒，但花椰菜花叶病毒组（CaMV）和双粒病毒（geminivirus）为 DNA 病毒。

动物病毒一般较植物病毒大，含 DNA 或 RNA。有的还有被膜或称套膜，如流感病毒、疱疹病毒等。

4.4　RNA 的结构

4.4.1　RNA 的一级结构

RNA 是无分支的线型多聚核糖核苷酸，主要由 4 种核糖核苷酸组成，即腺嘌呤核糖核苷酸、鸟嘌呤核糖核苷酸、胞嘧啶核糖核苷酸和尿嘧啶核糖核苷酸。RNA 分子中也含有某些稀有碱基。图 4.7 为 RNA 分子中的一小段，表示 RNA 的结构。

组成 RNA 的核苷酸是由 3′,5′-磷酸二酯键彼此连接起来的。尽管 RNA 分子中核糖环C-2位上有一羟基，但并不形成 2′,5′-磷酸二酯键。用牛脾磷酸二酯酶降解天然 RNA 时，降解产物中只有 3′-核苷酸，并无 2′-核苷酸，因此支持了上述结论。

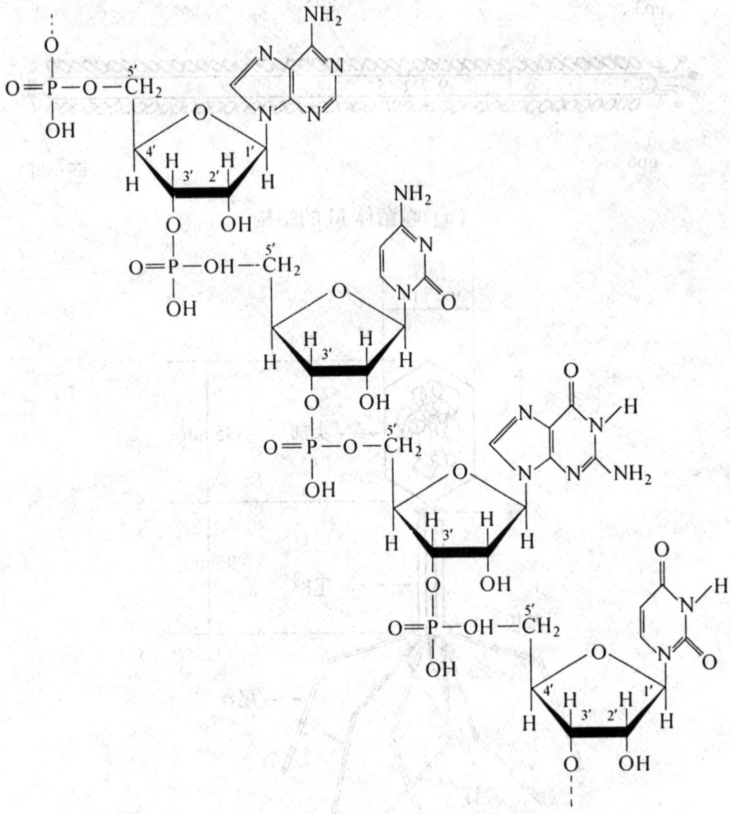

图 4.7　RNA 分子中的一小段结构

三种类型的 mRNA 的结构各不相同,酵母丙氨酸 tRNA 是第一个被测定核苷酸序列的 RNA,由 76 个核苷酸组成。tRNA 通常由 73 至 93 个核苷酸组成,相对分子质量都在 25 000 左右,沉降常数为 4S。它含有较多稀有碱基,其质量分数可达碱基总数的 10% ~ 15%,因而增加了识别和疏水作用。tRNA 的一级结构中有一些保守序列,与其特殊的结构与功能有关。细菌的 rRNA 有 5S、16S 和 23S 三种,他们都是由 30S rRNA 前体切割而来。哺乳动物的 rRNA 有 5S、5.8S 和 18S 和 28S 四种。5S rRNA 单独合成,18S、5.8S、28S rRNA 由 45S rRNA 前体切割而来。

原核生物以操纵子作为转录单位,产生多顺反子 mRNA,即一条 mRNA 链上有多个编码区(coding region),5′端和 3′端各有一个非翻译区(untranslated region,UTR)。原核生物的 mRNA,包括噬菌体 RNA,都无修饰碱基。

真核生物 mRNA 都是单顺反子,其一级结构的通式见图 4.8。真核生物 mRNA 的 5′端有帽子(cap)结构,然后依次是 5′非编码区、编码区、3′非编码区,3′端为聚腺苷酸(polyadenylic acid,poly(A))尾巴。其分子内有时还有极少甲基化的碱基。

极大多数真核细胞 mRNA 的 3′端有一段长约 20 ~ 250 的聚腺苷酸。Poly(A)是在转录后经 Poly(A)聚合酶(Poly(A) polymerase)的作用添加上去的。Poly(A)聚合酶专一作用于 mRNA,对 rRNA 和 tRNA 无作用。Poly(A)尾巴可能与 mRNA 从细胞核到细胞质的

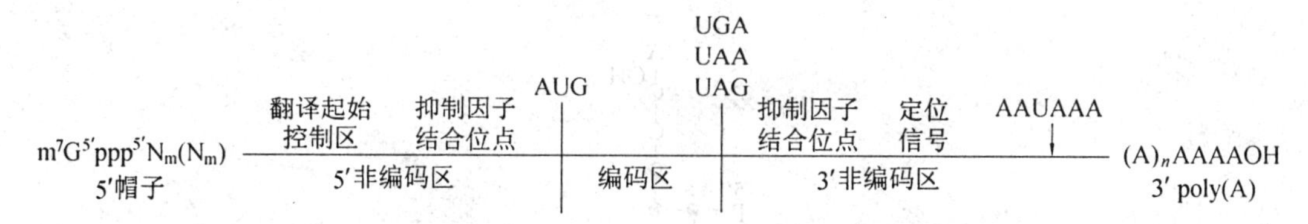

图4.8　真核生物mRNA的共价结构

运输有关。它还可能与mRNA的半寿期有关，新生mRNA的Poly(A)较长，衰老的mRNA Poly(A)较短。

5′端帽子是一个特殊的结构。它由甲基化鸟苷酸经焦磷酸与mRNA的5′末端核苷酸相连，形成5′,5′-三磷酸连接(5′,5′-triphosphate linkage)。帽子结构通常有3种类型($m^7G^{5'}ppp^{5'}Np$，$m^7G^{5'}ppp^{5'}NmpNp$和$m^7G^{5'}ppp^{5'}NmpNmpNp$)，分别称为0型、Ⅰ型和Ⅱ型。

动植物病毒RNA也有5′帽子结构和3′聚腺苷酸。但有的没有5′帽或3′聚腺苷酸。一些植物病毒RNA有类似tRNA的3′端结构，可接受氨基酸。

4.4.2　RNA的高级结构

RNA通常是单链线型分子，但可自身回折形成局部双螺旋(二级结构)，进而折叠形成三级结构。除tRNA外，几乎全部细胞中的RNA都与蛋白质形成核蛋白复合物(四级结构)。RNA复合物承担重要的细胞功能，如核糖体(ribosome)、编辑体(editosome)、信息体(informosome)、信号识别颗粒(signal recognition particle，SRP)、拼接体(spliceosome)等。RNA病毒是具有感染性的RNA复合物。

1. tRNA的高级结构

单链RNA可发生部分回折形成发夹结构。tRNA是RNA中相对分子质量较小的(25 000左右)，一般由70~90个核苷酸残基组成，tRNA在蛋白质生物合成过程中起转运氨基酸和识别密码子的作用。细胞内tRNA的种类很多，每一种氨基酸都有其相应的一种或几种tRNA。1965年，R. W. Holley在测出酵母丙氨酸转运核糖核酸($tRNA^{Ala}$)的一级结构后，提出了酵母$tRNA^{Ala}$的“三叶草”形二级结构模型(图4.9)。

tRNA的二级结构都呈三叶草形。双螺旋区构成了叶柄，突环区像三叶草的三片小叶。由于双螺旋结构所占的比例很大，tRNA的二级结构十分稳定。三叶草形结构由氨基酸臂、二氢尿嘧啶环、反密码子环、额外环和TψC环等5个部分组成。

tRNA三叶草模型的基本特征如下。

① 四臂四环形如三叶草，以氢键连接的双螺旋区称为臂；以单链形式存在的臂连接的突出部位称为环(loop)。

② 氨基酸臂是5′端和3′端有一段7个核苷酸对形成的臂；3′端有一不成对的游离—CCA_{OH}区段，末端羟基在tRNA执行功能时与氨基酸的羧基相连。

③ 反密码子环在氨基酸接受臂对侧，一般由5个核苷酸对组成的臂连接一个突环——反密码子环，这个突环正中的3个核苷酸称为反密码子(anticode)，反密码子环一般由7个核苷酸组成。反密码子中常出现次黄嘌呤核苷酸(I)。反密码子可识别mRNA

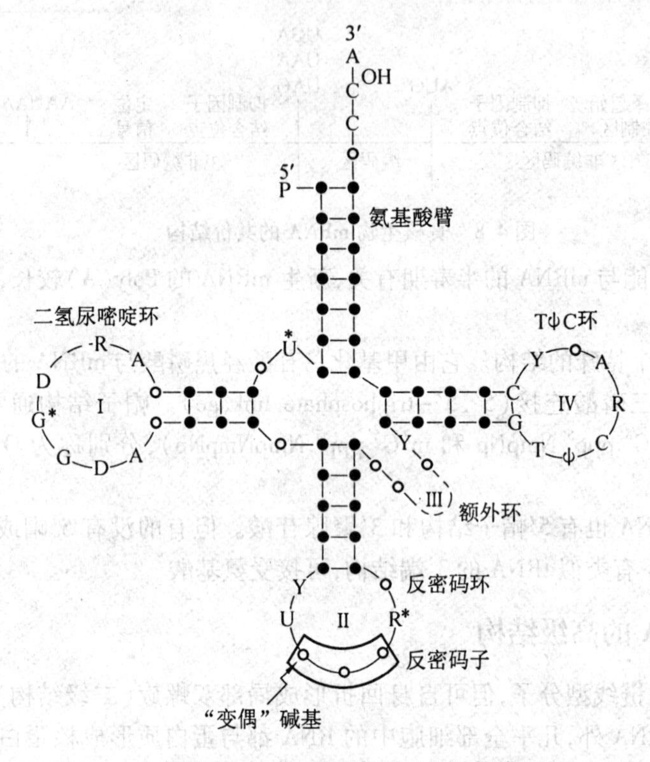

图4.9　tRNA三叶草形二级结构模型

R—嘌呤核苷酸；Y—嘧啶核苷酸；T—胸腺嘧啶核糖核苷酸；φ—假尿嘧啶核苷酸；D—二氢尿嘧啶；*—可以被修饰的碱基；•—螺旋区的碱基；○—不互补的碱基

的密码子。

④ 二氢尿嘧啶环在“三叶草”的左侧(5′端侧)是一个含有2个二氢尿嘧啶的单链环，由8～12个核苷酸组成；与该环相连的臂称为二氢尿嘧啶臂，由3～4个核苷酸对组成。二氢尿嘧啶(D)是第5、6位加双氢饱和的尿嘧啶，是一种稀有组分。

⑤ TψC环在分子的右侧(3′端侧)有一个含TψC的环，称TψC环，由7个核苷酸组成；连接它的臂称TψC臂，由5个核苷酸对组成，“ψ”为假尿嘧啶核苷酸，是一种稀有组分，其结构是尿嘧啶的C-5位与核糖形成的*C–C*苷键，这种键比*N*-苷键稳定。

⑥ 额外环在反密码子环和TψC环之间，这个环的长度变化较大(3～18个核苷酸)，随tRNA的种类而异，是tRNA分类的重要指标。

维持tRNA三叶草形二级结构稳定的是氢键。在此结构基础上，突环上未配对的碱基也可因分子结构扭曲而形成配对，形成tRNA的三级结构。由于获得了酵母苯丙氨酸tRNA的晶体，应用X-射线衍射仪，证明tRNA具有倒L形的三级结构(图4.10)。

在tRNA的三级结构中，氨基酸臂与TψC臂形成一个连续的双螺旋区，构成字母L下面的一横。而二氢尿嘧啶臂与它垂直，二氢尿嘧啶臂与反密码子臂及反密码子环共同构成字母L的一竖。反密码子臂经额外环而与二氢尿嘧啶臂相连接。此外，二氢尿嘧啶环中的某些碱基与TψC环及额外环中的某些碱基之间形成额外的碱基对。这些额外的碱基对是维持tRNA三级结构的重要因素。

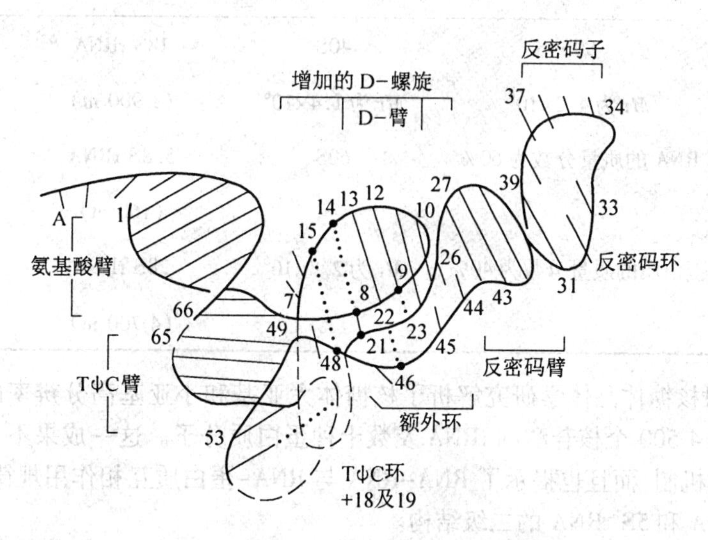

图 4.10　酵母苯丙氨酸 tRNA 的三级结构

tRNA 的生物学功能与其三级结构有密切的关系。目前认为氨酰 tRNA 合成酶是结合于倒 L 形的侧臂上的。tRNA 被甲基化修饰时,加甲基的部位也可能与其三级结构有关,并增加了 tRNA 的识别功能。

2. rRNA 的高级结构

蛋白质生物合成是细胞代谢最复杂也是最核心的过程,涉及 200 多种生物大分子参与作用。核糖体是蛋白质合成的场所,传统的看法认为 rRNA 是核糖体的骨架,蛋白质的肽键是由核糖体上的肽基转移酶(peptidyl transferase)催化合成的。直至 20 世纪 90 年代初,H. F. Noller 等证明大肠杆菌 23S rRNA 能够催化肽键的形成,才证明核糖体是一种酶,从而根本改变了传统的观点。核糖体催化肽键合成的是 rRNA,蛋白质只是维持 rRNA 构象,起辅助作用。

所有生物的核糖体都是由大小不同的两个亚基组成,大小亚基分别由几种 rRNA 和数十种蛋白质组成。大肠杆菌的核糖体相对分子质量达 2.7×10^6;哺乳动物的核糖体相对分子质量达 4.2×10^6。细菌和哺乳动物核糖体的组成见表 4.3。

表 4.3　细菌和哺乳动物核糖体的组成

核糖体	大　小	亚　基	rRNA	蛋白质种类
细菌	70S	30S	16S rRNA	21
	Mr 为 2.7×10^6	*Mr* 为 2.7×10^6	(1 540 nt)	
	RNA 的质量分数为 66%	50S	5S rRNA	33
			(120 nt)	
	蛋白质的质量分数为 34%	*Mr* 为 1.8×10^6	23S rRNA	
			(3 200 nt)	

哺乳动物	80S	40S	18S rRNA	33
	*M*r 为 4.2×10^6	*M*r 为 1.4×10^6	(1 900 nt)	
	RNA 的质量分数为 60%	60S	5.8S rRNA	49
			(160 nt)	
	蛋白质的质量分数为 40%	*M*r 为 2.8×10^6	28S rRNA	
			(4 700 nt)	

2000 年对核糖体晶体学研究解析了核糖体大亚基和小亚基高分辨率的结构。核糖体中含有超过 4 500 个核苷酸的 rRNA 及数十种蛋白质分子。这一成果不仅有助于阐明核糖体的作用机制,而且也揭示了 RNA-RNA 与 RNA-蛋白质互相作用规律。图 4.11 为 *E. coli* 16SrRNA 和 5S rRNA 的二级结构。

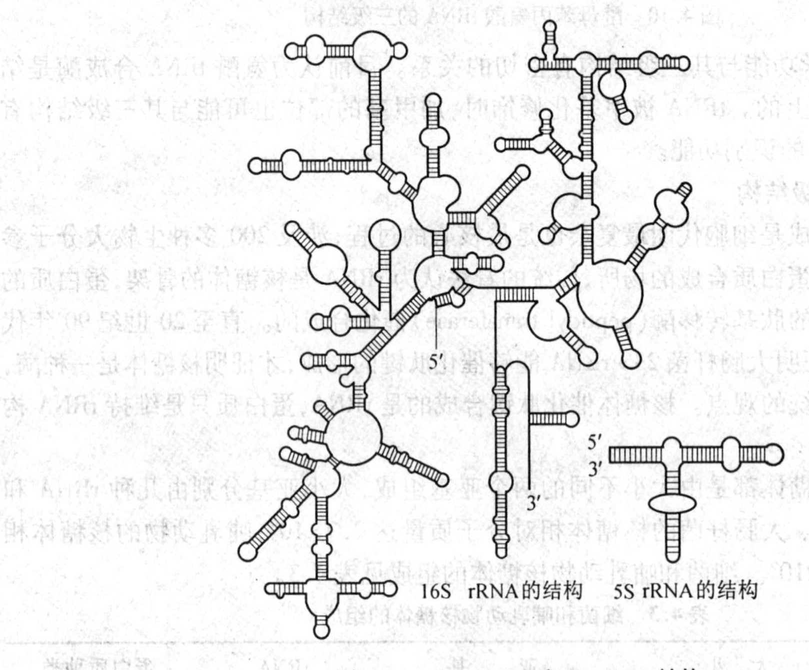

图 4.11 *E. coli* 16S 和 5S rRNA 结构

4.5 核酸的性质

核酸的性质由其组成成分和结构决定,核酸的研究和分离制备应根据核酸的性质和结构特点。核酸的组成成分是碱基、戊糖和磷酸。核酸的结构特点是相对分子质量大,分子中具有共轭双键、氢键、糖苷键和 3′,5′-磷酸二酯键,还有许多活性基团,如羟基、磷酸基、氨基等,这些组分及结构特点,决定了核酸的性质。

4.5.1　核酸的溶解性

RNA 和 DNA 及其组成成分(核苷酸、核苷、碱基的纯品)都是白色粉末或晶体,而大分子 DNA 则为疏松的石棉一样的纤维状结晶。

1. 溶解性

DNA 和 RNA 都是极性化合物,一般都微溶于水,不溶于乙醇、乙醚、氯仿、三氯乙酸等有机溶剂。碱基、核苷酸和核酸的溶解性有差异。

2. 0. 14 摩尔法

在生物体细胞内,大多数核酸(DNA 和 RNA)都以与蛋白质结合成核蛋白形式存在,即 DNA 蛋白(DNP)和 RNA 蛋白(RNP)。

两种核酸蛋白在水中的溶解度受盐浓度的影响而不同。DNA 蛋白的溶解度在低浓度盐溶液中随盐浓度的增加而增加,在 1 mol/L NaCl 溶液中的溶解度要比纯水中高 2 倍,可是在0. 14 mol/L NaCl溶液中溶解度最低(几乎不溶)。RNA 蛋白在溶液中的溶解度受盐浓度的影响较小,在 0. 14 mol/L NaCl 溶液中溶解度却较大。因此,在核酸分离提取时,常用 0. 14 mol/L NaCl 溶液来提取 RNA 蛋白,然后用蛋白质变性剂(如十二烷基磺酸钠)去除蛋白,即得纯的 DNA 或 RNA。此法称为 0. 14 摩尔法。

4.5.2　核酸的水解

核酸嘌呤碱的 N-9 位和嘧啶碱的 N-1 位与戊糖的 C-1 位形成 *N*-糖苷键。因为有两种戊糖(核糖和脱氧核糖),所以可以形成 4 种糖苷,即嘌呤核苷、嘌呤脱氧核苷、嘧啶核苷、嘧啶脱氧核苷。磷酸基与两种糖分别形成核糖磷酸酯和脱氧核糖磷酸酯。所有这些糖苷键和磷酸酯键都能被酸、碱和酶水解。

1. 酸水解

糖苷键和磷酸酯键都能被酸水解,但糖苷键比磷酸酯键更易被酸水解。嘌呤碱的糖苷键比嘧啶碱的糖苷键对酸更不稳定。对酸最不稳定的是嘌呤与脱氧核糖之间的糖苷键。因此 DNA 在 pH1. 6 于 37℃ 对水透析可完全除去嘌呤碱,成为无嘌呤酸(apurinic acid);如在 pH2. 8 于 100℃ 加热 1 h,也可完全除去嘌呤碱。

水解嘧啶糖苷键常需要较高的温度。用甲酸(体积分数为 98% ~100%)密封加热至 175℃、2 h,无论 RNA 或 DNA 都可以完全水解,产生嘌呤和嘧啶碱,缺点是尿嘧啶的回收率较低。如改用三氟乙酸在 155℃ 加热 60 min(水解 DNA)或 80 min(水解 RNA),嘧啶碱的回收率可显著提高。

2. 碱水解

RNA 的磷酸酯键易被碱水解,产生核苷酸。DNA 的磷酸酯键则不易被碱水解。这是因为 RNA 的核糖上有 2′-OH 基,在碱作用下形成磷酸三酯。磷酸三酯极不稳定,随即水解,产生核苷 2′,3′-环磷酸酯。该环磷酸酯继续水解产生 2′-核苷酸和 3′-核苷酸。DNA 的脱氧核糖无 2′-OH 基,不能形成碱水解的中间产物,故对碱有一定抗性。RNA 被碱水解的过程为

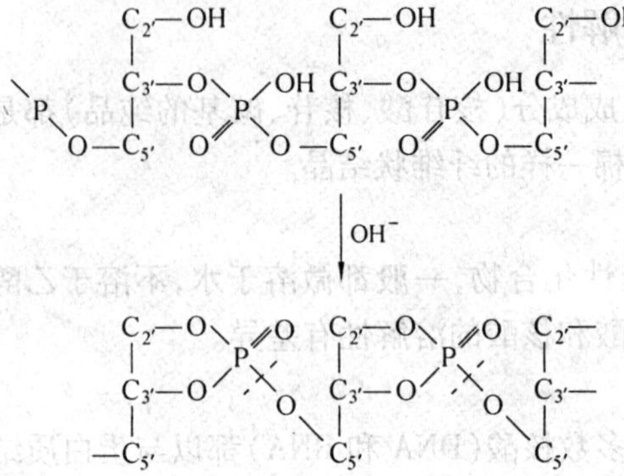

用于水解 RNA 的碱有 NaOH、KOH 等，以 KOH 较好，水解后可用 $HClO_4$ 中和。由于 $KClO_4$ 溶解度较小，溶液中大部分 K^+ 即被除去。碱浓度一般为 0.3～1 mol/L，在室温至 37℃下水解 18～24 h 即可完毕。如采用较高温度，则时间应缩短。在上述条件下水解 RNA 的产物为 2′-单核苷酸和 3′-单核苷酸，但也可能有少量核苷、2′,5′-核苷二磷酸和 3′,5′-核苷二磷酸。DNA 一般对碱稳定，如在 1 mol/L NaOH 中 100℃加热 4 h，可得到小分子的寡聚脱氧核苷酸。

3. 酶水解

水解核酸的酶种类很多，磷酸二酯酶(phosphdiesterase)可非特异性水解磷酸二酯键，例如蛇毒磷酸二酯酶和牛脾磷酸二酯酶。专一水解核酸的磷酸二酯酶称为核酸酶(nuclease)。

(1) 核酸酶的分类

① 按底物专一性。作用于核糖核酸的酶称为核糖核酸酶(ribonuclease，RNase)；作用于脱氧核糖核酸的酶称为脱氧核糖核酸酶(deoxyribonuclease，DNase)。

② 按对底物作用的方式。按对底物作用的方式可分为核酸内切酶(endonuclease)和核酸外切酶(exonuclease)。内切酶的作用点在多核苷酸链的内部，而外切酶的作用点从多核苷酸链的末端开始，逐个地将核苷酸切下。也有少数酶既可内切，也可外切，如小球菌核酸酶(micrococcal nuclease)。

③ 按磷酸二酯键断裂的方式。按磷酸二酯键断裂的方式可将核酸酶分成两类，一种是在 3′-OH 与磷酸基之间断裂，其产物是 5′-磷酸核苷酸或寡核苷酸，如式中的(1)。另一种是在 5′-OH 与磷酸基之间断裂，其产物为 3′-磷酸核苷酸或寡核苷酸，如式中的(2)。

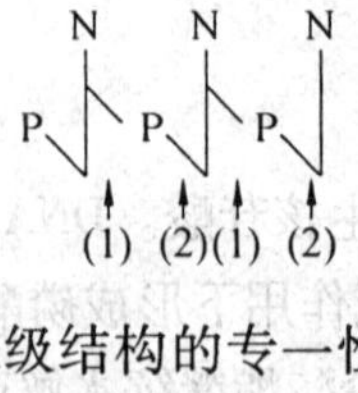

④ 其他分类标准。按对底物二级结构的专一性，作用于双链核酸的酶叫双链酶，作用于单链的酶叫单链酶；按核酸外切酶作用的方向性，有 3′→5′外切酶或 5′→3′外切酶；按对磷酸二酯键两侧的碱基有无选择性等。

(2) 核糖核酸酶类

① 牛胰核糖核酸酶(pancreatic ribonuclease,简称 RNase Ⅰ)(EC2.7.7.16)存在于牛胰中,于1940年制成结晶。它只作用于 RNA。相对分子质量为13 700,最适 pH 为7.0~8.2,十分耐热。RNase Ⅰ是具有极高专一性的内切酶,其作用点为嘧啶核苷-3′-磷酸与其他核苷酸之间的连键,产物为3′-嘧啶核苷酸,或以3′-嘧啶核苷酸结尾的寡核苷酸(下式中的 Pu 表示嘌呤碱,Py 表示嘧啶碱)。

Py Pu Py Py ⋯ P P P P ⋯ $\xrightarrow{2H_2O}$ ⋯ Py P + Pu Py P + Py P

RNaseI 水解的机理与碱对 RNA 的降解十分相似。中间产物也是环2′,3′-核苷酸,终产物为3′-核苷酸。

② 核糖核酸酶 T_1(ribonuclease T_1)(EC3.1.4.8)是从米曲霉(*Aspergillus oryzae*)中分离到的一种内切酶,相对分子质量较小,耐热,耐酸。具有比 RNase Ⅰ更高的专一性。它的作用点是3′-鸟苷酸与其相邻核苷酸的5′-OH之间的连键,产物为以3′-鸟苷酸为末端的寡核苷酸,或3′-鸟苷酸。反应式为

P G P A P C P U P G P A P $\xrightarrow[RNaseT_1]{2H_2O}$ P G P + OH A P C P U P G P + OH A P

核糖核酸酶 T_2(RNase T_2)的来源同 RNase T_1,主要作用点为 Ap 残基,可以将 tRNA 完全降解成以3′-腺苷酸结尾的寡核苷酸。

(3) 脱氧核糖核酸酶类

① 牛胰脱氧核糖核酸酶(pancreatic deoxyribonuclease,DNase Ⅰ)(EC3.1.4.5)。此酶切断双链 DNA 或单链 DNA 成为以5′-磷酸为末端的寡聚核苷酸,平均长度为4个核苷酸。需镁离子(或 Mn^{2+},Co^{2+}),最适 pH7~8,用0.01mol/L 柠檬酸盐可完全抑制被镁离子激活的活性。柠檬酸盐的作用在于螯合了镁离子而使酶失去活性,对锰离子无抑制作用。

② 牛脾脱氧核糖核酸酶(spleen deoxyribonuclease, DNase Ⅱ)(EC3.1.4.6)。此酶降解 DNA 成为3′-磷酸末端的寡聚核苷酸,平均长度为6个核苷酸。最适 pH4~5,需0.3 mol/L 钠离子激活,镁离子可以抑制此酶。DNase Ⅱ的性质与 DNase Ⅰ的性质几乎完全不同。

③ 链球菌脱氧核糖核酸酶(streptococcal deoxyribonuclease)。此酶是内切酶,作用于 DNA,产物为5′-磷酸为末端的碎片,其长度不一。最适 pH7,需镁离子。

④ 限制性内切酶。在细菌中发现这类酶,主要降解外源 DNA,水解底物时有很严格的碱基序列专一性。第一个限制性内切酶(restriction endonuclease)是从大肠杆菌(*E. coli* K)中发现的(1968 年),相对分子质量在 3×10^5 以上,需要 ATP、Mg^{2+}和 *S*-腺苷-*L*-甲硫氨酸,作用于双链 DNA,产物为带5′-磷酸基末端的碎片。它在识别序列下游随机切割 DNA,这一缺陷限制了它的应用。另一类限制性内切酶,如 *Eco*R Ⅰ,它的相对分子质量较小(为58 000),不需要 ATP,只需要镁离子,专一性很强,能识别 DNA 双链上6对碱基组成的序列,交错切割,形成的产物具有黏性末端。5′-磷酸基用碱性磷酸酯酶切除后,可以

用多核苷酸磷酸激酶再接上带放射性同位素的磷酸残基。这些特性对 DNA 的体外重组极其有用。目前已发现的限制性内切酶有数千种，在基因工程中广为应用的也有几百种。限制性内切酶已成为基因工程最重要的工具酶。

限制性内切酶的命名较为特殊。以 *Eco*R Ⅰ 为例，第一个字母 E 为大肠杆菌 *E. coli* 属名的第一个字母，第 2、3 两个字母 co 为它的种名的头两个字母，第 4 个字母 R 表示所用大肠杆菌的菌株，最后一个罗马字表示该细菌中已分离出的这一类酶的编号。

限制性内切酶往往与一种甲基化酶同时成对地存在，它们具有相同的底物专一性和识别相同碱基序列的能力。甲基化酶的甲基供体为 *S*-腺苷甲硫氨酸(SAM)，甲基受体为 DNA 上的腺嘌呤与胞嘧啶。当内切酶作用位点上的某一些碱基被甲基化修饰后，限制酶就不能降解这种 DNA 了。所以甲基化酶使细菌自身的 DNA 带上标志，限制性内切酶专用于降解外来的异种 DNA。

(4) *N*-糖苷酶

各种非特异的糖苷酶，或对碱基特异的 *N*-糖苷酶可水解糖苷键。

4.5.3 核酸的酸碱性

核酸的碱基、核苷和核苷酸均能发生解离，核酸的酸碱性与此有关。

1. 碱基的解离

由于嘧啶和嘌呤化合物杂环中的氮以及各取代基具有结合和释放质子的能力，所以碱基既有碱性解离又有酸性解离的性质。胞嘧啶环所含氮原子上有一对未共用电子，可与质子结合，使═N—转变成带正电的═N⁺H—基团。此外，胞嘧啶上的烯醇式羟基与酚基很相像，具有释放质子的能力，呈酸性。因此，在水溶液中，胞嘧啶的中性分子与阳离子和阴离子具有一定的平衡关系。

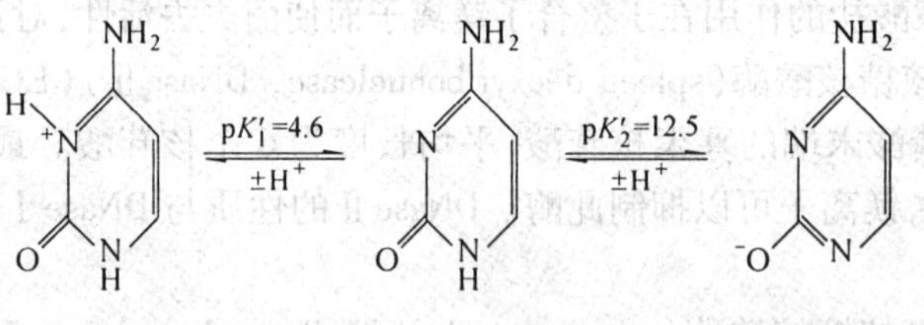

$$\text{阳离子} \underset{\pm H^+}{\overset{pK'_1=4.6}{\rightleftharpoons}} \text{中性分子} \underset{\pm H^+}{\overset{pK'_2=12.5}{\rightleftharpoons}} \text{阴离子}$$

过去一直以为 pH4.4 的解离与胞嘧啶的氨基有关，其实氨基在嘧啶碱中所呈的碱性极弱，这是因为嘧啶环与苯环相似，具有吸引电子的能力，使得氨基氮原子上的未共用电子对不易与氢离子结合。氢离子主要是与环中第 3 位上的 N(用 N-3 表示)相结合。

尿嘧啶及胸腺嘧啶环上无氨基，N-3 位上酸性解离的 pK'_1 值分别为 9.5 与 9.9。

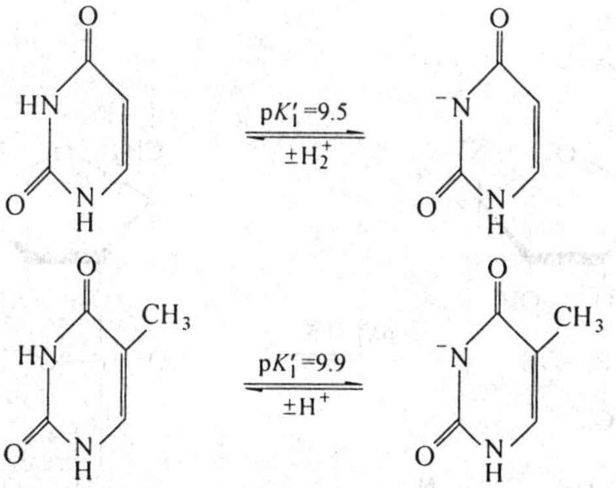

$pK'_1=9.5$，$\pm H_2^+$

$pK'_1=9.9$，$\pm H^+$

腺嘌呤中，质子结合于 N-1 位上，其 $pK'_1=4.15$。pH9.8 的解离发生在咪唑环的—NH—基上，在它的核苷及核苷酸中，由于 N-9 位上形成了核苷键，所以没有 pH = 9.8 的解离。

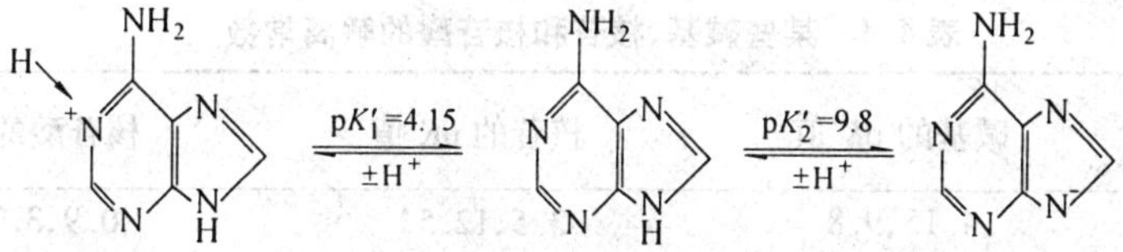

$pK'_1=4.15$，$\pm H^+$；$pK'_2=9.8$，$\pm H^+$

鸟嘌呤和次黄嘌呤中，质子则结合于 N-7 位上。以鸟嘌呤为例，N-7 位上的解离 $pK'_1=3.2$。N-1 位上的解离 $pK'_2=9.6$。咪唑环 N-9 位上的解离 $pK'_3=12.4$。鸟嘌呤咪唑环上的 pK'值如此之大，可能是受到环上烯醇式羟基的影响所致。

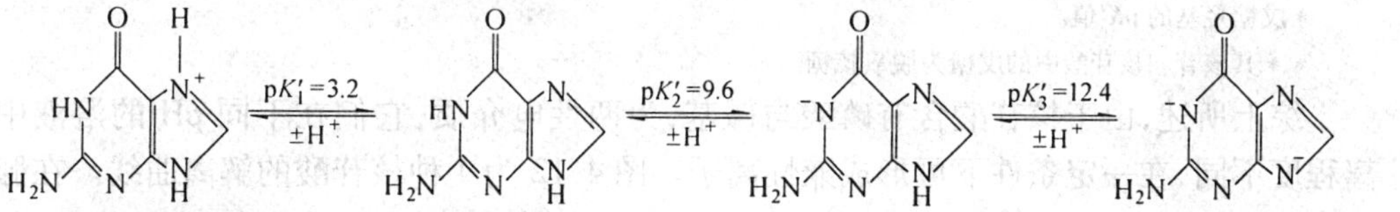

$pK'_1=3.2$，$\pm H^+$；$pK'_2=9.6$，$\pm H^+$；$pK'_3=12.4$，$\pm H^+$

2. 核苷的解离

核苷中的戊糖使碱基的解离受到一定影响。例如，腺嘌呤环的 pK'_1 值原为 4.15，在核苷中降至 3.63。胞嘧啶 pK'_1 为 4.6，胞嘧啶核苷中降至 4.15。pK'值下降说明糖的存在增强了碱基的酸性解离。核糖中的羟基也可以发生解离，其 pK'_1 值通常在 12 以上，所以一般不予考虑。

3. 核苷酸的解离

由于磷酸基的存在，使核苷酸具有较强的酸性。在核苷酸中，碱基部分的 pK'值与核苷的相似，额外两个解离常数是由磷酸基引起的。这两个解离常数 $pK'_1=0.7\sim1.6$，$pK'_2=5.9\sim6.5$（表 4.4）。

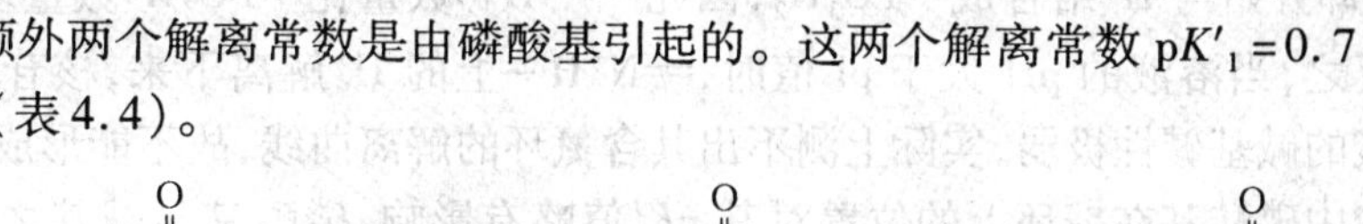

$$R-O-P(=O)(OH)-OH \underset{\pm H^+}{\overset{pK'_1=0.7\sim1.6}{\rightleftharpoons}} R-O-P(=O)(OH)-O^- \underset{\pm H^+}{\overset{pK'_2=5.9\sim6.5}{\rightleftharpoons}} R-O-P(=O)(O^-)-O^-$$

在多核苷酸中，除了末端磷酸基外，磷酸二酯键中的磷酸基只有一个解离常数，pK'_1

=1.5。

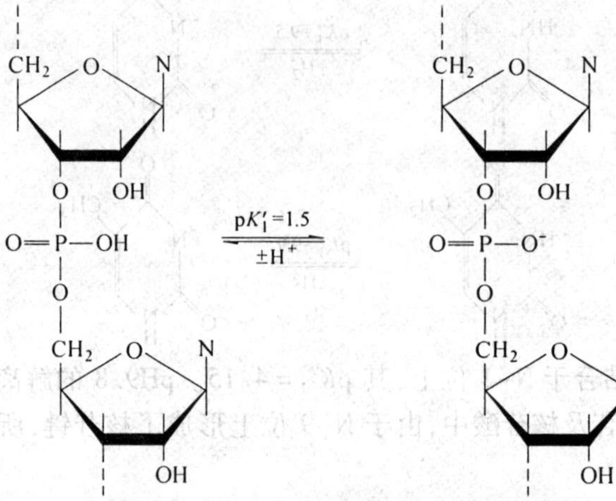

表 4.4 某些碱基、核苷和核苷酸的解离常数

碱基种类	碱基的 pK'值	核苷的 pK'值	核苷酸的 pK'值
腺嘌呤	4.15,9.8	3.5,12.5*	0.9,3.7,6.2
鸟嘌呤	3.2,9.6,12.4	1.6,9.2,12.4*	0.7,2.4,6.1,9.4
胞嘧啶	4.6,12.2	4.15,12.3*,12.5	0.8,4.5,6.3
尿嘧啶	9.5	9.2,12.5*	1.0,6.4,9.5
胸腺嘧啶**	9.9	9.8,>13*	1.6,6.5,10.0

*戊糖羟基的 pK'值。

**其核苷和核苷酸中的戊糖为脱氧核糖。

综上所述,由于核苷酸含有磷酸与碱基,为两性电介质,它们在不同 pH 的溶液中解离程度不同,在一定条件下可形成兼性离子。图 4.12 为 4 种核苷酸的解离曲线。在腺苷酸、鸟苷酸、胞苷酸中,pK'_1 值为第一磷酸基—PO_3H_2 的解离,pK'_2为含氮环═N^+H—的解离,而 pK'_3则是第二磷酸基—PO_3H^-的解离。从核苷酸的解离曲线可以看出在第一磷酸基和含氮环解离曲线的交叉处,带负电荷的磷酸基正好与带正电荷的含氮环数目相等,这时的 pH 即为此核苷酸的等电点。核苷酸的等电点(pI)可以按下式计算,即

$$pI=\frac{pK'_1+pK'_2}{2}$$

处在等电点时,上述核苷酸主要呈兼性离子存在。当溶液 pH 值小于 pI 值时,核苷酸的—PO_3H^-即开始与 H^+结合成—PO_3H_2,因此═N^+H—数量比—PO_3H^-数量多,核苷酸带正电荷。反之,当溶液的 pH 大于 pI 值时,═N^+H—上的 H^+解离下来,核苷酸则带负电荷。尿苷酸的碱基碱性极弱,实际上测不出其含氮环的解离曲线,故不能形成兼性离子。

核苷酸中磷酸基在糖环上的位置对其 pK'值略有影响,磷酸基与碱基之间的距离越小,由于静电场的作用,其 pK'值应越大。例如 2′-胞苷酸的 pK'_1 值(为 4.4)比 3′-胞苷酸的 pK'_1 值(为 4.3)略大。

研究核苷酸的解离不仅对了解核酸的理化性质极其重要,而且在核苷酸的制备及分

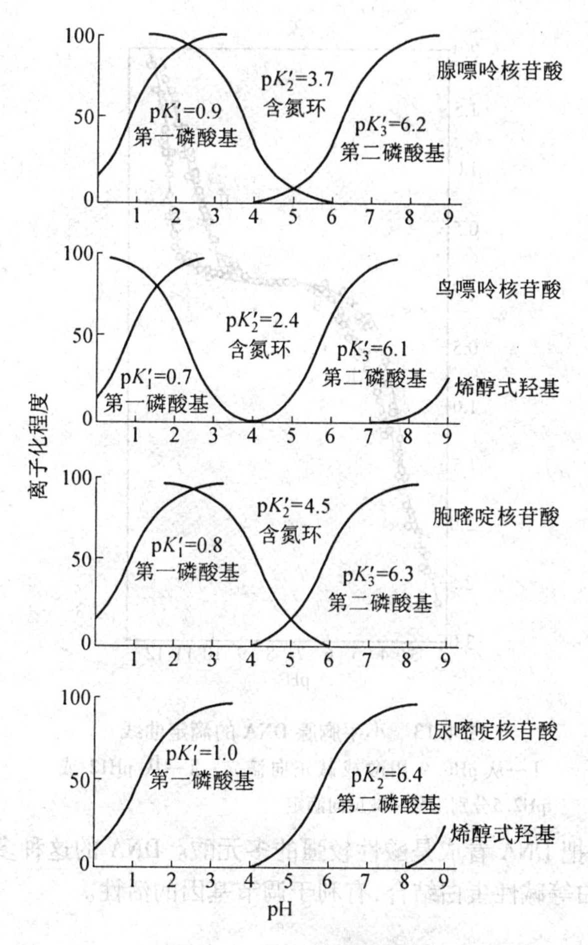

图 4.12 核苷酸的解离曲线

析中也有很大的实用价值。应用离子交换柱层析和电泳等方法分级分离核苷酸及其衍生物,主要是利用它们在一定 pH 条件下具有不同的解离特性。

4. 核酸的滴定曲线

电位滴定可用于确定参与酸碱反应的基团性质。将小牛胸腺 DNA 钠盐溶液由 pH6 ~7 滴定到 pH2.5 或滴定到 pH12,此滴定过程不可逆;用碱和酸进行反向滴定所得到的曲线显著不同于正向滴定曲线(图 4.13)。开始滴定时,没有酸碱基团解离,非缓冲区较宽,在 pH4.5 ~11.0 之间;而在反向滴定中,非缓冲区只存在于 pH6 ~9 之间。这表明,当最初的 DNA 溶液超过 pH4.5 和 pH11.0 时立即迅速释放出酸-碱基团参与 pH2.0 ~6.0 和 pH9.0 ~12.0 范围的滴定,由此可见天然 DNA 与变性 DNA 的滴定曲线是不同的,双链解开后碱基即参与酸碱滴定。DNA 的酸碱滴定曲线有助于了解 DNA 的酸碱变性。

5. 多价解离

核酸分子上含有较多的磷酸基,在生理条件下,核酸可解离成多价阴离子,即多元酸;同时核酸分子又含有许多含氮碱基,具有碱性,所以核酸是两性电解质。磷酸基的解离常数比碱基的解离常数低,磷酸基全部处于解离态,故核酸呈现出多阴离子状态。尤其对 DNA 分子而言,由于分子内碱基通过形成氢键而配对,可使解离的碱基减少,相对增强磷

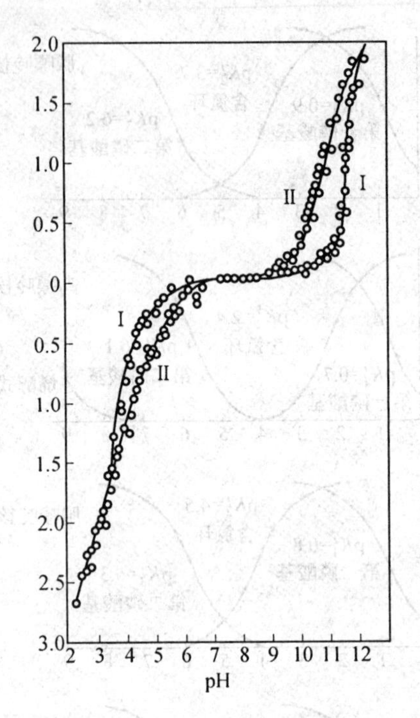

图 4.13 小牛胸腺 DNA 的滴定曲线

Ⅰ—从 pH6.9 用酸或碱正向滴定；Ⅱ—从 pH12 或 pH2.5分别用酸和碱反向滴定

酸基的解离,因而可把 DNA 看成是酸性较强的多元酸。DNA 的这种多阴离子态,有利于在染色体中与组蛋白等碱性蛋白结合,有利于调节基因的活性。

6. 带电性

由于核酸、核苷酸是两性电解质,在一定 pH 条件下各解离基团的解离情况各不相同,使核酸、核苷酸带一定种类和数量的电荷,因而可用离子交换法对核酸、核苷酸进行分离。

在一定 pH 下,如果核酸、核苷酸带正电荷,可用阳离子交换树脂进行分离。带正电荷越多的核酸或核苷酸与树脂结合越牢固,洗脱时最后被洗脱下来;带正电荷越少的与阳离子树脂结合不紧密或几乎不被吸留,因而最先被洗脱下来。如果核酸或核苷酸在一定 pH 下带负电荷,则用阴离子交换树脂进行分离。

4.5.4 紫外吸收

1. 紫外吸收

嘌呤碱和嘧啶碱具有共轭双键,因此碱基、核苷、核苷酸、核酸在 240 ~ 290 nm 的紫外光区有特征吸收。由于各组分结构上的差异,其紫外吸收也不相同。如最大吸收波长(λ_{max})AMP 为 257 nm、GMP 为 256 nm、CMP 为 280 nm、UMP 为 262 nm。通常在对核酸及核苷酸测定时,选用 260 nm 波长。

2. 定量测定

利用紫外吸收作核苷酸的定量测定时,通常以下列几个数据来判断:最大吸收波长

(λ_{max})、最小吸收波长(λ_{min})、在两个波长下的吸收比值,即 250 nm/260 nm、280 nm/260 nm 和 290 nm/260 nm。作定量测定时,可用下式求出核苷酸的质量分数,即

$$\text{核苷酸的质量分数} = \frac{Mr \times A_{260}}{\varepsilon_{260} \times c} \times 100\% \tag{4.1}$$

式中 Mr——核苷酸的相对分子质量;

ε_{260}——在 260 nm 波长下的消光系数;

c——样品的质量浓度(mg/mL);

A_{260}——样品在 260 nm 波长下的吸收值。

对大分子核酸的测定,常用比消光系数法或摩尔磷原子消光系数法。比消光系数 ε 是指一定质量浓度(mg/mL、μg/mL)的核酸溶液在 260 nm 的吸收值,这是非常有用的数据,如天然状态的 DNA 的比消光系数为 0.020,是指浓度为 1 μg/mL 的天然 DNA 水溶液在 260 nm 的吸收值。当测得 A_{260} 为 1 时,相当于样品中含 DNA 50 μg/mL。RNA 的比消光系数为 0.025。

摩尔磷原子消光系数 ε(p)是指含磷为 1 mol/L 浓度时的核酸水溶液在 260 nm 处的吸收值。在 pH7.0 条件下,天然 DNA 的 ε(p)值为 6 000 ~ 8 000,RNA 为 7 000 ~ 10 000。当核酸变性或降解时,ε(p)值大大升高。因为大分子核酸的相对分子质量难以确定,所以用摩尔磷原子消光法测定大分子核酸更为方便。

4.5.5 变性与复性

核酸和蛋白质一样,分子都具有一定的构象,维持构象的主要作用力是氢键、碱基堆积力等,破坏这些作用力可使核酸变性。

1. DNA 变性

DNA 受到某些理化因素的影响,使分子中的氢键、碱基堆积力等被破坏,双螺旋结构解体,分子由双链(dsDNA)变为单链(ssDNA)的过程称为变性。变性的实质是维持二级结构的作用力受到破坏,即双螺旋被破坏,但 DNA 的一级结构未变,即变性不引起共价键的断裂。

引起变性的理化因素有加热、极端的 pH 值、有机溶剂、尿素、甲酰胺等,它们都能破坏氢键、疏水键、碱基堆积力,从而破坏双螺旋。

当将 DNA 的稀盐溶液加热到 80 ~ 100℃时,双螺旋结构即发生解体,两条链分开,形成无规则线团(图 4.14)。DNA 溶液的黏度降低,沉降速度加快;藏在双链内侧的碱基全部暴露出来,使 DNA 的 A_{260} 增加,即表现出增色效应(hyperchromic effect),同时出现双折射现象消失、比旋下降、酸碱滴定曲线改变等现象。

在活细胞内,DNA 在表现其生物活性时,要解开双螺旋链,实质上也是一个变性过程。因此,DNA 变性也是表现其生物功能所必需的。

在实际应用时,DNA 的热变性用得较多。在 DNA 加热变性过程中,以 A_{260} 对温度作图,可得到一条 S 形熔解曲线(图 4.15)。

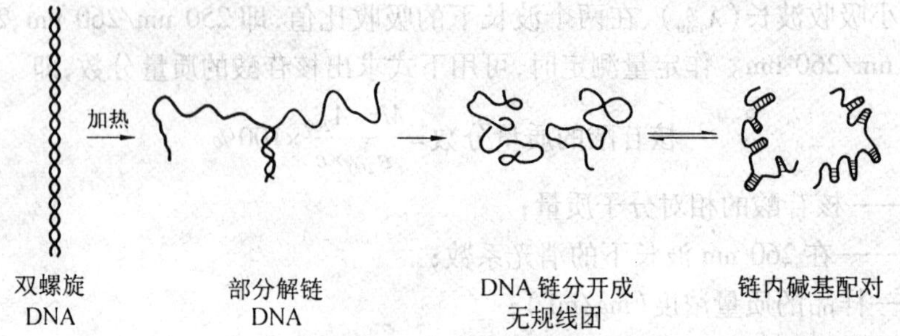

加热

双螺旋
DNA

部分解链
DNA

DNA 链分开成
无规线团

链内碱基配对

图 4.14　DNA 的变性过程

由图 4.15 可知，DNA 变性的特点是爆发式的，变性作用发生在一个很窄的温度范围内，有一个相变的过程。通常把加热变性使 DNA 的双螺旋结构失去一半时的温度称为该 DNA 的熔点或熔解温度（melting temperature），用 T_m 值表示。DNA 的 T_m 值一般在 82 ~ 95℃之间。

根据 A-T、G-C 碱基对中所含的氢键的数目可知，DNA 的 T_m 值与它所含 G-C 的多少有关，如图 4.16 所示。DNA 中 G-C 含量与 T_m 值的关系可用经验公式进行计算，即

$$(G+C)含量\% = (T_m - 69.3) \times 2.44 \times 100\% \text{ 或 } T_m = 69.3 + 41 \times (G+C)\% \qquad (4.2)$$

由式(4.2)，通过测定 DNA 的 T_m 值，即可计算其 G-C 对的含量。

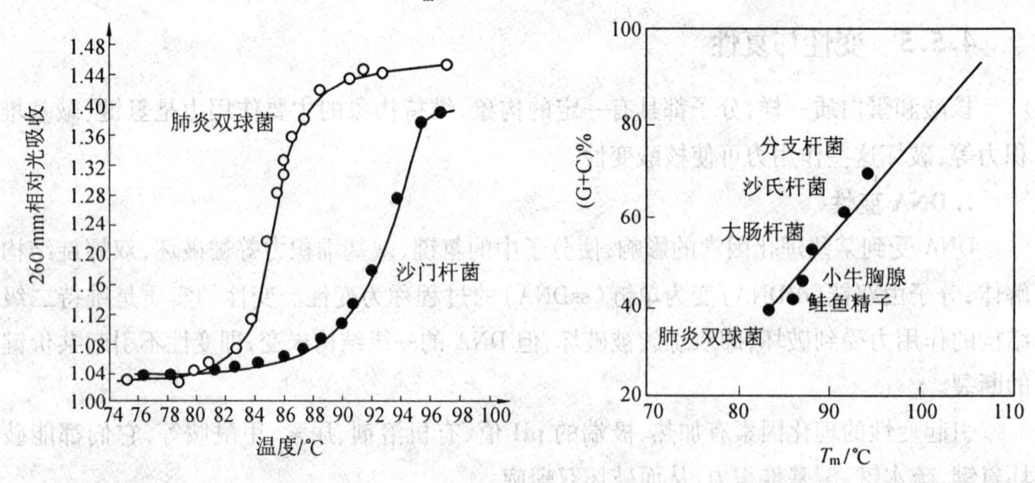

图 4.15　DNA 熔解曲线

图 4.16　DNA 的 T_m 与 G+C 含量的关系

RNA 的变性。RNA 也可发生螺旋→线团之间的转变。但由于 RNA 只有局部的双螺旋区，所以这种转变不如 DNA 那样明显。变性曲线不那么陡，T_m 值较低。tRNA 具有较多的双螺旋区，所以 T_m 值较高，变性曲线也较陡。双链 RNA 的变性几乎与 DNA 的相同（图 4.17）。

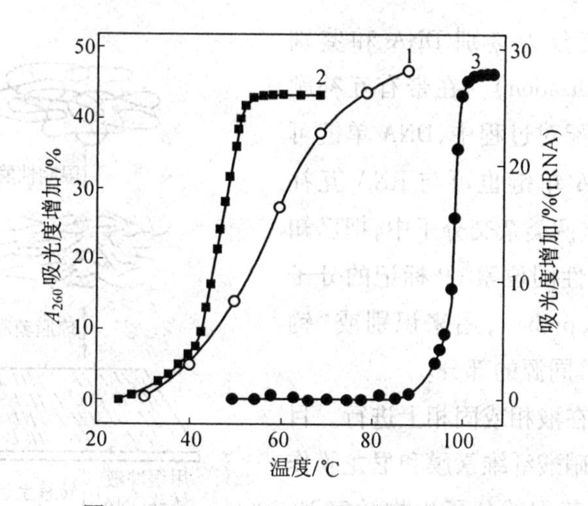

图4.17　rRNA和双链RNA的热变性曲线

1—一种浮萍的18S rRNA；2—酵母的杀伤RNA(Killer RNA)在0.017 mol/LNa^+和质量分数为67%的甲酰胺中变性；3—同2，但无甲酰胺。

2. DNA 复性

DNA变性是可逆的，解除变性条件并满足一定复性条件后，解开的两条DNA互补单链可重新恢复形成双螺旋结构，并恢复有关的性质和生物功能，这个过程称为DNA复性(renaturation)。例如，对热变性的DNA溶液，缓慢冷却(称为退火，annealing)，双螺旋可重新形成，见图4.18。

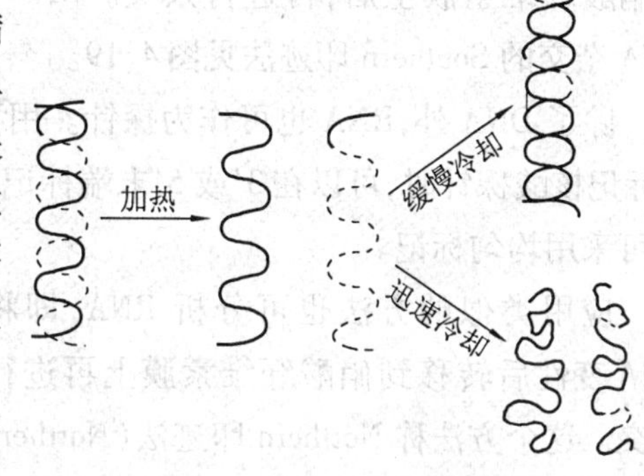

图4.18　DNA的热变性与复性

变性DNA能够复性，是由于互补链的存在，且满足了复性条件，如复性温度、DNA浓度、溶液离子强度等。

在核酸研究中，尤其在核酸分子杂交研究和基因工程中，经常利用DNA分子的变性和复性。利用不同来源的DNA或RNA片段，使它们热变性成为游离的单链，然后缓慢冷却到复性温度，各种单链会按照碱基互补配对原则重新缔合成双链片段或部分双链区段，并可能形成双螺旋，形成不同的杂合核酸分子，包括DNA双链，DNA-RNA双链。根据异源DNA或RNA间重新配对的概率大小和新双链区段长短，可判断异源核酸分子间的相似程度或同源性大小，可用于基因定位或测定基因频率等。

4.5.6　核酸的分子杂交技术

核酸分子杂交是基因工程和分子生物学的重要技术之一，是鉴定阳性重组体、筛选基因、确定DNA的同源性、研究基因定位、构建DNA的物理图谱、研究DNA的间隔顺序等的有效手段。

核酸分子杂交分为鉴别 DNA 和鉴别 RNA 的杂交(hybridization)。在带有互补顺序的同源单链间的配对过程中,DNA 单链可重新形成双链,DNA 单链也可与 RNA 互补成为杂交分子,在这两类杂交分子中,把已知序列的预先用放射性同位素^{32}P 标记的分子或片段(称为探针,probe),用来识别或“钓出”另一分子中与其同源的部分。

核酸杂交可以在液相或固相上进行。目前应用最广的是用硝酸纤维素膜和尼龙膜作支持物进行杂交。英国的分子生物学家 E. M. Southern 发明的 Southern 印迹法(Southern blotting)就是将电泳凝胶上的 DNA 片段转移到硝酸纤维素膜上后,再进行杂交。DNA-DNA 杂交的 Southern 印迹法见图 4.19。

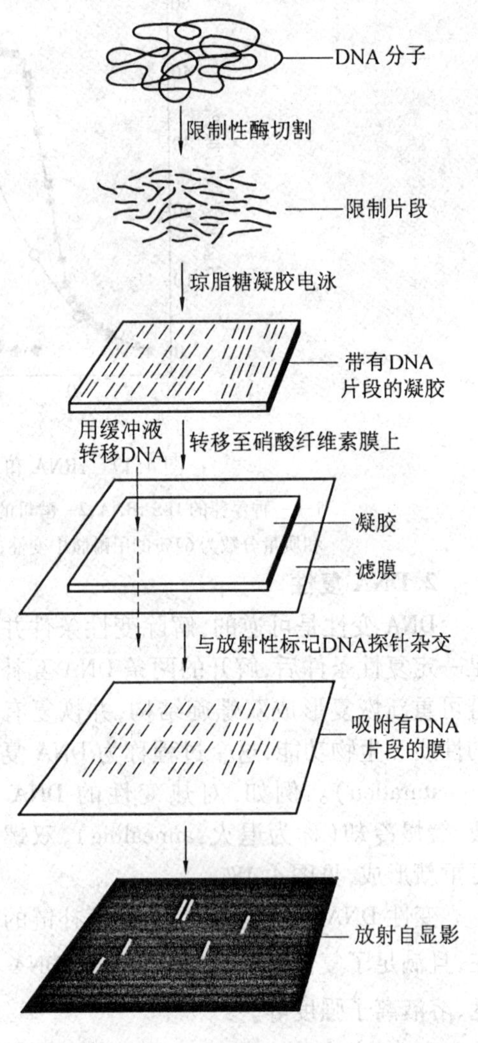

图 4.19 Southern 印迹法的 DNA-DNA 杂交

除了 DNA 外,RNA 也可作为探针。用^{32}P 标记核酸探针时,可以在3′或5′末端标记,也可采用均匀标记。

应用类似的方法也可分析 RNA,即将 RNA 变性后转移到硝酸纤维素膜上再进行杂交。这个方法称 Northern 印迹法(Northern blotting)。用类似的方法,根据抗体可与抗原结合的原理,也可以分析蛋白质。这个方法称 Western 印迹法(Western blotting)。

应用核酸杂交技术,可将含量极少的真核细胞基因组中的单拷贝基因钓出来。

4.6 核酸的分离、纯化和鉴定

核酸研究都需要先进行核酸的分离和测定。核酸制备中需要注意的问题是防止核酸的降解和变性,要尽量保持其在生物体内的天然状态。要制备天然状态的核酸,必须采用温和的条件,防止过酸、过碱、避免剧烈搅拌,尤其是防止核酸酶的作用。天然核酸都具有生物学活性,这是检验其质量的重要指标。物理化学指标也常用来评定核酸的品质,这些指标包括相对分子质量、紫外吸收、沉降系数、电泳迁移率、黏度等。制备方法因所用生物材料的不同而有很大差异。

4.6.1　DNA 的分离

真核生物中的染色体 DNA 与碱性蛋白(组蛋白)结合成核蛋白(DNP)存在于核内。DNP 溶于水和浓盐溶液(如 1 mol/L NaCl),但不溶于生理盐溶液(0.14 mol/L NaCl)。利用这一性质,可将细胞破碎后用浓盐溶液提取,然后用水稀释至 0.14 mol/L 盐溶液,使 DNP 纤维沉淀出来。然后将其缠绕在玻璃棒上,再溶解和沉淀,多次加以纯化。用苯酚抽提,除去蛋白质。苯酚是很强的蛋白质变性剂,用饱和的苯酚与 DNP 一起振荡,冷冻离心,DNA 溶于上层水相,不溶性变性蛋白质残留物位于中间界面,一部分变性蛋白质停留在酚相。如此操作反复多次以除净蛋白质。将含 DNA 的水相合并,在有盐存在的条件下加 2 倍体积的冷乙醇,可将 DNA 沉淀出来。用乙醚和乙醇洗沉淀物,得到纯的 DNA。

用氯仿-辛醇(或异戊醇)与 DNP 溶液振荡,借助表面变性除去蛋白质,反复多次直至得到不含蛋白质的 DNA。此操作过程与苯酚法相似。

为了得到大分子 DNA,避免核酸酶和机械振荡对 DNA 的降解,在细胞悬液中直接加入 2 倍体积(其中含质量分数为 1% 的十二烷基磺酸钠(SDS))的缓冲溶液,并加入广谱蛋白酶(如蛋白酶 K),最后其质量浓度达 100 μg/mL,在 65℃ 保温 4 h,使细胞蛋白质全部降解,然后用苯酚抽提,除净蛋白酶和蛋白质部分降解产物。DNA 制品中的少量 RNA 可用纯的 RNase 分解除去。

氯化铯密度梯度离心(cesium chloride density gradient centrifugation)也是实验室制备高质量 DNA 常用的方法。

4.6.2　RNA 的分离

RNA 比 DNA 更不稳定,且 RNase 无处不在,因此 RNA 的分离更困难。制备 RNA 通常需要注意 3 点。

① 所有用于制备 RNA 的玻璃器皿都要经过高温焙烤,塑料用具经过高压灭菌,不能高压灭菌的用具要用质量分数为 0.1% 的焦碳酸二乙酯(diethyl pyrocarbonate, DEPC)处理,再煮沸以除净 DEPC。DEPC 能使蛋白质乙基化而破坏 RNase 活性。

② 在破碎细胞的同时加入强变性剂(如盐)使 RNase 失活。

③ 在 RNA 的反应体系内加入 RNase 的抑制剂(如 RNasin)。

目前最常用的制备 RNA 方法有两种。第一,用酸性盐-苯酚-氯仿(bisalt-phenol-chroroform)抽提。异硫氰酸胍(isothiocyanic)是极强烈的蛋白质变性剂,它几乎使所有蛋白质变性。然后用苯酚和氯仿多次除净蛋白质。此方法用于小量制备 RNA。现在实验室常采用 TRIzol 试剂一步法提取总 RNA,这种方法比其他纯化方法可提高产率 30% ~ 150%。这种酚和异硫氰酸胍的均相液还可直接用于从人类、动物、植物、细菌等的细胞或组织中同时分离出 DNA 和蛋白质。第二,用盐-氯化铯将细胞抽提物进行密度梯度离心。蛋白质密度小于 1.33 g/cm^3,在最上层。DNA 密度在 1.71 g/cm^3 左右,位于中间。RNA 密度大于 1.89 g/cm^3,沉在底部。用此方法可制备较大量高纯度的天然 RNA。

分离 poly(A)$^+$mRNA 通常采用寡聚胸腺嘧啶核苷酸(oligo$(dT)_n$)亲和层析法。用寡聚(dT)纤维素柱或寡聚(dT)琼脂糖凝胶柱吸附 mRNA,洗涤后用低离子强度缓冲液回收

mRNA,可得到较高质量的制品。

不同功能的 RNA 分布于细胞的不同部位,分离这些 RNA 常需先用差速离心法,将细胞核、线粒体、叶绿体、胞质体等各部分分开,再从这些部分中分离出 RNA。

4.6.3 核酸含量测定法

测定核酸含量的方法有紫外吸收法、定磷法、定糖法、凝胶电泳法。紫外吸收法较方便,样品便于回收,是常用的方法,但灵敏度不高。凝胶电泳法配合分析扫描仪可精确测出核酸含量。定磷法和定糖法则用化学方法测定核糖或磷酸,从而测定核酸的含量。

1. 定磷、定糖

(1) 定磷法

纯的核酸中磷的质量分数约为 9.5%,可通过测定磷的量来测定核酸含量。其方法是先将核酸样品用强酸(如浓硫酸、过氯酸等)消化成无机磷酸;然后磷酸与定磷试剂中的钼酸铵反应生成磷钼酸铵,在还原剂作用下被还原成蓝色的钼蓝复合物,其最大吸收峰在 660 nm 处,在一定范围内溶液光密度与磷含量成正比。得出总含磷量(核酸磷与无机磷)再减去无机磷(即不经消化直接测定)的量即为核酸磷的实际含量,此值乘以系数 10.5(100/9.5)即为核酸含量。定磷法的测定范围为 10 ~ 100 μg 核酸。

(2) 定糖法

定糖法常用的也是比色法。核酸分子含有核糖或脱氧核糖,这两种糖具有特殊的呈色反应,据此可进行核酸的定量测定。

RNA 在浓盐酸或浓硫酸作用下,受热发生降解,生成的核糖进而脱水转化成糠醛,糠醛与 3,5-二羟甲苯(又称苔黑酚或地衣酚)反应生成绿色物质,最大吸收峰在 670 nm 处,反应需要三氯化铁作催化剂。定糖法的测定范围:苔黑酚法为 20 ~ 250 μg RNA,在此范围内光吸收与核酸浓度成正比。有关反应式为

$$\text{RNA或核苷酸} \xrightarrow{\text{浓 HCl}} \begin{array}{c}\text{CHO}\\|\\\text{HCOH}\\|\\\text{HCOH}\\|\\\text{HCOH}\\|\\\text{CH}_2\text{OH}\end{array} \xrightarrow[-3H_2O]{\text{浓 HCl}} \text{糠醛} \xrightarrow[Fe^{3+}]{\text{地衣酚}} \text{绿色物质}$$

糠醛

DNA 受热酸解释放脱氧核糖,后者在浓硫酸或冰醋酸存在下可与二苯胺反应生成蓝色物质,最大吸收峰在 595 nm 处。二苯胺法测定范围为 40 ~ 400 μg DNA,在此范围内光吸收与 DNA 浓度成正比。化学反应式为

$$\text{DNA 或脱氧核苷酸} + C_6H_5\text{–NH–}C_6H_5 \xrightarrow{\text{浓 } H_2SO_4} \text{蓝色物质}$$

2. 紫外吸收法和凝胶电泳

核酸纯度的测定可用紫外吸收法和凝胶电泳法。

(1) 紫外吸收法测核酸纯度

通常是利用测定 260 nm 和 280 nm 处的光吸收来计算它们的比值。纯 DNA 的 A_{260}/A_{280} 为 1.8,纯 RNA 的 A_{260}/A_{280} 为 2.0。在纯化 DNA 时,通常用 $A_{260}/A_{280}=1.8 \sim 2.0$ 作为纯

度标准，若大于此值，表示有 RNA 污染；若小于此值，则有蛋白质或酚等的污染。

(2) 凝胶电泳法鉴定 DNA 纯度

凝胶电泳能够按相对分子质量的大小来分离各组分，此法不仅用于蛋白质的分离、制备和鉴定，也广泛用于核酸的鉴定、分离及制备。在核酸研究中用得较多的是琼脂糖凝胶电泳，它是目前分离纯化和鉴定核酸特别是 DNA 的标准方法。琼脂糖凝胶电泳操作简单迅速，用低浓度的溴化乙锭(EB)染色，可直接在紫外分析系统下观察、分析和鉴定 DNA，并进而制备、测定 DNA。

DNA 在琼脂糖凝胶电泳中的泳动率(迁移率)取决于下面几个因素，即 DNA 的分子大小、琼脂糖的浓度、DNA 的构象、电流强度等。在凝胶电泳中，DNA 相对分子质量的对数与它的泳动率成反比。因此，如果 DNA 样品不纯，或含有 RNA，或含有相对分子质量较小的 DNA，在电泳过程中可呈现出非单一的谱带而明显区别开来；如果 DNA 样品很纯，电泳后只呈现出一条区带。

细胞或组织中核酸含量的测定需要先对生物材料做一定的处理，以便定量提取出核酸的成分。组织预处理的目的是除去酸溶性含磷化合物及脂溶性含磷化合物。常用冷的质量分数为 5% ~10% 的过氯酸(PCA)或三氯乙酸(TCA)处理粉碎的生物材料，抽提液为酸溶性部分，包括核苷酸及相对分子质量小的寡核苷酸等。再将残留物用有机溶剂(如乙醇、乙醚、氯仿等)除去脂溶性含磷物质。抽提液中，主要是磷脂类物质。留下的残渣为不溶于酸的非脂类含磷化合物，包括 DNA、RNA、蛋白质及少量其他含磷化合物。然后可按下列 3 种方法中的一种方法测定核酸含量(图 4.20)。

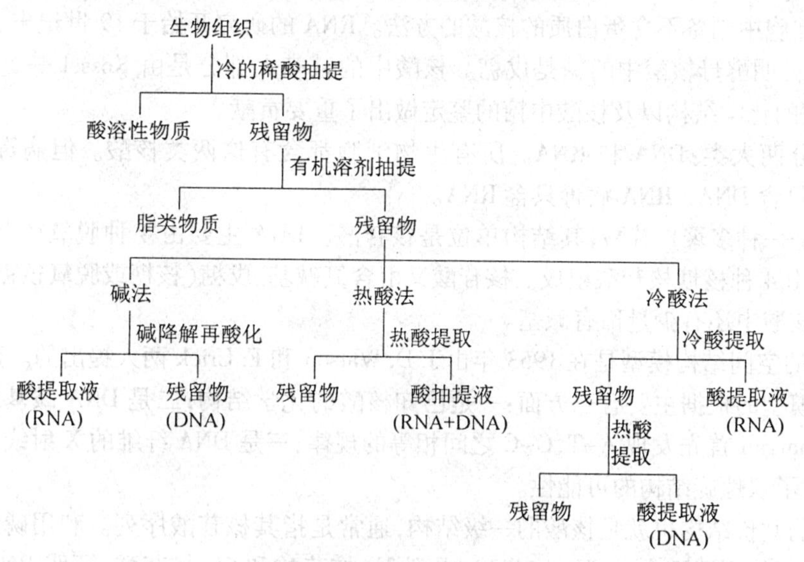

图 4.20　生物组织中核酸组分的分离

① 热酸法。把组织预处理后的沉淀部分用稀的 PCA(或 TCA)在 90℃ 处理 15 min，两种核酸皆成为酸溶性物质而被抽提出来，并与大部分不溶性的蛋白质分开。因此，将此酸抽提液进行糖的颜色反应时，无蛋白质干扰。该法的优点是迅速简单，缺点是没有把 DNA 与 RNA 分开，只能用地衣酚和二苯胺反应来得到 RNA 与 DNA 的含量。所以用此法

测得的DNA与RNA含量的准确度较差。

② 冷酸法。冷酸法最初用于测定植物根尖细胞和花粉细胞内少至1 μg的RNA和DNA,而不受植物组织内含有的戊糖胶和多糖醛酸类物质的干扰。将经酸和有机溶剂处理后的组织用1mol/L PCA于4℃处理18 h抽提出RNA,再用0.5 mol/L PCA在70℃处理20 min(动物材料用1 mol/L PCA,80℃、30 min)抽提出DNA。各抽提液可用定磷法、定糖法或紫外分光光度法来测定。该法的缺点是有些组织材料的DNA可被冷的PCA提取出一部分而混杂于RNA之中。

③ 碱法。碱法是指将酸不溶的非脂类含磷化合物与1 mol/L NaOH(或KOH)在37℃保温过夜,RNA被碱解为酸溶性核苷酸,而DNA不被分解。加入PCA或TCA(最终为5%~10%)酸化后,DNA即沉淀下来,上清液中为RNA的酸解产物。本法的优点是可将DNA和RNA分开,可用定磷法、定糖法或紫外分光光度法分别测定上述两部分的核酸含量;缺点是RNA部分还有其他含磷化合物,如磷肽和磷酸肌醇等,所以用定磷法测得的结果偏高。

现在已经有许多高精密的分析仪器可用于核酸和核苷酸的分析测定。例如高效液相色谱仪、毛细管电泳仪等。芯片技术可以将细胞内微量成分直接在芯片上分离和检测。

本章小结

1868年Miescher发现DNA。Altmann继续Miescher的研究,于1889年建立从动物组织和酵母细胞中制备不含蛋白质的核酸的方法。RNA的研究开始于19世纪末,Hammars于1894年证明酵母核酸中的糖是戊糖。核酸中的碱基大部分是由Kossel等鉴定。Levene对核酸的化学结构以及核酸中糖的鉴定做出了重要贡献。

核酸分两大类:DNA和RNA。所有生物细胞都含有这两类核酸。但病毒则不同,DNA病毒只含DNA,RNA病毒只含RNA。

核酸是一种多聚核苷酸,其结构单位是核苷酸。DNA主要由4种脱氧核苷酸组成。RNA主要由4种核糖核苷酸组成。核苷酸又由含氮碱基、戊糖(核糖或脱氧核糖)及磷酸所组成。核酸中还有少量稀有碱基。

DNA的空间结构模型是在1953年由J. D. Watson和F. Crick两人提出的。建立DNA空间结构模型的根据主要有三方面:一是已知核酸的化学结构;二是DNA碱基组成的分析资料,Chargaff首先发现A-T,G-C之间相等的规律;三是DNA纤维的X射线衍射分析资料,提示了双螺旋结构的可能性。

核酸的共价结构也就是核酸的一级结构,通常是指其核苷酸序列。利用磷酸二酯酶从RNA分子的两端逐个水解下核苷酸,得到3′-核苷酸和5′-核苷酸,证明RNA分子中核苷酸之间的键为3′,5′-磷酸二酯键。DNA无2′-羟基,它的核苷酸连键只能是3′→5′走向。RNA有三种类型:mRNA、rRNA、tRNA,常含有修饰核苷。

DNA的二级结构主要是形成双螺旋。DNA的超螺旋是DNA三级结构的一种形式。DNA与蛋白质复合物的结构是其四级结构。tRNA的二级结构都呈三叶草形,tRNA三级结构是倒L形。rRNA与蛋白质组装成核糖体,其结构已获得解析。核酶催化功能与其空间结构密切相关。

核酸的糖苷键和磷酸二酯键可被酸、碱和酶水解，产生碱基、核苷、核苷酸和寡核苷酸。核酸的碱基和磷酸基均能解离，因此核酸具有酸碱性质。核酸的碱基具有共轭双键，因而有紫外吸收的性质。变性作用是指核酸双螺旋结构被破坏，双链解开，但共价键并未断裂。引起核酸变性的因素很多，高温、过酸、过碱、纯水及变性剂等都能造成核酸变性。核酸变性时理化学性质将发生改变。

变性 DNA 在适当条件下可以复性，理化性质可得到恢复。

习　　题

1. 判断对错。如果错误，请说明原因。

(1) 利用 DNA 与苔黑酚反应呈绿色，可鉴别 DNA 中含有核糖。

(2) tRNA 的二级结构呈三叶草形，是稀有碱基含量最多的 RNA。

(3) 0.14 摩尔法沉淀的是 DNA 蛋白，可用于分离提取 DNP 和 RNP。

(4) 测得 DNA 样品的 OD_{260}/OD_{280} 比值小于 1.8，说明该样品中含有 RNA。

(5) 碱基堆积力是维持 DNA 二级结构稳定的主要因素，核酸变性的实质是 3’,5’-磷酸二酯键断裂，双螺旋被破坏，表出现减色效应。

2. J. D. Watson 和 F. Crick 提出 DNA 双螺旋结构模型的背景和依据是什么?

3. 比较 DNA 和 RNA 在化学结构上、大分子结构上和生物学功能上的特点。

4. 原核生物与真核生物 mRNA 的结构有何特点?

5. DNA 双螺旋结构模型有哪些基本要点? 这些特点能解释哪些基本的生命现象?

6. RNA 有哪些主要类型? 比较其结构与功能特点。

7. 为什么 DNA 比 RNA 不易被水解?

8. 试述核酸酶的种类和分类依据。

9. 计算腺苷酸、鸟苷酸和胞苷酸的等电点。[2.30;1.55;2.65]

10. 核酸的紫外吸收有何特点? 在实验室中如何利用这一特点研究核酸?

11. 核酸杂交的分子基础是什么? 有哪些应用价值?

12. 什么是 Southern 印迹法? 基本步骤是什么?

13. 肺炎球菌 DNA 的 G+C 的质量分数为 40%，计算其 T_m 值。[85.7℃]

14. 如果人体有 10^{14} 个细胞，每一个细胞 DNA 含量为 6.4×10^9 bp，计算人体 DNA 的总长度为多少米? 相当于地球到太阳距离(2.2×10^{12} m)的几倍? [2.2×10^{14} m,100 倍]。

15. 某 RNA 完全水解得到 4 种单核苷酸样品 500 mg，用水定容至 50 mL，吸取 0.1 mL 稀释到 10 mL，测 $A_{260}=1.29$。已知 4 种单核苷酸的平均相对分子质量为 340，摩尔消光系数为 6.65×10^3，求该产品的纯度。[65.95%]

16. 有一假定的圆柱状的 B 型 DNA 分子，其相对分子质量为 3×10^7，试问此分子含有多少圈螺旋?（一对脱氧核苷酸残基的平均相对分子质量为 618）[4854 圈]

17. 若 ΦX174 噬菌体 DNA(单链)的碱基组成为 A:21%，G:29%，C:26%，T:24%。问由 RNA 聚合酶催化其转录产物 RNA 的碱基组成如何? [U:21%，C:29%，G:26%，A:24%]

第5章 酶学

5.1 概述

生物体内不断地进行着各种复杂的化学变化。生物个体在生长、发育和繁殖的过程中,不断从外界环境摄取营养物质,经过分解、氧化来提供构成机体自身结构组织的原料和能量;在体内的一些小分子物质转变成构成机体的大分子物质;新陈代谢产生的废物的排出;生物机体的其他生理活动,如运动、对外界刺激的反应以及由于内外因素对机体损伤的修复等过程,都需要经历许多化学变化来实现。体内进行的各种化学变化都需一类特殊的物质催化,这就是酶。

早在八千年前,人类的祖先虽还不知道酶为何物,更无法了解它的性质,却根据生活生产经验的积累,把酶利用到了相当完善的程度。最早体现出酶的作用而造福于人类的产业是酿酒,从龙山遗址考证,我国人民在约公元前21世纪夏禹时代就掌握了酿酒技术。公元前12世纪周代,在制酱,制饴中,也已经不自觉地利用了酶的催化作用。2500年前,古人懂得用酒曲来治疗肠胃病、用鸡内金治疗消化不良、用动物的胃液来制造奶酪、用胰脏软化皮革等,这些都说明酶在古代就已经得到了应用。在19世纪,人们对酵母发酵过程进行了大量研究。1810年Jaseph Gaylussac发现酵母可将糖转化成酒精。1833年Payen和Persoz发现麦芽提取液的酒精沉淀物中含有一种对热不稳定的白色无定形粉末,这种物质能将淀粉转变成糖,现在我们称这种物质为淀粉酶diastase(来源于希腊文"分离"一词,很长一段时期作为酶的术语,-ase作为酶命名的词根)。1857年微生物学家Pasteur证明了酒精发酵是酵母细胞活动的结果。1878年Künne首先提出使用酶(enzyme)这个名词。1897年Büchner兄弟发现酵母无细胞抽提液仍能将糖发酵成乙醇。这表明酶不仅能在细胞内具有催化作用,而且在细胞外在一定条件仍有催化作用,阐明了发酵的化学本质是酶作用,他们的成功为20世纪酶学和酶工程学的发展揭开了序幕,这一贡献者Büchner获得了1911年的诺贝尔化学奖,从此开始对酶的催化作用和酶的本质进行广泛的研究。1894年德国化学家Emil Fisher发展了酶的特异性(即专一性)概念,他提出了著名的酶和底物相互作用类似于锁和钥匙的观点,这个学说认为酶与底物分子或底物分子一部分之间,在结构上有严格的互补关系,当底物契合到酶蛋白的活性中心时,很像一把钥匙插入一把锁中。这个观点影响到后人对于酶-底物配合物本质的研究。1902年，Henri和Brown各自独立地提出了下述观点：在酶浓度一定的条件下，逐渐地增加底物浓度，得到的反应速度和底物浓度的饱和类型曲线是由于形成酶与底物中间配合物的结果。酶与底物中间配合物的提出对研究酶反应动力学奠定了基础。1913年Menten提出中间产物学说，推导出著名的米氏方程，用数学表达式来定量地描述了酶促反应。1926年James B. Sumner成功地获得了脲酶的结晶，并证明了它具有蛋白质的性质，提出了酶的化学本质是蛋白质的观点。到了20世纪30年代，Northrop又分离出结晶的胃蛋白酶、胰蛋白酶及胰凝乳蛋白酶，并进行了酶反应动力学的探讨，确立了酶的蛋白质本质。目前，已有数以百计的酶被纯化到结晶的形式。1963年Hirs，Moore和Stein测定了RNaseA的氨基酸顺序。1965年Phillips用X射线晶体衍射技术阐明了鸡蛋清溶菌酶的三维结构。1969年Merrifield等人工合成了具有活性的胰RNase。1982年T. Cech发现某些原生动物如四膜虫(tetrahymena)的26S rRNA前体经加工转变成的称为L_{19}RNA能够催化寡聚核苷酸的切割与连接；1983年S. Altman等发现核糖核酸酶P(RNaseP，一种加工tRNA前体的酶)中的RNA具有该酶的部分催化活性(RNaseP由20%的蛋白质和80%的RNA组成)。之后还发现另外一些RNA具有催化一定化学反应的能力。Cech称这类具有催化活性的RNA为ribozyme(还译为核糖酶、核酶、酶性RNA等)，RNA型生物催化剂的发现应该说是现代生物学的一个重大突破。它表明除蛋白质性质的酶外，还可能存在着其他类型的生物催化剂，打破了酶是蛋白质的传统观点，开辟酶学研究的新领域，同时也为分子生物学研究，特别是为RNA的研究提供了又一种新工具，为探索地球上最早的生命物质，提供了又一条新的、值得考虑的重要线索。1986年Schultz与Lerner等人研制成功抗体酶(Abzyme)；Boyer和Walker阐明了ATP合成酶合成和分解ATP的分子机制。近20年来不少酶的作用机制被阐明，酶结构与功能的研究进入了新的阶段。现已鉴定出的酶有4 000多种，而且每年都有关于酶的新发现。

5.1.1 酶的概念

1.酶的概念

酶是生物细胞产生的，以蛋白质为主要成分的生物催化剂。它具有高效性、专一性、敏感性、温和性和可调节性等特点。

(1) 所有的酶都是由生物体产生的

现在已知的酶都是由生物体合成的，反之，所有的生物都能合成酶，甚至包括无细胞结构的病毒也能合成或含有某些酶，如劳氏肉瘤病毒、痘病毒等，含有RNA聚合酶、反转录酶以及甲基转移酶之类的修饰酶，或者带有形成某些酶的基因，在感染寄主后利用寄主的转录翻译系统，合成其复制过程中所需要的各种酶，如噬菌体R_{17}、f_2等属于这种类型。当然也有一些病毒目前尚未发现它们带有酶、或者带有编码酶的基因。

(2) 酶和生命活动密切相关

酶最主要也是最基本的生物学功能就是催化代谢反应，建立各种代谢途径，形成相应的代谢体系，为生命体的生存、发展、生命活动提供物质基础和能量来源。几乎所有的生命活动或过程都有酶参加。酶在生物体内主要有4类功能，即执行具体的生理机制，如神经末梢的乙酰胆碱酯酶(acetylcholine esterase)负责传导神经冲动;参与消除有害毒物活性物质,担负保卫清除任务,如限制性核酸内切酶(restriction endonuclease)可识别并水解外源DNA,防止异种生物遗传物质的侵入,超氧化物歧化酶能直接移除体内超氧负离子;协同激素等物质起信号转化、传递与放大作用,如细胞膜上的腺苷酸环化酶(adenylate cyclase)、蛋白激酶(protease)等可将激素信号转化并放大,使代谢活性增强。

酶和机体正常生命活动密切相关,如果代谢系统中某一环节的酶出现异常或缺失,会造成许多先天性遗传病,如苯丙酮尿症(phenylketonuria)就是因苯丙氨酸羟化酶(phenylalanine hydroxylase)先天性缺失,使正常的苯丙氨酸代谢受阻,导致该氨基酸代谢中间物在血液中积累,使大脑的智力发育受到影响,同时由于酪氨酸生成被切断,皮肤中黑色素不能形成,伴随着出现"白化"病症。

酶的组成和分布是生物进化与组织功能分化的基础。生命物质的合成与能量转换是一切生物所必需的,因此不论动物、植物还是微生物都具有与此相关的酶系和辅酶。酶的组成与分布也有明显的种属差异,如精氨酸酶(arginase)只存在于排尿素动物的肝脏内,而排尿酸的动物则没有。同种生物其不同组织中酶的分布也有差异,如由于肝脏是氨基酸代谢与尿素形成的主要场所,因此精氨酸酶几乎全部集中在肝脏内。不仅如此,即使是同一组织中的同一类酶,由于功能需要与所处的环境不同,酶的含量也可能有显著差异,例如,与三羧酸循环、氧化磷酸化系统有关的酶系在心肌中的含量就比骨骼肌中高得多,而与酵解有关的醛缩酶(aldolase)则很少。最后,为适应特定功能的需要,酶在同一细胞中甚至同一细胞器中的组成和分布也是不均一的,例如,线粒体的内膜上集中着与呼吸链和氧化磷酸化有关的酶系,而在线粒体基质中则分布有TCA的酶、脂肪酸β-氧化作用的酶等。

在生物长期的进化过程中,为适应各种生理机能的需要、生态环境的千变万化,还形成了从酶的合成到酶的结构和活性等各种水平的调节机构。所以酶不仅通过它本身的作用及其分布,而且也通过它的动态调节来满足生命的各种需要。

2. 酶的化学本质

除具有催化活性的RNA之外,酶的化学本质都是蛋白质。酶的化学本质是蛋白质这一结论,可从下列事实得到证实。

① 与其他蛋白质一样,酶的相对分子质量很大。已测定的酶的相对分子质量,一般从一万到几十万以上,大到上百万(表5.1),如牛胰核糖核酸酶(pancreatic ribonuclease)相对分子质量为14 000。酶的水溶液为亲水胶体,酶不能通过半透膜,因而也可用透析方法纯化。

② 酶由氨基酸组成,将酶制剂水解后可得到氨基酸。某些酶的氨基酸组成已被测定,如核糖核酸酶由124个氨基酸组成,木瓜蛋白酶(papain)由212个氨基酸组成等。

③ 酶和蛋白质一样是两性电解质,在溶液中是带电的,即在一定pH下,它们的基团可发生解离。由于基团解离情况不同而带有不同电荷,因此每种酶均有其等电点,见表5.1。

表5.1 一些结晶酶的相对分子质量及等电点

酶的名称	相对分子质量	等电点
核糖核酸酶(ribonuclease)	14 000	7.8
胰蛋白酶(trypsin)	23 000	7.0~8.0
碳酸酐酶(carbonic anhydrase)	30 000	5.3
胃蛋白酶(pepsin)	36 000	1.5
过氧化物酶(peroxidase)	40 000	7.2
α-淀粉酶(α-amylase)	45 000	5.2~5.6
脱氧核糖核酸酶(deoxyribonuclease)	60 000	4.7~5.0
β-淀粉酶(β-amylase)	152 000	4.7
过氧化氢酶(catalase)	248 000	5.7
木瓜蛋白酶(papain)	420 000	9.0
脲酶(urease)	480 000	6.8
磷酸化酶 a(phosphorylase a)	495 000	6.8
L-谷氨酸脱氢酶(glutamate dehydrogenase)	1 000 000	4.0

④ 酶的变性失活与水解。使蛋白质变性失活的因素均可使酶变性失活,如酶受热不稳定,易失去活性,一般蛋白质变性的温度往往也就是大多数酶开始失活的温度;一些使蛋白质变性的试剂如三氯乙酸等,也是酶变性的沉淀剂。

⑤ 酶通常能被蛋白酶水解而丧失活性。

⑥ 对所有已经高度纯化,而且达到均一程度的酶进行组分分析结果表明,它们都是单纯的蛋白质,或者是蛋白质与小分子物质构成的配合物。

以上事实说明酶的化学本质是蛋白质。因此酶具有蛋白质所共有的一些理化性质。所以在提取和分离酶时,要按防止蛋白质变性的一些措施来防止酶失去活性。但并不能说所有的蛋白质都是酶,只有具有催化作用的蛋白质才称为酶。

酶的化学本质是蛋白质的结论在20世纪受到新的挑战。20世纪80年代以来陆续发现了一些RNA也具有催化剂的特性。这类新生物催化剂的发现,对生命起源、生物进化及酶学的发展有重要意义。在生命起源上,可部分解释自然界中是"先有核酸,还是先有蛋白质"的问题。在实践上,利用ribozyme作为工具,可以特异切割基因转变产物,抑制基因表达,而且为病毒病、肿瘤等疾病的治疗提供一个可能的途径。目前对ribozyme的固定化已获得成功,有望在工业和医药上应用。

5.1.2 酶的催化特性

酶作为催化剂具有一般催化剂的特征。如在反应前后,酶本身的数量和成分不发生改变,它只能加速一个化学反应的速度,而不改变反应的平衡点等。但是酶作为生物催化剂又与一般催化剂不同,酶是生命活动的产物,在物质运动的形式上处于更高级的阶段,因此比一般催化剂更优越,对化学反应的催化作用有更显著的特点。酶的催化特性包括:高效性、专一性、温和性、敏感性和可调节性。

(1) 催化作用的高效性

酶的催化效率比一般化学催化剂高$10^6 \sim 10^{13}$倍。如在0℃时,1 g亚铁离子(Fe^{2+})每秒钟只能催化分解10^{-5} mol H_2O_2,但在同样条件下,1 mol H_2O_2酶能催化分解10^5mol H_2O_2,两者相比,酶的催化能力比Fe^{2+}高10^{10}倍。又如血液中催化$H_2CO_3 \longrightarrow CO_2+H_2O$的碳酸酐酶,1 min内每分子的碳酸酐酶可使$9.6\times10^7$个$H_2CO_3$分子分解,正因为这样,才能维持血液中正常酸碱度和及时完成CO_2排出的任务。由此可见,酶的效率极高。正因为如此,虽然各种酶在生物细胞内的含量很低,却可催化大量的作用物发生反应。

(2) 催化作用的专一性

一种酶只能作用于一种或一类结构相似的底物发生某种类型反应的性质称为酶作用的专一性或特异性(specificity)。我们把被酶作用的物质(反应物)称为该酶的底物(substrate),所以也可说酶的专一性是指一种酶仅作用于一个或一类底物,这是酶与其他化学催化剂最本质的区别,一般无机催化剂对其作用物没有严格的选择性,如酸可催化糖、脂肪、蛋白质等多种物质水解,而蔗糖酶(sucrase)只能催化蔗糖水解,蛋白酶(proteinase)只能催化蛋白质水解,对其他物质无催化作用。酶作用的专一性有重要的生物学意义。

5.1.3 酶的组成及分类

1. 酶的组成

从化学组成来看酶可分为单纯蛋白质(simple protein)和结合蛋白质(conjugated protein)。属于单纯蛋白质的酶类,除了蛋白质外,不含其他物质,如淀粉酶、蛋白酶、脂肪酶、纤维素酶、脲酶等水解酶,这些酶称单纯酶(simple enzyme);属于结合蛋白质的酶类,其结构中除含有蛋白质外,还含有非蛋白质部分,因而称之为结合酶(conjugated enzyme),如多数氧化还原酶类。在结合酶中,蛋白质部分称为酶蛋白或脱辅基酶蛋白(apoenzyme或apoprotein),非蛋白部分统称为辅因子(cofactor)。辅因子又可分成辅酶(coenzyme)和辅基(prosthetic group)两类。酶蛋白与辅因子结合成的完整分子称为全酶(holoenzyme),即全酶=酶蛋白+辅因子(辅酶或辅基)。只有全酶才具备催化活性,将酶蛋白和辅因子分开后,二者均无催化作用。

酶的辅因子包括辅酶和辅基,通常辅酶和辅基是按其与酶蛋白结合的牢固程度来区分的,与酶蛋白结合比较疏松(一般为非共价结合),并可用透析方法除去的部分称为辅酶(coenzyme,简写为Co);把与酶蛋白结合牢固(有共价键结合,也有非共价键结合),不能用透析方法除去的部分称为辅基(prosthetic group)。这种根据结合的松紧程度来区别辅酶和辅基的方法并不是很严格。近年来有人主张根据辅酶和辅基参与酶促反应时所需要的条件不同来区别它们。

辅酶及辅基从其化学本质来看可分为两类,一类为金属元素,如Cu、Zn、Mg、Mn、Fe等;另一类为小分子的有机物,如维生素、铁卟啉等。维生素(vitamin)是一类在机体中含量很少,但具有重要生理功能的物质。在人和动物体内,大多数维生素不能由机体合成,而必须从食物中获得。现已确定,多数维生素及其衍生物在活细胞中主要是构成许多酶的辅酶或辅基,酶的种类很多,但辅酶或辅基的种类却不多。通常一种酶蛋白只能与一种辅酶或辅基结合,成为一种有特异性的酶;但同一种辅酶或辅基却常能与多种不同的酶蛋白结合,组成多种特异性很强的全酶。所以酶蛋白决定着酶作用的专一性,而辅酶或辅基在酶促反应中常参与化学反应,起着传递氢、传递电子、传递原子或化学基团的作用,某些金属元素还起着“搭桥”等作用。它们决定酶促反应的类型。一些酶的辅因子见表5.2。

表5.2 一些酶的辅因子概况

类 别	酶的名称	辅因子	辅因子的作用
含金属离子辅基	酪氨酸酶、细胞色素氧化酶、漆酶、抗坏血酸氧化酶	Cu^+ 或 Cu^{2+}	连接作用或传递电子
	碳酸酐酶、羧肽酶、醇脱氢酶	Zn^{2+}	
	精氨酸酶、磷酸转移酶、肽酶 磷酸水解酶、磷酸激酶	Mn^{2+} Mg^{2+}	连接作用
含铁卟啉辅基	过氧化物酶、过氧化氢酶、细胞色素、细胞色素氧化酶	铁卟啉	传递电子
含维生素的辅酶	多种脱氢酶 各种黄酶	NAD 或 NADP FMN 或 FAD	传递氢
	转氨酶、氨基酸脱羧酶	磷酸吡哆醛	转移氨基、脱羧
	α-酮酸脱羧酶	焦磷酸硫胺素	催化脱羧基反应
	乙酰化酶等	辅酶A	转移酰基
	α-酮酸脱氢酶系	二硫辛酸	氧化脱羧
	羧化酶	生物素	传递 CO_2
其 他	磷酸基转移酶 磷酸葡萄糖变位酶	ATP 1,6-二磷酸葡萄糖	转移磷酸基
	UDP 葡萄糖异构酶	二磷酸尿苷葡萄糖	异构化作用

2. 酶的分类

根据酶蛋白分子的特点和相对分子质量的大小可把酶分成3类。

(1) 单体酶(monomeric enzyme)

单体酶一般由一条肽链组成,如牛胰核糖核酸酶、溶菌酶、羧肽酶等,但也有的单体酶由多条肽链组成,如胰凝乳蛋白酶是由3条肽链组成,肽链间二硫键相连构成一个共价整体。单体酶种类较少,一般多是催化水解反应的酶,相对分子质量在$(1.3\sim3.5)\times10^4$之间。

(2) 寡聚酶(oligomeric enzyme)

寡聚酶是由两个或两个以上亚基组成的酶,这些亚基可以相同,也可以不同。亚基之间靠次级键结合,彼此容易分开。寡聚酶的相对分子质量一般大于3.5×10^4。大多数寡聚酶的聚合形式有活性,解聚形式为失活型。相当数量的寡聚酶是调节酶,在代谢调控中起重要作用。

(3) 多酶复合体(multienzyme complex)

多酶复合体由几种酶靠共价键彼此嵌合而成。这种多酶复合体相对分子质量很高,彼此连接,有利于一系列反应的连续进行。

酶的分类和命名是以其催化反应即酶的特异性为基础的。现在已经发现的酶大约有4 000种,这就要求每一种酶都有准确的名称和明确的分类。根据国际酶学委员会的建议,每种具体的酶都有其习惯名称和系统名称。习惯名称是在惯用名的基础上,加以选择或稍做修改而成,由两部分组成:底物的名称+催化反应的类型,后加一个“酶”字(-ase)。如葡萄糖氧化酶(glucose oxidase),淀粉水解酶等,催化水解反应的酶在名称上可以不标明反应类型,即“水解”字样,只在底物名称后加上“酶”字即可,如淀粉水解酶可直接称为淀粉酶。酶的系统命名则更详细、更准确地反映出该酶所催化的反应。系统命名包括了酶作用的底物,酶作用的基团及催化反应的类型,如葡萄糖氧化酶的系统命名为“β-D-葡萄糖,氧-1-氧化还原酶”,表明该酶所催化的反应是以β-D-葡萄糖为脱氢的供体,以氧为氢受体,催化作用在第一位碳原子基团上进行,所催化的反应属于氧化还原反应,故该酶属于氧化还原酶。

3. 酶的命名

根据酶所催化的反应类型,将酶分成六大类。

① 氧化还原酶类(oxido-reductases)。催化氧化还原反应,$AH+B(O_2) \rightleftharpoons A+BH(H_2O)$。

② 转移酶类(transferases)。催化化合物某些功能基团的转移,即将一种分子上的基团转移到另一种分子上的反应,$AB+C \rightleftharpoons A+BC$。

③ 水解酶类(hydrolases)。催化水解反应,$AB+H_2O \rightleftharpoons AOH+BH$。

④ 裂合酶类(lyases)。催化底物移去一个基团而形成双键的反应或其逆反应,$AB \rightleftharpoons A+B$。

⑤ 异构酶类(isomerases)。催化各种同分异构体之间的相互转变,即分子内部基团的重新排列,$A \rightleftharpoons B$。

⑥ 合成酶类(synthatases 或称连接酶 ligase)。催化与腺苷三磷酸(ATP)相偶联的合成反应,即由两种物质合成一种新物质的反应,$A+B+ATP \rightleftharpoons A\text{-}B+ADP(AMP)+Pi(PPi)$

国际酶学委员会对每一种酶都进行了系统编号,先将酶分成的六大类分别用1、2、3、4、5、6来表示。再根据底物中被作用的基团或键的特点将每一大类分为若干亚类,每一亚类又按顺序编成1、2、3、4…等数字来表示。每一亚类可再分为亚亚类,仍用1、2、3、4…编号。每一个酶的系统编号由4个数字组成,数字间用“·”隔开。如EC1.1.1.27表示乳酸脱氢酶,其中EC表示酶学委员会(为Enzyme Commision的缩写);第1个数字“1”表示该酶属于氧化还原酶类,第2个数字“1”表示该酶居于氧化还原酶类中的第一亚类,第3个数字“1”表示该酶居于第一亚类中的第1小类即亚亚类,第4个数字表示该酶在亚亚类中的位置。这种系统命名和系统编号是相当严格的,一种酶只可能有一个名称和一个编号。一切新发现的酶,都能按此系统得到适当的编号。从酶的编号可了解酶的类型和催化反应特征。但许多酶的系统命名使用起来颇为不便,因此酶的习惯名称仍然具有存在的价值。

5.2 酶的结构与功能的关系

酶分子本质多是蛋白质,但蛋白质分子不都具有催化功能。一个蛋白质分子的表面具有可以可逆地结合小的溶质分子或离子的区域,称这些溶质分子为配体(ligand),其中酶的底物、辅酶或辅基以及各种调节因子等都可作为配体,这样每个酶蛋白通常有一个或多个配体结合部位,这由酶分子本身的结构决定。

5.2.1 酶的一级结构与催化功能的关系

1. 酶的必需基团

酶分子中有各种功能基团,如—NH_2、—COOH、—SH 和—OH 等,但并不是酶分子中所有这些基团都与酶活性直接相关,而只是酶蛋白一定部位的若干功能基团与催化作用有关,这种决定酶催化作用的化学基团称为酶的必需基团(essential group)。常见的有组氨酸的咪唑基、丝氨酸的羟基、半胱氨酸的巯基等。

必需基团可分为两类,可与底物结合的必需基团称为结合基团(binding group),可促进底物发生化学变化的必需基团称为催化基团(catalytic group)。有的必需基团兼有结合基团与催化基团的功能。

2. 酶原激活

有些酶的肽链在细胞内合成后,即可自发盘曲折叠成一定的三维结构,形成一定的构象,酶就立即表现出全部酶活性,如溶菌酶(lysozyme);然而有些酶(大多为水解酶)在生物体内首先合成的只是它的无活性的前体,即酶原(zymogen 或 proenzyme)。酶原在一定的条件下才能转化成有活性的酶,这一转化过程称之为酶原的激活(zymogen activation)。

酶原的激活是通过去掉分子中的部分肽段,引起酶分子空间结构发生变化,从而形成或暴露出活性中心,转变成为具有活性酶的过程。不同的酶原在激活过程中去掉的肽段数目及大小不同(表5.3)。使酶原激活的物质称为激活剂(activator)。不同酶原的激活剂不同,但有的激活剂可激活多种酶原,如胰蛋白酶可激活动物消化系统的多种酶原。

表5.3 酶原的激活和激活剂

酶原	激活产物		激活剂
胃蛋白酶原(42 500)	胃蛋白酶(34 500)	+42 肽(8 000)	H^+、胃蛋白酶
胰蛋白酶原(24 000)	胰蛋白酶(≈23 800)	+六肽	肠激酶、胰蛋白酶
胰凝乳蛋白酶原(22 000)	α-胰凝乳蛋白酶(≈22 000)	+2 个二肽	胰蛋白酶、胰凝乳蛋白酶
羧肽酶原 A(96 000)	羧肽酶 A(34 000)	+多肽	胰蛋白酶
凝血酶原	凝血酶	+几个碎片	凝血酶原激活剂、K^+
弹性蛋白酶原	弹性蛋白酶	+几个碎片	胰蛋白酶

3. 共价修饰

一些化学试剂可与某些氨基酸侧链上的功能基团发生结合、氧化或还原等反应,生成共价修饰物,使酶分子的一些基团发生结构和性质的变化,不同氨基酸的侧链基团所使用的修饰剂不同,同一侧链基团可用几种修饰剂修饰。常用于修饰氨基的修饰剂有顺丁烯二酸酐、乙酸酐、二硝基氟苯等;常用的羧基修饰剂是乙醇-盐酸试剂;用于修饰组氨酸咪唑基的有溴丙酮、二乙基焦磷酸盐以及光氧化;修饰精氨酸胍基的常用丙二醛、2,3-丁二酮或环己二酮;修饰半胱氨酸巯基的常用碘乙酸、对氯汞苯甲酸、磷碘苯甲酸等;修饰丝氨酸羟基的常用二异丙基氟磷酸(DFP)。酶共价修饰的基本要求如下。

① 修饰剂的要求。修饰剂的要求是指修饰剂应具有较小的相对分子质量,对蛋白质的吸附有良好的生物相容性和水溶性,修饰剂分子表面有较多的反应活性基团,修饰剂上

反应基团的活化方法应简便,活化条件应易得以及修饰后酶的半衰期越长越好。

② 酶的要求。酶的要求是指要熟悉酶反应的最适条件和稳定条件,酶的活性部位的情况,酶分子侧链基团的化学性质以及反应的活性等。

③ 反应条件的确定。修饰反应一般要选择在酶稳定的条件下进行,尽可能少破坏酶活性的必需基团,反应条件应有利于酶与修饰剂的高结合率和酶活的高回收率。如确定反应条件时必须要考虑反应体系中酶与修饰剂的分子比例、反应温度、pH 值、时间、溶剂性质和盐浓度等。使用不同的修饰剂,应通过大量的试验确定反应条件。

酶的一级结构是酶的基本化学结构,是催化功能的基础。一级结构的改变可使酶的催化功能发生相应的改变。酶蛋白中的主键是肽键,不同酶蛋白的氨基酸数目不同,其催化功能也不同。例如,核糖核酸酶由 124 个氨基酸残基组成,只有一条肽链,用枯草杆菌蛋白酶(subtilisin)在限定的条件下水解,使它的第 20 号和第 21 号氨基酸之间的肽键断裂,这样就形成了含 20 个残基的 S-肽和含 104 个残基的 S-蛋白,两个部分单独存在均无活性,若将它们放入中性溶液中,两个肽段合在一起时,则酶的活性又恢复。同样,核糖核酸酶在其 C-末端用羧肽酶(carboxypeptidase)去掉 3 个氨基酸时对酶的活性几乎无影响,但用胃蛋白酶去掉 C-末端的 4 个氨基酸时,则酶活性全部丧失。

许多酶都有二硫键(—S—S—),一般二硫键的断裂将使酶变性而丧失催化功能。但在某些情况下,二硫键断开,而酶的空间构象不受破坏时,酶的活性并不完全丧失,如果使二硫键复原,酶又重新恢复原有的生物活性。

在细胞内有一些酶存在天然的共价修饰作用,从而实现酶的活性态与非活性态的互相转变。这种酶大多与调节代谢的速度有关,称为调节酶(regulative enzyme)。细胞内酶的共价修饰有磷酸化与去磷酸化、乙酰化与去乙酰化、甲基化与去甲基化等。不同的调节酶其修饰情况不同,有的酶接上一个基团后才有活性,去掉这个基团后失去活性;另外的酶则刚好相反。

5.2.2 酶的活性与其高级结构的关系

1. 酶的活性中心

酶分子中只有很小的结构区域与活性直接相关。酶的活性不仅决定于酶蛋白的一级结构,还与其高级结构紧密相关。在一定程度上,对于酶活性来说,高级结构甚至比一级结构更为重要,因为只有高级结构才能形成活性中心。通常把酶分子上必需基团比较集中并构成一定空间构象、与酶的活性直接相关的结构区域称为酶的活性中心(active center)或称活性部位(active site)。

活性中心是直接将底物转化为产物的部位,它通常包括两个部分,与底物结合的部分称为结合中心(binding center),促进底物发生化学变化的部分称为催化中心(catalytic center)。结合中心决定酶的专一性,催化中心决定酶所催化反应的性质。有些酶的结合中心和催化中心是同一部位。

不同的酶其活性中心的基团和构象均不同,对不需要辅酶的酶(单纯酶)来说,活性中心就是酶分子在三维结构中比较靠近的少数几个氨基酸残基或是这些残基上的某些基团,它们在一级结构上可能相距甚远,甚至位于不同肽链,通过肽链的折叠盘绕而在空间构象上相互靠近;对需要辅酶的酶(结合酶)来说,活性中心主要就是辅酶分子,或辅酶分子上的某一部分结构,以及与辅酶分子在结构上紧密偶联的蛋白的结构区域。

酶分子的活性中心一般为一个,有的为几个,催化中心常常只有一个,包括2~3个氨基酸残基。结合中心则随酶的不同而异,有的仅一个,有的有数个。每个结合中心的氨基酸数也不一样。

2. 酶的二、三级结构与酶活性的关系

酶的二、三级结构是所有酶必须具备的空间结构,是维持酶的活性部位所必需的构象。当酶蛋白的二级和三级结构彻底改变后,就可使酶的空间结构遭受破坏从而使其丧失催化功能,这是以蛋白质变性理论为依据的。另一方面,有时酶的二级和三级结构发生改变,可使酶形成正确的催化部位从而发挥其催化功能。由于底物的诱导而引起酶蛋白空间结构发生某些精细的改变,与适应的底物相互作用,从而形成正确的催化部位,使酶发挥其催化功能,这就是诱导契合学说(induced-fit theory)的基础。

牛胰核糖核酸酶(RNaseI)的活性中心主要由第12位和第119位两个组氨酸构成,这两个氨基酸在一级结构上相隔107个氨基酸,但是它们在形成高级结构中相距却很近,两个咪唑基间仅0.5 nm,这两个氨基酸及第41位的赖氨酸构成了酶的活性中心。这一结果是由RNaseI的片段重组得出的。

用枯草杆菌蛋白酶(subtilisin)限制性水解牛胰核糖核酸酶(其氨基酸组成见图5.1)分子中的丙氨酸(20)-丝氨酸(21)间的肽键,得到一个含20个氨基酸残基(1~20)的S肽和一个含104个氨基酸残基(21~124)的S蛋白。S肽含有组氨酸(12),S蛋白含有组氨酸(119)。S肽与S蛋白单独存在时,均无酶活性,但若将二者按1∶1比例混合,即可恢复酶活性(称为RNase S),虽然此时第20与21之间的肽键并未恢复。这是因为S肽通过氢键及疏水作用与S蛋白结合,使组氨酸(12)和组氨酸(119)在空间位置上互相靠近而重新形成了活性中心,见图5.2。可见,只要酶分子保持一定的空间构象,使活性中心必需基团保持相对位置,一级结构中个别肽键的断裂,乃至某些区域的小片段(如RNase中的第15~20)的失去,都不会影响酶的基本活性。

3. 酶的四级结构与酶活性的关系

除少数单体酶外,大多数酶都是由多个亚基组成的寡聚体,亚基间的联结排列构成了酶的四级结构,具有四级结构的酶,按其功能可分为两类,一类与催化作用有关,另一类与代谢调节关系密切。只与催化作用有关的具有四级结构的酶,由几个相同或不同的亚基组成,每个亚基都有一个活性中心。四级结构完整时,酶的催化功能才会充分发挥出来,当四级结构被破坏时,亚基被分离,若采用的分离方法适当,被分离的亚基还可保留各自的催化功能。如天冬氨酸转氨甲酰酶(aspartate transcarbamylase)的亚基是具有催化功能的,用温和的琥珀酸使四级结构解体,分离的亚基仍可各自保持催化功能;当用强酸、强碱、表面活性剂等破坏其四级结构时,得到的亚基就失去催化活性。

一些调节酶的分子结构多为寡聚蛋白,酶的活性通过亚基的聚合和解聚来调节。有的酶呈聚合态时有活性,解聚成亚基后为非活性态。如催化脂肪酸合成的一个主要酶——乙酰CoA羧化酶(acetyl-CoA carboxylase)呈聚合态时有活性;相反,有的酶呈解聚态时表现出活性,聚合体则呈无活性态,如cAMP依赖性蛋白激酶(常称A激酶,A-ki-

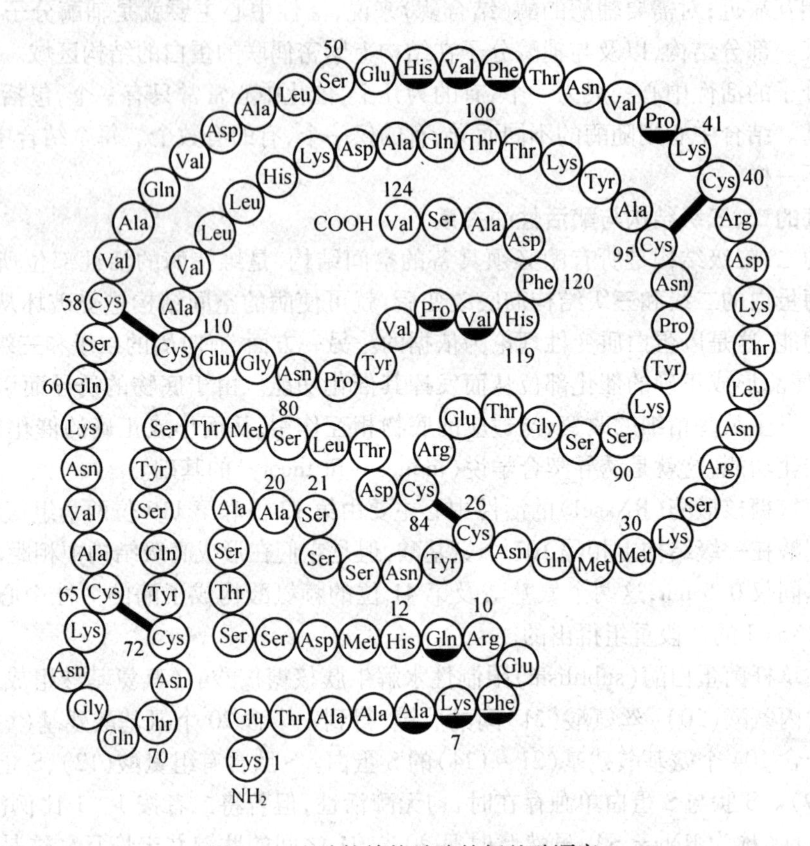

图 5.1 牛胰核糖核酸酶的氨基酸顺序

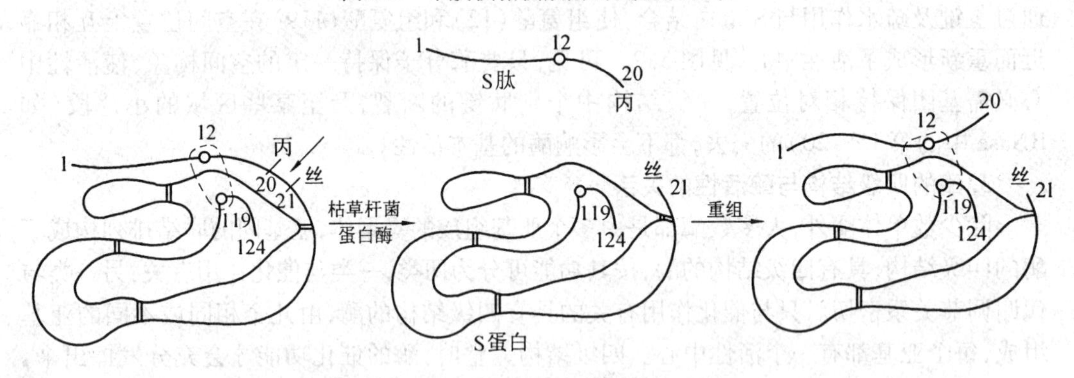

图 5.2 牛胰核糖核酸酶分子的切断与重组

nase)是含有两个催化亚基、两个调节亚基的四聚体，当聚合在一起时是无活性的，当有 cAMP 存在时，两类亚基解聚，游离出催化亚基，则呈活性态。

4. 酶的高级结构与酶活性的关系

酶的高级结构与酶活性关系的典型实例是同工酶。同工酶(isozyme 或 isoenzyme)是指催化相同的化学反应，但酶蛋白本身的分子结构、理化性质和免疫性能等方面都存在明显差异的一组酶。生物体的不同器官、不同细胞，或同一细胞的不同部分，以及在生物生长发育的不同时期和不同条件下，都有不同的同工酶分布。自 1959 年 C. Market 首次用电泳分离法发现乳酸脱氢酶(lactate dehydrogenase,LDH)同工酶以来,迄今已陆续发现了数百种具有不同分子形式的同工酶。几乎有一半以上的酶作为同工酶而存在。

同工酶多由两个或两个以上的肽链聚合而成,它们不仅存在于同一机体的不同组织中,甚至存在于同一组织、同一细胞的不同亚细胞结构中。同工酶是研究代谢调节、生物进化、分子遗传、个体发育等的有力工具,在酶学、生物学和医学中均占有重要地位。

同工酶的结构差异主要表现在非活性中心部分不同,或所含亚基组合情况不同。对整个酶分子而言,各同工酶与酶活性有关的部分结构相同。

同工酶的存在并不能说明酶分子的结构与功能无关,或结构与功能的不统一,只是反映同一种组织或同一细胞所含的同一种酶在结构上显示出的器官特异性或细胞部位特异性。

乳酸脱氢酶(lactate dehydrogenase,LDH)是最早发现的一种同工酶,从其电泳图谱分析,LDH有5种同工酶,见图5.3。从阳极到阴极的5个区带依次称为LDH_1、LDH_2、LDH_3、LDH_4、LDH_5。

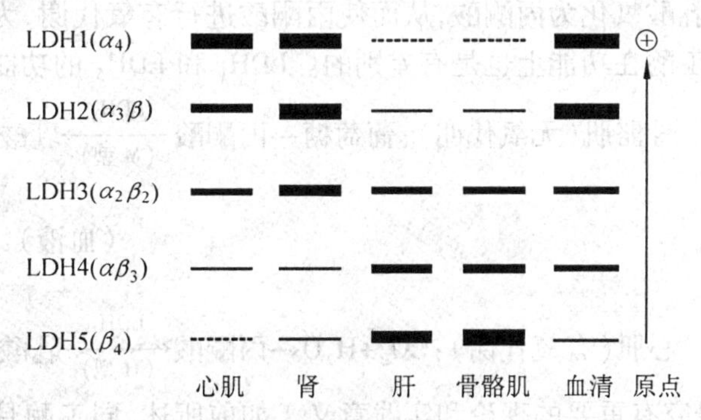

图5.3 乳酸脱氢酶同工酶电泳图谱

LDH含有α和β两种亚基,每个亚基相对分子质量约为35×10^3,整个酶的相对分子质量为140×10^3,是由4个亚基聚合而成的四聚体。LDH有5种同工酶,这五种同工酶的亚基组成不同:$LDH_1(\alpha_4)$、$LDH_2(\alpha_3\beta)$、$LDH_3(\alpha_2\beta_2)$、$LDH_4(\alpha\beta_3)$和$LDH_5(\beta_4)$。LDH_1主要分布于心肌中,LDH_5主要分布于骨骼肌中,因而也将α亚基称为心肌型(H型),β亚基称为骨骼肌型(M型)。此外在动物睾丸及精子中还发现了另一种基因编码的x亚基,从而组成了LDH_x。

某些脏器功能的改变可以在一定程度上表现为LDH同工酶相对含量的改变,因此临床医学常利用LDH同工酶在血清中相对含量的改变作为鉴别诊断某一脏器病变的依据之一。例如心、肝病变将引起血清LDH同工酶酶谱的变化,一般有以下几个规律。

① 心脏病变。LDH_1及LDH_2上升,LDH_3及LDH_5下降。

② 急性肝炎。LDH_5显著上升,病情好转则逐渐恢复正常。

③ 慢性肝炎。部分病例可见LDH_5有所上升,但一般处于正常范围。

④ 肝硬化。LDH_5、LDH_1和LDH_3均升高。

⑤ 原发性肝癌。LDH_3、LDH_4、LDH_5均上升,但$LDH_5>LDH_4$。

⑥ 转移性肝癌。LDH_3、LDH_4、LDH_5均上升,但$LDH_4>LDH_5$。

人的LDH同工酶相对含量见表5.4。

表5.4　人的LDH同工的酶相对含量

LDH同工酶	亚基组成	LDH活性的质量分数/%								
		心肌	肝	肾	肺	脾	骨骼肌	红细胞	白细胞	血清
LDH_1	α_4	73	2	43	14	10	0	43	12	27.1
LDH_2	$\alpha_3\beta$	24	4	44	34	25	0	44	49	34.7
LDH_3	$\alpha_2\beta_2$	3	11	12	35	40	5	12	33	20.9
LDH_4	$\alpha\beta_3$	0	27	1	5	20	16	1	6	11.7
LDH_5	β_4	0	56	0	12	5	79	0	0	5.7

LDH是糖酵解(糖的无氧分解代谢)过程中的关键酶之一,它既可以催化丙酮酸还原成乳酸,也可以催化乳酸脱氢氧化为丙酮酸,这种功能上的差异与不同组织的LDH同工酶不同有关,因此,LDH同工酶有组织特异性,各成分在不同组织的分布不相同。一般在厌氧环境的器官,如骨骼肌中LDH_5含量高,在这些环境中主要反应是催化丙酮酸还原为乳酸;在有氧环境的器官,如心脏、脑及肾脏中LDH_1含量高,在这些环境中因为氧气供应充足,该酶可催化乳酸氧化为丙酮酸,从而使丙酮酸进行有氧代谢,为机体提供能量。由此可见,不同的同工酶在功能上也是有差别的。LDH_1和LDH_5的功能差异如下。

$$\text{骨骼肌(无氧代谢)：葡萄糖}\rightarrow\text{丙酮酸}\xrightarrow[\text{(M型)}]{LDH_5}\text{乳酸}$$

$$\downarrow$$

$$\text{(血液)}$$

$$\downarrow$$

$$\text{心肌(有氧代谢)：}CO_2+H_2O\leftarrow\text{丙酮酸}\xleftarrow[\text{(H型)}]{LDH_1}\text{乳酸}$$

对同工酶的研究有重要的理论和实践意义。如前所述,同工酶具有组织器官特异性和细胞部位特异性,这在体内的调节上具有重要的意义;另外,由于在胚胎发育、细胞分化及生长发育的不同阶段,各同工酶的相对比例会发生改变,因而,同工酶的研究为细胞分化、发育、遗传等方面的研究提供了分子基础。同工酶的研究已应用于生产及医疗实践中。同工酶分析法在农业上已开始用于优势杂交组合的预测,例如番茄优势杂交组合种子与弱优势杂交组合种子中的酯酶同工酶(esterase isozyme)是有差异的,从这种差异可以看出杂种优势。在临床上可用同工酶作某些病变的诊断指标,例如冠心病及冠状动脉血栓引起的心肌受损患者血清中LDH_1及LDH_2含量增高,而骨骼肌损伤、急性肝炎及肝癌患者LDH_5增高。因此,可以通过测定血清中某些酶的同工酶作为某些疾病诊断的依据。

5.3　酶催化反应的机制

5.3.1　酶促反应的本质

1. 酶只影响反应速率,不改变反应平衡点

酶遵循一般催化剂的规律,即加速化学反应速率,反应前后酶的质和量都不改变,需微量即可催化大量反应物发生反应;能催化在热力学上有可能进行的化学反应,而不可能催化热力学上不可能进行的化学反应;能缩短化学反应达到平衡所需要的时间,而不改变化学反应的平衡点;催化可逆反应的酶对可逆反应的正反应和逆反应都有催化作用。

2. 酶加速反应的本质是降低反应的活化能

在一个化学反应体系中,活化分子(activation molecule)越多,反应就越快,因此,设法增加活化分子数,就能提高反应速率。要使活化分子增多,有两种可能的途径,一种是加热或光照射,使一部分分子获得能量而活化,直接增加活化分子的数目以加速化学反应的进行;另一种是降低反应所需的活化能,使反应物只需较少的能量就可被活化,间接增加活化分子的数目。催化剂的作用能够降低反应的活化能(activation energy),使反应更容易进行,见图5.4。酶的催化作用的实质就在于它能降低化学反应的活化能,使反应在较低能量水平上进行,从而使化学反应加速。

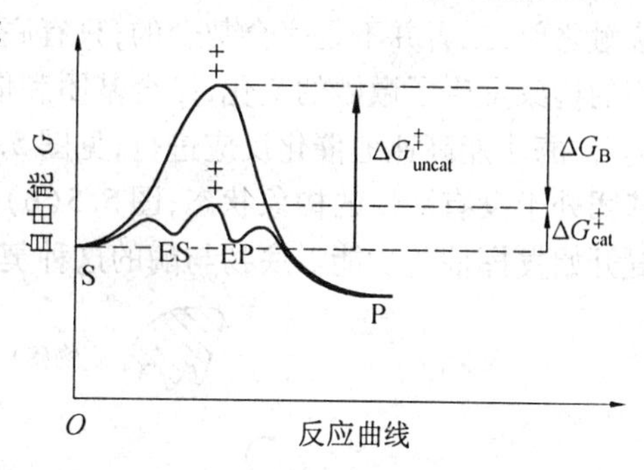

图5.4 酶催化与无酶催化反应的自由能变化

3. 中间产物学说解释酶的反应历程和方式

酶之所以能降低活化能,加速化学反应,可用目前公认的中间产物学说(intermediate product theory)的理论来解释。中间产物学说认为,在酶促反应中,酶首先和底物结合成不稳定的中间配合物(ES),然后再生成产物(P),并释放出酶。反应式为 S+E $\rightleftharpoons$ES→E+P,这里 S 代表底物(substrate),E 代表酶(enzyme),ES 为中间物,P 为反应的产物(product)。

中间产物学说现已被许多可靠的实验数据证明。已经用电子显微镜和 X 射线衍射直接观察到了 ES 复合物;许多酶和底物的光谱特性在形成 ES 复合物后发生变化;酶的某些物理性质,如溶解性或热稳定性经常在形成 ES 复合物后发生变化;以分离得到某些酶和底物生成的 ES 复合物等。例如用吸收光谱法证明了含铁卟啉的过氧化物酶(peroxidase)催化的反应中,过氧化物酶的吸收光谱在与 H_2O_2 作用前后有所改变,这说明过氧化物酶与 H_2O_2 作用后,转变成了新的物质,证明反应中确有中间产物的形成。另外,用^{32}P标记底物的方法,也证明在磷酸化酶(phosphorylase)催化的蔗糖合成反应中有酶与葡萄糖结合的中间产物(葡萄糖-酶配合物)存在。底物具有一定的活化能,当底物和酶结合成过渡态的中间物时,要释放一部分结合能,这部分能量的释放,使得过渡态的中间物处于比 E+S 更低的能级,因此使整个反应的活化能降低,反应大大加速。底物同酶结合成中间复合物是一种非共价结合,依靠氢键、离子键、范德华力等次级键来维系。

5.3.2 酶反应机制

1. 酶作用专一性的机制——诱导契合学说

为什么一种酶只能催化一种或一类结构相似的物质发生反应,即一种酶只能同一定的底物结合的这种选择特异性的机制,学者曾经提出过几种不同的假说,如锁钥学说(lock-key theory)、诱导契合学说(induced-fit theory)、结构性质互补假说(structure-property complemention theory),目前公认的诱导契合学说可以较好地解释这种选择特异性的机制。Koshland 在解释酶的作用专一性机制时提出了诱导契合学说,他认为酶和底物在接触之前,二者并不是完全契合的,只有底物和酶的结合部位结合以后,产生了相互诱导,酶的构象发生了微妙的变化,结合基团和催化基团转入有效的作用位置,酶与底物才完全契合,酶才能高速地催化反应进行,见图 5.5。图 5.5(a)为酶和底物结合前的状态,催化基团处于没有活性的构象状态;图 5.5(b)为酶和适宜的底物结合后,催化基团的有效位置开始发挥催化功能。底物与酶的这种契合关系可喻为手与手套。

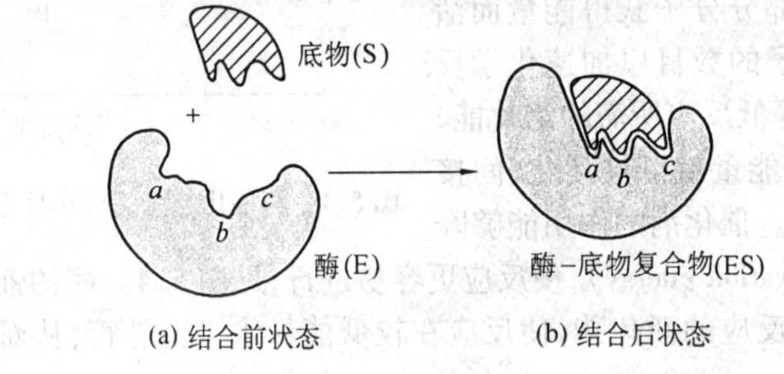

图 5.5　诱导契合学说示意图(酶变形以适合底物)

诱导契合学说认为酶分子有一定的柔顺性,酶的作用专一性不仅取决于酶和底物的结合,也取决于酶的催化基团是否有正确的取位。因此,诱导契合学说认为催化部位要诱导才能形成,而不是"现成的",因此可以排除那些不适合的物质偶然"落入"现成的催化部位而被催化的可能。诱导契合学说也能很好地解释所谓"无效"结合,因为这种物质不能诱导催化部位形成。

有许多实例支持诱导契合学说,以胰蛋白酶为例,它可以苯甲酰-*L*-Arg-乙酯(BAEE)、苯甲酰-*L*-Lys-乙酯(BLEE)为底物,底物的酯键和酶的催化部位、碱性侧链和酶的结合部位一一对应。由于酶的催化部位和结合部位在酶的立体构造上有一定的距离,因此要求底物的酯键与碱性基团间也要有一定长度的链距,其间多一个或少一个—CH_2—都不宜作为底物。同时也由于酶的专一性结合部位要求底物的氨基带正电,因此短链烷基铵离子能竞争性地抑制 BAEE 水解(图 5.6(a))。另一方面,乙酰-Gly-乙酯(AGEE)由于没有碱性氨基酸侧链,因而胰蛋白酶只能缓慢地催化使其水解;有趣的是,这种情况下,短链烷基铵离子对它的水解不仅不产生竞争性抑制作用,相反地还能起激活作用(图 5.6(b))。而且短链烷基铵离子对 BAEE 产生的抑制与对 AGEE 产生的激活作用,其 $K_i = K_a$(K_i 为抑制常数,K_a 为激活常数)。后一事实说明,烷基铵离子能与酶活性中心中的结合基团结合,并诱导酶的构象发生变化,使催化基团获得正确取位,进行催化。

2. 酶作用高效性的机制——共价催化与酸碱催化

(1) 共价催化

共价催化(covalent catalysis)又称亲核(nucleophilic catalysis)或亲电子催化。催化时,亲核催化剂或亲电子催化剂能分别放出电子或汲取电子并作用底物的缺电子中心或负电中心,迅速形成不稳定的共价中间配合物,使反应的活化能大大降低,从而加速反应的进行。通常这些酶的活性中心含有亲核基团(nucleophilic group),如丝氨酸的羟基、半胱氨酸的巯基、组氨酸的咪唑基等,这些基团都有共用的电子对作为电子的供体和底物的

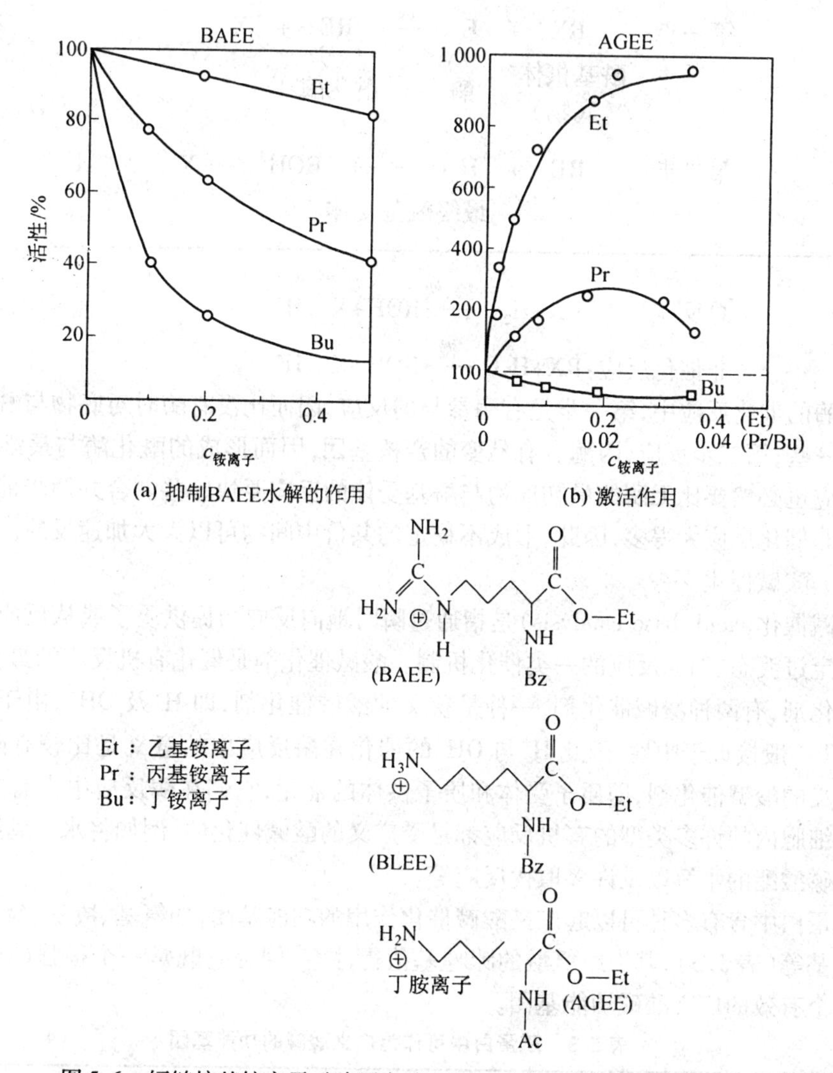

图5.6 短链烷基铵离子对胰蛋白酶、BAEE水解作用的抑制与激活

亲电子基团(electrophilic group)以共价键结合。此外,许多辅酶也有亲核中心。酶的亲核基团主要包括下列几种：

$$-CH_2-O{:}H \qquad -CH_2-S{:}H$$

丝氨酸的羟基　　半胱氨酸的巯基

—CH₂—C═CH（咪唑环：HN、N:、C—H）

组氨酸的咪唑基

以酰基置换反应为例来说明共价催化的原理。这类酶分子活性中心的亲核基团首先与含酰基的底物以共价结合,形成酰化酶中间产物,接着酰基从中间产物转移到另一酰基受体分子中。可用下列反应式表示。

含亲核基团的酶E催化的反应(R为酰基)

第一步：　RX ＋ E $\xrightarrow{快}$ RE ＋ X^-

酰基供体（底物）　酶　酰化酶

＋ 第二步：　RE ＋ H_2O $\xrightarrow{快}$ ROH ＋ X^- ＋ H^+

最终酰基受体

总反应：　$RX+H_2O \xrightarrow{酶,快} ROH+X^-+H^+$

非催化反应：$RX+H_2O \xrightarrow{慢} ROH+X^-+H^+$

在酶的催化反应中,第一步是有酶参与的反应,因而比没有酶时对底物与酰基受体的反应快一些;第二步反应,因酶含有易变的亲核基团,因而形成的酰化酶与最终的酰基受体的反应也必然要比无酶的最初底物与酰基受体的反应要快一些。合并两步催化的总速度要比非催化反应大得多,因此,形成不稳定的共价中间物可以大大加速反应。

(2) 酸碱催化

酸碱催化(acid-base catalysis)是指通过瞬时地向反应物提供质子或从反应物接受质子以稳定过渡态、加速反应的一类催化机制。酸碱催化剂是催化有机反应的最普通、最有效的催化剂,有两种酸碱催化剂,一种是狭义的酸碱催化剂,即 H^+ 及 OH^-,由于酶反应的最适 pH 一般接近于中性,因此 H^+ 与 OH^- 的催化在酶反应中的意义是比较有限的;另一种是广义的酸碱催化剂,即质子受体和质子供体的催化,它们在酶反应中占有重要地位,发生在细胞内的许多类型的有机反应都是受广义的酸碱催化的,例如将水加到羰基上、羧酸酯及磷酸酯的水解以及许多取代反应等。

酶蛋白中含有多种可以起广义酸碱催化作用的功能基团,如氨基、羧基、巯基、酚羟基及咪唑基等(表5.5),其中组氨酸的咪唑基值得注意,因为它既是一个很强的亲核基团,又是一个有效的广义酸碱功能基团。

表5.5　酶蛋白中可作为广义酸碱的功能基团

广义酸基团(质子供体)	广义碱基团(质子受体)
—COOH	$—COO^-$
$—NH_3^+$	$—NH_2$
—SH	$—S^-$
—(苯环)—OH	—(苯环)—O^-
—C═CH, HN, N^+H, C-H(咪唑环,质子化)	—C═CH, HN, N, C-H(咪唑环)

影响酸碱催化反应速度的因素有两个。一个因素是酸碱的强度。这些功能基团中,组氨酸的咪唑基的解离常数约为6.0,这意味着由咪唑基上解离下来的质子的浓度与水中氢离子浓度相近,因此,它在接近于生理体液的pH条件下(即在中性条件下),有一半

以酸形式存在，另一半以碱形式存在，也就是说，咪唑基既可以作为质子供体，又可以作为质子受体在酶促反应中发挥催化作用。因此，咪唑基是最有效、最活泼的一个催化功能基团。

$$\text{HN}\quad \text{N}^{+}\text{H} \rightleftharpoons \text{HN}\quad \text{N:} + \text{H}^{+}$$

酸形式　　　碱形式

另一个因素是这些功能基团提供质子或接受质子的速度。在这方面咪唑基又有其优越性，它供出或接受质子的速度十分迅速，其半衰期小于 10^{-10} s，而且供出或接受质子的速度几乎相等。由于咪唑基有如此优点，所以组氨酸在大多数蛋白质中虽然含量很少，却很重要。推测很可能在生物进化过程中，它不是作为一般的蛋白结构成分，而是被选择作为酶分子中的催化成员存留下来。事实上，组氨酸是许多酶的活性中心的构成成分。

由于酶分子中存在多种提供质子或接受质子的基团，因此酶的酸碱催化效率比一般酸碱催化剂高得多。如肽键在无酶存在下进行水解时需要高浓度的 H^+ 或 OH^- 及长的作用时间（10～24 h）和高温（100～120℃）；而以胰凝乳蛋白酶作为酸碱催化剂时，在常温、中性条件下很快就可使肽键水解。

5.4 酶促反应动力学

酶促反应动力学（kinetics of enzyme-catalyzed reactions）是研究酶促反应的速率及影响反应速率各种因素的科学。为了发挥酶催化反应的高效率、寻找反应的最佳条件、了解酶在代谢途径中的作用及某些药物的作用机制、酶的结构与功能的关系、酶的作用机制等都需要动力学提供实验数据，掌握酶促反应的反应规律。

5.4.1 酶促反应的基本动力学

1. 底物浓度对酶促反应速率的影响

1903 年，Henri 用蔗糖酶水解蔗糖研究底物浓度与反应速率的关系时，发现底物浓度对酶促反应呈特殊的饱和现象，这种现象在非酶促反应中是不存在的。

如果酶促反应的底物只有一种（称单底物反应），在酶浓度一定而其他条件不变的情况下，酶所催化的反应速率与底物浓度间有如下的规律，即底物浓度较低时，反应速度随底物浓度的增加而急剧增加，反应速率与底物浓度成正比关系，表现为一级反应；当底物浓度较高时，增加底物浓度，反应速度虽然随之增加，但增加的程度不如底物浓度低时那样显著，即反应速率不再与底物浓度成正比，反应表现为混合级；当底物浓度达到某一定值后，再增加底物浓度，反应速度不再增加，而趋于恒定，即此时反应速率与底物浓度无关，表现为零级反应，此时的速率为最大速率（V_{max}），底物浓度即出现饱和现象。这说明底物浓度对酶促反应速率的影响是非线性的。

对于上述变化，如果以酶促反应速率对底物浓度作图，则得到如图 5.7 所示的曲线。

2. 米氏方程的导出

为说明酶促反应速率与底物浓度间的数量关系，1913 年 L. Michaelis 和 M. L. Menten

在前人工作的基础上做了大量的定量研究，积累了足够的实验数据，提出了酶促反应动力学的基本原理，并归纳成一个数学式，称为米氏方程（Michaelis-Menten equation）。该方程反映了底物浓度与酶促反应速率间的定量关系，即

$$v=\frac{V_{max}\cdot[S]}{K_m+[S]} \tag{5.1}$$

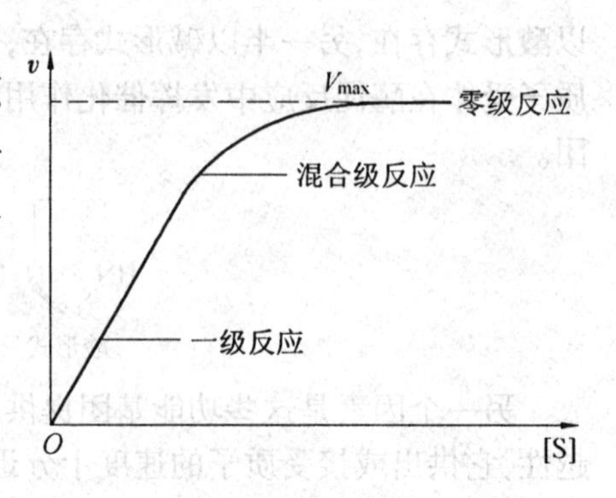

图 5.7　酶促反应速率与底物浓度的关系

式中　V_{max}——最大反应速率；
　　　[S]——底物浓度；
　　　K_m——米氏常数（Michaelis constant）；
　　　v——反应速率。

根据 Henri 提出的中间产物理论，认为酶促反应可按下列两步进行，即

$$E+S \underset{k_2}{\overset{k_1}{\rightleftharpoons}} ES \qquad ES \underset{k_4}{\overset{k_3}{\rightleftharpoons}} P+E$$

这两步反应都是可逆的，它们的正反应和逆反应的速度常数分别为 k_1、k_2、k_3、k_4。由于P+E 逆反应形成 ES 的速率极小，特别是在反应处于初级阶段时，产物 P 的量很少，故逆反应速度常数 k_4 可忽略不计。因此 ES 的生成速率只与 $E+S \overset{k_1}{\rightleftharpoons} ES$ 有关。

由于酶促反应的速率与 ES 的形成与分解直接相关，所以必须考虑 ES 的形成速率和分解速率。根据质量作用定律，由 E+S 形成 ES 的速率为

$$\frac{d[ES]}{dt}=k_1([E]-[ES])\cdot[S] \tag{5.2}$$

式中　[E]——酶的总浓度，即游离酶与结合酶浓度之和；
　　　[ES]——酶与底物形成的中间复合物的浓度；
　　　[E]-[ES]——游离酶的浓度；
　　　[S]——底物浓度。

通常底物浓度比酶浓度高得多，即[S]>[E]，因而在任何时间内，与酶结合的底物的量与底物总量相比可以忽略不计。

同理，ES 复合物的分解速率 d[ES]/dt 则与 ES→S+E 及 ES→P+E 有关。因此 ES 分解速率为两式之和，即

$$\frac{-d[ES]}{dt}=k_2[ES]+k_3[ES] \tag{5.3}$$

当处于平衡状态时，ES 复合物的生成速率与分解速率相等，即

$$k_1([E]-[ES])[S]=k_2[ES]+k_3[ES]=(k_2+k_3)[ES] \tag{5.4}$$

将式(5.4)整理，可得到

$$\frac{([E]-[ES])\cdot[S]}{[ES]}=k_2+k_3/k_1 \tag{5.5}$$

用 K_m 表示 k_1、k_2、k_3三个常数的关系，有

$$K_m=\frac{k_2+k_3}{k_1} \tag{5.6}$$

将式(5.6)代入式(5.5)得

$$K_m=\frac{([E]-[ES])\cdot[S]}{[ES]} \tag{5.7}$$

K_m 称为米氏常数。从式(5.7)中解出[ES],即可得到ES复合物的稳定态浓度,即

$$[ES]=\frac{[E][S]}{K_m+[S]} \tag{5.8}$$

因为酶促反应的初速度与ES复合物的浓度成正比,所以,可以写成

$$v=k_3[ES] \tag{5.9}$$

当底物浓度达到使反应体系中所有的酶都与其结合形成ES复合物时,反应速率 v 即达到最大速率 V_{max}。[E]为酶的总浓度,因为这时[E]已相当于[ES],式(5.9)可以写成

$$V_{max}=k_3[E] \tag{5.10}$$

将式(5.8)的[ES]值代入式(5.9),得

$$v=\frac{k_3[E][S]}{K_m+[S]} \tag{5.11}$$

将式(5.10)代入(5.11),则可得

$$v=\frac{V_{max}\cdot[S]}{K_s+[S]} \tag{5.12}$$

这就是米氏方程。如果 K_m 和 V_{max} 均为已知,便能够确定酶促反应速率与底物浓度之间的定量关系。

3. 动力学的基本参数 V_{max} 和 K_m

当酶促反应处于 $v=1/2V_{max}$ 的特殊情况时,则米氏方程为

$$\frac{V_{max}}{2}=\frac{V_{max}\cdot[S]}{K_m+[S]} \tag{5.13}$$

故

$$\frac{1}{2}=\frac{[S]}{K_m+[S]}$$

$$K_m=[S] \tag{5.14}$$

由此可以看出 K_m 的物理意义(图5.8),即米氏常数 K_m 是当酶促反应速率达到最大反应速率一半时的底物浓度,单位与底物浓度的单位一样,是mol/L。

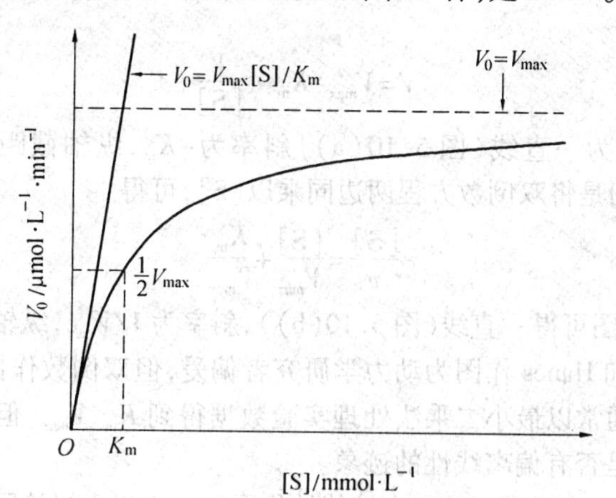

图5.8 米氏常数的意义

(1) K_m 值的求法

从酶的 v-[S]图上可以得到 V_{max}，再从 $V_{max}/2$ 可求得相应的[S]，即为 K_m 值。但实际上用这个方法来求 K_m 值是行不通的，因为即使用很大的底物浓度，也只能得到趋近于 V_{max} 的反应速率，而达不到真正的 V_{max}，因此测不到准确的 K_m 值。为了得到准确的 K_m 值，可以把米氏方程的形式加以改变，使它成为相当于 $y=ax+b$ 的直线方程，然后用图解法求出 K_m 值。常用于测定 K_m 值的方法有下列几种。

① Lineweaver-Burk 双倒数作图法。1924 年 Lineweaver 和 Burk 将米氏方程化为倒数形式，即

$$\frac{1}{v}=\frac{K_m}{V_{max}}\cdot\frac{1}{[S]}+\frac{1}{V_{max}} \tag{5.15}$$

以 $1/v$ 对 $1/S$ 作图可得一直线（图 5.9），纵轴截距为 $1/V_{max}$，斜率为 K_m/V_{max}，横轴截距为 $-1/K_m$ 即可得到 V_{max} 和 K_m。如果某一酶双倒数作图有线性偏离，说明米氏方程的假设对该酶不适用。双倒数作图的缺点是实验点过分集中于直线的左下方，底物浓度较低时实验点又因倒数后误差较大，往往偏离直线较远，从而影响 K_m 和 V_{max} 的准确测定。

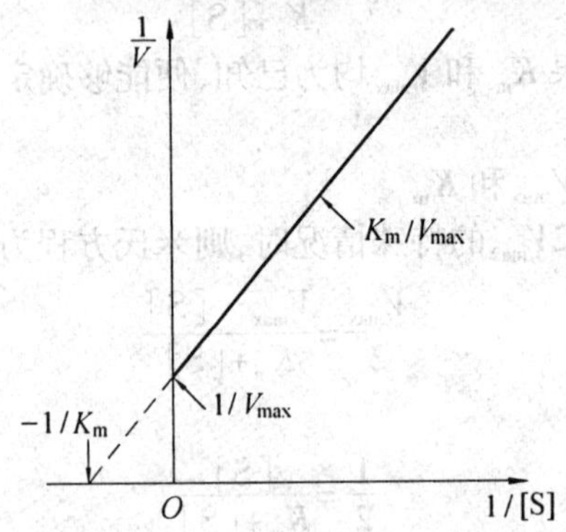

图 5.9　Lineweaver-Burk 双倒数作图

② Eadie-Hofstee 和 Hanes 作图。Eadie-Hofstee 将双倒数形式的方程两边同乘以 $v\cdot V_{max}$，整理可得

$$V=V_{max}-K_m\cdot\frac{V}{[S]} \tag{5.16}$$

v 对 $V/[S]$ 作图为一直线（图 5.10(a)）斜率为 $-K_m$，纵轴截距为 V_{max}，横轴截距为 V_{max}/K_m。Hanes 作图是将双倒数方程两边同乘以[S]，可得

$$\frac{[S]}{v}=\frac{[S]}{V_{max}}+\frac{K_m}{V_{max}} \tag{5.17}$$

[S]对/V[S]作图可得一直线（图 5.10(b)），斜率为 $1/V_{max}$，纵轴截距为 K_m/V_{max}。

Eadie-Hofstee 和 Hanes 作图为动力学研究者偏爱，但双倒数作图法仍为广大酶学工作者使用。计算机通常以最小二乘法处理实验数据得到 K_m、V_{max}，但结果并不完全可靠，重要的是应该观察是否有偏离线性的迹象。

③ Eisenthal 和 Cornish-Bowden 直接线性作图法。由以上讨论可知，即使用计算机处理数据，也难以完全正确估计 K_m、V_{max} 值。1974 年，Eisenthal 和 Cornish-Bowden 提出了基

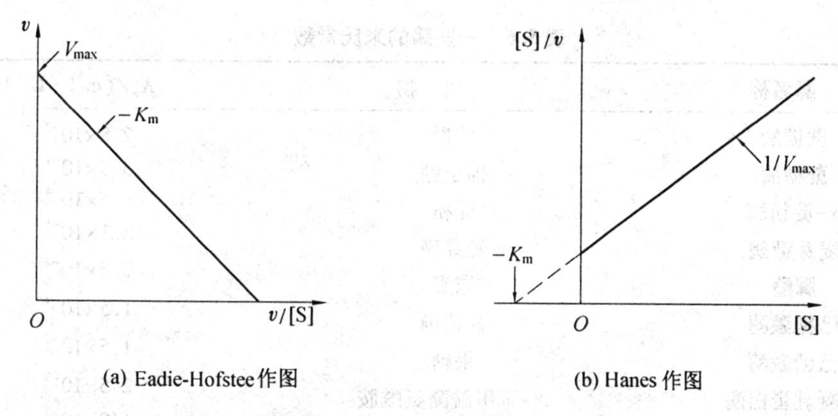

图 5.10 Eadie-Hofstee 和 Hanes 作图

于米氏方程的另一种作图法。将米式方程改写为

$$V_{max}=v+\frac{v}{[S]}\cdot K_m \tag{5.18}$$

将[S]标在横轴的负半轴上,测得的 v 数值标在纵轴上,将相应的[S]和 v 连成直线,这一簇直线交于一点,这点的坐标为真实的 K_m、V_{max},见图 5.11。这种作图法不需要计算,可直接读出 K_m、V_{max}。

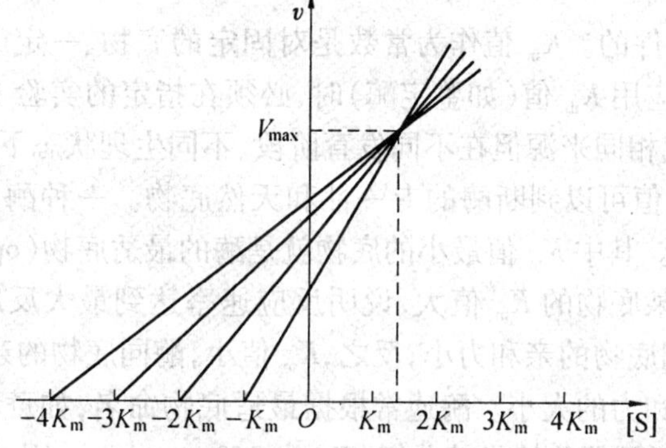

图 5.11 固定[E_0]时酶促反应典型的 Eisenthal 和 Cornish-Bowden 作图

(2) 米氏常数的意义

K_m 是酶的特征常数之一。由 $K_m=(k_2+k_3)/k_1$,说明 K_m 是反应速率常数 k_1、k_2 和 k_3 的函数,这些反应速率常数是由酶反应的性质、反应条件决定的,因此只有对于特定的反应、特定的反应条件而言,K_m 才是一个特征常数。它的大小只与酶的性质有关,而与酶的浓度无关。不同的酶,具有不同的 K_m 值。各种酶的 K_m 值一般介于 $10^{-2}\sim10^{-6}$ mol/L 范围内(表 5.6)。

表 5.6　一些酶的米氏常数

酶名称	底　物	K_m/(mol·L^{-1})
蔗糖酶	蔗糖	2.8×10^{-2}
蔗糖酶	棉子糖	3.5×10^{-1}
α-淀粉酶	淀粉	6×10^{-4}
麦芽糖酶	麦芽糖	2.1×10^{-1}
脲酶	尿素	2.5×10^{-2}
己糖激酶	葡萄糖	1.5×10^{-4}
己糖激酶	果糖	1.5×10^{-3}
胰凝乳蛋白酶	N-苯甲酰酪氨酰胺	2.5×10^{-3}
胰凝乳蛋白酶	N-甲酰酪氨酰胺	1.2×10^{-2}
胰凝乳蛋白酶	N-乙酰酪氨酰胺	3.2×10^{-2}
过氧化氢酶	H_2O_2	2.5×10^{-2}
琥珀酸脱氢酶	琥珀酸盐	5×10^{-7}
丙酮酸脱氢酶	丙酮酸	1.3×10^{-3}
乳酸脱氢酶	丙酮酸	1.7×10^{-5}
碳酸苷酶	HCO_3^-	9×10^{-3}

K_m 的应用是有条件的。K_m 值作为常数是对固定的底物、一定的温度、一定的 pH 等条件而言的。因此在应用 K_m 值(如鉴定酶)时,必须在指定的实验上进行。通过测定 K_m 值,可鉴别不同来源或相同来源但在不同发育阶段、不同生理状态下催化相同反应的酶是否属于同一种酶。K_m 值可以判断酶的专一性和天然底物。一种酶如果可作用于多种底物,就应有多个 K_m 值。其中 K_m 值最小的底物就是酶的最适底物(optimum substrate)或称天然底物。因为酶对某底物的 K_m 值大,说明反应速率达到最大反应速率一半时所需的底物浓度高,表明酶同底物的亲和力小;反之,K_m 值小,酶同底物的亲和力大。因此 K_m 值可说明酶同底物间亲和力的大小。酶通常根据最适底物命名,如蔗糖酶可催化蔗糖分解(K_m 为 28 mmol/L),还可催化棉子糖分解(K_m 为 350 mmol/L),因前者为最适底物,故称蔗糖酶,而不称棉子糖酶。用 K_m 值及米氏方程可在所要求的反应速率下应加入的底物浓度,或者已知底物浓度来求该条件下的反应速率(估计产物生成量)。K_m 值的大小可以帮助了解酶的底物在体内具有的浓度水平。一般说来,作为酶的最适底物,它在体内的浓度水平应接近于它的 K_m 值,因为如果$[S]_{体内}<K_m$,那么 $v<V_{max}$,大部分酶处于"浪费"状态;相反,如果$[S]_{体内}>K_m$,那么,v 始终接近于 V_{max},则这种底物浓度失去其生理意义,也不符合实际情况。K_m 值可以帮助判断某一代谢反应的方向和途径。催化可逆反应的酶,其正逆反应的 K_m 值常常是不同的,测定这些 K_m 值的大小及细胞内正逆反应的底物浓度,可以大致推测该酶催化正逆反应的效率。这对了解酶在细胞内的主要催化方向及其生理功能有重要意义。

此外,测定不同抑制剂对某个酶的 K_m 及 V_{max} 的影响,可以判断该抑制剂的抑制作用类型。

5.4.2 多底物的酶促反应动力学

上面讨论的是单底物和单产物酶反应动力学，但在酶促反应中更常见的是两个或多个底物参与的反应，其中双底物反应更为重要，即底物 A 和 B 经酶催化生成产物 P 和 Q，即 $A+B \rightleftharpoons P+Q$，多底物反应动力学方程十分复杂，推导也繁琐，这里仅简要介绍双底物反应方式及历程。

1. 序列机制(sequential reactions)

序列机制的主要特征是底物与酶的结合和产物的释放是有一定的顺序，产物不能在底物完全结合前释放，即底物 A 和 B 均需结合到酶上，然后反应产生 P 和 Q，即 E+A+B→AEB→PEQ→E+P+Q，这种类型的反应称为序列反应，它又可分为两种类型。

① 有序反应。有序反应是指底物与酶的结合有严格的顺序，即底物 A 先结合（称为领先底物），然后底物 B 再结合，产物的释放也同样有次序，即先 P 后 Q。

$$E \xrightarrow{A} AE \xrightarrow{B} AEB \rightleftharpoons QEP \xrightarrow{-P} QE \xrightarrow{-Q} E$$

这一机制的另一方式描述为

$$E \overset{A}{\rightleftharpoons} AE \overset{B}{\rightleftharpoons} AEB \rightleftharpoons QEP \overset{P}{\rightleftharpoons} QE \overset{Q}{\rightleftharpoons} E$$

② 随机反应。随机反应是指底物与酶结合的先后是随机的，可以先 A 后 B，也可以先 B 后 A，产物的释放也是随机的。可用下式表示，即

$$\begin{array}{ccccc} A+E \rightleftharpoons AE & & & & QE \rightleftharpoons Q+E \\ & \searrow & AEB \rightleftharpoons QEP & \nearrow & \\ E+B \rightleftharpoons EB & \nearrow & & \searrow & EP \rightleftharpoons E+P \end{array}$$

也可用图示说明，即

$$E \begin{cases} \xrightarrow{A} EA \xrightarrow{B} \\ \xrightarrow{B} EB \xrightarrow{A} \end{cases} (AEB \rightleftharpoons QEP) \begin{cases} EQ \xrightarrow{-P} \\ EP \xrightarrow{-Q} \end{cases} \begin{matrix} \xrightarrow{-Q} \\ \xrightarrow{-P} \end{matrix} E$$

少数脱氢酶和一些转移磷酸基团的激酶属于这类机制，如肌酸激酶(creatine kinase)使磷酸肌酸化时，可以是肌酸(creatine，Cr)先与酶结合，也可以是 ATP 先与酶结合，形成产物后，可以先释放磷酸肌酸(creatine phosphate，CrP)，也可以先释放 ADP。

2. 乒乓反应(Ping Pang reactions)或双-置换反应(double-displacement reactions)

乒乓反应的特点是酶同 A 的反应产物 P 是在酶同第二个底物 B 反应前释放出来的，作为这一过程的结果，酶 E 转变为一种修饰形式 E′，然后再同底物 B 反应生成第二个产物 Q 和再生成未修饰的酶形式 E，图解过程为

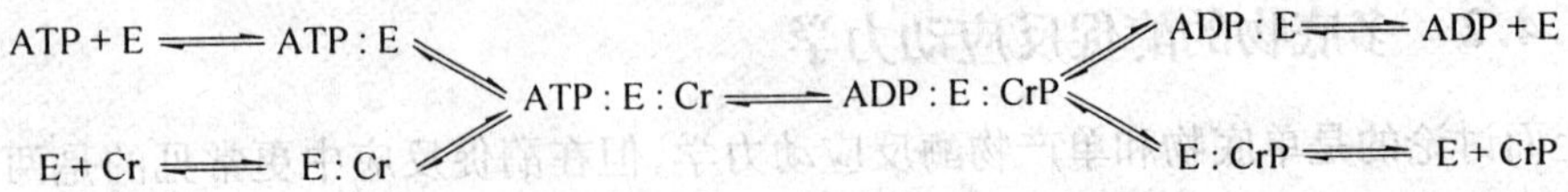

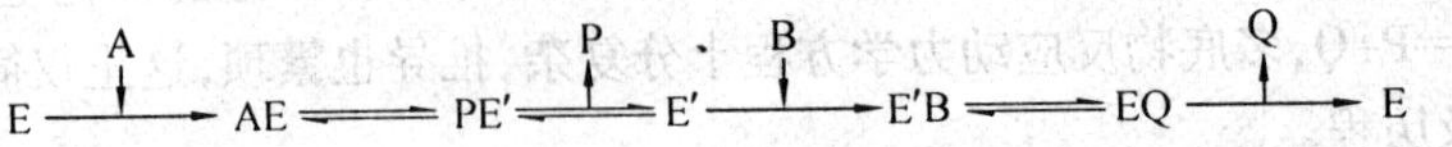

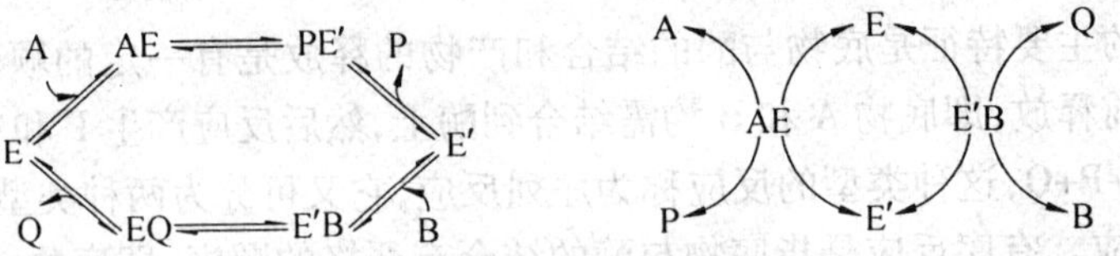

$$ATP + E \rightleftharpoons ATP:E \rightleftharpoons ATP:E:Cr \rightleftharpoons ADP:E:CrP \rightleftharpoons ADP:E \rightleftharpoons ADP + E$$

$$E + Cr \rightleftharpoons E:Cr \rightleftharpoons ATP:E:Cr \rightleftharpoons ADP:E:CrP \rightleftharpoons E:CrP \rightleftharpoons E + CrP$$

$$E \xrightarrow{A} AE \rightleftharpoons PE' \xrightarrow{P} E' \xrightarrow{B} E'B \rightleftharpoons EQ \xrightarrow{Q} E$$

A　AE ⇌ PE′　P　E　E′　Q　EQ ⇌ E′B　B

A　E　Q　AE　E′B　P　E′　B

从图解可知，A 和 Q 竞争与自由酶 E 结合，而 B 和 P 竞争修饰酶形式 E′，A 和 Q 不与 E′结合，而 B 和 P 也不与 E 结合。该反应历程中间形成 4 种二元复合物而无三元复合物形成。属于乒乓机制的酶大多具有辅酶，如转氨酶中的谷氨酸-天冬氨酸氨基转移酶(glutamate aspartate aminotransferase)反应机制见图 5.12：

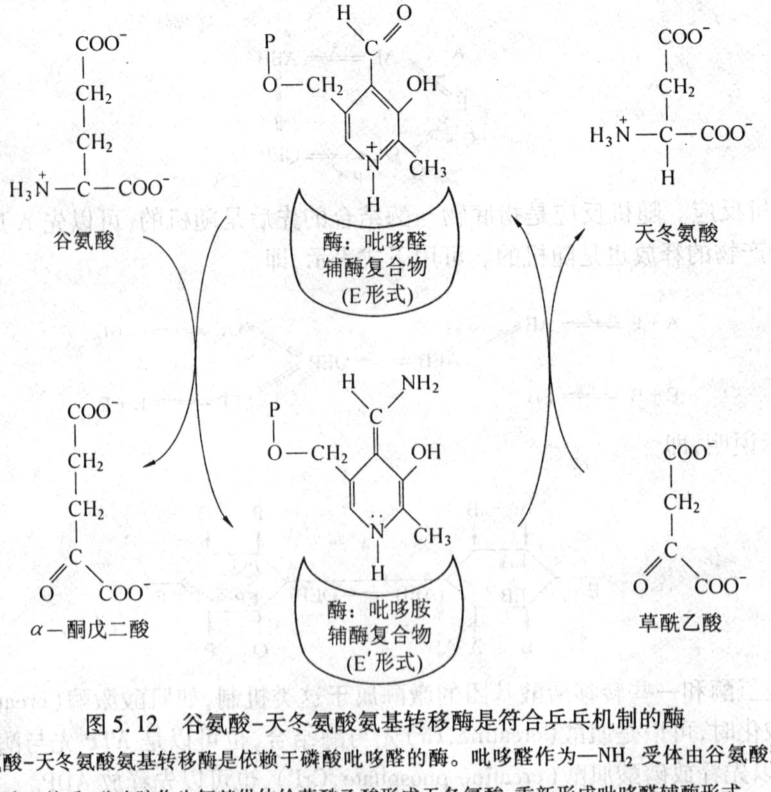

COO^- — CH_2 — CH_2 — $H_3\overset{+}{N}—C—COO^-$
谷氨酸

P—O—CH_2　H—C=O　OH　$\overset{+}{N}$—H　CH_3
酶：吡哆醛
辅酶复合物
(E形式)

COO^- — CH_2 — $H_3\overset{+}{N}—C—COO^-$ — H
天冬氨酸

COO^- — CH_2 — CH_2 — C(=O)—COO^-
α－酮戊二酸

P—O—CH_2　H—C—NH_2　OH　N—H　CH_3
酶：吡哆胺
辅酶复合物
(E′形式)

COO^- — CH_2 — C(=O)—COO^-
草酰乙酸

图 5.12　谷氨酸-天冬氨酸氨基转移酶是符合乒乓机制的酶

谷氨酸-天冬氨酸氨基转移酶是依赖于磷酸吡哆醛的酶。吡哆醛作为—NH_2 受体由谷氨酸形成吡哆胺。然后，吡哆胺作为氨基供体给草酰乙酸形成天冬氨酸，重新形成吡哆醛辅酶形式。

从图 5.12 可以看出，谷氨酸和天冬氨酸相互竞争酶 E，而草酰乙酸和 α-酮戊二酸彼此竞争 E′。在谷氨酸、天冬氨酸氨基转移酶中，酶结合的辅酶磷酸吡哆醛在反应中作为氨基受体或供体。未修饰的酶辅酶是吡哆醛，而修饰的酶形式 E′辅酶是磷酸吡哆胺。

3. 双底物反应的动力学方程

以 A、B 双底物反应为例,如将底物 B 固定几个浓度,在固定 B 的每一个浓度时,测定 A 浓度不同时对反应速率的影响。反之,在固定 A 的每一个浓度时,测定 B 浓度不同时对反应速率的影响。然后分别作双倒数动力学图,则可区分乒乓机制和序列机制。

(1) 乒乓机制的动力学方程和动力学图

根据乒乓机制的反应历程及稳态学说,可推导出动力学方程为

$$v=\frac{V_{max}[A][B]}{K_m^A[B]+K_m^B[A]+[A][B]} \tag{5.19}$$

式中 [A]、[B]——底物 A 和 B 的浓度;

K_m^A、K_m^B——底物 A 和 B 的米氏常数。

在多底物反应中,一个底物的米氏常数往往可随另一个底物浓度的变化而发生改变,故是指在浓度达饱和时 A 的米氏常数。而在 B 低于饱和浓度时所测得的随[B]而变的[A]的各个 K_m 称为表观米氏常数。并且在[B]不饱和时,1/(A)对 1/V 作图求出的 V_{max} 同样也随[B]变化。同理对[B]也是如此。式中 V_{max} 是指[A]、[B]都达饱和浓度时的最大反应速率。

取式(5.19)的双倒数,则

$$\frac{1}{v}=\frac{K_m^A}{V_{max}[A]}+\left(1+\frac{K_m^B}{[B]}\right)\frac{1}{V_{max}} \tag{5.20}$$

当[B]固定或[A]固定时,式(5.20)均为直线方程式。如在几个不同而固定的[B]时,1/[A]对 1/v 作图得图 5.13(a),同样,在几个不同而固定的[A]时,1/[B]对 1/v 作图,得图5.13(b)。分别得到两组平行直线,这是乒乓机制的特点。

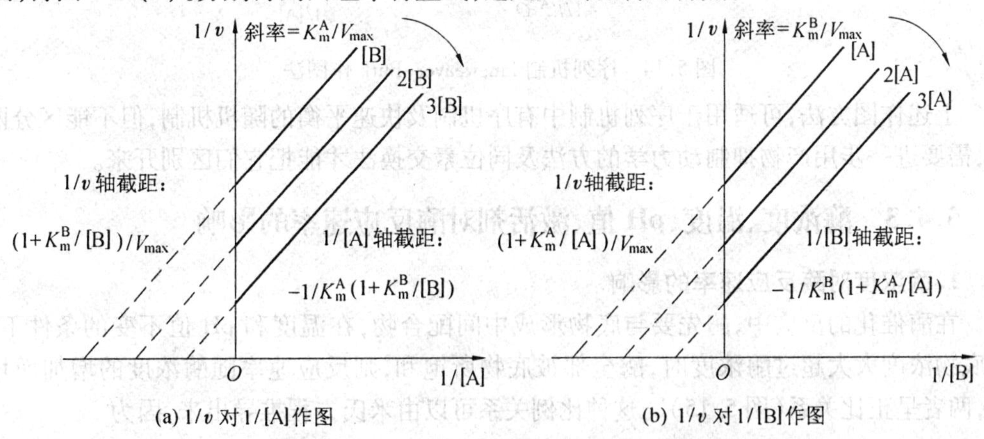

图 5.13 乒乓机制 Lineweaver-Burk 作图法

由图 5.13 还不能求得各动力学常数,必须进一步采用第二次作图法。

(2) 序列机制的底物动力学方程和动力学图

序列机制的动力学方程为

$$v=\frac{V_{max}[A][B]}{[A][B]+[B]K_m^A+[A]K_m^B+K_S^A+K_m^B} \tag{5.21}$$

取式(5.21)的双倒数方程为

$$\frac{1}{v}=\frac{1}{V_{max}}\left(K_m^A+\frac{K_s^A K_m^B}{[B]}\right)\frac{1}{[A]}+\frac{1}{V_{max}}\left(1+\frac{K_m^B}{[B]}\right) \tag{5.22}$$

式中[A]、[B]、K_m^A、K_m^B、V_{max}的含义与乒乓机制相同，而K_s^A为底物A与酶结合的解离常数。由方程(5.22)可知，当在不同固定的[B]将1/[A]对1/v作图，或在不同固定的[A]，将1/[B]对1/v作图均可得一组直线(图5.14)。但和乒乓机制不同，这组直线相交于横坐标的负侧，这是序列机制的特点。直线的交点可以在横坐标上，也可以在横坐标以上或以下。如交于横坐标上，说明固定浓度的底物与酶的结合不影响变量底物的K_m，此时表观$K_m^A=K_m^B$。如直线的焦点在横坐标以下，说明A的表观K_m随B浓度的增高而增高，反之，直线的交点在横坐标以上，说明A的表观K_m随B浓度的增加而减少。若求得各动力学常数，还需要第二次作图法。

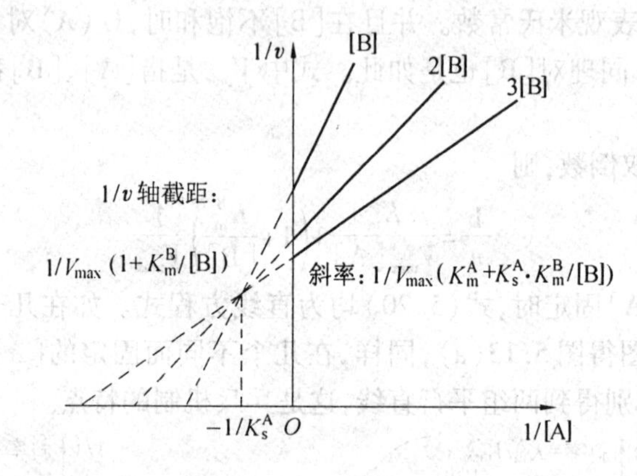

图5.14 序列机制 Lineweaver-Burk 作图法

上述作图方法，可适用于序列机制中有序机制及快速平衡的随机机制，但不能区分两者，需要进一步用产物抑制动力学的方法及同位素交换法才能把它们区别开来。

5.4.3 酶浓度、温度、pH值、激活剂对酶反应速率的影响

1. 酶浓度对酶反应速率的影响

在酶催化的反应中，酶先要与底物形成中间配合物，在温度和pH值不变的条件下，当底物浓度大大超过酶浓度时，酶全部被底物所饱和，则反应速率随酶浓度的增加而增加，两者呈正比关系(图5.15)。这种比例关系可以由米氏方程推导出来，因为

$$v=\frac{V_{max}[S]}{K_m+[S]} \tag{5.23}$$

又因为

$$V_{max}=k_3[E]$$

所以

$$v=\frac{k_3[E][S]}{K_m+[S]}$$

$$v=\frac{k_3[S]}{K_m+[S]}\cdot[E] \quad (5.24)$$

当[S]维持不变时，$v\propto[E]$。但这里要求所使用的酶必须是纯酶制剂或不含抑制物的粗酶制剂。

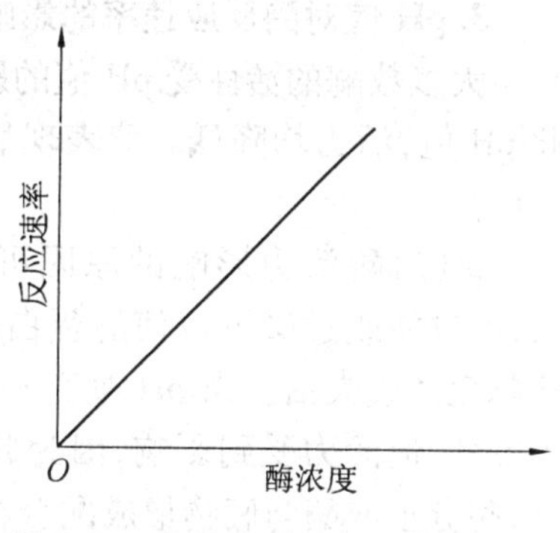

图 5.15 酶浓度对反应速率的影响

酶反应的这种性质是酶活力测定的基础之一，也应用于酶的分离提纯过程。如要比较两种酶活力的大小，可用相同浓度的底物和相同体积的甲乙两种酶制剂一起保温一定时间，然后测定产物的量。如果甲产物是0.2 mg，乙是0.6 mg。这就说明乙制剂的活力是甲制剂活力的3倍。

2. 温度对酶反应速率的影响

酶促反应同其他大多数化学反应一样，受温度的影响较大。一方面当温度升高时，反应速率加快。温度每升高10℃所增加的反应速率称为温度系数（temperature coefficient，一般用 Q_{10} 表示）。一般化学反应的 Q_{10} 为2～3，但酶促反应 Q_{10} 仅为1～2，也就是说，温度每升高10℃，酶促反应速率为原反应速率的1～2倍；另一方面由于酶是蛋白质，随着温度的升高，酶蛋白会逐渐变性而失活，引起酶反应速率下降。

如果在不同温度条件下先测定某种酶反应的速度，然后再将测得的反应速率对温度作图，那么一般可得到如图5.16所示的曲线。在较低的温度范围内，酶反应速率随温度的升高而增大，但超过一定温度后，反应速率反而下降，这个温度通常称为酶反应的最适温度（optimum temperature）。酶反应的最适温度，实际上是温度对酶促反应速度两种影响的综合结果，温度加速酶反应，温度加速酶蛋白变性。

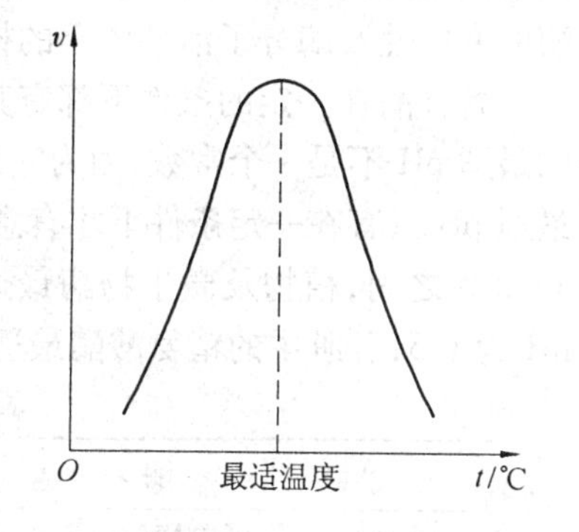

图 5.16 温度与酶反应速度的关系图

温度的影响与反应时间有密切关系，因为温度促使酶蛋白变性是随时间累加的。在反应的最初阶段，酶蛋白变性尚未表现出来，因此反应的（初）速度随温度升高而增加；但是，随着反应时间的延长，酶蛋白变性逐渐突出，反应速率随温度升高的效应将逐渐为酶蛋白变性效应所“抵消”，因此在不同反应时间内测得的“最适温度”也就不同，它随反应时间延长而降低。每种酶在一定的条件下都有其最适温度，通常恒温动物细胞中的酶最适温度在35～40℃，植物细胞中的酶最适温度稍高些，一般在40～50℃之间，微生物细胞中酶的最适温度差别较大。最适温度不是酶的特征物理常数，因为酶的最适温度不是一成不变的，它受酶的纯度、底物、激活剂、抑制剂以及酶促反应时间等因素的影响。因此对于酶的最适温度必须指出其特定的条件。

掌握温度对酶作用的影响规律，具有一定实践意义，如临床上的低温麻醉就是利用低温能降低酶的活性，以减慢新陈代谢这一特性；相反，高温灭菌则是利用高温使酶蛋白和菌体蛋白变性失活，导致细菌死亡的特性。

3. pH 值对酶反应速率的影响

大多数酶的活性受 pH 值的影响较大。在一定 pH 值下酶表现最大活力,高于或低于此 pH 值,活力均降低。酶表现最大活力时的 pH 值称为酶的最适 pH(optimum pH)(图 5.17)。

pH 对酶活力影响的原因可能有以下几个方面,即过酸或过碱可以使酶蛋白的空间结构破坏,使酶变性或失活。当 pH 改变不很剧烈时,酶虽然不变性,但活力受到影响,因为此时酶可能会使底物、酶分子或酶与底物形成配合物的解离状态发生改变,从而导致酶活力下降。从某些酶的活性中心结构已经知道,它们的最适 pH 主要和活性中心侧链基团的解离直接相关。pH 对酶活性的影响很可能不是由于酸碱作用了整个酶分子,而可能是由于它们改变了酶的活性中心或与之有关的基团的解离状态,这就是说,酶要表现活性,它的活性部位有关基团都必须具有一定的解离形式,其中任何一种基团的解离形式发生变化都将使酶转入"无活性"状态;反之活性部位以外其他基团则无关紧要。此外 pH 可能会导致另一些基团的解离,这些基团的离子化状态与酶的专一性及酶分子活性中心的构象有关。

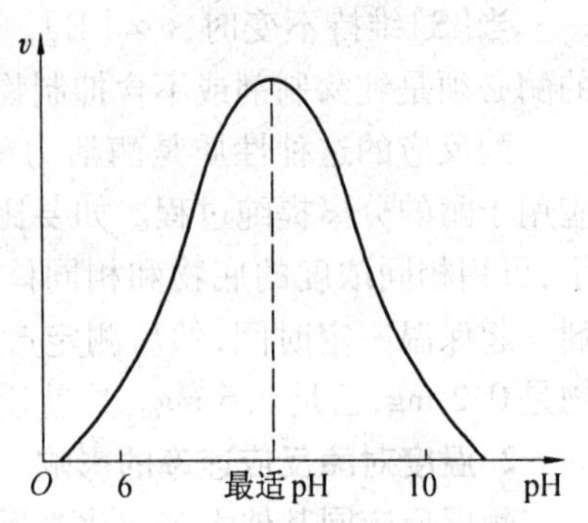

图 5.17 pH 对酶活力的影响

各种酶在一定的条件下都有其特定的最适 pH,因此最适 pH 是酶的特性之一。但酶的最适 pH 不是一个常数,因为它通常受底物种类、浓度及缓冲液成分等因素影响,因此最适 pH 只有在一定条件下才有意义。一般酶的最适 pH 在 6~8 之间,动物酶多在 pH6.5~8.5 之间,植物及微生物酶最适 pH 在 4.5~6.5 之间,但也有例外,如胃蛋白酶最适 pH 为 1.5,肝脏中的精氨酸酶最适 pH 为 9.7。表 5.7 列举了一些酶的最适 pH 值。

表 5.7 几种酶的最适 pH 值

酶	底 物	最适 pH
胃蛋白酶(pepsin)	血红蛋白	2.2
丙酮酸羧化酶(pyruvate carboxylase)	丙酮酸	4.8
脂肪酶(lipase)	低级酯	5.5~5.8
延胡索酸酶(fumarase)	延胡索酸	6.5
	苹果酸	8.5
过氧化氢酶(catalase)	过氧化氢	7.6
核糖核酸酶(ribonuclease)	RNA	7.8
胰蛋白酶(trypsin)	苯甲基精氨酰氨	7.7
	苯甲基精氨酸甲酯	7.0
碱性磷酸酶(alkaline phosphatase)	甘油-3-磷酸	—
精氨酸酶(arginase)	精氨酸	—

一般研究 pH 与酶活力关系时,通常采用使酶全部饱和的底物浓度,在此条件下再测定不同 pH 时的酶活力。虽然典型的酶活力-pH 曲线有如钟罩形(图 5.17),但并不是所有的酶都如此,有的只有"钟"形的一半,有的甚至是直线,见图 5.18。由于酶活力受 pH

影响较大,因此在分离纯化酶、测酶活力及应用酶时,必须保持 pH 恒定,最好在缓冲体系中进行。

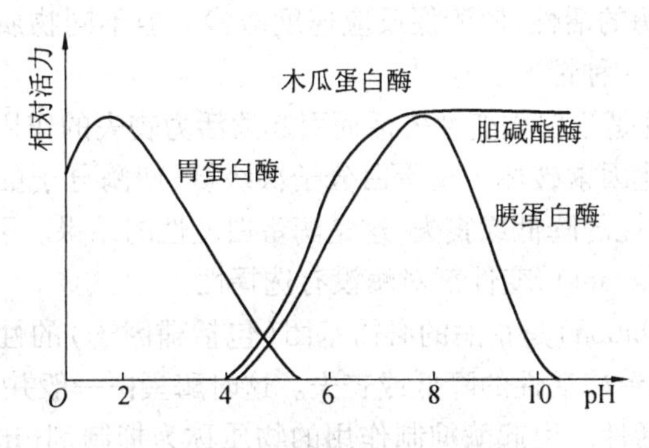

图 5.18 4 种酶的 pH–酶活性曲线

此外还需注意,酶最适 pH 往往和它的等电点不一致;经过部分修饰的酶,其最适 pH 通常不变;酶在试管反应中的最适 pH 与它所在的正常细胞的生理 pH 值并不一定完全相同。因为一个细胞中通常有几百种酶,不同的酶对此细胞的生理 pH 的敏感性不同,也就是说,此生理 pH 是其中一些酶的最适 pH,而不是另一些酶的最适 pH,因而酶在细胞中表现不同的活性,这对于调节控制细胞内复杂的代谢途径可能具有重要的意义。

4. 激活剂对酶反应速率的影响

凡是能提高酶的活性,加速酶促反应进行的物质都称为激活剂或活化剂(activator)。其中大部分是无机离子或简单的有机化合物。常见的作为激活剂的金属离子有 K^+、Na^+、Mg^{2+}、Zn^{2+} 及 Fe^{2+} 等离子,无机离子主要有 Cl^-、Br^-、I^-、CN^-、PO_4^{3-} 等。如 Mg^{2+} 是多数酶及合成酶的激活剂,精氨酸酶(arginase)需要 Mn^{2+}、羧肽酶(carboxypeptidase)需要 Zn^{2+} 等作为激活剂,Cl^- 是唾液淀粉酶(ptyalin)的激活剂。

有些小分子化合物可作为酶的激活剂,如半胱氨酸、巯基乙醇、谷胱甘肽、维生素 C 等小分子有机物;有的酶还需要其他蛋白质激活,如酶原可被一些蛋白酶激活,这些蛋白酶也可看做是酶的激活剂。但酶的激活与酶原的激活不同,酶激活是使已具活性的酶的活性增高,使活性由小变大;酶原激活是使本来无活性的酶原变成有活性酶的过程。

激活剂对酶的作用是有一定的选择性的,一种酶的激活剂对另一种酶来说,也可能是一种抑制剂。如 Mg^{2+} 对脱羧酶有激活作用,但对肌球蛋白腺苷三磷酸酶却有抑制作用;Ca^{2+} 则相反,它对前者有抑制作用而对后者具有激活作用。有时作为激活剂的金属离子之间可以相互代替,有时离子之间又有拮抗作用;另外起激活作用的离子对于同一种酶,可因其浓度不同而起不同的作用,如对于 $NADP^+$ 合成酶,Mg^{2+} 在 1×10^{-3} mol/L 时起激活作用,高于此浓度酶活性反而下降。

5.4.4 抑制剂对酶反应速率的影响

研究酶的抑制作用是研究酶作用的机制、酶活性中心功能基团的性质、酶作用的专一性及维持酶分子构象的功能基团的性质的基本手段,同时它也为生物机体的代谢途径、某些药物的作用机理等研究提供重要依据,因此抑制作用的研究不仅具有重要的理论意义,还具有重要的实践意义。

1. 抑制作用的概念

某些物质可降低酶的活性，使酶促反应速度减慢。但不同物质降低酶活性的机理是不一样的，可分为下列3种情况。

① 酶是蛋白质，凡是蛋白质变性失活而引起酶活力丧失的作用称为失活作用（inactivation）。此时一些理化因素破坏了酶蛋白分子次级键，使酶分子的空间构象发生了部分或全部改变，造成酶活性的降低或丧失，这是酶蛋白变性的结果。引起酶蛋白变性的物质称为酶的变性剂（denaturant），变性剂对酶没有选择性。

② 抑制作用（inhibition）是指酶的必需基团（包括辅因子）的性质受到某种化学物质的影响而发生改变，导致酶活性的降低或丧失。这时酶蛋白一般并未变性，有时可用物理或化学方法使酶恢复活性。引起酶抑制作用的物质称为抑制剂（inhibitor）。抑制剂对酶有一定的选择性，一种抑制剂只能引起某一类或某几类酶的活力降低或丧失，不像变性剂那样几乎可使所有酶都丧失活性。

③ 某些酶只有在金属离子存在下才能很好地表现其活性，如果用金属螯合剂去除金属离子，会引起这些酶活性的降低或丧失。如用乙二胺四乙酸盐（EDTA）去除二价离子Mg^{2+}、Mn^{2+}后，可使某些肽酶或激酶的活性降低。但它与抑制作用不同，抑制作用是指化学物质对酶蛋白或其辅基直接作用，而EDTA等并不和酶直接结合，而是通过去除金属离子而间接影响酶的活性。因为这些金属离子大多是酶的激活剂，所以将此作用称为去激活作用（deactivation），以区别于抑制作用。引起去激活作用的物质称为去激活剂（deactivator）。

2. 抑制作用的类型——可逆抑制与不可逆抑制

根据抑制剂与酶作用的方式及抑制作用是否可逆，把抑制作用分为不可逆抑制和可逆抑制两类。

（1）不可逆抑制

不可逆抑制（irreversible inhibition）通常指抑制剂与酶活性中心必需基团以共价键结合，引起酶活性丧失。由于抑制剂同酶分子结合牢固，不能用透析、超滤、凝胶过滤等方法去除。根据不同抑制剂对酶的选择性不同，又可将不可逆抑制作用分为非专一性不可逆抑制与专一性不可逆抑制两类。前者是指一种抑制剂可作用于酶分子上的不同基团或作用于几类不同的酶，属于这一类的有烷化剂（碘乙酸、DNFB等）、酰化剂（如酸酐、磺酰氯等）等；后者是指一种抑制剂通常只作用于酶蛋白分子中一种氨基酸侧链基团或仅作用于一类酶，如有机汞（对氯汞苯甲酸）专一的作用于巯基，二异苯丙基氟磷酸（DFP）和有机磷农药专一的作用于丝氨酸羟基等。

（2）可逆抑制

可逆抑制（reversible inhibition）通常是指抑制剂与酶蛋白以非共价键结合，具有可逆性，可用透析、超滤、凝胶过滤等方法将抑制剂除去。这类抑制剂与酶分子的结合部位可以是活性中心，也可以是非活性中心。根据抑制剂与酶结合的关系，可逆抑制作用又分为竞争性抑制、非竞争性抑制和反竞争性抑制3种类型。

① 竞争性抑制（competitive inhibition）是最常见的一种可逆抑制作用。某些抑制剂的

化学结构与底物相似,因而与底物竞争性地同酶活性中心结合,而酶的活性部位不能同时既与底物结合又与抑制剂结合,因而在底物与抑制剂之间产生竞争。当抑制剂与活性中心结合后,底物就不能再与酶活性中心结合;反之,如果酶活性中心已被底物占据,则抑制剂也不能同酶结合。所以,这种抑制作用的强弱取决于抑制剂与底物浓度的比例,而不取决于两者的绝对量。竞争性抑制通常可用增大底物浓度来消除。竞争性抑制作用见图5.19。

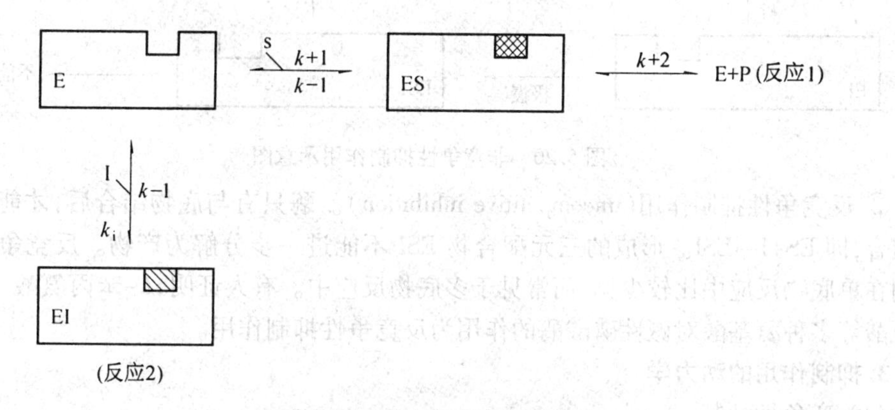

图5.19 竞争性抑制作用示意图

最典型的竞争性抑制是丙二酸(malonic acid)或戊二酸(glutaric acid)对琥珀酸脱氢酶(succinate dehydrogenase)的抑制作用。丙二酸或戊二酸与琥珀酸结构相似,因而竞争性地争夺琥珀酸脱氢酶的活性中心,产生竞争性抑制。

琥珀酸 (COOH—CH_2—CH_2—COOH) $\xrightarrow[\text{琥珀酸脱氢酶}]{\text{FAD} \to \text{FAD·2H}}$ 延胡索酸 (HC—COOH ‖ HOOC—CH)

丙二酸 (COOH—CH_2—COOH) 或 戊二酸 (COOH—CH_2—CH_2—CH_2—COOH) $\xrightarrow{\text{琥珀酸脱氢酶}}$ ×

② 非竞争性抑制(noncompetitive inhibition)作用的特点是酶可以同时与底物及抑制剂结合,两者没有竞争作用。酶与抑制剂结合后,还可与底物结合,EI+S→ESI;相反,酶与底物结合后,也还可以与抑制剂结合,ES+I→ESI。但是中间的二元配合物EI及三元配合物ESI不能进一步分解为产物,因此酶活力降低。非竞争性抑制剂通常与酶的非活性中心部位结合,其结构与底物结构不同,非竞争性抑制剂与酶结合造成酶分子构象变化,致使活性中心的催化作用降低。非竞争性抑制作用的强弱取决于抑制剂的绝对浓度,因而不能用增大底物浓度来消除抑制作用。某些重金属离子如Cu^{2+}、Ag^{+}、Hg^{2+}等对酶的抑制

作用就属于此类型。非竞争性抑制作用见图 5.20。

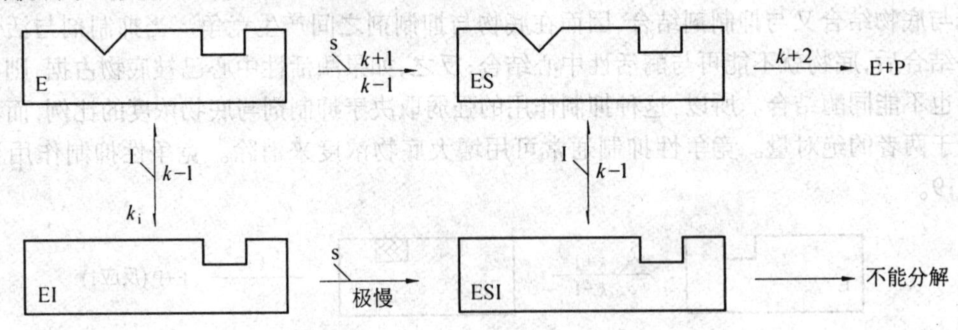

图 5.20 非竞争性抑制作用示意图

③ 反竞争性抑制作用(uncompetitive inhibition)。酶只有与底物结合后,才能与抑制剂结合,即 ES+I→ESI。形成的三元配合物 ESI 不能进一步分解为产物。反竞争性抑制作用在单底物反应中比较少见,而常见于多底物反应中。有人证明,*L*-苯丙氨酸、*L*-同型精氨酸等多种氨基酸对碱性磷酸酶的作用为反竞争性抑制作用。

3. 抑制作用的动力学

(1) 竞争性抑制

在竞争性抑制中,抑制剂或底物与酶的结合都是可逆的,酶不能同时既与底物结合又与抑制剂结合,它们之间的关系(I 表示抑制剂)可用右图表示。

$$\begin{array}{l} E + S \underset{k_2}{\overset{k_1}{\rightleftharpoons}} ES \xrightarrow{k_3} E + P \\ + \\ I \\ k_{i1} \Big\| k_{i2} \\ EI \end{array}$$

式中 K_i 为抑制剂常数(inhibitor constant),$K_i = k_{i2}/k_{i1}$,为 EI 复合物的解离常数。

酶不能同时与 S、I 结合,所以反应中有 ES 和 EI,而没有 ESI,即

$$[E]=[E_f]+[ES]+[EI] \tag{5.25}$$

[E]为总酶浓度,$[E_f]$为游离酶浓度。

因为

$$V_{max}=k_3[E]$$
$$v=k_3[E]$$

所以

$$\frac{V_{max}}{v}=\frac{[E]}{[ES]} \tag{5.26}$$

将(5.25)代入(5.26),得

$$\frac{V_{max}}{v}=\frac{[E_f]+[ES]+[EI]}{[ES]} \tag{5.27}$$

根据 K_m 和 K_i 平衡式求出$[E_f]$和$[E_I]$项。

因为 $K_m=[E_f][S]/[ES]$,所以$[E_f]=\dfrac{K_m[ES]}{[S]}$;

因为 $K_i=[E_f][I]/[EI]$,所以$[EI]=[E_f][I]/K_i$。

将$[E_f]$代入$[EI]$式中,则

$$[EI]=\frac{K_m}{[S]}[ES]\frac{[I]}{K_i}=\frac{K_m[I]}{K_i[S]}[ES]$$

再将$[EI]$和$[E_f]$代入式(5.27),得

$$\frac{V_{max}}{v}=\frac{\frac{K_m}{[S]}[ES]+[ES]+\frac{K_m[I]}{K_i[S]}[ES])}{[ES]}$$

整理后得到竞争性抑制剂、底物浓度与酶反应的动力学方程。

$$v=\frac{V_{max}[S]}{K_m(1+\frac{[I]}{K_i})+[S]} \tag{5.28}$$

双倒数式,即

$$\frac{1}{v}=\frac{K_m}{V_{max}}(1+\frac{[I]}{K_i})\cdot\frac{1}{[S]}+\frac{1}{V_{max}} \tag{5.29}$$

将式(5.28)以v对$[S]$作图得图5.21(a),用式(5.29)以$1/v$对$1/[S]$双倒数作图得图5.21(b)。从图5.21(a)可以看出,加入竞争性抑制剂后,V_{max}不变,K_m变大,$K_m'>K_m$,而且随$[I]$的增加而增大。双倒数作图直线相交于纵轴。

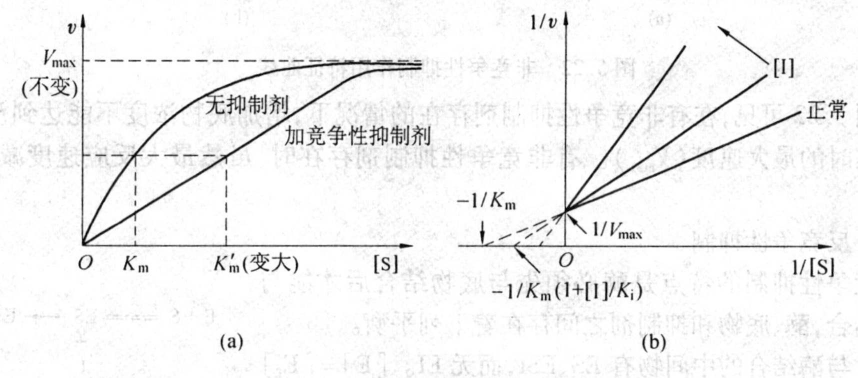

图5.21 竞争性抑制作用特征曲线

(2) 非竞争性抑制

在非竞争性抑制作用中,存在着如下平衡。

$$\begin{array}{ccc} E+S & \overset{K_m}{\rightleftharpoons} & ES \longrightarrow E+P \\ + & & + \\ I & & I \\ \Updownarrow K_i & & \Updownarrow K_i \\ EI+S & \overset{K_m}{\rightleftharpoons} & EIS \end{array}$$

酶与底物结合后,可再与抑制剂结合;酶与抑制剂结合后,也可再与底物结合。

$ES+I \rightleftharpoons ESI, K_i=[ES]\cdot[I]/[EIS]$ 或 $EI+S \rightleftharpoons ESI, K_i=[EI]\cdot[S]/[EIS]$

所以,与酶结合形成的中间产物有ES、EI及ESI,即

$$[E]=[E_f]+[ES]+[EI]$$

经过类似的推导,可得出非竞争性抑制作用的动力学方程,即

$$v=\frac{V_{max}[S]}{(K_m+[S])(1+\frac{[I]}{K_i})} \tag{5.30}$$

双倒数方程为

$$\frac{1}{v}=\frac{K_m}{V_{max}}(1+\frac{[I]}{K_i})\frac{1}{[S]}+\frac{1}{V_{max}}(1+\frac{[I]}{K_i}) \tag{5.31}$$

由式(5.30)和(5.31)作图得到5.22(a)和(b)。由图5.22(a)可以看出,加入非竞争性抑制剂后,K_m 不变,V_{max}变小,即 $K_m'=K_m$,V_{max}'随[I]的增加而减小。双倒数作图直线相交于横轴。

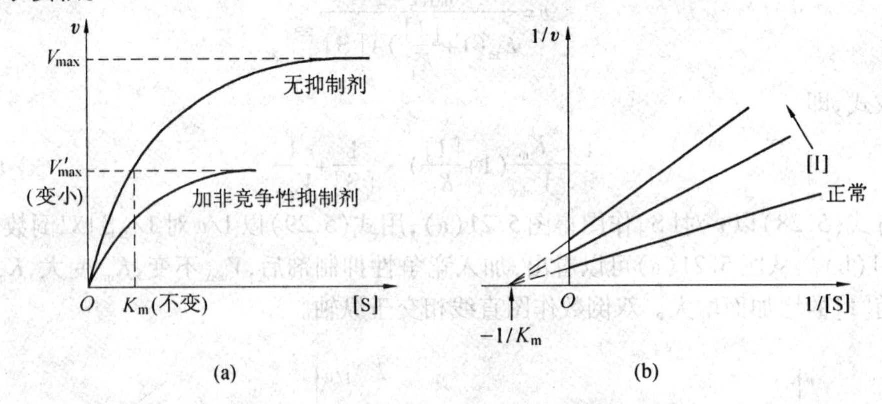

图5.22　非竞争性抑制作用特征曲线

由图5.22可见,在有非竞争性抑制剂存在的情况下,增加底物浓度不能达到没有抑制剂存在时的最大速度(V_{max})。有非竞争性抑制剂存在时,虽然最大反应速度减小,但 K_m 不变。

(3) 反竞争性抑制

反竞争性抑制的特点是酶必须先与底物结合后才能与抑制剂结合,酶、底物和抑制剂之间存在着下列平衡。

$$\begin{array}{c} E+S \rightleftharpoons ES \longrightarrow E+P \\ + \\ I \\ \Updownarrow K_i \\ EIS \end{array}$$

此时与酶结合的中间物有ES、ESI,而无EI。[E]=[E_f]+[ES]+[ESI]

经过推导得到反竞争性抑制作用动力学方程为

$$v=\frac{V_{max}[S]}{K_m+[S](1+\frac{[I]}{K_i})} \tag{5.32}$$

双倒数式为

$$\frac{1}{v}=\frac{K_m}{V_{max}}\cdot\frac{1}{[S]}+\frac{1}{V_{max}}(1+\frac{[I]}{K_i}) \tag{5.33}$$

由式(5.32)和式(5.33)作图得图5.23(a)和(b)。由图可以看出在反竞争性抑制作用下,K_m 及 V_{max} 都变小,而且 $K_m'<K_m$,$V_{max}'<V_{max}$,即表观 K_m 及表观 V_{max} 都随着[I]的增加而减小。双倒数作图为一组平行线。

酶促反应与抑制剂的关系总结于表5.8。

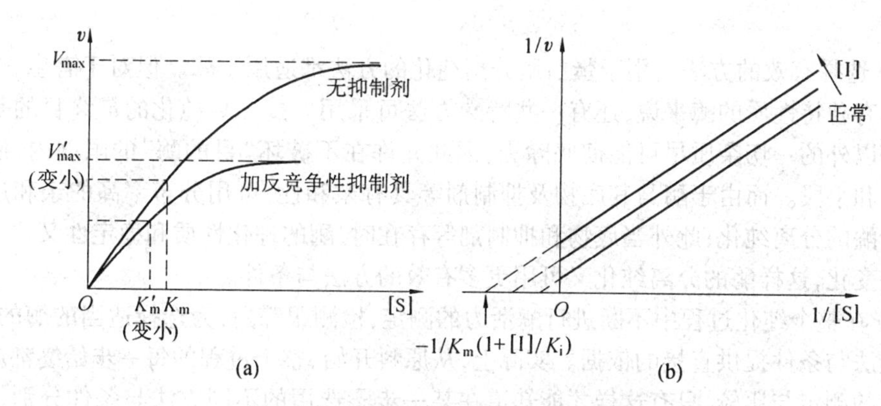

图5.23 反竞争性抑制作用的特征曲线

表5.8 酶促反应与抑制剂的关系

类型	方程式	V_{max}	K_m
无抑制剂	$v=\dfrac{V_{max}\cdot[S]}{K_m+[S]}$	V_{max}	K_m
竞争性抑制	$v=\dfrac{V_{max}\cdot[S]}{K_m\left(1+\dfrac{[I]}{K_i}\right)+[S]}$	不变	增加
非竞争性抑制	$v=\dfrac{V_{max}\cdot[S]}{(K_m+[S])\left(1+\dfrac{[I]}{K_i}\right)}$	减小	不变
反竞争性抑制	$v=\dfrac{V_{max}\cdot[S]}{K_m+\left(1+\dfrac{[I]}{K_i}\right)[S]}$	减小	减小

5.5 酶的制备

5.5.1 酶的制备及纯化

1. 酶制备的一般原则

酶的分离纯化是指将酶从细胞或其他含酶原料中提取出来，并与杂质分离，获得所需酶制剂的过程，它是酶学研究的基础。研究酶的性质、作用、反应动力学、结构与功能的关系等都需高纯净的酶制剂。酶制剂的应用目的不同，对纯度的要求也不同，要根据不同的要求采用不同方法纯化酶制剂。酶分离纯化的基本原则有以下几点。

① 要谨防酶变性失活，这在纯化的后期更为主要。大多数酶是蛋白质且稳定性较差，因此在酶的分离纯化过程中要防止酶变性失活。除 α-耐高温淀粉酶等少数酶外，多数酶在温度高时不稳定，因此酶纯化应在低温下进行，在有机溶剂存在条件下更应特别注意；多数酶在 pH<4 或 pH>10 的条件下不稳定，故应控制整个体系的 pH 值，同时要注意在调整 pH 时产生局部酸碱过量；酶和其他蛋白质一样，在溶液表面或界面可形成薄膜变性，操作中应尽量减少泡沫；此外应避免重金属、有机溶剂、微生物污染或蛋白水解酶的存

在。

② 选择有效的方法。用于蛋白质分离纯化的方法都适用于酶。但对于有生物活性,同时具有独特性质的酶来说,还有一些特殊方法可采用。酶分离纯化的最终目的是要将目的酶以外的一切杂质尽可能彻底除去,因此允许在不破坏"目的酶"的限度内,使用各种方法和手段。而由于酶与其底物及抑制剂等具有亲和性,可用分辨率高的亲和层析方法进行酶的分离纯化;此外当底物和抑制剂等存在时,酶的理化性质和稳定性又往往会发生一些变化,这样酶的分离纯化又可用更多有效的方法与条件。

③ 在整个纯化过程中不断进行酶活力的测定,检测跟踪酶,为选择适当的酶的提取、纯化方法与条件提供直接的依据。实际上,从原料开始,整个过程的每一步始终都应贯穿酶活力的测定与比较,只有这样才能知道在某一步骤选用的不同方法与条件分别使酶的活力提高了的程度和酶的回收率,从而决定提取方法的取舍。

2. 酶提取纯化的方法

常用的方法有离心分离、过滤与膜分离技术、沉淀分离、层析、电泳、浓缩、干燥、结晶等。

① 预处理和破碎细胞。过去常从动物或植物的器官、组织中提取酶,近年来主要用微生物作为酶的来源。但不管什么原料,通常需要进行适当的预处理,如动物材料要剔除结缔组织、脂肪组织;油脂种子要用乙醚等脱脂;种子研磨前应去壳,以免丹宁等物质着色污染;微生物材料则应将菌体和发酵液分离;处理后的材料应尽可能直接进行纯化,否则需将完整材料低温冷冻保存。

酶在体内的分布可将酶分为胞内酶和胞外酶。根据酶是否与细胞内的颗粒体或膜结合,胞内酶又分为结合酶与溶酶,大多数酶存在于细胞内,为提取细胞内的酶需将细胞破碎。酶抽提率与细胞破碎程度有关。结合酶还需切断它与颗粒体或膜的联结。

破碎细胞方法有机械破碎法、物理破碎法、化学破碎法和酶促破碎法等。

机械破碎法主要通过机械运动产生的剪切力的作用使细胞破碎。如动、植物材料可用高速组织捣碎器捣碎或加助磨剂研磨。对于少量的柔软组织还可采用匀浆器将细胞研磨破碎。高速捣碎器操作简便、破碎效果好,但易引起局部温度过高导致酶失活,使用时应注意降温。加玻璃粉或氧化铝等助磨剂研磨时要注意可能发生吸附变性。

物理破碎法是通过温度、压力、超声波等各种物理因素的作用使细胞破碎。化学破碎法是用化学试剂对细胞膜的作用而使细胞破碎,常用试剂有甲苯、丙酮、丁醇、氯仿等,或特里顿(Triton)、吐温(Tween)等表面活性剂。而酶促破碎法是在细胞本身的酶系或外加酶的作用下使细胞外层结构破坏,从而使细胞破碎。

如微生物材料可制备丙酮干粉,一般程序是先将材料粉碎或分散,然后在0℃以下的低温条件下,加入5~10倍预冷至-15~-20℃的丙酮,迅速搅拌均匀,随即过滤,最后低温干燥,研磨过筛,获得含酶的丙酮干粉。丙酮处理一方面能有效地破坏细胞壁(膜),另一方面由于丙酮是脂溶剂,这种处理有利于除去大量脂类物质,有时这种处理还能使某些结合酶易于溶解;此外,丙酮干粉含水量低,易于保存。注意丙酮可能引起有些酶变性,因此这些酶的提取则不能采用此法。不同微生物处理方法与难易程度各有差异。霉菌比较容易处理,可用机械剪切、研磨或加细胞壁溶解酶使细胞破碎;对于细菌,少量材料常用超声波破碎器和溶菌酶等处理,大量材料通常采用丙酮干粉法或自溶法,即在适当的温度、pH 条件下,将浓的菌体悬液直接保温,或加甲苯、乙酸乙酯或其他溶剂一起保温一定时间,使菌体在自身酶系的作用下细胞破裂,内容物释放。此外,细菌材料还可用细菌磨或压榨器等处理。酵母细胞壁厚,较难处理,过去多用自溶法,现在可采用细胞壁溶解酶处理法、盐振荡法、冷热破壁法等。

② 酶的抽提。酶的抽提是指在一定条件下,用适当溶剂处理破碎后的细胞或其他含酶原料,使酶充分溶解到溶剂中的过程,也称作酶的提取。

酶提取时先应根据酶的结构和溶解性质,选择合适的溶剂。大多数酶为球蛋白,能溶解于水,因此一般可用水、稀酸、稀碱或稀盐溶液提取,有些酶与脂质结合或含较多的非极性基团,用有机溶剂提取。也可根据酶的特点,先后用不同溶剂进行选择性抽提,如先后采用不同浓度的乙醇可选择性地抽提肝匀浆中的酶;如果待分离的酶集中于细胞器颗粒体中,则可先将颗粒体从细胞匀浆中分离出来,然后进行抽提。

为提高酶的提取率并防止酶的失活,在提取中要注意控制 pH 值、温度、盐的浓度、抽提液的体积和添加保护剂等。

溶液的 pH 值对酶的溶解度和稳定性有显著影响。因此应先考虑酶的酸碱稳定性,选择的 pH 不能超出酶的稳定范围。为了提高酶的溶解度,提取液的 pH 值应该远离酶的等电点,即酸性蛋白质用 pH 为碱性的溶液抽提,碱性蛋白质用 pH 为酸性的溶液抽提。在某些情况下抽提还要兼顾到有利于切断酶和细胞内其他成分间可能有的联系,通常选用 pH4 ~6。

多数蛋白质在低浓度的盐溶液中有较大的溶解度,所以一般采用稀盐溶液进行酶的抽提,如用 0.02 ~0.05 mol/L 的磷酸缓冲液或 0.15 mol/L NaCl 提取固体发酵麸曲中的 α-淀粉酶、糖化酶、蛋白酶等胞外酶。焦磷酸钠和柠檬酸钠的缓冲液有助于切断酶和其他物质的联系,并有螯合某些金属的作用,因此应用也较广泛。有少数酶,如霉菌产生的脂肪酶,用水抽提效果亦佳,这可能与低渗可破坏该细胞结构有关。

用有机溶剂提取时,温度控制在 0 ~4℃。有些酶对温度的耐受性较高,如酵母醇脱氢酶(alcohol dehydrogenase)、细菌碱性磷酸酶(alkaline phosphatase)、胃蛋白酶(pepsin)等,可在 37℃或更高一些温度下提取。因为在不影响酶稳定性的前提下,适当地提高温度,可提高酶的扩散速率,增加酶的溶解度,有利于酶的提取和进一步的分离纯化。

抽提液用量增加,可提高提取率,但是过量的抽提液,使酶浓度降低,对进一步的分离纯化不利,所以抽提液的用量一般为含酶原料的 3 ~5 倍。为提高抽提效率,要进行反复抽提,也可一次抽提,若辅以缓慢搅拌,则可以提高提取率。

在破碎细胞后,某些亚细胞结构也往往受到损伤,这样就可能使抽提体系不稳定。为此,有时还需要在抽提液中加入某些保护剂,如为防止蛋白酶的破坏性水解作用,可加入对甲苯磺酰氟(PMSF);为防止氧化等因素的影响可加入半胱氨酸、惰性蛋白和酶的作用底物等。

总体来说,破坏细胞壁(膜)后,溶酶一般不难抽提,而一些与颗粒体结合不太紧密的结合酶,在颗粒体结构受损时就能释放出来,抽提也不难,如 α-酮戊二酸脱氢酶(α-ketoglutarate dehydrogenase)、延胡索酸酶(fumarase)可用缓冲液抽提;细胞色素 C(cytochrome

C)可用0.145 mol/L的三氯醋酸抽提。但是和颗粒体结合得很紧的结合酶,常以脂蛋白形式存在,其中有的在制备丙酮粉末后就可抽出,有的却需要使用较强烈的手段,如用正丁醇等处理。正丁醇的特点是兼具高度的亲水性和亲脂性(特别是磷脂),能破坏脂蛋白间的结合而使酶进入溶液,我国很早就曾用正丁醇法抽提了琥珀酸脱氢酶(succinate dehydrogenase)。近年广泛采用的还有去污剂,如胆酸盐、Triton、Tween、Teepol(仲烷基硫酸钠)等抽提呼吸链酶系;此外也有使用促溶试剂如过氯酸;有时还需用脂肪酶、核酸酶、蛋白酶等处理后才能使酶抽提出来。

③ 浓缩。提取液和发酵液中酶的浓度要很低,在进行纯化前需先浓缩。常用的浓缩方法有以下几种。

酶液的蒸发浓缩用真空浓缩,在密闭的浓缩器中,用减压装置维持浓缩系统在一定的真空度下,使酶液在60℃以下进行浓缩。

蒸发浓缩装置,主要有真空蒸发器和薄膜蒸发器。真空蒸发器是在密闭的加热容器上接上真空泵等减压装置而成。操作时,一边加热一边抽真空,利用减压条件下溶液沸点降低的原理,使溶液在较低温度下沸腾蒸发,达到浓缩目的。真空蒸发效率较低,还可能产生气泡,使酶变性,蒸发过程中还可能出现增色现象,影响产品质量。真空蒸发器有夹套式、蛇管式、回流循环式、旋转式等多种形式,供使用时选择。薄膜蒸发器能使液体形成液膜,蒸发面积大,可在很短的时间内迅速蒸发而达到浓缩的效果,可连续操作,酶的活力损失较少,是较理想的蒸发浓缩装置。工业生产上应用较多的是薄膜蒸发浓缩法,即使待浓缩的酶溶液在高度真空条件下变成极薄的液膜,同时使之与大面积热空气接触,使水分瞬时蒸发而达到浓缩的目的。由于水分蒸发时带走了部分热量,所以只要控制好真空条件,酶在浓缩过程中实际受到的热作用并不太强,可用于热敏性酶类的浓缩。薄膜蒸发浓缩器有三种形式:升膜、降膜和刮板。对于较黏稠的样品,后一种形式似乎更为适合,但薄膜浓缩也往往会带来增色现象。

超滤(ultrafiltration)是在压力作用下借助于超滤膜可将不同相对分子质量的物质分离。超滤膜孔径不同,截留分子大小也不同。一般只允许水分子和小分子透过超滤膜,而酶等大分子被滞留,从而达到浓缩目的。该技术的优点是:无热破坏,无相变化,保持原初离子强度和pH。只要膜孔径选择合适,浓缩过程还可能同时进行组分粗分;此外成本也不高,因此该技术已渐渐被人们所采用。超滤已开始用于工业生产,但对小分子辅酶的生产还不适用。

凝胶过滤(gel filtration)主要是以各种多孔凝胶为固定相,利用溶液中各组分的相对分子质量的不同而进行分离的技术。凝胶的种类较多,常用的主要有葡聚糖凝胶(Sephadex)、聚丙烯酰胺凝胶(Bio-Gel)和琼脂糖凝胶(Sepharose)等。凝胶是具有网状结构的多孔性高分子聚合物,吸水后会膨胀,小分子物质可进入凝胶颗粒微孔中,而酶等大分子难于进入凝胶颗粒的微孔,被排阻于凝胶外达到浓缩目的。通常采用"静态"方式,即将干胶直接加入样品溶液,凝胶吸水膨胀一定时间后,再借助过滤或离心等办法分离浓缩的酶液。凝胶过滤浓缩法的优点是:条件温和,操作简单,无pH与离子强度的改变。

反复冻融(freeze-thawing)法是用溶液相对纯水熔点升高,冰点降低的原理。可采用两种方式:一是先将溶液冻成冰块,然后使之缓缓融解,这样几乎不含蛋白质和酶的冰块就浮于液面,而酶则融解并集中于溶液下部(约为原体积的1/4);另一种方式是让酶溶液缓缓冻凝,然后移去水形成的冰块,使溶液浓缩。反复冻融浓缩的主要问题是,浓缩过程可能会发生离子强度与pH的变化,从而导致酶失活,此外制冷设备消耗较大。

除上述方法外,离心分离、沉淀分离等也能达到浓缩目的。用各种吸水剂如聚乙二醇等吸收酶液中水分,也可使酶液浓缩,但只适用小量样品,且成本较高。

④ 酶的纯化。抽提液中除了含有待纯化的酶外,还有其他小分子和大分子物质,其中小分子杂质在以后的纯化步骤中一般会自然地除去,大分子杂质有核酸、黏多糖和其他蛋白质,核酸和黏多糖的存在可干扰以后的纯化,特别是细菌等的抽提液中含有大量核酸,所以应设法先除去。用硫酸链霉素、聚乙烯亚胺、鱼精蛋白或 $MnCl_2$ 等可使核酸沉淀除去,必要时可用核酸酶;黏多糖可用醋酸铅、乙醇、丹宁酸和离子型表面活性剂等处理。上述杂质去除后,剩下的就是杂蛋白,纯化的工作也是比较困难的,就是去除粗酶液中的杂蛋白。

关于酶与杂蛋白的分离,可参照已有程序,也可设计和建立新的工艺流程。要获得较理想分离效果,首先工作前应较全面了解所要纯化的酶的理化性质(溶解度、相对分子质量和解离特性)及酶的稳定性等,这有利于选择纯化的方法与条件,注意避免哪些处理,以及了解在什么条件下酶比杂蛋白更稳定而能加以利用;其次判断选择的方法与条件是否适当,始终应以活力测定为准则。一个好的方法应该是比活力(纯度)提高多,总活力回收高,而且重现性好。纯化过程不宜重复同一步骤和方法,因为这样会使酶的总活力下降,而不能使酶的纯度进一步提高;最后,要严格控制操作条件,特别是随着酶纯度的提高,杂蛋白减少、总蛋白浓度下降,蛋白质间的相互保护作用随之减小,酶的稳定性降低,就更应注意防止酶变性。

5.5.2 酶活性的测定

酶活性(enzyme activity)又称酶活力,是指酶催化一定化学反应的能力。酶的定性和定量的测定不同于一般化学物质,不能用质量和体积表示。检查酶的活性及含量的存在,用其催化某一特定反应的能力来表示,即用酶的活力来表示酶的存在及含量。将所提取的酶液与它所催化的底物在一定条件下进行反应,如有产物产生,并且一经煮沸,该活性消失,就可证明提取液中有此酶存在。如栖土曲霉发酵液能使酪蛋白水解,可断定栖土曲霉能产生蛋白酶(protease);红曲霉发酵液可使淀粉糖化,证明红曲霉发酵液有糖化酶(amyloglucosidase)。酶活力大小是研究酶的特性,酶制剂的生产及应用的一项主要指标。

1. 酶活性与酶反应速度

酶活力大小可以用在一定条件下它所催化的某一化学反应的速度(reaction rate)来表示,即酶催化的反应速度愈快,酶的活力就愈高。所以测定酶活力就是测定酶促反应的速度(用 v 表示)。酶反应速度可以用单位时间内,单位体积中底物的减少量或产物的增加量来表示,即

$$v=\frac{\mathrm{d}s}{\mathrm{d}t}=\frac{\mathrm{d}p}{\mathrm{d}t}$$

酶在最适条件下,单位时间内酶作用底物的减少量或产物的生成量,反应速度的单位是浓度与单位时间之比。

将产物浓度对反应时间作图,就可以得到如图 5.24 的曲线,曲线的斜率即反应速度。

从图 5.24 可知,反应速度只在最初一段时间内保持恒定,随着反应时间的延长,酶反应速度逐渐下降。引起下降的原因有底物浓度的降低,酶在一定的 pH 及温度下部分失活,产物对酶的抑制,产物浓度增加而加速了逆反应的进行等。因此,测定酶活性时要以酶促反应的初速度为准,这时各干扰因素尚未起作用,速度保持恒定不变。

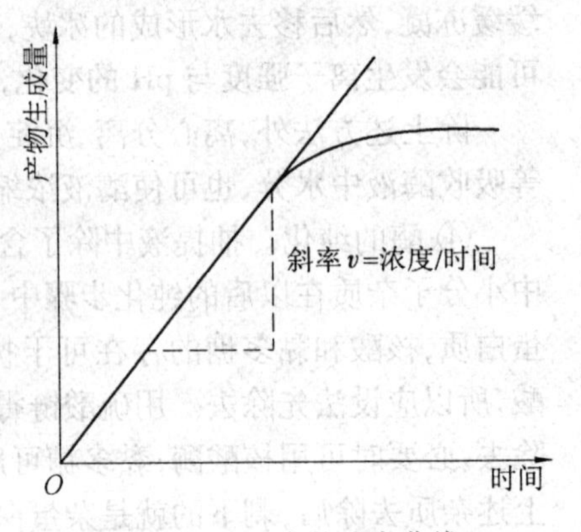

图 5.24 酶反应的速度曲线

2. 酶活力单位

酶活力单位(active unit)是指在一定条件下,一定时间内将一定量的底物转化为产物所需的酶量。如栖土曲霉蛋白酶的活力单位为在 40℃,pH7.2 条件下,每分钟分解酪蛋白产生相当于 1μg 酪氨酸的酶量为一个活力单位;α-淀粉酶的活力单位为在 60℃,pH6.2 条件下,每小时催化 1g 可溶性淀粉液化所需的酶量为一个活力单位,或是每小时催化 1 mL 质量分数为 2% 的可溶性淀粉液化所需的酶量为一个活力单位。可见各种酶的活力单位是不同的,就是同一种酶也有不同的活力单位标准,因此在比较文献上酶活力单位时,必须注意这一点。

1961 年国际酶学委员会(Enzyme Commission,EC)规定:1 个酶活力单位,是指在 25℃下,在 1 min 内转化 1 微摩尔(μmol)底物的酶量,或是转化底物中 1μ mol 有关基团的酶量,该酶量为 1 个酶活力单位,即酶的国际单位(IU),通常用 U 表示。其他条件如 pH 及底物浓度均为酶的最适条件。

1972 年国际酶学委员会又推荐一个新的酶活力国际单位,即 Katal(Kat)单位。在 25℃时,每秒钟可使 1 mol 底物转化的酶量定义为 1 Kat;同理,可使 1 μmol 底物转化的酶量为 μKat 单位。

上述两种酶活力单位间可相互转换,即:

$$1\ \text{Kat}=1\ \text{mol/s}=60\ \text{mol/min}=60\times10^{6}\ \mu\text{mol/min}=6\times10^{7}\ \text{IU}$$

3. 酶的比活力

为比较酶制剂的纯度和活力高低,用比活力概念。比活力(specific activity)是指在特定条件下,单位质量的酶蛋白具有的活力单位数,即

比活力=酶活力单位(U)/酶蛋白的质量(mg)= 总活力单位(U)/总蛋白质量(mg)

目前已多用每克酶制剂或每毫升酶制剂含有多少个活力单位来表示(U/g 或 U/mL)。

比活力是表示酶制剂纯度的指标,在酶学研究和提纯酶时常用到。在纯化酶时不仅在于得到一定量的酶,而且要求得到不含或尽量少含其他杂蛋白的酶制品。在每步纯化的过程中,除要测定一定体积或一定质量的酶制剂活力单位外,还要测定酶制剂的纯度,酶制剂的纯度一般都用比活力的大小来表示。比活力愈高,表明酶愈纯。

4. 酶的转换数

酶的转换数(turnover number)又称摩尔催化活性(molar catalytic activity),是指一个

酶分子一分钟催化底物转化的分子数(或一摩尔酶一分钟催化底物转化为产物的摩尔数),是酶催化效率的一个指标。通常用一微摩尔酶的酶活力单位数表示,单位为 min^{-1}。

酶的转换数用 K_p 表示,即

K_p=底物转变摩尔数(mol)/酶摩尔数·分钟(mol·min)=

酶活力单位数(U)/酶微摩尔数(μmol)

一般酶的转换数在 $10^3\ min^{-1}$左右,碳酸苷酶的转换数较高,已达 $3.6\times10^7\ min^{-1}$。

5. 酶活力的测定方法

① 化学分析法。根据酶的专一性,选择适宜的底物,并配制成一定浓度的底物溶液。在酶最适温度和 pH 值等条件下,将一定量的酶液与底物溶液混合均匀,反应后分几次取一定量的反应液,通过分析底物消耗量和产物生成量计算酶活力。这是酶活力测定的经典方法,至今仍采用。几乎所有的酶都可根据这一原理设计测定活力的具体方法。该法的优点是不需专用仪器,应用范围广,但工作量大,有时实验条件不易准确控制。

② 分光光度法。利用底物和产物光吸收性质的不同,在整个反应过程中不断测定其吸收光谱的变化。此法无需停止反应,可直接测定反应混合物中底物的减少或产物的增加。该方法优点是迅速、简便、专一性强,并可方便地测得反应全过程,特别是对于反应速度较快的酶作用,能够得到准确的结果。近年来出现的"自动扫描分光光度计"对于酶活力和酶反应研究工作中的测定更是快速、准确和自动化。

③ 量气法。当酶促反应中底物或产物之一为气体时,可测量反应系统中气相的体积或压力的改变,从而计算气体释放或吸收的量,根据气体变化量和时间的关系,即可求得酶反应速度。

④ pH 测量法。当酶反应在较低浓度的缓冲液中进行时,测定 pH,计算反应进行过程中的变化。该方法比较简单,但在反应过程中,酶活力也随 pH 的改变而改变,因此不能用于酶活力的准确测定。

⑤ 氧和过氧化氢的极谱测定。用阴极极化的铂电极进行氧的极谱测定,可记录在氧化酶作用过程中溶解于溶液内的氧浓度的降低。另外,可用阳极极化的铂电极测定过氧化氢的量作为测定过氧化氢酶的活力。

除上述方法外,还有其他方法用于酶活力测定,如测定旋光、荧光、黏度以及同位素技术等。

本章小结

生物体内的各种化学反应都是在酶的催化下进行的。酶是生物活细胞产生的具有催化功能的生物催化剂,其催化能力受多种因素的影响和调节。酶具一般催化剂的共性,酶有催化效率高、高度专一性、活性受多种因素调节控制、作用条件温和等特点,天然酶的活性不够稳定。

目前发现的酶除少数是具催化活性的 RNA 外,大多数酶的化学本质是蛋白质。酶可分为单纯酶和结合酶,结合酶是由酶蛋白和辅因子构成,只有酶蛋白与辅因子结合成完整分子的全酶后才具备催化活性。酶蛋白决定酶作用的专一性,辅酶或辅基在酶促反应中主要起传递氢、传递电子、传递原子或化学基团等作用。

根据酶蛋白分子的特点和相对分子质量把酶分成单体酶、寡聚酶和多酶复合体。

酶分成六大类，氧化还原酶类、转移酶类、水解酶类、裂合酶类、异构酶类和合成酶类。国际酶学委员会建议，每种酶都有其推荐名和国际系统名称，并有一个四码编号。

酶的催化功能是由酶分子结构决定的，酶的一级结构是酶的基本化学组成，一级结构的改变可使酶的催化功能发生相应的改变。酶分子中决定酶催化作用的化学基团称酶的必需基团，必需基团通常分为结合基团和催化基团。酶的活性还与其高级结构紧密相关，只有高级结构才能形成活性中心，对于酶活性来说，高级结构甚至比一级结构更为重要。酶的二、三级结构是所有酶必须具备的空间结构，是维持酶的活性部位必需的构象。多数酶由多个亚基组成，亚基间的联结排列构成酶的四级结构，当四级结构完整时，酶的催化功能才会充分发挥。酶的高级结构与酶活性关系的典型实例是同工酶。

酶加速反应的本质是降低反应的活化能，可用目前公认的中间产物学说的理论来解释。而酶与其他化学催化剂最本质的区别是其催化作用的高度选择性，即专一性，一种酶只能催化一种或一类结构相似的物质发生反应，诱导契合学说可较好地解释这种选择特异性的机制，而酶作用的高效性可由共价催化与酸碱催化机制解释。

酶促反应动力学是研究酶促反应的速率及影响反应速率各种因素的科学，主要研究底物浓度、酶浓度、温度、pH 值、激活剂及抑制剂等对酶促反应速率的影响。米氏方程是研究酶反应动力学的基础，米氏常数 K_m 是酶的特征常数，单位为浓度，它有多种用途，可通过直线作图法求出 K_m 和 V_{max}。酶促反应速率受抑制剂影响。抑制作用分为不可逆抑制和可逆两类。可逆抑制作用又分为竞争性抑制、非竞争性抑制和反竞争性抑制，可分别推导出抑制作用的动力学方程。温度、pH 值、激活剂等都会影响酶促反应速率，因此在研究酶反应速率及测定酶活时，应选择最适温度和最适 pH 值，并选择合适的激活剂。酶促反应除了单底物反应外，常见的还有双底物反应，其反应动力学主要分为序列机制和乒乓机制。

酶的分离纯化是酶学研究的基础，在分离纯化过程中应选择有效的方法，并要注意防止酶变性失活，整个过程要坚持酶活力的测定，检测跟踪酶，为选择适当的酶的抽提、纯化方法与条件提供直接的依据。酶的活力是指在特定的条件下酶催化某一特定反应的能力，用反应初速度表示，酶活力大小的单位为国际单位。每毫克酶蛋白所具有的活力单位数叫做酶的比活力，可用来表示酶分离纯化的纯度。

习　题

1. 判断对错。如果错误，请说明原因。

(1) Cl^- 是唾液淀粉酶的激活剂。

(2) 解释酶高效性的学说是诱导契合学说。

(3) Km 是酶的特征性常数，Km 值最大的底物就是酶的天然底物。

(4) 酶的转换数是酶催化效率的指标，比活力作为表示酶制剂纯度的指标。

(5) 酶蛋白决定酶的专一性，辅助因子决定酶促反应的类型，辅助因子与酶蛋白结合比较紧密,不能用透析方法除去。

2. 酶作为生物催化剂有哪些特点?

3. 酶的化学本质是什么?

4. 单纯酶和结合酶有什么不同?

5. 什么是酶的专一性,它分为哪几种类型,用什么机制可解释酶的专一性,研究酶的专一性有何意义?

6. 酶分为哪几类? 酶分类和命名的原则是什么? 举例说明酶的国际命名法及酶的编号。

7. 酶的抑制作用主要分为哪些类型,它们对酶反应速率有何影响,研究它们都有什么意义?

8. 简述分离纯化酶应遵循哪些原则?

9. 对酶进行共价修饰都有哪些基本要求?

10. 酶的结构与其功能之间的关系如何?

11. 什么是同工酶,研究同工酶的意义是什么?

12. 诱导契合学说的主要内容是什么?

13. 简述米氏方程和米氏常数的意义。

14. 解释名词

(1)酶活力(2)酶的比活力(3)酶的转换数(4)寡聚酶(5)酶原的激活

15. 称取25 mg蛋白酶粉配制成25 mL酶溶液,从中取出0.1 mL酶液,以酪蛋白为底物,用Folin-酚比色法测定酶活力,得知每小时产生1 500 μg酪氨酸。另取2 mL酶液,用凯氏定氮法测得蛋白氮为0.2 mg。若以每分钟产生1μg酪氨酸的酶量为一个酶活力单位计算,根据以上数据求出:(1)1 mL酶液中所含蛋白质的质量及活力单位。[0.625 mg蛋白质,250 U](2)比活力。[400 U/mg蛋白](3)1g酶制剂的总蛋白含量及总活力。[0.625 g;2.5×10^5U]

16. 已知过氧化氢酶的Km为2.5×10^{-2}mol/L,当底物H_2O_2浓度为25 mmol/L时,求其反应速度达到最大反应速度的百分数。[50% V_{max}]

17. 下表是大豆中过氧化物酶纯化的实验结果表,分析表中都采用了哪些方法,是否存在问题?

分离方法	总的酶活/U	产量/%	总的蛋白质/mg	比活力/$U\cdot mg^{-1}$酶蛋白	纯化倍数
粗萃取液	33 652	100	4 982	6.8	1.0
30% $(NH_4)_2SO_4$饱和度,上清液	32 200	96	3 300	9.8	1.4
Bio-Gel P-60柱	25 560	76	1 474	17.3	2.5
DEAE-Sephadex柱	17 253	51	308	56.0	8.2
ConA-Sepharose柱	4 614	14	5.9	782.0	115.0
Phenyl-SepharoseCL-4B柱	2 300	7	1.7	1352.9	199.0
DEAE-Sephadex柱	1 410	4	0.33	4272.7	628.4

第 6 章

维生素和辅酶

6.1 人体营养要素和维生素

1. 基本营养要素

人体所需的营养素包括六大类：糖类、蛋白质、脂类、维生素、水、无机盐和微量元素，这些营养素分别为机体提供能量、调节物质代谢以及构成机体的结构成分，都是不可缺少的营养物质。

(1) 水——溶解生命分子的作用

水是维持生命的重要物质，水是一种最理想的溶剂，许多生命物质都溶于水，因此水为生命活动提供了环境，为体内各组织细胞输送必需的营养物质和代谢产物；同时水直接参与生命活动的全过程，例如，光合作用需要水的分解，呼吸作用有氢和氧结合成水的过程。

(2) 无机盐——机体所需常量元素与微量元素

人体内已发现的化学元素有 50 多种，C、H、O、N 主要以有机化合物的形式出现，其他各种元素，不论其存在形式，含量多少，均称为无机盐。其中含量较多的有 Ca、Mg、Na、K、Cl、P、S 七种元素，其质量分数约占人体总灰分的 60% ~80%；而另一些无机元素在体内含量甚少，有的甚至只有痕量，称微量元素，如 Cu、Zn、Fe、Co、Mn、Sn、Cr、I、F 等，这些元素同样具有重要的生理功能。

人体必须从食物中摄取各种营养物质以维持机体正常的生命活动，这些营养物质统称为营养素。如果缺乏某些营养素，机体就会出现某些功能障碍，重者危及生命。因此人体需要获得合理的营养素，才能保障身体健康、增强抵抗力、防止疾病的发生。

2. 维生素的含义与生理功能

维生素(vitamin)是生物生长和代谢必需的微量小分子有机物。维生素与糖类、脂类、蛋白质和核酸等生命物质不同，在体内不能合成或合成不足，它们不是构成组织的基础物质，也不是能源物质，但它们在代谢中起重要的调节作用，如果缺乏可影响生物的正常生命活动，导致生理异常或疾病发生。

维生素在化学结构上无相似之处，有脂肪族、芳香族、脂环族、杂环族和甾类化合物等，但它们在体内所起的作用，以及多数生物不能自行合成这一点是相同的，所以将其归类为维生素类。

维生素对有机体的生长、生理机能的调节起着十分重要的作用。大多数维生素以辅酶或辅基的形式参与生物体内的酶反应体系，调节酶活性及代谢活性；还有少数维生素具有一些特殊的生理功能。

生物对维生素的需要是由两方面因素决定的，一是代谢过程中是否需要，二是自身能否合成。人类所需要的维生素主要存在于食物中，可基本满足代谢需要，但营养不良、饮食单调或食物保存加工不当可造成维生素缺乏，有些疾病或其他特殊原因也可引起维生素不足或缺乏。缺少维生素不仅会影响生物正常的生命活动，而且会引发疾病。

3. 维生素的命名及分类

(1) 命名

维生素的命名尚无统一标准，按英文称维生素 A、B、C、D、E、K 等；按其化学本质称硫胺素、核黄素等；按生理功能称抗脚气病维生素、抗坏血病维生素等。

(2) 分类

根据维生素的溶解性将其分为两大类，水溶性维生素和脂溶性维生素。水溶性维生素有 B 族维生素和维生素 C，B 族维生素包括的各种维生素在化学结构和生理功能上彼此无关，但分布和溶解性大体相同，这类维生素的衍生物多为辅酶或辅基，在代谢过程中有重要作用。脂溶性维生素有维生素 A、D、E、K，这类维生素只溶于脂类溶剂而不溶于水，所以它们在食物中常与脂肪并存。脂溶性维生素在人体内排泄效率不高，摄入过多时可在体内积蓄以致产生有害影响；水溶性维生素排泄效率高，一般不在体内积蓄，大量摄入时一般不会产生毒性。

6.2　水溶性维生素与辅酶

1. 维生素 B_1 与 TPP

维生素 B_1 又称硫胺素(thiamine)，是由一个含氨基的嘧啶环和一个含硫噻唑环构成的化合物。纯品常以盐酸盐的形式存在。其结构式如下。

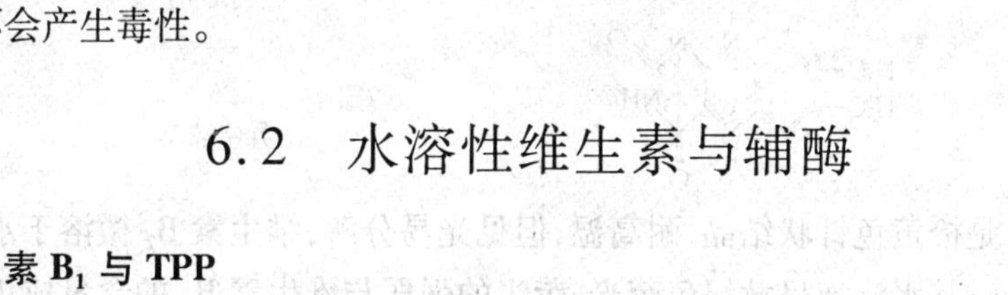

$NH_2 \cdot HCl$　Cl^-　$-CH_2-{}^+N$　CH_3　H_3C　N　N　S　$(CH_2)_2-OH$　⟸　N　CH_3　S

维生素 B_1 主要存在于谷物、豆类的种皮及胚芽中，米糠、酵母以及动物的心、肝、肾中含量较高。维生素 B_1 在酸性溶液中极为稳定，维生素 B_1 耐热，在 pH3.5 以下加热至 120℃亦不被破坏，维生素 B_1 极易溶于水，故在做饭时米不宜多淘洗，以免损失；维生素

B_1 在中性及碱性溶液中加热易分解；维生素 B_1 的溶液在 223 nm 和 267 nm 处有两个紫外吸收峰；在氰化铁碱性溶液中，它可被氧化成深蓝色具荧光的脱氢硫胺素（thiochrome）；此外，维生素 B_1 与重氮化氨基苯磺酸和甲醛作用产生品红色，与重氮化对氨基乙苯铜作用产生红紫色。这些性质都可用于维生素 B_1 的定性定量测定。在机体中，维生素 B_1 常以硫胺磷酸酯（TP）或硫胺焦磷酸酯（TPP）的形式存在。其结构式为

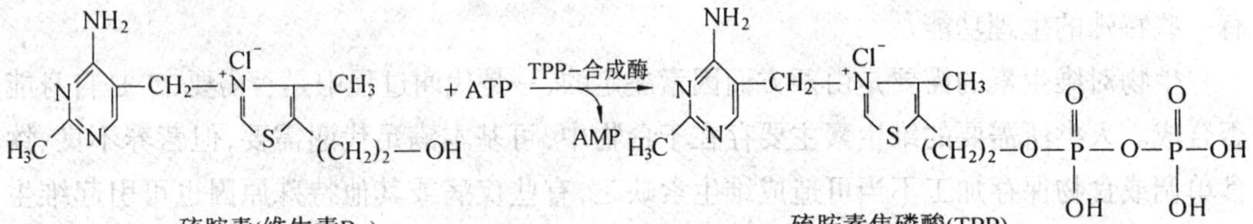

硫胺素（维生素B_1） + ATP —TPP－合成酶→ 硫胺素焦磷酸(TPP) + AMP

TPP 是一种 α－酮酸脱羧酶和转酮醇酶等的辅酶，因此维生素 B_1 对维持正常的糖代谢具有重要作用。若机体缺乏维生素 B_1，糖代谢受阻，丙酮酸、乳酸在组织中积累，会影响心血管和神经组织的正常功能，可表现为多发性神经炎、肢端麻木、心力衰竭、心率加快、下肢水肿等症状，俗称脚气病；维生素 B_1 能抑制胆碱酯酶的活性，减少乙酰胆碱的水解，维持正常的消化腺分泌和胃肠道蠕动，从而促进消化。若维生素 B_1 缺乏，消化液分泌会减少，肠胃蠕动减弱，出现食欲不振、消化不良等症状。

2. 维生素 B_2 与 FMN 和 FAD

维生素 B_2 是核糖醇和 7,8－二甲基异咯嗪的缩合物，因其溶液呈黄色又称为核黄素（riboflavin），其结构式为

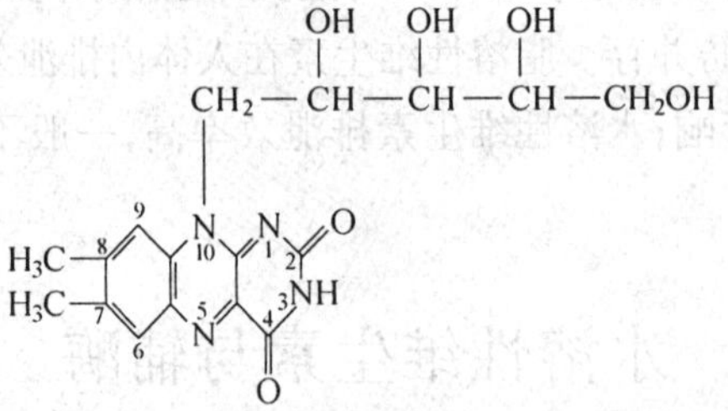

核糖醇基

异咯嗪基

维生素 B_2 是橙黄色针状结晶，耐高温，但见光易分解；维生素 B_2 微溶于水及乙醇，极易溶于碱性溶液；其水溶液呈黄绿色荧光，荧光的强弱与维生素 B_2 的含量成正比，根据此性质可作定量分析，维生素 B_2 在酵母、绿色植物、谷物、鸡蛋、乳类等中均含有，动物性食物中含量较高。

在体内，维生素 B_2 主要以两种形式存在：黄素单核苷酸（flavin mononucleotide，简称 FMN）和黄素腺嘌呤二核苷酸（flavin adenine dinucleotide，简称 FAD），它们的结构式为

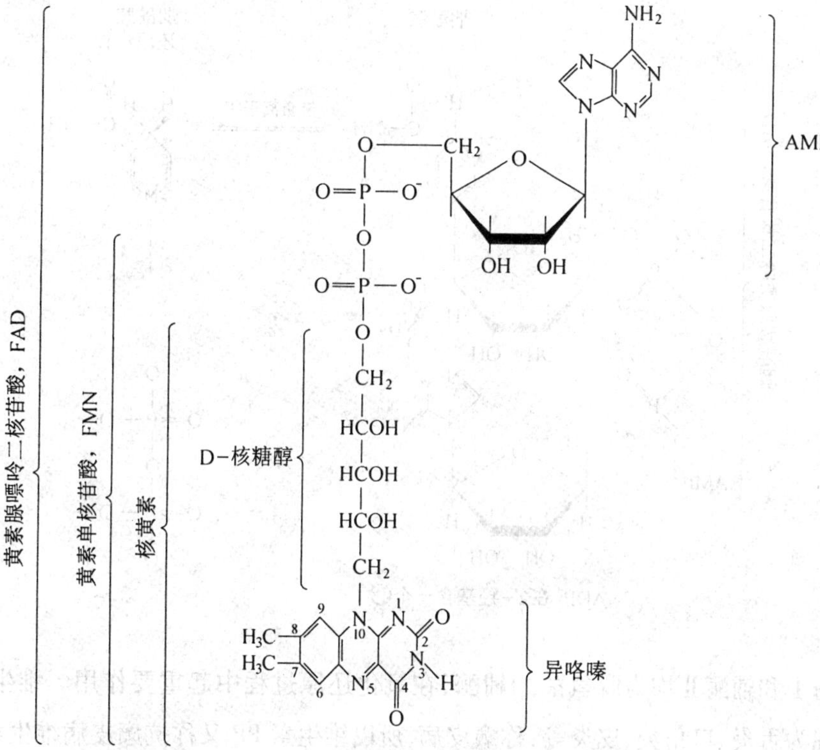

AMP

黄素腺嘌呤二核苷酸，FAD

黄素单核苷酸，FMN

核黄素

D-核糖醇

异咯嗪

由于 FMN 和 FAD 存在氧化型和还原型两种形式，因此它们常作为一类脱氢酶黄素酶（琥珀酸脱氢酶、脂酰辅酶 A 脱氢酶）的辅基，通过氧化态与还原态的互变，促进底物脱氢或起递氢作用。维生素 B_2 参与体内多种氧化还原反应，促进糖、脂肪和蛋白质代谢，所以缺乏时组织呼吸减弱，代谢强度降低，临床表现为口腔发炎、角膜炎、视觉模糊、皮炎等。

3. 维生素 PP（B_3）与 NAD^+（Co Ⅰ）和 $NADP^+$（Co Ⅱ）

维生素 PP 包括尼克酸（又称烟酸，nicotinic acid）和尼克酰胺（又称烟酰胺，nicotinamide）。它们均为吡啶的衍生物，在体内主要以酰胺形式存在。其结构式为

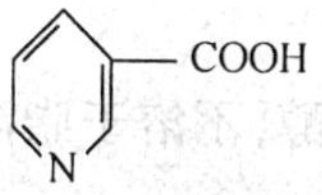

烟酸 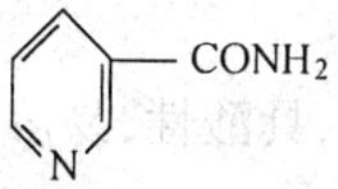　　烟酰胺

维生素 PP 广泛存在于肉类、乳类、花生、蔬菜中，酵母和米糠中含量最高。维生素 PP 为无色晶体，对酸、碱和热稳定，可溶于水和乙醇。它与溴化氰作用产生黄绿色化合物，此反应可用于维生素 PP 定量测定。

在体内，尼克酰胺与核糖、磷酸、腺嘌呤组成烟酰胺腺嘌呤二核苷酸（nicotinamide adenine dinucleotide，简称 NAD）和烟酰胺腺嘌呤二核苷磷酸（nicotinamide adenine dinucleotide phosphate，简称 NADP），即辅酶Ⅰ（Co Ⅰ）和辅酶Ⅱ（Co Ⅱ）。其结构式为

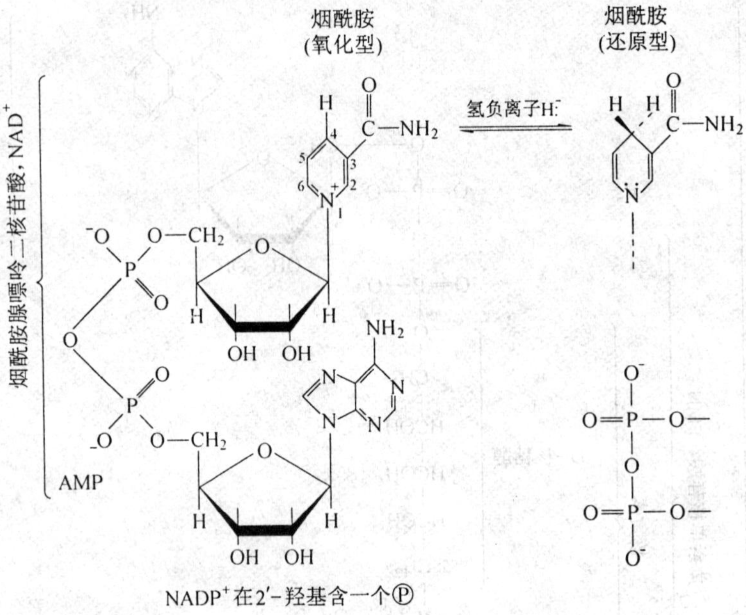

烟酰胺
(氧化型)

氢负离子H⁻

烟酰胺
(还原型)

烟酰胺腺嘌呤二核苷酸，NAD^+

AMP

$NADP^+$在2′-羟基含一个Ⓟ

辅酶Ⅰ和辅酶Ⅱ均为脱氢酶的辅酶，在氧化还原过程中起重要作用。维生素 PP 缺乏时表现为舌炎、口角炎、皮炎等，称癞皮病，所以维生素 PP 又称抗癞皮病维生素。

4. 泛酸(维生素 B_5)与 CoA

泛酸又名遍多酸(pantothenic acid)，因在自然界分布很广而得名。泛酸是由β-丙氨酸与α,γ-二羟基-β,β-二甲基丁酸缩合而成的一种有机酸，其结构式为

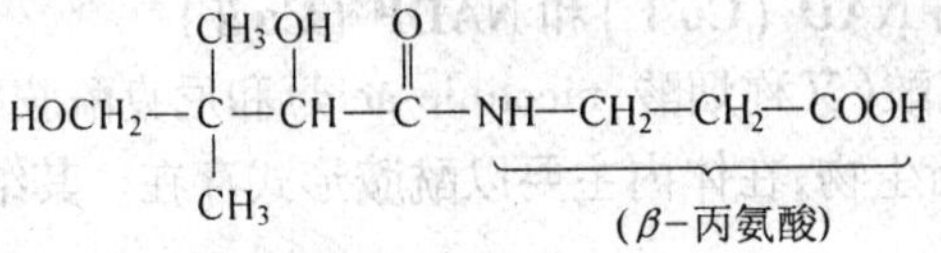

$$HOCH_2-C(CH_3)_2-CH(OH)-CO-NH-CH_2-CH_2-COOH$$

(β-丙氨酸)

泛酸

泛酸为淡黄色油状物，具酸性，易溶于水和乙醇，不溶于脂溶剂，在酸性溶液中易分解，在中性溶液中较稳定。

泛酸在体内主要以辅酶 A(coenzyme A，简写为 CoA)的形式参与代谢。CoA 是酰化反应的辅酶，与酰化作用密切相关。通过结构中的巯基接受和放出酰基，起转移酰基的作用，因此泛酸在糖、脂类和蛋白质的代谢中起非常重要的作用。CoASH 的结构式为

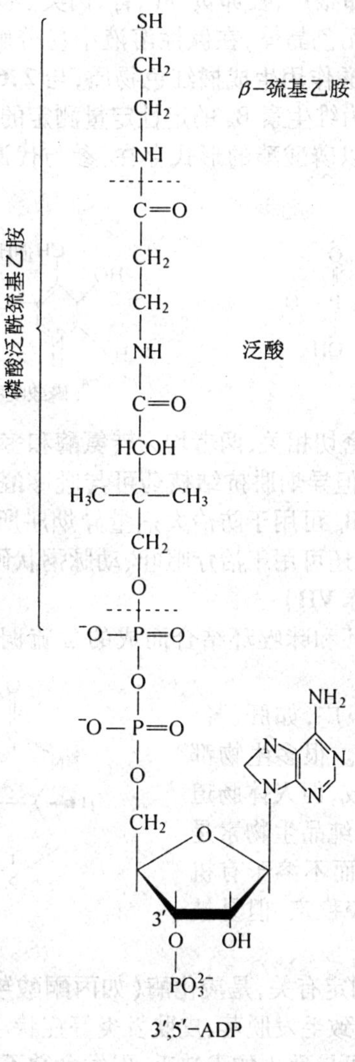

SH

CH_2　β-巯基乙胺

CH_2

NH

C=O

CH_2

CH_2

NH　泛酸

C=O

HCOH

$H_3C-C-CH_3$

CH_2

O

$^{-}O-P=O$

O

$^{-}O-P=O$　NH_2

O

CH_2　O

3′　OH

O

PO_3^{2-}

磷酸泛酰巯基乙胺

3′,5′-ADP

泛酸在酵母、肝、肾、蛋、小麦、米糠、花生和豌豆中含量丰富，在蜂王浆中含量最多；人体肠道中的细菌可合成泛酸，所以尚未发现泛酸缺乏症。辅酶A广泛用于多种疾病的辅助药物。

5. 维生素 B_6 与 PLP 和 PMP

维生素 B_6 包括吡哆醇（pyridoxine）、吡哆醛（pyridoxal）和吡哆胺（pyridoxamine）三种化合物，它们均为吡哆的衍生物。三种吡哆素的结构式分别为

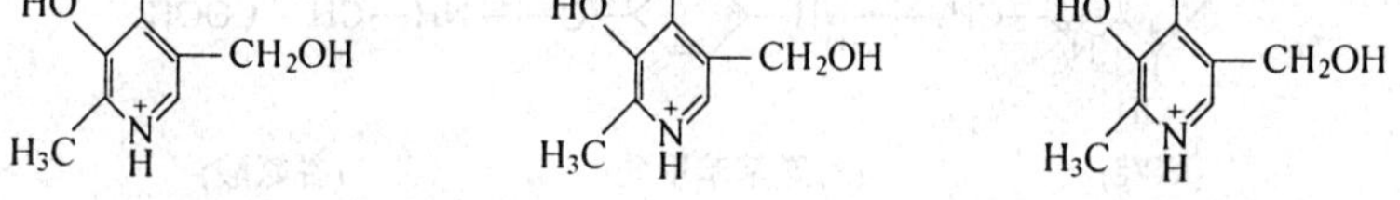

HO　CH_2OH　CH_2OH　H_3C　$\overset{+}{N}$　H

吡哆醇

HO　CHO　CH_2OH　H_3C　$\overset{+}{N}$　H

吡哆醛

HO　CH_2NH_2　CH_2OH　H_3C　$\overset{+}{N}$　H

吡哆胺

维生素 B_6 在动植物中分布很广，在卵黄、肝、肾、肉类、米糠、种子外皮、大豆及酵母中含量丰富。纯品维生素 B_6 为无色晶体，在碱性溶液中易分解，对酸稳定。与 $FeCl_3$ 作用显红色，与重氮化对氨基苯磺酸作用生成橘红色物质，与2,6-二氯醌氯亚胺作用产生蓝色物质，上述显色反应均可作为维生素 B_6 的定性定量测定的依据。

维生素 B_6 在生物体内均以磷酸酯的形式存在，参与代谢作用的主要是磷酸吡哆醛（PLP）和磷酸吡哆胺（PMP）。

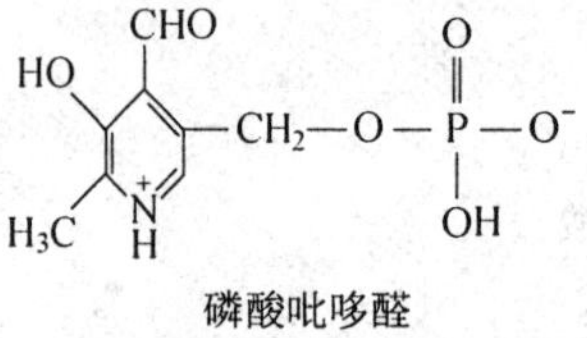

磷酸吡哆醛 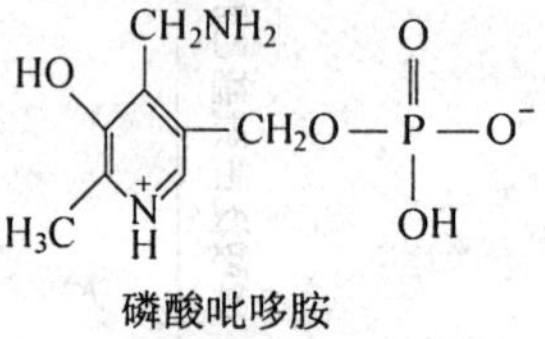　　　　磷酸吡哆胺

维生素 B_6 与氨基酸代谢密切相关，两者均为转氨酶和多数氨基酸脱羧酶的辅酶。

人体很少缺乏维生素 B_6，但异烟肼抗结核药可与吡哆醛形成异烟腙后随尿排出，导致维生素 B_6 缺乏。故维生素 B_6 可用于防治大剂量异烟肼所致的中枢神经兴奋、周围神经炎等症状。此外，维生素 B_6 还可用于治疗呕吐、动脉粥状硬化等病症。

6. 生物素（维生素 B_7，又称 VH）

生物素（biotin）是由噻唑环和咪唑环结合而成的含硫稠环化合物，侧链上有一个戊酸，其结构如右图所示。

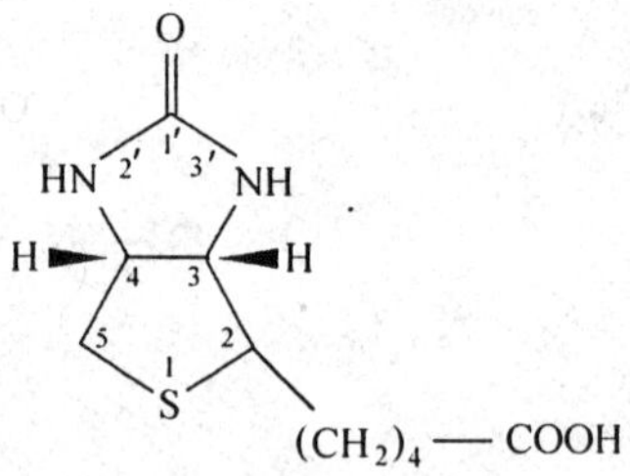

生物素在动植物界分布很广，如肝、肾、蛋黄、酵母、蔬菜、谷物中都有。很多生物都能自身合成，虽然人体不能合成，但人体肠道中的细菌能合成部分生物素。纯品生物素是无色的长针状晶体，溶于热水而不溶于有机溶剂。生物素对热、酸、碱均较稳定，但易被氧化剂破坏。

生物素与细胞内 CO_2 的固定有关，是羧化酶（如丙酮酸羧化酶、乙酰辅酶A羧化酶）的辅酶。动物缺乏生物素可导致毛发脱落、皮肤发炎等症状。大量食用生鸡蛋，蛋清中的抗生物素蛋白与生物素结合，可导致生物素缺乏，引发食欲不振、恶心呕吐、鳞屑状皮炎等病症。

7. 叶酸（维生素 B_{11}）与 CoF

叶酸（folic acid）又称为蝶酰谷氨酸（pteroyl glutamic，简写为 PGA），由蝶啶、对氨基苯甲酸及 *L*-谷氨酸3个部分组成。其结构式为

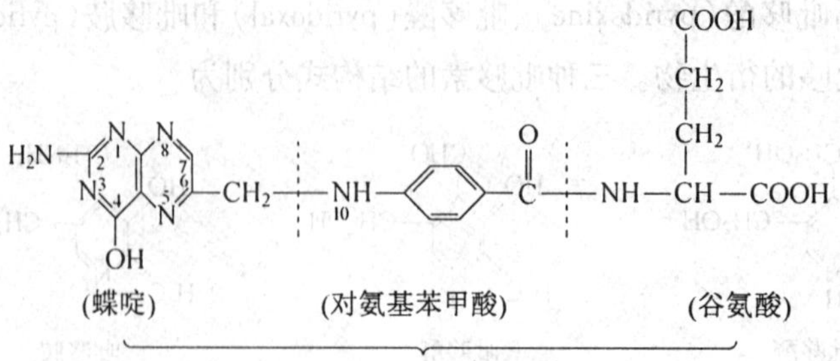

（蝶啶）　（对氨基苯甲酸）　（谷氨酸）

叶　酸（F）

叶酸因广泛存在于植物叶中而得名，酵母及动物肝、肾中也有分布。纯品为浅黄色结晶，微溶于水，不溶于有机溶剂，在水溶液中易被光破坏。

叶酸在体内主要以四氢叶酸（tetrahydro folic acid，代号为 FH_4 或 THF、THFA）的形式存在。四氢叶酸又称为辅酶 F（CoF），它是叶酸分子中蝶啶的5、6、7、8位各加一个氢形成的。其结构式为

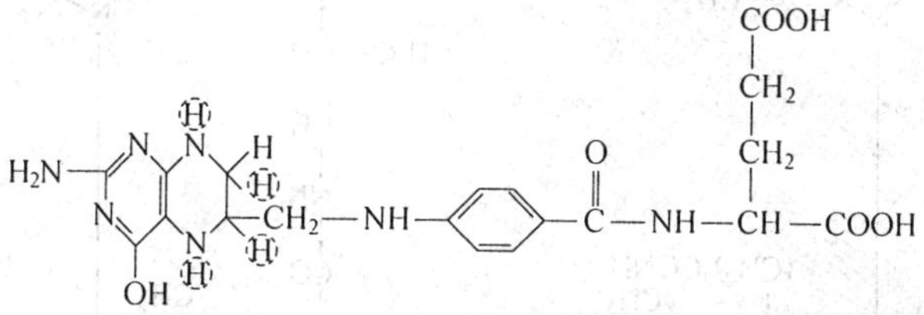

四氢叶酸在体内作为一个一碳基团转移酶系的辅酶，以一碳基团的载体形式参与一些生物活性物质的合成，如嘌呤、嘧啶、肌酸、胆碱、肾上腺素等。一碳基团主要连接于四氢叶酸的N-5位和N-10位上，主要包括有甲基、甲酰基、甲烯基、羟甲基等（表6.1）。人体缺乏叶酸时，会出现贫血症状。

表6.1 一碳基团载体辅酶

叶酸辅酶	一碳基团	叶酸辅酶	一碳基团
N^5—甲酰 FH_4	—CHO	N^5—甲基 FH_4	$—CH_3$
N^{10}—甲酰 FH_4	—CHO	$N^{5,10}$—甲烯 FH_4	$=CH_2$
N^5—甲亚胺 FH_4	—CH=NH	$N^{5,10}$—次甲基 FH_4	=CH—

8. 维生素 B_{12} 与 CoB_{12}

维生素 B_{12} 是一种含钴的化合物，又称为钴胺素（cobalamine），是维生素中唯一含金属元素且结构复杂的环系化合物。维生素 B_{12} 由一个咕啉核和一个拟核苷酸两部分组成。咕啉核中心有三价钴原子，钴原子上可连接不同的基团。如果结构中连接的是氰基，则称为氰钴胺素（cyanocobalamine），此外还可连接羟基、甲基等。如果钴与腺苷的5′位连接，则称之为5′-脱氧腺苷钴胺素（或辅酶 B_{12}，CoB_{12}）。维生素 B_{12} 与辅酶 B_{12} 的结构见图6.1。

肝、肾、瘦肉、鱼及蛋类食物中维生素 B_{12} 含量较高。维生素 B_{12} 纯品是一种红色晶体，无臭无味；可溶于水、乙醇和丙酮，不溶于氯仿；在中性溶液中耐热，在强酸强碱下易分解。

维生素 B_{12} 及其类似物对维持动物正常生长和营养、上皮组织细胞的正常代谢以及红细胞的新生和成熟都有很重要的作用。它还以辅酶的形式参与体内一碳基团代谢，是生物合成核酸和蛋白质所必需的因素。

维生素 B_{12} 中的钴与甲基相连，生成甲基钴素（$CH_3 \cdot B_{12}$），在体内参与甲基转换反应和叶酸代谢，是 N^5-甲基四氢叶酸甲基转换酶的辅酶。细胞内储存的甲基四氢叶酸在该酶的催化下与同型半胱氨酸之间发生甲基转换，产生四氢叶酸和蛋氨酸。辅酶 B_{12} 是甲基丙二酰辅酶A变位酶的辅酶，此酶催化甲基丙二酰辅酶A转化成琥珀酰辅酶A。该反应与脂代谢的反应相联系。缺乏维生素 B_{12}，会导致巨幼红细胞贫血症。

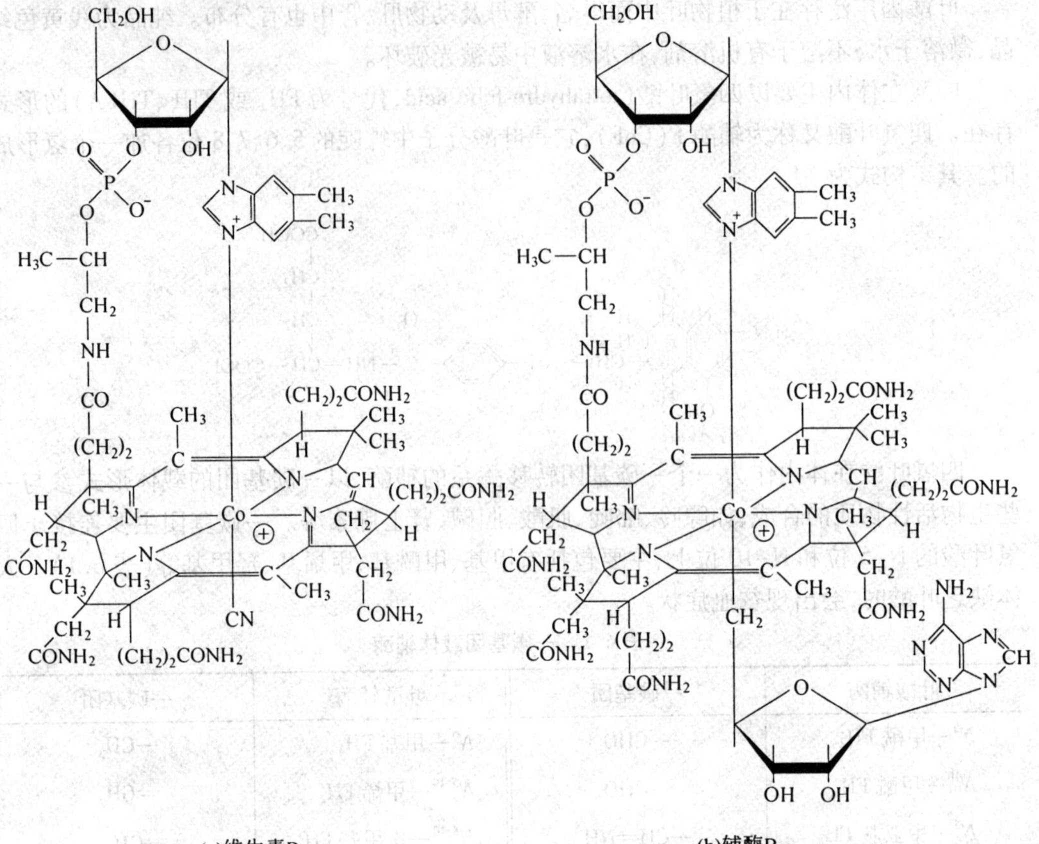

(a)维生素B_{12}　　(b)辅酶B_{12}

图 6.1　维生素 B_{12}与辅酶 B_{12}的结构

9. 维生素 C

维生素 C 可预防坏血病,也称为抗坏血酸(ascorbic acid),维生素 C 实质上是一种己糖衍生物,是烯醇式己糖酸内酯。维生素 C 与糖类相似,也有 *D*-型和 *L*-型两种异构体,但仅 *L*-型有生理功能。由于分子中第 2 位与第 3 位碳原子之间烯醇式羟基上的氢易游离成 H^+,故抗坏血酸具有酸性。维生素 C 的结构式为

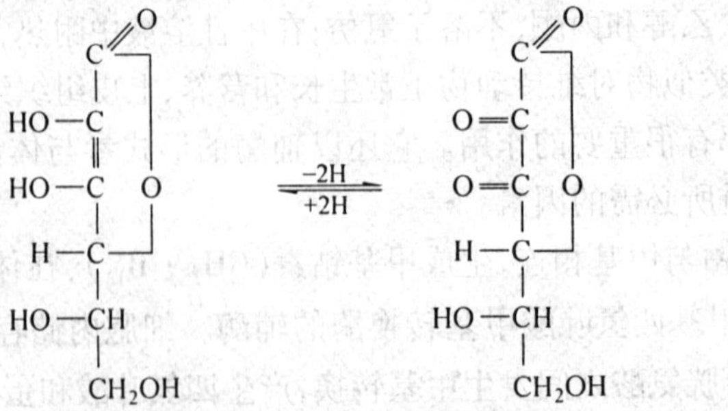

$$L\text{-抗坏血酸(还原型)} \underset{+2H}{\overset{-2H}{\rightleftharpoons}} \text{脱氢抗坏血酸(氧化型)}$$

维生素 C 主要来源于新鲜蔬菜和水果,人类一般不能自身合成,只能靠食物供给。

维生素C的纯品为无色片状结晶，有酸味；易溶于水，不溶于有机溶剂；维生素C还是一种强还原剂，易被弱氧化剂如2,6-二氯酚靛酚氧化脱氢而成氧化型抗坏血酸。维生素C在酸性溶液中比在中性溶液及碱性溶液中稳定，但易被热、光及某些金属离子（Cu^{2+}、Fe^{2+}）破坏。

维生素C有氧化型和还原型两种形式，两者都具有生物活性。维生素C在体内参加氧化还原反应时，二者可相互转化，通过接受和放出氢起到传递氢的作用。维生素C的还原作用还可保护酶分子中的—SH不被氧化，常用于防治职业中毒，如铅、汞、砷、苯等的慢性中毒。此外，维生素C还参与一些羟化反应，如脯氨酸的羟化、类固醇的羟化等。

维生素C在体内能促进胶原蛋白和多糖的合成，增加微血管的致密性，减低其渗透性及脆性，增加机体抵抗力。缺乏时，引起造血机能障碍、贫血、微血管壁通透性增加、脆性增强、血管易破裂出血，严重时，肌肉、内脏出血而致死亡，临床上称为坏血病。

6.3 脂溶性维生素

1. 维生素A

维生素A是具有脂环的不饱和一元醇，由一个β-白芷酮、两个异戊二烯单位和一个伯醇基组成。维生素A有两种形式，维生素A_1（又称视黄醇 retinol）和维生素A_2（又称脱氢视黄醇 dehydroretinol），维生素A_1和A_2的结构见图6.2。

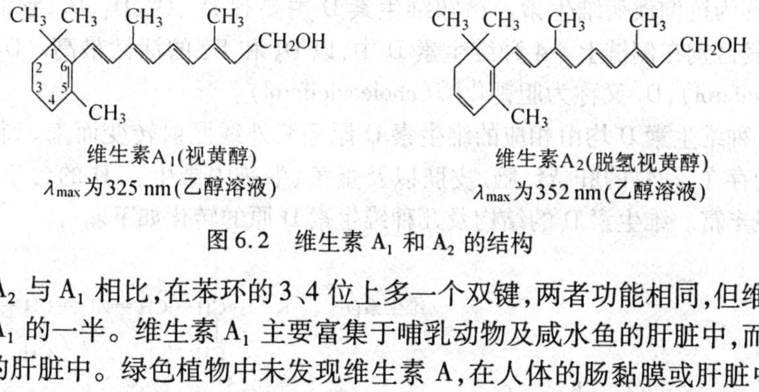

维生素A_1（视黄醇）
λ_{max}为325 nm（乙醇溶液）

维生素A_2（脱氢视黄醇）
λ_{max}为352 nm（乙醇溶液）

图6.2 维生素A_1和A_2的结构

维生素A_2与A_1相比，在苯环的3、4位上多一个双键，两者功能相同，但维生素A_2的生理活性是A_1的一半。维生素A_1主要富集于哺乳动物及咸水鱼的肝脏中，而A_2主要存在于淡水鱼的肝脏中。绿色植物中未发现维生素A，在人体的肠黏膜或肝脏中转变成维生素A的物质，称为维生素A原（provitamin A，即胡萝卜素 carotene）。维生素A原包括有α、β、γ-胡萝卜素和玉米黄素（zeaxanthin）。其中β-胡萝卜素最为重要，它可在肠壁分泌的胡萝卜素酶作用下裂解转变成维生素A。

维生素A不溶于水而溶于油脂和乙醇，易被氧化。在维生素A的结构中具有共轭体系，因而有紫外线特征吸收。维生素A_1在325 nm处有一最大吸收峰，维生素A_2在345 nm和352 nm处各有一特征吸收带。维生素A在乙醇溶液中与三氯化锑作用呈蓝色反应，可以此作定量测定。A_1最大吸收波长为620 nm，A_2为693 nm和697 nm。

维生素A的首要作用是构成视觉细胞内的感光物质。眼球的视网膜上有两类感觉细胞，圆锥细胞和圆柱细胞（或称柱细胞）。圆锥细胞负责感受强光，对颜色敏感，而圆柱细胞负责微弱光线下的暗视觉，因此维生素A与暗视觉有直接关系。圆柱细胞中所含的感受弱光的感受物质是视紫红质（rhodopsin），它是由视蛋白（opsin）和9,11-顺视黄醛（retinal）结合成的色素蛋白。视紫红质受到光线作用后，11-顺视黄醛发生异构化作用转变为反视黄醛(图 6.3),并触发神经冲动而产生视觉。视黄醛的产生和补充均需要维生素 A 为原料(维生素 A 氧化脱氢即产生视黄醛)。若维生素 A 原供应不足,会导致视紫红质合成受阻,视网膜不能很好地感受弱光,造成暗视觉障碍,即人类的伴性遗传疾病——夜盲症。

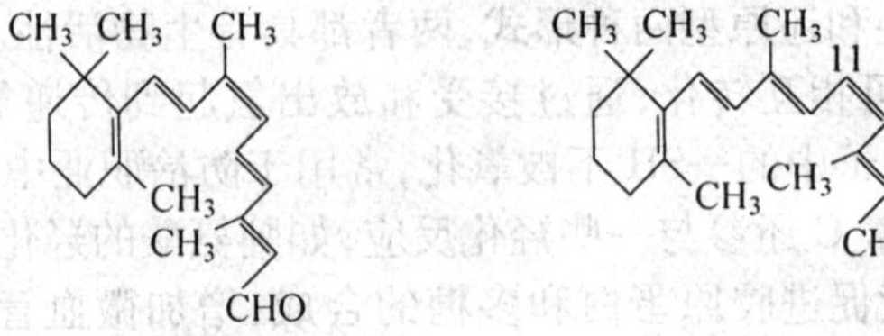

9-顺视黄醛　　　　11-顺视黄醛

图 6.3　视黄醛的结构

维生素 A 对维持上皮组织结构的完整性非常重要。缺乏时上皮干燥、增生和角质化。在眼部会因为泪腺上皮角质化,泪液分泌受阻,以至结膜干燥产生干眼病,所以维生素 A 又称抗干眼病维生素。皮脂腺及汗腺角质化后,皮肤干燥,毛发易脱落。

此外,维生素 A 还与黏多糖、糖蛋白及核酸合成有关,因而能促进机体的生长与发育,缺乏时可出现生长停止,发育不良。

2. 维生素 D

维生素 D 是固醇类化合物,即环戊烷多氢菲的衍生物,由于维生素 D 具有抗佝偻病的作用,又称为抗佝偻病维生素。已知维生素 D 主要有 D_2、D_3、D_4、D_5,它们都有相同的核心结构,其区别在侧链上。4 种维生素 D 中,以 D_2 和 D_3 的活性最高。D_2 又称为麦角钙化醇(calciferol),D_3 又称为胆钙化醇(cholecalciferol)。

上述几种维生素 D 均由相应的维生素 D 原经紫外线照射转变而来。维生素 D 原在动植物中均存在,动物的肝、肾、脑、皮肤以及蛋黄、牛奶中维生素 D 的含量都较高,鱼肝油中含量最丰富。维生素 D 的结构及几种维生素 D 原的转化如下。

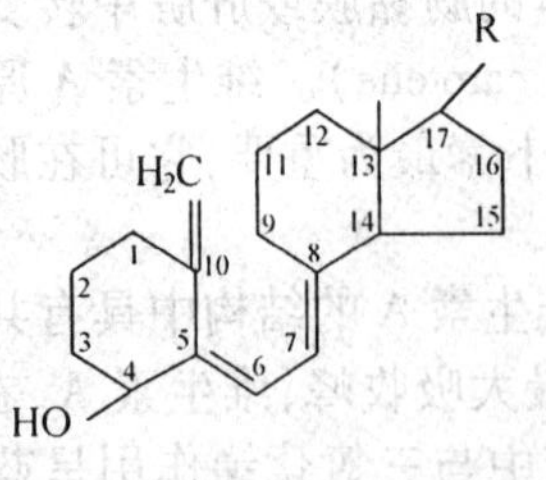

维生素D的结构通式(R为侧链基团)

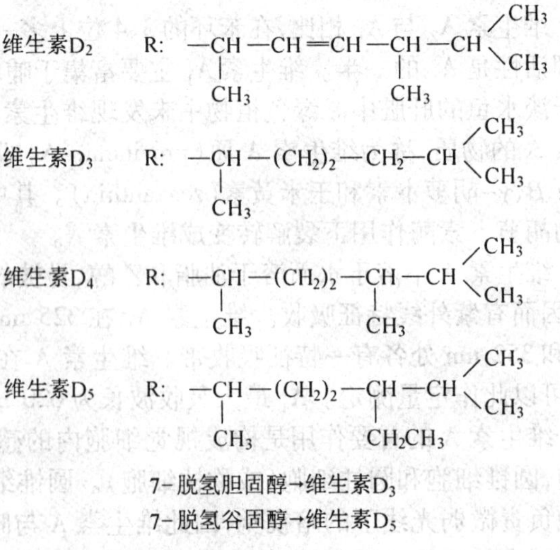

维生素D_2　R: $-CH(CH_3)-CH=CH-CH(CH_3)-CH(CH_3)_2$

维生素D_3　R: $-CH(CH_3)-(CH_2)_2-CH_2-CH(CH_3)_2$

维生素D_4　R: $-CH(CH_3)-(CH_2)_2-CH(CH_3)-CH(CH_3)_2$

维生素D_5　R: $-CH(CH_3)-(CH_2)_2-CH(CH_2CH_3)-CH(CH_3)_2$

麦角固醇→维生素D_2　　　　7-脱氢胆固醇→维生素D_3

22-双氢麦角固醇→维生素D_4　　　　7-脱氢谷固醇→维生素D_5

维生素D都为无色晶体，不易被酸、碱、氧化剂破坏；在265 nm处有特征吸收光谱，是定量测定的依据。

维生素 D_2 和维生素 D_3 在体内并不具有生物活性，它们在体内主要以1,25-(OH)$_2$·D_3 的形式发挥作用。1,25-(OH)$_2$·D_3 的主要功能是促进肠壁对钙和磷的吸收，调节钙磷代谢，有助于骨骼钙化和牙齿形成。小孩缺乏维生素D时，钙磷吸收不足，骨骼钙化不全，骨骼变软，软骨层增加、膨大，结果两腿因难以承受体重的压力而形成弯曲或畸形，称为佝偻病或软骨病。但维生素D吸收过多，可出现表皮脱屑，内脏有钙盐沉淀，还可使肾功能受损。

维生素 D_3 转变成其活性形式1,25-(OH)$_2$·D_3 的途径为

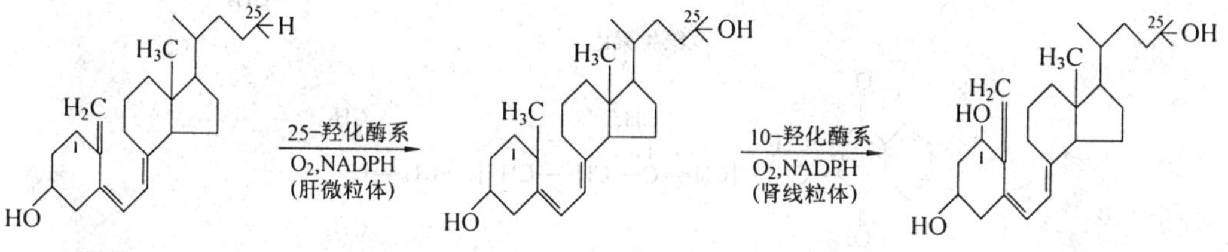

维生素D_3 —25-羟化酶系, O_2,NADPH (肝微粒体)→ 25-OH·D_3 —1α-羟化酶系, O_2,NADPH (肾线粒体)→ 1,25-(OH)$_2$·D_3

3. 维生素E

维生素E又称为生育酚(tocopherol)，是苯骈二氢吡喃的衍生物。

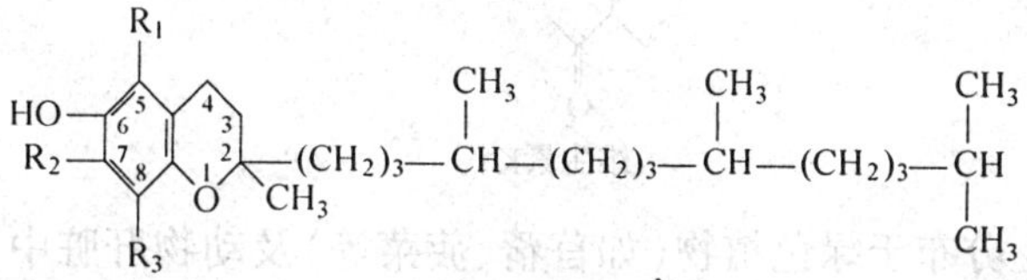

现共发现维生素E有6种，其中 α、β、γ、δ 四种有生理活性，它们的活性比为100∶40∶8∶20，可见 α-生育酚的活性最大。在结构上它们的侧链均相同，只是在苯环上的甲基数量和位置不同(表6.2)。

表6.2 各种生育酚的基团差异

种 类	R_1	R_2	R_3	种 类	R_1	R_2	R_3
α-生育酚	$-CH_3$	$-CH_3$	$-CH_3$	δ-生育酚	—H	—H	$-CH_3$
β-生育酚	$-CH_3$	—H	$-CH_3$	ξ-生育酚	$-CH_3$	$-CH_3$	—H
γ-生育酚	—H	$-CH_3$	$-CH_3$	η-生育酚	—H	$-CH_3$	—H

维生素E为淡黄色油状物，对酸、碱及热都稳定，但易被氧化，可被紫外线破坏，在259 nm处有吸收带。各种植物油，如麦胚油、棉子油、玉米油、大豆油中都含有丰富的维生素E，豆类及绿叶蔬菜中含量也较高。

维生素E常用做抗氧化剂，其抗氧化作用主要是通过自身被氧化成无活性的醌化合物，从而保护其他物质不被氧化。用维生素E治疗营养性巨红细胞贫血，就是利用了维生素E的抗氧化剂性能，使红细胞膜中的不饱和脂肪酸不被氧化破坏，防止红细胞因破裂而引起的溶血。

维生素 E 与动物的不育性有很大相关。实验动物缺乏维生素 E 会出现生殖器官受损而不育，雄性动物睾丸萎缩，不能产生精子；雌性动物则出现胚胎和胎盘萎缩而流产。

4. 维生素 K

天然维生素 K 有 K_1 和 K_2 两种，还有一种人工合成的 K_3。它们均是 2-甲基萘醌的衍生物，K_3 无侧链，K_1 和 K_2 的差别是侧链基团不同，其结构式为

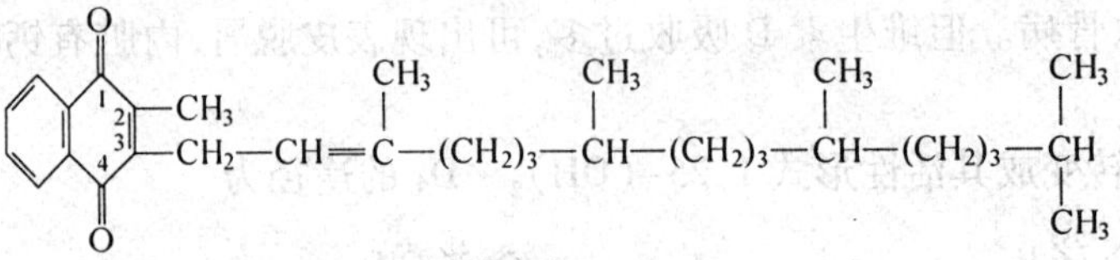

$$-CH_2-CH=C(CH_3)-(CH_2)_3-CH(CH_3)-(CH_2)_3-CH(CH_3)-(CH_2)_3-CH(CH_3)_2$$

维生素K_1

$$-CH_2-[CH=C(CH_3)-CH_2-CH_2]_5-CH=C(CH_3)_2$$

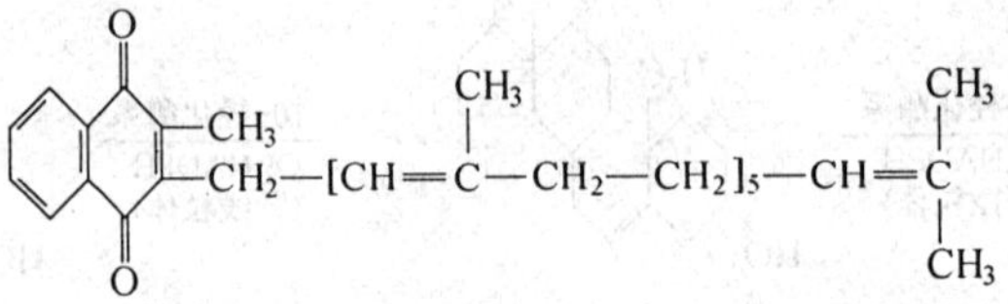

维生素K_2

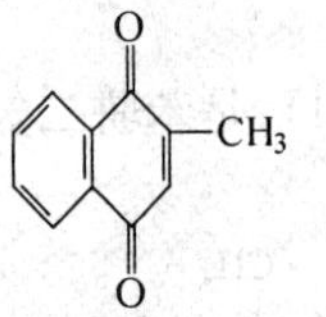

维生素K_3

维生素 K_1 广泛分布于绿色植物（如苜蓿、菠菜等）及动物肝脏中，维生素 K_2 则是人体肠道细菌的代谢产物，鱼肉中富含维生素 K_2。

维生素 K_1 为黄色油状物，维生素 K_2 为黄色晶体，耐高温，但易被光和碱性溶液破坏。

维生素 K 可通过促进肝脏合成凝血酶原而促进血液凝固。如果缺乏维生素 K，血液中凝血酶原含量降低，凝血时间延长，会导致皮下、肌肉及肠道出血，或者因为受伤后血流不凝或难凝，因此维生素 K 又称凝血维生素。

5. 硫辛酸

硫辛酸是一个含硫的八碳酸，在 6、8 位上有二硫键相连，又称 6,8-二硫辛酸。硫辛酸有氧化型和还原型两种存在形式。

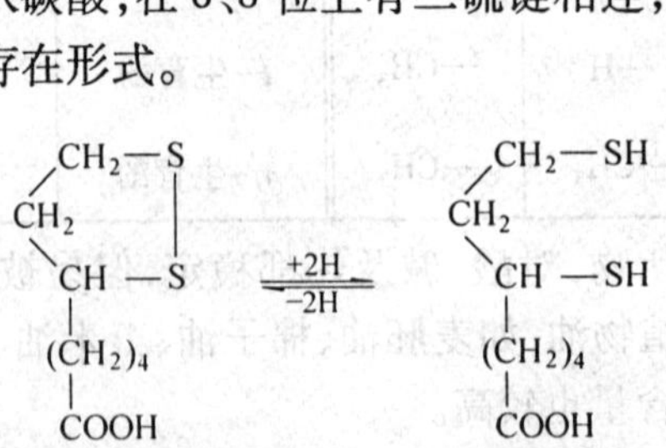

$$\text{氧化型} \underset{-2H}{\overset{+2H}{\rightleftharpoons}} \text{还原型}$$

在食物中，硫辛酸常与维生素 B_1 同时存在。硫辛酸在糖代谢中作为 α-酮酸氧化脱羧酶的辅酶，在 α-酮酸氧化脱羧中起受氢和递氢的作用。它可能与焦磷酸硫胺素（TPP）

起协同作用,在细菌中它与TPP结合形成硫辛酰焦磷酸硫胺素(LTPP)而发挥作用。

硫辛酸有抗脂肪肝和降低胆固醇的作用,因为它容易发生氧化还原反应。还原型硫辛酸对含有巯基的酶具有保护作用,临床上可用于砷汞等解毒。

6.4 体液平衡

人体内物质代谢过程主要是在体液环境中进行的。体液由水、无机盐、低分子有机化合物和蛋白质等物质组成,体液中的这些物质都是以离子状态存在,故又称为电解质。所谓体液平衡是指水和电解质的平衡。水和电解质平衡是在神经、激素的调节下通过肾脏、肺等器官的活动来实现的,这种平衡是保证细胞的正常代谢、维持各种器官生理功能和生命活动所必需的条件。

1. 水平衡

(1) 水的作用

水是体液中数量最大的组成成分,它具有重要的生理功能。首先,水可以调节体温,水的比热容较大,它可吸收较多的热而本身温度却升高得不多;水的蒸发热也大,蒸发少量的汗就可散发出大量的热;水的流动性大,能随血液迅速分布全身,再通过体液交换,使物质代谢过程中产生的热在体内迅速均匀分布,并通过体表散发到环境中去。其次,水可以促进物质代谢,水是良好的溶剂,能将许多化合物溶解于其中,使体内的化学反应得以顺利进行;水还能直接参与体内的水解、水化和加水脱氢等反应;由于水的黏度小,易于流动,因而有利于体内营养物质和代谢产物的运输。

(2) 水平衡

人体每天摄入适量的水,同时也不断地排出一定量的水,使各部分体液的分布与含量维持动态平衡。人体内水分主要来自食物中的水、饮用水以及体内营养物质代谢所产生的水。而体内水分的排出主要依靠呼吸、皮肤蒸发、粪便排出和肾脏排尿等途径。要维持体内的水平衡需要神经系统、激素和肾脏的调节作用来实现,在其中起主要作用的一种激素是抗利尿激素。

抗利尿激素(antidiuretic hormone,简称ADH)可以促进肾脏远曲小管和集合管对水的重吸收,其作用机理实际上是通过肾小管细胞膜受体-蛋白激酶-cAMP系统,增加肾小管膜对水的渗透性,从而促进肾小管对水的重吸收,减少尿液的排出。ADH的分泌又主要受细胞外液渗透压、血容量和血压的影响。

(3) 酸碱平衡

人体各种生理活动除受外界环境因素的影响外,还有赖于内环境的稳定。体液的酸碱度(常以pH表示)是机体内环境的重要组成部分,它随时会受到物质代谢的影响,但机体可通过各种代谢方式维持体内酸碱物质的数量保持在一定的比例范围之内。这种调节酸碱物质的数量和比例,使体液pH维持在一定范围内的过程或能力,称为酸碱平衡。

机体对体液的酸碱度有着巨大的调节能力,这种调节有三个方面,即血液缓冲系统的缓冲作用,肺的调节和肾的调节。这三方面中,血液的缓冲系统起主要作用,这是因为血液中含多种缓冲物质构成的缓冲系统,不仅对固定酸如糖酵解产生的乳酸、脂肪酸氧化产生的酮体以及蛋白质代谢产生的磷酸等有缓冲作用外，还对挥发酸如组织中物质代谢产生的 CO_2 进入血液后产生的 H_2CO_3 也有一定的缓冲作用。

肺通过呼出 CO_2 而控制血液中挥发酸的浓度，但对固定酸的调节不起作用。肾脏对酸碱平衡的调节则是通过离子交换得以实现的。

2. 矿质平衡

矿质是指 Na、K、Cl、Ca、P 等元素，它们是维持机体正常生理功能不可缺少的组成成分。这些元素在体内既不能生成，也不会消失，只能随食物摄入。有机体通过摄取量的调节，保持体液中离子浓度的恒定，为机体提供恒定的“内环境”，称为矿质代谢。

（1）矿质营养

所谓矿质营养，即指各种矿质元素在机体生理活动中的作用，各种元素的作用大小是不同的。人体和动物的体液是组织细胞进行各种代谢和功能活动的内在环境，它包括细胞内液和细胞外液。细胞内液的容量和化学组成直接影响细胞的代谢和功能；细胞外液（包括细胞周围的组织间液和血浆）是沟通细胞与外界环境的媒介，通过细胞外液使细胞与外界进行物质交换。体液中的电解质（矿质）维持细胞内外液的容量和渗透压，其中 Na^+ 和 Cl^- 是细胞外液中起主要作用的阳离子和阴离子，K^+ 和 HPO_4^{2-} 是细胞内液中起主要作用的阳离子和阴离子。同时这些矿质元素也维持体内的酸碱平衡，维持神经肌肉的应激性。此外，一些矿质元素还与骨骼生长发育、肌肉收缩与松弛、酶活性的高低以及其他一些生命物质的活性密切相关。因此，保证各种矿质元素的种类和比例的正常供给，是维持机体正常代谢和各种生理活动所必需的。

（2）渗透压

渗透压（osmotic pressure）是由溶液中溶质分子的运动形成的。渗透压的大小决定于单位体积溶质颗粒的数量，而与溶质分子或颗粒的大小无关，例如，在0℃时 0.16 mol/L NaCl 与0.13 mol/L蔗糖的渗透压相等，约相当于 6.7×10^5 Pa。在这种情况下，虽然二者的浓度不相等，但一个 NaCl 可解离成 Na^+ 和 Cl^- 两个质点，而蔗糖不解离，所以二者的颗粒数量大致相等。

人的血浆渗透压由两部分组成，绝大部分由血浆中的晶体物形成，其中最主要的是 NaCl，其次是 Na_2CO_3，另外还有葡萄糖、氨基酸、尿素等，这称为晶体渗透压；另一部分（约占总渗透压的0.5%）由蛋白质这类高分子物质形成，称为胶体渗透压。由此可见，无机盐浓度的变化对渗透压的影响是最大的。

在一般情况下细胞内外的渗透压平衡的。细胞内液的阳离子以 K^+ 为主，细胞外液以 Na^+ 为主。细胞内液阴离子以 HPO_4^{2-} 和蛋白质为主，而细胞外液以 Cl^- 和 HCO_3^- 为主。虽然细胞内液的电解质浓度大于细胞外液（约大于10%），但是由于细胞内液含二价离子（HPO_4^{2-}、SO_4^{2-}、Ca^{2+}、Mg^{2+} 等）和蛋白质较多，这些电解质所产生的渗透压较小，因此，细胞内外液的渗透压仍基本相等。

在正常代谢活动中，如果渗透压不平衡，则会发生体液的交换，例如，血浆与组织液间的交换。血浆中蛋白质的浓度比组织液间的蛋白质浓度高得多，因而血浆的胶体渗透压比组织液间的胶体渗透压高，二者相差约 3.33 kPa，通常称此压力差为血浆的有效渗透压。水分在血浆与组织液间的分配由心脏和血管收缩产生的血压和血浆的有效渗透压来调节。血压驱使水分通过毛细血管壁流向组织液，而血浆的有效渗透压把水分从组织液吸收回血管内。在动脉端，血压比血浆有效渗透压高，水分从血浆流向组织液；在静脉端，血浆有效渗透压比血压高，水分流回到血浆，从而完成了体液交换，保持了水平衡和矿质平衡。

本章小结

维生素是维持生物体正常生长发育和代谢必需的一类微量有机物，机体不能合成或合成量不足，必须靠食物供给。因维生素缺乏而引起的疾病称维生素缺乏症。维生素都是小分子有机化合物，在结构上无共同性。根据其溶解性可分为脂溶性维生素和水溶性维生素两类。脂溶性维生素有维生素 A、D、E、K 等，水溶性维生素有维生素 B_1、B_2、B_6、B_{12}、烟酸、烟酰胺、泛酸、生物素、叶酸和维生素 C 等。现已知绝大多数维生素作为酶的辅酶或辅基的组成成分，在物质代谢中起重要作用。

维生素 A 的活性形式是 11-顺视黄醛，参与视紫红质的合成，与暗视觉有关。此外，维生素 A 还参与糖蛋白的合成，在刺激组织生长分化中也起重要作用。维生素 D 为类甾醇衍生物，1,25-二羟维生素 D_3 是其活性形式，用以调节钙磷代谢，促进新骨的生成与钙化。维生素 E 是体内最重要的抗氧化剂，可保护生物膜的结构和功能，维生素 E 还可促进血红素的合成。维生素 K 与肝脏合成凝血因子Ⅱ、Ⅶ、Ⅸ和Ⅹ有关，作为谷氨酰羧化酶的辅助因子是凝血因子前体转变为活性凝血因子所必需的。除维生素 C 外，水溶性维生素主要为 B 族维生素，以辅酶和辅基的形式存在，参与物质代谢。硫胺素的辅酶形式为硫胺素焦磷酸（TPP），是 α-酮酸脱羧酶、转酮酶及磷酸酮酶的辅酶，在 α-裂解反应、α-缩合反应及 α-酮转移反应中起重要作用。核黄素和烟酰胺是氧化还原酶类的重要辅酶，核黄素以 FMN 和 FAD 的形式作为黄素蛋白酶的辅基；而烟酰胺以 NAD^+ 和 $NADP^+$ 形式作为许多脱氢酶的辅酶，至少催化 6 种不同类型的反应。泛酸是构成 CoA 和 ACP（酰基载体蛋白）的成分，CoA 起传递酰基的作用，是各种酰化反应的辅酶，而 ACP 与脂肪酸的合成关系密切。磷酸吡哆醛是氨基酸代谢中多种酶的辅酶，催化氨基酸的转氨作用、α-和 β-脱羧作用、β-和 γ-消除作用、消旋作用和醛醇裂解反应。生物素是几种羧化酶的辅酶，包括乙酰-CoA 羧化酶和丙酮酸羧化酶，参与 CO_2 的固定作用。维生素 B_{12} 存在 5′-脱氧腺苷钴胺素和甲基钴胺素两种活性形式，它们参与分子内重排、核苷酸还原成脱氧核苷酸及甲基转移反应。叶酸的衍生物四氢叶酸（THF）是一碳单位转移酶的辅酶，参与甲硫氨酸和核苷酸的合成。硫辛酸是一种酰基载体，作为丙酮酸脱氢酶和 α-酮戊二酸脱氢酶的辅酶参与糖代谢。抗坏血酸是一种水溶性抗氧化剂，参与体内羟化反应、氧化还原反应，有解毒和提高免疫力的作用。

某些金属离子作为微量元素构成一些酶的必需成分参与酶的催化反应，有的金属离子作为酶的辅基构成金属酶类，有的作为酶的激活剂成为金属激活酶类。目前发现最多的是铁金属酶类、铜金属酶类和锌金属酶类。

习　题

1. 判断对错。如果错误，请说明原因。

(1) 维生素是生长和代谢必需的微量小分子有机物。

(2) 维生素 B_1 和维生素 B_2 的活性形式都可以作为脱氢酶的辅基。

(3) 叶酸和维生素 B_{12} 的活性形式都可作为一碳基团转移酶系的辅酶。

(4) 维生素 D_2 和维生素 D_3 均来自于动物固醇。

(5) 维生素 A 称抗干眼病维生素，维生素 E 称抗凝血维生素。

2. 举例说明水溶性维生素与辅酶的关系及其主要生物学功能。

3. 天冬氨酸-β-脱羧酶可使 L-天冬氨酸变成 L-丙氨酸，写出适合的辅酶，并说明反应机制。[PLP]

4. 谷氨酸脱氢酶反应依赖于 NAD^+ 或 $NADP^+$ 存在，并被 ADP 刺激。设想 $NAD(P)^+$ 和 ADP 的作用，并写出一个适当的机制。

5. 蛋清可延缓蛋黄的腐败，将鸡蛋贮存在冰箱中 4 ~ 6 周不腐败，而分离出无蛋清的蛋黄甚至在低温下也很快腐败。

(1)说明引起腐败的原因。

(2)解释蛋清存在可延缓蛋黄腐败的原因。

6. 肾骨营养不良(renal osteodystrophy)也称肾软骨病，是和肾的广泛脱矿物质作用相联系的一种疾病，常发生在肾损伤的病人中。什么维生素涉及骨的矿质化？解释肾损伤引起脱矿物质作用的原因。

7. 四氢叶酸(THF)是以何种形式传递一碳单位的？

第 7 章

生物氧化

7.1 概　述

物质在生物体内的氧化分解称为生物氧化(biological oxidation)。在高等动植物细胞内存在多种生物氧化体系,其中最重要的是线粒体氧化体系,所以本章重点介绍线粒体内的生物氧化,即体内的糖、脂肪和蛋白质等营养物质氧化分解生成 CO_2 和 H_2O 并释放能量形成 ATP 的过程,因为这类反应在进行过程中细胞要摄取 O_2、释放 CO_2,所以又形象地称之为组织呼吸或细胞呼吸(cellular respiration)。

1. 分解代谢和合成代谢

代谢(metabolism)是发生在活细胞内的、由酶催化的高度协调的且有目的进行的一切化学反应。代谢的主要作用是生物将太阳能或者来自环境的富含能量的营养物质转变成可利用的化学能;将营养分子转变成细胞自身所特有的分子,包括大分子的前体;将小分子的前体聚合成蛋白质、核酸、多糖、脂质以及细胞的其他成分;合成和降解其他具有特定细胞功能的生物分子。

代谢服务于两个基本的目的,即产生推动生命活动所需的能量和合成生物分子。因此,代谢由两个相反的过程——分解代谢和合成代谢组成。分解代谢是从环境或从细胞储存库获得的复杂的营养分子的氧化分解,是产生能量的过程;合成代谢是由小分子前体合成复杂的生物大分子,是需要能量的过程。代谢的反应物、中间物和生成物统称为代谢物,本章主要讨论生物体内代谢物的氧化作用和代谢物脱下的氢最终与氧结合生成水的过程。

2. 生物氧化的方式及氧化还原电位

物质在生物体内的氧化方式具有一般氧化还原反应的共同规律,不同的是体内氧化都是酶促反应。主要包括以下 4 种类型。

① 失电子。从代谢物中脱下一个电子,从而使其原子或离子的正价增加而被氧化。如

$$Fe^{2+} \rightarrow Fe^{3+} + e$$

② 加氧。向代谢物中加入氧原子或氧分子。如

$$Cu+1/2O_2 \rightarrow CuO$$

③ 脱氢。从代谢物中脱去一对氢原子,这对氢原子再分离为一对质子($2H^+$)和一对电子(2e)。

$$\underset{\text{乳酸}}{HO-CH(COOH)-CH_3} \rightleftharpoons \underset{\text{丙酮酸}}{C(=O)(COOH)-CH_3} + 2H \quad (2H^+ + 2e)$$

④ 加水脱氢。有些代谢物不能直接脱氢,而是在加入 1 分子 H_2O 的同时脱去一对氢原子($2H^+$+2e)。

$$CH_3CHO \xrightarrow{H_2O} [CH_3CH(OH)_2] \longrightarrow CH_3COOH + 2H^+ + 2e$$

以上不同的氧化方式中以脱氢和加水脱氢最为常见。生物氧化中脱下的电子或氢原子不能游离存在,必须由另一物质接受,接受氢或电子的反应为还原反应,失去氢或电子的反应为氧化反应,所以体内的氧化反应总是和还原反应偶联进行的,称为氧化还原反应。通常,将生物体内的氧化还原反应简称为生物氧化。其中,失去电子或氢原子的物质称为供电子体或供氢体,接受电子或氢原子的物质称为受电子体或受氢体。

⑤ 氧化还原电位。在氧化还原反应中,常用标准氧化还原电位($E^{0'}$)来表示还原剂释放电子或氧化剂获得电子能力的大小。$E^{0'}$是指成对的氧化型/还原型物质(如 A/AH_2、O_2/H_2O 等,简称氧化还原对)的浓度为 1 mol · L^{-1},在 pH7.0,25℃时组成的半电池,以标准氢电极为参比电极(25℃,H^+浓度为 1 mol · L^{-1} 和 H_2 压力 100 kPa 其氧化还原电位为 0.0 V)测得的电位。如 $E^{0'}$ 为负值,表示氧化还原对的氧化型形式对电子的亲和力比 H^+ 要小,或者氧化还原对容易释放电子使氢电极中的 H^+还原;而 $E^{0'}$ 为正值,表示氧化还原对的氧化型形式对电子的亲和力比 H^+要大,或者氧化还原对容易从氢电极中的 H_2 获得电子而被还原。因此,$E^{0'}$ 值愈大,与电子亲和力愈大,反之,$E^{0'}$ 值愈小,与电子亲和力愈小;氧化还原电位相对较负的电对比相对较正的电对具有较大的还原力,反之,后者比前者有较大的氧化能力。

已知 $E^{0'}$ 值后,可以按下列公式计算在氧化还原反应中释放的自由能 $\Delta G^{0'}$,即

$$\Delta G^{0'} = -nF\Delta E^{0'}$$

上式中表示两个氧化还原对(如 A/AH_2、B/BH_2)$E^{0'}$ 的差值,n 表示这两个氧化还原对起反应时($AH_2+B \rightarrow A+BH_2$)电子转移的数目;$F$ 为法拉第常数,即当每摩尔电子传递引起 1 V 电位差时的自由能变化,为 96.5 kJ · mol^{-1} · V^{-1} 或 23.06 kcal · mol^{-1} · V^{-1}。例如,已知 O_2/H_2O 的 $E^{0'}$ 为+0.82,$NAD^+/NADH$ 的 $E^{0'}$ 为-0.32,计算 NADH+H^+ 被 O_2 氧化成水的反应中所释放的能量,即

$$\Delta G^{0'} = -2\times96.5\times[0.82-(-0.32)] = -220.02 \text{ kJ} \cdot mol^{-1}$$

3. 生物氧化中的酶类

生物氧化是在一系列酶的催化下进行的,线粒体中催化生物氧化的酶类主要包括脱

氢酶类、氧化酶类，此外，线粒体外的细胞器中还包括加氧酶、过氧化氢酶等，将在本章7.3节中加以介绍。下面介绍参与线粒体内的生物氧化过程的酶类及传递体。

(1) 脱氢酶类

能使代谢物的氢活化、脱落并将其传递给受氢体或中间传递体的酶类称为脱氢酶(dehydrogenase)。根据是否以氧作为直接受氢体，将脱氢酶分为两类。

① 需氧脱氢酶。需氧脱氢酶以FMN(黄素单核苷酸)、FAD(黄素腺嘌呤二核苷酸)为辅基，又称黄素酶(flavoenzyme)，催化代谢物脱下一对氢原子，由FMN或FAD接受，并以氧为直接受氢体，产物为H_2O_2而不是H_2O，因此亦称为需氧黄素酶。

2H

代谢物-2H　　FMN或FAD　　H_2O_2

需氧黄素酶

已氧化代谢物　　$FMNH_2$或$FADH_2$　　O_2

2H

② 不需氧脱氢酶。不需氧脱氢酶以烟酰胺核苷酸(NAD或NADP)为辅酶或以黄素核苷酸(FAD或FMN)为辅基，催化代谢物脱下的氢被其辅酶或辅基接受，再交给中间传递体，最后传给氧生成H_2O。不需氧脱氢酶不能以氧为直接受氢体，但是机体内其催化的脱氢反应最为重要，生成相应的还原型辅酶或辅基$NADH+H^+$、$FADH_2$、$FMNH_2$作为呼吸链的组成成分，$NADPH+H^+$则在脂肪酸、胆固醇等物质的生物合成中起作用。催化反应如下。

2H　　2H

代谢物-2H　　NAD^+或$NADP^+$　　传递体-2H　　$\frac{1}{2}O_2$

已氧化代谢物　　$NADH+H^+$或$NADPH+H^+$　　传递体　　H_2O

2H

2H　　2H

代谢物-2H　　FMN^+或FAD　　传递体-2H　　$\frac{1}{2}O_2$

不需氧黄素酶

已氧化代谢物　　$FMNH_2$或$FADH_2$　　传递体　　H_2O

2H

(2) 氧化酶类

以氧为直接受电子体的氧化还原酶称为氧化酶(oxidase)。有些氧化酶含Cu^{2+}或Fe^{3+}，通过Cu^{2+}或Fe^{3+}氧化还原互变，将代谢物或传递体的2e传给氧，直接利用氧为受氢体，产物为H_2O，如抗坏血酸氧化酶(植物中多见)、细胞色素氧化酶aa_3等。催化反应如下。

$2H^+$

2e

代谢物-2H　　$2Cu^{2+}$　　O^{2-} → H_2O

(或传递体-2H)　　$(2Fe^{3+})$

已氧化代谢物　　$2Cu^+$　　$\frac{1}{2}O_2$

(已氧化传递体)　　$(2Fe^{2+})$

2e

另外，前面提到过的需氧黄素酶也属于氧化酶范畴，产物为H_2O_2而不是H_2O，如黄嘌呤氧化酶、氨基酸氧化酶等。

(3) 传递体

在生物氧化过程中起传递氢或电子作用的物质称为传递体(carrier),它们既不能使代谢物脱氢,也不能使氧活化,按照传递物的不同包括递氢体和递电子体两种。

4. 生物氧化中 CO_2 生成的方式

生物氧化过程中生成的 CO_2 并不是代谢物上的碳原子与吸入的氧直接化合的结果,而是有机酸脱羧作用生成的。根据脱羧基在有机酸分子中的位置,可将脱羧反应分为 α-脱羧和 β-脱羧;又根据反应的同时是否伴有氧化反应,分为单纯脱羧和氧化脱羧。

(1) α-脱羧

① α-单纯脱羧。如氨基酸在氨基酸脱羧酶作用下脱去—COOH,生成胺和 CO_2。

② α-氧化脱羧。丙酮酸+CoASH+NAD^+⟶乙酰 CoA+CO_2+NADH+H^+

(2) β-脱羧

① β-单纯脱羧。草酰乙酸→丙酮酸+CO_2(催化反应的酶为丙酮酸激酶)

② β-氧化脱羧。苹果酸+NAD^+⟶丙酮酸+CO_2+NADPH+H^+

5. 生物氧化的特点

生物氧化与体外燃烧在本质上是相同的,它们都遵循氧化还原反应的一般规律,最终生成 CO_2 和 H_2O 并释放出能量。但两者在表现形式和氧化条件上具有不同的特点。

① 体外燃烧需要在高温、高压、干燥的环境下进行,而生物氧化通过酶的催化作用需要在活细胞温和的水环境中(体温条件及 pH 近中性)进行。

② 体外燃烧是一次性骤然放出大量能量,并伴有光和热的产生;而生物氧化是逐步进行、逐步释放能量的,其中一部分能量以热能形式释放出来以维持体温,另一部分则使 ADP 磷酸化生成 ATP,从而储存在高能化合物中,供机体生理生化活动所需。生物体内生物氧化可大致分为 3 个阶段:①多糖、脂类、蛋白质降解为其基本组成单位——葡萄糖、脂肪酸、甘油、氨基酸。此阶段放能较少,不到总能量的 1%,且多以热能形式散失。②葡萄糖、脂肪酸、甘油、氨基酸经一系列酶促反应生成活泼的二碳化合物——乙酰 CoA。此阶段释放出的能量约占总能量的 1/3,其中部分能量储存在高能化合物中。③乙酰 CoA 进入三羧酸循环被彻底氧化生成 CO_2,同时进行四次脱氢,脱下的氢经呼吸链传递给氧生成 H_2O,同时释放出大量能量,其中相当一部分储存在 ATP 中供机体利用(图 7.1)。

③ 体外燃烧时水是灭火剂,但在细胞内水不仅提供了生物氧化环境,而且还以加水脱氢方式直接参加了生物氧化过程。底物加水脱氢比单纯脱氢增加了脱氢机会,使生物能获取更多的能量。

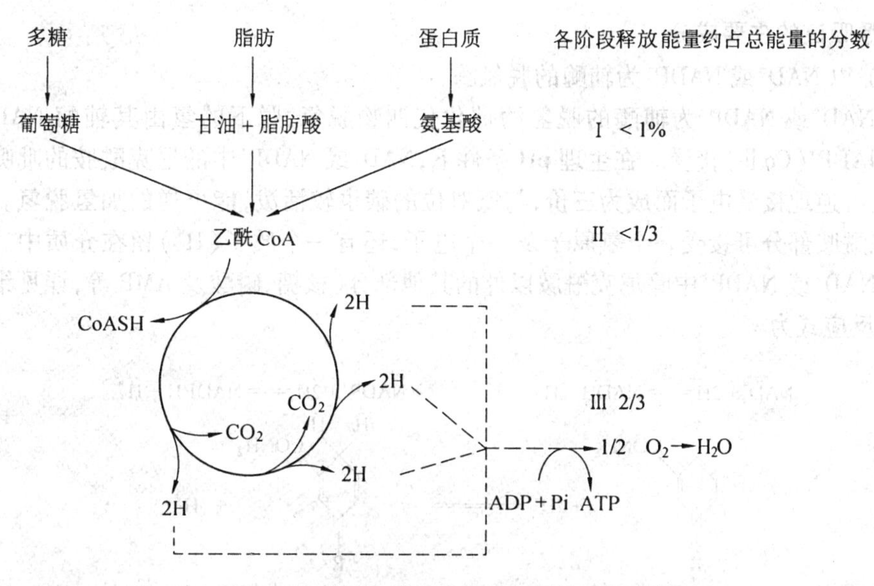

图7.1　糖、脂、蛋白质生物氧化的三个阶段

7.2　线粒体氧化体系

细胞内的线粒体氧化体系是机体最重要的生物氧化体系，它的主要功能是使代谢物脱下的氢经过许多酶及辅酶传递给氧生成水，同时伴有能量的释放。这个过程依赖于线粒体内膜上一系列酶或辅酶的作用，它们作为递氢体或递电子体，按一定的顺序排列在内膜上，组成递氢或递电子体系，称为电子传递链。该传递链进行的一系列连锁反应与细胞摄取氧的呼吸过程相关，故又称为呼吸链（respiratory chain）。通过呼吸链，物质代谢过程中产生的 $NADH+H^+$、$FADH_2$、$FMNH_2$ 才能将氢传递给氧结合生成水，并在此过程中偶联ADP磷酸化生成ATP，为机体各种代谢活动提供能量，这是机体能量的主要来源。

1. 线粒体的结构特点

线粒体（mitochondria）普遍存在于动、植物细胞内，其结构见图7.2。参与生物氧化的各种酶类，如脱氢酶、电子传递体、偶联磷酸化酶类等都分布在线粒体的内膜和嵴上，因此线粒体是生物氧化和能量转换的主要场所。

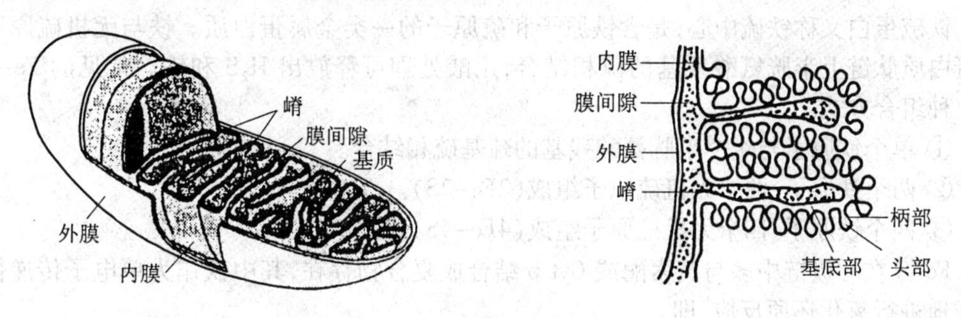

图7.2　线粒体的结构

2. 呼吸链的主要成分

(1) 以 NAD^+ 或 $NADP^+$ 为辅酶的脱氢酶

以 NAD^+ 或 $NADP^+$ 为辅酶的脱氢酶催化代谢物脱氢，脱下的氢由其辅酶 NAD^+(CoⅠ)或 $NADP^+$(CoⅡ)接受。在生理pH条件下，NAD^+ 或 $NADP^+$ 中的尼克酰胺的吡啶氮为五价，能可逆地接受电子而成为三价，与氮对位的碳也较活泼，能可逆的加氢脱氢。反应时，尼克酰胺部分可接受一个氢原子及一个电子，还有一个质子(H^+)留在介质中。若用R代表 NAD^+ 或 $NADP^+$ 中除尼克酰胺以外的其他部分(核糖、磷酸及AMP等，详见维生素PP)，则反应式为

$$NAD^+ + 2H \rightleftharpoons NADH + H^+ \qquad NADP^+ + 2H \rightleftharpoons NADPH + H^+$$

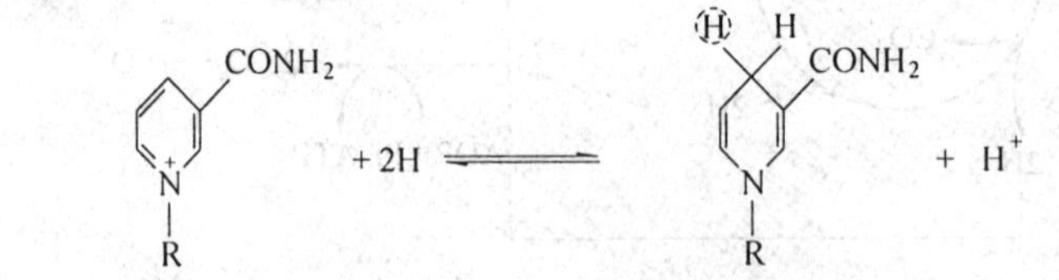

CONH₂ … + 2H ⇌ … + H⁺

NAD^+ 或 $NADP^+$
(氧化态)

$NADH + H^+$ 或 $NADPH + H^+$
(还原态)

(2) 黄素酶

黄素酶是一类不需氧脱氢酶，催化代谢物脱氢，脱下的氢由其辅基FMN或FAD接受。FMN或FAD分子上异咯嗪的N-1位和N-5位上可以进行可逆的脱氢加氢反应。若用R代表FMN或FAD分子上除异咯嗪以外的其他部分(磷酸或AMP，详见维生素B_6)，则反应式为

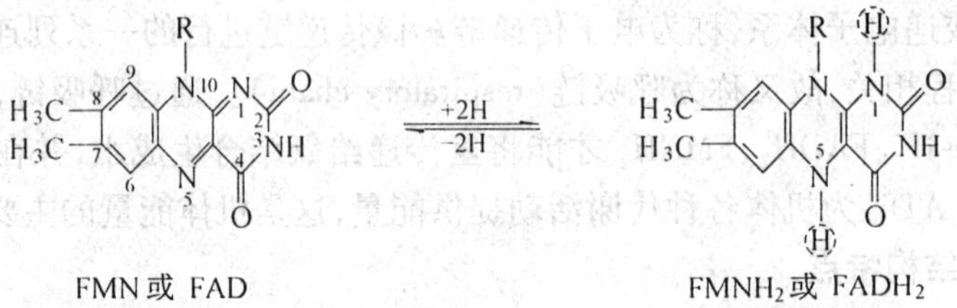

$$\xrightleftharpoons[-2H]{+2H}$$

FMN或 FAD
(氧化态)

$FMNH_2$ 或 $FADH_2$
(还原态)

(3) 铁硫蛋白(iron-sulfur protein, Fe-S)

铁硫蛋白又称铁硫中心，是含铁原子和硫原子的一类金属蛋白质。铁与无机硫原子或蛋白质肽链上半胱氨酸残基的硫相结合，用酸处理可释放出 H_2S 和铁。常见的Fe-S有3种组合方式。

① 单个铁原子与4个半胱氨酸残基的巯基硫相结合。

② 两个铁原子、两个无机硫原子组成(2Fe-2S)。

③ 四个铁原子、四个无机硫原子组成(4Fe-4S)(图7.3)。

Fe-S在呼吸链中多与黄素酶或Cyt b结合成复合物存在，其中铁作为单电子传递体可逆地进行氧化还原反应，即

$$Fe^{2+} \xrightleftharpoons[+e]{-e} Fe^{3+}$$

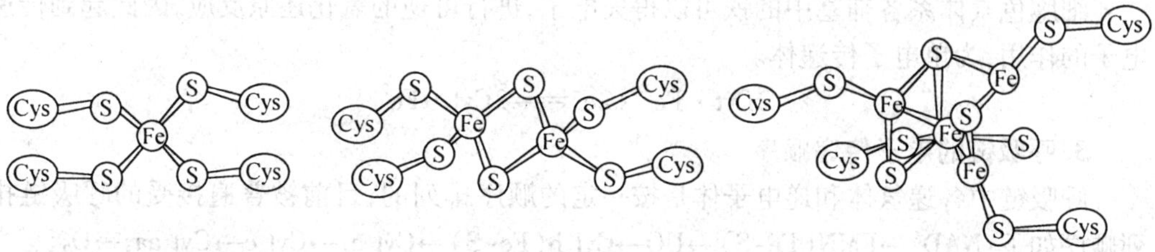

(a) 单个铁与半胱氨酸硫相连　　(b) 2Fe–2S　　(c) 4Fe–4S

图7.3　铁硫蛋白结构

（4）泛醌(ubiquinone,UQ)

泛醌是一种脂溶性苯醌,也称辅酶Q(coenzyme Q,CoQ)。不同来源的泛醌只是侧链(R)异戊二烯单位的数目不同。泛醌接受两个氢而被还原为二氢醌。泛醌在呼吸链中起传递氢作用,是一类递氢体,其反应式为

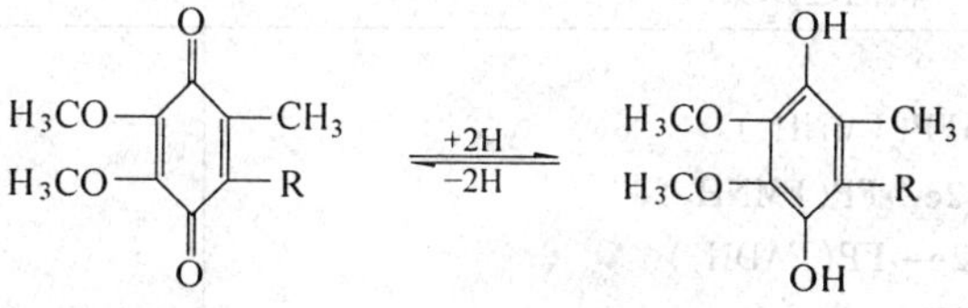

氧化型CoQ $\underset{-2H}{\overset{+2H}{\rightleftharpoons}}$ 还原型CoQ

（5）细胞色素(cytochrome,Cyt)

细胞色素是一类以铁卟啉为辅基的结合蛋白。根据所含辅基的差异可将Cyt分为若干种类,在线粒体内膜上参与生物氧化的Cyt包括a、a_3、b、c、c_1五种。因为目前难于将Cyt a和Cyt a_3完全分开,故表示为Cyt aa_3,Cyt aa_3的辅基为血红素A,它是惟一能将电子传给氧的细胞色素,故称为细胞色素氧化酶(cytochrome oxidase)。Cyt b、Cyt c及Cyt c_1的辅基分别为血红素B和血红素C(图7.4)。

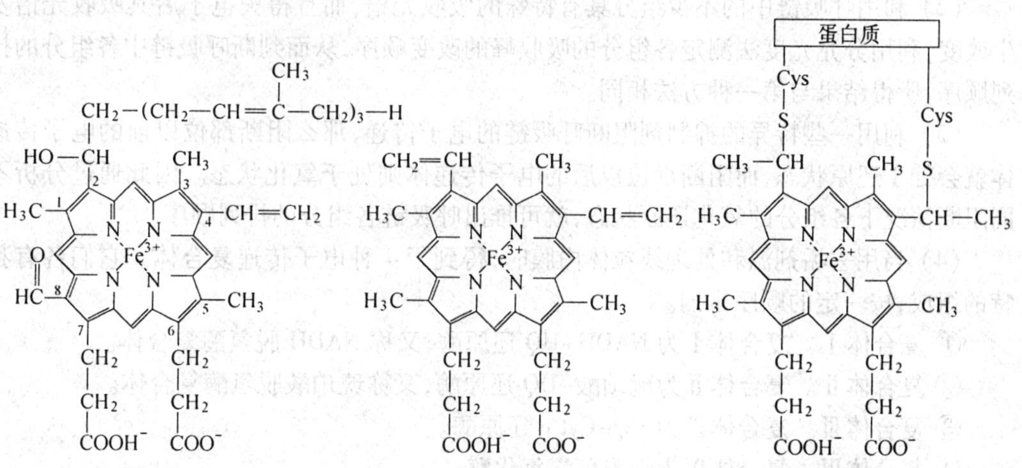

血红素A　　血红素B　　血红素C

图7.4　细胞色素体系

细胞色素体系各辅基中的铁可以得失电子,进行可逆的氧化还原反应,因此起到传递电子的作用,为单电子传递体。

$$2Cyt \cdot Fe^{3+} + 2e^- \rightleftharpoons 2Cyt \cdot Fe^{2+}$$

3. 呼吸链的电子传递顺序

呼吸链中各递氢体和递电子体是按一定的顺序排列的,目前被普遍接受的呼吸链排列顺序如下:$NAD^+ \rightarrow FMN(Fe\text{-}S) \rightarrow UQ \rightarrow Cyt\ b(Fe\text{-}S) \rightarrow Cyt\ c_1 \rightarrow Cyt\ c \rightarrow Cyt\ aa_3 \rightarrow O_2$

$$\uparrow$$

$$FAD(Fe\text{-}S)$$

呼吸链中各递氢体和递电子体的排列顺序是根据大量实验结果推出来的。

(1) 根据呼吸链中各组分的氧化还原电位由低到高的顺序推出呼吸链中电子的传递方向为从 NAD^+ 经 UQ、Cyt 体系到氧,见表 7.1。

表 7.1 与呼吸链相关的电子传递体的标准氧化还原电位

氧化还原反应	$E^{0'}$/V
$-2H^+ + 2e \rightarrow H_2$	−0.41
$NAD^+ + 2H^+ + 2e \rightarrow FP(FMNH_2)$	−0.32
$FP(FMN) + 2H^+ + 2e \rightarrow FP(FMNH_2)$	−0.30
$FP(FAD) + 2H^+ + 2e \rightarrow FP(FADH_2)$	0.06
$UQ + 2H^+ + 2e \rightarrow UQH_2$	0.04
$Cyt\ b(Fe^{3+}) + e \rightarrow Cyt\ b(Fe^{2+})$	0.07
$Cyt\ c_1(Fe^{3+}) + e \rightarrow Cyt\ c_1(Fe^{2+})$	0.22
$Cyt\ c(Fe^{3+}) + e \rightarrow Cyt\ c(Fe^{2+})$	0.25
$Cyt\ a(Fe^{3+}) + e \rightarrow Cyt\ a(Fe^{2+})$	0.29
$Cyt\ a_3(Fe^{3+}) + e \rightarrow Cyt\ a_3(Fe^{2+})$	0.55
$1/2O_2 + 2H^+ + 2e \rightarrow H_2O$	0.82

注:表中 FP(FMN)为 NADH 脱氢酶,FP(FAD)为琥珀酸脱氢酶等脱氢酶。

(2) 利用呼吸链中的不少组分具有特殊的吸收光谱,而且得失电子后其吸收光谱发生改变,利用分光光度法测定各组分的吸收峰的改变顺序,从而判断呼吸链中各组分的排列顺序,所得结果与第一种方法相同。

(3) 利用一些特异的抑制剂阻断呼吸链的电子传递,那么阻断部位以前的电子传递体就会处于还原状态,而阻断部位以后的电子传递体则处于氧化状态。因此通过分析不同阻断情况下各组分的氧化还原状态,就可推出呼吸链各组分的排列顺序。

(4) 当用去垢剂温和处理线粒体内膜时,得到了 4 种电子传递复合体。它们各有独特的组成,按一定的顺序排列。

① 复合体Ⅰ。复合体Ⅰ为 NADH-UQ 还原酶,又称 NADH 脱氢酶复合体。

② 复合体Ⅱ。复合体Ⅱ为琥珀酸-UQ 还原酶,又称琥珀酸脱氢酶复合体。

③ 复合体Ⅲ。复合体Ⅲ为 UQ-Cyt c 还原酶。

④ 复合体Ⅳ。复合体Ⅳ为细胞色素氧化酶。

代谢物氧化后脱下的质子及电子通过以上呼吸链四个复合体的传递顺序为:复合体Ⅰ或复合体Ⅱ开始,经 UQ 到复合体Ⅲ,然后复合体Ⅳ从还原型细胞色素 c 转移电子到氧。这样活化了的氧与质子结合生成水。电子通过复合体转移的同时伴有质子从线粒体基质侧流向线粒体外(膜间隙),从而产生质子跨膜梯度,形成跨膜电位,这样导致 ATP 的生成,见图 7.5。

膜间隙
H⁺
H⁺
H⁺
线粒体内膜
Cyt c
UQ
I
II
III
IV
NAD⁺
NADH + H⁺
基质
琥珀酸
延胡索酸
$\frac{1}{2}O_2$+ 2H⁺
H_2O

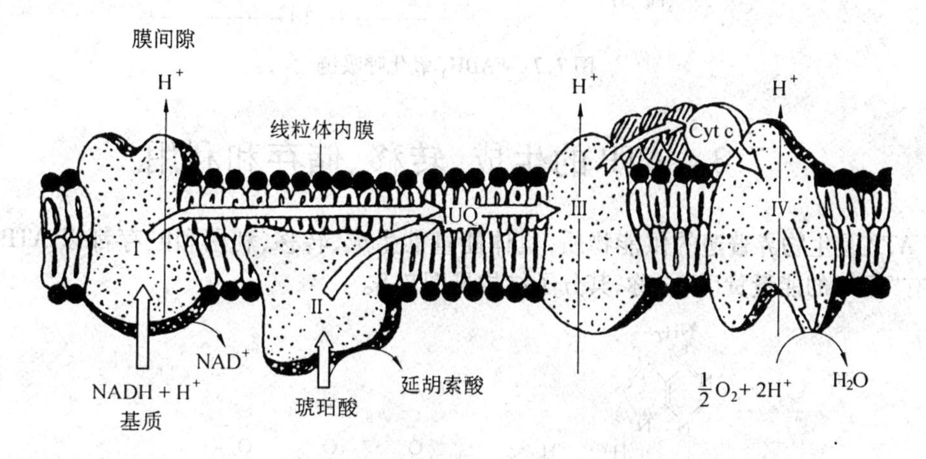

图 7.5　呼吸链四个复合体传递顺序示意图

4. 主要的呼吸链

线粒体内存在两条呼吸链,即 NADH 氧化呼吸链和 $FADH_2$ 氧化呼吸链。

(1) NADH 氧化呼吸链

NADH 氧化呼吸链由复合体Ⅰ、Ⅲ和Ⅳ组成。体内多种代谢物如苹果酸、乳酸、丙酮酸、异柠檬酸等在相应脱氢酶的催化下,脱下的氢都通过此条呼吸链传递给氧生成水,所以 NADH 氧化呼吸链为体内最重要的呼吸链,排列顺序见图 7.6。

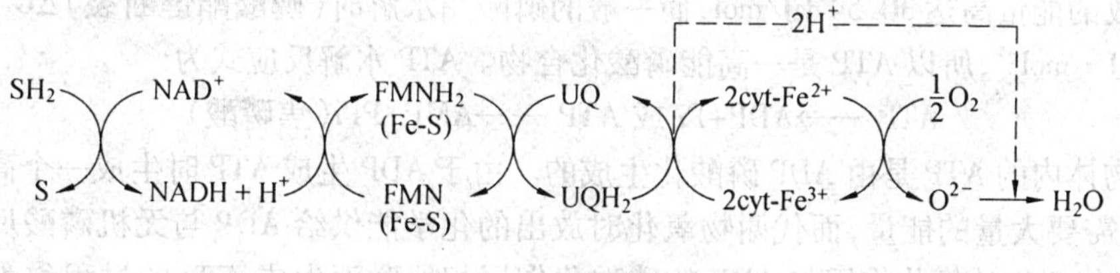

SH_2
S
NAD^+
NADH + H^+
$FMNH_2$ (Fe-S)
FMN (Fe-S)
UQ
UQH_2
$2H^+$
2cyt-Fe^{2+}
2cyt-Fe^{3+}
$\frac{1}{2}O_2$
O^{2-}
H_2O

图 7.6　NADH 氧化呼吸链

以 $NADP^+$ 为辅酶的脱氢酶催化代谢物脱氢生成 NADPH,大多数存在于线粒体外,主要参与合成代谢。线粒体内生成的少量 NADPH,可在转氢酶催化下生成 NADH,再进入呼吸链被氧化,反应式为

$$NADPH+H^++NAD^+ \xrightleftharpoons{\text{转氢酶}} NADP^++NADH+H^+$$

(2) $FADH_2$ 氧化呼吸链

$FADH_2$ 氧化呼吸链由复合体Ⅱ、Ⅲ和Ⅳ组成,其与 NADH 氧化呼吸链的区别在于代谢物脱下的 2H 不经过 NAD^+ 而直接将氢传给 UQ。琥珀酸脱氢酶、脂酰 CoA 脱氢酶、α-磷酸甘油脱氢酶催化代谢物脱下的氢均通过此呼吸链被氧化,$FADH_2$ 呼吸链不如 NADH 氧化呼吸链的作用普遍,排列顺序见图 7.7。

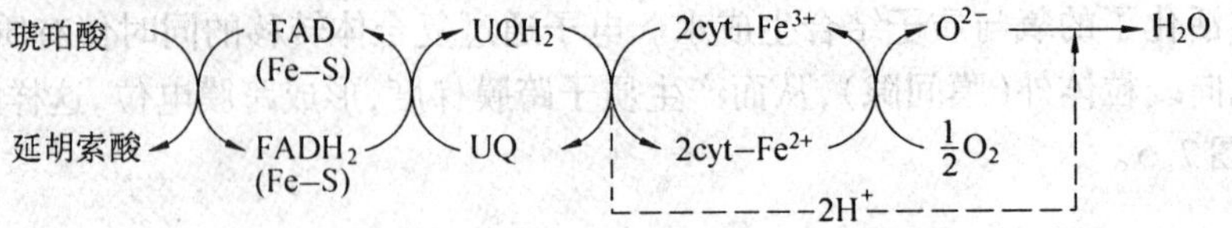

图 7.7　$FADH_2$ 氧化呼吸链

7.3　ATP 的生成、转移、储存和利用

ATP 是生物界普遍的供能物质,机体能量的生成、转移、利用和贮存都以 ATP 为中心,有"通用的能量货币"之称,其分子结构见图 7.8。

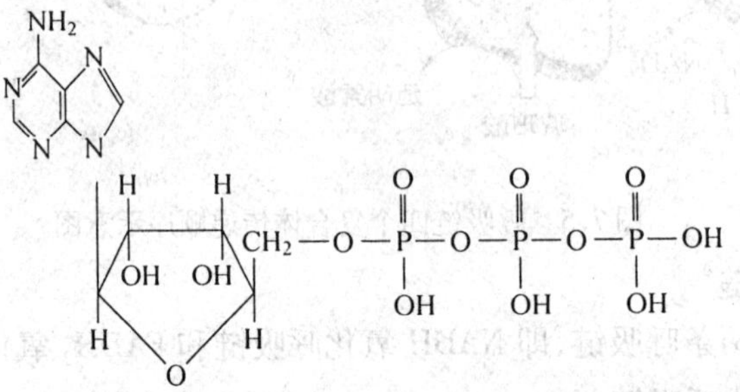

图 7.8　ATP 的结构

1. 生物氧化过程中 ATP 的生成

因为 ATP 水解时(磷酸酐键断裂)自由能变化($\Delta G^{0'}$)为-30.5 kJ · mol^{-1},即 ATP 水解时释放的能量高达 30.54 kJ/mol,而一般的磷酸酯水解时(磷酸酯键断裂)$\Delta G^{0'}$ 只有-8 至-12 kJ · mol^{-1},所以 ATP 是一高能磷酸化合物。ATP 水解反应式为

$$ATP \longrightarrow ADP+Pi \text{ 或 } ATP \longrightarrow AMP+PPi(\text{焦磷酸})$$

生物体内的 ATP 是由 ADP 磷酸化生成的。由于 ADP 生成 ATP 时生成一个高能磷酸键,因此需要大量的能量,而代谢物氧化时放出的化学能供给 ADP 与无机磷酸反应生成 ATP。将代谢物的氧化作用与 ADP 的磷酸化作用相偶联而生成 ATP 的过程称为氧化磷酸化作用(oxidative phosphorylation)或偶联磷酸化作用(coupled phosphorylation)。生物氧化过程中,根据氧化磷酸化作用是否需要分子氧参加,将 ATP 的生成方式分为两种。

(1) 底物水平磷酸化(substrate level phosphorylation)。没有氧参加,与呼吸链无关,只需要代谢物脱氢(氧化)及其分子内部所含能量重新分布即可生成高能磷酸键,这种磷酸化作用称为底物水平磷酸化或代谢物水平的无氧磷酸化,如糖代谢中的三个反应。

$$\text{甘油酸-1.3-二磷酸+ADP} \xrightleftharpoons{\text{甘油酸-3-磷酸激酶}} \text{甘油酸-3-磷酸+ATP}$$

$$\text{磷酸烯醇式丙酮酸+ADP} \xrightarrow{\text{丙酮酸激酶}} \text{丙酮酸+ATP}$$

$$\text{琥珀酰 CoA+Pi+GDP} \xrightarrow{\text{琥珀酸硫激酶}} \text{琥珀酸+CoA+GTP}$$

此类反应通过磷酸化生成的 ATP 在体内所占的比例很小,如 1mol 葡萄糖彻底氧化产生的36(30)mol或 38(32)mol ATP 中,只有 6 mol 由底物水平磷酸化生成,其余 ATP 均通过氧化磷酸化产生。

(2) 呼吸链磷酸化(respiratory chain phosphorylation)。需氧参加,代谢物脱下的氢经呼吸链递氢体和递电子体的传递,再与氧结合生成水,同时逐步释放大量能量,使 ADP 磷酸化生成 ATP,这种磷酸化作用称为呼吸链磷酸化。这种磷酸化方式生成的高能磷酸键最多,是体内生成 ATP 的主要方式,在糖类、脂类等氧化分解代谢中除少数例外,几乎全部通过呼吸链磷酸化生成 ATP,因而是生理活动所需能量的主要来源。所以,一般所说的氧化磷酸化就是指呼吸链磷酸化,下面予以详细讨论。

① 氧化磷酸化的偶联部位

线粒体是氧化磷酸化的主要场所,所以可根据线粒体的 P/O 比值来判断磷酸化效率。P/O比值是指某一代谢物作为呼吸底物每消耗 1mol 氧原子所需消耗 Pi 的摩尔数。例如,每1分子 NADH 经过呼吸链,消耗1个氧原子、3(2.5)个 ADP 和3(2.5)个 Pi,产生3(2.5)分子 ATP,P/O 比值为3(2.5);同样,$FADH_2$ 经过呼吸链的 P/O 比值为2(1.5),就产生2(1.5)分子 ATP。

根据电化学的计算结果,$NAD^+ \rightarrow UQ$、$UQ \rightarrow Cyt\ c$、$Cyt\ aa_3 \rightarrow O_2$ 的 $\Delta G^{0'}$ 分别约为63.7、59.8、110 $kJ \cdot mol^{-1}$,而生成每摩尔 ATP 需能约30.5 kJ,可见上述3个反应均足够提供合成1 mol ATP 所需的能量。呼吸链氧化磷酸化偶联部位见图7.9。

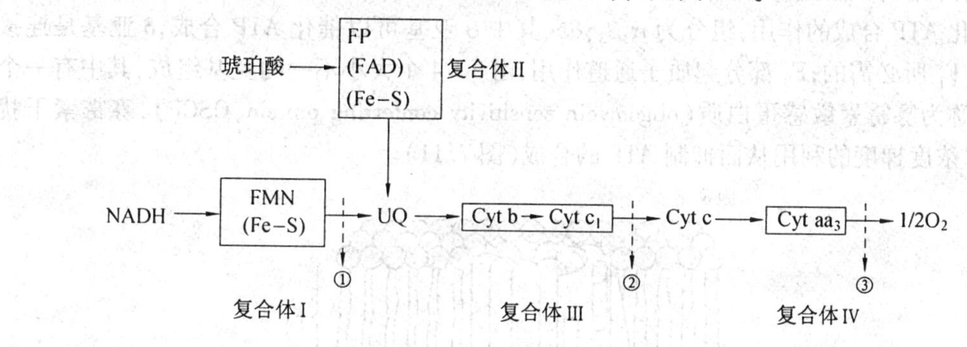

图7.9 氧化磷酸化的偶联部位

② 氧化磷酸化的机制

为了解释电子经呼吸链传递释放的能量是如何推动 ATP 合成的,曾经提出过“化学偶联”假说和“结构偶联”假说,这两种假说都涉及电子传递过程中的“高能中间物”或“高能构象中间物”的产生,但由于未能鉴定出这类“中间物",所以没有被人们接受。

1961年,英国生物化学家 Peter Mitchell 提出“化学渗透”假说(chemiosmotic hypothesis),目前已被普遍接受用于解释氧化磷酸化的机制。

化学渗透假说的基本要点:在线粒体内膜是完整、封闭的前提下,呼吸链的电子传递是一个主动转移 H^+泵(质子泵,proton pump),将线粒体基质中的 H^+ 转运到线粒体内膜外,线粒体内膜不允许 H^+ 自由回流,形成线粒体内膜外高内低的电化学梯度,这里既有 H^+浓度梯度,又有跨膜电位差作为能量储备,当 H^+ 顺梯度回流时则驱动 ATP 合酶催化 ADP 与 Pi 合成 ATP(图7.10)。

ATP 合酶 EC3.6.3.14(ATP synthase):ATP 合酶也称为复合体V,是一个大的膜蛋白

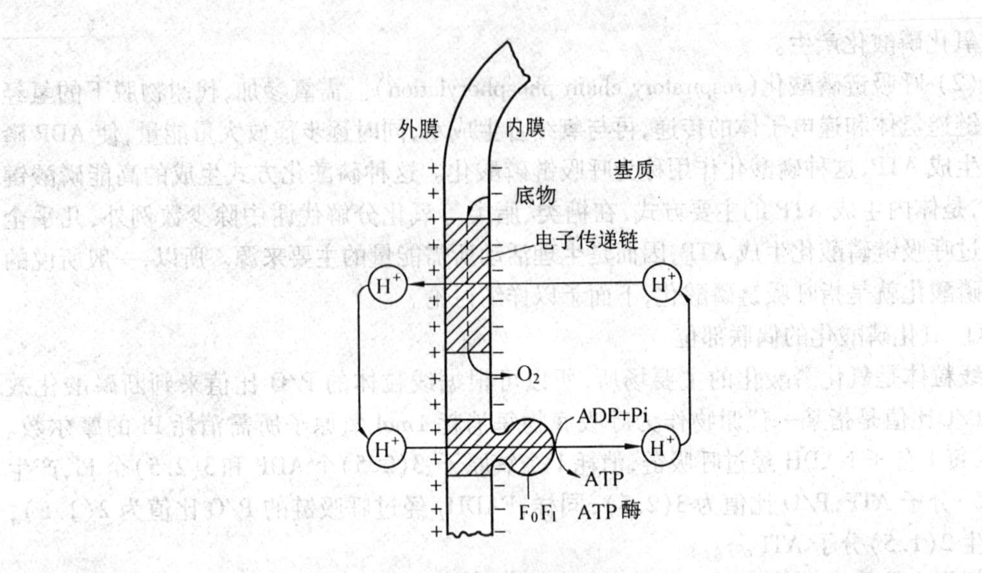

图 7.10　化学渗透假说示意图

复合体，主要由疏水的 F_0 和亲水的 F_1 构成，又称为 F_0F_1-ATP 酶。在电子显微镜下观察，线粒体内膜和嵴的基质侧有许多球状颗粒突起，称为 ATP 合酶，其球状的头是 F_1 部分，起催化 ATP 合成的作用，组分为 $\alpha_3\beta_3\gamma\delta\varepsilon$，其中 β 亚基可以催化 ATP 合成，δ 亚基是连接 F_0 和 F_1 所必需的；F_0 部分起质子通道作用，由 3～4 个大小不一的亚基组成，其中有一个亚基称为寡霉素敏感蛋白质（oligomycin sensitivity conferring protein，OSCP），寡霉素干扰对 H^+ 浓度梯度的利用从而抑制 ATP 的合成（图 7.11）。

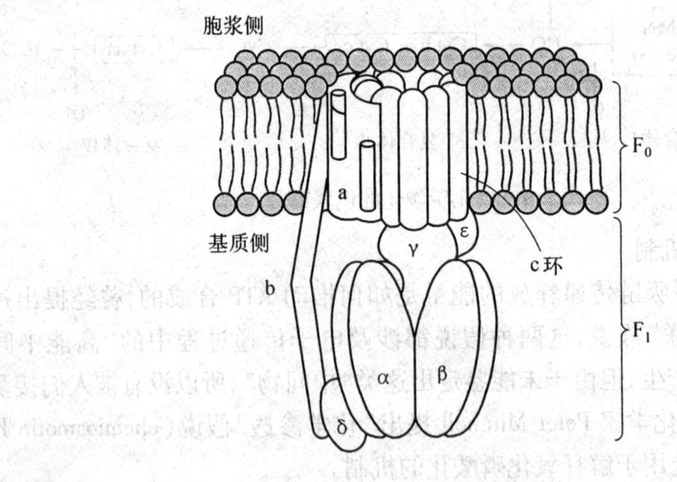

图 7.11　ATP 合酶结构示意

③ 氧化磷酸化的调节

氧化磷酸化的进行主要受细胞对能量需求的调节，有赖于 ADP 和 Pi 的供应。在线粒体内，Pi 的含量足够用，因此 ADP 的含量对氧化磷酸化具有重要的调节作用。当 ADP 含量升高或 ATP 含量降低时，氧化磷酸化加速；反之，当 ADP 含量下降或 ATP 消耗减少时，氧化磷酸化减慢。所以，ADP 与 ATP 的比值是调节氧化磷酸化的重要因素，这种调节作用可使机体能量的产生适应生理需要，在合理利用和节约能源上有重要意义。

④ 氧化磷酸化的抑制剂

氧化磷酸化是氧化和磷酸化的偶联反应。磷酸化作用所需能量由氧化作用供给，氧化作用所形成的能量通过磷酸化作用储存，这是需氧生物进行正常新陈代谢、维持正常生命活动的最关键的反应，抑制氧化磷酸化会对生物体造成严重后果，甚至导致死亡。氧化磷酸化抑制剂分为两大类：电子传递抑制剂和解偶联剂。

电子传递抑制剂也称为呼吸链阻断剂或呼吸毒物，可抑制呼吸链的不同部位，使氧化（电子传递）过程受阻，偶联磷酸化也就无法进行，ATP 生成也就随之减少。常见的电子传递抑制剂有阿地平、阿米妥、鱼藤酮、抗霉素 A、CO、CN^-等，其抑制部位见图 7.12。

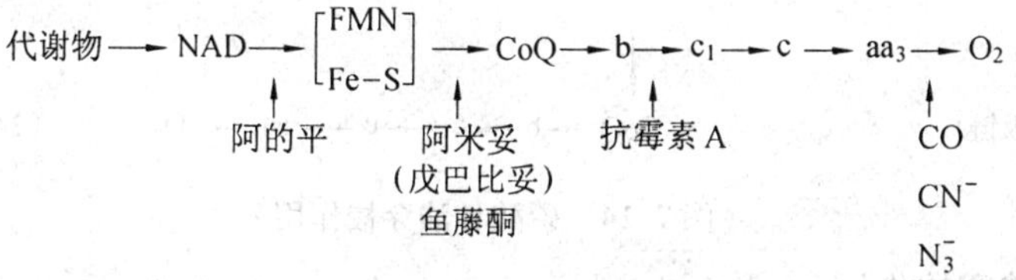

代谢物 → NAD → [FMN / Fe-S] → CoQ → b → c_1 → c → aa_3 → O_2

↑ 阿的平（作用于 NAD → [FMN/Fe-S]）　↑ 阿米妥（戊巴比妥）、鱼藤酮（作用于 [FMN/Fe-S] → CoQ）　↑ 抗霉素 A（作用于 b → c_1）　↑ CO、CN^-、N_3^-（作用于 aa_3 → O_2）

图 7.12　生物氧化中电子传递抑制剂

解偶联剂是可引起解偶联作用的物质。由于异常因素的影响，氧化和磷酸化的偶联遭到破坏，只有代谢物的氧化过程，而不伴有 ADP 磷酸化的过程，称为氧化磷酸化解偶联作用（uncoupling）。解偶联剂中最常见的是 2,4-二硝基苯酚（图 7.13），为脂溶性物质，可在线粒体内膜中自由移动，将 H^+ 从内膜外侧搬运至内侧，从而使 H^+ 浓度梯度遭到破坏，ATP 无法生成，导致氧化磷酸化分离。

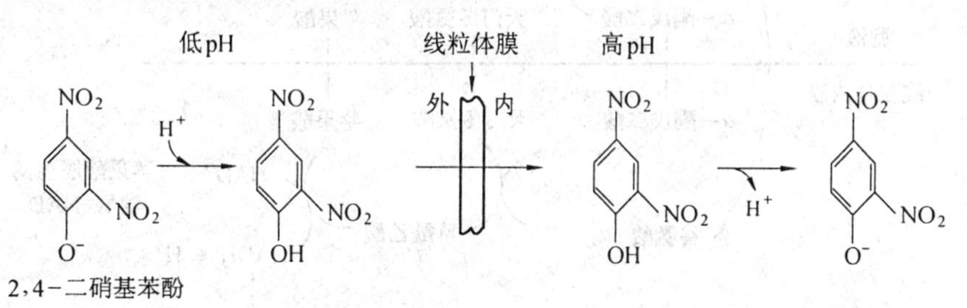

图 7.13　2,4-二硝基苯酚的作用机制

2. 线粒体外 NADH 的转运

线粒体内生成的 NADH 和 $FADH_2$ 可直接参加氧化磷酸化过程，但在胞液中生成的 NADH 不能自由透过线粒体内膜，线粒体外 NADH 所携带的氢必须通过某种转运机制才能进入线粒体，然后再经呼吸链进行氧化磷酸化。转运 NADH 的机制主要有以下几种。

（1）磷酸甘油穿梭作用（glycerol-α-phosphate shuttle）

如图 7.14 所示，α-磷酸甘油脱氢酶是参与磷酸甘油穿梭作用的酶，包括两种，一种以 NAD^+为辅酶存在于线粒体外，另一种以 FAD 为辅基存在于线粒体内。胞浆中代谢物氧化产生的 NADH 通过磷酸甘油穿梭作用进入线粒体，转变为 $FADH_2$，$FADH_2$ 进入呼吸链之后产生2（1.5）分子 ATP。

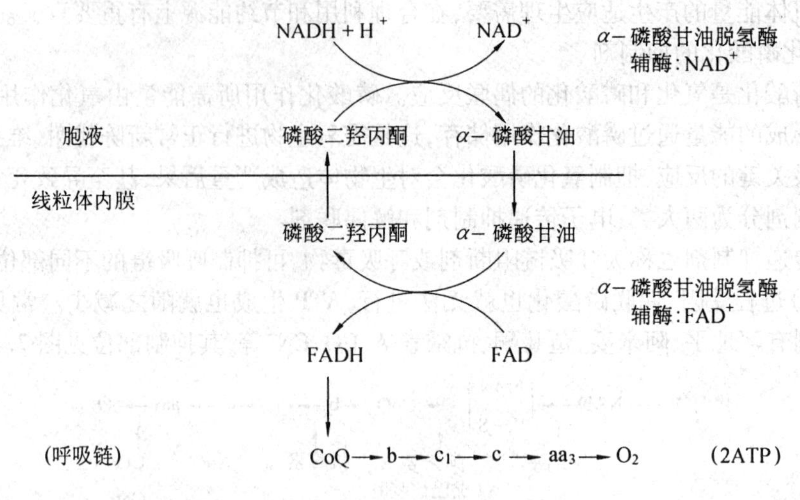

图 7.14　磷酸甘油穿梭作用

(2) 苹果酸穿梭作用(malate shuttle)

如图 7.15 所示,线粒体内外都有苹果酸脱氢酶,而且都以 NAD^+ 为辅酶。胞浆中代谢物氧化产生的 NADH 通过苹果酸穿梭作用进入线粒体和呼吸链,产生 3(2.5)分子 ATP。

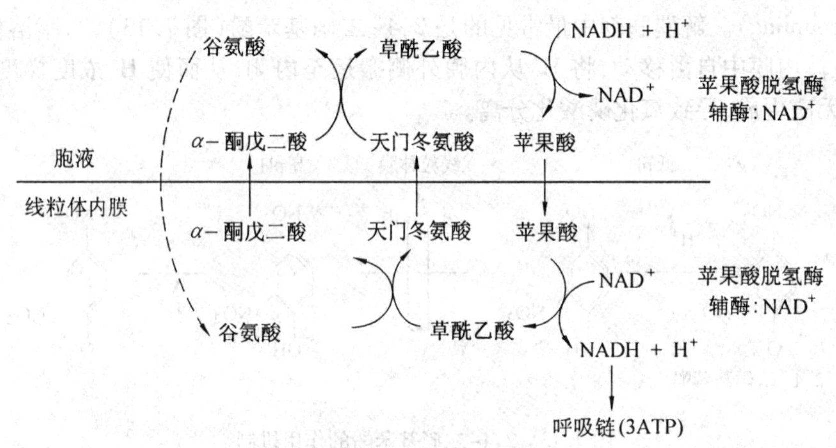

图 7.15　苹果酸穿梭作用

3.　ATP 的储存与利用

不论是低等生物还是高等生物,都必须将各种物质分解代谢产生的能量转化成 ATP 的形式才能被利用,所以 ATP 是机体能量的直接供给者。ATP 为一高能磷酸化合物,其分解时可放出能量,供机体的各种生理活动需要,如生物合成、肌肉收缩、信息传递及离子转运等等。

(1) ATP 的储存

ATP 在细胞内是生化反应之间的能量偶联剂,是能量传递的中间载体,不是能量的储存物质。脊椎动物和神经组织的磷酸肌酸(C～P)和无脊椎动物的磷酸精氨酸才是真正的能量储存物质。它们的反应式为

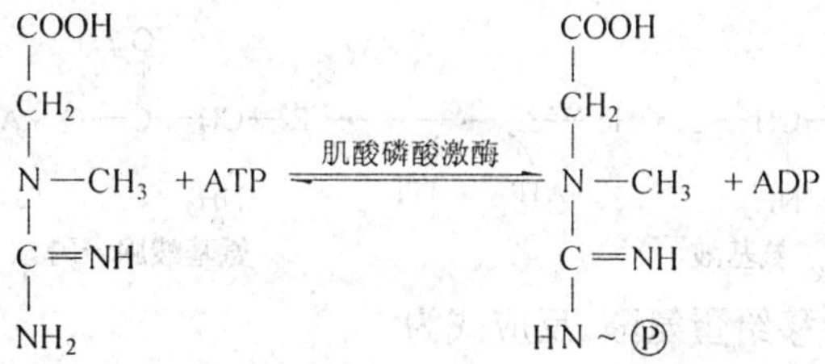

肌酸 + ATP ⇌(肌酸磷酸激酶) 磷酸肌酸 + ADP

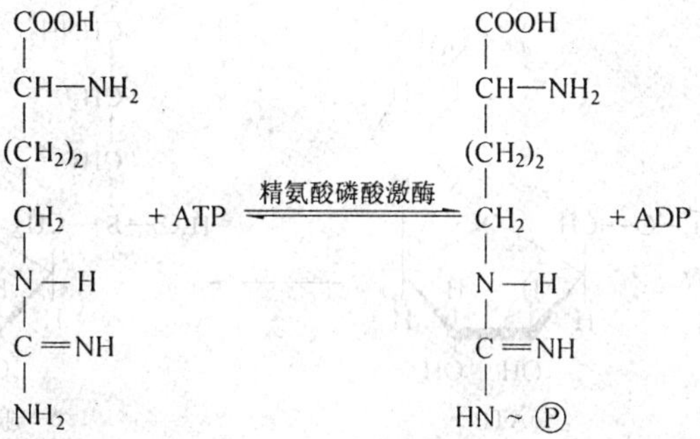

肌酸：COOH—CH_2—N(CH_3)—C(=NH)—NH_2

磷酸肌酸：COOH—CH_2—N(CH_3)—C(=NH)—HN~Ⓟ

精氨酸 + ATP ⇌(精氨酸磷酸激酶) 磷酸精氨酸 + ADP

精氨酸：COOH—CH(NH_2)—$(CH_2)_2$—CH_2—NH—C(=NH)—NH_2

磷酸精氨酸：COOH—CH(NH_2)—$(CH_2)_2$—CH_2—NH—C(=NH)—HN~Ⓟ

(2) ATP的利用

ATP是生物体能量转换的核心,具有以下多种形式的能量转移和释放。

① ATP末端磷酸基转移给葡萄糖,反应式为

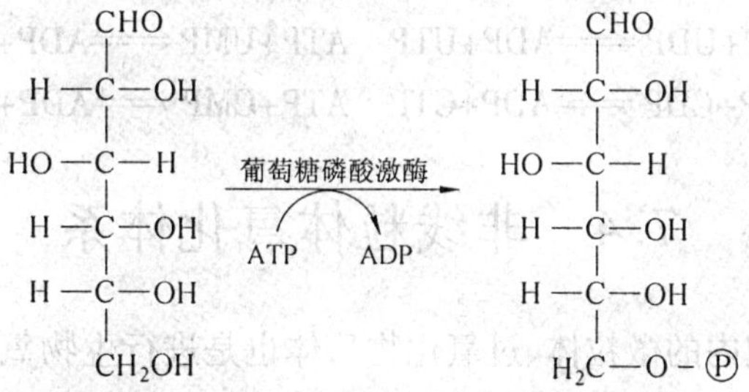

葡萄糖 —(葡萄糖磷酸激酶；ATP→ADP)→ 葡萄糖-6-磷酸

葡萄糖：CHO—H—C—OH—HO—C—H—H—C—OH—H—C—OH—CH_2OH

葡萄糖-6-磷酸：CHO—H—C—OH—HO—C—H—H—C—OH—H—C—OH—H_2C—O-Ⓟ

② ATP将焦磷酸基转移给核糖-5-磷酸,反应式为

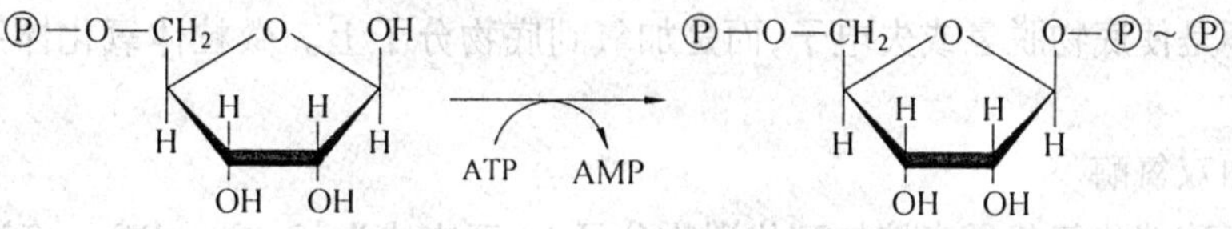

核糖-5-磷酸 —(ATP→AMP)→ 核糖-1-焦磷酸-5-磷酸(PRPP)

核糖-5-磷酸：Ⓟ—O—CH_2—(呋喃环，C1—OH，C2、C3—OH)

核糖-1-焦磷酸-5-磷酸(PRPP)：Ⓟ—O—CH_2—(呋喃环，C1—O—Ⓟ~Ⓟ，C2、C3—OH)

③ ATP将AMP转移给氨基酸,反应式为

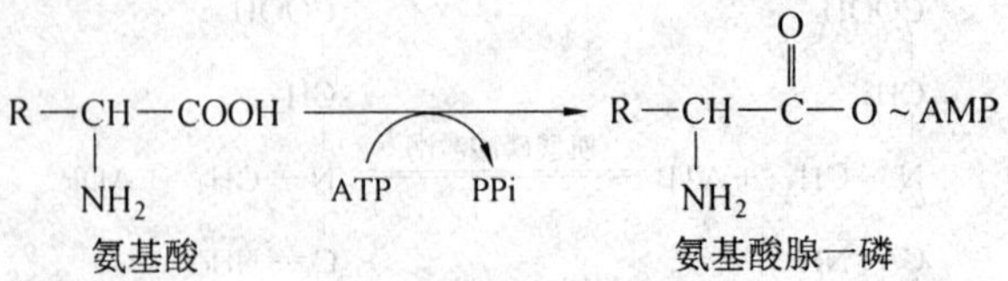

$$R-\underset{\underset{NH_2}{|}}{CH}-COOH \xrightarrow[ATP\quad PPi]{} R-\underset{\underset{NH_2}{|}}{CH}-\overset{\overset{O}{\|}}{C}-O\sim AMP$$

氨基酸　　　　　　　　　　　　　　氨基酸腺一磷

④ ATP 将腺苷转移给蛋氨酸,反应式为

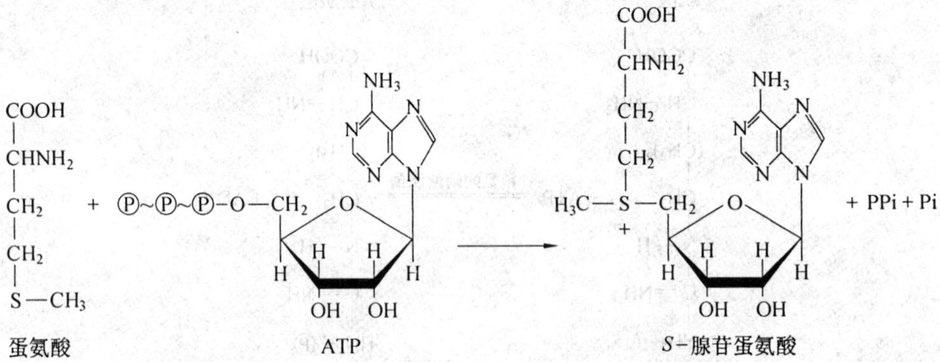

$$\text{蛋氨酸} + \text{ATP} \longrightarrow S\text{-腺苷蛋氨酸} + PPi + Pi$$

蛋氨酸　　　　ATP　　　　　　　　S-腺苷蛋氨酸

⑤ ATP 将高能键转移给其他高能化合物。有些生物合成除直接消耗 ATP 外,还需要其他三磷酸核苷,如糖原合成需要 UTP、磷脂合成需要 CTP、蛋白质合成需要 GTP 等等,它们的生成和补充有赖于 ATP,ATP 也可将磷酸基转移给它们的二磷酸核苷或一磷酸核苷。其反应式为

$$ATP+GDP \rightleftharpoons ADP+GTP \quad ATP+GMP \rightleftharpoons ADP+GDP$$

$$ATP+UDP \rightleftharpoons ADP+UTP \quad ATP+UMP \rightleftharpoons ADP+UDP$$

$$ATP+CDP \rightleftharpoons ADP+CTP \quad ATP+CMP \rightleftharpoons ADP+CDP$$

7.4　非线粒体氧化体系

除线粒体外,细胞内的微粒体、过氧化物酶体也是进行生物氧化的重要场所,但是它们的氧化过程不同,线粒体内的生物氧化伴有 ATP 的生成,而非线粒体的生物氧化不伴有 ATP 的生成,主要参与机体内代谢物、药物、毒物的清除和排泄(即生物转化)。

1. 微粒体氧化体系

微粒体氧化体系是存在于微粒体(microsome)中的一类加氧酶(oxygenase),其催化的氧化反应不是使底物脱氢或失电子,而是加氧到底物分子上。微粒体氧化体系分为以下两类。

(1) 加双氧酶

加双氧酶催化氧分子直接加到代谢物分子上,反应式为:$R+O_2 \rightarrow RO_2$。例如色氨酸吡咯酶等催化两个氧原子分别加到构成双键的两个碳原子上。

(2) 加单氧酶

加单氧酶催化是在代谢物分子上加一个氧原子的反应,与许多羟化反应相似,又称羟

化酶(hydroxygenase)。反应中参加反应的氧起混合功能,一个氧原子进入代谢物,另一个氧原子还原为水,因此又称混合功能氧化酶(mixed function oxidase)。催化反应为

$$RH+NADPH+H^{+}+O_2 \rightarrow ROH+NADP^{+}+H_2O$$

加单氧酶并不是一种单一的酶,而是一个酶体系,这个体系至今尚未完全清楚,但至少包括两种分子。一种是细胞色素 P_{450},这是一种含铁卟啉辅基的b族细胞色素,因其与一氧化碳结合时,在450 nm波长处有最大吸收峰而得名。P_{450}的作用类似于细胞色素 aa_3,能与氧直接反应,使疏水分子羟化生成可溶性的物质来氧化解毒。另一种成分是NADPH-细胞色素 P_{450}还原酶,辅基是FAD,催化NADPH和细胞色素 P_{450}之间的电子传递。

微粒体氧化体系虽不能产生能量,但在体内许多物质的代谢中是必不可少的,如类固醇激素的合成、维生素D的活化、胆汁酸和胆色素代谢、某些药物和毒物的转化等。

2. 过氧化物酶体氧化体系

过氧化物酶体(peroxisome)是一种特殊的细胞器,存在于动物组织的肝、肾和小肠黏膜细胞中。其中含有多种催化生成 H_2O_2 的酶,同时还含有分解 H_2O_2 的酶。

(1) H_2O_2 和 $O_2^{\cdot}$ 的生成

生物氧化中分子氧必须接受4个电子才能完全还原,生成 $2O^{2-}$,再与 H^+ 结合生成水。如果电子供给不足,则生成过氧化基团 O_2^{2-} 或超氧离子 $O_2^{\cdot}$,前者可与 H^+ 结合生成 H_2O_2。过氧化物酶体中含有多种氧化酶,可催化 H_2O_2 和 $O_2^{\cdot}$ 的生成。

$$O_2+4e \longrightarrow 2O^{2-} \xrightarrow{4H^+} 2H_2O$$

$$O_2+2e \longrightarrow O_2^{2-} \xrightarrow{2H^+} H_2O_2$$

$$O_2+e \longrightarrow O_2^{\cdot}$$

(2) H_2O_2 和 $O_2^{\cdot}$ 的生理作用及毒性

H_2O_2 在体内有一定的生理作用,如中性粒细胞产生的 H_2O_2 可用于杀死吞噬进来的细菌。但对大多数组织来说,H_2O_2 堆积过多会对细胞有毒性作用。$O_2^{\cdot}$ 为带负电的自由基,化学性质活泼,与 H_2O_2 作用可生成性质更活泼的羟基自由基 $OH^{\cdot}$。

$$H_2O_2+O_2^{\cdot} \longrightarrow O_2+OH^{-}+OH^{\cdot}$$

H_2O_2、$O_2^{\cdot}$ 及 $OH^{\cdot}$ 等可使DNA氧化、修饰、甚至断裂,还可使蛋白质的巯基氧化而改变蛋白质的功能。不但如此,$OH^{\cdot}$ 还可使细胞膜磷脂分子中高度不饱和脂肪酸氧化生成过氧化脂质而引起生物膜损伤。因此,必须及时清除多余的 $O_2^{\cdot}$、H_2O_2 及 $OH^{\cdot}$。

(3) H_2O_2 和 $O_2^{\cdot}$ 的清除

① 过氧化物酶体中含有过氧化氢酶(catalase,又称触酶)和过氧化物酶(peroxidase,又称过氧化酶)可以处理和清除 H_2O_2,反应式为

$$H_2O_2+H_2O_2 \xrightarrow{\text{过氧化氢酶}} 2H_2O+O_2$$

$$RH_2+H_2O_2 \xrightarrow{\text{过氧化物酶}} R+2H_2O$$

② 超氧化物歧化酶(superoxide dismutase,SOD)是生物体内的一种重要的天然抗氧

化酶。SOD存在广泛，包括几种同功酶，即真核细胞胞液中的SOD以Cu^{2+}、Zn^{2+}为辅基，被称为CuZn-SOD；真核细胞线粒体和原核细胞中则以Mn^{2+}为辅基，被称为Mn-SOD；在原核生物中还有以Fe^{3+}为辅基的Fe-SOD，此外动物组织还有一种细胞外SOD，它们均能催化O_2^-的氧化与还原而生成H_2O_2与氧分子，反应式为

$$2O_2^- + 2H^+ \xrightarrow{SOD} H_2O_2 + O_2$$

③ 某些组织中还有一种含有硒的谷胱甘肽过氧化物酶，利用还原型谷胱甘肽（GSH）催化破坏H_2O_2或过氧化脂质，具有保护生物膜免遭损伤的作用，反应式为

$$H_2O_2 + 2GSH \longrightarrow GSSG + 2H_2O$$

$$ROOH + 2GSH \longrightarrow GSSG + ROH + H_2O$$

3. 植物细胞中的生物氧化体系

在高等植物中除主要存在细胞色素氧化酶系外，还存在着其他一些氧化体系，如抗坏血酸氧化酶体系、多酚氧化酶体系和乙醇氧化酶体系等，它们催化某些特殊底物的氧化还原，一般也不产生可利用的能量。

本章小结

物质在生物体内的氧化分解称为生物氧化。在高等动植物细胞内存在多种生物氧化体系，其中最重要的是线粒体氧化体系，也是本章学习的重点。在线粒体内的生物氧化过程中细胞要摄取O_2、释放CO_2，所以又形象地称之为细胞呼吸。

（1）物质氧化的方式包括失电子、加氧、脱氢、加水脱氢四种，其中以脱氢和加水脱氢最为常见。线粒体中催化生物氧化的酶类主要包括脱氢酶类、氧化酶类，它们的辅因子不同，其中以NAD或NADP为辅酶的脱氢酶分布最为广泛。生物氧化过程中生成的CO_2是有机酸脱羧的结果。生物氧化与体外燃烧在本质上是相同的，其不同表现在通过酶的催化作用在活细胞温和的水环境中逐步进行、逐步释放能量，并且底物加水脱氢比单纯脱氢增加了脱氢机会，使生物能获取更多的能量。

（2）线粒体的结构决定它是生物氧化和能量转换的主要场所。组成呼吸链的成分主要包括以NAD^+或$NADP^+$为辅酶的脱氢酶、黄素酶、铁硫蛋白（Fe-S）、泛醌（UQ）、细胞色素（Cyt）五类。呼吸链中各递氢体和递电子体是按一定的顺序排列的，目前被普遍接受的呼吸链排列顺序为

$$\begin{array}{l} NAD^+ \rightarrow FMN(Fe\text{-}S) \rightarrow UQ \rightarrow Cyt\ b(Fe\text{-}S) \rightarrow Cyt\ c_1 \rightarrow Cyt\ c \rightarrow Cyt\ aa_3 \rightarrow O_2 \\ \qquad\qquad\qquad\qquad\quad \uparrow \\ \qquad\qquad\qquad FAD(Fe\text{-}S) \end{array}$$

由此可见，线粒体内存在两条呼吸链，即NADH氧化呼吸链和$FADH_2$氧化呼吸链。

（3）ATP是生物界普遍的供能物质，生物体内的ATP是由ADP磷酸化生成的。代谢物的氧化作用与ADP的磷酸化作用相偶联而生成ATP的过程称为氧化磷酸化作用，包括底物水平磷酸化和呼吸链磷酸化，一般所说的氧化磷酸化就是指呼吸链磷酸化，其机制是化学渗透假说，ATP合酶是与呼吸链相关的重要的酶。物质的氧化、电子传递、氧化与磷

酸化偶联中的任何环节受到阻碍都要抑制 ATP 的生成。

ATP 在细胞内是反应间的能量偶联剂,是能量传递的中间载体,不是能量的储存物质,脊椎动物和神经组织的磷酸肌酸和无脊椎动物的磷酸精氨酸才是真正的能量储存物质。ATP 有多种形式进行能量的转移和释放。

(4) 细胞内的微粒体、过氧化物酶体也是进行生物氧化的重要场所,但是它们的氧化过程不伴有 ATP 的生成,主要参与机体内代谢物、药物、毒物的清除和排泄(即生物转化)。

习　题

1. 判断对错。如果错误,请说明原因。

(1) 呼吸链上电子流动的方向是从高标准还原电位到低标准还原电位。

(2) 泛醌是复合体Ⅲ中一种单纯的电子传递体。

(3) 磷酸肌酸和磷酸精氨酸是动物能量的最终储存物质。

(4) 化学渗透假说认为 ATP 合成的能量来自线粒体内膜内低外高的质子梯度。

(5) ATP 是生物体能量储存和利用的形式。

2. 试比较需氧脱氢酶和不需氧脱氢酶有何异同点?

3. 试说明物质在体内氧化和体外氧化的主要异同点?

4. 何谓呼吸链,它由哪些复合体组成,有什么重要意义?

5. 每分子 NADH 完全氧化时能产生多少 ATP?

6. 2,4-二硝基苯酚的解偶联机制是什么?

7. 简述 ATP 的生成和利用。

8. 简述过氧化氢和超氧阴离子的作用与清除。

第 8 章

糖 代 谢

8.1 概　　述

葡萄糖及其他单糖经分解代谢可为机体提供大量的能量,成人每天所需能量的 60% ~70% 来自于糖类。植物和光合细菌能利用 CO_2 和 H_2O 合成糖类,人类和动物则利用植物所制造的糖类以获取能量。

1. 多糖及寡糖的降解

多糖及寡糖均需在酶的催化下,降解成单糖,才能进入分解代谢途径。多糖和寡糖的降解分为细胞外降解和细胞内降解。

(1) 细胞外降解

多糖在细胞外的降解是一种水解过程,如动物消化道对淀粉的水解,微生物胞外酶对多糖和寡糖的水解作用。催化多糖胞外水解的酶称为糖苷酶(glycosidase),包括 α-淀粉酶、β-淀粉酶、γ-淀粉酶及 R 酶、纤维素酶等。

① α-淀粉酶(α-amylase)是一种淀粉内切酶,只能从淀粉分子内部随机水解 $\alpha(1\rightarrow4)$糖苷键,产物为葡萄糖、麦芽糖、麦芽三糖和含 $\alpha(1\rightarrow6)$糖苷键的各种分支糊精,所以又称为α-糊精酶。该酶作用于黏稠的淀粉糊时,能使黏度迅速下降,成为稀溶液状态,所以工业上又称其为液化酶。

② β-淀粉酶(β-amylase)是一种淀粉外切酶,水解淀粉的 $\alpha(1\rightarrow4)$糖苷键,从淀粉的非还原性末端依次切下 2 个葡萄糖单位,产物为麦芽糖。作用于支链淀粉时,遇到分支点即停止作用,剩下的相对分子质量大的分支糊精,称为 β-极限糊精或核心糊精(core dextrin)。

③ γ-淀粉酶(γ-amylase)又称糖化酶或葡萄糖淀粉酶,水解淀粉的 $\alpha(1\rightarrow4)$糖苷键和$\alpha(1\rightarrow6)$糖苷键,从非还原端开始逐个切下葡萄糖残基。可作用于直链淀粉和支链淀粉,终产物均是葡萄糖。

④ R 酶即 $\alpha(1\rightarrow6)$葡萄糖苷酶(glucosidase),只作用于淀粉的 $\alpha(1\rightarrow6)$糖苷键,将支链淀粉的分支切下,生成长短不等的直链淀粉(糊精)。

⑤ 纤维素酶(cellulase)水解纤维素的 $\beta(1\rightarrow4)$糖苷键,产物为纤维二糖和葡萄糖。

(2) 细胞内降解

在人和动物的肝脏和肌肉中，糖原是葡萄糖的一种高效能的贮存形式。当机体细胞中能量充足时，细胞即合成糖原，将能量进行贮存；当能量供应不足时，贮存的糖原即降解为葡萄糖，进而提供 ATP。糖原在细胞内的降解称为磷酸解，即加磷酸分解。胞内糖原的降解需要脱支酶（debranching enzyme）和糖原磷酸化酶（glycogen phosphorylase）的催化。脱支酶水解糖原分支点的 $\alpha(1\rightarrow6)$ 糖苷键，切下糖原分支。

Carl Cori 和 Gerty Cori 两人首先发现糖原磷酸化酶催化的糖原降解反应是不需水而需要磷酸参与的磷酸解作用，从糖链的非还原末端依次切下葡萄糖残基，产物为葡萄糖-1-磷酸和少一个葡萄糖残基的糖原，其反应式为

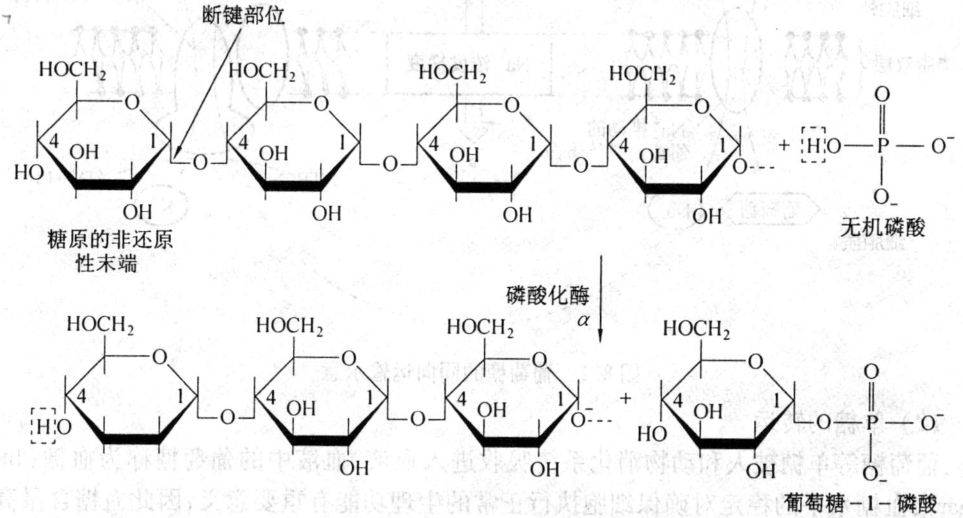

断键部位

糖原的非还原性末端

无机磷酸

磷酸化酶 α

葡萄糖-1-磷酸

葡萄糖-1-磷酸可由磷酸葡萄糖变位酶催化转变为葡萄糖-6-磷酸而进入糖酵解途径，而游离葡萄糖则需消耗一个 ATP，磷酸化为葡萄糖-6-磷酸才能进入糖酵解途径。

麦芽糖、蔗糖和乳糖是常见的 3 种双糖。麦芽糖可被麦芽糖酶水解为葡萄糖，即

$$\text{麦芽糖} \xrightarrow{\text{麦芽糖酶}} 2\ \text{葡萄糖}$$

蔗糖则由蔗糖酶催化水解产生葡萄糖和果糖，即

$$\text{蔗糖} \xrightarrow{\text{蔗糖酶}} \alpha\text{-葡萄糖}+\text{果糖}$$

乳糖在乳糖酶或 β-半乳糖苷酶（微生物）作用下，水解为半乳糖和葡萄糖，即

$$\text{乳糖} \xrightarrow{\text{乳糖酶或}\ \beta\text{-半乳糖苷酶（微生物）}} D\text{-半乳糖}+D\text{-葡萄糖}$$

2. 单糖的吸收与转运

多糖需先消化成单糖才能被吸收和转运。对人或动物而言，口腔中的唾液（含有 α-淀粉酶）能将淀粉部分水解为麦芽糖，再由口腔、胃转运至小肠，经胰淀粉酶、麦芽糖酶、蔗糖酶和乳糖酶的水解，产生葡萄糖、果糖和半乳糖等单糖。小肠是多糖消化的重要器官，又是吸收葡萄糖等单糖的重要器官。

葡萄糖被小肠黏膜细胞和肾细胞吸收是单糖与 Na^+ 的同向协同运输（co-transport）过程，即葡萄糖和 Na^+ 都是由细胞外向细胞内转运。葡萄糖跨膜运输所需要的能量来自细

胞膜两侧 Na^+ 的浓度梯度。进入膜内的 Na^+ 通过质膜上 Na-K 泵又运输到膜外以维持 Na^+ 浓度梯度，从而使葡萄糖不断利用离子梯度形式的能量进入细胞。

(1) 糖的吸收

葡萄糖同 Na^+ 的同向协同运输过程见图 8.1。

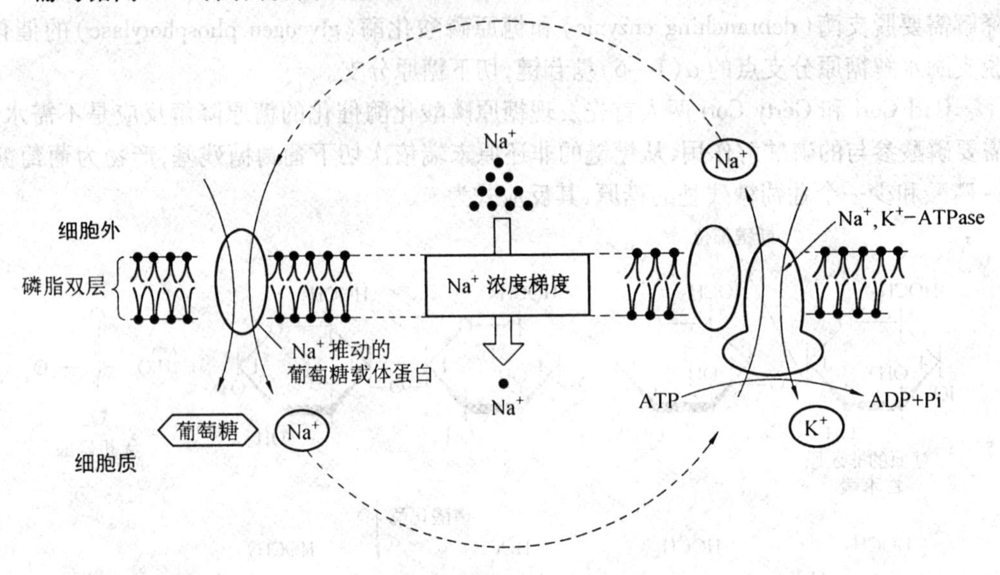

图 8.1　葡萄糖的同向运输示意

(2) 单糖的转运

葡萄糖等单糖被人和动物消化系统吸收进入血液，血液中的葡萄糖称为血糖(blood sugar)，血糖水平的稳定对确保细胞执行正常的生理功能有重要意义，因此血糖含量高低是表示体内糖代谢是否正常的一项重要指标。正常人血糖浓度为 4.4～6.7 mmol/L，若高于 8.8 mmol/L，则称为高血糖，若低于 3.8 mmol/L，则称为低血糖。正常机体可通过肝糖原的合成或降解来维持血糖的恒定。例如人(以 70 kg 体重为例)在晚餐后直至第二天清晨，肝脏能提供大约 100 g 葡萄糖。人脑的代谢速度很快，在安静状态下消耗的能量占全身总消耗能量的 20% 以上，而且脑在正常情况下只利用葡萄糖为能源，每天的需要量大约为 140 g。脑细胞内也含有少量糖原以及水解、合成和调节糖原代谢的各种酶。血糖的来源与去路见图 8.2。

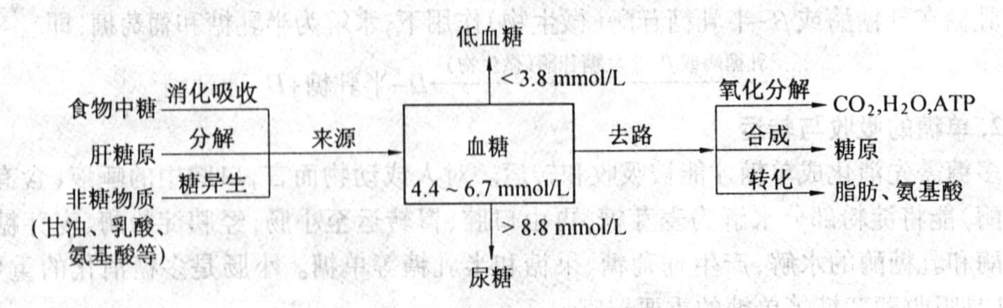

图 8.2　血糖的来源与去路

3. 糖的中间代谢

（1）糖在细胞内的分解与合成

糖的中间代谢是指糖类物质在细胞内分解和合成的化学变化过程。糖类的分解代谢是产能的化学过程；糖类的合成代谢是耗能的化学过程。从小肠吸收来的甘露糖、果糖、半乳糖、葡萄糖需在肝细胞内各种酶的催化下，转化成葡萄糖-6-磷酸才有可能进入代谢主流，参加糖酵解和三羧酸循环反应，见图8.3。

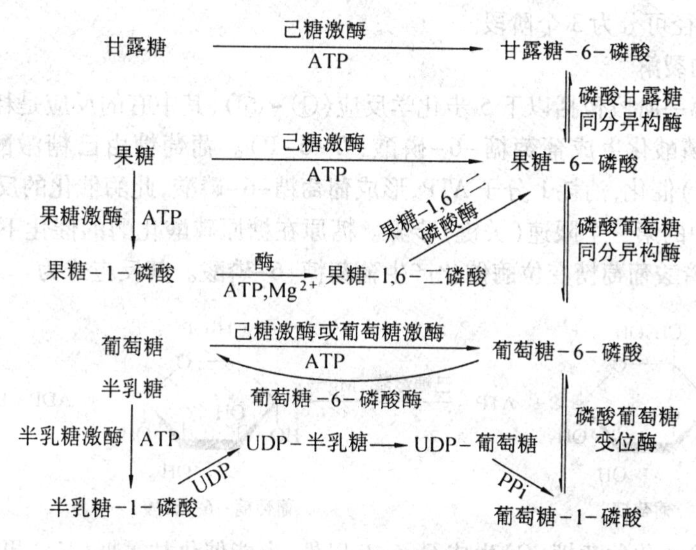

图8.3 肝脏内各种单糖的转化

（2）糖的分解代谢类型

糖类的分解代谢主要有两种类型，不需氧分解和需氧分解。

① 不需氧分解。糖的无氧分解又称为无氧呼吸（anaerobic respiration），是糖在无氧条件下不完全分解并释放较少能量的过程。糖的无氧分解过程不仅是生物体共同经历的葡萄糖的分解代谢的前期途径，而且是有些生物体在无氧或供氧不足条件下供给机体能量或供应急需能量的一种糖代谢途径。糖的无氧分解释放出的能量大大少于糖的有氧氧化。人和高等动物的肌肉及酵母菌均能进行无氧呼吸。葡萄糖在细胞内进行无氧呼吸生成乳酸的过程称为酵解（glycolysis）；葡萄糖经酵母菌无氧呼吸作用产生乙醇的过程称为发酵（fermentation）。

② 需氧分解。糖在有氧条件下彻底分解成 CO_2 和 H_2O，同时释放出能量的过程称为糖的有氧氧化或有氧呼吸（aerobic respiration）。

糖的有氧氧化与无氧氧化的主要区别在于，糖的有氧氧化是以分子氧作为最终受氢体；糖的无氧分解，在酵解过程中是以中间产物丙酮酸为最终受氢体，在发酵过程中是以乙醛为最终受氢体。有氧呼吸在糖的分解代谢中占主导地位，它产生的能量最多。

8.2 糖的分解代谢

葡萄糖分解代谢的重要途径包括酵解途径（EMP 途径）、三羧酸循环（TCA）、磷酸己糖旁路(HMS)途径等。

8.2.1 酵解途径(EMP途径)

发酵和酵解是糖无氧分解的两种主要形式。发酵和酵解的初始物质都是葡萄糖,从葡萄糖到丙酮酸的生成,二者都是相同的。通常将葡萄糖至丙酮酸生成的10步分解代谢途径称为糖酵解途径(Embden-Meyerhof-Parnas Pathway,EMP)。发酵和酵解都在细胞质中进行,EMP途径可分为3个阶段。

1. 葡萄糖的裂解

糖酵解的第一阶段包括以下5步化学反应(①~⑤),其中有的反应是耗能的。

① 葡萄糖磷酸化生成葡萄糖-6-磷酸(G-6-P)。葡萄糖由己糖激酶EC2.7.1.1(hexokinase,HK)催化,消耗1分子ATP,形成葡萄糖-6-磷酸,此酶催化的反应不可逆,这是糖酵解途径中的第一个限速(关键)步骤。糖原在糖原磷酸化酶的催化下,生成葡萄糖-1-磷酸,再由磷酸葡萄糖变位酶催化产生葡萄糖-6-磷酸。其反应式为

CH_2OH / O / OH / HO / OH / OH + ATP $\xrightarrow{\text{己糖激酶},\ Mg^{2+}}$ $CH_2OPO_3^{2-}$ / O / OH / HO / OH / OH + $ADP + H^+$

葡萄糖　　　　葡萄糖-6-磷酸

己糖激酶除催化葡萄糖(G)生成G-6-P以外,也能催化甘露糖(M)、果糖(F)和半乳糖(Gal)分别生成M-6-P、F-6-P和Gal-1-P。激酶是能够在ATP和任何一种底物之间起催化作用,转移磷酸基团的一类酶。在人和动物的肝脏中还存在一种专一性很强的葡萄糖激酶EC2.7.1.2(glucokinase,GLK),它实际上属于己糖激酶同工酶的第Ⅳ型,只能催化葡萄糖生成G-6-P,不能催化其他己糖的磷酸化。

生成G-6-P的逆反应可由G-6-P磷酸酶催化,使G-6-P水解产生葡萄糖并释放到血液中,反应式为$G\text{-}6\text{-}P+H_2O \xrightarrow{\text{磷酸酶}} G+H_3PO_4$,此酶存在于细胞内质网的脂质中。

② 葡萄糖-6-磷酸异构化生成果糖-6-磷酸。葡萄糖-6-磷酸(G-6-P)经磷酸葡萄糖异构酶EC5.3.1.9(glucose-6-phosphate isomerase,GPI)催化转变为果糖-6-磷酸(F-6-P),该酶催化可逆反应。其反应式为

$CH_2OPO_3^{2-}$ / 6 / O / 4 / OH / 1 / HO / OH / OH $\underset{\text{(phosphoglucose isomerase)}}{\overset{\text{磷酸葡萄糖异构酶}}{\rightleftharpoons}}$ $^{2-}O_3POCH_2$ / O / 1 / CH_2OH / 5 / HO / 2 / 4 / 3 / OH / HO

葡萄糖-6-磷酸　　　　果糖-6-磷酸

③ 果糖-6-磷酸经磷酸化生成果糖-1,6-二磷酸。果糖-6-磷酸经磷酸化生成果糖-1,6-二磷酸是糖酵解过程中使用的第二个ATP分子的第二个磷酸化反应,F-6-P经磷酸果糖激酶EC2.7.1.11(phosphofructokinase,PFK)催化,进一步磷酸化生成果糖-1,6-

二磷酸(fructose-1,6-biphosphate,FBP)。磷酸果糖激酶是一种变构酶,糖酵解速率严格依赖该酶的活力水平。该酶催化的反应不可逆,是糖酵解过程中的第二个限速反应。其反应式为

$$\text{果糖-6-磷酸} + ATP \xrightarrow[\text{(phosphofructo kinase)}]{\text{磷酸果糖激酶},\ Mg^{2+}} \text{果糖-1,6-二磷酸} + ADP + H^{+}$$

果糖-6-磷酸 果糖-1,6-二磷酸

④ 果糖-1,6-二磷酸(FBP)裂解为2分子磷酸丙糖。FBP在醛缩酶EC4.1.2.13(aldolase,ALD)催化下,从C-3位和C-4位之间裂解,生成1分子二羟丙酮磷酸(DHAP)和1分子甘油醛-3-磷酸(GAP)。其反应式为

$$\text{果糖-1,6-二磷酸 (FBP或FDP)} \xrightleftharpoons{\text{醛缩酶(aldolase)}} \text{二羟丙酮磷酸 (DHAP)} + \text{甘油醛-3-磷酸 (GAP)}$$

果糖-1,6-二磷酸 (FBP或FDP) 二羟丙酮磷酸 (DHAP) 甘油醛-3-磷酸 (GAP)

醛缩酶也可催化1分子二羟丙酮磷酸和1分子甘油醛-3-磷酸经醛醇缩合反应生成1分子FBP。

⑤ 二羟丙酮磷酸和甘油醛-3-磷酸的互变。二羟丙酮磷酸和甘油醛-3-磷酸在磷酸丙糖异构酶催化下可以互变。其反应式为

$$CH_2OH{-}C({=}O){-}CH_2OPO_3^{2-} \xrightleftharpoons{\text{磷酸丙糖异构酶}} CHO{-}HCOH{-}CH_2OPO_3^{2-}$$

二羟丙酮磷酸 甘油醛-3-磷酸

磷酸丙糖异构酶EC5.3.1.1(triose-phosphate isomerase,TPI或TIM)催化可逆反应,反应达到平衡时二羟丙酮磷酸占96%,甘油醛-3-磷酸仅占4%。但甘油醛-3-磷酸随分解代谢不断被消耗,仍有利于正反应进行。

在EMP途径的第一阶段,经以上五步反应,将1分子葡萄糖转变为2分子丙糖,并消耗2分子ATP,所以,糖酵解的第一阶段是耗能的。

2. 醛氧化成酸

糖酵解的第二阶段是指从甘油醛-3-磷酸至丙酮酸生成的代谢过程,包括五步化学反应(⑥~⑩)。

⑥ 甘油醛-3-磷酸氧化成为甘油酸-1,3-二磷酸。甘油醛-3-磷酸在甘油醛-3-磷酸脱氢酶 EC1.2.1.12(glyceraldehyde-3-phosphate dehydrogenase, GAPDH)催化下,由 NAD^+和无机磷酸(Pi)参加,脱氢并磷酸化生成甘油酸-1,3-二磷酸(1,3-bisphosphoglycerate,1,3-BPG),该化合物含 1 个酰基磷酸,酰基磷酸是具有高能磷酸基团转移势能的化合物。反应式为

$$\text{甘油醛-3-磷酸} + NAD^+ + Pi \xrightleftharpoons[\text{(Glyceraldehyde-3-phosphate dehydrogenase, GAPDH)}]{\text{甘油醛-3-磷酸脱氢酶}} \text{甘油酸-1,3-二磷酸} + NADH + H^+$$

⑦ 甘油酸-1,3-二磷酸转变为甘油酸-3-磷酸。在磷酸甘油酸激酶 EC2.7.2.3(phosphoglyceric kinase,PGK)催化下,1,3-BPG 分子中的酰基磷酸转移到 ADP 上,产生 1 分子 ATP 和甘油酸-3-磷酸(3-PG)。其反应式为

$$\text{甘油酸-1,3-二磷酸} + Mg^{2+}\text{-ADP} \xrightleftharpoons{\text{磷酸甘油酸激酶}} \text{甘油酸-3-磷酸} + Mg^{2+}\text{-ATP}$$

这是 EMP 途径中第一个产生 ATP 的反应,该反应的 $\Delta G^{0'}=-18.83$ kJ/mol(相当于-4.50 kcal/mol),是一个高效的放能反应,因此起到推动前一步反应顺利进行的作用,属于底物水平磷酸化。

⑧ 甘油酸-3-磷酸生成甘油酸-2-磷酸。由磷酸甘油酸变位酶 EC5.4.2.1(phosphoglyceromutase,PGAM)催化,甘油酸-3-磷酸转变成甘油酸-2-磷酸。其反应式为

$$\text{甘油酸-3-磷酸} \xrightleftharpoons{\text{磷酸甘油酸变位酶}} \text{甘油酸-2-磷酸}$$

⑨ 甘油酸-2-磷酸脱水生成磷酸烯醇式丙酮酸。在烯醇化酶 EC4.2.1.11(enolase)催化下,甘油酸-2-磷酸脱水生成磷酸烯醇式丙酮酸(phosphoenolpyruvate,PEP),烯醇化酶在与底物结合前先与 2 价阳离子如 Mg^{2+}或 Mn^{2+}结合成一个复合物,才有活性。其反应

式为

$$\text{甘油酸-2-磷酸} \underset{\text{(enolase)}}{\overset{\text{烯醇化酶}}{\rightleftharpoons}} \text{磷酸烯醇式丙酮酸} + H_2O$$

甘油酸－2－磷酸 (2－phosphoglycerate)　　磷酸烯醇式丙酮酸 (phosphoenolpyruvate)

在甘油酸-2-磷酸脱水的同时，其分子内部能量发生重排，甘油酸-2-磷酸分子中普通磷酸酯键（$\Delta G^{0'}=-12.55$ kJ/mol）转变为磷酸烯醇式丙酮酸分子中的高能磷酸酯键（$\Delta G^{0'}=-61.92$ kJ/mol）。

⑩ 磷酸烯醇式丙酮酸转变为丙酮酸，反应式为

$$\text{磷酸烯醇式丙酮酸} \xrightarrow[\text{丙酮酸激酶 (pyruvate kinase)}]{\text{ADP+Pi} \rightarrow \text{ATP}} \text{丙酮酸}$$

磷酸烯醇式丙酮酸 (phosphoenolpyruvate)　　丙酮酸 (pyruvate)

在丙酮酸激酶 EC2.7.1.40（pyruvate kinase，PK）催化下，磷酸烯醇式丙酮酸分子中的磷酸基转移至 ADP 上，产生 1 分子 ATP，这一磷酸化作用是非氧化性磷酸化。这是 EMP 途径的最后一步反应，该反应不可逆，是第三个限速反应。糖酵解过程见图 8.4，由葡萄糖分解为两分子丙酮酸包括能量的产生可用下面的总反应式表示，即

$$\text{葡萄糖}+2Pi+2ADP+2NAD^+ \rightarrow 2\ \text{丙酮酸}+2ATP+2NADH+2H^+ +2H_2O$$

3. 丙酮酸的去向

酵解过程从葡萄糖开始到丙酮酸生成，在所有生物体中和各种细胞内都是非常相似的，见图8.4。丙酮酸以后的代谢途径却随机体所处的条件和发生在何种生物体内而各不相同。

① 丙酮酸转变为乙醇。在酵母和其他部分微生物体内，在无氧条件下，丙酮酸转变为乙醇。转变过程包括两步酶促反应：第一步，丙酮酸在丙酮酸脱羧酶 EC4.1.1.1（pyruvate decarboxylase）催化下，脱去羧基产生乙醛，丙酮酸脱羧酶的辅酶是焦磷酸硫胺素（TPP）；第二步，在乙醇脱氢酶 EC1.1.1.2（alcohol dehydrogenase）催化下，由 NADH+H$^+$提供氢（NADH 来源于 EMP 途径中甘油醛-3-磷酸脱氢），使乙醛还原为乙醇，此过程称为酒精发酵。其反应式为

$$\text{丙酮酸} \xrightarrow{H^+ \rightarrow CO_2} \text{乙醛} \xrightarrow{H^+ + NADH \rightarrow NAD^+} \text{乙醇}$$

丙酮酸　　乙醛　　乙醇

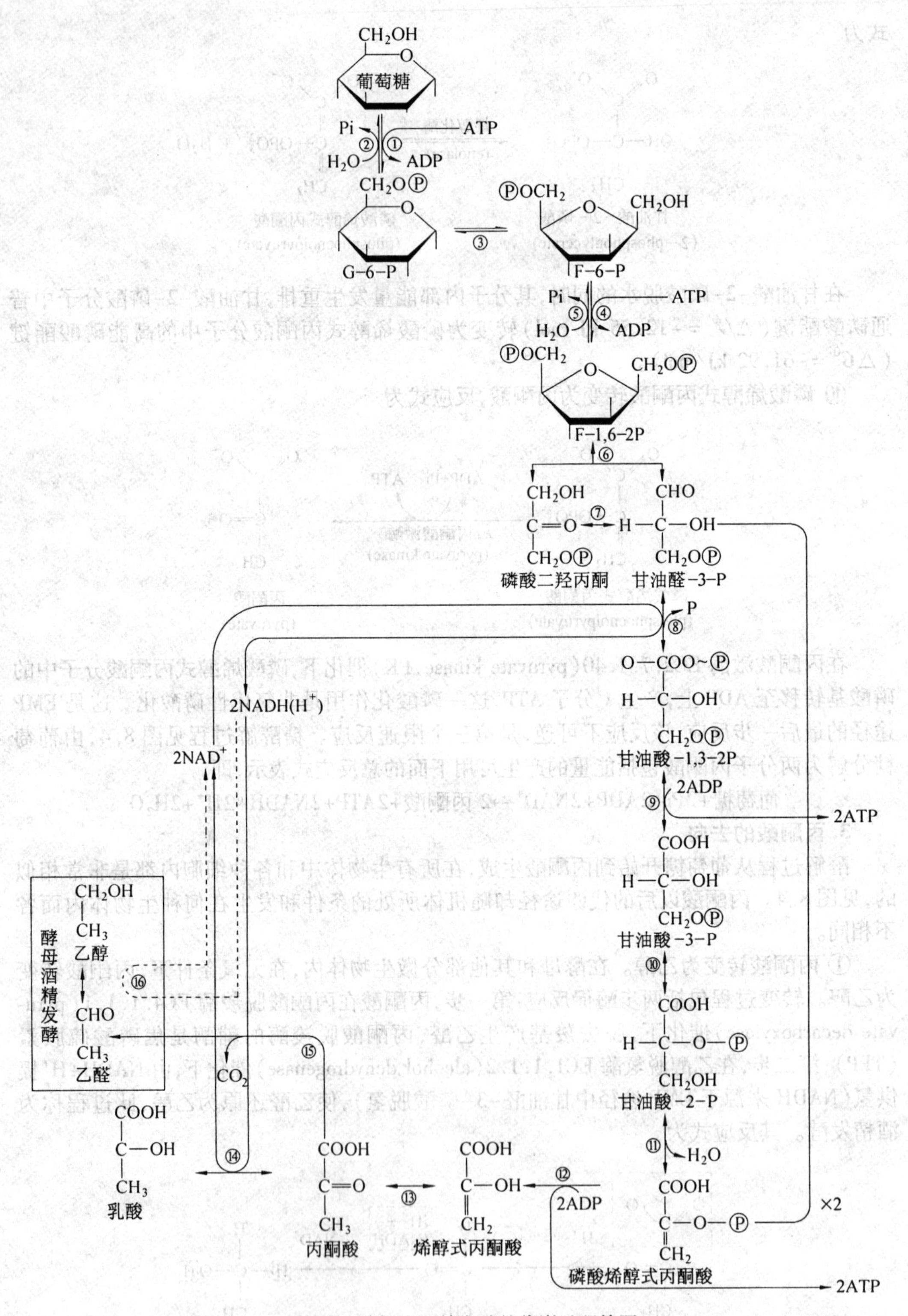

图 8.4　酵解和酒精发酵的代谢过程简图

葡萄糖的这一无氧分解代谢过程的总反应可用下式，即

$$葡萄糖+2Pi+2ADP \rightarrow 2\ 乙醇+2CO_2+2ATP+2H_2O \qquad \Delta G^{0'}=-217.6\ kJ/mol$$

② 丙酮酸转变为乳酸。人和动物在激烈运动发生供氧不足时，缺氧的细胞必须用糖酵解产生的ATP分子暂时满足对能量的需要。为使甘油醛-3-磷酸继续氧化，必须提供氧化型的NAD^+。丙酮酸作为NADH的受氢体，使细胞在无氧条件下重新生成NAD^+，于是丙酮酸的羰基被乳酸脱氢酶EC1.1.1.27还原，生成乳酸(lactate)。反应式如下。

$$\underset{丙酮酸}{CH_3-CO-COO^-} + NADH + H^+ \xrightleftharpoons{乳酸脱氢酶} \underset{L-乳酸}{CH_3-CH(OH)-COO^-} + NAD^+$$

葡萄糖转变为乳酸的总反应式：

$$葡萄糖+2Pi+2ADP \rightarrow 2\ 乳酸+2ATP+2H_2O \qquad \Delta G^{0'}=-196.7\ kJ/mol$$

兼性厌氧的乳酸菌类群，厌氧发酵的终产物为乳酸。乳酸发酵具有重要的经济意义。利用乳酸菌发酵牛乳中的乳糖可生产奶酪、酸奶和其他食品。

③ 丙酮酸转变为乙酰CoA。在有氧条件下，丙酮酸转变为乙酰CoA，再进入三羧酸循环，被彻底氧化成CO_2、H_2O并释放出能量。

8.2.2 三羧酸循环(TCA)

糖酵解是三羧酸循环的序幕。EMP途径使葡萄糖变成丙酮酸。在有氧条件下，丙酮酸被氧化脱羧生成乙酰CoA，乙酰CoA进入TCA。

1. 丙酮酸的氧化脱羧

丙酮酸脱氢酶系(pyruvate dehydrogenase complex)催化丙酮酸氧化脱羧生成乙酰CoA，这个多酶系统包括3种酶，即丙酮酸脱氢酶EC1.2.4.1(E_1)、二氢硫辛酰转乙酰基酶EC2.3.1.12(E_2)和二氢硫辛酸脱氢酶EC1.8.1.4(E_3)；还包括6种辅助因子，即焦磷酸硫胺素(TPP)、辅酶A(CoASH)、FAD、NAD^+、硫辛酸和Mg^{2+}。氧化脱羧过程包括4步化学反应，见图8.5。全过程均在线粒体的基质中进行，总反应可用下式表示，即

$$丙酮酸+CoASH+NAD^+ \xrightarrow[TPP、FAD、硫辛酸、Mg]{丙酮酸脱氢酶系} 乙酰\ CoA+CO_2+NADH+H^+$$

2. 乙酰CoA在三羧酸循环途径中被氧化

在有氧条件下葡萄糖的分解代谢并不在丙酮酸停止，而是继续进行有氧分解，最后形成CO_2和H_2O，并释放能量。它所经历的途径分为2个阶段，分别为三羧酸循环(tricarboxylic acid cycle，TCA)和氧化磷酸化。氧化磷酸化在第7章生物氧化中讨论。由于TCA的第一个关键中间产物是具有3个羧基的柠檬酸，所以又称之为柠檬酸循环(citric acid cycle)。为了纪念德国科学家Hans Krebs为阐明TCA所做的突出贡献，这一循环又称为Krebs循环。这项成就成为生物化学发展史的一个经典，1953年该项成就获得了诺贝尔奖。

TCA在线粒体基质中进行。乙酰CoA通过TCA进行脱羧和脱氢反应，羧基形成CO_2，氢原子随着载体(NAD^+、FAD)进入电子传递链，经过氧化磷酸化作用，形成水分子

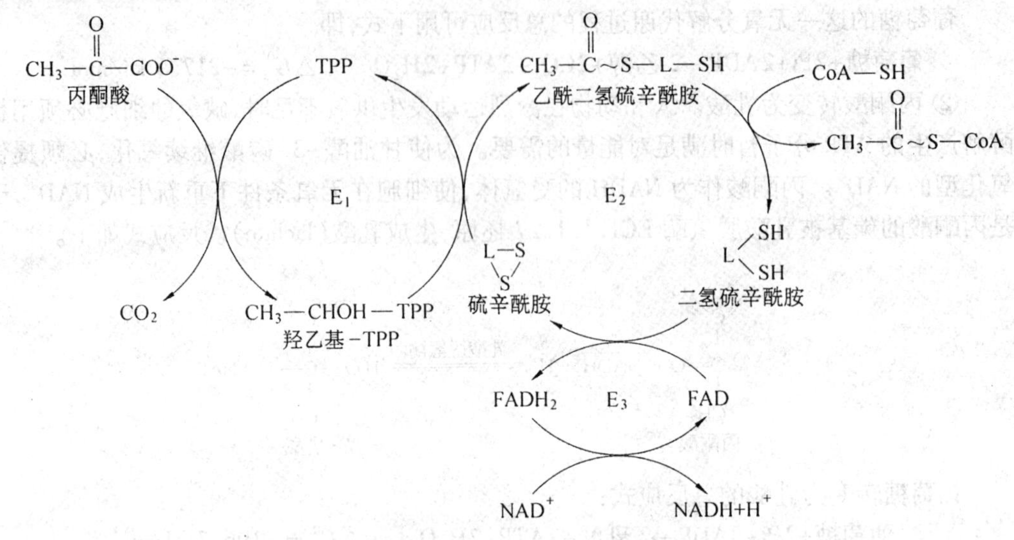

图 8.5 丙酮酸脱氢酶复合体催化反应图解

并用释放出的能量合成 ATP。

TCA 不只是丙酮酸氧化的途径，也是脂肪酸、氨基酸等各种能源分子氧化分解所经历的共同途径。另外，TCA 循环的中间体还可作为许多生物合成的前体，因此可以说 TCA 是两用代谢途径(amphibolic pathway)。TCA 循环包括以下 8 步反应(①~⑧)。

① 乙酰 CoA 与草酰乙酸缩合形成柠檬酸。在柠檬酸合酶 EC2.3.3.1(citrate synthtase,CS)催化下，乙酰 CoA 与草酰乙酸(oxaloacetic acid)缩合形成柠檬酸。其反应式为

$$\underset{\text{草酰乙酸 (oxaloacetate)}}{O=C(COO^-)-CH_2-COO^-} + \underset{\text{乙酰-CoA (aacetyl CoA)}}{CH_3-C(=O)\sim S-CoA} \longrightarrow \underset{\text{柠檬酰-CoA (citryl CoA)}}{HO-C(COO^-)(CH_2-COO^-)-CH_2-C(=O)-S\,CoA} \xrightarrow{H_2O} \underset{\text{柠檬酸 (citrate)}}{HO-C(COO^-)(CH_2-COO^-)_2} + \underset{\text{辅酶 A (coenzyme A)}}{CoASH+H^+}$$

柠檬酸合酶是 TCA 循环中第一个限速调节酶，此反应为不可逆反应。

② 柠檬酸异构化形成异柠檬酸。柠檬酸的异构化包括脱水和加水两个步骤，均由乌头酸酶 EC4.2.1.3(aconitase,ACO)催化，反应的中间产物是顺-乌头酸。其反应式为

$$\underset{\text{柠檬酸}}{COO^--CH_2-C(OH)(COO^-)-CH_2-COO^-} \underset{}{\overset{H_2O}{\rightleftharpoons}} \underset{\text{顺-乌头酸}}{^-OOC-CH=C(COO^-)-CH_2-COO^-} \overset{H_2O}{\rightleftharpoons} \underset{\text{异柠檬酸}}{COO^--CH(OH)-CH(COO^-)-CH_2-COO^-}$$

③ 异柠檬酸氧化脱羧形成 α-酮戊二酸。异柠檬酸脱氢酶 EC1.1.1.41(isocitrate dehydrogenase)催化异柠檬酸氧化脱羧生成 α-酮戊二酸，这是 TCA 循环中的第一个氧化还原反应，也是 TCA 循环中两次氧化脱羧反应之一。其反应式为

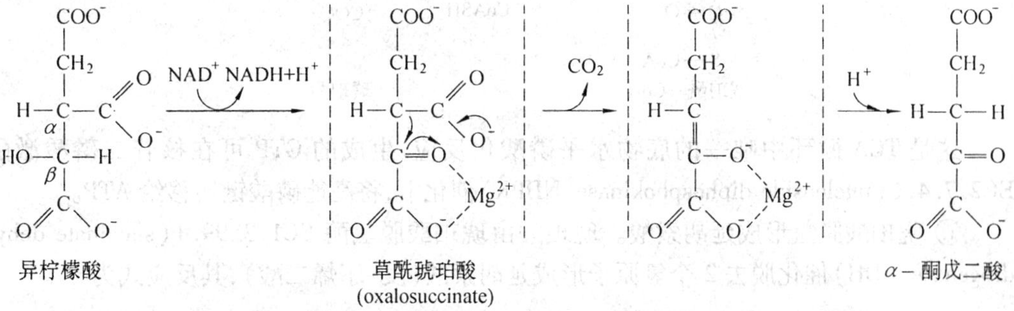

$$\underset{\text{异柠檬酸}}{\begin{matrix}COO^-\\|\\CH_2\\|\\H-\overset{\alpha}{C}-COO^-\\|\\HO-\underset{\beta}{C}-H\\|\\COO^-\end{matrix}} \xrightarrow{NAD^+ \quad NADH+H^+} \underset{\substack{\text{草酰琥珀酸}\\(\text{oxalosuccinate})}}{\begin{matrix}COO^-\\|\\CH_2\\|\\H-C-COO^-\\|\\C=O\\|\\COO^-\end{matrix}}\ (Mg^{2+}) \xrightarrow{CO_2} \begin{matrix}COO^-\\|\\CH_2\\|\\H-C\\|\\C-O^-\\|\\COO^-\end{matrix}\ (Mg^{2+}) \xrightarrow{H^+} \underset{\alpha-\text{酮戊二酸}}{\begin{matrix}COO^-\\|\\CH_2\\|\\H-C-H\\|\\C=O\\|\\COO^-\end{matrix}}$$

异柠檬酸为 β-羟酸，辅助因子 NAD^+ 作为受氢体，使 β-羟酸氧化为 β-酮酸，即草酰琥珀酸。位于异柠檬酸 β-碳原子上的羟基转变为羰基。羰基的形成促使临近的 C—C 键断裂，有利于脱羧作用的进行。上式中虚线内的化合物表示未与酶脱离的反应中间产物。

在高等动植物及大多数微生物中，存在 2 种异柠檬酸脱氢酶，一种以 NAD^+ 为辅酶，只存在于线粒体基质中，是 TCA 循环中第二个重要的变构调节酶；另一种以 $NADP^+$ 为辅酶，在细胞质中也被发现。以 NAD^+ 为辅酶的异柠檬酸脱氢酶需要 Mg^{2+} 或 Mn^{2+} 激活。

④ α-酮戊二酸氧化脱羧形成琥珀酰 CoA。α-酮戊二酸转变为琥珀酰 CoA，由 α-酮戊二酸脱氢酶系(简称 α-酮戊二酸脱氢酶(α-ketoglutarate dehydrogenase))催化，此酶原是与丙酮酸氧化脱氢酶系相类似的一个多酶体系，此酶系含有 3 种酶(α-酮戊二酸脱氢酶 EC1.2.4.2、二氢硫辛酰转琥珀酰酶 EC2.3.1.61、二氢硫辛酰脱氢酶)EC1.8.1.4 和 6 种辅因子(TPP、硫辛酸、CoASH、FAD、NAD^+、Mg^{2+})。其反应式为

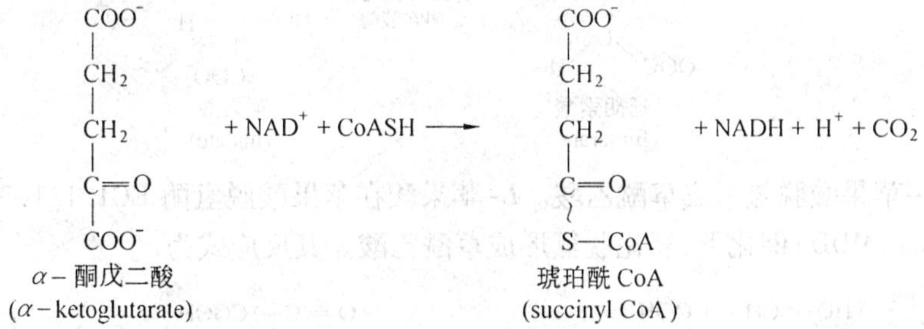

$$\underset{\substack{\alpha-\text{酮戊二酸}\\(\alpha-\text{ketoglutarate})}}{\begin{matrix}COO^-\\|\\CH_2\\|\\CH_2\\|\\C=O\\|\\COO^-\end{matrix}} + NAD^+ + CoASH \longrightarrow \underset{\substack{\text{琥珀酰 CoA}\\(\text{succinyl CoA})}}{\begin{matrix}COO^-\\|\\CH_2\\|\\CH_2\\|\\C=O\\\wr\\S-CoA\end{matrix}} + NADH + H^+ + CO_2$$

α-酮戊二酸脱氢酶是一个变构调节酶，这步反应是 TCA 循环的第三个限速步骤，也是 TCA 的第二个氧化脱羧反应。

⑤ 琥珀酰 CoA 转变为琥珀酸。在琥珀酰硫激酶(succinyl thiokinase)催化下，琥珀酰 CoA 转变为琥珀酸。琥珀酰硫激酶也称为琥珀酰 CoA 合成酶 EC6.2.1.5(succinyl-CoA synthetase)。其反应式为

$$\underset{\text{琥珀酰}-\text{CoA}}{\text{COO}^- - \text{CH}_2 - \text{CH}_2 - \text{C}(=\text{O}) \sim \text{S} - \text{CoA}} \xrightleftharpoons[\text{CoASH}]{\text{GDP}+\text{Pi} \quad \text{GTP}} \underset{\text{琥珀酸}}{\text{COO}^- - \text{CH}_2 - \text{CH}_2 - \text{COO}^-}$$

这是 TCA 循环中唯一的底物水平磷酸化反应，生成的 GTP 可在核苷二磷酸激酶 EC2.7.4.6(nucleoside diphosphokinase，NDPK)催化下，将高能磷酸键转移给 ATP。

⑥ 琥珀酸脱氢形成延胡索酸。琥珀酸由琥珀酸脱氢酶 EC1.3.99.1(succinate dehydrogenase，SDH)催化脱去 2 个氢原子形成延胡索酸(反-丁烯二酸)，其反应式为

$$\underset{\substack{\text{琥珀酸}\\(\text{succinate})}}{\text{COO}^- - \text{CH}_2 - \text{CH}_2 - \text{COO}^-} \xrightarrow[\text{琥珀酸脱氢酶}]{\text{FAD} \quad \text{FADH}_2} \underset{\substack{\text{延胡索酸}\\(\text{fumarate})}}{\text{COO}^- - \text{CH} = \text{HC} - \text{COO}^-}$$

这是 TCA 循环中第三个氧化还原反应，受氢体是 FAD 而不是 NAD^+。丙二酸的结构与琥珀酸相类似，因此它是琥珀酸脱氢酶的强竞争性抑制剂。

⑦ 延胡索酸水合形成 *L*-苹果酸。延胡索酸在具有严格立体专一性的延胡索酸酶 EC4.2.1.2(fumarase)催化下，加水形成 *L*-苹果酸。其反应式为

$$\underset{\substack{\text{延胡索酸}\\(\text{fumarate})}}{\text{H}(\text{COO}^-)\text{C} = \text{C}(\text{H})^-\text{OOC}} \xrightleftharpoons[\text{延胡索酸酶}]{\text{H}_2\text{O}} \underset{\substack{\text{苹果酸}\\(\text{malate})}}{\text{COO}^- - \text{CH}_2 - \text{HO}-\text{C}-\text{H} - \text{COO}^-}$$

⑧ *L*-苹果酸脱氢形成草酰乙酸。*L*-苹果酸在苹果酸脱氢酶 EC1.1.1.37(malate dehydrogenase，MDD)催化下，氧化脱氢形成草酰乙酸。其反应式为

$$\underset{\text{苹果酸}}{\text{HO}-\text{CH}(\text{CH}_2\text{COOH})-\text{COOH}} + \text{NAD}^+ \rightleftharpoons \underset{\text{草酰乙酸}}{\text{O}=\text{C}(\text{CH}_2\text{COOH})-\text{COOH}} + \text{NADH} + \text{H}^+$$

这是 TCA 循环的第四个氧化还原反应，是完成 TCA 循环的最后一个步骤。再生成的草酰乙酸又可与另一分子乙酰 CoA 缩合生成柠檬酸，开始新一轮的 TCA 循环。每循环一次，经历2 次脱羧反应和 4 次氧化反应，使 1 分子乙酰 CoA 氧化成 CO_2 和 H_2O。

TCA 循环的总化学反应式为

$$\text{乙酰 CoA}+3\text{NAD}^+ +\text{FAD}+\text{GDP}+\text{Pi}\rightarrow 2\text{CO}_2+3\text{NADH}+\text{FADH}_2+\text{GTP}+3\text{H}^+ +\text{CoASH}$$

从上式可以看出，TCA 的每一次循环都纳入一个含 2 个碳原子的乙酰 CoA，又有 2 个碳原子以 CO_2 的形式离开循环。但离开循环的两个碳原子并不是刚进入循环的那两个碳原子。

在 TCA 中虽然没有氧分子直接参加反应，但所产生的 3 个 NADH 和 1 个 $FADH_2$ 分子只能通过呼吸链和氧分子才能再被氧化。TCA 循环的全过程见图 8.6。

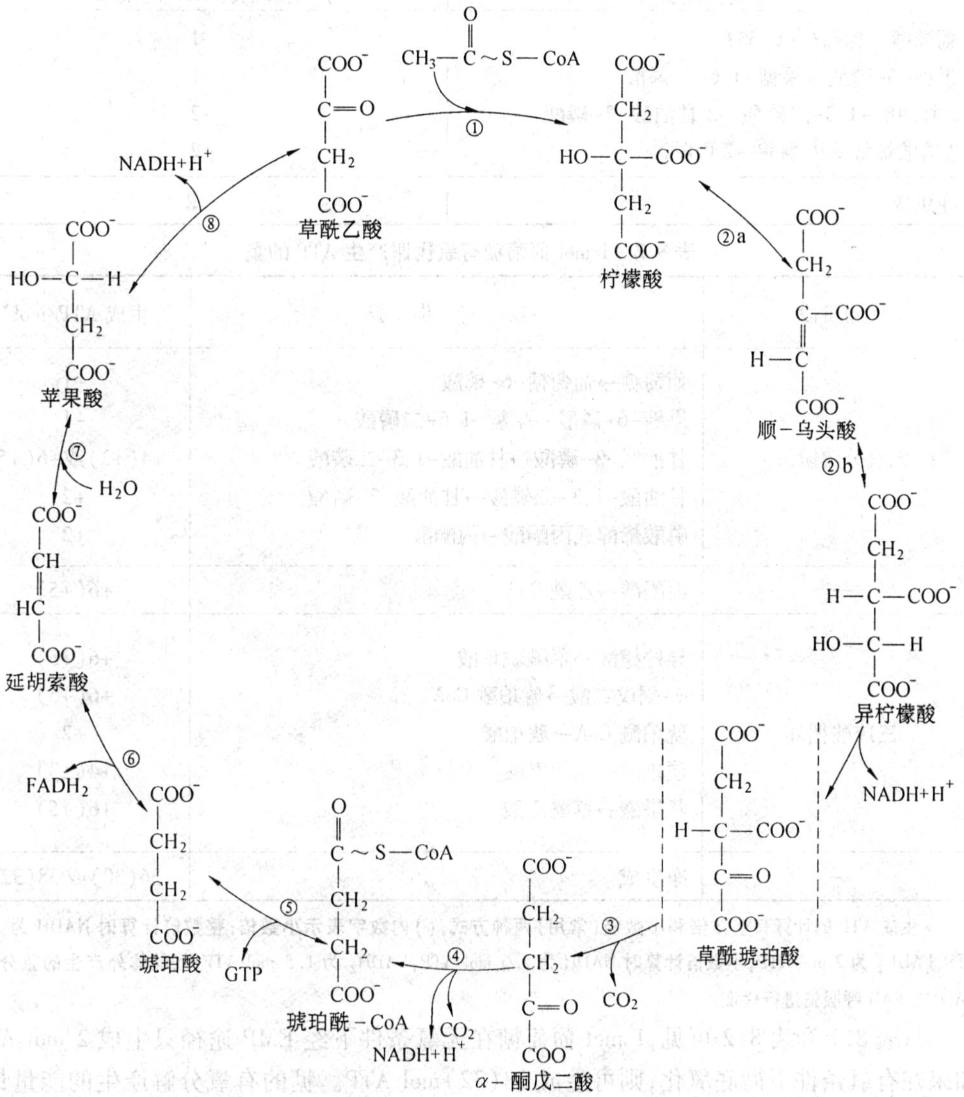

图 8.6　三羧酸循环

①—柠檬酸合酶；②a. b—乌头酸酶；③—异柠檬酸脱氢酶；④—α-酮戊二酸脱氢酶系；⑤—琥珀酰硫激酶；⑥—琥珀酸脱氢酶；⑦—延胡索酸酶；⑧—苹果酸脱氢酶

3. TCA 循环的生理意义

（1）为机体提供能量

糖的无氧分解和有氧分解均可为机体的生命活动提供能量，但在有氧条件下产生的能量比在无氧条件下产生的能量多很多（表 8.1、表 8.2）。

表 8.1　1 mol 葡萄糖无氧分解产生 ATP 的量

产能或耗能反应	产生或消耗 ATP 的量/mol
葡萄糖→葡萄糖-6-磷酸	-1
果糖-6-磷酸→果糖-1,6-二磷酸	-1
2 甘油酸-1,3-二磷酸→2 甘油酸-3-磷酸	+2
2 磷酸烯醇式丙酮酸→2 丙酮酸	+2
净生成	2

表 8.2　1 mol 葡萄糖有氧代谢产生 ATP 的量

代谢阶段	反 应 步 骤	生成 ATP/mol*
无氧分解阶段	葡萄糖→葡萄糖-6-磷酸	-1
	果糖-6-磷酸→果糖-1,6-二磷酸	-1
	甘油醛-3-磷酸→甘油酸-1,3-二磷酸	+4(+3)或+6(+5)
	甘油酸-1,3-二磷酸→甘油酸-3-磷酸	+2
	磷酸烯醇式丙酮酸→丙酮酸	+2
—	丙酮酸→乙酰 CoA	+6(+5)
三羧酸循环	异柠檬酸→草酰琥珀酸	+6(+5)
	α-酮戊二酸→琥珀酰 CoA	+6(+5)
	琥珀酰 CoA→琥珀酸	+2
	琥珀酸→延胡索酸	+4(+3)
	苹果酸→草酰乙酸	+6(+5)
—	净生成	36(30)或38(32)

* 生成 ATP 的计算有整数倍和小数倍（常用）两种方式，( ) 内数字表示小数倍；整数倍计算时 NADH 为 3 mol ATP、$FADH_2$ 为 2 mol ATP，小数倍计算时 NADH 为 2.5 mol ATP，$FADH_2$ 为 1.5 mol ATP；线粒体外产生的氢分别由 NAD^+ 或 FAD 呼吸链进行代谢。

从表 8.1 和表 8.2 可见，1 mol 葡萄糖在无氧条件下经 EMP 途径只生成 2 mol ATP。如果在有氧条件下彻底氧化，则可生成 38(32) mol ATP。糖的有氧分解产生的能量最多时是无氧分解的 19(16) 倍。

糖的无氧分解和有氧分解的贮能效率也不同。发酵和酵解是糖无氧分解的两种主要形式，其贮能效率按每生成 1mol ATP 贮能 30.54kJ 计算。

①酵解：$(2\times30.54/196.7)\times100\% = 31\%$

②发酵：$(2\times30.54/217.6)\times100\% = 28\%$

糖有氧分解的总反应式为

$$C_6H_{12}O_6+38(32)ADP+38(32)H_3PO_4 \rightarrow 6CO_2+6H_2O+38(32)ATP$$

1 mol 葡萄糖在体外燃烧氧化成 CO_2 和 H_2O 时，共放出 2 870 kJ 的能量，若 1 mol 葡萄糖在体内经有氧氧化成为 CO_2 和 H_2O 时，以产生 38 mol ATP 计算，那么葡萄糖有氧氧化的储能效率则为(38×30.54/2870)×100% =40%。由此可见，糖的有氧氧化是生物体获取能量的主要途径。

(2) 糖的有氧代谢是物质代谢的总枢纽

凡是能转变成糖有氧分解代谢中间产物的物质都可进入 TCA 循环，被完全氧化成 CO_2、H_2O 并释放出能量，TCA 是大多数生物体主要的分解代谢途径。TCA 循环的中间产物也可作为脂肪、蛋白质合成的原料，从这个意义上看，TCA 具有分解代谢和合成代谢双重性或两用性。TCA 循环在糖、脂肪、蛋白质代谢中的作用见图 8.7。

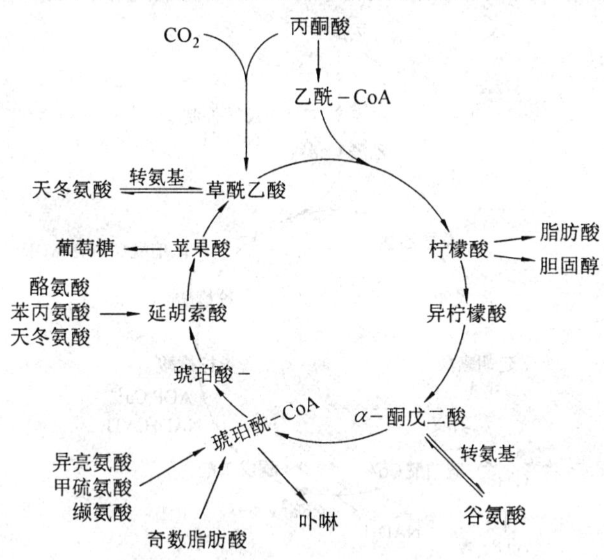

图 8.7 三羧酸循环双重用途示意图

(3) 草酰乙酸在 TCA 循环中的作用

草酰乙酸的浓度影响 TCA 循环的速度。为了保证三羧酸循环的正常进行，必须使草酰乙酸保持一定的浓度。对 TCA 中间产物有补充作用的反应称为添补反应(anaplerotic reaction)。草酰乙酸可由下列 3 种途径生成。

① 由苹果酸脱氢酶催化产生，反应式为

$$\text{苹果酸}+NAD^+ \xrightarrow{\text{苹果酸脱氢酶}} \text{草酰乙酸}+NADH+H^+$$

② 由丙酮酸羧化酶 EC6.4.1.1 催化产生，反应式为

$$\text{丙酮酸}+CO_2+ATP+H_2O \xrightarrow{\text{丙酮酸羧化酶}} \text{草酰乙酸}+ADP+Pi+2H^+$$

③ 由磷酸丙酮酸羧化酶 EC4.1.1.31 催化产生，反应式为

$$\text{磷酸烯醇式丙酮酸}+CO_2+H_2O+ADP \xrightarrow{\text{磷酸丙酮酸羧化酶}} \text{草酰乙酸}+ATP$$

4. 三羧酸循环的调控

调节 TCA 循环速度有 3 种关键酶，柠檬酸合酶、异柠檬酸脱氢酶和 α－酮戊二酸脱氢

酶,它们在生理条件下都远离平衡,其$\Delta G^{0'}$都是负值。TCA 循环中酶的活性主要由底物充足与否决定,并受其形成产物浓度的抑制等影响。循环中关键的底物是乙酰 CoA、草酰乙酸。乙酰 CoA 来源于丙酮酸,所以它还受丙酮酸脱氢酶活性的调节。草酰乙酸来源于苹果酸,它与苹果酸的浓度保持一定的平衡关系。

ADP 是异柠檬酸脱氢酶的变构促进剂(allosteric activator),增加该酶对底物的亲和力。当机体处于静息状态时,ATP 的消耗下降,浓度上升,对该酶产生抑制作用。Ca^{2+}对异柠檬酸脱氢酶和α-酮戊二酸脱氢酶都有激活作用。

在肝脏中,TCA 不仅提供能量,由于肝脏功能的多样性(合成葡萄糖、脂肪酸、胆固醇、氨基酸及卟啉类等),TCA 还有为其他代谢提供中间产物的作用。因此,在肝脏中 TCA 循环受到的调控关系更为错综复杂。TCA 循环的调控关系见图 8.8 所示。

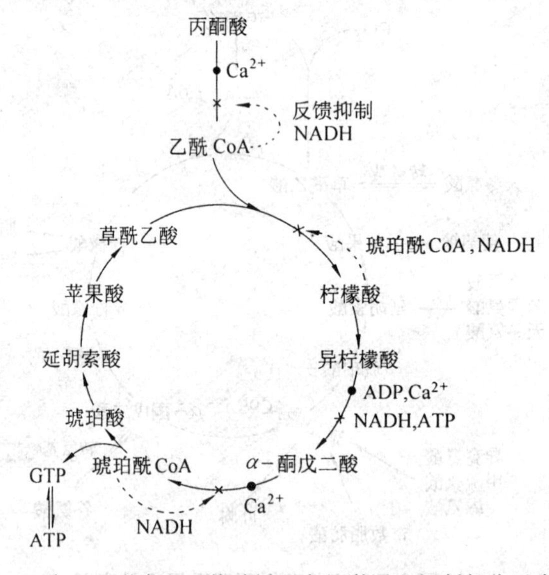

图 8.8　乙酰 CoA 形成和三羧酸循环中的激活和抑制部位示意图

•代表激活部位;×代表抑制部位;---代表反馈抑制;ADP 和Ca^{2+}为激活剂;NADH、ATP 为抑制剂。

8.2.3　磷酸己糖途径(HMS)

EMP 途径和 TCA 循环是糖分解代谢的主要途径,但不是惟一途径。研究表明,向糖酵解系统中添加碘乙酸、氟化物等抑制剂,并没有终止葡萄糖的利用,这说明糖还存在其他的分解代谢途径,称为分解代谢支路或旁路。磷酸己糖途径(Hexose Monophosphate Shunt,简写 HMS)是糖需氧分解的重要代谢旁路之一。1931 年,Otto Warburg 等和 Fritz Lipman 发现了 HMS 中的葡萄糖-6-磷酸脱氢酶和葡萄糖酸-6-磷酸脱氢酶,Frank Dickens 总结了 Otto. Warburg 等人的工作,分离得到许多 HMS 的混合中间产物,此后许多学者进行了这方面的研究,1953 年,F. Dickens总结前人的研究成果,发表在英国医学公报(British Medical Bulletin)上,此项研究得到了进一步发展。在探索 HMS 中做出重要贡献的人有 Otto Warburg、Fritz Lipman、Frank Dickens、Bermard Horecker、Efraim Racker 等。有人也将 HMS 途径称为 Warburg-Dickens 戊糖磷酸途径。

1. HMS 的主要反应

HMS 广泛存在于动植物体内，在细胞质中进行。它由一个循环式的反应体系构成，起始物为葡萄糖-6-磷酸，经过氧化分解后产生磷酸戊糖（五碳糖+无机磷酸）和 NADPH。HMS 途径的全部反应可划分为两个阶段，氧化阶段和非氧化阶段。

（1）氧化阶段

① 葡萄糖-6-磷酸形成葡萄糖酸-6-磷酸-δ-内酯（glucono-6-phosphate-δ-lactone）。以 $NADP^+$ 为辅酶的葡萄糖-6-磷酸脱氢酶催化葡萄糖-6-磷酸分子内 C-1 位上的羧基和 C-5 位上的羟基发生酯化反应。

② 葡萄糖酸-6-磷酸-δ-内酯形成葡萄糖酸-6-磷酸（glucono-6-phosphate）。在专一的内酯酶（lactonase）催化下，葡萄糖酸-6-磷酸-δ-内酯水解成为葡萄糖酸-6-磷酸。

③ 葡萄糖酸-6-磷酸形成核酮糖-5-磷酸（ribulose-5-phosphate）。葡萄糖酸-6-磷酸脱氢酶 EC1.1.1.49（glucono-6-phosphate, G6PD）催化葡萄糖酸-6-磷酸脱氢和脱羧形成核酮糖-5-磷酸。该酶的辅酶也是 $NADP^+$，缺乏该酶会患蚕豆病，引起溶血性贫血，是最常见的一种遗传性酶缺乏病。上述 3 步反应过程如下。

葡萄糖-6-磷酸 —($NADP^+$ → $NADPH + H^+$)→ 葡萄糖酸-6-磷酸-δ-内酯 —(H_2O, H^+)→ 葡萄糖酸-6-磷酸 —($NADP^+$ → $NADPH + H^+$)→ 核酮糖-5-磷酸 + CO_2

（2）非氧化反应阶段

① 核酮糖-5-磷酸形成核糖-5-磷酸（ribose-5-phosphate）。核酮糖-5-磷酸由核酮糖-5-磷酸异构酶（ribulose-5-phosphate isomerase）催化，通过烯二醇中间产物异构化为核糖-5-磷酸。

核酮糖-5-磷酸 (ribulose-5-phosphate) ⇌(核酮糖-5-磷酸异构酶) 烯二醇中间物 (enediol intermediate) ⇌ 核糖-5-磷酸 (ribose-5-phosphate)

② 核酮糖-5-磷酸转变为木酮糖-5-磷酸（xylulose-5-phosphate）。核酮糖-5-磷酸在核酮糖-5-磷酸差向异构酶（ribulose-5-phosphate epimerase）作用下转变成其差向异构体（epimer），即木酮糖-5-磷酸。

$$
\begin{array}{c}
CH_2OH \\
| \\
C{=}O \\
| \\
H{-}C{-}OH \\
| \\
H{-}C{-}OH \\
| \\
H_2C{-}OPO_3^{2-}
\end{array}
\quad \xrightleftharpoons{\text{核酮糖-5-磷酸差向异构酶}} \quad
\begin{array}{c}
CH_2OH \\
| \\
C{=}O \\
| \\
HO{-}C{-}H \\
| \\
H{-}C{-}OH \\
| \\
H_2C{-}OPO_3^{2-}
\end{array}
$$

核酮糖－5－磷酸 (ribulose－5－phosphate)　　木酮糖－5－磷酸 (xylulose－5－phosphate)

③ 木酮糖-5-磷酸与核糖-5-磷酸通过转酮作用形成景天庚酮糖-7-磷酸和甘油醛-3-磷酸。木酮糖-5-磷酸经转酮酶(transketolase)的作用,将木酮糖的C-1位和C-2位上含有羰基的2个碳单位转移到核糖-5-磷酸上,其自身转变为甘油醛-3-磷酸,同时形成一个7碳产物景天庚酮糖-7-磷酸(sedoheptulose-7-phosphate)。

$$
\begin{array}{c}
CH_2OH \\
| \\
C{=}O \\
| \\
HO{-}C{-}H \\
| \\
H{-}C{-}OH \\
| \\
CH_2OPO_3^{2-}
\end{array}
+
\begin{array}{c}
O{=}C{-}H \\
| \\
H{-}C{-}OH \\
| \\
H{-}C{-}OH \\
| \\
H{-}C{-}OH \\
| \\
CH_2OPO_3^{2-}
\end{array}
\xrightarrow[\text{(transketolase)}]{\text{转酮酶}}
\begin{array}{c}
O{=}C{-}H \\
| \\
H{-}C{-}OH \\
| \\
CH_2OPO_3^{2-}
\end{array}
+
\begin{array}{c}
CH_2OH \\
| \\
C{=}O \\
| \\
HO{-}C{-}H \\
| \\
H{-}C{-}OH \\
| \\
H{-}C{-}OH \\
| \\
H{-}C{-}OH \\
| \\
CH_2OPO_3^{2-}
\end{array}
$$

木酮糖－5－磷酸 (xylulose－5－phosphate)　核糖－5－磷酸 (ribose－5－phosphate)　甘油醛－3－磷酸 (glyceraldehyde－3－phosphate)　景天庚酮糖－7－磷酸 (sedoheptulose－7－phosphate)

④ 景天庚酮糖-7-磷酸与甘油醛-3-磷酸通过转醛基反应形成果糖-6-磷酸和赤藓糖-4-磷酸(erythrose-4-phosphate)。景天庚酮糖-7-磷酸在转醛酶(transaldolase)催化下,将3个碳单位转移给甘油醛-3-磷酸形成果糖-6-磷酸,所余的4个碳单位转变为赤藓糖-4-磷酸。

$$
\begin{array}{c}
CH_2OH \\
| \\
C{=}O \\
| \\
HO{-}C{-}H \\
| \\
H{-}C{-}OH \\
| \\
H{-}C{-}OH \\
| \\
H{-}C{-}OH \\
| \\
CH_2OPO_3^{2-}
\end{array}
+
\begin{array}{c}
O{=}C{-}H \\
| \\
H{-}C{-}OH \\
| \\
CH_2OPO_3^{2-}
\end{array}
\xrightleftharpoons[\text{(transaldolase)}]{\text{转醛酶}}
\begin{array}{c}
O{=}C{-}H \\
| \\
H{-}C{-}OH \\
| \\
H{-}C{-}OH \\
| \\
CH_2OPO_3^{2-}
\end{array}
+
\begin{array}{c}
CH_2OH \\
| \\
C{=}O \\
| \\
OH{-}C{-}H \\
| \\
H{-}C{-}OH \\
| \\
H{-}C{-}OH \\
| \\
CH_2OPO_3^{2-}
\end{array}
$$

景天庚酮糖－7－磷酸 (sedoheptulose－7－phosphate)　甘油醛－3－磷酸 (glyceraldehyde－3－phosphate)　赤藓糖－4－磷酸 (erythrose－4－phosphate)　果糖－6－磷酸 (fructose－6－phosphate)

⑤ 木酮糖-5-磷酸和赤藓糖-4-磷酸通过转酮作用形成甘油醛-3-磷酸和果糖-6-磷酸。通过此反应生成了糖酵解途径的两个中间产物,即甘油醛-3-磷酸和果糖-6-磷

酸。其反应式为

木酮糖-5-磷酸 (xylulose-5-phosphate) + 赤藓糖-4-磷酸 (erythrose-4-phosphate) $\xrightleftharpoons[\text{(transketolase)}]{\text{转酮酶}}$ 甘油醛-3-磷酸 (glyceraldehyde-3-phosphate) + 果糖-6-磷酸 (fructose-6-phosphate)

⑥ 果糖-6-磷酸转变为葡萄糖-6-磷酸

果糖-6-磷酸可在磷酸葡萄糖异构酶EC5.3.1.9(phosphoglucose isomerase)催化下转变为葡萄糖-6-磷酸,葡萄糖-6-磷酸可再作为HMS途径的原料。如果6个葡萄糖-6-磷酸分子通过HMS途径降解后,每个葡萄糖-6-磷酸分子氧化脱羧失去1个CO_2,相当于净消耗1分子葡萄糖,产生12分子$NADPH+H^+$、6分子CO_2和5分子葡萄糖-6-磷酸。

HMS全部反应可用下式概括,即

6葡萄糖-6-磷酸$+7H_2O+12NADP^+ \rightarrow 6CO_2+5$葡萄糖-6-磷酸$+12NADPH+12H^++Pi$

在HMS的非氧化阶段,全部反应都是可逆的,这保证了细胞能以极大的灵活性满足自己对糖代谢中间产物以及合成代谢对大量还原力的需求。HMS途径的总览见图8.9。

2. HMS的生理意义

(1) HMS是细胞产生还原力(NADPH)的主要途径

HMS途径和EMP途径一样存在于细胞质中。作为能源分子的葡萄糖,通过EMP、TCA代谢途径和氧化磷酸化主要产生ATP,供耗能的生命活动所需。葡萄糖经HMS代谢途径主要产生NADPH。NADPH在还原性生物合成中作为氢和电子的供体,为细胞提供还原力。HMS途径的酶类在骨骼肌中活性很低,在脂肪组织以及其他活跃合成脂肪酸和固醇类的组织,如乳腺、肾上腺皮质、肝脏等组织中的活性很高,在脊椎动物的红细胞中的活性也很高。因为脂肪酸、固醇类的合成需要还原力,保证红细胞中的谷胱甘肽(glutathion,GssG)处于还原态也需要还原力。在光合作用中HMS的部分途径参加CO_2合成葡萄糖的途径,由核糖核苷酸转变为脱氧核糖核苷酸也需要NADPH。此外,NADPH也可通过穿梭作用进入呼吸链进行氧化磷酸化产生ATP,若以每分子NADPH产生3分子ATP计算,每分子葡萄糖-6-磷酸经HMS代谢途径可产生36分子的ATP。

(2) HMS代谢途径是联系己糖代谢与戊糖代谢的途径

HMS途径的中间产物核糖-5-磷酸及其衍生物是ATP、CoASH、NAD^+、FAD、RNA和DNA等重要生物分子的组分。

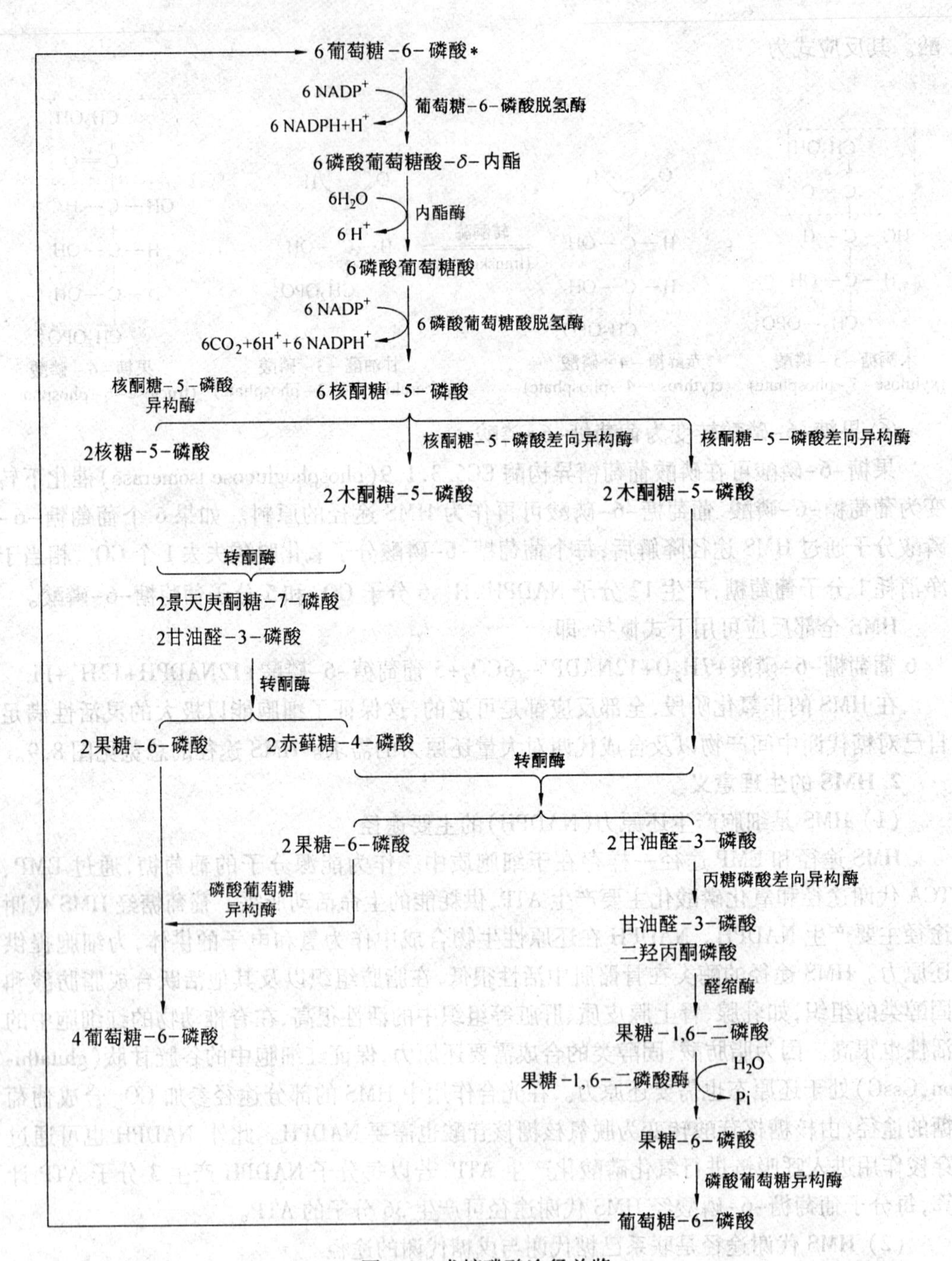

图8.9　戊糖磷酸途径总览

*6个葡萄糖-6-磷酸分子进入戊糖磷酸途径，生成5个葡萄糖-6-磷酸分子，产生6分子CO_2和Pi，并产生12个NADPH和12个H^+

8.3　糖原的生物合成和葡萄糖异生作用

8.3.1　糖原的生物合成

糖原的生物学意义在于它是贮存能量的、容易动员的多糖。糖原是葡萄糖的一种高效能的贮存形式。当机体细胞中能量充足时，细胞即合成糖原将能量贮存起来。1957年，Luis Leloir 等人终于发现糖原的生物合成和分解是完全不同的途径。在糖原合成中，糖基的供体不是葡萄糖-1-磷酸，而是尿苷二磷酸葡萄糖(uridine diphosphate glucose)，简称 UDP-葡萄糖或 UDPG。UDPG 的发现使糖原合成研究迅速进展。UDPG 的结构式为

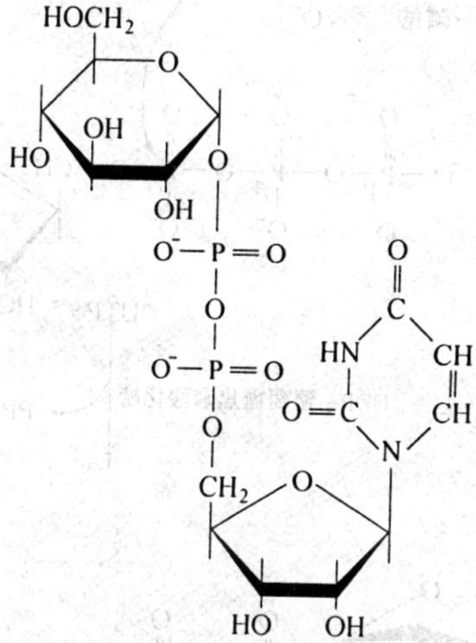

尿苷二磷酸葡萄糖
(uridine diphosphate glucose)
(UDP－葡萄糖)

由葡萄糖合成糖原的过程主要在细胞质中进行。由葡萄糖合成糖原包括下列几步反应。

① 葡萄糖由已糖激酶催化磷酸化为葡萄糖-6-磷酸，反应式为

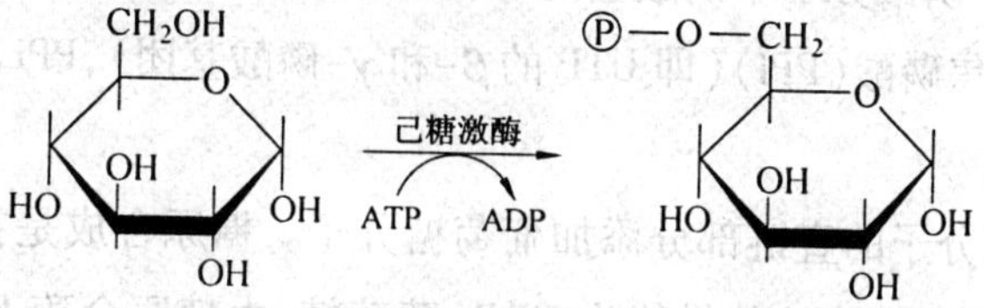

葡萄糖 —(己糖激酶；ATP → ADP)→ 葡萄糖－6－磷酸

② 葡萄糖-6-磷酸转变为葡萄糖-1-磷酸，反应由磷酸葡萄糖变位酶催化，反应式为

葡萄糖-6-磷酸 + 葡萄糖-1,6-二磷酸 $\underset{Mg^{2+}}{\overset{磷酸葡萄糖变位酶}{\rightleftharpoons}}$ 葡萄糖-1,6-二磷酸 + 葡萄糖-1-磷酸

③ 葡萄糖-1-磷酸与UTP反应形成尿苷二磷酸葡萄糖(UDPG),UDP-葡萄糖焦磷酸化酶(UDP-glucose pyrophosphorylase)催化此反应,反应式为

葡萄糖-1-磷酸 + UTP $\xrightarrow{UDP-葡萄糖焦磷酸化酶}$ UDP-葡萄糖 + PPi

PPi $\xrightarrow{无机焦磷酸酶}$ 2 Pi

式中葡萄糖-1-磷酸分子中磷酸基团的氧原子向UTP分子的α磷原子进攻形成UTP-葡萄糖(UTPG)和焦磷酸(PPi)(即UTP的β-和γ-磷酸基团),PPi迅速被无机焦磷酸酶水解。

④ 向已有糖原分子的直链部分添加葡萄糖分子。糖原合成是在原有糖原的非还原性末端延长葡萄糖残基,糖基的供体为UDP-葡萄糖,由糖原合酶EC2.4.1.11(glycogen synthase)催化残基之间形成$\alpha(1\rightarrow4)$糖苷键。下面的反应中每循环1次,糖原延长1个葡萄糖残基,同时释放UDP,反应式为

UDP－葡萄糖 + 糖原（n个残基） → 糖原（n+1个残基） + UDP

糖原合酶的催化作用需要“引物”(primer)存在，该引物称为生糖原蛋白(glycogenin)，此蛋白具有自动催化作用(autocatalysis)，可催化约8个葡萄糖单位连续以$\alpha(1\to4)$糖苷键成链，在已合成的8个葡萄糖残基基础上，糖原合酶再继续延长糖基链。糖原合酶只有与生糖原蛋白紧紧结合在一起时，才能有效发挥其催化作用。应注意的是，糖原合酶称为“合酶”(synthase)而不是“合成酶”(synthetase)，原因在于催化反应中无ATP直接参加，若有ATP直接参加反应，则称为某合成酶。

⑤ 糖原生成。在糖原分支酶(glycogen branching enzyme)催化下，糖原在直链上形成分支，在分支处葡萄糖残基之间的连接方式为$\alpha(1\to6)$糖苷键，见图8.10。

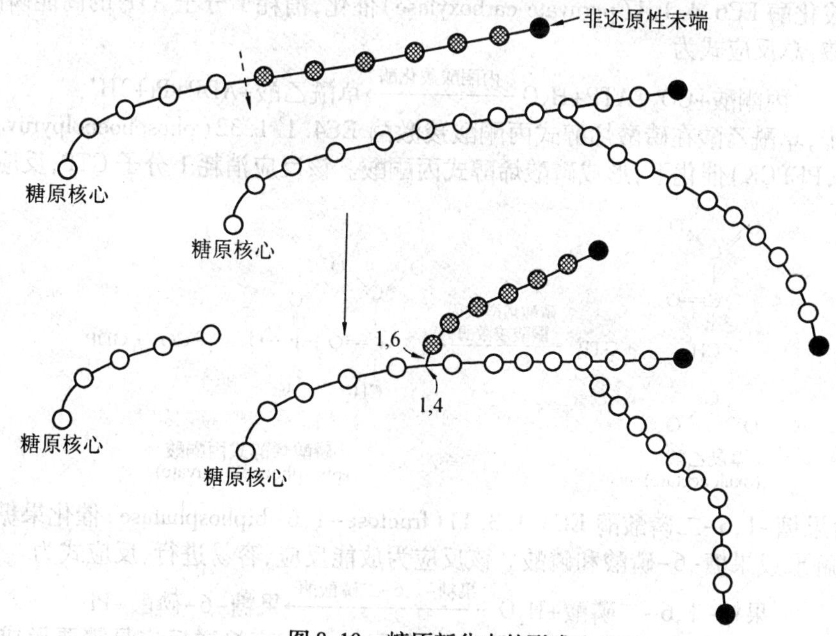

图8.10 糖原新分支的形成

● 代表非还原性末端；◍代表糖基片段转移后留下的葡萄糖残基；
图中表示在2个糖原分子间糖基片段的转移分支情况。

糖原的多分支对机体非常有利，它增加了糖原的可溶性，还增加了非还原性末端的数目。由于糖原磷酸化酶和糖原合酶都以非还原末端为作用位点，可大大提高糖原的分解和合成效率。UDP 的再生反应为

$$\text{UDP+ATP}\xrightarrow{\text{二磷酸核苷激酶}}\text{UTP+ADP}$$

UTP 与葡萄糖-1-磷酸反应形成的 UDPG 是糖原合成中葡萄糖的活化形式。因此 UTP 浓度的高低影响糖原合成的速度。

8.3.2 葡萄糖异生作用

葡萄糖异生作用是指以非糖物质为前体合成葡萄糖。非糖物质包括乳酸、丙酮酸、丙酸、甘油以及氨基酸等。葡萄糖异生是人类和其他动物绝对需要的代谢途径。人脑的能源供应高度依赖于葡萄糖。人体每日需葡萄糖总量约为 160 g，其中脑的需要量就达 120 g。体液中的葡萄糖约为 20 g，糖原可随时提供的葡萄糖约为 190 g，因此在一般状态下，机体内的葡萄糖量足够维持 1 天的需要。但如果机体处于饥饿状态或在剧烈运动时，则必须由非糖物质转化成葡萄糖以应急需。

1. 葡萄糖异生作用的途径

葡萄糖异生作用的途径绝大部分（但不完全）是糖酵解过程的逆反应。糖酵解过程有 3 步反应是不可逆的，即由己糖激酶催化的葡萄糖与 ATP 形成葡萄糖-6-磷酸和 ADP；由磷酸果糖激酶催化的果糖-6-磷酸与 ATP 形成果糖-1,6-二磷酸和 ADP；由丙酮酸激酶催化的磷酸烯醇式丙酮酸与 ADP 形成丙酮酸和 ATP 的反应。

葡萄糖异生作用采取以下 3 项措施，通过糖酵解的 3 个不可逆反应，关键是由不同的酶催化。

① 丙酮酸通过草酰乙酸形成磷酸烯醇式丙酮酸。反应分两步进行：第一步，丙酮酸由丙酮酸羧化酶 EC6.4.1.1（pyruvate carboxylase）催化，消耗 1 分子 ATP 的高能磷酸键形成草酰乙酸，总反应式为

$$\text{丙酮酸}+CO_2+\text{ATP}+H_2O\xrightarrow{\text{丙酮酸羧化酶}}\text{草酰乙酸}+\text{ADP}+\text{Pi}+2H^+$$

第二步，草酰乙酸在磷酸烯醇式丙酮酸羧激酶 EC4.1.1.32（phosphoenolpyruvate carboxykinase，PEPCK）催化下，形成磷酸烯醇式丙酮酸。该反应消耗 1 分子 GTP，反应式为

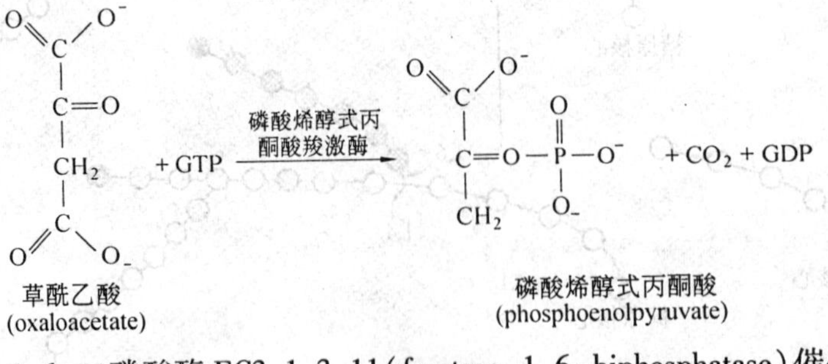

$$\begin{array}{c}O\quad O^-\\ \backslash\!\!\!\!=C/\\ |\\ C=O\\ |\\ CH_2\\ |\\ C\\ O\!\!=\quad O^-\end{array}+\text{GTP}\xrightarrow[\text{酮酸羧激酶}]{\text{磷酸烯醇式丙}}\begin{array}{c}O\quad O^-\\ C\\ |\quad\quad\quad O\\ C{=}O{-}\overset{\|}{\underset{|}{P}}{-}O^-\\ |\quad\quad\quad O^-\\ CH_2\end{array}+CO_2+\text{GDP}$$

草酰乙酸 (oxaloacetate)　　磷酸烯醇式丙酮酸 (phosphoenolpyruvate)

② 由果糖-1,6-二磷酸酶 EC3.1.3.11（fructose-1,6-biphosphatase）催化果糖-1,6-二磷酸水解形成果糖-6-磷酸和磷酸。该反应为放能反应，容易进行，反应式为

$$\text{果糖-1,6-二磷酸}+H_2O\xrightarrow{\text{果糖-1,6-二磷酸酶}}\text{果糖-6-磷酸+Pi}$$

这步反应是糖酵解过程不能进行的直接逆反应，因为直接逆反应是需要形成 1 分子 ATP 和 1 分子果糖-6-磷酸的吸能反应。而上述反应式将其改变为释放无机磷酸的放能反应。

③ 由葡萄糖-6-磷酸酶 EC3.1.3.9(glucose-6-phosphatase)催化葡萄糖-6-磷酸水解为葡萄糖,反应式为

$$葡萄糖-6-磷酸+H_2O \xrightarrow{葡萄糖-6-磷酸酶} 葡萄糖+Pi$$

葡萄糖-6-磷酸酶是结合在光面内质网膜的一种酶。葡萄糖-6-磷酸必须转移到内质网中才能被该酶水解,形成葡萄糖和无机磷酸,经不同的转运途径又回到细胞质中。

肝、肠、肾细胞内的糖异生作用产生的葡萄糖进入血液,可维持血糖浓度的平衡。脑和肌肉中无葡萄糖-6-磷酸酶,不能利用葡萄糖-6-磷酸形成葡萄糖。骨骼肌活动产生的乳酸和丙氨酸随血液流入肝脏内进行葡萄糖的异生作用。这有利于减轻肌肉的繁重负担。葡萄糖异生途径的总览见图8.11。

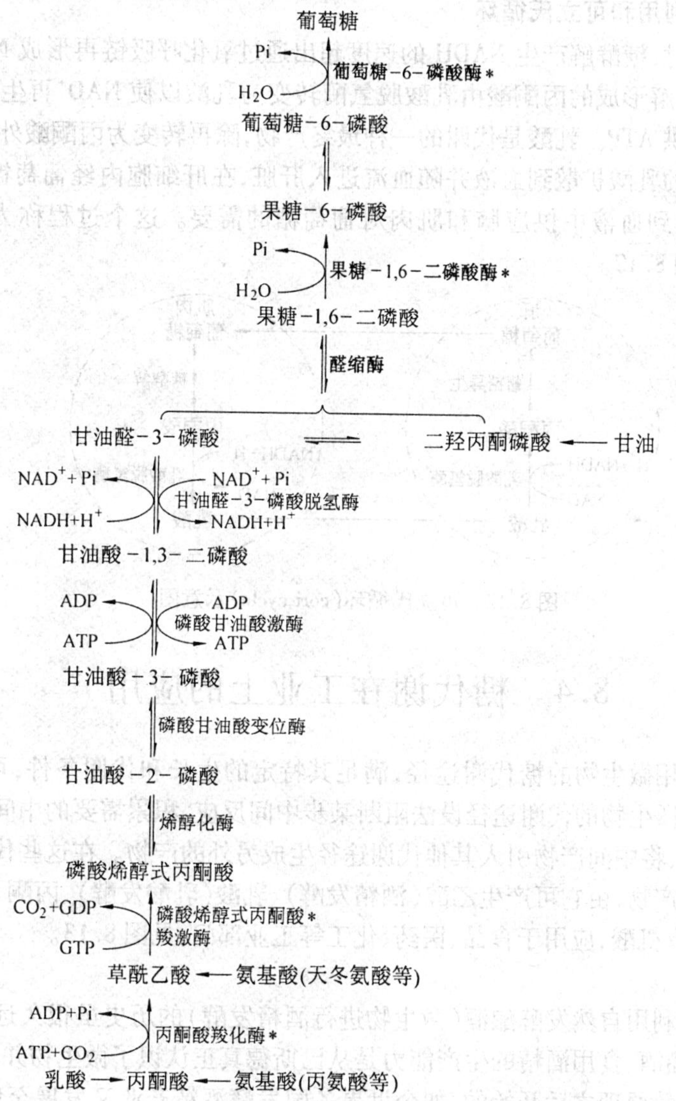

图8.11 葡萄糖异生途径总览

*—→表示与酵解不同的反应途径,其他反应都属糖酵解过程的逆反应。

糖酵解和葡萄糖异生反应中的酶的差异见表8.3。

表8.3 糖酵解和葡萄糖异生反应中酶的差异

糖酵解反应中的酶	葡萄糖异生反应中的酶
己糖激酶	葡萄糖-6-磷酸酶
磷酸果糖激酶	果糖-1,6二磷酸酶
丙酮酸激酶	丙酮酸羧化酶
	磷酸烯醇式丙酮酸羧激酶

2. 乳酸的再利用和可立氏循环

在激烈运动时,糖酵解产生NADH的速度超出通过氧化呼吸链再形成NAD^+的能力。此时,肌肉中糖酵解形成的丙酮酸由乳酸脱氢酶转变为乳酸以使NAD^+再生,这样糖酵解作用才能继续提供ATP。乳酸是代谢的一种最终产物,除再转变为丙酮酸外,别无其他去路。肌肉细胞中的乳酸扩散到血液并随血流进入肝脏,在肝细胞内经葡萄糖异生作用转变为葡萄糖,又回到血液中供应脑和肌肉对葡萄糖的需要。这个过程称为可立氏循环(cori cycle),见图8.12。

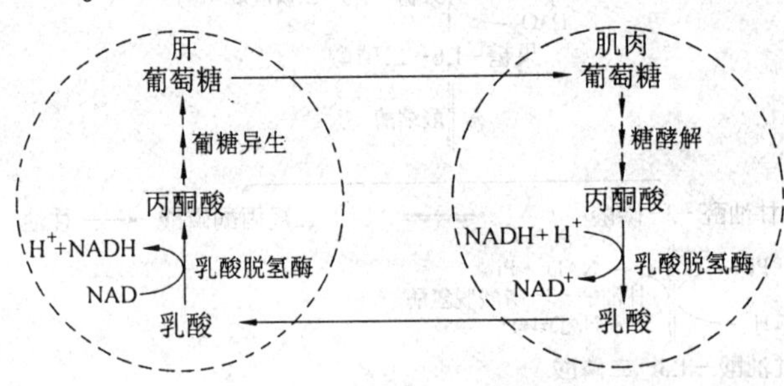

图8.12 可立氏循环(cori cycle)示意图

8.4 糖代谢在工业上的应用

发酵工业利用微生物的糖代谢途径,满足其特定的生长和代谢条件,可生产多种产品。常根据某些微生物的代谢途径设法阻断某步中间反应,积累需要的中间产物;或者使其改变代谢途径,将中间产物引入其他代谢途径生成另外的产物。在这些代谢中,丙酮酸是枢纽性的中间产物,由它可产生乙醇(酒精发酵)、乳酸(乳酸发酵)、丙酮、丁醇(丙酮丁醇发酵)及多种有机酸,应用于食品、医药、化工等工业部门,见图8.13。

1. 酒精发酵

人类发现并利用自然发酵酿酒(微生物进行酒精发酵)的历史虽很久远,但真正大规模形成啤酒、蒸馏酒、食用酒精的生产能力是从巴斯德真正认识了微生物并且在很多学者充分阐明酒精发酵原理之后开始的,如今世界各国发酵酒精产业又发展至解决能源的补充和部分替代的燃料酒精时代。向汽油、柴油中添加体积分数为10%~20%的无水乙醇,调制成乙醇汽油,不仅解决了部分能源缺口,还解决了由于汽车增多造成环保的一些难题,用玉米、废糖蜜、甘薯等为主原料的酒精发酵的最大优势是原料来源的可再生,因此酒精是稳定的环保型能源之一。发酵使用的主体微生物主要是酒精酵母（*Saccharomyces cereuisiae*）、啤酒酵母（*Saccharomyces cereuisiae*），酒精已成为世界上生产数量最大、经济建设和社会需求数量最多的生物技术产品。以玉米为原料发酵生产酒精的工艺概况见图8.14。

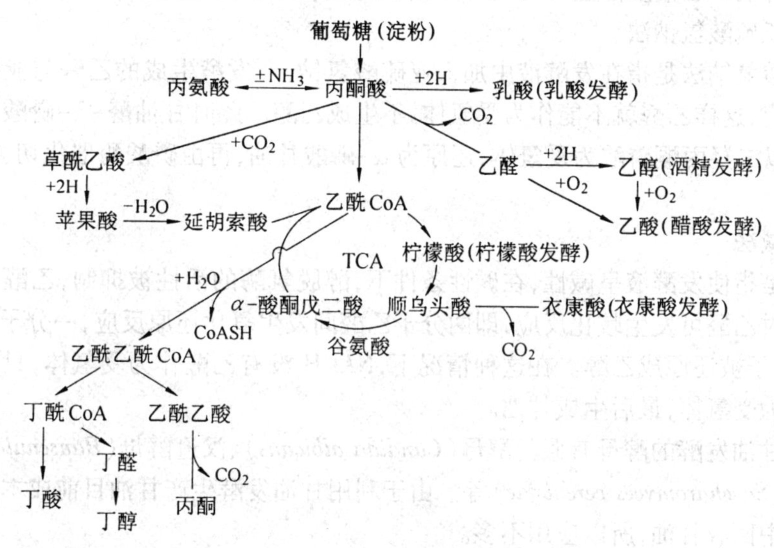

图8.13 工业发酵中丙酮酸的部分转化途径

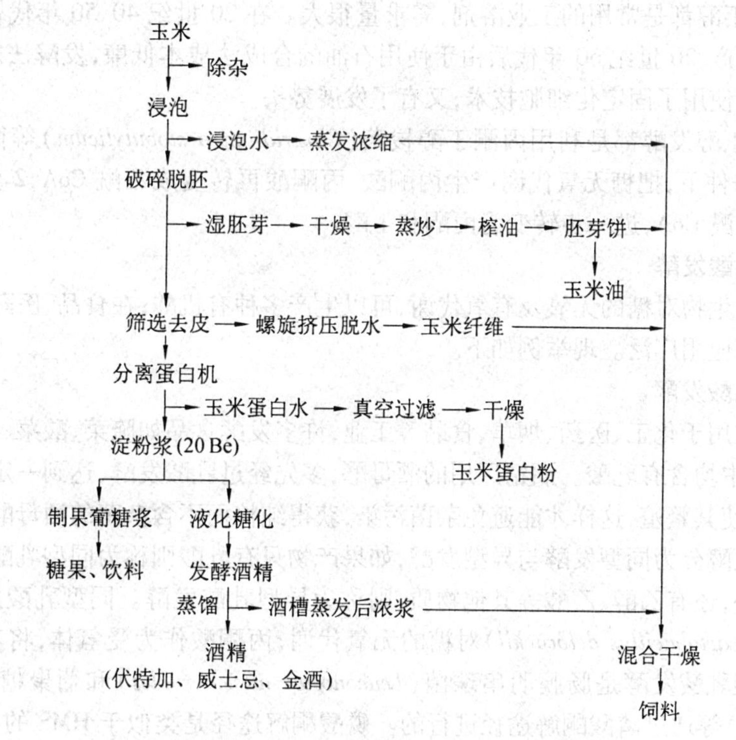

图8.14 以玉米为原料发酵生产酒精的简要过程

2. 甘油发酵

甘油是国防、化工及医药工业上的重要原料。利用酵母细胞对糖的无氧代谢来生产甘油(即酵母的二型及三型发酵),是人为地改变其正常代谢途径,即乙醛不转变成乙醇,而是积累甘油。甘油发酵主要有两种方法,亚硫酸氢钠法和碱法。

(1) 亚硫酸氢钠法

亚硫酸氢钠法是指在发酵液中加入亚硫酸氢钠,使发酵生成的乙醛与亚硫酸氢钠发生加成反应,这样乙醛就不能作为受氢体,不生成乙醇。此时甘油醛-3-磷酸氧化产生的NADH就以二羟丙酮磷酸为受氢体,还原为α-磷酸甘油,再由磷酸酶催化切去磷酸,生成甘油。

(2) 碱法

碱法是指使发酵液呈碱性,在碱性条件下,醇脱氢酶的活性被抑制,乙醛不能还原为乙醇。此时乙醛可发生歧化反应,即两分子乙醛间发生氧化还原反应,一分子被氧化成乙酸,另一分子被还原成乙醇。在这种情况下,NADH没有乙醛作为受氢体,只能以二羟丙酮磷酸作为受氢体,最后生成甘油。

用于甘油发酵的酵母有假丝酵母(*Candida albicans*)、汉逊酵母(*Hansenula anomala*)、啤酒酵母(*Saccharomyces cereuisiae*)等。由于利用甘油发酵生产甘油目前成本高于肥皂工业从废水中回收甘油,所以应用不多。

3. 丙酮、丁醇发酵

丙酮、丁醇都是常用的工业溶剂,需求量很大。在20世纪40、50年代曾大量利用厌氧菌发酵生产,20世纪60年代后由于使用石油的合成法成本低廉,发酵法曾一度停止使用。目前因使用了固定化细胞技术,又有了发展势头。

丙酮、丁醇发酵都是利用丙酮丁醇梭菌(*Clostridium acetobutylicum*)等微生物在酸性(pH 3.5)条件下,把糖无氧代谢产生丙酮酸,丙酮酸再转变成乙酰CoA,2分子乙酰CoA合成乙酰乙酰CoA,进一步转变为丙酮和丁醇。

4. 有机酸发酵

利用微生物对糖的无氧及有氧代谢,可以生产多种有机酸,在食品、医药、化工、塑料、香料等部门应用广泛。现举例如下。

(1) 乳酸发酵

乳酸常用于化工、医药、烟草、食品等工业,许多发酵食品如腌菜、酸菜、泡菜、酱菜、发酵醪、啤酒中均含有乳酸。酒精厂用的酒母醪,多先经过乳酸发酵,达到一定酸度后,再接种纯酵母,使其繁殖,这样才能避免杂菌污染,获得纯粹而不含杂菌的酒母醪。

乳酸发酵分为同型发酵与异型发酵,如果产物只有乳酸则称为同型乳酸发酵;如果产物除乳酸外,还有乙醇、乙酸等其他物质,则称为异型乳酸发酵。同型乳酸发酵是利用德氏乳杆菌(*Lactobacillus delbruckii*)对糖的无氧代谢,丙酮酸作为受氢体,将其直接还原为乳酸。异型乳酸发酵是肠膜明串珠菌(*Leuconostoc mesenteroides*)和葡聚糖明串珠菌(*L. dextranicum*)等通过磷酸酮解途径进行的。磷酸酮解途径是类似于HMS的一个糖的有氧分解途径,葡萄糖经葡萄糖-6-磷酸转变为木酮糖-5-磷酸后,经磷酸酮解酶催化,分解为乙酰磷酸和甘油醛-3-磷酸。乙酰磷酸经磷酸转乙酰酶作用变为乙酰CoA,再经乙醛脱氢酶和醇脱氢酶作用生成乙醇。甘油醛-3-磷酸经多种酶作用，通过丙酮酸转变为乳酸。

(2) 丁酸发酵

丁酸也是常用的工业溶剂，进行丁酸发酵的主要是一些专性厌氧菌，常见的有丁酸梭菌(*Clostridium butyrium*)、克氏梭菌(*C. kluyueri*)、巴氏芽孢杆菌(*Bacillus pasteurianum*)等。这些细菌在无氧条件下经EMP途径将已糖分解为丙酮酸，在丙酮酸-铁氧还蛋白氧化酶催化下，将丙酮酸转变为乙酰CoA，再经乙酰乙酰CoA、丁酰CoA转变为丁酸，丁酰CoA转变为丁酸时，不是简单地将CoASH切下，这样会造成能量浪费，而是在硫转移酶催化下，将丁酰CoA的CoASH转移给乙酸，生成乙酰CoA，将能量贮存，同时生成丁酸。

(3) 柠檬酸发酵

柠檬酸是重要的工业原料，市场需求量大，主要用于食品、医药、化工。柠檬酸发酵用的菌种主要是黑曲霉(*Aspergillus niger*)，通过对糖的有氧代谢的调节，使柠檬酸积累。在黑曲霉的糖代谢途径中，柠檬酸对异柠檬酸脱氢酶和磷酸果糖激酶(PFK)有抑制作用，为了解除柠檬酸对PFK的抑制作用，必须限制Mn^{2+}的浓度及氧的供应。在缺锰的条件下，可提高黑曲霉细胞内的NH_4^+的浓度，细胞内高浓度NH_4^+不仅可使PFK不受柠檬酸的抑制，而且可降低三羧酸循环中一些酶的活性，结果使柠檬酸大量积累。

根据微生物的糖代谢原理，发酵生产的产品较多，但有的由于化学合成或半合成的成功，其成本大大低于发酵法生产，因而淘汰了发酵生产；有的或因产率不高，或因效益不佳，也难用于生产；有的则随市场需求的波动，发展时快时慢。运用现代生物技术提升传统的发酵产业，是发展高新技术产业的重要组成部分。生产更多更好的发酵产品，造福人类，有非常广阔的前景。

本章小结

葡萄糖及其他单糖经分解代谢可为机体提供大量的能量，多糖需先消化成单糖才能被吸收与转运，小肠是多糖消化的重要器官，又是吸收葡萄糖等单糖的重要器官。血液中的葡萄糖称为血糖，血糖水平的稳定对确保细胞执行正常生理功能有重要意义，因此血糖含量高低是表示体内糖代谢是否正常的一项重要指标。

(1) 糖分解代谢的重要途径

① 酵解途径(EMP)。酵解途径是葡萄糖在无氧条件下转变为丙酮酸的一系列反应，发酵和酵解是糖无氧分解的2种主要形式。过程共有10步，其中有3个步骤是不可逆的，催化的限速酶分别是已糖激酶、磷酸果糖激酶和丙酮酸激酶。

② 三羧酸循环(TCA)。三羧酸循环是指葡萄糖在无氧条件下转变为丙酮酸，丙酮酸在丙酮酸脱氢酶系催化下形成乙酰CoA，乙酰CoA进入三羧酸循环。三羧酸循环共有9种酶，其中柠檬酸合酶、异柠檬酸脱氢酶和α-酮戊二酸脱氢酶系为限速酶。每循环一次，经历2次脱羧反应和4次氧化反应，使1分子乙酰CoA氧化成CO_2和H_2O。TCA为机体提供能量，是糖、脂类和氨基酸代谢的最后共同途径。

③ 磷酸已糖旁路(HMS)。HMS途径是糖需氧分解的重要代谢旁路之一，它由一个循环式的反应体系构成，初始物葡萄糖-6-磷酸经氧化分解后产生五碳糖、无机磷酸和

NADPH。HMS 途径的全部反应可分为氧化阶段和非氧化阶段。HMS 途径是细胞产生 NADPH 的主要途径,是联系己糖代谢与戊糖代谢的途径。

(2) 糖原是葡萄糖的一种高效能的贮存形式。当机体细胞中能量充足时,细胞即合成糖原将能量贮存起来。在糖原合成中,糖基的供体是尿苷二磷酸葡萄糖(UDP-葡萄糖或 UDPG)。注意糖原的合成与降解是完全不同的 2 条途径。

葡萄糖异生作用是指以非糖物质为前体合成葡萄糖。非糖物质包括乳酸、丙酮酸、丙酸、甘油以及氨基酸等。肝、肠、肾细胞内的葡萄糖异生作用产生的葡萄糖进入血液,可维持血糖浓度的平衡。脑和肌肉中无葡萄糖-6-磷酸酶,不能利用葡萄糖-6-磷酸形成葡萄糖。骨骼肌活动产生的乳酸和丙氨酸随血液流入肝脏内进行葡萄糖异生作用。这有利于减轻肌肉的繁重负担。

(3) 糖代谢过程在工业上有广泛的指导作用。在发酵工艺中,丙酮酸是枢纽性的中间产物,由它可产生乙醇(酒精发酵)、乳酸(乳酸发酵)、丙酮、丁醇(丙酮丁醇发酵)、谷氨酸、柠檬酸等,应用于食品、医药、化工等工业部门。

习　题

1. 判断对错。如果错误,请说明原因。

(1) 在糖的分解代谢中,碳原子数的减少主要是靠脱羧作用。

(2) 糖代谢中所有激酶催化的反应都是不可逆的。

(3) 合成代谢中的磷酸戊糖主要由 EMP 途径提供。

(4) 糖原生成和葡萄糖异生作用都是耗能的。

(5) 5 mol 葡萄糖经 HMS 途径完全氧化分解,可产生 180 mol ATP。

2. 糖原降解为游离的葡萄糖需要什么酶作催化剂?

3. 糖原合成需要哪些酶?

4. 从"0"开始合成糖原需要什么条件?

5. 画出柠檬酸循环概貌图,包括起催化作用的酶和辅助因子。

6. 总结柠檬酸循环在机体代谢中的作用和地位。

7. 写出从葡萄糖转变为丙酮酸的化学平衡式。

8. 计算从丙酮酸合成葡萄糖需提供多少高能磷酸键? [6 个]

9. 1 710 g 蔗糖在动物体内经有氧分解,最终分解为 H_2O 和 CO_2,总共可产生多少 mol ATP? 多少 mol CO_2? (蔗糖的相对分子质量为 342) [360(300)或 380(320) mol ATP;60 mol CO_2]

10. 如果将柠檬酸和琥珀酸加入到柠檬酸循环中,当完全氧化为 CO_2、形成还原型 NADH 和 $FADH_2$,并最后形成 H_2O 时需经过多少次循环? [柠檬酸 3 次,琥珀酸 2 次]。

11. 在某厂的酶法生产酒精中,用淀粉作原料,液化酶和糖化酶的总转化率为 40%,酒精酵母对葡萄糖的利用率为 90%,问投料 5 t 淀粉,可生产多少升酒精(酒精的相对密度为 0.789)? 酵母菌从中获得多少能量(ATP)? (葡萄糖残基的相对分子质量为 162) [14.1 L;2.2×10^4 mol ATP])

12. 1 mol 乳酸完全氧化可生成多少 mol ATP？每生成 1 mol ATP 若以储能 30.54 KJ 计算，其贮能效率为多少？如果 2 mol 乳酸转化成 1 mol 葡萄糖，需要消耗多少 mol ATP？（乳酸完全氧化 $\Delta G^{0'}=-1\ 336.7\ \text{kJ}\cdot\text{mol}^{-1}$）[17(14)或18(15)mol ATP；38.8%（32%）或41.1%（34.3%）；6 mol ATP]

13. 总结一下参与糖酵解作用的酶有些什么特点？

14. 比较柠檬酸循环途径和戊糖磷酸途径的脱羧反应机制。

15. 概括除葡萄糖以外的其他单糖是如何进入分解代谢的？

16. 下列物质各 1 mol，经完全氧化分解，各产生多少 mol ATP 和多少 mol CO_2？

(1)葡萄糖-6-磷酸(2)磷酸二羟丙酮(3)丙酮酸(4)琥珀酸(5)草酰乙酸(6)柠檬酸

(1)[37(31)或39(33)mol ATP；6 mol CO_2](2)[19(16)或20(17)ATP；3 mol CO_2]

(3)[15(12.5)mol ATP；3 mol CO_2](4)[20(16.5)mol ATP；4 mol CO_2]

(5)[15(12.5)mol ATP；4 mol CO_2](6)[27(22.5)mol ATP；6 mol CO_2]

第 9 章

脂类代谢

前面脂质一章按照脂质的分类重点讨论了油脂、磷脂及一些复脂的结构和功能，本章我们将进一步讨论这些物质在生物体内的分解代谢和合成代谢过程，尤其脂肪的分解代谢和合成代谢为本章重点。

9.1 概　　述

脂肪是高等动物的重要能源，与其他能源物质相比脂肪氧化时能提供更多的能量。每克脂肪氧化可以释放 38.9 kJ(9.3 kcal)的能量，而每克糖氧化仅释放 17.2 kJ(4.1 kcal)的能量，每克蛋白质氧化仅释放 23.4 kJ(5.6 kcal)的能量。所以，脂肪是生物体的能量贮存库。

1. 脂肪的消化

脂肪的消化过程是脂肪在脂肪酶催化下的降解过程。

人和动物的膳食中的脂质主要是甘油三酯，此外还含有少量磷脂、胆固醇等。脂质不溶于水，必须在胆汁中的胆汁酸盐作用下，乳化并分散为细小微团后，才能在胰腺分泌的各种脂肪酶的作用下顺利消化。分泌的胆汁和胰液均进入十二指肠，因此小肠上段是脂质消化的主要场所。脂肪酶包括以下 3 种。

① 甘油三酯脂肪酶。在辅脂酶辅助下，甘油三酯脂肪酶特异催化甘油三酯中的 1、3 位酯键水解，生成 2-单脂酰甘油和 2 分子游离脂肪酸。

② 磷脂酶。磷脂酶包括卵磷脂酶、胆胺磷脂酶、甘油磷脂酶等，作用后生成甘油、脂肪酸、磷酸、胆碱、胆胺等。

③ 胆固醇酯酶。胆固醇酯酶能催化胆固醇酯生成胆固醇和脂肪酸。

微生物的脂肪酶与动物的不同，具有双向催化特性。一方面它能降解脂肪生成脂肪酸和甘油，另一方面在一定条件下它能催化醇与酸缩合成酯。

2. 脂肪的吸收

脂质消化产物主要在十二指肠下段和空肠上段吸收。降解后的脂类产物经胆汁乳化，甘油、短及中碳链脂肪酸(12 个碳以下)可直接进入门静脉血液；而长碳链脂肪酸(12 个碳以上)被动扩散进入肠黏膜细胞，在光滑内质网由脂酰 CoA 转移酶作用下重新酯化，生成的甘油三酯与磷脂、胆固醇酯及少量胆固醇，和细胞内合成的脂蛋白构成乳糜微粒（chylomicron），经淋巴系统进入血液。

3. 脂肪的转运——脂蛋白

脂质不溶于水，在水中呈乳浊液。而正常人血浆含脂质虽多，却仍清澈透明，说明脂质在血浆中不是以游离状态存在，而是与血浆中的蛋白质结合成复合体而运输。游离脂肪酸与清蛋白结合运输，其他脂质物质则与血浆中的一类特殊的运载蛋白——载脂蛋白结合，以脂蛋白形式运输。

如前第2章所述，血浆脂蛋白是由蛋白质、甘油三酯、磷脂、胆固醇及其酯组成的（表2.5），各种脂蛋白中蛋白质及脂类组成的比例和含量各不相同。根据脂蛋白的密度不同将其分为，即乳糜微粒（CM）、极低密度脂蛋白（VLDL）、低密度脂蛋白（LDL）和高密度脂蛋白（HDL）4类。血浆脂蛋白中与脂质结合的蛋白质称为载脂蛋白，它在脂蛋白代谢中发挥重要的作用。

乳糜微粒（CM）的核心是三酰甘油，其质量分数为85%～95%，由小肠黏膜上皮细胞合成，是密度最小的脂蛋白。它的主要功能是从小肠中转运外源性三酰甘油、胆固醇等脂质到血浆和其他组织中去。

极低密度脂蛋白（VLDL）在肝细胞的内质网中合成，主要功能是从肝脏中运载内源性三酰甘油和胆固醇至各靶组织。正常人空腹血浆中几乎查不出乳糜微粒和VLDL，因为它们已被毛细血管壁上的脂蛋白脂酶水解。

低密度脂蛋白（LDL）是血浆中胆固醇的主要载体，其核心由1 500个胆固醇酯组成，胆固醇酯中最常见的酰基是亚油酸。LDL的主要功能是转运胆固醇到外围组织，并调节该部位胆固醇的从头合成。

高密度脂蛋白（HDL）由肝脏和小肠合成并分泌，主要收集血浆中的胆固醇、磷脂、三酰甘油和载脂蛋白，使胆固醇酯化并运送至VLDL或LDL。

人类血浆脂蛋白的合成部位和功能见表9.1。临床研究证明，脂蛋白代谢不正常是造成动脉粥样硬化的主要原因。血浆中LDL水平高而HDL水平低的人易患心血管疾病。

表9.1　人血浆脂蛋白的合成部位和功能

分　类	合成部位	功　能
CM	小肠黏膜上皮细胞	转运外源性甘油三酯、胆固醇
VLDL	肝细胞	转运内源性甘油三酯、胆固醇
LDL	血浆	转运内源性胆固醇至肝外
HDL	肝、小肠	逆向转运胆固醇至肝脏

4. 血脂

血浆中含有的脂类统称为血脂（blood lipid），包括甘油三酯及少量二酰甘油和单酰甘油、磷脂、胆固醇及其酯和游离脂肪酸，血脂在脂类的运输和代谢上起着重要作用。按照血脂的来源可分为外源性及内源性两种，外源性是指由食物摄取的脂类经消化吸收进入血液的；内源性是指由肝、脂肪组织及其他组织合成后释放入血的。血脂的含量不如血糖稳定，其波动较大，而且还受膳食、年龄、性别、职业及代谢等因素影响。血脂的来源和去路详见图9.1。

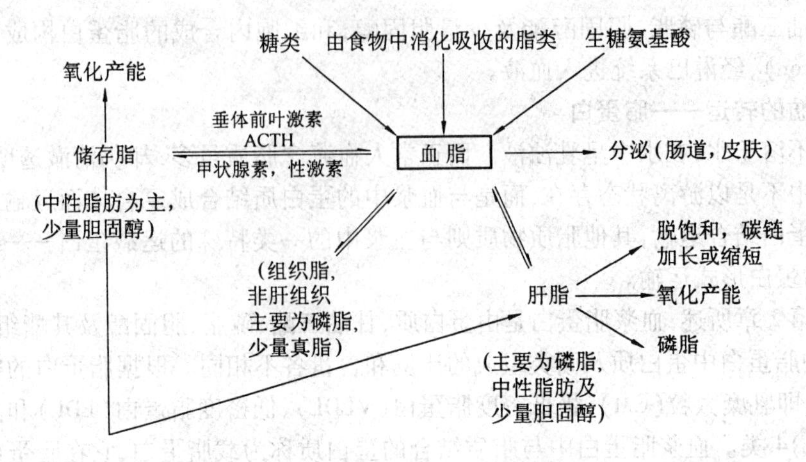

图 9.1　血脂的来源和去路

9.2　脂肪的分解代谢

脂肪在各种脂肪酶的作用下水解生成甘油和脂肪酸，所以脂肪的代谢包括甘油代谢和脂肪酸代谢。

9.2.1　甘油代谢

甘油在 ATP 存在时由甘油激酶 EC2.7.1.30（glycerol kinase，GK）催化使甘油磷酸化为甘油-3-磷酸，再由磷酸甘油脱氢酶催化为磷酸二羟丙酮。磷酸二羟丙酮是糖酵解途径的中间产物，它可以沿着糖酵解途径逆行合成葡萄糖和糖原，即甘油的糖异生；又可以沿着糖酵解途径转变成丙酮酸，从而进入三羧酸循环而被彻底氧化，可见脂代谢和糖代谢有着密切的关系。此外，值得注意的是脂肪细胞没有甘油激酶，所以甘油首先被运到肝脏才能进行代谢；甘油分解代谢途径是可逆的，所以其逆行即为甘油的合成途径，具体见图 9.2。

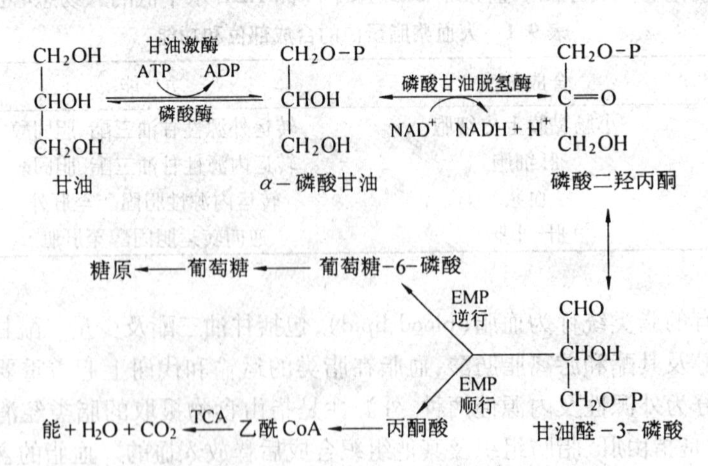

图 9.2　甘油的分解与合成途径

9.2.2 脂肪酸的氧化

脂肪酸在有充足氧供给的情况下，可氧化分解为 CO_2 和 H_2O，释放大量的能量，因此脂肪酸是机体主要能量来源之一，其最主要的氧化形式是β-氧化，所以下面重点介绍脂肪酸的β-氧化，并简要介绍脂肪酸其他的氧化方式。

1. 脂肪酸的β-氧化

饱和偶数碳脂肪酸氧化分解时通过酶催化，使α与β碳原子之间断裂，β碳原子被氧化成羧基，相继切下二碳单位而降解的方式称为脂肪酸的β-氧化（β-oxidation）。β-氧化发生在线粒体基质中，其过程为

首先，脂肪酸在β-氧化前必须活化为脂酰 CoA 才能进行氧化，反应由脂酰 CoA 合成酶 EC6.2.1.3（fatty acyl-CoA synthetase）催化，在胞浆中完成。反应分两步，反应式为

$$\underset{\text{脂肪酸}}{RCH_2CH_2CH_2COOH} + ATP \rightleftharpoons \underset{\text{脂酰-磷酸腺苷}}{RCH_2CH_2CH_2\overset{\overset{O}{\|}}{C}\sim AMP} + PPi$$

$$\underset{\text{脂酰-磷酸腺苷}}{RCH_2CH_2CH_2\overset{\overset{O}{\|}}{C}\sim AMP} + HS\text{-}CoA \rightleftharpoons \underset{\text{脂酰CoA}}{RCH_2CH_2CH_2\overset{\overset{O}{\|}}{C}\sim SCoA} + AMP$$

由于催化脂酰 CoA 氧化分解的酶全部分布在线粒体基质中，但是脂酰 CoA 不能自由通过线粒体膜，必须借助一种载体——肉毒碱（carnitine）的转运而进入线粒体进行氧化，反应式为

$$\underset{\text{酰基 CoA}}{R-\overset{\overset{O}{\|}}{C}-S-CoA} + \underset{\text{肉毒碱}}{H_3C-\overset{+}{N}(CH_3)_2-CH_2-CH(OH)-CH_2-COO^-} \rightleftharpoons HS-CoA + \underset{\text{酰基肉毒碱}}{H_3C-\overset{+}{N}(CH_3)_2-CH_2-CH(O-\overset{\overset{O}{\|}}{C}-R)-CH_2-COO^-}$$

在位于内膜外侧的肉毒碱脂酰转移酶 I（EC2.3.1.21）的催化下，酰基 CoA 与肉毒碱生成脂酰肉碱，再通过线粒体内膜的移位酶穿过内膜，由位于内膜内侧的肉毒碱脂酰转移酶 II 催化重新生成脂酰 CoA，最后肉毒碱经移位酶回到细胞质中，具体过程见图 9.3。

最后，脂酰 CoA 在线粒体基质中进行β-氧化分解，脂酰 CoA 每进行一次β-氧化要经过以下 4 步反应，同时释放 1 分子乙酰 CoA。

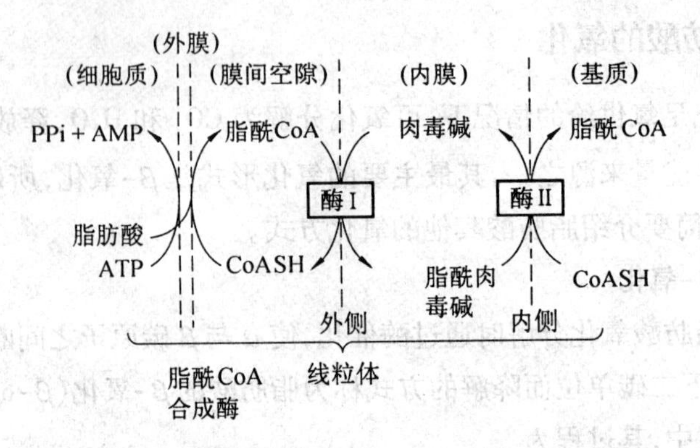

图 9.3　肉毒碱转运脂酰 CoA 进入线粒体示意图

酶Ⅰ表示肉毒碱脂酰转移酶Ⅰ;酶Ⅱ表示肉毒碱脂酰转移酶Ⅱ

① 脱氢。在脂酰 CoA 脱氢酶 EC1.3.99.3(FAD 作为辅基)作用下,α、β 碳原子脱去 2 个 H,生成反式双键,并生成 $FADH_2$ 和烯脂酰 CoA,反应式为

$$\underset{\text{脂酰 CoA}}{R-CH_2-\overset{\beta}{C}H_2-\overset{\alpha}{C}H_2-\overset{\overset{O}{\|}}{C}\sim SCoA} \xrightarrow[\text{FAD}\ \ FADH_2]{\text{脂酰CoA脱氢酶}} \underset{\text{烯脂酰 CoA(反式)}}{R-CH_2-CH=CH-\overset{\overset{O}{\|}}{C}\sim SCoA}$$

② 水化。由烯脂酰 CoA 水合酶 EC4.2.1.17 催化,H_2O 的 H 加到 α 上,OH 加到 β 上,生成 $L(+)$-β-羟脂酰 CoA,反应式为

$$\underset{\text{烯脂酰 CoA(反式)}}{R-CH_2-CH=CH-\overset{\overset{O}{\|}}{C}\sim SCoA} \xrightleftharpoons[\pm H_2O]{\text{烯脂酰CoA水合酶}} \underset{L(+)-\beta-\text{羟脂酰CoA}}{R-CH_2-\overset{\overset{OH}{|}}{C}H-CH_2-\overset{\overset{O}{\|}}{C}\sim SCoA}$$

③ 再脱氢。$L(+)$-β-羟脂酰 CoA 脱氢酶 EC1.1.1.35 催化,脱下 β-碳上的 2 个 H,生成 β-酮脂酰 CoA 和 1 分子 $NADH+H^+$,反应式为

$$\underset{L-\beta-\text{羟脂酰CoA}}{R-CH_2-\overset{\overset{OH}{|}}{C}H-CH_2-\overset{\overset{O}{\|}}{C}\sim SCoA} \xrightleftharpoons[NAD^+\ \ NADH+H^+]{\beta-\text{羟脂酰CoA脱氢酶}} \underset{\beta-\text{酮脂酰CoA}}{R-CH_2-\overset{\overset{O}{\|}}{C}-CH_2-\overset{\overset{O}{\|}}{C}\sim SCoA}$$

④ 硫解。由 β-酮脂酰硫解酶 EC2.3.1.16 催化,放出乙酰 CoA,产生少 2 个碳的脂酰 CoA,此步放能较多,不易逆转,反应式为

$$\underset{\beta-\text{酮脂酰CoA}}{R-CH_2-\overset{\overset{O}{\|}}{C}-CH_2-\overset{\overset{O}{\|}}{C}\sim SCoA} \xrightarrow[CoASH]{\text{硫解酶}} \underset{\text{脂酰CoA(比原来少2个碳原子)}}{R-CH_2-\overset{\overset{O}{\|}}{C}\sim SCoA} + \underset{\text{乙酰CoA}}{CH_3-\overset{\overset{O}{\|}}{C}\sim SCoA}$$

脂肪酸的 β-氧化过程概括见图 9.4。

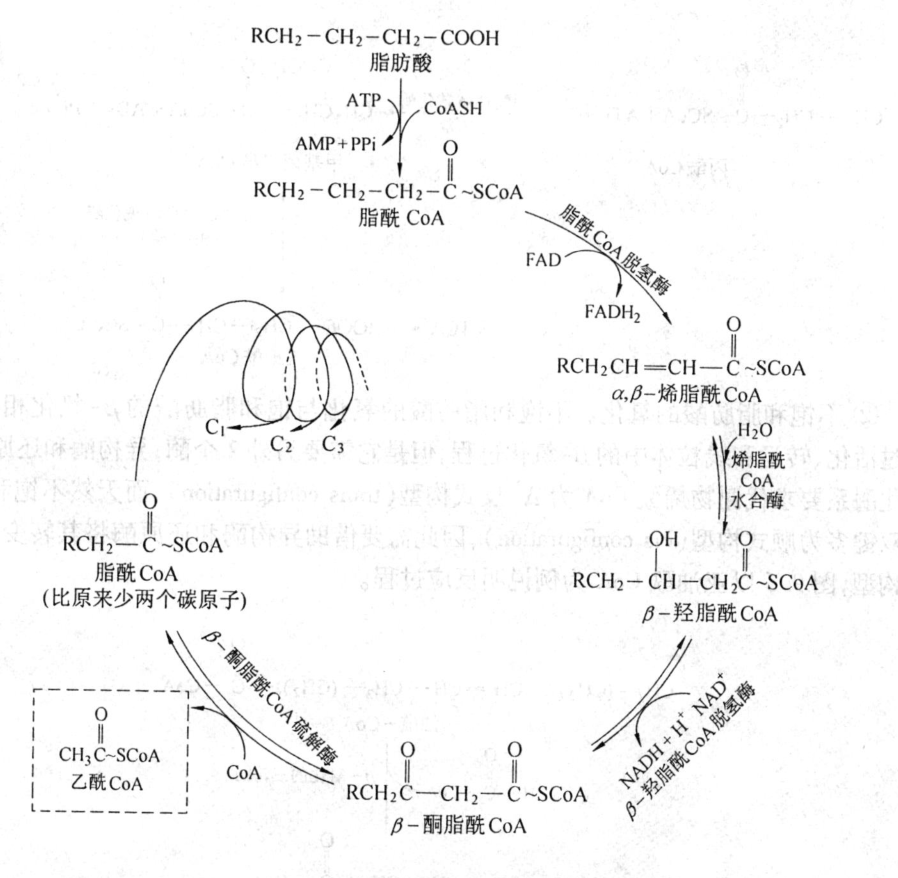

图 9.4　脂肪酸的β-氧化过程

脂肪酸完全氧化可为生物体提供大量的能量。以软脂酸为例,其在胞浆内活化为脂酰 CoA 消耗 2 个高能键,脂酰 CoA 经肉毒碱转移到线粒体内,进行每轮β-氧化生成 1 个 $NADH+H^+$和 1 个 $FADH_2$,放出 1 个乙酰 CoA,共 7 轮,乙酰 CoA 再经三羧酸循环彻底氧化。综上所述,软脂酸完全氧化的产能为$(2+3)\times7+12\times8-2=131-2=129$ATP 或$(1.5+2.5)\times7+10\times8-2=108-2=106$ATP。

2. 脂肪酸其他的氧化方式

① 奇数碳脂肪酸的氧化。大多数哺乳动物中奇数碳原子的脂肪酸是罕见的,但在反刍动物中常见。奇数碳脂肪酸经β-氧化生成多个分子的乙酰 CoA,但最终生成含有奇数碳原子的丙酰 CoA,丙酰 CoA 先经羧化,后在变位酶作用下转变为琥珀酰 CoA,后者沿三羧酸循环途径彻底氧化。其反应式为

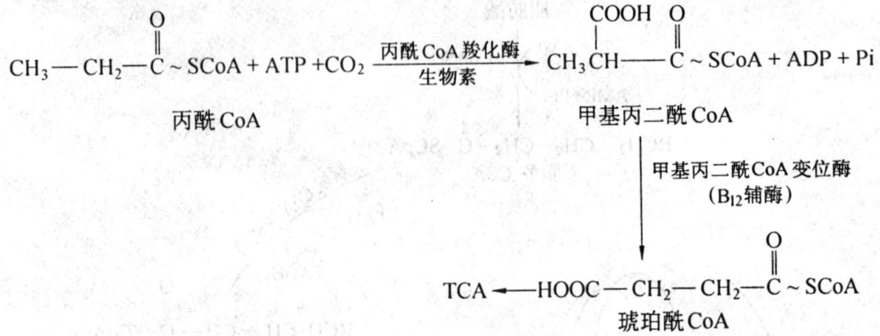

$$CH_3—CH_2—\overset{O}{\overset{\|}{C}}\sim SCoA + ATP + CO_2 \xrightarrow[\text{生物素}]{\text{丙酰CoA羧化酶}} CH_3\overset{COOH}{\overset{|}{C}H}—\overset{O}{\overset{\|}{C}}\sim SCoA + ADP + Pi$$

丙酰 CoA　　　　甲基丙二酰 CoA

↓ 甲基丙二酰CoA变位酶（B_{12}辅酶）

$$TCA \longleftarrow HOOC—CH_2—CH_2—\overset{O}{\overset{\|}{C}}\sim SCoA$$

琥珀酰 CoA

② 不饱和脂肪酸的氧化。不饱和脂肪酸的氧化与饱和脂肪酸的β-氧化相似，都要经过活化、转运和线粒体中的β-氧化过程，但是它需要另外2个酶，异构酶和还原酶。β-氧化酶系要求代谢物烯酰 CoA 为Δ^2反式构型（trans configuration），而天然不饱和脂肪酸的双键多为顺式构型（cis configuration），因此需要借助异构酶和还原酶将其转变为Δ^2反式构型，图 9.5 以亚油酰 CoA 为例说明反应过程。

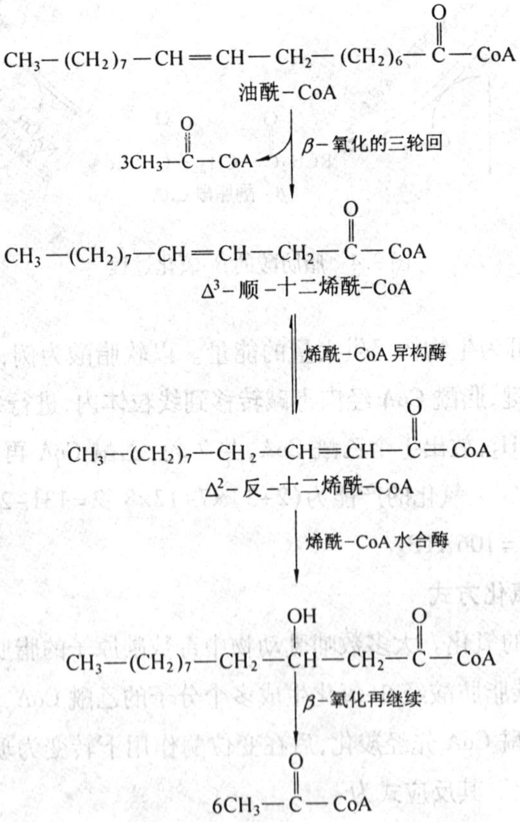

$$CH_3—(CH_2)_7—CH═CH—CH_2—(CH_2)_6—\overset{O}{\overset{\|}{C}}—CoA$$

油酰-CoA

↓ β-氧化的三轮回（→ $3CH_3—\overset{O}{\overset{\|}{C}}—CoA$）

$$CH_3—(CH_2)_7—CH═CH—CH_2—\overset{O}{\overset{\|}{C}}—CoA$$

Δ^3-顺-十二烯酰-CoA

⇅ 烯酰-CoA异构酶

$$CH_3—(CH_2)_7—CH_2—CH═CH—\overset{O}{\overset{\|}{C}}—CoA$$

Δ^2-反-十二烯酰-CoA

↓ 烯酰-CoA水合酶

$$CH_3—(CH_2)_7—CH_2—\overset{OH}{\overset{|}{C}H}—CH_2—\overset{O}{\overset{\|}{C}}—CoA$$

↓ β-氧化再继续

$$6CH_3—\overset{O}{\overset{\|}{C}}—CoA$$

图 9.5　亚油酰 CoA 的氧化过程

③ 脂肪酸的 α-氧化。α-氧化是指 α 碳被氧化成为羧基的反应，某些支链脂肪酸的 α-氧化对于人体健康必不可少。如植烷酸（phytanic acid）存在于植物种子、叶及动物脑和肝脏中，是膳食中的一个重要成分。植烷酸降解的第一步是由脂肪酸 α-羟化酶催化的，反应过程见图 9.6。

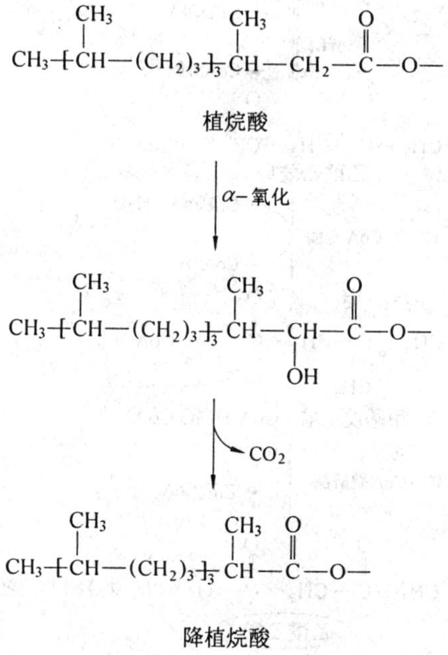

$$CH_3-[CH(CH_3)-(CH_2)_3]_3-CH(CH_3)-CH_2-C(=O)-O-$$

植烷酸

↓ α-氧化

$$CH_3-[CH(CH_3)-(CH_2)_3]_3-CH(CH_3)-CH(OH)-C(=O)-O-$$

↓ CO_2

$$CH_3-[CH(CH_3)-(CH_2)_3]_3-CH(CH_3)-C(=O)-O-$$

降植烷酸

图 9.6　植烷酸的 α-氧化过程

④ ω-氧化。ω-氧化是在过氧化物酶体或内质网中进行的一种少见的氧化方式，在加单氧酶作用下，中长链脂肪酸羟基羧化，生成 ω-羟脂肪酸，再经胞液中的醇、醛脱氢酶催化而氧化为 α、ω 二羧酸，它可在任一端被活化后进行 β-氧化，加速脂肪酸降解的速度，最终生成二羧酸，其中以琥珀酸最为常见，它可进入三羧酸循环代谢途径，如果不能代谢则通过尿液排出。

9.2.3　酮体代谢

脂肪酸在肝细胞线粒体中经氧化生成的乙酰 CoA 转变为乙酰乙酸、β-羟基丁酸和丙酮等，这些中间代谢物称为酮体（ketone body），其中 β-羟基丁酸含量较多，丙酮含量极微。肝通过酮体将乙酰 CoA 转运到外周组织中作燃料。

1. 酮体的生成

以乙酰 CoA 为原料，在肝细胞线粒体内经硫解酶作用生成乙酰乙酸 CoA 后，其在 HMG-CoA 合酶催化先缩合生成 3-羟-3-甲基戊二酸单酰 CoA（HMG-CoA），再经裂解酶催化而生成酮体。HMG-CoA 合酶 EC4.1.3.5 是酮体合成的关键酶，反应见图 9.7。

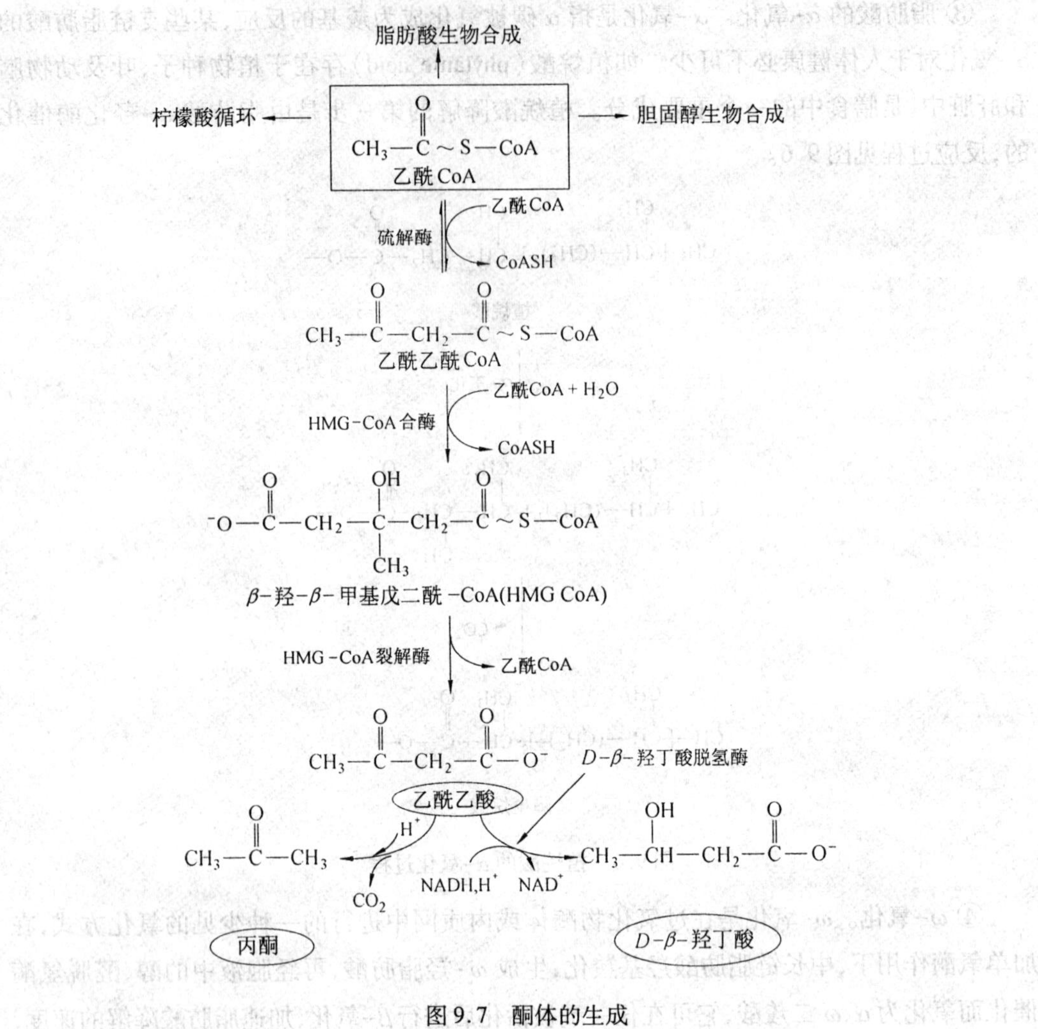

图9.7 酮体的生成

2. 酮体的利用

肝脏中有生成酮体的酶，但缺乏利用酮体的酶，所以肝产生的酮体需经血液运输到肝外组织进一步氧化分解。在肝外组织细胞的线粒体内，β-羟基丁酸和乙酰乙酸可被氧化生成2分子乙酰CoA（图9.8），最后乙酰CoA进入三羧酸循环被彻底氧化利用，因此酮体是肝输出能源的一种形式。酮体分子小，易溶于水，一方面能通过血脑屏障及肌肉内毛细血管壁，是肌肉、尤其是脑组织的重要能源，另一方面酮体利用的增加可减少糖的利用，有利于维持血糖水平恒定，节省蛋白质的消耗。正常情况下，血中酮体含量很少，当酮体生成过多，超过肝外组织利用酮体的能力，则引起血中酮体升高而引起代谢性酸中毒。

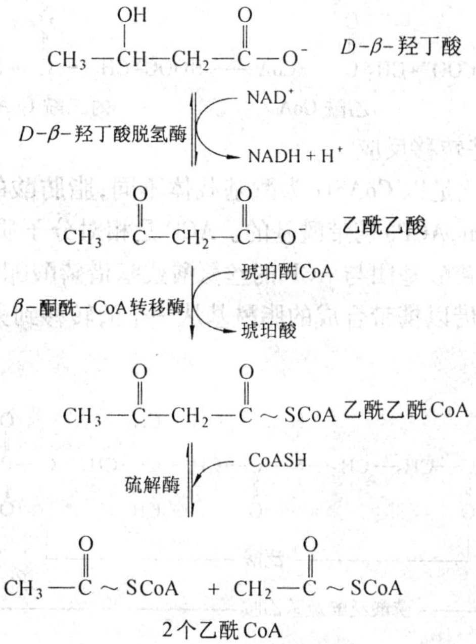

$$CH_3-CH(OH)-CH_2-C(=O)-O^-$$ *D*-*β*-羟丁酸

D-*β*-羟丁酸脱氢酶（NAD^+ → $NADH+H^+$）

$$CH_3-C(=O)-CH_2-C(=O)-O^-$$ 乙酰乙酸

β-酮酰-CoA转移酶（琥珀酰CoA → 琥珀酸）

$$CH_3-C(=O)-CH_2-C(=O)\sim SCoA$$ 乙酰乙酰CoA

硫解酶（CoASH）

$$CH_3-C(=O)\sim SCoA \;+\; CH_3-C(=O)\sim SCoA$$

2个乙酰CoA

图9.8　酮体的利用

9.3　脂肪的合成代谢

生物体内脂肪的合成原料包括 *α*-磷酸甘油和脂酰 CoA，其中 *α*-磷酸甘油可以通过甘油合成代谢的逆反应完成，在本章第2节已经学过，所以本节重点讨论脂肪酸的合成过程。

脂肪酸的合成包括2种方式，一是存在于胞浆中从二碳单位开始的从头合成途径；二是存在于线粒体和微粒体中在已有的脂肪酸链上加上二碳单位，使链延长。

1. 胞浆中的脂肪酸合成

在各种生物体内，脂肪酸的合成均以胞浆中的乙酰 CoA 为原料、由脂肪酸合酶 EC2.3.1.85 催化，但酶的结构和性质及细胞内定位在不同物种间存在着差异。如 *E. coli* 和植物的脂肪酸合酶是由7种不同功能的酶与一种相对分子质量低的蛋白质聚集形成的多酶复合体；而在哺乳动物中这7种酶活性集于一条多肽链上形成多功能酶，通常以二聚体形式发挥催化活性。虽然不同生物的脂肪酸合成酶具有差异，但它们的脂肪酸的合成过程是一致的，下面以 *E. coli* 软脂酸合成过程为例说明。

(1) 启动——乙酰 CoA 羧化生成丙二酰 CoA

在乙酰 CoA 羧化酶 EC6.4.1.2 催化下，乙酰 CoA 被羧化生成丙二酰 CoA。乙酰 CoA 羧化酶以生物素为辅因子，需要 ATP 和 Mn^{2+} 参与，不可逆反应，是脂肪酸合成的关键步骤，反应式为

$$HCO_3^- + \text{酶—生物素} + ATP \longrightarrow \text{酶—生物素—}COO^- + ADP + Pi$$

$$酶—生物素—COO^- + CH_3\overset{\overset{O}{\|}}{C}\sim SCoA \longrightarrow HOOC\text{-}CH_2—\overset{\overset{O}{\|}}{C}\sim SCoA + 酶—生物素$$

乙酰 CoA　　　　丙二酰 CoA

(2) 装载——酰基转移反应

与脂肪酸的β-氧化是以 CoASH 为酰基载体不同,脂肪酸的合成是以一种酰基载体蛋白(acyl carrier protein,ACP)携带酰基的。ACP 是相对分子质量低的蛋白质,其辅基为磷酸泛酰巯基乙胺,其磷酸基团与 ACP 的丝氨酸残基借磷酸酯键相连,另一端的—SH 与脂酰基间形成硫脂键,借以携带合成的脂酰基从一个酶转移到另一个酶参加反应,由此得名,其结构式为

$$HS—CH_2—CH_2—\overset{H}{\overset{|}{N}}—\underset{\underset{O}{\|}}{C}—CH_2—CH_2—\overset{H}{\overset{|}{N}}—\underset{\underset{O}{\|}}{C}—\overset{OH}{\overset{|}{C}H}—\overset{CH_3}{\underset{CH_3}{\overset{|}{\underset{|}{C}}}}—CH_2—O—\overset{O}{\underset{O^-}{\overset{\|}{\underset{|}{P}}}}—O—CH_2—Ser—ACP$$

泛酸

磷酸泛酰巯基乙胺

首先,乙酰 CoA 在 ACP 转酰基酶催化下,生成乙酰 ACP,然后,乙酰基再转移到β-酮脂酰-ACP合成酶的半胱氨酸残基上,反应式为

$$CH_3—\overset{\overset{O}{\|}}{C}\sim SCoA + HSACP \rightleftharpoons CH_3—\overset{\overset{O}{\|}}{C}\sim SACP + HSCoA$$

乙酰CoA　　　　乙酰ACP

$$CH_3—\overset{\overset{O}{\|}}{C}\sim SACP + HS—合成酶 \rightleftharpoons CH_3—\overset{\overset{O}{\|}}{C}\sim S—合成酶 + HSACP$$

$$HOOC—CH_2—\overset{\overset{O}{\|}}{C}\sim SCoA + HSACP \rightleftharpoons HOOC—CH_2—\overset{\overset{O}{\|}}{C}\sim SACP + HSCoA$$

丙二酰CoA　　　　丙二酰ACP

(3) 缩合——乙酰乙酰 ACP 的生成

乙酰化的β-酮脂酰-ACP 合成酶与丙二酰 CoA 反应生成乙酰乙酰 ACP,并放出 CO_2,所以 HCO_3^- 只起催化作用,羧化时储存能量,缩合时放出能量,推动反应进行。反应式为

$$CH_3—\overset{\overset{O}{\|}}{C}\sim S—合成酶 + \underset{COOH}{\overset{CH_2—\overset{\overset{O}{\|}}{C}\sim SACP}{|}} \longrightarrow$$

丙二酰 ACP

$$CH_3—\overset{\overset{O}{\|}}{C}—CH_2—\overset{\overset{O}{\|}}{C}\sim SACP + HS—合成酶 + CO_2$$

乙酰乙酰ACP

(4) 还原——β-羟丁酰-ACP的生成

在β-酮脂酰-ACP还原酶(以NADPH为辅酶)催化下生成β-羟丁酰-ACP,反应式为

$$\underset{\text{乙酰乙酰ACP}}{CH_3-\overset{O}{\overset{\|}{C}}-CH_2-\overset{O}{\overset{\|}{C}}\sim SACP} \xrightarrow[\text{还原酶}]{NADPH+H^+ \quad NADP^+} \underset{\beta\text{-羟丁酰ACP}}{CH_3-\overset{OH}{\overset{|}{CH}}-CH_2-\overset{O}{\overset{\|}{C}}\sim SACP}$$

(5) 脱水——α,β-丁烯酰-ACP的生成

在β-羟丁酰ACP脱水酶催化下,β-羟丁酰-ACP脱水,生成α,β-丁烯酰-ACP,反应式为

$$\underset{\beta\text{-羟丁酰ACP}}{CH_3-\overset{OH}{\overset{|}{CH}}-CH_2-\overset{O}{\overset{\|}{C}}\sim SACP} \xrightarrow[\text{脱水酶}]{} \underset{\alpha,\beta\text{-丁烯酰ACP}}{CH_3-CH=CH-\overset{O}{\overset{\|}{C}}\sim SACP}+H_2O$$

(6) 还原——丁酰ACP的生成

在烯脂酰-ACP还原酶催化下,丁烯酰-ACP还原为丁酰ACP,由NADPH提供氢,反应式为

$$\underset{\alpha,\beta\text{-丁烯酰ACP}}{CH_3-CH=CH-\overset{O}{\overset{\|}{C}}\sim SACP} \xrightarrow[\text{还原酶}]{NADPH+H^+ \quad NADP^+} \underset{\text{丁酰ACP}}{CH_3-CH_2-CH_2-\overset{O}{\overset{\|}{C}}\sim SACP}$$

丁酰ACP再与丙二酰ACP缩合,重复以上3~6步骤,每重复一次延长两碳单位,再重复6次生成软脂酰ACP,软脂酰ACP在CoA转酰基酶催化下生成软脂酰CoA,后者作为合成脂肪的原料。脂肪酸在胞浆中合成全过程见图9.9。

E. coli 和植物的脂肪酸合酶是由一个ACP和6种酶组成的多酶复合体,包括乙酰CoA羧化酶、丙二酰CoA-ACP转酰基酶、β-酮脂酰-ACP合成酶、β-酮脂酰-ACP还原酶、β-羟丁酰-ACP脱水酶、烯脂酰-ACP还原酶。另外,哺乳动物的脂肪酸合酶含有1个ACP和7种酶,并且定位于单一的多功能多肽链,见图9.10。多肽链的邻近区折叠成独特形式,形成不同的酶活性和ACP功能区,酶是反平行由头到尾的二聚体。

2. 线粒体或微粒体中的脂肪酸合成——碳链的延长

在真核生物中,细胞胞浆中脂肪酸合酶催化的主要产物是软脂酸,而更长的脂肪酸是在线粒体或微粒体酶系催化下在软脂酸的基础上经改造、加工、延长形成的高级脂肪酸,它们的碳链延长机制有所差异。

线粒体基质的软脂酸及其他饱和或不饱和脂肪酸碳链的延长是将乙酰CoA连续加

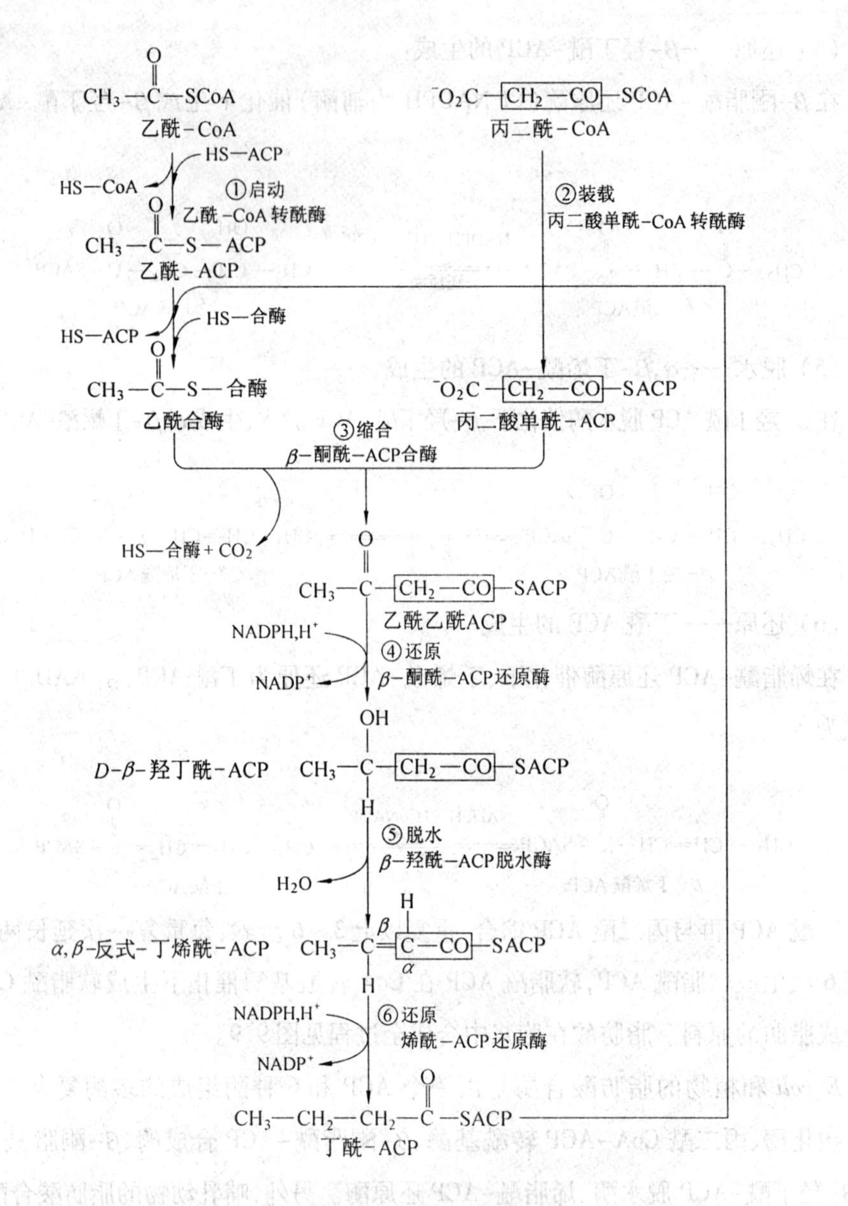

图9.9　胞浆中的脂肪酸合成过程

到软脂酸羧基的末端。其途径基本上为脂肪酸降解过程的逆转，但延长的最后一步是烯脂酰CoA还原酶起催化作用，供氢体都是NADPH而不是FAD。软脂酸碳链的延长见图9.11。

微粒体也能延长饱和或不饱和脂肪酸碳链，其特点是利用丙二酰CoA而不是乙酰CoA，还原过程需要NADPH+H^+供氢。中间过程与脂肪酸合酶相同，只是微粒体系统不是以ACP而是CoA作为酰基载体的。

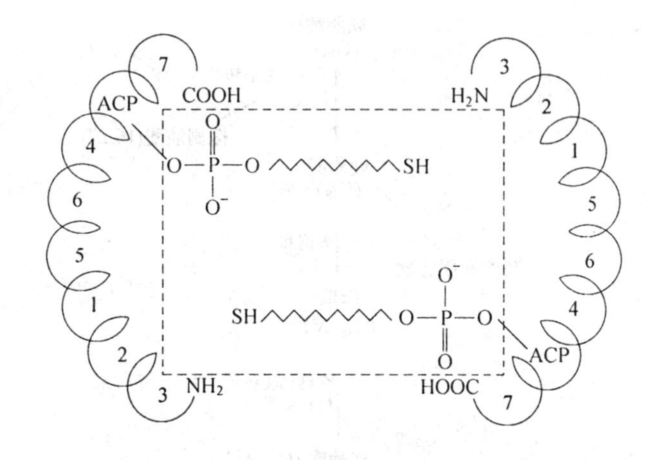

图 9.10　哺乳动物的脂肪酸合酶的二聚体结构

1-乙酰 CoA 羧化酶;2-丙二酰 CoA-ACP 转酰基酶;3-β-酮脂酰-ACP 合酶;4-β-酮脂酰-ACP 还原酶;5-β-羟丁酰 ACP 脱水酶;6-烯脂酰-ACP 还原酶;7-软脂酰-ACP 硫脂酶

3. 不饱和脂肪酸合成

如前所述,不饱和脂肪酸主要有软油酸($16:1\Delta^9$,也称棕榈油酸)、油酸($18:1\Delta^9$)、亚油酸($18:2\Delta^{9,12}$)、亚麻酸($18:3\Delta^{9,12,15}$)、花生四烯酸($20:4\Delta^{5,8,11,14}$)等。按照不饱和双键的数目不同,把不饱和脂肪酸合成过程分为以下几步。

(1) 单烯脂酸(monoenoic acid)的合成

生物体的软脂酸和硬脂酸去饱和后形成相应的软油酸和油酸,这两种脂酸在 Δ^9 位有一顺式双键。厌氧生物可通过 β-羟脂酰 ACP 脱水形成双键,需氧生物可通过单加氧酶在软脂酸和硬脂酸的 Δ^9 位引入双键。需氧生物电子都来自 $NADPH+H^+$,但是动物、植物和微生物的电子传递系统的成员不同(图 9.12)。

(2) 多烯脂酸(multienoic acid)的合成

多烯脂酸是由软脂酸通过延长和去饱和作用形成多不饱和脂肪酸。哺乳动物由 4 种前体转化,软油酸、油酸、亚油酸和亚麻酸,其中亚油酸和亚麻酸不能自己合成,必须从食物中摄取,称为必需脂肪酸(essential fatty acid),其他脂肪酸可由这 4 种前体通过延长和去饱和作用形成。花生四烯酸是含量最丰富的多烯酸,它不仅是磷脂的组成成分,而且是用于合成前列腺素、白三烯及凝血噁烷等活性物质的前体。

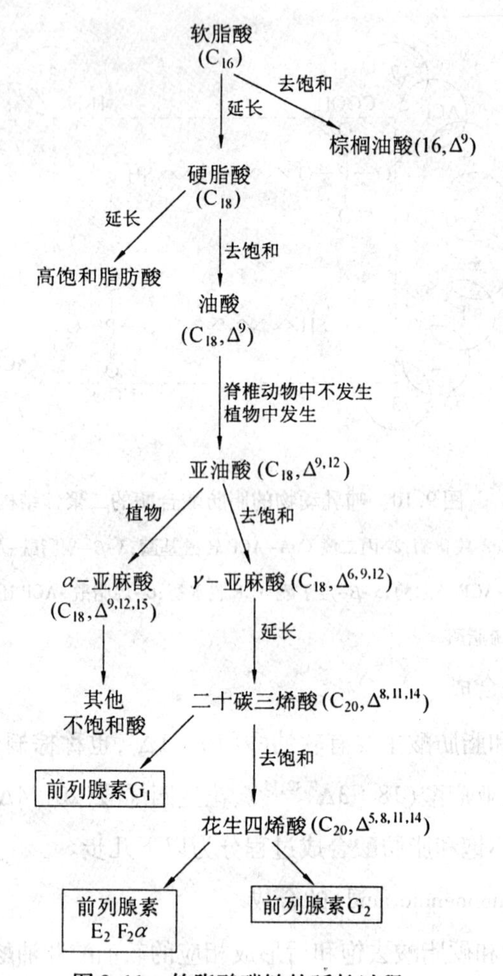

图 9.11　软脂酸碳链的延长过程

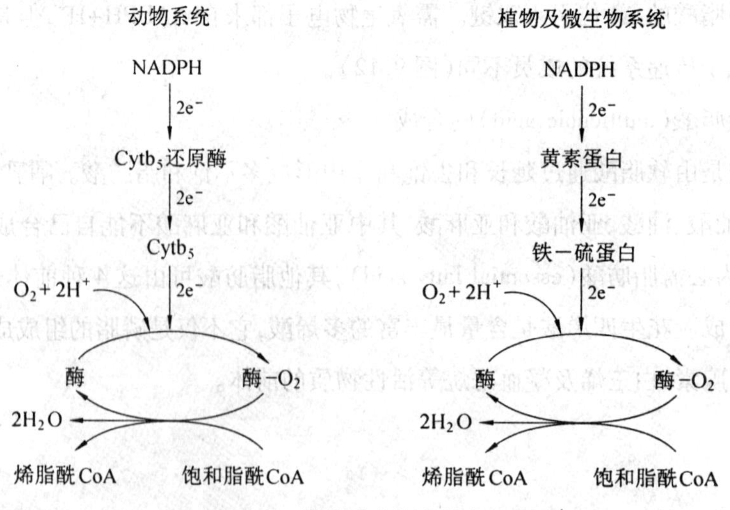

图 9.12　脂肪酸去饱和的电子传递

4. 脂肪的合成

生物体内脂肪是以 α-磷酸甘油和脂酰 CoA 为原料合成的,其合成场所以肝细胞、脂肪组织及小肠为主,反应的详细过程见图 9.13。

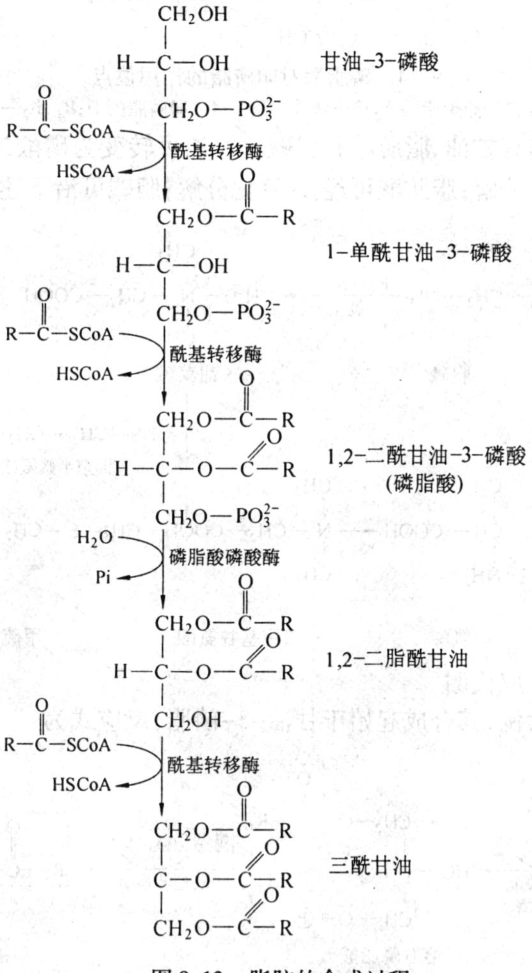

$CH_2OH-CH(OH)-CH_2O-PO_3^{2-}$　甘油-3-磷酸

$R-\overset{O}{\overset{\|}{C}}-SCoA$ → $HSCoA$　酰基转移酶

$CH_2O-\overset{O}{\overset{\|}{C}}-R$，$H-C-OH$，$CH_2O-PO_3^{2-}$　1-单酰甘油-3-磷酸

$R-\overset{O}{\overset{\|}{C}}-SCoA$ → $HSCoA$　酰基转移酶

$CH_2O-\overset{O}{\overset{\|}{C}}-R$，$H-C-O-\overset{O}{\overset{\|}{C}}-R$，$CH_2O-PO_3^{2-}$　1,2-二酰甘油-3-磷酸（磷脂酸）

H_2O → Pi　磷脂酸磷酸酶

$CH_2O-\overset{O}{\overset{\|}{C}}-R$，$H-C-O-\overset{O}{\overset{\|}{C}}-R$，$CH_2OH$　1,2-二脂酰甘油

$R-\overset{O}{\overset{\|}{C}}-SCoA$ → $HSCoA$　酰基转移酶

$CH_2O-\overset{O}{\overset{\|}{C}}-R$，$C-O-\overset{O}{\overset{\|}{C}}-R$，$CH_2O-\overset{O}{\overset{\|}{C}}-R$　三酰甘油

图 9.13　脂肪的合成过程

9.4　磷脂代谢

磷脂是含磷酸的脂类,它不仅是生物膜的主要成分,而且对脂类的吸收及转运等都起重要作用。磷脂可分为两类,由甘油构成的磷脂称为甘油磷脂(glycerophospholipids);由鞘氨醇构成的磷脂称为鞘磷脂(sphingolipid),它们的合成、降解过程有部分相似。

1. 甘油磷脂的代谢

(1) 甘油磷脂的分解代谢

磷脂的分解需要四种磷脂酶的协同作用,磷脂酶 A_1、A_2、C、D 催化磷脂分子中不同的化学键水解。卵磷脂(磷脂酰胆碱)是重要的磷脂,磷脂酶对其作用部位见图 9.14。

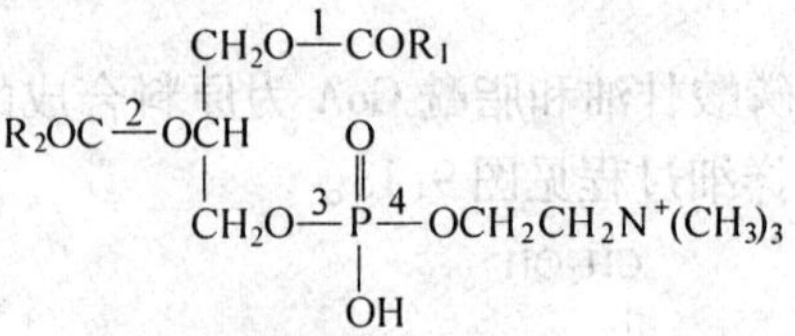

$$
\begin{array}{l}
\quad\quad\quad CH_2O\overset{1}{—}COR_1 \\
R_2OC\overset{2}{—}OCH \\
\quad\quad\quad CH_2O\overset{3}{—}\underset{OH}{\overset{O}{\overset{\|}{P}}}\overset{4}{—}OCH_2CH_2N^+(CH_3)_3
\end{array}
$$

图 9.14　磷脂酶对卵磷脂的作用位点

1—卵磷脂酶 A_1;2—卵磷脂酶 A_2;3—卵磷脂酶 C;4—卵磷脂酶 D;R_1、R_2—长链脂酰基

卵磷脂的水解产物有甘油、脂肪酸和胆碱。甘油可转变为磷酸二羟丙酮进入糖酵解途径和三羧酸循环氧化分解;脂肪酸可经β-氧化分解;胆碱可沿下述途径转变为氨基酸。

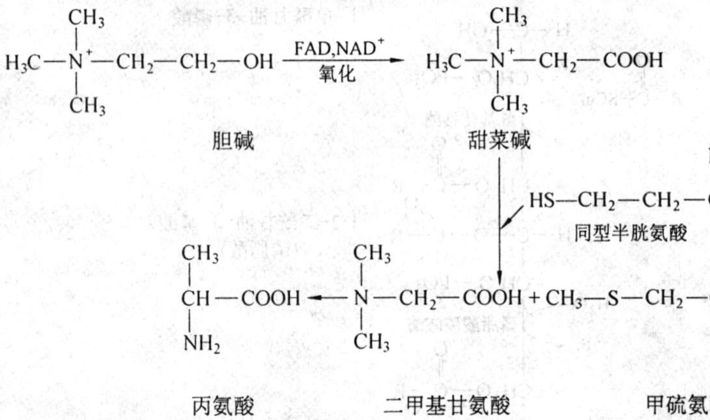

$$
H_3C—\underset{CH_3}{\overset{CH_3}{N^+}}—CH_2—CH_2—OH \xrightarrow[\text{氧化}]{FAD,NAD^+} H_3C—\underset{CH_3}{\overset{CH_3}{N^+}}—CH_2—COOH
$$

胆碱　　甜菜碱

甜菜碱 + $HS—CH_2—CH_2—\overset{NH_2}{CH}—COOH$（同型半胱氨酸）→

$$
\underset{NH_2}{\overset{CH_3}{CH}}—COOH \longleftarrow \underset{CH_3}{\overset{CH_3}{N}}—CH_2—COOH + CH_3—S—CH_2—CH_2—\underset{NH_2}{CH}—COOH
$$

丙氨酸　　二甲基甘氨酸　　甲硫氨酸

(2) 甘油磷脂的合成代谢

以卵磷脂的合成为例,其合成起始于甘油-3-磷脂,反应式为

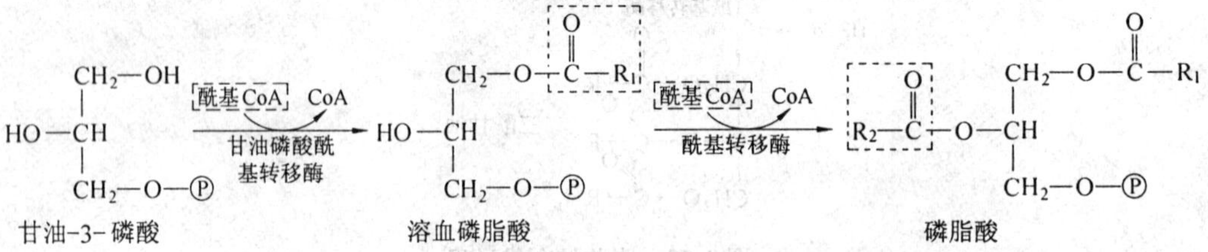

$$
\begin{array}{l}CH_2—OH\\HO—CH\\CH_2—O—Ⓟ\end{array}
\xrightarrow[\text{甘油磷酸酰基转移酶}]{\text{酰基CoA}\ \ \text{CoA}}
\begin{array}{l}CH_2—O—\overset{O}{\overset{\|}{C}}—R_1\\HO—CH\\CH_2—O—Ⓟ\end{array}
\xrightarrow[\text{酰基转移酶}]{\text{酰基CoA}\ \ \text{CoA}}
\begin{array}{l}\quad\quad\quad\quad\quad CH_2—O—\overset{O}{\overset{\|}{C}}—R_1\\R_2—\overset{O}{\overset{\|}{C}}—O—CH\\\quad\quad\quad\quad\quad CH_2—O—Ⓟ\end{array}
$$

甘油-3-磷酸　　溶血磷脂酸　　磷脂酸

CDP-二酰基甘油(胞苷二磷酸二酰基甘油,简写 CDP-DG)是卵磷脂合成的活化中间体,反应式为

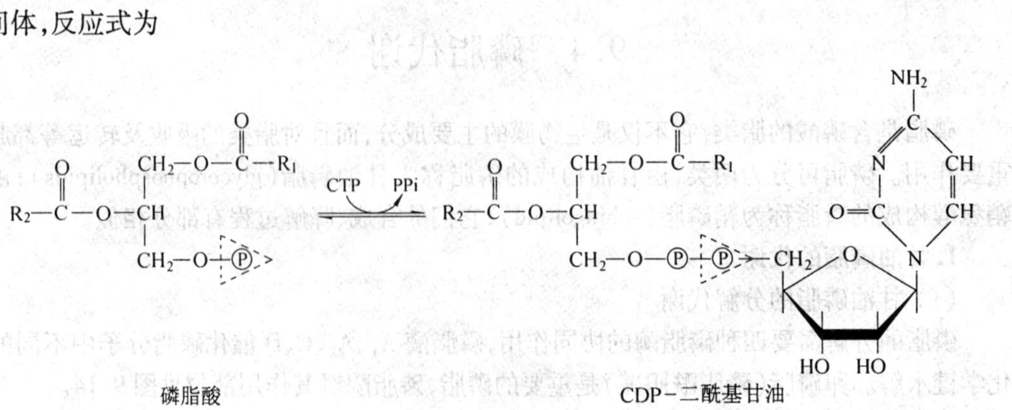

$$
\begin{array}{l}\quad\quad\quad\quad\quad CH_2—O—\overset{O}{\overset{\|}{C}}—R_1\\R_2—\overset{O}{\overset{\|}{C}}—O—CH\\\quad\quad\quad\quad\quad CH_2—O—Ⓟ\end{array}
\overset{CTP\quad PPi}{\rightleftharpoons}
\begin{array}{l}\quad\quad\quad\quad\quad CH_2—O—\overset{O}{\overset{\|}{C}}—R_1\\R_2—\overset{O}{\overset{\|}{C}}—O—CH\\\quad\quad\quad\quad\quad CH_2—O—Ⓟ—Ⓟ—CH_2\text{-胞苷(NH}_2\text{, N, CH, O=C, CH, N; 核糖 HO, HO)}\end{array}
$$

磷脂酸　　CDP-二酰基甘油

丝氨酸是合成卵磷脂的原料之一，反应式为

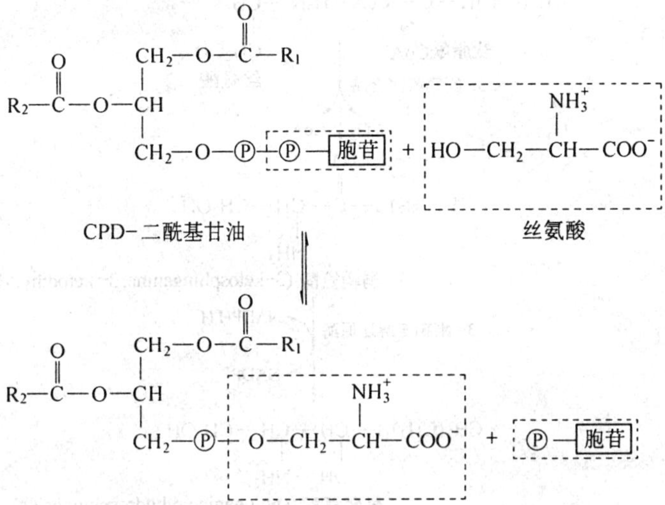

$$R_1COO-CH_2-CH(OOCR_2)-CH_2-O-Ⓟ-Ⓟ-\text{胞苷} + HO-CH_2-CH(NH_3^+)-COO^- \rightleftharpoons R_1COO-CH_2-CH(OOCR_2)-CH_2-Ⓟ-O-CH_2-CH(NH_3^+)-COO^- + Ⓟ-\text{胞苷}$$

CPD-二酰基甘油　　丝氨酸　　磷脂酰丝氨酸　　CMP

磷脂酰丝氨酸脱羧再甲基化（*S*-腺苷甲硫氨酸为甲基供体）生成磷脂酰胆碱-卵磷脂，中间物经历磷脂酰乙醇胺-脑磷脂阶段，反应式为

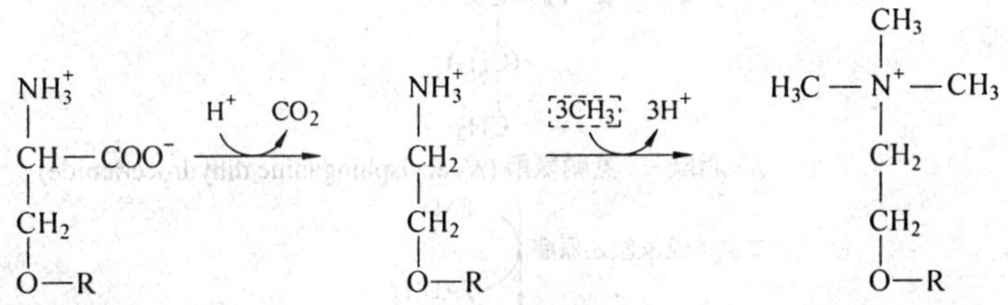

$$NH_3^+-CH(COO^-)-CH_2-O-R \xrightarrow{H^+ \quad CO_2} NH_3^+-CH_2-CH_2-O-R \xrightarrow{3CH_3 \quad 3H^+} (H_3C)_3N^+-CH_2-CH_2-O-R$$

磷脂酰丝氨酸　　磷脂酰乙醇胺　　磷脂酰胆碱

2. 鞘磷脂的代谢

鞘磷脂是生物体惟一的含磷酸的鞘脂，一般都有脂肪链、二级胺和鞘氨醇，其中主要结构是神经鞘氨醇。鞘磷脂的代谢合成主要发生在内质网上，直接由神经酰胺生成。最初的起始物软脂酰-CoA 与丝氨酸在 3-酮鞘氨醇合酶催化下缩合生成 3-酮鞘氨醇，随后 3-酮衍生物在 3-酮鞘氨醇还原酶（以 $NADPH+H^+$ 为辅因子）作用下被还原，形成二氢鞘氨醇，其氨基部分与一分子脂酰 CoA 反应形成 *N*-脂酰-二氢鞘氨醇，再经 FAD 脱氢形成神经酰胺。生成的神经酰胺与磷脂酰胆碱发生反应，脱去二脂酰甘油，生成鞘磷脂（图 9.15）。

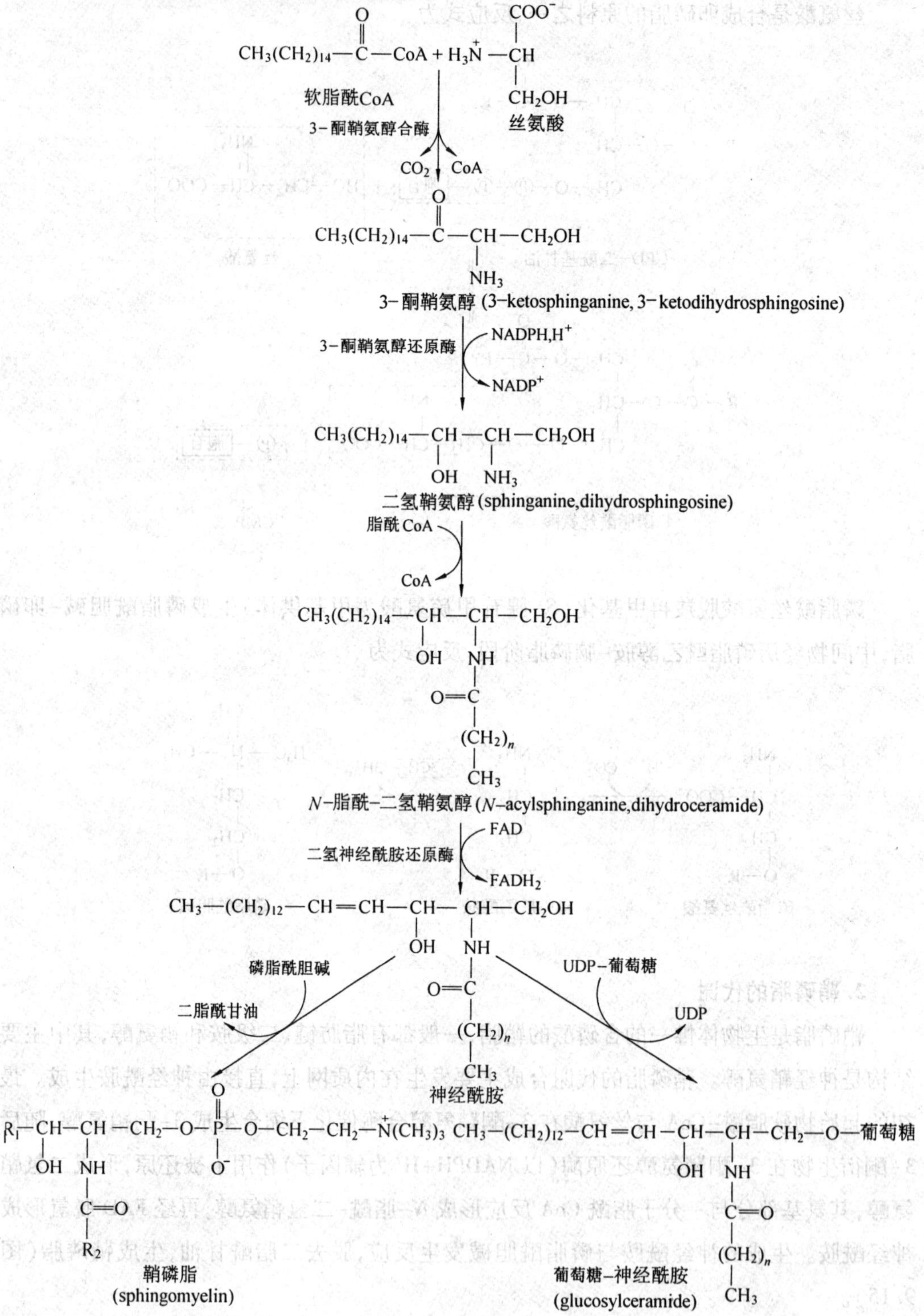

$CH_3(CH_2)_{14}-C(=O)-CoA + H_3\overset{+}{N}-CH(COO^-)-CH_2OH$

软脂酰CoA　　丝氨酸

3-酮鞘氨醇合酶

CO_2　CoA

$CH_3(CH_2)_{14}-C(=O)-CH(NH_3)-CH_2OH$

3-酮鞘氨醇 (3-ketosphinganine, 3-ketodihydrosphingosine)

3-酮鞘氨醇还原酶　$NADPH,H^+$　$NADP^+$

$CH_3(CH_2)_{14}-CH(OH)-CH(NH_3)-CH_2OH$

二氢鞘氨醇 (sphinganine,dihydrosphingosine)

脂酰 CoA　CoA

$CH_3(CH_2)_{14}-CH(OH)-CH(NH-C(=O)-(CH_2)_n-CH_3)-CH_2OH$

N-脂酰-二氢鞘氨醇 (*N*-acylsphinganine,dihydroceramide)

二氢神经酰胺还原酶　FAD　$FADH_2$

$CH_3-(CH_2)_{12}-CH=CH-CH(OH)-CH(NH-C(=O)-(CH_2)_n-CH_3)-CH_2OH$

神经酰胺

磷脂酰胆碱　二脂酰甘油　　UDP-葡萄糖　UDP

$R_1-CH(OH)-CH(NH-C(=O)-R_2)-CH_2-O-P(=O)(O^-)-O-CH_2-CH_2-\overset{+}{N}(CH_3)_3$

鞘磷脂
(sphingomyelin)

$CH_3-(CH_2)_{12}-CH=CH-CH(OH)-CH(NH-C(=O)-(CH_2)_n-CH_3)-CH_2-O-$葡萄糖

葡萄糖-神经酰胺
(glucosylceramide)

图 9.15　鞘磷脂的合成过程

9.5　胆固醇代谢

胆固醇(cholesterol)是类固醇(steroid)家族中最突出的成员,是真核生物膜的一个重要成分,此外,它还是类固醇激素、胆汁及胆汁酸盐、维生素 D_3 等多种活性物质的前体。

1. 胆固醇的合成

哺乳动物几乎所有的组织均能合成胆固醇,其中肝脏的合成占合成总量的3/4以上,合成部位在胞浆及内质网上。微生物以酵母菌合成胆固醇的能力最强。胆固醇的合成原料是乙酰 CoA,全过程较复杂,大致可以概括为5个阶段:

乙酸 $C_2 \xrightarrow{1}$ 甲羟戊酸 $C_6 \xrightarrow{2}$ IPP $C_5 \xrightarrow{3}$ 鲨烯 $C_{30} \xrightarrow{4}$ 羊毛固醇 $C_{30} \xrightarrow{5}$ 胆固醇 C_{27}

胆固醇的合成反应见图9.16,具体过程如下。

(1) 3-甲基-3,5-二羟戊酸的合成

首先由乙酰 CoA 或亮氨酸合成 β-羟-β-甲基戊二酸 CoA(HMG-CoA),再由 HMG-CoA 还原酶 EC1.1.1.34 催化生成3-甲基-3,5-二羟戊酸(简称甲羟戊酸),消耗2分子 NADPH,为不可逆反应,是胆固醇合成的限速步骤。HMG-CoA 还原酶有立体专一性,受胆固醇抑制。酶的合成和活性都受激素控制,cAMP 可促进其磷酸化,降低活性。

(2) 异戊酰焦磷酸(IPP)的合成

羟甲基戊酸经 ATP 活化后脱羧过程生成异戊酰焦磷酸(IPP)。IPP 是活泼前体,可缩合形成胆固醇、脂溶性维生素、萜类等许多物质。

(3) 鲨烯的合成

在二甲基丙烯基转移酶催化下6个 IPP 缩合生成鲨烯。鲨烯是合成胆固醇的直接前体,不溶于水。

(4) 羊毛固醇的合成

在分子氧和 NADPH 存在下,固醇载体蛋白将鲨烯运到微粒体,环化成羊毛固醇。

(5) 胆固醇的合成

羊毛固醇经切除甲基、双键移位、还原等步骤生成胆固醇。

2. 胆固醇的转化

如前所述胆固醇可以转变为多种生物活性物质,见图9.17。

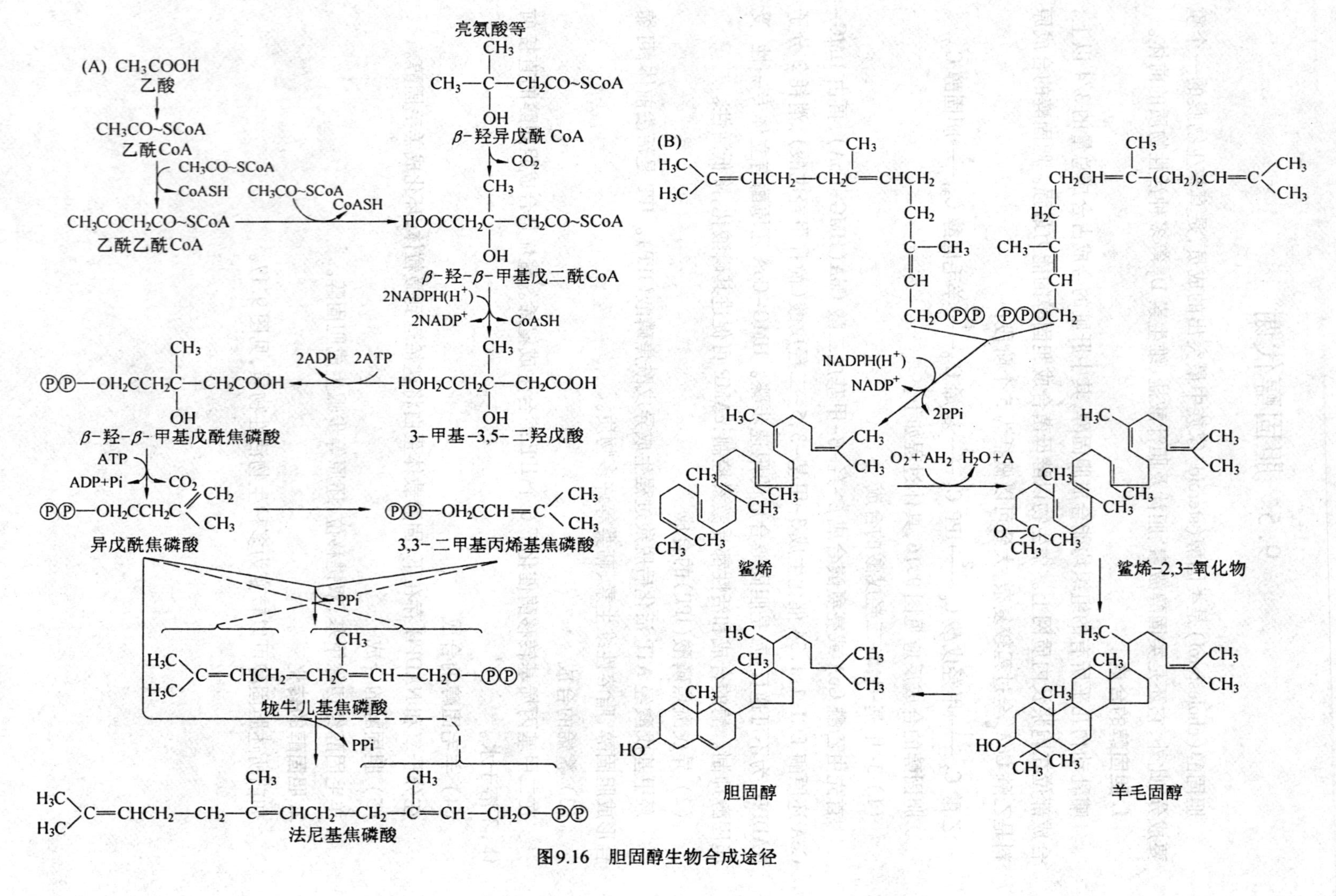

图9.16 胆固醇生物合成途径

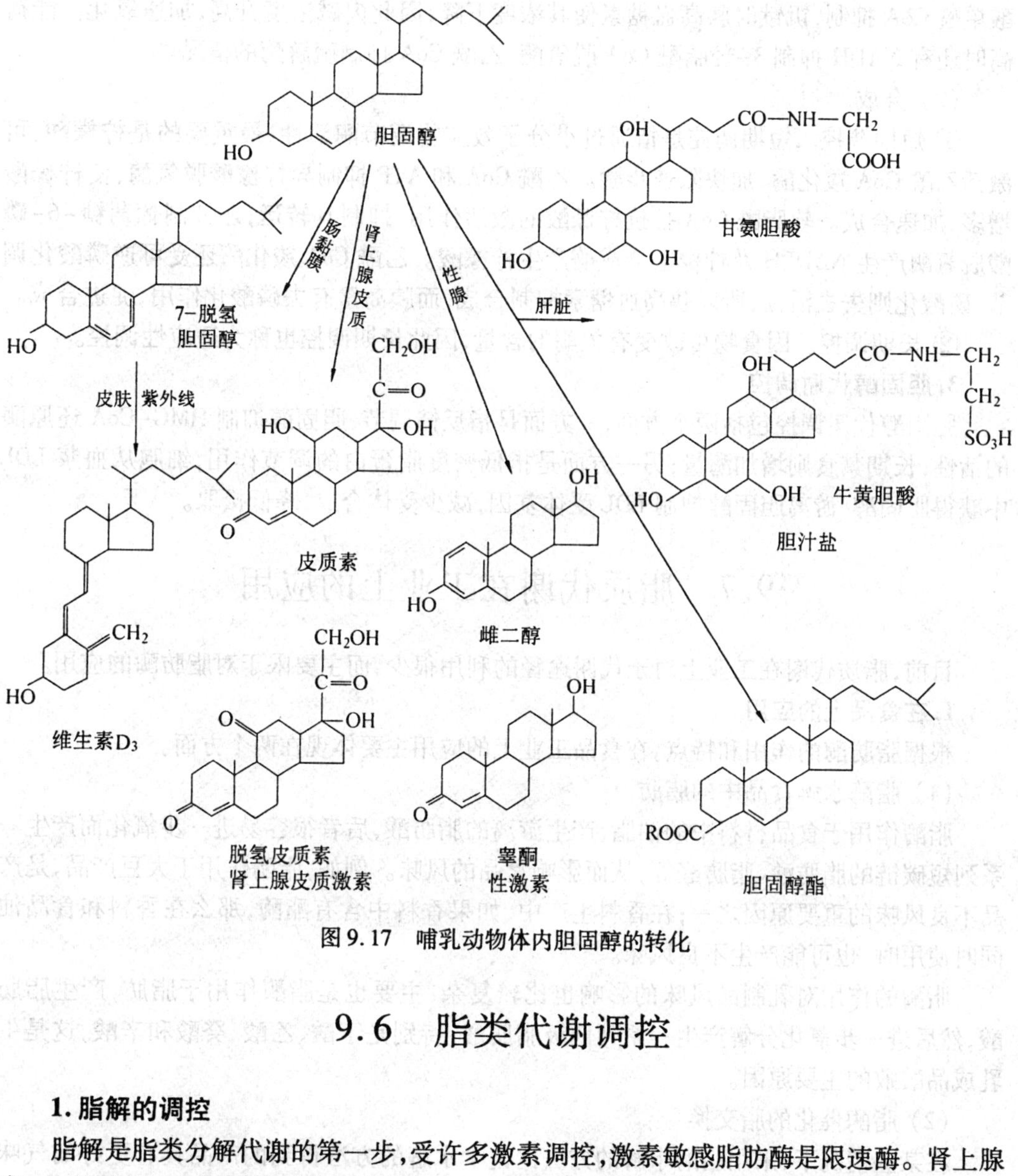

图9.17 哺乳动物体内胆固醇的转化

9.6 脂类代谢调控

1. 脂解的调控

脂解是脂类分解代谢的第一步,受许多激素调控,激素敏感脂肪酶是限速酶。肾上腺素、去甲肾上腺素和胰高血糖素通过 cAMP 激活,作用快。生长激素和糖皮质激素通过蛋白合成加速反应,作用慢。甲状腺素促进脂解的原因一方面是促进肾上腺素等的分泌,另一方面可抑制 cAMP 磷酸二酯酶,延长其作用时间。

胰岛素、PGE、烟酸和腺苷可抑制腺苷酸环化酶,起抑制脂解作用。胰岛素还可活化磷酸二酯酶,并促进脂类合成,具体是提供原料和活化有关的酶,如促进脂肪酸和葡萄糖过膜,加速酵解和戊糖支路,激活乙酰 CoA 羧化酶等。

2. 脂肪酸代谢调控

(1) 分解

长链脂肪酸的跨膜转运决定合成与氧化。肉碱脂酰转移酶是氧化的限速酶,受丙二酸单酰 CoA 抑制,饥饿时胰高血糖素使其浓度下降,因此肉碱浓度升高,加速氧化。能荷高时还有 NADH 抑制 3-羟脂酰 CoA 脱氢酶,乙酰 CoA 抑制硫解酶的情况。

(2) 合成

① 短期调控。短期调控是指通过小分子效应物调节酶活性,最重要的是柠檬酸,可激活乙酰 CoA 羧化酶,加快限速步骤。乙酰 CoA 和 ATP 抑制异柠檬酸脱氢酶,使柠檬酸增多,加速合成。软脂酰 CoA 拮抗柠檬酸的激活作用,抑制其转运,还抑制葡萄糖-6-磷酸脱氢酶产生 NADPH 及柠檬酸合成酶产生柠檬酸。乙酰 CoA 羧化酶还受可逆磷酸化调节,磷酸化则失去活性,所以胰高血糖素抑制合成,而胰岛素有去磷酸化作用,促进合成。

② 长期调控。因食物可改变有关酶的含量,因此长期调控也称为适应性调控。

3. 胆固醇代谢调控

胆固醇代谢调控包括两个方面,一方面是指反馈调节,胆固醇抑制 HMG-CoA 还原酶的活性,长期禁食则增加酶量;另一方面是指低密度脂蛋白的调节作用,细胞从血浆 LDL 中获得胆固醇,游离胆固醇抑制 LDL 受体基因,减少受体合成,降低摄取。

9.7 脂质代谢在工业上的应用

目前,脂质代谢在工业上对于代谢途径的利用很少,而主要限于对脂肪酶的应用。

1. 在食品上的应用

根据脂肪酶的作用和特点,在食品工业上的应用主要体现在两个方面。

(1) 脂酶水解食品中的脂肪

脂酶作用于食品材料中的油脂,产生游离的脂肪酸,后者很容易进一步氧化而产生一系列短碳链的脂肪酸、脂肪醛等,从而影响食品的风味。例如,脂酶作用于大豆产品,是产品不良风味的重要原因之一;在香料生产中,如果香料中含有酯酶,那么在香料和食品油同时使用时,也可能产生不良风味。

脂酶的作用对乳制品风味的影响也比较复杂,主要也是脂酶作用于脂肪,产生脂肪酸,然后进一步氧化分解产生一系列低级脂肪酸,特别是丁酸、乙酸、癸酸和辛酸,这是牛乳成品酸败的主要原因。

(2) 脂酶催化的脂交换

在某些情况下,采用脂酶水解的方法比化学水解的方法得到的产品具有更好的气味和颜色,特别是含有不饱和脂肪酸和甘油酯。例如,采用微生物脂酶从鱼油中生产的多不饱和脂肪酸可用于食品,也可用于医药。

利用微生物脂酶催化脂肪水解反应具有可逆的特点,用脂酶可将醇和脂肪酸合成酯。改变不同的脂肪酸,即可与甘油反应生成不同的甘油酯。已经采用脂酶催化脂化的方法合成短和中等链长脂肪酸和萜烯醇酯,作为乳化剂或食品添加剂。

当脂酶作用于油和脂肪时,同时发生甘油酯的水解和再合成反应,于是酰基在甘油酯分子间移动和发生脂交换反应。在反应体系中限制水的量,即可降低脂肪水解的程度,从而使脂酶催化的脂交换反应成为主要反应。根据需要在反应体系中加入不同脂肪,就有可能生产出具有独特性质并有价值的新产品,例如,通过脂交换反应从廉价的原料中生产出有价值的可可奶油。

2. 脂肪酸的发酵

脂肪可以是肥皂、医药、食品、化工等行业的原料。利用假丝酵母 107 可以转变 C11 ~ C15 正烷烃为脂肪酸，也可以利用固定化脂肪酶装于生物反应器中，将脂肪分解为脂肪酸和甘油。如果使用分批生产或连续生产法，可以大大降低成本。

长链饱和二羟酸是制造合成纤维、工程塑料、涂料、香料和医药的重要原料，有机合成比较困难；中国科学院等单位以石油为原料，利用热带假丝酵母及其诱变种，生产十三碳二羟酸和十四碳二羟酸，并已获得成功。

3. 石油开采和石油污染处理

利用一些生物可将烷烃及石油组分氧化成醛并进一步氧化成脂肪酸、供微生物生长发育或转化成其他产物，用于石油开采或海洋石油污染处理，以保护环境。

目前石油开采工业中，采出率只有 30% ~ 40%，必须进行第二次采油和第三次采油，以提高出油率，常用物理方法或化学方法。现代生物技术的发展，已开始利用微生物进行二、三次采油。微生物采油包括两个方面，一是利用微生物如糖（黄原胶）、表面活性剂等；二是将微生物活细胞注入油井，如嗜热细菌。美国已经用厌氧、嗜热耐盐细菌经遗传工程手段加以改造使之具有分解烷烃、石蜡的能力，用这些细菌可以使石油增产 50%。

海洋石油污染是全世界，特别是沿海国家备受重视的问题，一些可分解烷烃类的微生物，可将烃类末端甲基氧化为伯醇，再被与 NADH 偶联的脱氢酶氧化为醛，并进一步氧化为相应的脂肪酸。除了末端氧化外，有的微生物（如假单胞菌）能够在亚末端氧化烃类，即首先将第二个碳氧化成仲醇，再氧化为酮，还能将烃类的两个末端甲基同时氧化，氧化成二羧酸，细菌将此二羧酸经 β-氧化分解利用。

本章小结

在前面学习油脂、磷脂及胆固醇的结构和功能基础上，本章进一步讨论了脂质在生物体内的分解代谢和合成代谢过程，尤其以脂肪的分解代谢和合成代谢为本章重点。

（1）脂肪是高等动物的重要能源，是生物体的能量贮存库，简要介绍了脂肪的消化、吸收、转运及脂蛋白、血脂。

（2）脂肪的代谢是指甘油代谢和脂肪酸代谢。甘油代谢生成磷酸二羟丙酮，可见脂代谢和糖代谢有着密切的关系。脂肪酸的分解有 β-氧化、奇数碳脂肪酸的氧化、不饱和脂肪酸的氧化、α-氧化、ω-氧化等方式，其中最主要的氧化形式是 β-氧化，是本章的重点内容。β-氧化的关键酶是肉毒碱脂酰转移酶 Ⅰ 和脂酰 CoA 合成酶，主要在线粒体基质中进行。此外，酮体包括乙酰乙酸、β-羟基丁酸和丙酮，是乙酰 CoA 在肝细胞线粒体中转变的中间代谢产物，酮体是肝输出能源的一种形式。HMG-CoA 合酶是酮体合成的关键酶。

（3）脂肪酸的合成包括两种方式：一是存在于细胞质中从二碳单位开始的从头合成途径。以乙酰 CoA 为原料，以丙二酸单酰 CoA 为直接前体，由脂肪酸合酶催化合成软脂酸，乙酰 CoA 羧化酶是关键酶；二是存在于线粒体和微粒体中，在已有的脂肪酸链上加上二碳单位使链延长，它们的碳链延长机制有所差异。

(4) 磷脂在几种不同磷脂酶催化下分解成甘油、脂肪酸、磷酸、胆碱等,它们可以进入糖代谢或氨基酸代谢。磷脂的合成需要 CTP。

(5) 胆固醇的合成以乙酰 CoA 为原料,需线粒体、胞浆和内质网的参与,合成过程复杂,HMG-CoA 还原酶是关键酶。胆固醇在体内可转化为多种生物活性物质,包括类固醇激素、胆汁及胆汁酸盐、维生素 D_3 等。

(6) 从脂肪降解的调控、脂肪酸代谢调控、胆固醇代谢调控 3 方面简要介绍脂肪酸的代谢调控。

(7) 简要介绍脂肪酶在工业上的应用。

习　题

1. 判断对错。如果错误,请说明原因。

(1) 酮体是乙酰 CoA 在肝细胞线粒体中转变的中间代谢物,在肝脏合成,但是不能在肝脏中利用。

(2) 脂酰肉毒碱的跨膜转运是脂肪酸 β-氧化的限速步骤。

(3) 脂肪酸的 β-氧化是以 ACP 为酰基载体,而脂肪酸的合成是以 CoASH 为酰基载体。

(4) 磷脂酸是合成中性脂和磷脂的共同中间产物。

(5) 胆固醇在体内可以彻底氧化分解为 CO_2 和 H_2O。

2. 什么是血浆脂蛋白? 简述其分类、组成特点及功能。

3. 脂肪细胞中的脂解产物甘油是如何氧化为 CO_2 和 H_2O 的? 以代谢物中文名称及箭头写出其氧化途径,并计算 ATP 生成的数量。[22(18.5)或 20(16.5) ATP]

4. 1 mol 软脂酸和 1 mol 硬脂酸彻底氧化净产生多少摩尔 ATP? 说明其主要的反应过程。[129(106)mol ATP 和 146(120)mol ATP]

5. 什么是 α-氧化? 什么是 ω-氧化?

6. 简述超过 16C 的更长碳链的脂肪酸在体内是如何延长的?

7. 简述动物体内不饱和脂肪酸的合成有何特征?

8. 试比较脂肪酸合成途径与脂肪酸 β-氧化的异同点。

9. 摄入的糖在体内如何转变为脂肪而被贮存?

10. 什么是酮体,机体是如何产生和利用酮体的?

11. 画图说明 4 种磷脂酶对磷脂的作用部位分别是什么。

12. 说明 HMG-CoA 在脂类代谢中的作用,并简述代谢过程。

*第10章 蛋白质和氨基酸的代谢

10.1 概　　述

活细胞的组成成分在不断地进行着转换更新。蛋白质是生命的物质基础,其代谢活动是生命的体现。体内的大多数蛋白质都不断地进行分解与合成。蛋白质的存活时间,短到几分钟,长到几周,如人血浆白蛋白的“生物半衰期”约为 20 ~ 25 天,在此期间,白蛋白有一半得到更新。细胞内的蛋白质也经常处于分解和合成之中。细胞有选择地降解非蛋白质,例如,血红蛋白与缬氨酸类似物 α-氨基-β-氯代丁酸(α-amino-β-clorobutyric acid)结合形成的产物在网织红细胞(reticulocyte)中的半存活期约为 10 min,而正常红蛋白可延续红细胞的存活期达 120 天。细胞中蛋白质的降解速度还因营养及激素状态而有所不同,在营养极度缺乏的条件下,细胞会提高其蛋白质降解速度,以维持其必需营养源使不可缺少的代谢过程能够进行。不同蛋白质的半衰期不同,可相差几小时到很多天。由于蛋白质需要不断更新,因此生物体需要经常供给蛋白质,以维持组织细胞生长、更新和修复。

1. 蛋白质的消化与吸收

(1) 消化

生物体从外界摄取的蛋白质经水解以后才能转化为自身的组成成分,蛋白质在哺乳动物消化道中降解为氨基酸的过程称为消化。蛋白质的消化过程主要是在胃和小肠中进行,由各种蛋白酶催化,发生酶促水解。

当食物进入胃后,胃分泌胃泌素(gastrin),胃泌素刺激胃黏膜主细胞(chief cell)分泌胃蛋白酶原,经胃底壁分泌的胃酸(HCl,pH1.5 ~ 2.5)作用和自我催化,从氨基末端切除 42 肽后,被转化为胃蛋白酶(pepsin)。胃蛋白酶可将大分子的蛋白质水解为相对分子质量较小的多肽(polypeptide)。在胃中未彻底消化的蛋白质进入肠中,在肠中有胰腺分泌的胰液和由肠壁细胞分泌的肠液,它们均含有多种蛋白酶和肽酶(peptidase)。胰液中含有胰蛋白酶(trypsin)、胰凝乳蛋白酶(chymotrypsin)、弹性蛋白酶(elastase)及羧肽酶(carboxypeptidase)。前 3 种蛋白酶催化断裂肽链内部肽键,称为内肽酶;而羧肽酶以及氨肽酶分别催化断裂 C-末端和 N-末端肽键,称外肽酶。

人和动物体内水解蛋白质的各种酶有不同的专一性，它们分别作用于多肽链不同部位的肽键上。

胰蛋白酶主要作用于肽链中由赖氨酸、精氨酸的羧基形成的肽键；胃蛋白酶的专一性较低，可作用于苯丙氨酸、酪氨酸、色氨酸、亮氨酸、谷氨酸、谷氨酰胺等氨基酸的羧基端肽键；胰凝乳蛋白酶作用于芳香族氨基酸及一些具有大的非极性侧链氨基酸的羧基端肽键；弹性蛋白酶特异性更低，它作用于缬氨酸、亮氨酸、丝氨酸及丙氨酸等各种脂肪族氨基酸的羧基端肽键；糜蛋白酶原由胰蛋白酶催化水解被激活，形成活性糜蛋白酶分子，该酶水解芳香族氨基酸，苯丙氨酸、酪氨酸、色氨酸的羧基形成的肽键（图 10.1）。

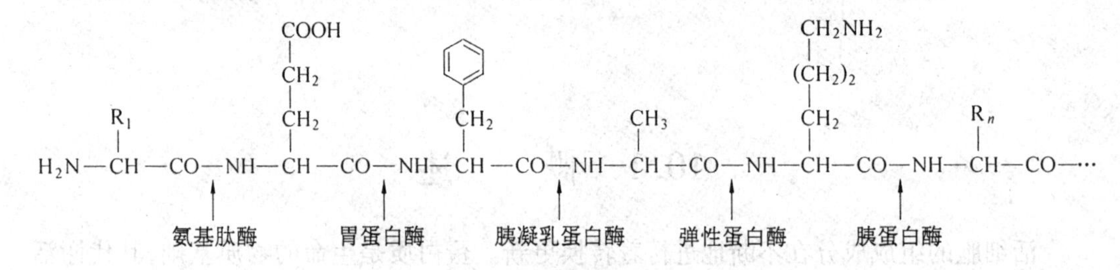

图 10.1 动物蛋白酶作用的专一性

经胃蛋白酶、胰蛋白酶、糜蛋白酶及弹性蛋白酶作用后的蛋白质，已变成短肽和部分游离的氨基酸。短肽又由羧肽酶和氨肽酶分别从肽段的 C-端和 N-端水解下氨基酸残基。羧肽酶有 A、B 两种，羧肽酶 A 主要水解由各种中性氨基酸为 C-末端构成的肽键，羧肽酶 B 主要水解由赖氨酸、精氨酸等碱性氨基酸为 C-末端构成的肽键。氨肽酶则水解 N-末端的肽键。

蛋白质经过上述消化管内各种酶的协同作用，最后全部降解为游离氨基酸。

在微生物和植物细胞内存在的蛋白水解酶多数专一性较低，如霉菌蛋白酶、细菌蛋白酶、菠萝蛋白酶和木瓜蛋白酶等。

（2）吸收

蛋白质水解产生的氨基酸由小肠黏膜上皮细胞吸收，这种吸收是一个需能耗氧的主动运输过程。主动运输过程由肠黏膜细胞上的需钠氨基酸载体来完成，该载体是一种活性受 Na^+ 调节的膜蛋白。不同氨基酸的吸收由不同的载体完成。

① 中性氨基酸载体。此氨基酸载体可转运芳香族氨基酸、脂肪族氨基酸、含硫氨基酸、组氨酸、谷氨酰胺以及天冬酰胺等，转运速度最快。

② 碱性氨基酸载体。此氨基酸载体可转运赖氨酸和精氨酸，转运速度较慢，仅为中性氨基酸转运速率的 10%。

③ 酸性氨基酸载体。此氨基酸载体可转运谷氨酸和天冬氨酸。

④ 亚氨基酸及甘氨酸载体。载体可转运脯氨酸、羟脯氨酸及甘氨酸，转运速度很慢。

除了氨基酸载体吸收机制以外，1969 年，A. Meister 提出了另一种吸收机制，称为 γ-谷氨酰循环（γ-glutamyl cycle），认为谷胱甘肽在氨基酸的吸收或向各组织细胞内的转移中发挥作用。

由肠壁细胞吸收的氨基酸，通过毛细血管经门静脉进入肝脏，有小部分从乳糜管经淋巴系统进入血液循环，在肝脏中消耗一部分，发生分解作用，并释放能量，其余绝大部分随血液循环运往外周组织参与组织蛋白的更新。

2. 蛋白质的营养价值

人和动物必须由食物蛋白质提供所需氨基酸，用于合成自身组织的蛋白质，以补偿在代谢过程中被消耗的组织成分，多余的氨基酸则分解为含氮废物，并释放能量，为适应多种蛋白质合成的需要，人和动物体必须从食物中获取各种氨基酸。

（1）必需氨基酸

人和动物体的蛋白质主要由20种常见氨基酸组成，它们都是合成体内蛋白质不可缺少的。这些氨基酸中一类是人或动物机体自身不能合成，必须由食物提供的氨基酸，称为必需氨基酸（essential amino acid）；另一类是人或动物机体能够自身合成的氨基酸，称为非必需氨基酸（non-essential amino acid）。

人体必需氨基酸有8种，即赖氨酸、色氨酸、缬氨酸、亮氨酸、异亮氨酸、苏氨酸、甲硫氨酸和苯丙氨酸。在婴幼儿体内，精氨酸和组氨酸的合成速度较慢，常常不能满足机体组织快速构建的需要，需要从食物中摄取，因此称它们为半必需氨基酸。动物的种类不同，其必需氨基酸的种类也不同。

（2）营养效价

蛋白质的营养作用主要是为机体提供必需的氨基酸和合成其他含氮物质所需要的氮源。蛋白质的营养价值高低取决于其分子中必需氨基酸的种类、含量和比例与摄入机体所需是否相近。蛋白质的营养效价主要与氮素转化有关。根据氮素转化状况对蛋白质营养效价的评价有以下几方面。

① 蛋白质消化率。食物蛋白质在人体内的消化率是评价食物蛋白质营养价值的一个重要指标。其公式为

$$\text{蛋白质消化率}/\% = \frac{[\text{食物氮}-(\text{粪氮}-\text{粪代谢氮})]}{\text{食物氮}} \times 100$$

② 蛋白质利用率。蛋白质利用率是指食物蛋白质经消化吸收后在体内被利用的程度。蛋白质利用率的测定方法有生物法和化学法。

蛋白质的生物学价值是指被生物体利用保留的氮与吸收的氮量之比，用BV表示，即

$$BV/\% = \frac{\text{氮储留量}}{\text{氮吸收量}} \times 100$$

蛋白质净利用率（NPU）是指蛋白质实际被机体利用的程度，即

$$NPU/\% = \frac{\text{氮储留量}}{\text{氮食入量}} \times 100$$

蛋白质效率比值（PER）是指动物的体重增重与摄食的蛋白质质量之比，是测定食用蛋白质营养质量最常用的指标，即

$$PER = \frac{\text{体重增加(g)}}{\text{食用蛋白质(g)}}$$

氨基酸分数（AAS）是指待测蛋白质与标准蛋白质中各种必需氨基酸含量的比值，即

$$AAS/\% = \frac{\text{每克待测蛋白质中某种必需氨基酸的毫克数}}{\text{每克标准蛋白质中某种必需氨基酸的毫克数}} \times 100$$

10.2 氨基酸的分解代谢

氨基酸代谢是蛋白质代谢的枢纽,氨基酸在高等动物体内的代谢变化见图10.2。氨基酸分解代谢的共同形式有脱氨基、转氨基、脱羧基。

氨基酸脱去氨基产生氨和α-酮酸。在陆栖哺乳动物中,氨主要在肝中合成尿素,然后排出体外。α-酮酸可作为碳素骨架转化为葡萄糖及脂肪酸,或进入三羧酸循环彻底氧化成 CO_2 和 H_2O。

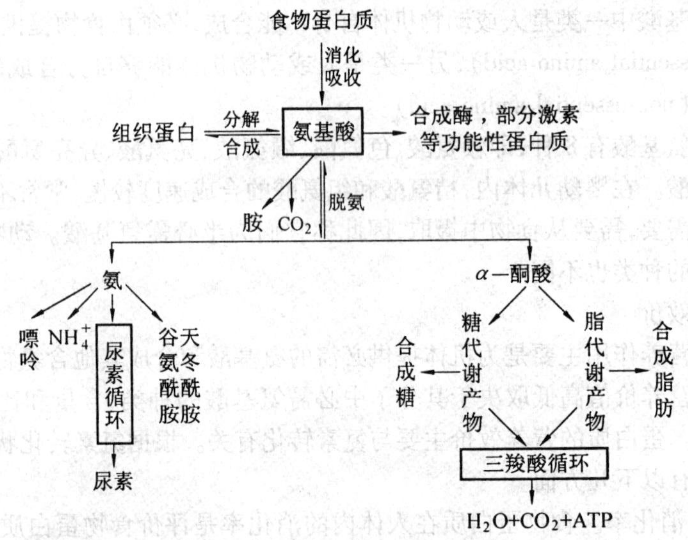

图10.2 氨基酸在体内的代谢变化

10.2.1 氨基酸的脱氨基作用

氨基酸脱去氨基生成α-酮酸的过程称为脱氨基作用(deamination)。机体内氨基酸脱氨基作用主要有氧化脱氨基、转氨基、联合脱氨基及非氧化脱氨基等方式。

1. 氧化脱氨基

α-氨基酸在酶的催化下氧化脱去氨基并生成α-酮酸的过程,称为氧化脱氨基作用(oxidative deamination),反应通式为

$$\text{氨基酸}+FAD+H_2O \longrightarrow \alpha\text{-酮酸}+NH_3+FADH_2$$

$$FADH_2+O_2 \longrightarrow FAD+H_2O_2$$

这个反应包括脱氢、水解脱氨两步酶促化学反应过程,即

$$\underset{\displaystyle NH_2}{R-\underset{|}{CH}-COOH} \xrightarrow[\text{FMN (FAD)} \curvearrowright \text{FMNH}_2\ (\text{FADH}_2)]{\text{氨基酸氧化酶}} \underset{\substack{\displaystyle NH \\ \text{(亚氨基酸)} \\ \text{(不稳定)}}}{R-\underset{\|}{C}-COOH} \xrightarrow[H_2O \curvearrowright NH_3]{\text{自发}} \underset{\displaystyle O}{R-\underset{\|}{C}-COOH}$$

氨基酸氧化酶(amino acid oxidase)不是体内催化氨基酸氧化脱氨基的主要酶类,在体内分布比较广泛。催化氧化脱氨基活性最强的酶是*L*-谷氨酸脱氢酶 EC1.4.1.3(*L*-glutamate dehydrogenase,*L*-GLDH)。*L*-谷氨酸脱氢酶是不需氧脱氢酶,其辅酶是 NAD^+或 $NADP^+$,该酶主要存在于真核细胞的线粒体中,酶的专一性很强,尤其在动物肝细胞中。该酶催化*L*-谷氨酸氧化脱氨基,生成氨和α-酮戊二酸(图10.3)。

α-酮戊二酸可进入三羧酸循环彻底氧化放能。α-酮戊二酸也可来自三羧酸循环,按上述反应的逆过程生产*L*-谷氨酸,进而变成谷氨酸钠。这是人类利用微生物工业化发酵生产味精的原理。

由于*L*-谷氨酸脱氢酶可催化*L*-谷氨酸与α-酮戊二酸的相互转化,因此在糖代谢和氨基酸代谢的联系中起重要作用。

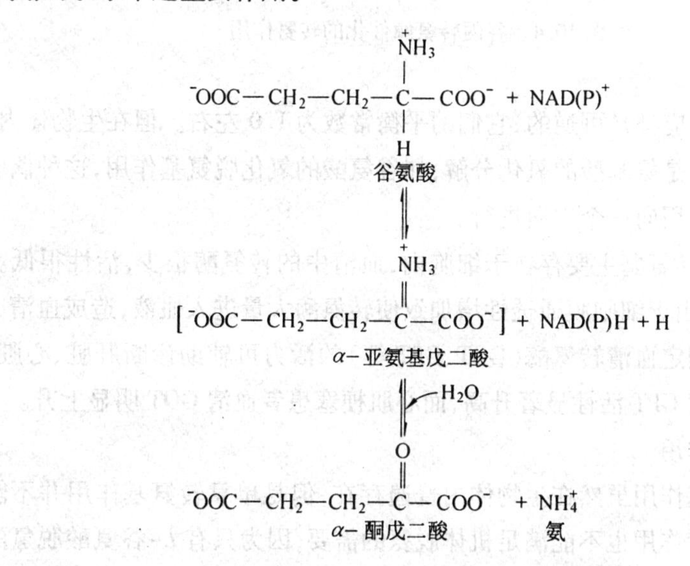

图10.3　谷氨酸的氧化脱氨基作用

2. 转氨基作用

氨基酸分子的α-氨基在转氨酶(transaminase)作用下转移到α-酮酸的羰基上,使酮酸变成相应的α-氨基酸,而原来氨基酸失去氨基变成相应的α-酮酸的反应称为转氨作用(transamination),反应通式为

$$\text{氨基酸}_1+\alpha\text{-酮酸}_2 \xrightleftharpoons{\text{转氨酶}} \alpha\text{-酮酸}_1+\text{氨基酸}_2$$

转氨基作用产生的仍然是氨基酸和酮酸,本质上氨基没有脱离氨基酸。

转氨酶种类很多,在动物、植物、微生物中分布广,在动物的心、脑、肾、睾丸及肝细胞中含量都很高。它们都以磷酸吡哆醛作为辅酶。大多数转氨酶需要α-酮戊二酸作为氨基受体。转氨酶中最常见且作用最强的是谷丙转氨酶 EC2.6.1.2(glutamic pyruvic transaminase,GPT 或 ALT)和谷草转氨酶 EC2.6.1.1(glutamic oxaloacetic transaminase,GOT 或 AST)。谷丙转氨酶催化的转氨反应见图10.4。

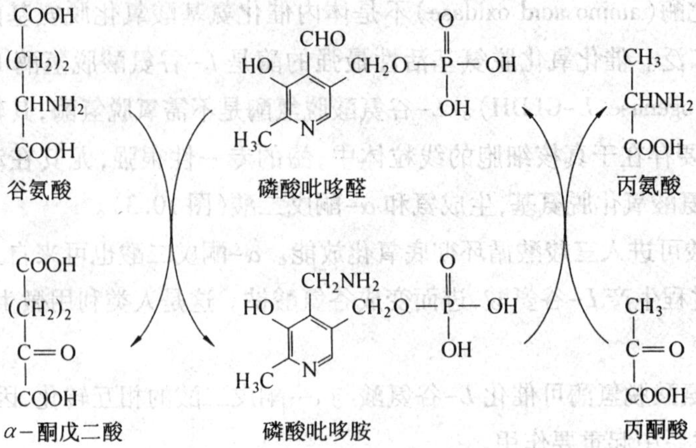

图 10.4　谷丙转氨酶催化的转氨作用

转氨酶催化的反应都是可逆的,它们的平衡常数为 1.0 左右。但在生物体内,与转氨基作用相偶联的反应是氨基酸的氧化分解,如谷氨酸的氧化脱氨基作用,这种偶联反应可促使氨基酸的转氨作用向一个方向进行。

在正常情况下,转氨酶主要存在于细胞内,血清中的转氨酶很少,活性很低。当心脏或肝脏出现炎症时,由于细胞膜通透性增加致使转氨酶大量进入血液,造成血清中转氨酶活性增加。临床上测定血清转氨酶(GOT、GPT 等)的活力可辅助诊断肝脏、心脏的疾病,如急性肝炎患者血清 GPT 活性显著升高,而心肌梗塞患者血清 GOT 明显上升。

3. 联合脱氨基作用

氨基酸的转氨基作用虽然在生物体内普遍存在,但是单靠转氨基作用并不能最终脱掉氨基。氧化脱氨基作用也不能满足机体脱氨的需要,因为只有 *L*-谷氨酸脱氢酶活性最高,其他氨基酸不能直接由它催化脱氨。体内氨基酸脱氨基主要靠以谷氨酸脱氢酶为主的联合脱氨基作用和嘌呤核苷酸的联合脱氨基作用,后者是骨骼肌、心脏、肝脏及脑的主要脱氨方式,见图 10.5。

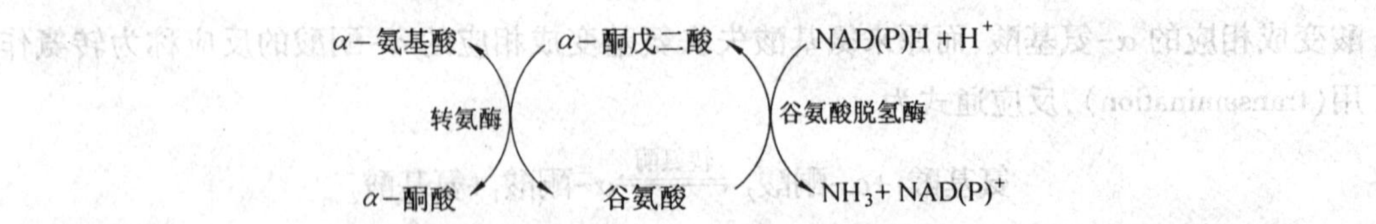

图 10.5　以谷氨酸脱氢酶为主的联合脱氨基作用

嘌呤核苷酸的联合脱氨基作用见图 10.6。

从 α-氨基酸开始的联合脱氨基反应见图 10.7。

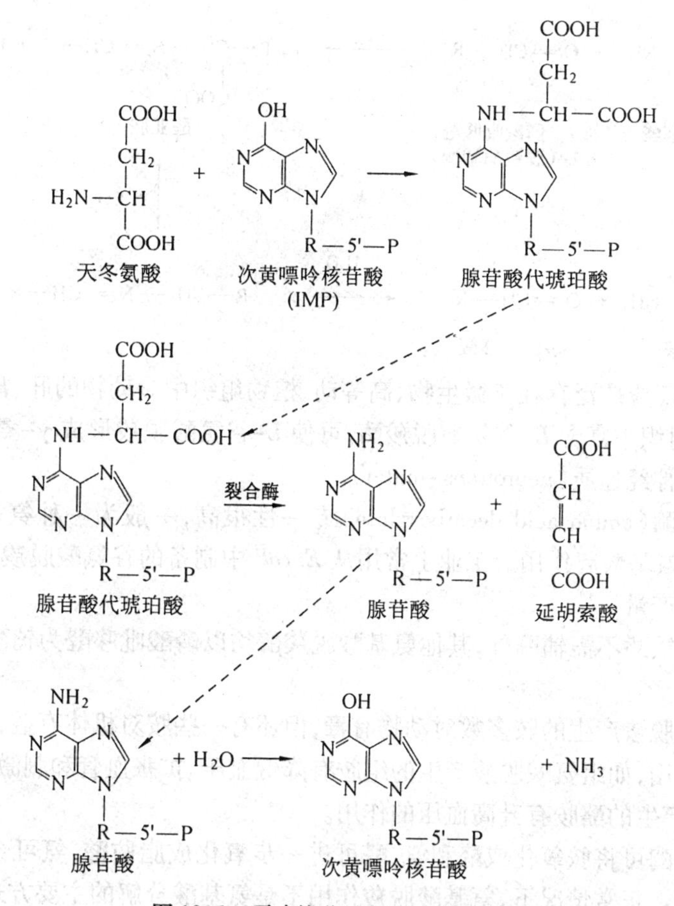

图10.6　嘌呤核苷酸的联合脱氨基作用

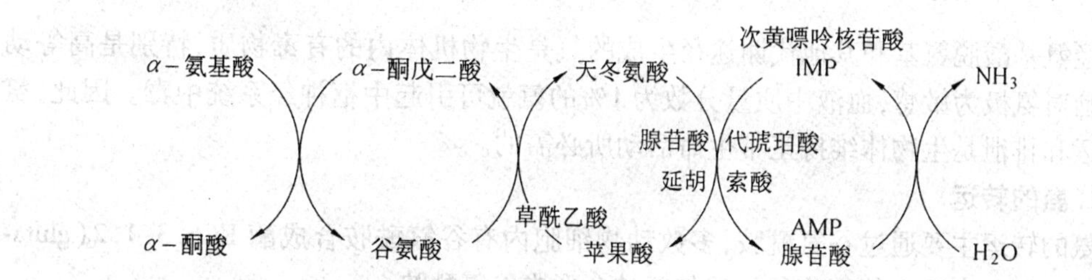

图10.7　从α-氨基酸开始通过嘌呤核苷酸循环的联合脱氨基过程

10.2.2　氨基酸脱羧基

1. 氨基酸脱羧基

氨基酸在脱羧酶作用下，脱羧产生 CO_2 和一级胺的过程称为脱羧基作用（decarboxylation），反应通式为

$$R—CH(COO^-)—\overset{+}{N}H_3 + O{=}CH—R \longrightarrow R—CH(COO^-)—N{=}CH—R + H_2O$$

α-氨基酸　　磷酸吡哆醛（脱羧酶辅酶）　　醛亚胺

$$\downarrow -CO_2$$

$$R—CH_2—\overset{+}{N}H_3 + O{=}CH—R \xleftarrow{H_2O} R—CH_2—N{=}CH—R$$

一级胺　　磷酸吡哆醛

氨基酸脱羧反应广泛存在于微生物、高等动、植物组织中。动物的肝、肾、脑中都有氨基酸脱羧酶，脑组织中富含 *L*-谷氨酸脱羧酶，可使 *L*-谷氨酸脱羧形成 γ-氨基丁酸，γ-氨基丁酸是重要的神经递质（neurotrans-mitter）。

氨基酸脱羧酶（amino acid decarboxylase）专一性很高，一般为一种氨基酸一种脱羧酶，而且只对 *L*-氨基酸起作用。工业上常用从 *E. coli* 中制备的谷氨酸脱羧酶来测定发酵过程中谷氨酸的产量。

除组氨酸脱羧酶不需辅酶外，其他氨基酸脱羧酶均以磷酸吡哆醛为辅酶。

2. 生理意义

常见氨基酸脱羧产生的胺多数对动物有毒，但还有一些胺对机体有益，具有生物活性和很强的药理作用，如组氨酸脱羧产生的组胺有降低血压、扩张血管和刺激胃液分泌的作用；酪氨酸脱羧产生的酪胺有升高血压的作用。

体内胺氧化酶可将胺氧化成醛和氨，醛可进一步氧化成脂肪酸，氨可合成尿素，又可形成新的氨基酸。正常情况下，氨基酸脱羧作用不是氨基酸分解的主要方式。

10.2.3　氨的代谢

经氨基酸脱氨基和其他代谢途径生成的氨是生物机体内的有毒物质，特别是高等动物的脑对氨极为敏感，血液中质量分数为1%的氨就可引起中枢神经系统中毒。因此，氨的转运和排泄是生物体维持正常生命活动所必需的。

1. 氨的转运

氨的转运主要通过谷氨酰胺，多数动物细胞内有谷氨酰胺合成酶 EC6.3.1.2（glutamine synthetase，GS），能催化谷氨酸与氨结合形成谷氨酰胺。

$$NH_4^+ + \text{谷氨酸} + ATP \xrightarrow{\text{谷氨酰胺合成酶}} \text{谷氨酰胺} + ADP + Pi + H^+$$

生成的谷氨酰胺由血液运送至肝或肾，经谷氨酰胺酶催化，将氨释放出来。

$$\text{谷氨酰胺} + H_2O \xrightarrow{\text{谷氨酰胺酶}} \text{谷氨酸} + NH_4^+$$

可见，谷氨酰胺是氨的解毒产物，又是氨的储存及运输形式。

肌肉可利用葡萄糖-丙氨酸循环运送氨。在肌肉中谷氨酸与丙酮酸进行转氨形成丙氨酸。

$$\text{谷氨酸} + \text{丙酮酸} \xrightarrow{\text{丙酮酸转氨酶（在肌肉）}} \alpha\text{-酮戊二酸} + \text{丙氨酸}$$

丙氨酸通过血液运送到肝脏,再与 α-酮戊二酸转氨转变为丙酮酸和谷氨酸。

$$\text{丙氨酸}+\alpha\text{-酮戊二酸}\xrightarrow{\text{丙氨酸转氨酶(在肝脏)}}\text{丙酮酸}+\text{谷氨酸}$$

肌肉中所需的丙酮酸由糖酵解提供,在肝脏中多余的丙酮酸可通过糖异生途径转化成葡萄糖。

2. 氨的排泄

动物排泄氨有3种形式:①排氨,多数水生动物,排泄时需要少量的水;②排尿酸,鸟类和陆生爬行动物;③排尿素,大多数陆生脊椎动物。

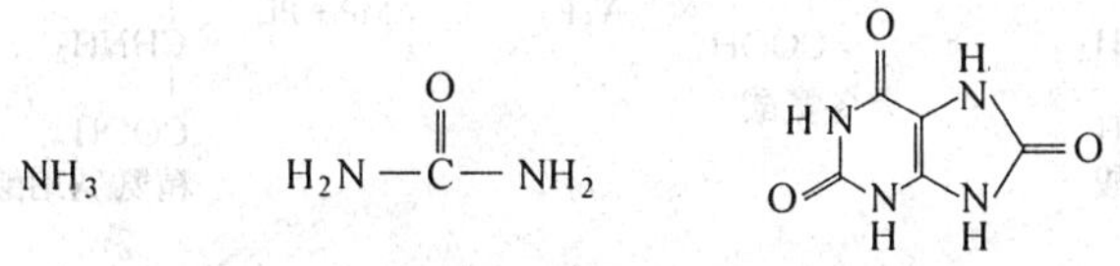

NH_3　　$H_2N-\overset{O}{\overset{\|}{C}}-NH_2$　　（尿酸结构式）

氨　　尿素　　尿酸

1932年,Hans A Krebs 和其学生 Kurt Henseleit 提出了尿素形成的循环代谢机制,该循环又称为鸟氨酸循环.该发现比 TCA 的发现早5年。

尿素循环(urea cycle)反应一部分在肝细胞的线粒体中进行,另一部分在细胞质中进行。尿素循环的反应步骤如下。

(1) 尿素获取第一个氮原子——氨甲酰磷酸的形成

在线粒体基质中,氨甲酰磷酸合成酶 I(EC6.3.4.16)(carbamyl phosphate synthetase I,CPS-I)催化来自联合脱氨基作用产生的 NH_3、CO_2 和 ATP,生成氨甲酰磷酸,反应式为

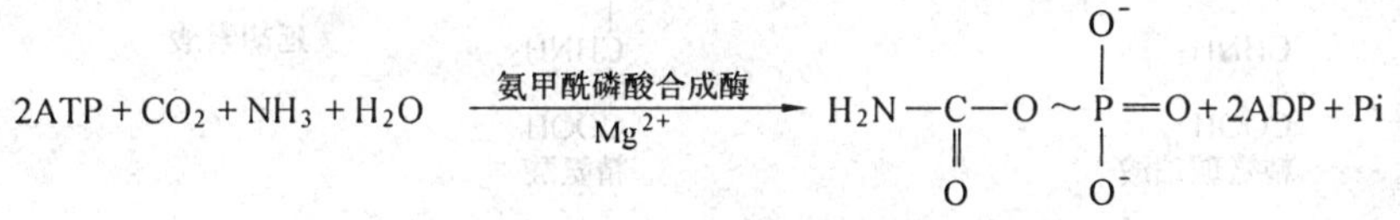

$$2ATP+CO_2+NH_3+H_2O\xrightarrow[Mg^{2+}]{\text{氨甲酰磷酸合成酶}}H_2N-\underset{\underset{O}{\|}}{C}-O\sim\overset{O^-}{\overset{|}{\underset{\underset{O^-}{|}}{P}}}=O+2ADP+Pi$$

氨甲酰磷酸

生成的氨甲酰磷酸是氨的活化形式,类似高能化合物。这步反应通常不可逆,在尿素循环中是限速步骤。

(2) 瓜氨酸的形成

氨甲酰磷酸在鸟氨酸氨甲酰基转移酶 EC2.1.3.3(ornithine carbamyl transferase, OTC)催化下与来自细胞质的鸟氨酸在线粒体内反应,形成瓜氨酸,瓜氨酸离开线粒体进入细胞质,反应式为

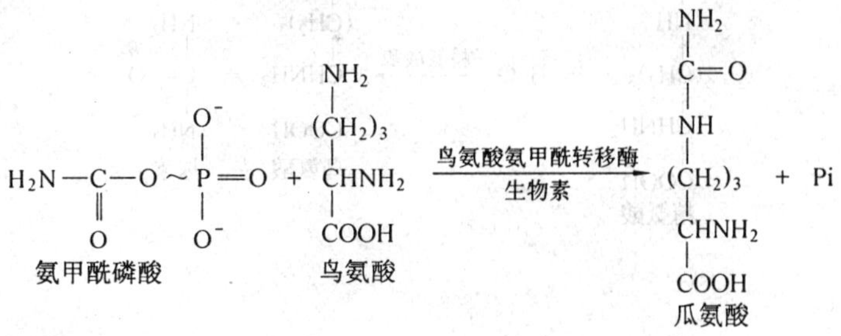

$$H_2N-\underset{\underset{O}{\|}}{C}-O\sim\overset{O^-}{\overset{|}{\underset{\underset{O^-}{|}}{P}}}=O+NH_2-(CH_2)_3-CHNH_2-COOH\xrightarrow[\text{生物素}]{\text{鸟氨酸氨甲酰转移酶}}NH_2-C(=O)-NH-(CH_2)_3-CHNH_2-COOH+Pi$$

氨甲酰磷酸　　鸟氨酸　　瓜氨酸

(3) 尿素获取第二个氮原子——精氨酸的生成

瓜氨酸与天冬氨酸在细胞质中,由精氨琥珀酸合成酶 EC6.3.4.5(argininosuccinate synthetase,ASS)催化合成精氨琥珀酸,反应需 ATP 提供能量,反应式为

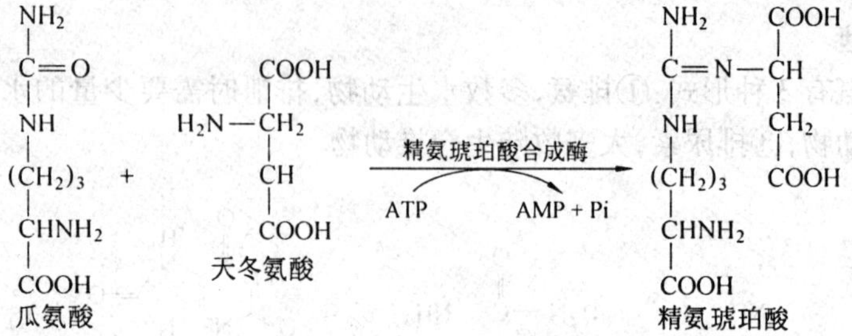

NH_2—C(=O)—NH—$(CH_2)_3$—$CHNH_2$—COOH(瓜氨酸) + H_2N—CH_2(COOH)—CH—COOH(天冬氨酸) —精氨琥珀酸合成酶(ATP → AMP + Pi)→ NH_2—C(=N—CH(COOH)—CH_2—COOH)—NH—$(CH_2)_3$—$CHNH_2$—COOH(精氨琥珀酸)

精氨琥珀酸在精氨琥珀酸裂解酶 EC4.3.2.1(argininosuccinate lyase,ASL)作用下分解成精氨酸和延胡索酸;延胡索酸可转变成苹果酸、草酰乙酸,草酰乙酸又可转变成天门冬氨酸。

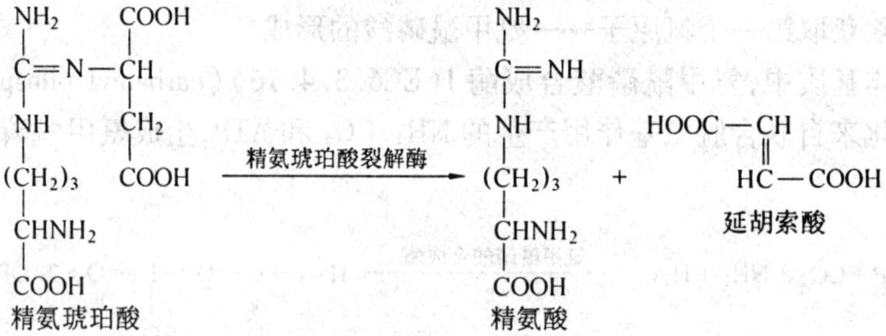

NH_2—C(=N—CH(COOH)—CH_2—COOH)—NH—$(CH_2)_3$—$CHNH_2$—COOH(精氨琥珀酸) —精氨琥珀酸裂解酶→ NH_2—C(=NH)—NH—$(CH_2)_3$—$CHNH_2$—COOH(精氨酸) + HOOC—CH=HC—COOH(延胡索酸)

(4) 尿素的生成

精氨酸在精氨酸酶 EC3.5.3.1(arginase)的催化下,水解成尿素和鸟氨酸,鸟氨酸可通过线粒体膜进入线粒体,再参与尿素循环。

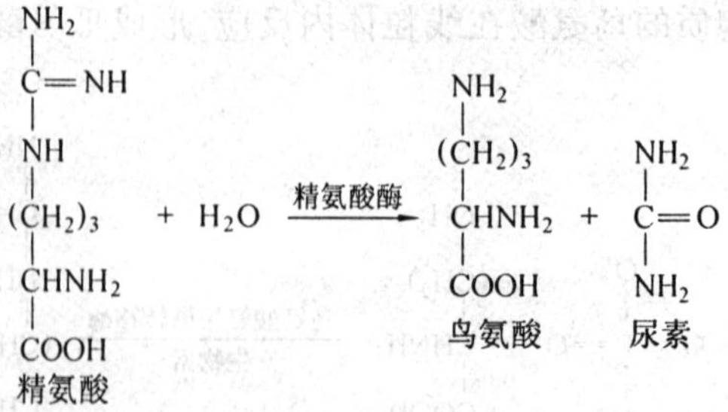

NH_2—C(=NH)—NH—$(CH_2)_3$—$CHNH_2$—COOH(精氨酸) + H_2O —精氨酸酶→ NH_2—$(CH_2)_3$—$CHNH_2$—COOH(鸟氨酸) + NH_2—C(=O)—NH_2(尿素)

尿素循环各反应可总结为图 10.8。尿素循环与 TCA 循环的联系在于精氨琥珀酸的断裂与形成，见图 10.9。尿素生成的总反应为

$$CO_2+NH_3+Asp+3ATP+2H_2O \longrightarrow H_2N-\overset{\overset{\large O}{\|}}{C}-NH_2 + \text{延胡索酸}+2ADP+2Pi+AMP+PPi$$

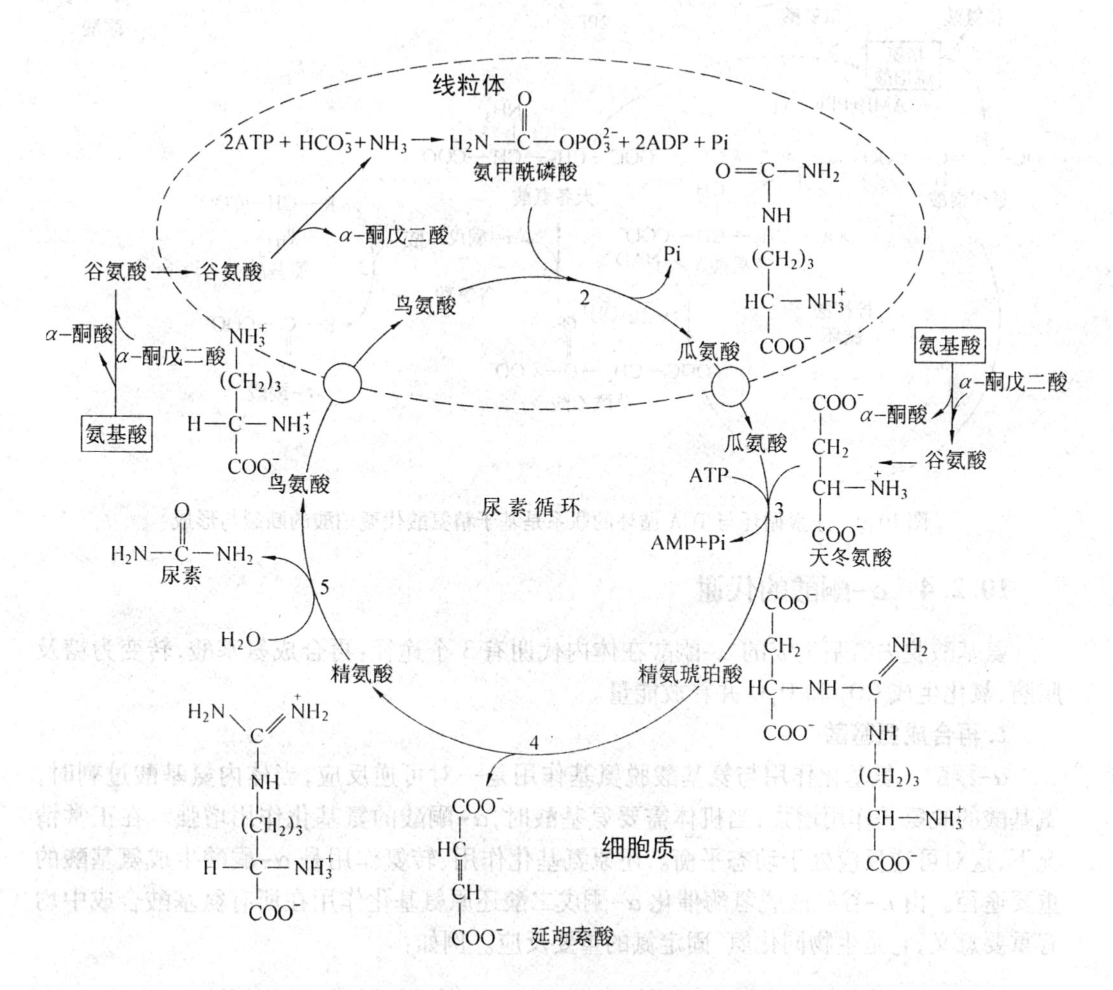

图 10.8　尿素循环部分在线粒体中进行，部分在细胞质中进行

其通路是分别经鸟氨酸及瓜氨酸在特异的运输体系下穿过线粒体膜实现的。在尿素循环中有 5 种酶参与：①氨甲酰磷酸合成酶；②鸟氨酸转氨甲酰基酶；③精氨琥珀酸合成酶；④精氨琥珀酸裂解酶；⑤精氨酸酶

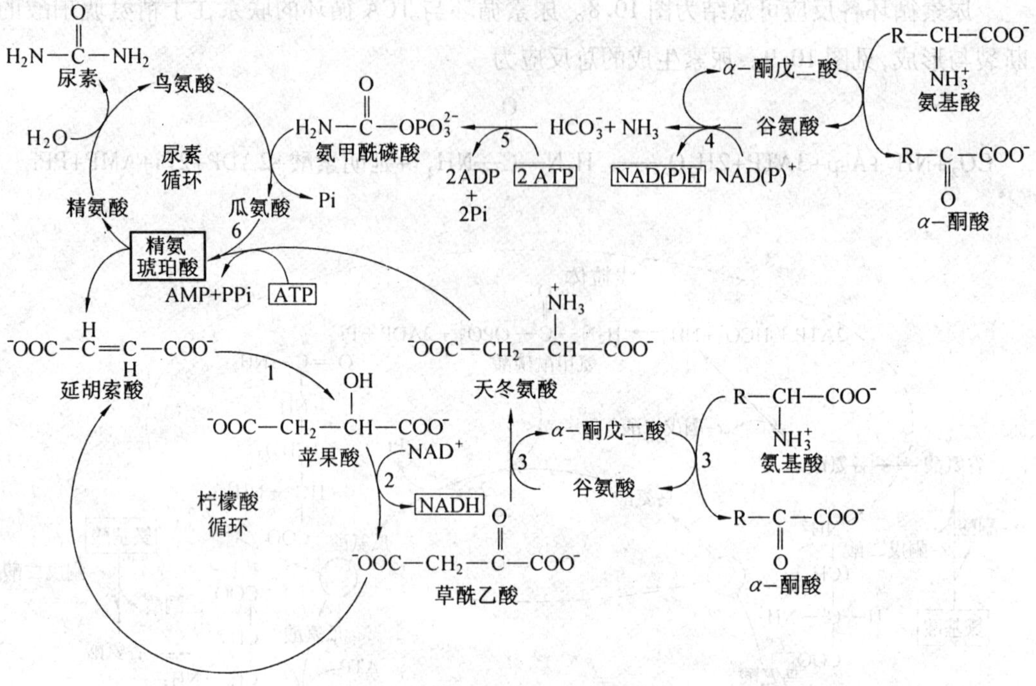

图 10.9　尿素循环与 TCA 循环的联系是基于精氨酸代琥珀酸的断裂与形成

10.2.4　*α*-酮酸的代谢

氨基酸脱去氨基生成的 *α*-酮酸在体内代谢有 3 个途径：再合成氨基酸，转变为糖及脂肪，氧化生成 CO_2 和 H_2O 并释放能量。

1. 再合成氨基酸

α-酮酸的氨基化作用与氨基酸脱氨基作用是一对可逆反应，当体内氨基酸过剩时，氨基酸的脱氨基作用增强；当机体需要氨基酸时，*α*-酮酸的氨基化作用增强。在正常情况下，这对可逆反应处于动态平衡。还原氨基化作用、转氨作用是 *α*-酮酸生成氨基酸的重要途径。由 *L*-谷氨酸脱氢酶催化 *α*-酮戊二酸还原氨基化作用在所有氨基酸合成中均有重要意义，它是生物同化氨，固定氮的重要反应。例如：

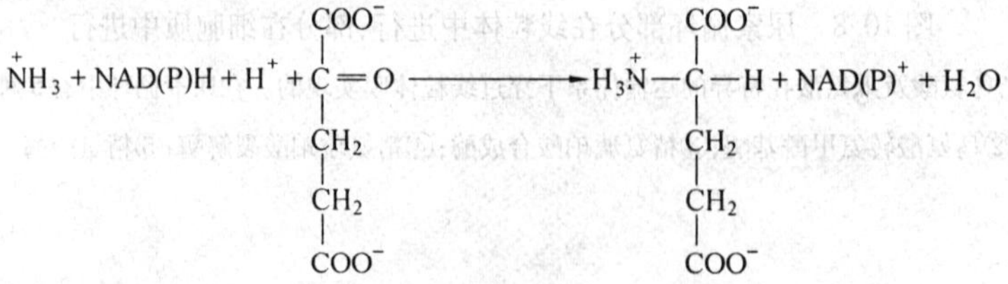

$$\overset{+}{N}H_3 + NAD(P)H + H^+ + \underset{\underset{\underset{\text{COO}^-}{|}}{\underset{CH_2}{|}}}{\underset{CH_2}{|}}\!\!\!\overset{\text{COO}^-}{\overset{|}{C}}\!=O \longrightarrow H_3\overset{+}{N}-\overset{\text{COO}^-}{\overset{|}{C}}-H + NAD(P)^+ + H_2O$$

$$\underset{\alpha\text{-酮戊二酸}}{\text{COO}^-\text{—}\overset{|}{C}(=O)\text{—}CH_2\text{—}CH_2\text{—}COO^-} \qquad \underset{\text{谷氨酸}}{\text{COO}^-\text{—}CH(\overset{+}{N}H_3)\text{—}CH_2\text{—}CH_2\text{—}COO^-}$$

2. 转变为糖及脂肪

（1）凡能形成丙酮酸、*α*-酮戊二酸、琥珀酸和草酰乙酸的氨基酸称为生糖氨基酸（glucogenic amino acid），包括丙氨酸、精氨酸、天冬氨酸、天冬酰胺、半胱氨酸、谷氨酸、甘氨酸、组氨酸、脯氨酸、甲硫氨酸、丝氨酸、缬氨酸、异亮氨酸，共13种氨基酸。这些生糖氨基酸的α-酮酸直接或间接地与酵解、三羧酸循环中的丙酮酸、α-酮戊二酸、草酰乙酸等相联系，可逆行生成糖，或转变成脂肪。

（2）有些氨基酸产生的α-酮酸既能转变成糖又能转变成酮体，这类氨基酸称为生糖兼生酮氨基酸，共5种，即酪氨酸、色氨酸、苯丙氨酸、苏氨酸、异亮氨酸。如

$$\text{酪氨酸} \longrightarrow \text{乙酰乙酸} + \text{延胡索酸}$$

（3）亮氨酸脱氨基产生的α-酮酸可转变成酮体（丙酮、乙酰乙酸和β-羟丁酸统称为酮体），能使动物尿中酮体增加；亮氨酸和赖氨酸被称为生酮氨基酸（ketogenic amino acid），它们是生酮不生糖的氨基酸，生酮氨基酸也可转变成脂肪。亮氨酸的生酮反应为

$$\text{亮氨酸} \longrightarrow \text{乙酰乙酸} + \text{乙酰 CoA}$$

可见生糖和生酮氨基酸的界限不是非常严格的。

3. 氧化成 CO_2 和 H_2O 并释放能量

α-酮酸可经过三羧酸循环被彻底氧化成 CO_2 和 H_2O，并释放能量。氨基酸碳骨架进入 TCA 的途径如下（图 10.10）。

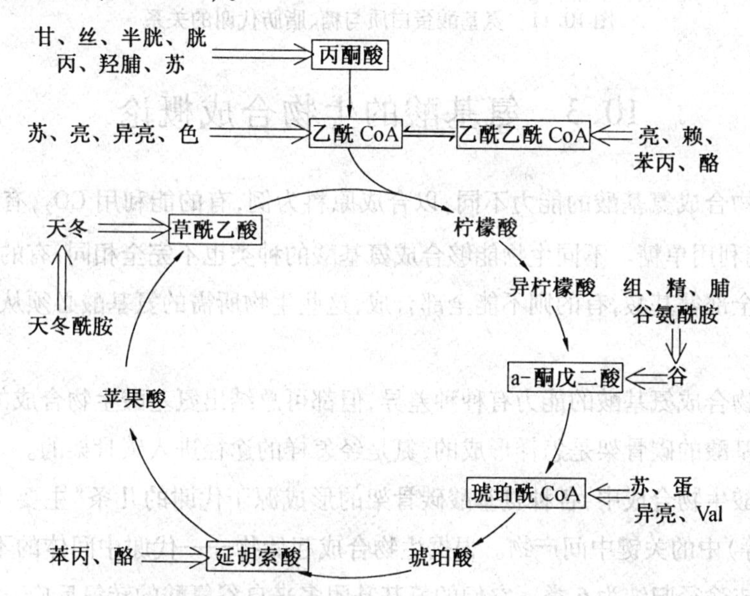

图 10.10　氨基酸碳骨架进入三羧酸循环的多种途径

由此可见，糖、脂肪和氨基酸（蛋白质）三大物质代谢是紧密相关的，通过一定中间物质把它们互相联系起来（图 10.11）。

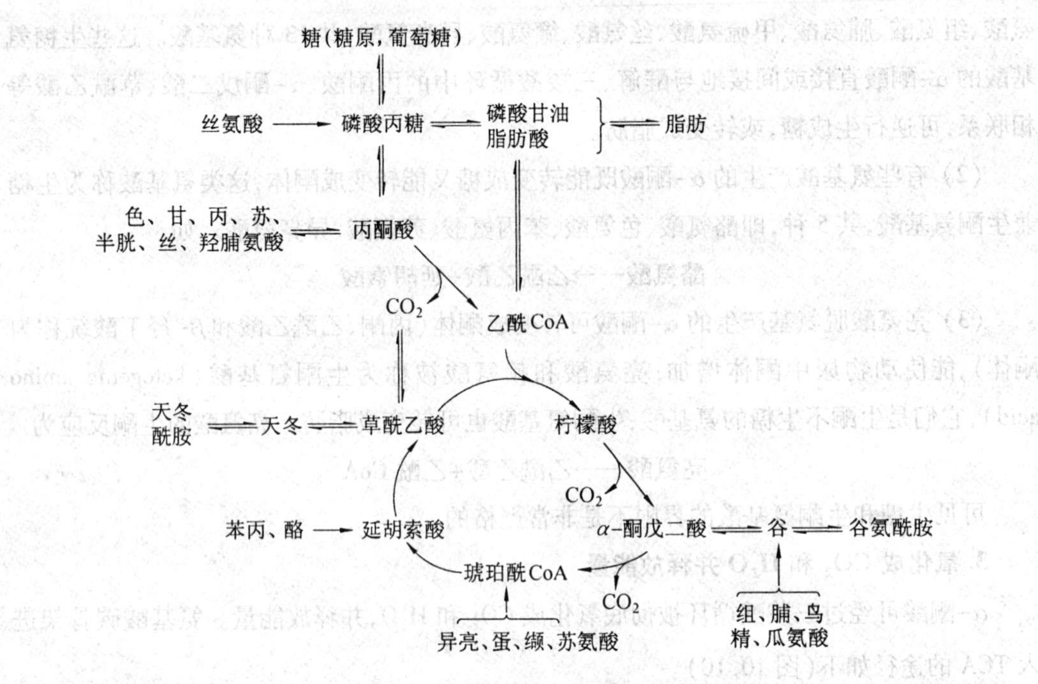

图 10.11　氨基酸蛋白质与糖、脂肪代谢的关系

10.3　氨基酸的生物合成概论

不同生物合成氨基酸的能力不同,以合成原料为例,有的能利用 CO_2,有的能利用有机酸,有的能利用单糖。不同生物能够合成氨基酸的种类也不完全相同,有的可以合成构成蛋白质的全部氨基酸,有的则不能全部合成,这些生物所需的氨基酸必须从其他生物获得。

虽然生物合成氨基酸的能力有种种差异,但都可总结出氨基酸生物合成的某些共性。其要点是氨基酸的碳骨架是怎样形成的,氮是经怎样的途径进入碳骨架的。

在氨基酸生物合成中,各种氨基酸碳骨架的形成源于代谢的几条“主要干线”(TCA、EMP、HMS 等)中的关键中间产物。根据生物合成起始物——代谢中间体的不同,可将氨基酸生物合成途径归纳为 6 类。它们的氨基基团多来自谷氨酸的转氨反应。氨基酸生物合成途径的分类情况见图 10.12。

氨基酸生物合成的概括系统见图 10.13。

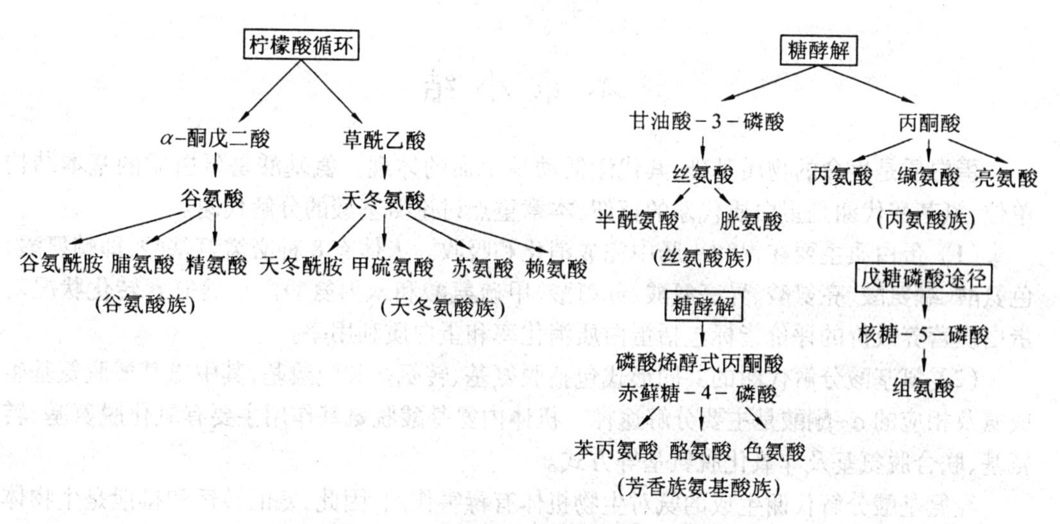

图10.12 氨基酸生物合成的分族情况

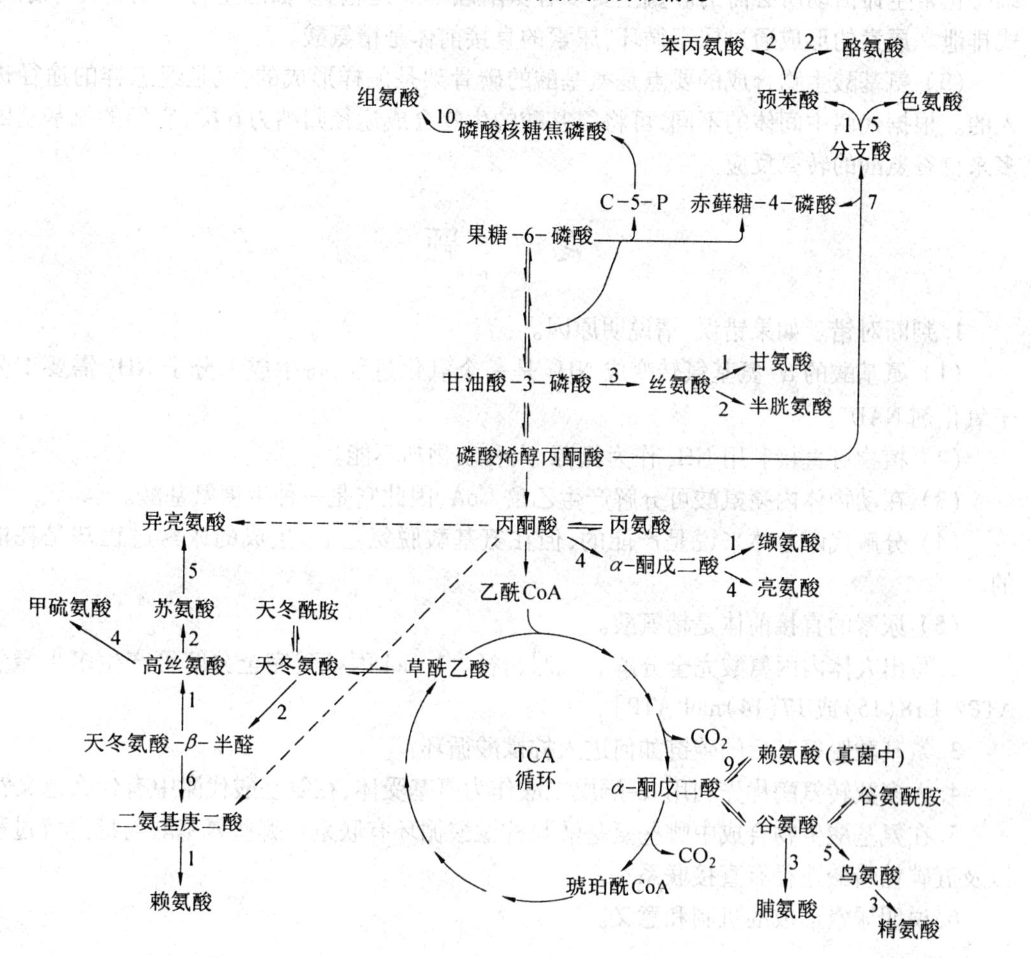

图10.13 20种L-氨基酸的生物合成概况

本章小结

蛋白质是生命的物质基础,其代谢活动是生命的体现。氨基酸是蛋白质的基本结构单位,氨基酸代谢是蛋白质代谢的枢纽,本章重点讨论氨基酸的分解代谢。

(1) 蛋白质主要在胃和小肠中完成消化和吸收。人体有 8 种必需氨基酸,即赖氨酸、色氨酸、缬氨酸、亮氨酸、异亮氨酸、苏氨酸、甲硫氨酸和苯丙氨酸。根据氮素转化状况对蛋白质营养效价的评价指标包括蛋白质消化率和蛋白质利用率。

(2) 氨基酸分解代谢的共同形式包括脱氨基、转氨基和脱羧基,其中氨基酸脱氨基生成氨及相应的 α-酮酸是主要分解途径。机体内氨基酸脱氨基作用主要有氧化脱氨基、转氨基、联合脱氨基及非氧化脱氨基等方式。

经氨基酸分解代谢生成的氨对生物机体有毒害作用,因此,氨的转运和排泄是生物体维持正常生命活动所必需的。氨主要以谷氨酰胺形式运输,多数陆生脊椎动物以尿素形式排泄。尿素的形成通过尿素循环,尿素的直接前体是精氨酸。

(3) 氨基酸生物合成的要点是氨基酸的碳骨架是怎样形成的,氮是经怎样的途径进入的。根据代谢中间体的不同,可将氨基酸的生物合成途径归纳为 6 类,它们的氨基基团多来自谷氨酸的转氨反应。

习　题

1. 判断对错。如果错误,请说明原因。

(1) 氨基酸的 α-氨基氮转变成 NH_3 是一个氧化过程,每生成 1 分子 NH_3 需要 1 分子氧化剂 NAD^+。

(2) 植物可直接利用 NH_3 作为氮源,人和动物却不能。

(3) 在动物体内亮氨酸可分解产生乙酰 CoA,因此它是一种生糖氨基酸。

(4) 分解代谢总体来说是产能的,但在氨基酸脱氨基后,生成的尿素过程却是耗能的。

(5) 尿素的直接前体是精氨酸。

2. 写出人体内丙氨酸完全分解的代谢途径。1 mol 丙氨酸完全分解可产生多少摩尔 ATP? [18(15)或 17(14)mol ATP]

3. 氨基酸脱氨基后的碳链如何进入柠檬酸循环?

4. 大多数转氨酶优先利用 α-酮戊二酸作为氨基受体,在氨基酸代谢中有什么意义?

5. 在氨基酸生物合成中哪些氨基酸与柠檬酸循环有联系? 哪些氨基酸与糖酵解过程以及五碳糖磷酸途径有直接联系?

6. 说明尿素形成的机制和意义。

第11章

核酸代谢

11.1 核酸降解及核苷酸分解和合成代谢

核酸降解产生核苷酸,核苷酸还能进一步分解。在生物体内,核苷酸可由其他化合物合成。某些辅酶的合成与核苷酸代谢亦有关。

核苷酸是代谢上极为重要的物质,细胞的许多重要生化过程都有它们参与,主要表现在核苷酸是合成 DNA 和 RNA 的前体;在多糖合成中,UDPG 是葡萄糖的活性形式,在磷脂合成中,CDP-甘油二脂是含磷酸基团的活性形式,在卵磷脂的合成中还需要 *S*-腺苷甲硫氨酸;ATP 是生物能量代谢中通用的高能化合物,是生物能生成、转运的中心,是最普遍、最重要的能量形式;各种代谢反应中需要的 NAD^+(H)、$NADP^+$(H)、CoASH、FAD、FMN 等都是腺苷酸的衍生物;某些核苷酸是代谢的调节物质,如 cAMP 和 cGMP 是多种激素引起的胞内信使,(P)ppGpp是氨基酸饥饿引起效应的中间介质,腺苷酰基、尿苷酰基是酶活性共价修饰基团;GTP 水解为蛋白质翻译过程提供能量,并调节各种因子与核糖体结合和分离。

1. 核酸的酶促降解

动物和异养型微生物可分泌消化酶类来分解食物或体外的核蛋白和核酸类物质,以获得各种核苷酸。核苷酸水解脱去磷酸生成核苷,核苷再分解生成嘌呤碱或嘧啶碱和戊糖。核酸分解过程如下。

$$\text{核酸}\xrightarrow[\text{(磷酸二酯酶)}]{\text{核酸酶}}\text{核苷酸}\xrightarrow[\text{(磷酸单酯酶)}]{\text{核苷酸酶}}\text{核苷+磷酸}\xrightleftharpoons{\text{核苷磷酸化酶}}\text{嘌呤和嘧啶碱+戊糖-1-磷酸}$$

核酸酶促降解依据条件不同,会得到大小不同的聚核苷酸片段或单核苷酸。

(1) 核酸酶

作用于核酸的磷酸二酯酶称为核酸酶(nuclease)。核酸酶根据底物不同分为 DNA 酶(deoxyribonuclease,DNase)和 RNA 酶(ribonuclease,RNase);根据对底物的作用方式,又分为核酸内切酶(endonuclease)和核酸外切酶(exonuclease)。

① DNA 酶。DNA 酶是特异性水解 DNA 的酶类,切断的是 DNA 分子内的磷酸二酯键。DNA 酶主要有:牛胰脱氧核糖核酸酶(DNaseⅠ)、牛脾脱氧核糖核酸酶(DNaseⅡ)和限制性内切酶,它们的作用部位分别是 DNaseⅠ切断磷酸二酯键的 3′端酯键,产物为 5′末

端带磷酸的寡聚脱氧核苷酸片段,该酶特异性不强;DNase Ⅱ切断磷酸二酯键的5′端酯键,产物为3′末端带磷酸的寡聚脱氧核苷酸片段;细菌细胞内存在的DNA限制性内切酶(restriction endonuclease)只作用于双链DNA,且只在特定核苷酸顺序处切开核苷酸之间的连接。当DNA被交错地切断两链(图11.1)时,形成的产物具有黏性末端。限制性内切酶是基因工程中常用的一类工具酶,其广为应用的有几百种。

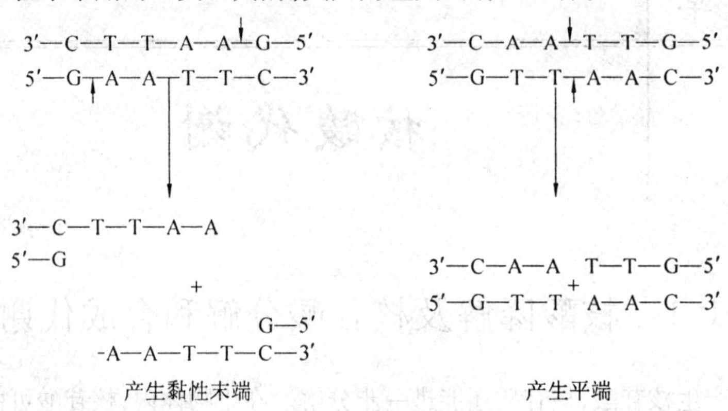

图11.1 DNA限制性内切酶的产物形成黏性末端

② RNA酶。RNA酶是一类切断RNA中磷酸二酯键的内切酶,特异性较强。RNA酶主要有RNase Ⅰ、RNase T_1和RNase U_2等,它们作用的部位见图11.2。由图11.2可见RNase Ⅰ作用于RNA中嘧啶核苷酸的C-3′位的磷酸与相邻核苷酸C-5′位形成的磷酸酯键;RNase T_1作用于鸟嘌呤核苷酸的C-3′位的磷酸与相邻核苷酸C-5′位形成的磷酸酯键;RNase U_2作用于嘌呤核苷酸的C-3′位的磷酸与相邻核苷酸C-5′位形成的磷酸酯键。此外有些磷酸二酯酶,如牛脾磷酸二酯酶(spleen phosphodiesterase,简称SPDase)和蛇毒磷酸二酯酶(venom phosphodiesterase,简写VPDase),对DNA和RNA(或其低级多核苷酸)都能降解。它们能从RNA或DNA链的一端逐个水解下核苷酸,因此属于核酸外切酶。VPDase是从多核苷酸链的3′端开始,逐个水解下5′-单核苷酸。SPDase则相反,从5′端开始,逐个水解下3′-单核苷酸。

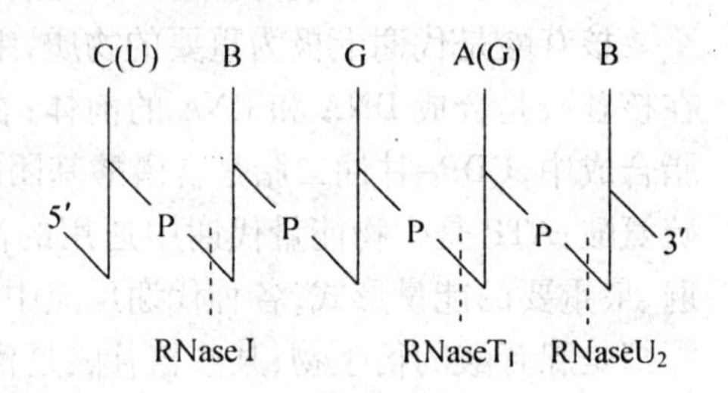

图11.2 核糖核酸酶的作用部位

(2) 酶解产物

核酸酶解产物有低聚核苷酸和核苷酸。这些产物既可用做核酸结构分析,又可用做基因工程的操作材料。核苷酸在机体内还可进一步分解和转化。

2. 核苷酸的分解代谢

(1) 核苷酸水解

核苷酸水解下磷酸成为核苷,催化此反应的是生物体内广泛存在的磷酸单酯酶或核苷酸酶(nucleotidase)。

$$核苷酸 \xrightarrow[H_2O]{核苷酸酶} 核苷+Pi$$

核苷酸酶多数特异性不强，可作用于一切核苷酸的磷酸单酯键。但也有少数特异性强的核苷酸酶，如植物中3′-核苷酸酶，只能水解3′-核苷酸；脑、视网膜、马铃薯、蛇毒中的5′-核苷酸酶只能水解5′-核苷酸。

(2) 核苷的分解

核苷由核苷酶(nucleosidase)作用分解为碱基(嘌呤或嘧啶)和核糖(或脱氧核糖)。分解核苷的酶有2类，核苷磷酸化酶(nucleoside phosphorylase)，广泛存在于生物机体中，其催化的反应可逆；核苷水解酶(nucleoside hydrolase)，主要在植物、微生物体内，只作用于核糖核苷，催化的反应不可逆。

$$(脱氧)核苷+Pi \xrightleftharpoons{核苷磷酸化酶} 嘌呤或嘧啶+(脱氧)核糖-1-磷酸$$

$$核糖核苷+H_2O \xrightarrow{核苷水解酶} 嘌呤或嘧啶+核糖。$$

核苷酸降解的产物嘌呤碱和嘧啶碱可继续分解。其中戊糖的氧化分解可参考第8章。

(3) 嘌呤和嘧啶的分解

嘌呤和嘧啶的分解沿不同的途径进行。

① 嘌呤的分解代谢

不同种类的生物分解嘌呤碱的能力不同，代谢产物也各不相同。人和猿类及一些排尿酸的动物(如鸟类、某些爬行类和昆虫等)嘌呤碱代谢的最终产物为尿酸。其他多种生物还能进一步分解尿酸，形成不同的代谢产物，直至最后分解成CO_2和NH_3。嘌呤的分解代谢见图11.3。

腺嘌呤在腺嘌呤脱氨酶EC3.5.4.2(adenine deaminase)作用下脱氨产生次黄嘌呤(hypoxanthine)，次黄嘌呤由次黄嘌呤氧化酶(hypoxanthine oxidase)氧化成黄嘌呤(xanthine)。

鸟嘌呤在鸟嘌呤脱氨酶EC3.5.4.3(guanine deaminase)作用下脱氨生成黄嘌呤，黄嘌呤由黄嘌呤氧化酶(xanthine oxidase)作用生成尿酸(uric acid)。尿酸是人类、灵长类、鸟类、爬行类及大多数昆虫的嘌呤代谢终产物。正常人血浆中尿酸含量为：男性3～6 mg/100 mL，女性2.5～5 mg/100 mL，尿中尿酸排泄量为200～400 mg/d。除灵长类以外的哺乳动物，双翅目昆虫以及腹足类动物等不排泄尿酸，而是排泄尿囊素(allantoin)(它们进一步分解尿酸成为尿囊素)，尿酸酶EC3.7.1.3(uricase)可氧化尿酸成尿囊素，人及灵长类无尿酸酶。某些硬骨鱼类的体内含尿囊素酶EC3.5.2.5(allantoinase)，此酶能水解尿囊素生成尿囊酸(allantoic acid)。多数鱼类及两栖类具有尿囊酸酶EC3.5.3.4(allantoicase)，能将尿囊酸水解为尿素(urea)。某些低等动物还能将尿素分解成氨和二氧化碳再排出体外。植物和微生物体内嘌呤代谢途径大致与动物相似。

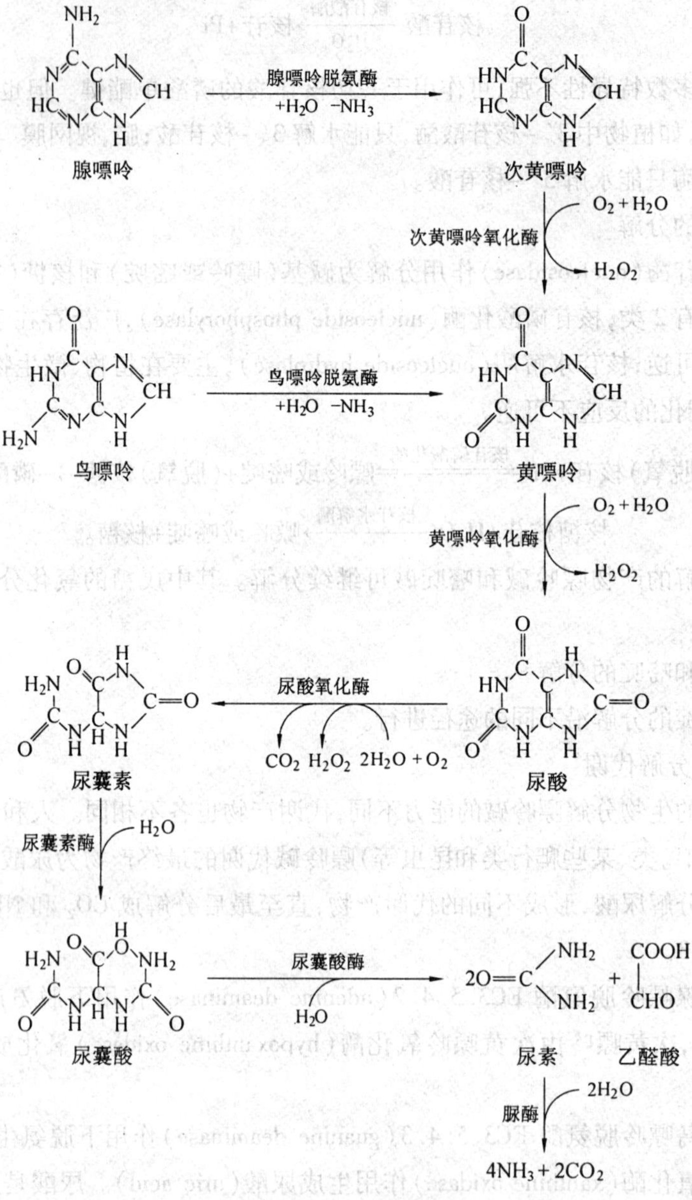

图 11.3　嘌呤碱的分解代谢

② 嘧啶的分解代谢

不同生物分解嘧啶碱的过程不完全相同。嘧啶碱的分解途径见图 11.4。

具有氨基的胞嘧啶需先水解脱去氨基生成尿嘧啶，然后再进行还原及脱羧等反应，形成的主要产物为 β-丙氨酸（β-alanine）；胸腺嘧啶的分解与尿嘧啶相似，主要分解产物为 β-氨基异丁酸（β-aminoisobutyric acid）。嘧啶碱的分解产物中还有 CO_2 和 NH_3。在人体内，β-丙氨酸、β-氨基异丁酸可继续分解，但部分 β-氨基异丁酸也可随尿排出体外。

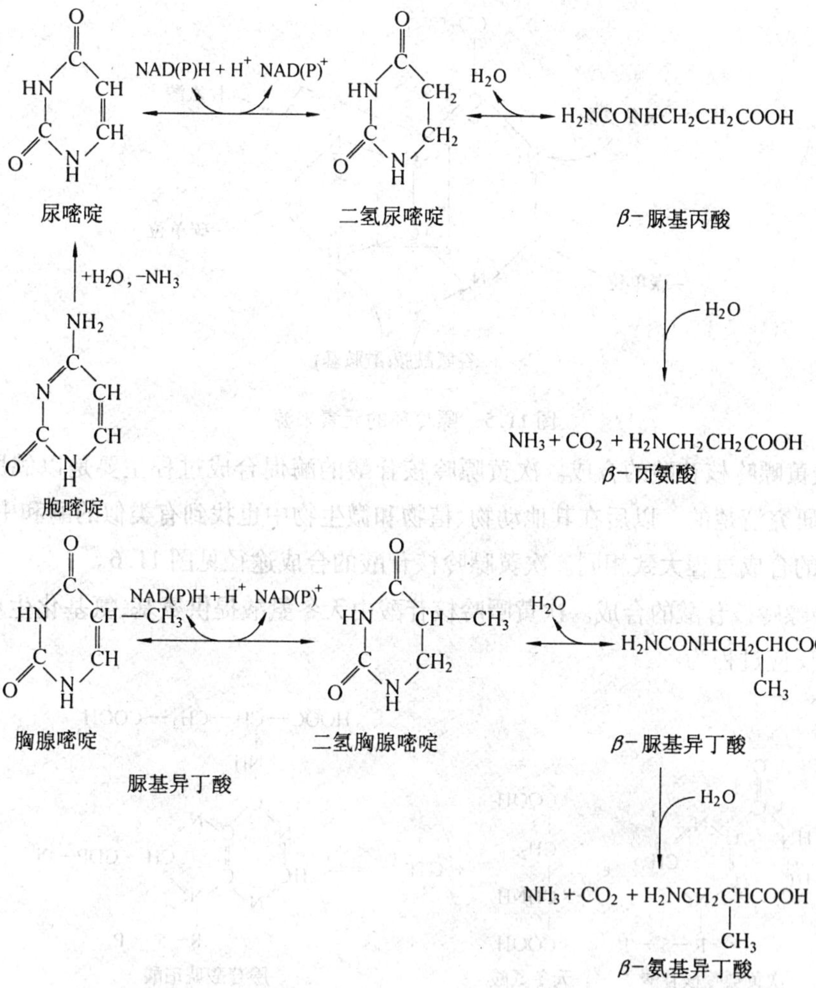

尿嘧啶　$NAD(P)H + H^+$　$NAD(P)^+$　二氢尿嘧啶　H_2O　$H_2NCONHCH_2CH_2COOH$

β-脲基丙酸

$+H_2O, -NH_3$

胞嘧啶

H_2O

$NH_3 + CO_2 + H_2NCH_2CH_2COOH$

β-丙氨酸

胸腺嘧啶　$NAD(P)H + H^+$　$NAD(P)^+$　二氢胸腺嘧啶　H_2O　$H_2NCONHCH_2CH(CH_3)COOH$

β-脲基异丁酸

脲基异丁酸

H_2O

$NH_3 + CO_2 + H_2NCH_2CH(CH_3)COOH$

β-氨基异丁酸

图 11.4　嘧啶碱的分解代谢

3. 核苷酸的合成代谢

无论嘧啶核苷酸还是嘌呤核苷酸,其合成代谢都有两条不同的途径,一是以氨基酸等为原料逐渐掺入原子合成碱基,是“从无到有”的全程合成途径,是主要途径;二是以现存碱基为原料合成核苷酸的“补偿途径”,是次要途径。

(1) 嘌呤核苷酸的合成

同位素标记化合物实验证明,生物能以 CO_2、一碳单位、谷氨酰胺、天冬氨酸和甘氨酸为前体合成嘌呤环(图 11.5)。

1) 从头合成(de novo synthesis)

生物不是先合成嘌呤碱,再与核糖和磷酸结合成核苷酸,而是从 5-磷酸核糖焦磷酸(PRPP)开始,经过一系列酶促反应,生成次黄嘌呤核苷酸(IMP),然后再转变为腺嘌呤核苷酸(AMP)和鸟嘌呤核苷酸(GMP)。

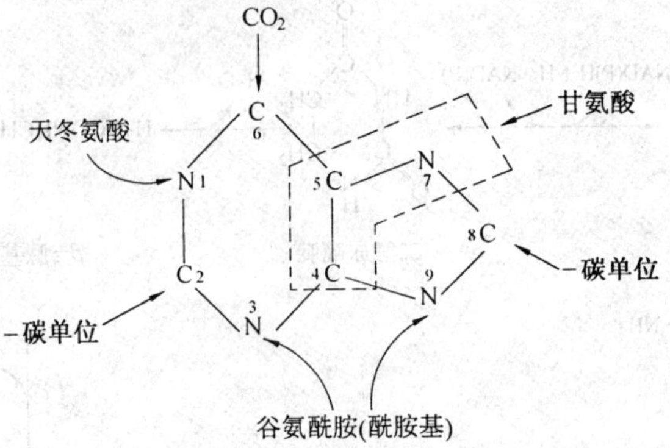

图 11.5 嘌呤环的元素来源

① 次黄嘌呤核苷酸的合成。次黄嘌呤核苷酸的酶促合成过程主要是以鸽肝的酶系统为材料研究清楚的。以后在其他动物、植物和微生物中也找到有类似的酶和中间产物，推测它们的合成过程大致相同。次黄嘌呤核苷酸的合成途径见图 11.6。

② 腺嘌呤核苷酸的合成。次黄嘌呤核苷酸由天冬氨酸提供氨基，氨基化生成腺嘌呤核苷酸。反应过程为

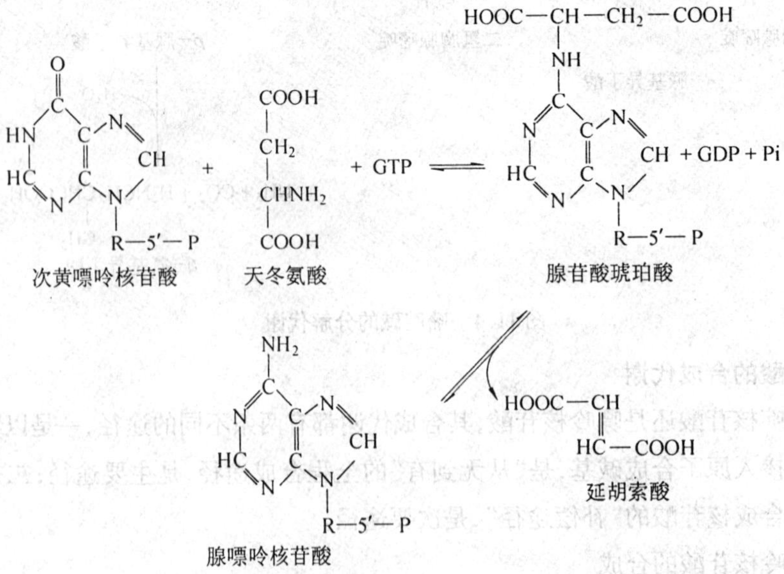

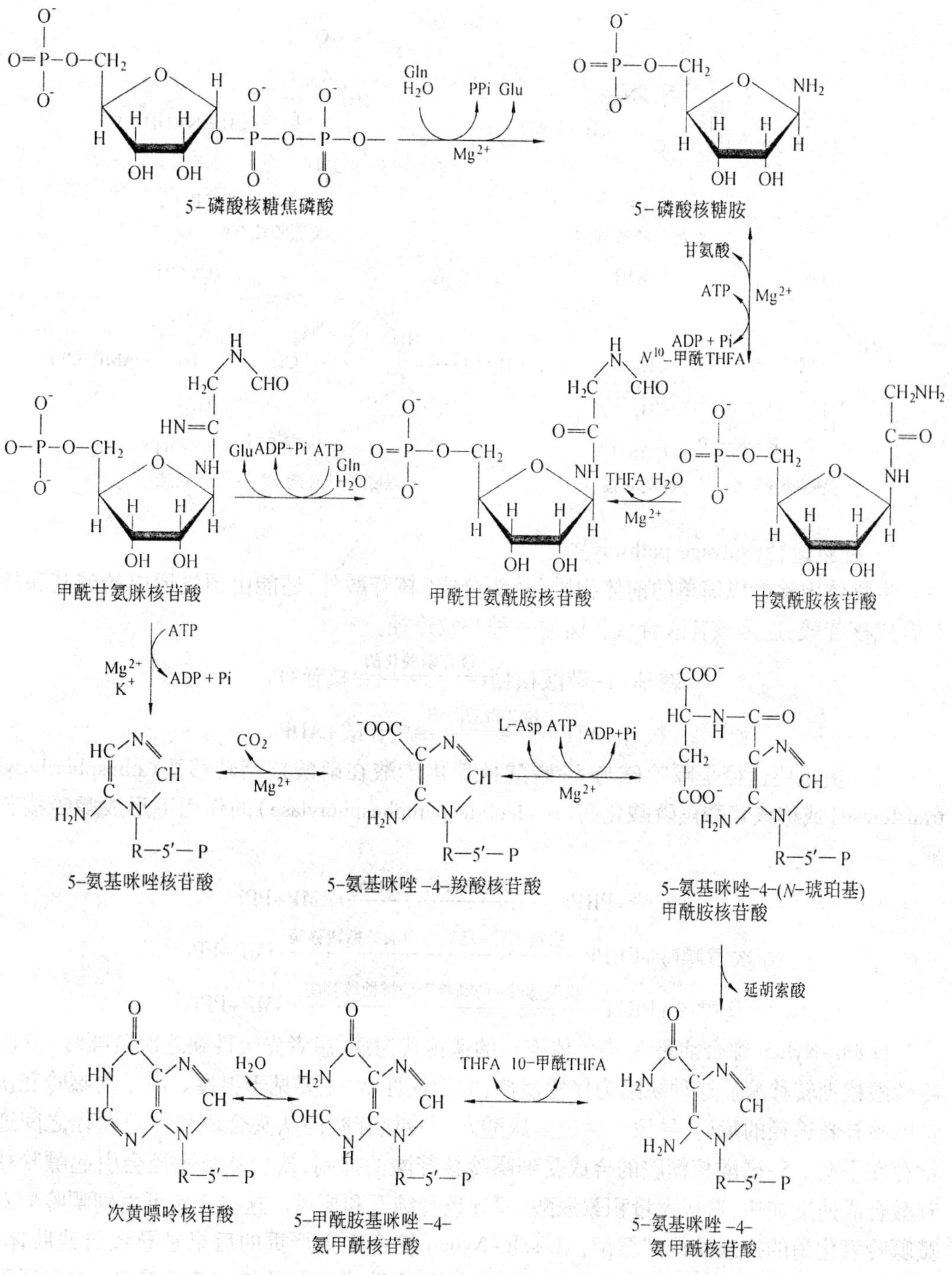

5-磷酸核糖焦磷酸

5-磷酸核糖胺

甲酰甘氨脒核苷酸

甲酰甘氨酰胺核苷酸

甘氨酰胺核苷酸

5-氨基咪唑核苷酸

5-氨基咪唑-4-羧酸核苷酸

5-氨基咪唑-4-(*N*-琥珀基)甲酰胺核苷酸

次黄嘌呤核苷酸

5-甲酰胺基咪唑-4-氨甲酰核苷酸

5-氨基咪唑-4-氨甲酰核苷酸

图11.6　次黄嘌呤核苷酸的合成途径

鸟嘌呤核苷酸的合成　次黄嘌呤核苷酸氧化生成黄嘌呤核苷酸,黄嘌呤核苷酸由谷氨酰氨提供氨基,氨基化生成鸟嘌呤核苷酸。

$$\text{次黄嘌呤核苷酸} + NAD^+ + H_2O \xrightarrow{K^+} \text{黄嘌呤核苷酸} + NADH + H^+$$

$$\text{黄嘌呤核苷酸} + \text{谷氨酰胺} + ATP + H_2O \longrightarrow \text{鸟嘌呤核苷酸} + \text{谷氨酸} + AMP + PPi$$

2）补救途径(salvage pathway)

生物体内除能以简单的前体物质"从头合成"核苷酸外,还能由预先形成的碱基和核苷合成核苷酸,这是核苷酸合成代谢的一种补救途径。

$$\text{碱基}+1\text{-磷酸核糖} \xrightleftharpoons{\text{核苷磷酸化酶}} \text{核苷}+Pi$$

$$\text{核苷}+ATP \xrightleftharpoons{\text{核苷磷酸激酶}} \text{核苷酸}+ADP$$

另一更重要途径是嘌呤碱与5-磷酸核糖焦磷酸在磷酸核糖转移酶(phosphoribosyl transferase)或称核苷酸焦磷酸化酶(nucleotide pyrophosphorylase)的作用下形成嘌呤核苷酸。

$$\text{腺嘌呤}+PRPP \xrightarrow{\text{腺嘌呤磷酸核糖转移酶}} AMP+PPi$$

$$\text{次黄嘌呤}+PRPP \xrightarrow{\text{次黄嘌呤-鸟嘌呤磷酸核糖转移酶}} IMP+PPi$$

$$\text{鸟嘌呤}+PRPP \xrightarrow{\text{次黄嘌呤-鸟嘌呤磷酸核糖转移酶}} GMP+PPi$$

Lesch-Nyhan 综合症是 X 染色体连锁的遗传代谢病,患者先天性缺乏次黄嘌呤-鸟嘌呤磷酸核糖转移酶。这种缺陷为伴性遗传,为隐性性状,主要见于男性。由于鸟嘌呤和次黄嘌呤补救途径的障碍,导致产生过量尿酸。嘌呤核苷酸的从头合成和补救途径之间通常存在平衡。5-磷酸核糖胺的合成受到嘌呤核苷酸的抑制,缺少补救途径会引起嘌呤核苷酸合成速度加快,造成大量积累尿酸,并导致肾结石和痛风。这些症状可由别嘌呤醇对黄嘌呤氧化酶的抑制而得到缓解。Lesch-Nyhan 综合症更严重的后果是导致自残肢体,别嘌呤醇对此症状无效。但为什么缺少补救途径会造成如此的神经疾病症状,现在还不清楚。

(2) 嘧啶核苷酸的合成

嘧啶核苷酸的嘧啶环由氨甲酰磷酸(carbamyl phosphate)和天冬氨酸合成(图 11.7)。

1）从头合成

与嘌呤核苷酸不同，嘧啶核苷酸合成时首先形成嘧啶环，再与磷酸核糖（PRPP）结合成为乳清苷酸（orotidine-5′-phosphate），然后生成尿嘧啶核苷酸。其他嘧啶核苷酸由尿嘧啶核苷酸转变而成。

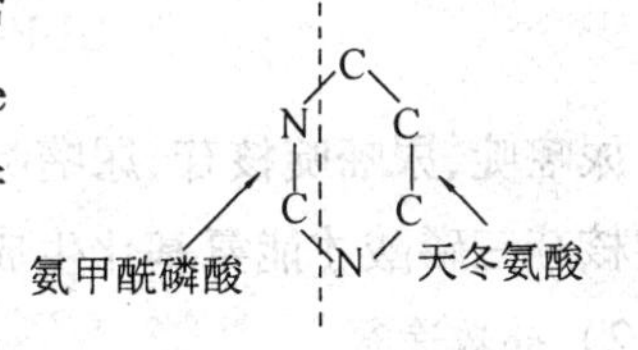

图 11.7　嘧啶环的来源

① 尿嘧啶核苷酸的合成。由氨甲酰磷酸合成酶Ⅱ EC6.3.5.5（carbamyl phosphate synthetase Ⅱ，CPS-Ⅱ）催化谷氨酰胺生成氨甲酰磷酸，再由氨甲酰磷酸（carbamyl phosphate）与天冬氨酸合成氨甲酰天冬氨酸（carbamyl aspartate），然后闭环并被氧化生成乳清酸（orotic acid）。乳清酸与5-磷酸核糖焦磷酸作用生成乳清苷酸，脱羧后成为尿嘧啶核苷酸（图 11.8）。

$$\text{谷氨酰胺}+2ATP+HCO_3^- \xrightleftharpoons{\text{氨甲酰磷酸合成酶Ⅱ}} \text{氨甲酰磷酸}+2ADP+Pi+\text{谷氨酸}$$

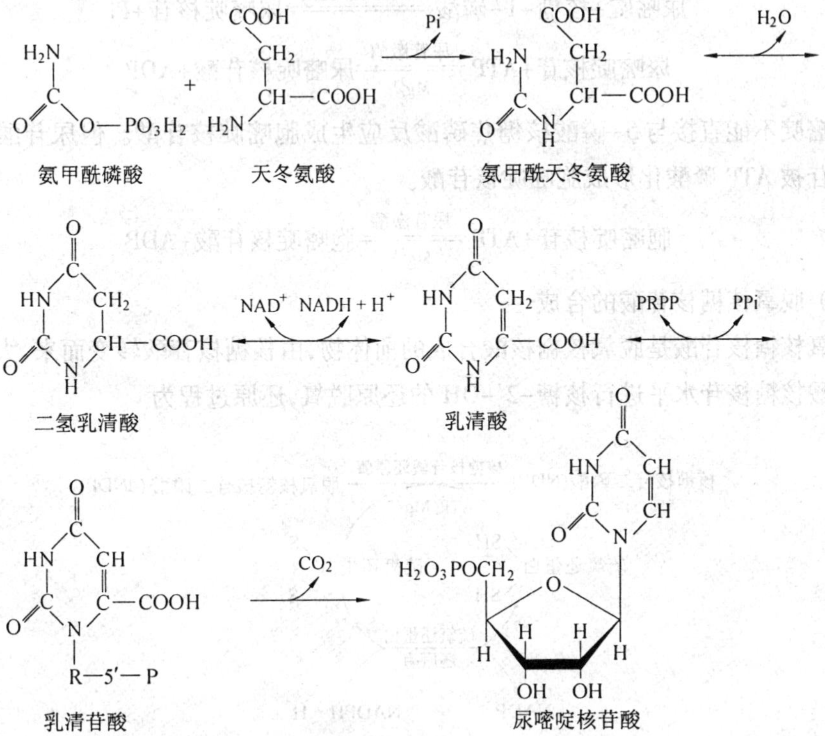

氨甲酰磷酸 + 天冬氨酸 $\xrightarrow{Pi}$ 氨甲酰天冬氨酸 $\xrightleftharpoons{H_2O}$ 二氢乳清酸 $\xrightleftharpoons{NAD^+ \quad NADH+H^+}$ 乳清酸 $\xrightleftharpoons{PRPP \quad PPi}$ 乳清苷酸 $\xrightarrow{CO_2}$ 尿嘧啶核苷酸

图 11.8　尿嘧啶核苷酸的合成途径

② 胞嘧啶核苷酸的合成。由尿嘧啶核苷酸转变为胞嘧啶核苷酸在尿嘧啶核苷三磷酸（UTP）水平上进行。UMP 在相应的激酶作用下从 ATP 转移磷酸基生成 UTP。催化 UMP 转变为 UDP 的酶为特异的尿嘧啶核苷酸激酶（uridine-5′-phosphate kinase）。催化 UDP 转变为 UTP 的酶为特异性较广的核苷二磷酸激酶（nucleoside diphosphokinase）。

$$UMP+ATP \xrightleftharpoons[Mg^{2+}]{\text{尿嘧啶核苷酸激酶}} UDP+ADP$$

$$UDP+ATP \xrightleftharpoons[Mg^{2+}]{核苷二磷酸激酶} UTP+ADP$$

尿嘧啶、尿嘧啶核苷、尿嘧啶核苷酸都不能氨基化变成相应的胞嘧啶化合物，只有尿嘧啶核苷三磷酸才能氨基化生成胞嘧啶核苷三磷酸。

2）补救途径

生物体对外源的或核苷酸代谢产生的嘧啶碱和核苷可以重新利用。在嘌呤核苷酸的补救合成途径中，主要通过磷酸核糖转移酶，直接由碱基形成核苷酸；在嘧啶的补救途径中嘧啶核苷激酶(pyrimidine nucleoside kinase)起重要作用。由尿嘧啶转变为尿嘧啶核苷酸有两种方式，其反应式为

$$尿嘧啶+核糖焦磷酸-5-磷酸 \xrightleftharpoons{UMP\ 磷酸核糖转移酶} 尿嘧啶核苷酸+PPi$$

$$尿嘧啶+核糖-1-磷酸 \xrightleftharpoons{尿苷磷酸化酶} 尿嘧啶核苷+Pi$$

$$尿嘧啶核苷+ATP \xrightleftharpoons[Mg^{2+}]{尿苷激酶} 尿嘧啶核苷酸+ADP$$

胞嘧啶不能直接与5-磷酸核糖焦磷酸反应生成胞嘧啶核苷酸。但尿苷酸激酶也能催化胞苷被ATP磷酸化形成胞嘧啶核苷酸。

$$胞嘧啶核苷+ATP \xrightleftharpoons[Mg^{2+}]{尿苷激酶} 胞嘧啶核苷酸+ADP$$

(3) 脱氧核糖核苷酸的合成

脱氧核糖核苷酸是脱氧核糖核酸合成的前体物，由核糖核苷酸转变而来，大多数生物在二磷酸核糖核苷水平进行核糖-2′-OH的还原脱氧，还原过程为

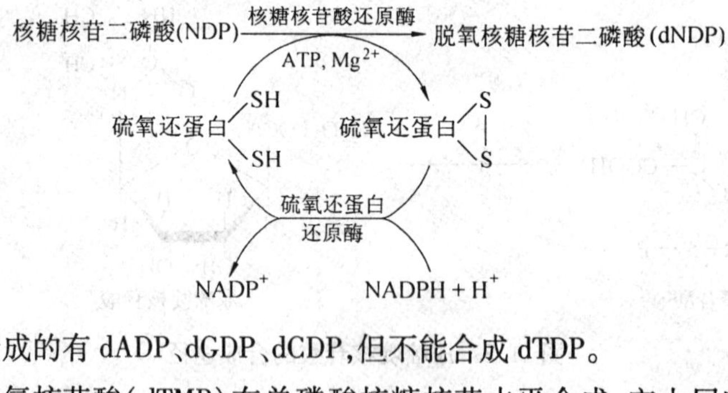

核糖核苷二磷酸(NDP) —核糖核苷酸还原酶 / ATP, Mg^{2+}→ 脱氧核糖核苷二磷酸(dNDP)

硫氧还蛋白(SH)(SH) → 硫氧还蛋白(S—S)

硫氧还蛋白(S—S) —硫氧还蛋白还原酶，NADPH + H^+ → NADP$^+$→ 硫氧还蛋白(SH)(SH)

按此方式合成的有dADP、dGDP、dCDP，但不能合成dTDP。

胸腺嘧啶脱氧核苷酸(dTMP)在单磷酸核糖核苷水平合成，它由尿嘧啶脱氧核糖核酸(dUMP)甲基化生成(图11.9)。

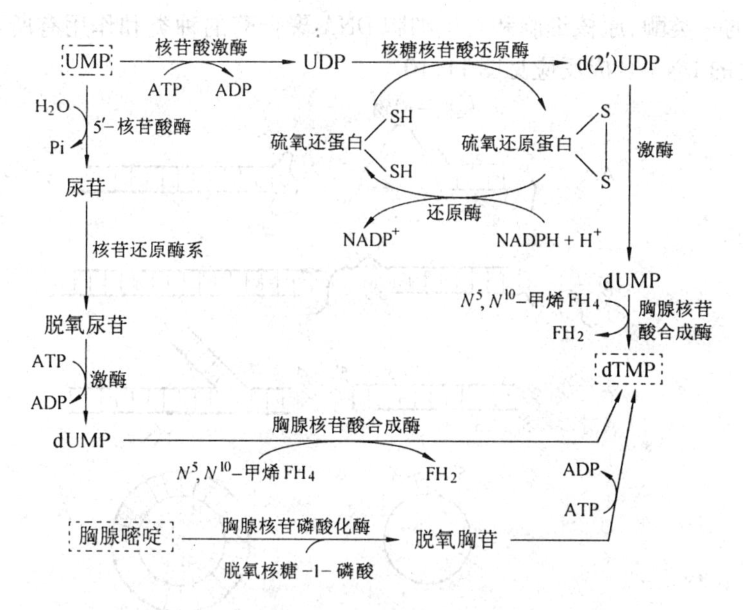

图 11.9 胸腺嘧啶脱氧核苷酸的合成途径

11.2 DNA 复制

生物的遗传信息以密码的形式编码在 DNA 分子上,表现为特定的核苷酸排列顺序,通过 DNA 复制(replication)由亲代传递给子代。在后代的生长发育过程中,遗传信息自 DNA 转录(transcription)给 RNA,然后翻译(translation)成特异的蛋白质,以执行各种生理功能,使后代表现出与亲代相似的遗传性状。Crick 提出的遗传信息的传递途径如下:

$$\text{复制}\circlearrowleft \text{DNA} \underset{\text{反转录}}{\overset{\text{转录}}{\rightleftharpoons}} \text{复制}\circlearrowleft \text{RNA} \xrightarrow{\text{翻译}} \text{蛋白质}$$

这个遗传信息的传递途径被称为分子生物学的中心法则(central dogma)。复制是指以原来 DNA 分子为模板合成出相同分子的过程。转录是以 DNA 分子为模板合成与模板核苷酸顺序相对应的 RNA 的过程。翻译是由 rRNA 和 tRNA 参与,根据 mRNA 模板上每三个相邻核苷酸决定一个氨基酸的三联体密码(triplet code)规则,合成具有特定氨基酸顺序的蛋白质肽链的过程。

复制与细胞增殖相关。另外,体内 DNA 受到损伤后的修复也与 DNA 复制有关。DNA 复制是一个十分复杂而准确的过程,需要许多蛋白质因子和酶参与。

11.2.1 参与 DNA 复制的酶

参与 DNA 复制的酶有 DNA 聚合酶、DNA 连接酶、旋转酶、解旋酶、单链结合蛋白和引发酶及一些蛋白质因子等。

1. DNA 聚合酶

DNA 聚合酶(DNA polymerase)是催化以脱氧核苷三磷酸(dNTP)为底物(substrate)

合成DNA的一类酶,原核细胞和真核细胞DNA聚合酶的种类和作用有所不同。由DNA聚合酶催化的DNA合成反应见图11.10。

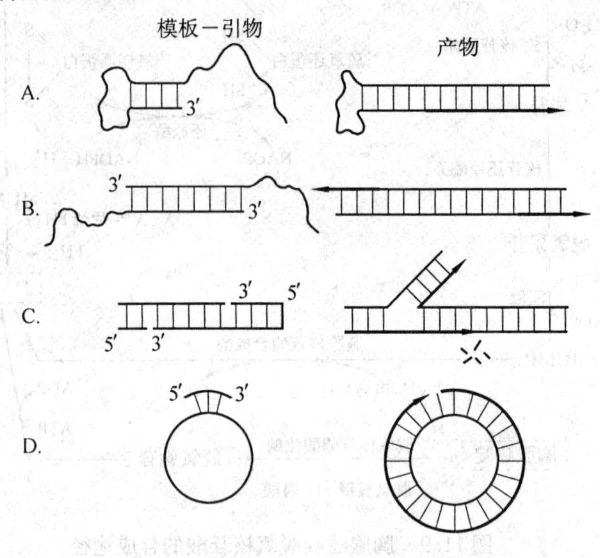

图11.10 由DNA聚合酶催化的DNA合成

A.由线性单链DNA进行的反应； B.由局部变成了单链的双链DNA进行的反应；
C.在具有切口的双链DNA的反应中,通过5′-3′外切酶水解5′端核苷酸或形成分支的DNA；
D.环状DNA进行的反应。(模板-引物用细线表示,新合成的DNA用粗线表示)

(1) 原核细胞DNA聚合酶

1956年A. Kornberg等在*E. coli*中发现了第一个DNA聚合酶即DNA聚合酶Ⅰ(*pol* Ⅰ),该酶以DNA为模板(template)催化DNA合成,称为依赖DNA的DNA聚合酶(DNA dependent DNA polymerase,DDDP)。DNA合成必须以dATP、dGTP、dCTP和dTTP四种脱氧核糖核苷三磷酸为底物。

① DNA聚合酶Ⅰ。DNA聚合酶Ⅰ的相对分子质量为103 000,一条多肽链,含有一个锌原子。酶分子形状像球体,直径约6.5nm,为DNA直径的3倍左右。每个*E. coli*细胞约有400个DNA聚合酶Ⅰ分子。

DNA聚合酶Ⅰ在有底物和模板时可将脱氧核糖核苷酸逐个加到有3′-OH末端的多核苷酸链上。与其他种类的DNA聚合酶一样,DNA聚合酶Ⅰ只能在已有核酸链上延伸DNA链,而不能从头合成,即它催化的反应需要引物(DNA链或RNA链)存在(图11.11)。在37℃时,每分子DNA聚合酶Ⅰ每分钟可催化约1 000个核苷酸聚合。

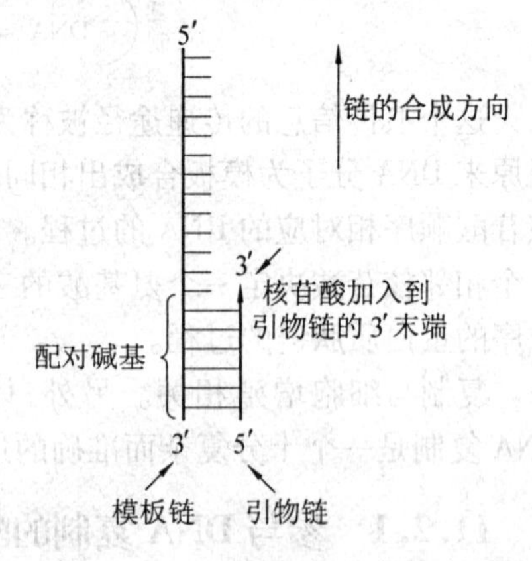

图11.11 DNA酶促合成的引物链和模板链

DNA聚合酶Ⅰ是一种多功能酶,它除了能催化5′→3′聚合外,还有3′→5′核酸外切酶活性和5′→3′核酸外切酶活性。DNA聚合酶Ⅰ的3′→5′外切酶活性与其5′→3′聚合酶活性正好相反，当存在与模板错配的核苷酸时，这种活性可切除错配的核苷酸，然后再继续进行聚合反应，因此具有DNA合成的纠错和校正功能（正确配对的底物能抑制其3′→5′核酸外切酶活性）。DNA聚合酶Ⅰ的5′→3′外切酶活性主要用于切除引物及变异核苷酸，起到修复作用。DNA聚合酶Ⅰ的酶切片断见图11.12。

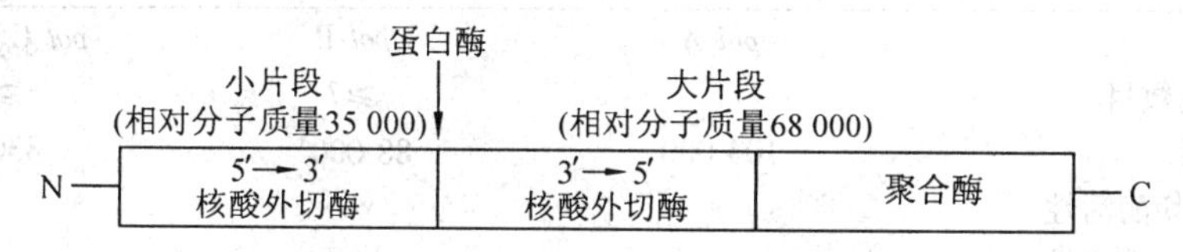

图11.12　DNA聚合酶Ⅰ的酶切片断

② DNA聚合酶Ⅱ和Ⅲ（*pol* Ⅱ和*pol* Ⅲ）。1969年P. DeLucia和J. Cairns分离到一株大肠杆菌变异株的DNA聚合酶Ⅰ活性极低，只为野生型的0.5%～1%，这一变异株称为*pol* A1或*pol* A^-。该变异菌株其亲代株一样可以正常速度繁殖，但对紫外线、X射线、化学诱变剂甲基磺酸甲酯等敏感性高，易引起变异和死亡。这表明*pol* A1变异株的DNA复制正常，但DNA损伤的修复机制（repair mechanism）有明显缺陷。由此直接表明，DNA聚合酶Ⅰ不是复制酶，而是修复酶。由于*pol* A1变异株中DNA聚合酶Ⅰ的聚合反应活力低，该变异株成为寻找其他聚合酶的适宜材料。1970年和1971年T. Kornberg和M. Gefter先后从中分离出两种聚合酶，DNA聚合酶Ⅱ和Ⅲ。*Pol* Ⅱ和*pol* Ⅲ都有5′→3′DNA聚合酶活性，催化反应所需条件也与*pol* Ⅰ基本相同，只是所需引物为RNA。*pol* Ⅱ只有3′→5′外切酶活性而无5′→3′外切酶活性。*pol* Ⅲ具有两方面的外切酶活性。DNA聚合酶Ⅱ为多亚基酶，其聚合酶亚基为一条相对分子质量为88 000的多肽链，活力比DNA聚合酶Ⅰ高。每个*E. coli*细胞约含有100个DNA聚合酶Ⅱ分子。它按5′→3′方向合成DNA，需要带单链缺口的双链DNA作模板和引物，缺口不能过大，否则催化活性会降低。反应需Mg^{2+}和NH_4^+激活。DNA聚合酶Ⅱ有3′→5′核酸外切酶活力，但无5′→3′外切酶活力。*E. coli*变异株*pol* B1的DNA聚合酶Ⅱ活力只有正常株的0.1%，但仍能以正常速度生长，表明DNA聚合酶Ⅱ也不是复制酶，而是一种修复酶。DNA聚合酶Ⅲ也由多个亚基组成，它是*E. coli*细胞内真正负责合成DNA的复制酶（replicase）。*E. coli dna* E基因（*pol* C，DNA聚合酶Ⅲ有聚合活性α亚基的基团）的温度敏感变异株在诱变消除DNA聚合酶Ⅰ和Ⅱ的聚合反应活力后，*E. coli*仍能进行DNA复制和正常生长。虽然每个*E. coli*细胞只有10～20个DNA聚合酶Ⅲ分子，但它催化合成的速度达到了体内DNA合成的速度。这都表明DNA聚合酶Ⅲ就是DNA的复制酶。

DNA聚合酶Ⅱ和Ⅲ促进DNA合成的基本性能与DNA聚合酶Ⅰ相同，即都需要模板指导，以4种脱氧核糖核苷三磷酸为底物，并需要3′-OH的引物链存在，聚合反应按5′→3′方向进行；都没有5′→3′核酸外切酶活性，但有3′→5′核酸外切酶活性，在聚合过程中起校对作用；都是多亚基酶，DNA聚合酶Ⅱ和Ⅲ共用了许多辅助亚基。它们的明显区别是DNA聚合酶Ⅱ和纯化的DNA聚合酶Ⅲ最宜作用于有小段缺口（小于100个核苷酸）的双链DNA；而DNA聚合酶Ⅰ最宜作用于具有大段单链区的双链DNA，甚至只有很短引物的单链DNA；二者的聚合速度、持续合成能力差异很大，反映了它们的功能不同。因此

DNA 聚合酶Ⅱ是修复酶,DNA 聚合酶Ⅲ是复制酶。DNA 聚合酶Ⅰ、Ⅱ和Ⅲ的基本性质见表 11.1。

表 11.1 *E. coli* 三种 DNA 聚合酶的性质比较

	DNA 聚合酶Ⅰ	DNA 聚合酶Ⅱ	DNA 聚合酶Ⅲ
结构基因*	*pol* A	*pol* B	*pol* C(*dna* E)
不同种类亚基数目	1	≥7	≥10
相对分子质量	103 000	88 000+	830 000
3′→5′核酸外切酶活性	+	+	+
5′→3′核酸外切酶活性	+	-	-
聚合速度(核苷酸/min)	1 000 ~ 1 200	2 400	15 000 ~ 60 000
持续合成能力(核苷酸)	3 ~ 200	1 500	≥500 000
功能	切除引物,修复	修复	复制

* 仅列出多亚基酶聚合活性亚基的结构基因;+仅聚合活性亚基,DNA 聚合酶Ⅱ与Ⅲ共有许多辅助亚基,其中包括 β、γ、δ、δ'、χ 和 φ。

③ DNA 聚合酶Ⅳ和Ⅴ。1999 年发现这两种酶,DNA 严重损伤时诱导产生这两种酶,聚合酶Ⅴ能在 DNA 损伤部位继续复制,而正常 DNA 聚合酶在此部位因不能形成正确碱基配对而停止复制,在跨越损伤部位时造成错误复制,因而出现高突变率。虽然高突变率会杀死许多细胞,但可以克服复制障碍,使少数突变细胞得以存活。

(2) 真核细胞 DNA 聚合酶

哺乳动物细胞中有 5 种 DNA 聚合酶,分别命名为 α、β、γ、δ 和 ε。它们能以 5′→3′方向聚合 DNA 链,但各种酶的具体功能不尽相同(表 11.2)。

表 11.2 哺乳动物的 DNA 聚合酶*

	DNA 聚合酶				
	α(Ⅰ)	β(Ⅳ)	γ(M)	δ(Ⅲ)	ε(Ⅱ)
存在部位	细胞核	细胞核	线粒体	细胞核	细胞核
亚基数目	4	1	2	2	>1
外切酶活性	无	无	3′→5′外切酶	3′→5′外切酶	3′→5′外切酶
引物合成酶活性	有	无	无	无	无
持续合成能力	中等	低	高	有 PCNA 时高	高
抑制剂	蚜肠霉素	双脱氧 TTP	双脱氧 TTP	蚜肠霉素	蚜肠霉素
功能	引物合成	修复	线粒体 DNA 合成	核 DNA 合成	修复

* 酵母的相应 DNA 聚合酶以括号内罗马数字和 M 表示。

真核细胞细胞核 DNA 复制的主要聚合酶是 DNA *pol* α 和 DNA *pol* δ,它们在 DNA 复制中相互协作,*pol* δ 催化前导链和滞后链合成,*pol* α 催化引物合成,*pol* δ 还具有 3′→5′外切酶的校正功能。DNA *pol* γ 是真核细胞线粒体 DNA 合成酶;*pol* ε 是 DNA 修复酶,参与 DNA 修补合成;DNA *pol* β 是修复酶。

2. DNA 连接酶

1967 年在不同实验室同时发现了 DNA 连接酶 EC6.5.1.1(DNA ligase),此酶催化双链 DNA 切口处的 5′ 磷酸基和 3′ 羟基生成磷酸二酯键。连接酶催化的是 DNA 复制中最后的反应步骤。DNA 连接酶在 DNA 复制、修复和重组等过程中起重要作用。连接反应需要供给能量。*E. coli* 和其他细菌的 DNA 连接酶以烟酰胺腺嘌呤二核苷酸(NAD)为能源,动物细胞和噬菌体的连接酶则以腺苷三磷酸(ATP)为能源。

DNA 连接酶催化反应时要求缺口处有一条链是连续的,具体作用方式见图 11.13。

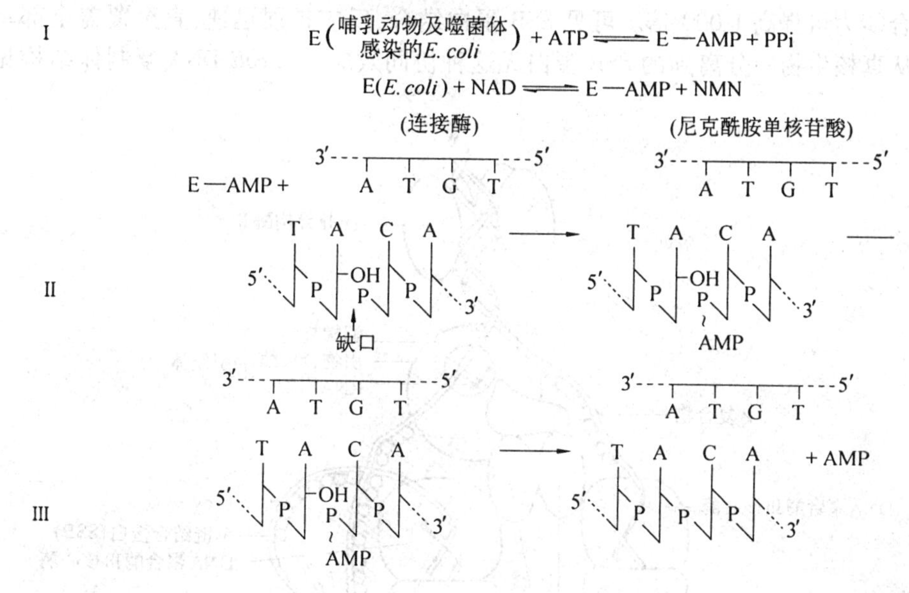

图 11.13　DNA 连接酶的作用机制

3. 旋转酶与解旋酶

DNA 旋转酶(gyrase),即 DNA 拓扑异构酶,其作用是消除 DNA 的超螺旋。旋转酶根据作用于 DNA 的方式不同而分为两类。

① 旋转酶Ⅰ。旋转酶Ⅰ能使 DNA 的一条链发生断裂和再连接,反应无需供给能量。"切口-封口"反应,可使维持 DNA 超螺旋的作用力释放,而解除超螺旋。

② 旋转酶Ⅱ。旋转酶Ⅱ能使 DNA 的两条链同时发生断裂和再连接,当它引入超螺旋时需要 ATP 供能。DNA 复制时,首先要由解旋酶(helicase)作用解开 DNA 双螺旋成为单链,单链 DNA 才能作 DNA 聚合酶的模板。解旋酶借 ATP 水解提供的能量来解开 DNA 双链,每解开一对碱基,需要水解 2 分子 ATP。原核细胞中,解旋酶对单链 DNA 的亲和力强,并能沿模板 DNA 5′→3′由单链向双链部分移动。各种解旋酶与引发酶等常构成复合体,在 DNA 复制时协同作用解开双螺旋。

4. 单链结合蛋白和引发酶

引发酶是指各种 DNA 复制开始时都需要有引物,在引物基础上才能进行 DNA 聚合反应。通常,引物是在复制前先合成的一小段 RNA,它的合成是 RNA 聚合酶与复制起点结合后,以 DNA 为模板而催化合成的。因此,催化 RNA 引物合成的 RNA 聚合酶就是引发酶(primase)。引发酶还与 DNA 复制起始点双链的解开有关,它常与解旋酶等紧密连接,形成"引发体"(primosome)(至少含有 6 种不同的蛋白质),协调催化解旋和引发反应。引发酶都需要 ATP 或 GTP 作为能源起始引发反应。引物第一个核苷酸的三磷酸形式常常作为引物起始的能源,而不是作为模板链上对应位置的配对碱基。

单链结合蛋白(single-strand binding protein, SSB)又称螺旋去稳定蛋白(helix destabilizing protein),是一种能与单链 DNA 结合的特异蛋白。其功能是稳定 DNA 解开的单链,阻止复性并保护单链部分不被核酸酶降解。

原核生物的 SSB 蛋白与 DNA 结合有明显的协同效应,当第一个蛋白结合后,其后蛋白的结合能力可提高 1 000 倍。可见 SSB 蛋白结合,反应扩展迅速,直至覆盖全部单链 DNA。从真核生物中分离到的 SSB 蛋白无这种协同效应。*E. coli* DNA 复制体结构见图 11.14。

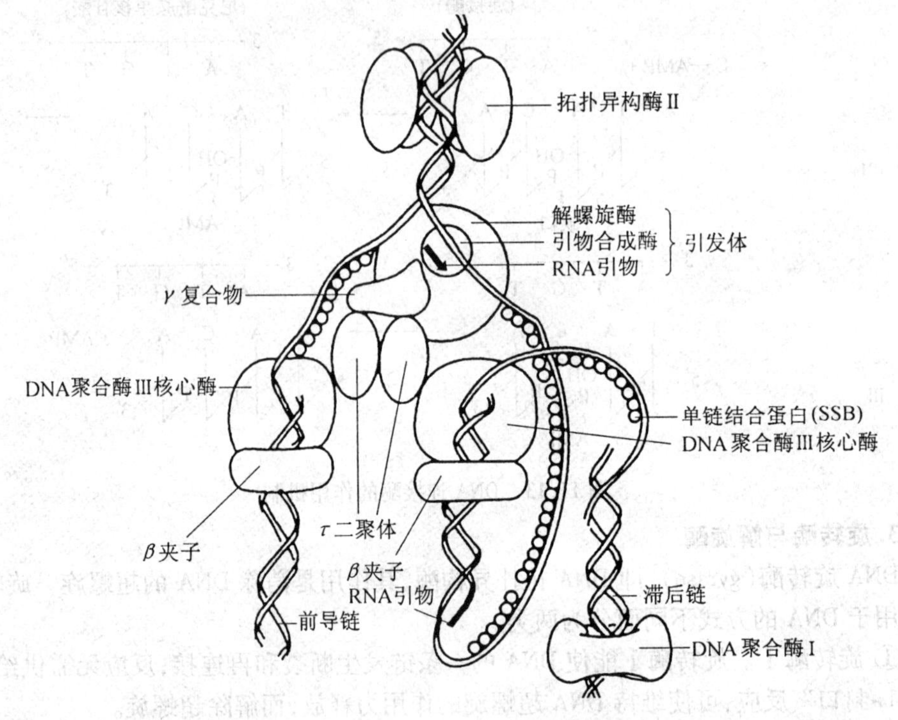

图 11.14 *E. coli* DNA 复制体结构示意图

11.2.2 DNA 的复制方式

1. 半保留复制

DNA 双链的碱基通过腺嘌呤(A)与胸腺嘧啶(T)和鸟嘌呤(G)与胞嘧啶(C)之间的氢键联结在一起,所以这两条链是互补的。一条链上的核苷酸排列顺序决定了另一条链上的核苷酸排列顺序,即 DNA 分子的每一条链都含有合成它的互补链所必需的全部遗传信息。Watson 和 Crick 在提出 DNA 双螺旋结构模型时推测,在复制过程中首先碱基间氢键需断裂并使双链解旋和分开,然后每条单链可作为模板在其上合成新的互补链,结果由 1 个 DNA 双链形成 2 个 DNA 互补双链(图 11.15)。新形成的 2 个 DNA 分子与原来 DNA 分子的碱基顺序完全一样。每个子代分子的一条链来自亲代 DNA,另一条链是新合成的,DNA 的这种复制方式称为半保留复制(semiconservative replication)。

1958 年 Meselson 和 Stahl 利用氮的同位素^{15}N 标记 *E. coli* DNA,首先证明了 DNA 的半保留复制。实验证明,在 DNA 复制时原来的 DNA 分子可被分成两个亚单位,分别构成子代的一半,这些亚单位经过许多代复制仍然保持着完整性(图 11.16)。

1963 年 Cairns 用放射自显影（autoradiograph）的方法第一次观测到完整的正在复制的*E. coli*染色体 DNA。DNA 的半保留复制机制可说明其在代谢上的稳定性。但这种稳定性是相对的。它也需要对损伤修复，对损耗更新。在发育和分化过程中，DNA 的特定序列还可能进行修饰、删除、扩增和重排。从进化角度看，DNA 更处于不断变异和发展之中。

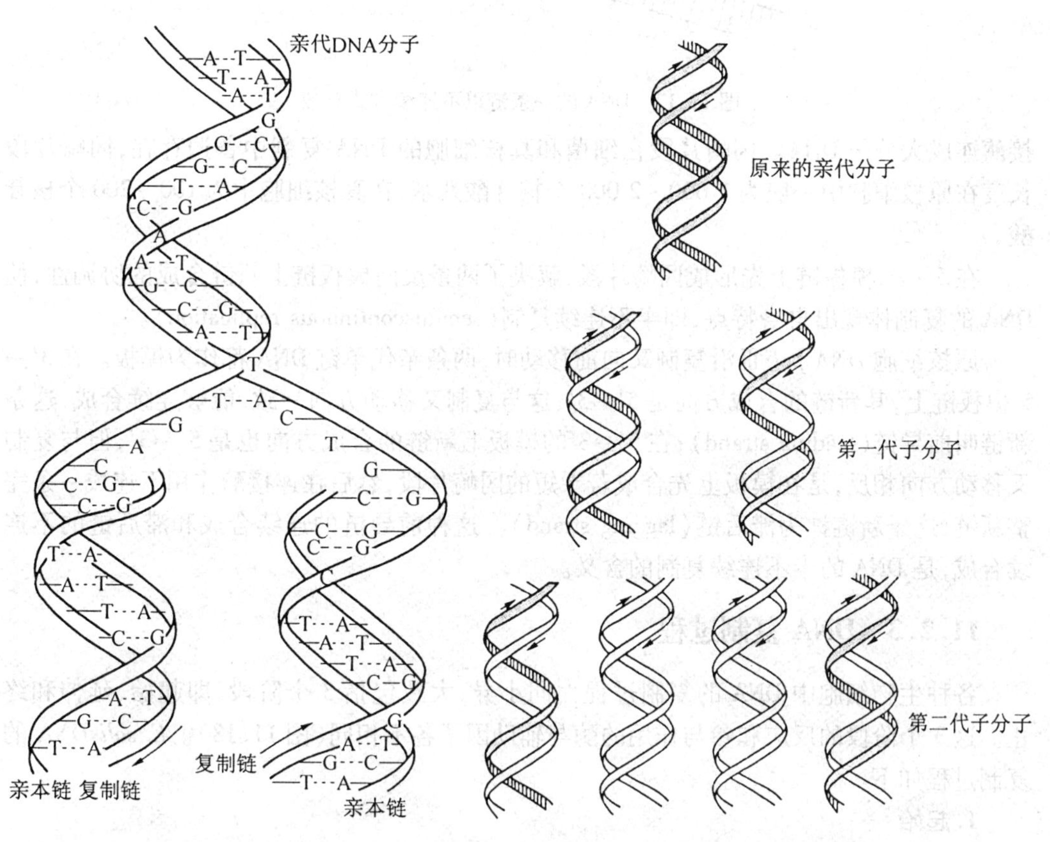

图 11.15　Watson 和 Crick 提出的 DNA 双螺旋复制模型

图 11.16　DNA 的半保留复制

第一代子分子含有一条亲代的链（用黑色表示），与另一条新合成的链（用白色表示）配对。在以后的连续复制过程中，原来亲代的两条链仍然保持完整，因此总有两个分子各具有一条原来亲代的链

2. 半不连续复制

DNA 分子的两条链是反向平行的，一条链的走向为 5′→3′，另一条链是 3′→5′。但所有已知的 DNA 聚合酶的合成方向都是 5′→3′。那么，DNA 在复制时两条链如何能够同时作模板合成其互补链呢？日本学者冈崎等提出了 DNA 半不连续复制模型，认为新链为 3′→5′走向的 DNA 实际上是由许多 5′→3′方向合成的片段连接起来的（图 11.17）。

1968 年日本人冈崎用^{3}H-脱氧胸苷作原料，研究噬菌体 T_4 感染的 *E. coli* 的 DNA 合成，通过碱性密度梯度离心发现，短时间内首先合成的是较短的 DNA 片段，后来才出现较大的片段，这些短的 DNA 片段后来就被称为冈崎片段（Okazaki fragment）。冈崎片段由连

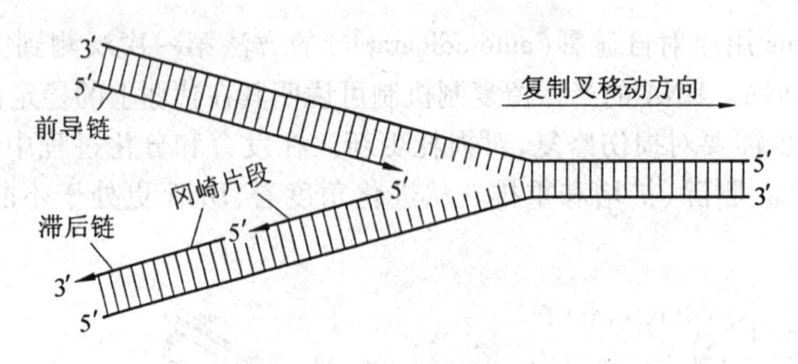

图 11.17　DNA 的一条链以不连续方式合成

接酶连成大分子 DNA。冈崎片段在细菌和真核细胞的 DNA 复制中普遍存在,冈崎片段长度在原核细胞中一般为 1 000 ~ 2 000 个核苷酸残基,在真核细胞中为 100 ~ 200 个核苷酸。

在 5′→3′模板链上先形成冈崎片段,解决了两条反向模板链上新链合成的协调性,使 DNA 的复制体现出自身特点,即半不连续复制(semidiscontinuous replication)。

原核细胞 DNA *pol* Ⅲ沿复制叉向前移动时,两条亲代单链 DNA 都作为模板。在 3′→5′模板链上,其新链的合成方向是 5′→3′,这与复制叉移动方向一致,能够连续合成,这条新链叫前导链(leading strand);在 5′→3′的模板上新链的合成方向也是 5′→3′,但与复制叉移动方向相反,是在模板上先合成若干短的冈崎片段,然后在连接酶作用下连成一条完整新链,这条新链称为滞后链(lagging strand)。这种前导链的连续合成和滞后链的不连续合成,是 DNA 的半不连续复制的含义。

11.2.3　DNA 复制过程

各种生物细胞中 DNA 的复制过程大同小异,大致包括 3 个阶段,即起始、延伸和终止。这 3 个阶段的反应和参与作用的酶与辅助因子各不相同(图 11.18)。*E. coli* DNA 的复制过程如下。

1. 起始

起始(initiation)阶段包括对起始位点的识别、DNA 双螺旋的解开和引物的合成 3 个步骤。

① 识别起始位点。DNA 合成不是从模板的任意部位开始,而是从特定的位点开始的,引发酶识别并结合模板的起始位点,开始引物的合成。*E. coli* 的复制起点称为 *ori* C,由 256 个碱基对构成,其序列和控制元件在细菌复制起点中十分保守。

② DNA 解链。旋转酶、解旋酶与 DNA 的复制起点结合,解开双螺旋形成两条局部的单链,单链结合蛋白随即结合到 DNA 单链上。至此,可由引发酶合成 RNA 引物,并开始 DNA 的复制。

③ RNA 引物的合成。引发酶(RNA 聚合酶)以 DNA 单链为模板合成 RNA 引物。原核细胞中引物一般为 50 ~ 100 个核苷酸;真核细胞的引物较短,哺乳动物的引物约 10 个核苷酸。前导链上只需合成一段引物,滞后链需合成许多个冈崎片段的引物。

DNA 复制的调节发生在起始阶段,如无意外受阻,复制一旦开始,就一直进行到完成。

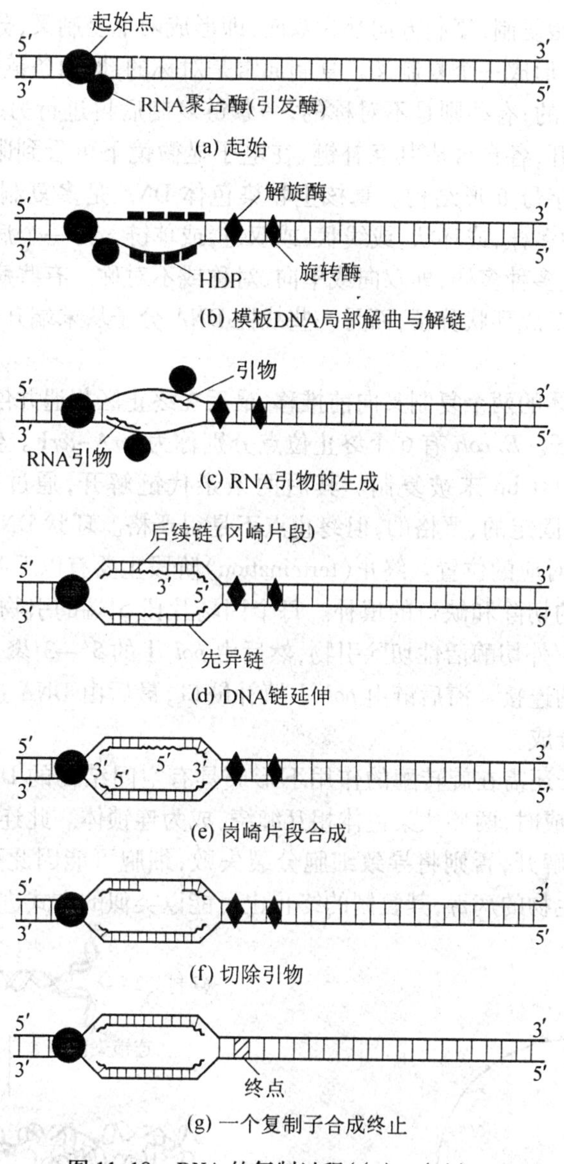

图 11.18　DNA 的复制过程((a) ~ (g))

2. 延伸

在 DNA *pol* Ⅲ(真核为 α 酶)的催化下,根据模板链 3′→5′的核苷酸顺序,在 RNA 引物的3′-OH末端逐个添加脱氧核苷三磷酸,每形成 1 个磷酸二酯键,即释放 1 个焦磷酸,直至合成整个前导链或冈崎片段,两条新链合成的延伸方向都是 5′→3′。在延伸(elongation)阶段,还有延伸因子、ATP 及其他一些蛋白质参与。新链的延伸速度高,在大肠杆菌中 1 min 可达 50 000 bp。延伸的方向在许多情况下是定点、双向、对称并等速的,少数情况下是单向或双向非对称进行的。

基因组能独立进行复制的单位称为复制子。每个复制子都有复制起点,还可能有复制终点。原核生物的染色体和质粒,真核生物的细胞器 DNA 都是环状双链分子。它们都在一个固定的点开始复制,复制方向都为双向,即形成两个复制叉,分别向两侧进行复制;少数为单向复制,只形成一个复制叉。复制通常是对称的,即两条链同时进行复制,*E. coli* 的 DNA 是双向复制的;有些则是不对称的,一条链复制后再进行另一条链的复制。DNA 在复制叉处双链解开,各自合成其互补链,在电子显微镜下可看到眼形结构。环状 DNA 的复制眼形呈希腊字母 θ 形结构。真核生物染色体 DNA 是多复制子的线性双链分子。病毒 DNA 分子多种多样,或环状,或线状,或双链,或单链。每一个病毒 DNA 分子是一个复制子,其复制方式多种多样,即双向或单向,对称或不对称。有些病毒线性 DNA 分子在侵入宿主细胞后可变成环状分子,而另一些线性 DNA 分子从末端开始复制。

3. 终止

细菌环状染色体的两个复制叉向前推移,最后在终止区相遇并停止复制,该区含有多个约 22 bp 的终止子。*E. coli* 有 6 个终止位点分别称为 *ter*A–*ter*F。停止复制则复制体解体,其间约有 50 ~ 100 bp 未被复制。其后两条亲代链解开,通过修复方式填补空缺。DNA 复制的起点是固定的、严格的,但终止点不是很严格。环状 DNA 复制的终止点通常在起点两侧 180 度对应的位置。终止(termination)阶段主要有以下两方面内容。

① RNA 引物的切除和缺口的填补。每个冈崎片段 5′端的引物由特异核酸酶 RNase H 或 *pol* Ⅰ的 5′→3′外切酶活性切除引物,然后由 *pol* Ⅰ的 5′→3′聚合活性填补缺口。

② DNA 片段的连接。滞后链由 *pol* Ⅰ填补缺口,最后由 DNA 连接酶催化连接 DNA 片断,完成新链的合成。

新生 DNA 分子还需在旋转酶的作用下形成具有空间结构的 DNA,实际上是边复制边螺旋化。复制完成时,两环状染色体相互缠绕,成为连锁体。此连锁体在细胞分裂前需要拓扑异构酶参与解开,否则将导致细胞分裂失败,细胞可能因此死亡。其他环状染色体,包括某些真核生物的病毒,其复制的终止也可能以类似的方式进行(图 11.19)。

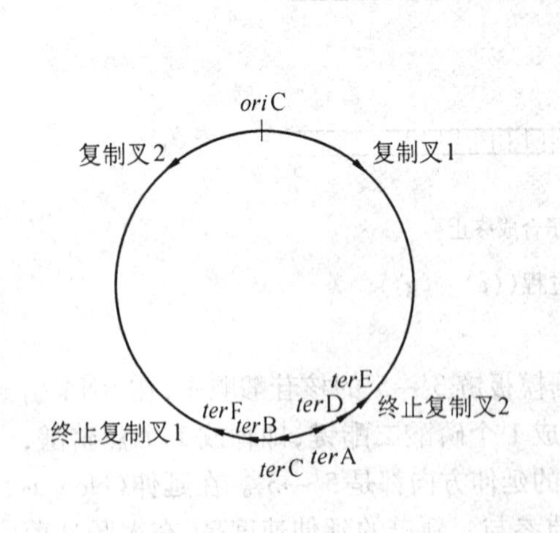

(a) *ter* 为点在染色体上的位置

(b) DNA 拓扑异构酶 Ⅲ 使连锁环状染色体解开

图 11.19 *E. coli* 染色体复制的终止

11.2.4　DNA 的突变

DNA 作为遗传物质有 3 个功能，即通过复制由亲代向子代传递遗传信息；通过转录使遗传信息在子代表达；通过变异在自然选择过程中获得新的遗传信息。变异是 DNA 的核苷酸序列改变的结果。DNA 变异可以来自 DNA 损伤和错配得不到修复而引起的突变，也可来自不同 DNA 分子间的交换而引起的遗传重组。

1. 突变的类型

（1）碱基对的置换

当复制把错配碱基固定下来时，原来的一个碱基对被另一个碱基对取代，称为点突变。碱基对置换有两种类型，一种称为转换（transition），是两种嘌呤之间或两种嘧啶之间的互换，最为常见；另一种称为颠换（transversion），是嘌呤与嘧啶之间或嘧啶与嘌呤之间的互换。密码子发生的错义突变使蛋白质中原来的氨基酸被另一种氨基酸取代；无义突变导致翻译提前结束而常使产物失活。

（2）移码突变

由于 1 个或多个非 3 整倍数的核苷酸对插入（insertion）或缺失（deletion），使编码区该位点后的密码子阅读框架改变，导致其后的氨基酸都发生错误，通常造成该基因产物完全失活，如出现终止密码子则使翻译提前结束。

2. 诱变剂及其作用

在自然条件下发生的突变称为自发突变。自发突变率非常低，*E. coli* 和果蝇的基因自发突变率均约为 10^{-10}。能提高突变率的物理或化学因子称为诱变剂（mutagen）。常见的诱变剂有以下几种。

（1）碱基类似物（base analog）

碱基类似物是指与 DNA 正常碱基结构类似的化合物，在 D 复制时可取代正常碱基掺入新链，但它们一旦发生互变异构，则在复制时改变配对碱基，引起碱基对的置换。碱基类似物引起的置换都是转换，而不是颠换。

① 5-溴尿嘧啶（BU）是 T 的类似物，通常为酮式（keto）结构，能与 A 配对。但因其溴原子负电性很强，烯醇式（enol）发生率较高，结果使 AT→GC，在相反的情况下使 GC→AT（图11.20）。

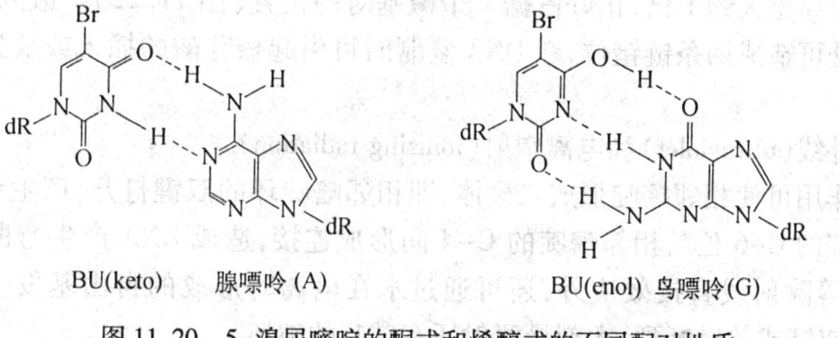

BU(keto)　腺嘌呤 (A)　　BU(enol)　鸟嘌呤(G)

图 11.20　5-溴尿嘧啶的酮式和烯醇式的不同配对性质

② 2-氨基嘌呤(AP)是A的类似物，常态下与A配对，但变成罕见的亚氨基状态时则与C配对，而引起AT→GC及GC→AT(图11.21)。

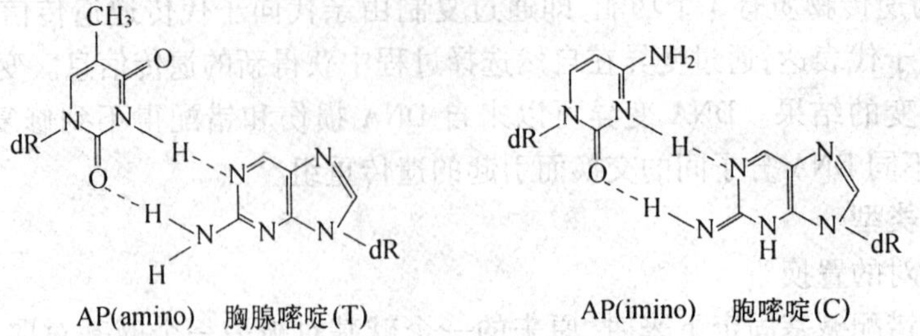

AP(amino)　胸腺嘧啶(T)　　AP(imino)　胞嘧啶(C)

图11.21　2-氨基嘌呤的不同配对性质

(2) 碱基修饰剂(base modifer)

DNA碱基被某些化学诱变剂修饰后可改变配对性质。

① 亚硝酸能脱去碱基上的氨基。A脱氨后成为I(次黄嘌呤)，改与C配对；C脱氨后成为U，改与A配对；G脱氨后成为X(黄嘌呤)，仍与C配对，经DNA复制后即恢复正常，并不引起碱基的置换。A和C脱氨基经过DNA两次复制后，原AT→GC，原GC→AT。

② 羟胺(NH_2OH)只与C作用生成4-羟胺胞嘧啶(HC)，而与A配对，使GC→AT。

③ 烷化剂使DNA碱基的氮原子烷基化，引起分子电荷分布的变化而改变碱基配对性质。常见的是G的第7位氮原子的烷基化。常见的烷化剂有氮芥(nitrogen mustard)、硫芥(sulfur mustard)、乙基甲烷磺酸(ethyl methane sulphonate，EMS)、乙基乙烷磺酸(ethylethane sulphonate，EES)和亚硝基胍(nitrosoguanidine，NTG)等。如7-甲基鸟嘌呤(MG)与A配对；氮芥和硫芥可使DNA的同一条链或不同链的G连接成二聚体，阻止正常的修复，故交联剂往往是强致癌剂；亚硝基胍可引起DNA在复制叉部位出现多个紧相靠近的一簇突变，在适宜条件下可使*E. coli*每个细胞都发生一个以上的突变。此外，烷化后的嘌呤易使嘌呤脱落，也易被N-核苷酶水解。

(3) 嵌入染料(intercalating dye)

可以插入到DNA的碱基对之间的一些结构为稠环分子的染料，称为嵌入染料。如丫啶橙(acridine)、原黄素(proflavine)、溴化乙锭(ethidium bromide)等。它们插入DNA后将碱基对间的距离撑大约1倍，正好占据1个碱基对的位置(图11.22)。嵌入染料插入碱基重复位点处可造成两条链错位，在DNA复制时可引起核苷酸的插入或缺失，造成移码突变。

(4) 紫外线(ultraviolet)和电离辐射(ionizing radiation)

紫外线作用可使相邻嘧啶形成二聚体，即相邻嘧啶环的双键打开，产生环丁烷结构，并在1个嘧啶的C-6位与相邻嘧啶的C-4间形成连接，造成DNA产生弯曲和扭结。X射线、γ射线等除射线直接效应外，还可通过水在电离时形成的自由基发生间接效应。DNA可出现双链或单链断裂，大剂量照射还有碱基的破坏。

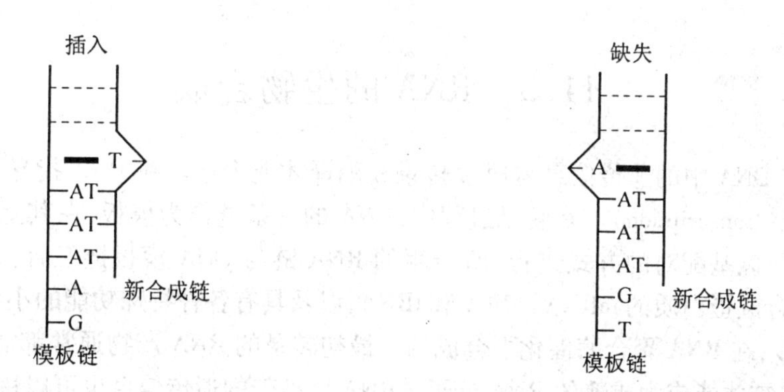

图11.22　嵌入染料插入DNA引起移码突变的可能机制(粗线为嵌入染料)

3. 癌的发生

人类癌的发生是由于某些调节正常细胞分裂的基因缺陷或变异所致,这些基因包括原癌基因和抑癌基因。细胞生长失控就形成肿瘤,能转移的恶性肿瘤称为癌。控制细胞分裂的基因由于突变或肿瘤病毒入侵而失去调节功能,原癌基因成为癌基因,抑癌基因失去抑制细胞恶性生长的能力,因此细胞癌变与DNA修复机制受损坏及突变率提高有关。

4. DNA 损伤的修复

DNA损伤修复的机制主要有光修复(直接修复)、切除修复、重组修复等。

(1) 光修复

光修复作用是一种高度专一的直接修复方式。它只作用于紫外线引起的DNA嘧啶二聚体。光修复酶在生物界分布很广,从低等单细胞生物到鸟类都有,而高等的哺乳类却没有。光修复方式在植物中特别重要;高等动物更重要的是暗修复,即切除含嘧啶二聚体的核酸链,然后再修复合成。

(2) 切除修复

所谓切除修复,即是在一系列酶的作用下,将DNA分子中受损伤部分切除掉,并以完整的那条链为模板,合成切去的部分,然后使DNA恢复正常结构的过程。这是比较普遍的一种修复机制,它对多种损伤均能起修复作用。切除修复包括两个过程,一是由细胞内特异的酶找到DNA的损伤部位,切除含有损伤结构的核酸链;二是修复合成并连接。

(3) 重组修复

当DNA发动复制时尚未修复的损伤部位也可以先复制再修复。例如含有嘧啶二聚体烷基化引起的交联和其他结构损伤的DNA仍然可以进行复制,但是复制酶系在损伤部位无法通过碱基配对合成子代DNA链,它就跳过损伤部位,在下一个冈崎片段的起始位置或前导链的相应位置上重新合成引物和DNA链,结果子代链在损伤相对应处留下缺口。这种遗传信息有缺损的子代DNA分子可通过遗传重组而加以弥补,即从同源DNA的母链上将相应核苷酸序列片断移至子链缺口处,然后用再合成的序列来补上母链的空缺,此过程称为重组修复,因为发生在复制之后,又称为复制后修复。

11.3 RNA 的生物合成

贮存在 DNA 中的遗传信息需通过转录和翻译才能表达。在 DNA 指导下的 RNA 合成称为转录(transcription)。在转录过程中,DNA 的一条链作为模板,在其上合成出 RNA 分子,合成以碱基配对的方式进行,所产生的 RNA 链与 DNA 模板链互补。细胞的各类 RNA,包括合成蛋白质的 mRNA、rRNA 和 tRNA,以及具有各种特殊功能的小 RNA,都是以 DNA 为模板,在 RNA 聚合酶催化下合成的。最初转录的 RNA 产物通常都需要经过一系列加工和修饰才能成为成熟的 RNA 分子。RNA 所携带的遗传信息也可以用于指导 RNA 或 DNA 的合成,前一过程即 RNA 复制,后一过程为逆转录。个别的 RNA 还具有催化功能。

RNA 链的转录从 DNA 模板的一个特定起点开始,在另一个终止处终止,此转录区域称为转录单位。一个转录单位可以是一个基因,也可以是多个基因,基因有选择地进行转录,随着细胞的不同生长发育阶段和细胞内外条件的改变而转录不同的基因。DNA 的启动子(promoter)控制转录的起始,控制终止的部位称为终止子(terminator)。DNA 指导的 RNA 聚合酶催化 RNA 转录。

11.3.1 DNA 指导的 RNA 聚合酶

1960 年至 1961 年,从微生物和动物细胞中分别分离得到 DNA 指导的 RNA 聚合酶 EC2.7.7.6(DNA-directed RNA polymerase)。该酶需要以 4 种核糖核苷三磷酸作为底物,并需要适当的 DNA 作模板,Mg^{2+} 能促进聚合反应。RNA 链的合成方向也是 5′→3′,第一个核苷酸带有 3 个磷酸基,其后每加入一个核苷酸,脱去一个焦磷酸,形成磷酸二酯键,反应是可逆的,但焦磷酸的分解可推动反应趋向聚合。与 DNA 聚合酶不同,RNA 聚合酶无需引物,它能直接在模板上合成 RNA 链。RNA 聚合酶无校对功能。

$$n_1\text{ATP}+n_2\text{GTP}+n_3\text{CTP}+n_4\text{UTP} \xrightleftharpoons[\text{DNA},\,Mg^{2+}\text{或 }Mn^{2+}]{\text{DNA 指导的 RNA 聚合酶}} \text{RNA}+(n_1+n_2+n_3+n_4)\text{PPi}$$

1.原核细胞

对原核细胞中的 RNA 聚合酶(RNA polymerase)中,了解最清楚的是 *E. coli* 的 RNA 聚合酶。大肠杆菌的 RNA 聚合酶全酶(holoenzyme)相对分子质量为 465 000,由 4 种共 5 个亚基(subunit)组成($\alpha_2\beta\beta'\sigma$),还含有两个 Zn 原子,它们与 β' 亚基相联结。不含 σ 亚基的酶称为核心酶(core enzyme)($\alpha_2\beta\beta'$)。σ 亚基为起始亚基。核心酶不具有起始合成 RNA 的能力,必须加入 σ 亚基才表现出全部聚合酶的活性,当 RNA 转录开始以后,σ 因子从 RNA 聚合酶全酶中脱落。在某些酶制剂中还发现有一相对分子质量为 9 000 的小亚基,称为 ω 亚基,核心酶则没有。核心酶具有基本的转录功能,在转录全过程中都需要它。σ 因子识别启动子和起始转录。识别转录的终止信号和终止转录还需要终止因子 Nus A 参与作用。各亚基的大小和功能列于表 11.3。

表 11.3　*E. coli* DNA 聚合酶各亚基的性质和功能

亚基	基因	相对分子质量	亚基数目	功　能
α	*rpo* A	40 000	2	酶的装配 与启动子上游元件和活化因子结合
β	*rpo* B	155 000	1	结合核苷酸底物（催化中心）
β'	rpo C	160 000	1	催化磷酸二酯键形成（催化中心） 与模板 DNA 结合（催化中心）
σ	*rpo* D	32 000 ~ 92 000	1	识别启动子 促进转录的起始
ω		9 000	1	未知

2. 真核细胞

真核生物的基因组远比原核生物大，它们的 RNA 聚合酶也更为复杂。真核生物 RNA 聚合酶主要有 3 类，相对分子质量都在 500 000 左右，通常有 8 ~ 14 个亚基，并含有 Zn^{2+}。与原核相比，结构更加复杂，每种酶分子都含 2 个大亚基和 4 ~ 8 个小亚基。这些酶在细胞核内分布不同，分别负责不同种类的 RNA 合成（表 11.4）。

表 11.4　真核生物 RNA 聚合酶的种类和性质

酶的种类	相对分子质量/$\times 10^5$	分　布	功　能	对抑制物的敏感性
RNA 聚合酶Ⅰ	5.01	核仁	转录 45S rRNA 前体，经加工产生 5.8S rRNA、18S rRNA 和 28S rRNA	对 α-鹅膏蕈碱不敏感
RNA 聚合酶Ⅱ	5.38	核质	转录所有编码蛋白质的基因和大多数核内小 RNA	对 α-鹅膏蕈碱敏感
RNA 聚合酶Ⅲ	5.04	核质	转录小 RNA 的基因，包括 tRNA、5S rRNA、U6 snRNA 和 scRNA	对 α-鹅膏蕈碱中等敏感

真核生物的 RNA 聚合酶的转录过程大体与细菌相似，所不同的是真核生物 RNA 聚合酶自身不能识别和结合到启动子上，而需要在启动子上由转录因子和 RNA 聚合酶装配成活性转录复合物才能开始转录。真核生物转录过程分为装配、起始、延长和终止 4 个阶段，转录期间各种因子的作用比细菌复杂得多。

真核细胞中线粒体和叶绿体都有独立的 RNA 聚合酶，其结构比核 RNA 聚合酶简单，类似细菌的 RNA 聚合酶，能催化所有类型 RNA 的合成，并被原核生物 RNA 聚合酶的抑制物利福平等抑制。

11.3.2　基因转录的过程

基因转录的过程是以 DNA 为模板合成 RNA 的过程（图 11.23）。转录可分为起始、延伸和终止 3 个阶段，但不同于 DNA 的复制过程。

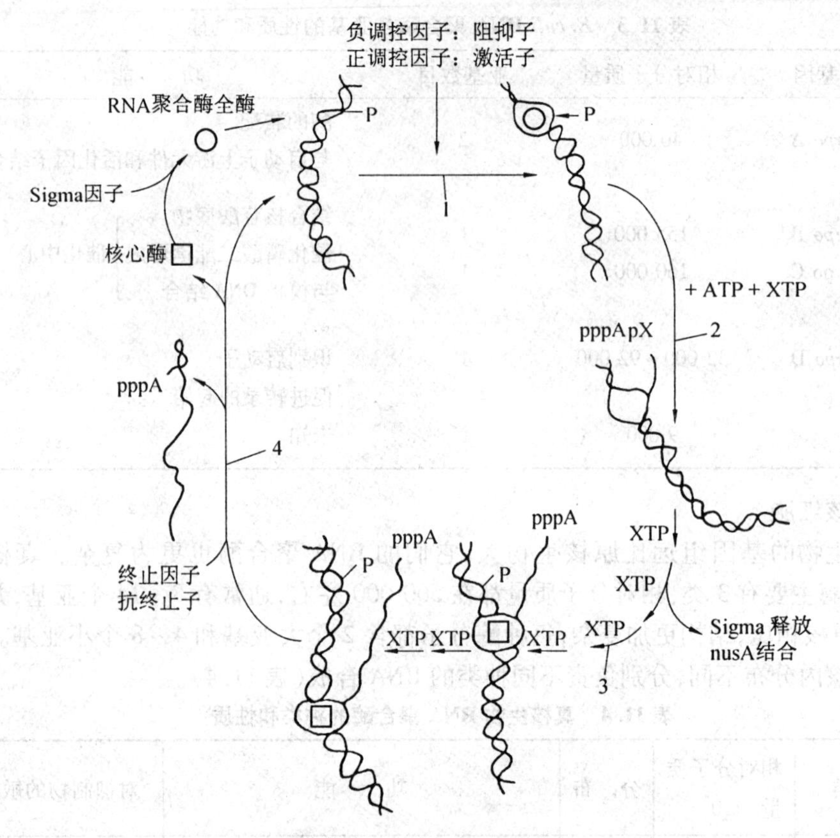

图 11.23　原核生物基因转录过程

1-识别和结合模板;2-RNA 链起始;3-RNA 链延长;4-链终止和酶的释放

1. 起始

RNA 聚合酶首先识别 DNA 模板上的特异起始部位(启动子)并牢固地结合。然后,形成稳定的酶-启动子-RNA 三元复合物。

(1) 启动子的结构

启动子是指 RNA 聚合酶识别、结合和开始转录的一段 DNA 序列。RNA 聚合酶起始转录需要的辅助因子(蛋白质)称为转录因子,它的作用或是识别 DNA 的顺式作用位点,或是识别其他因子,或是识别 RNA 聚合酶。习惯上 DNA 的序列按其转录的 RNA 同样序列的一条链来书写,由左到右相当于 5′→3′方向。转录单位的起点(start point)核苷酸为+1,从转录的近端(proximal)向远端(distal)计数。转录起点的左侧为上游(upstream),用负数表示,起点前一个核苷酸为-1。起点后为下游(downstream),即转录区。

1975 年 D. Pribnow 的测定分析表明,原核基因启动子位于转录起始点的上游区,长约 40 ~ 60 bp,至少包括 3 个功能部位(图 11.24)。通过比较已知启动子的结构,可寻找出他们的共有序列(consensus sequence),大肠杆菌基因组为 4.7×10^6 bp,为避免假信号的出现,估计信号序列最短必须有 12 bp。信号序列并不一定要连续,因为分开距离的本身也是一种信号。从起点上游约-10 处找到 6 bp 的保守序列 TATAAT,称为 Pribnow 框(box),或称-10 序列。实际位置在不同启动子中略有变动。起点上游序列中出现频率较高的碱基为：$T_{80}A_{95}T_{45}A_{60}A_{50}T_{96}$。若将此片段提纯，RNA 聚合酶不能与之再结合，因此必定存在另外的序列为 RNA 聚合酶所识别和结合所必需。在-10 序列上游又找到一个保守序列 TTGACA，其中心约在-35 位置，称为识别区域或-35 序列。各碱基出现的频率如下：$T_{82}T_{84}G_{78}A_{65}C_{54}A_{45}$。开始识别部位在-35 序列附近，具有 TGTTGACA 顺序或类似顺序，其中 TTG 序列高度保守。RNA 聚合酶依靠其 σ 亚基识别该部位。牢固结合部位位于-10 序列左右，是最保守的序列，碱基顺序为 TATAAT，故称为 TATA 盒，或 Pribnow box，它是 RNA 聚合酶牢固结合位点。

转录起始点是合成 RNA 链中第一个核苷酸的位点，RNA 的第一个核苷酸一般为 ATP 或 GTP。

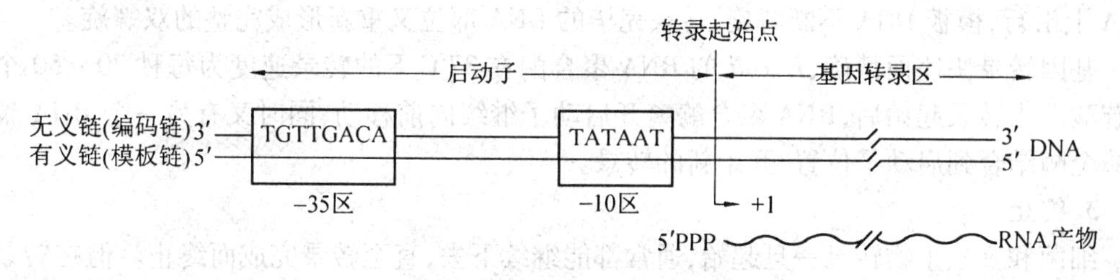

图11.24 原核基因启动子

真核生物细胞内的 3 种主要 RNA 聚合酶有各自识别的启动子类型。大多数真核 RNA 聚合酶Ⅰ所识别的启动子由两个部分的保守序列组成，一是核心启动子（core promoter）位于转录起点附近-45 ~ +20，决定转录起始的精确位置；另一部分是上游控制元件（upstream control element，UCE）-180 ~ -107，其功能是与转录因子 UBF1 和 SL1 结合，SL1 因子的作用类似于细菌的 σ 因子，影响转录的频率。两部分都是富含 GC 的区域。RNA 聚合酶Ⅰ识别的启动子只控制 rRNA 前体基因的转录。RNA 聚合酶Ⅱ识别的启动子控制众多编码蛋白质的基因的表达。该类型启动子包含 4 类控制元件，即基本启动子、起始子、上游元件和应答元件。这些元件的不同组合，再加上其他序列的变化，构成了数量十分巨大的各种启动子。它们受相应转录因子 TFⅡX 的识别和作用。其中有些是组成型的，可在各类细胞中表达；有些是诱导型的，受时序、空间和各种内外条件的调节。基本启动子序列为中心-25 ~ -30 左右的 7 bp 保守区，称为 TATA 框（TATA box）或 Goldberg-Hogness 框。此共有序列全为 A-T 对，仅少数启动子含 1 个 G-C 对，其功能与 RNA 聚合酶的定位有关，DNA 双链在此解开并决定转录起点位置。失去 TATA 框，转录将在许多位点上开始。RNA 聚合酶Ⅲ识别的启动子涉及一些小分子 RNA 的转录。它不在转录起始点上游，而在基因编码区之中，称为内部启动子。

(2) RNA 聚合酶与模板 DNA 结合

RNA 聚合酶与启动子区域结合，先形成“闭合式”复合物，然后 DNA 解链，再形成酶-开链“开放式”复合物。RNA 聚合酶全酶与启动子的 Pribnow box 和-35 区域结合，结合在双螺旋启动子的一侧，使启动子中的-9 ~ +2 发生解链，形成一个长为 11 bp 的开链复合物。

核心酶（$\alpha_2\beta\beta'$）与 DNA 分子的结合是与 DNA 序列无关的非特异性结合，较松弛。σ 亚基在与启动子结合过程中，可提高酶辨认启动子的能力，防止酶与 DNA 的非特异性结合,促进 DNA 解链,提高 RNA 合成起始速率。

(3) 转录的起始

基因转录起始的标志是核苷酸被引入“开放式”复合物,产生新生 RNA 的 5′端,至新生 RNA 达一定长度(6 ~9 个核苷酸),形成稳定的酶-启动子-RNA 三元复合物,然后 σ 亚基从复合物中释放出来的全过程。该过程一完成就进入 RNA 链的延伸阶段。

2. 延伸

核心酶在模板上滑行,按照模板 DNA 提供的信息不断加入 4 种底物核苷三磷酸,使 RNA 链按 5′→3′方向延长。核苷三磷酸底物以其 α-磷酸基与新生 RNA 链 3′端核苷酸中 3′-C 上的羟基通过缩合形成 3′,5′-磷酸二酯键,并释放出焦磷酸。随着核心酶在模板 DNA 上滑行,模板 DNA 不断解旋,转录完毕的 DNA 部位又重新形成完整的双螺旋。

基因转录快速而精确,*E. coli* 的 RNA 聚合酶在 37℃下的转录速度为每秒 20 ~50 个核苷酸。当转录起始后,RNA 聚合酶离开启动子继续向前移动,同时又有另一个 RNA 聚合酶全酶结合到启动子位置,开始新的转录。

3. 终止

细菌和真核生物转录一旦起始,通常都能继续下去,直至转录完成而终止。但在转录的延伸阶段,RNA 聚合酶遇到障碍会停顿和受阻,酶脱离模板即终止。提供转录停止信号的 DNA 序列称为终止子,协助 RNA 聚合酶识别终止信号的辅助因子(蛋白质)则称为终止因子(termination factor, TF)。所有原核生物的终止子在终止点之前均有一个回文结构,其产生的 RNA 可形成由茎环构成的发夹结构。该结构可使聚合酶减慢移动或暂停 RNA 的合成。然而 RNA 产生具有发夹型的二级结构远比终止信号多,如果酶遇到的不是终止序列,它将继续移动并进行转录。

基因转录的终止包括 RNA 链停止延伸、新生 RNA 链从三元复合物中释放以及 RNA 聚合酶与模板分离。*E. coli* 存在两类终止子。

① 不依赖蛋白质因子 rho(ρ)的终止子。这类终止子除能形成发夹结构外,在终止前还有一系列 U 核苷酸(约 6 个);回文序列(palindromic sequence)对称区通常有一段富含 G-C 的序列。寡聚 U 序列可能提供信号使 RNA 聚合酶脱离模板。由 rU-dA 组成的 RNA-DNA 杂交分子的碱基配对特别弱,当聚合酶暂停时,RNA-DNA 杂交分子即在 rU-dA 弱键结合的末端区解开。

② 依赖蛋白质因子 rho(ρ)的终止子。这类终止子必须在 rho(ρ)因子存在时才发生终止作用。依赖于 rho 的终止子其回文结构不含富 G-C 区,回文结构之后也无寡聚 U。此类终止子在细菌染色体中少见,而在噬菌体中广泛存在(图 11.25)。rho 因子为蛋白质,相对分子质量为 46 000,通常为六聚体形式。有依赖于 RNA 的 NTPase 活力,在有 RNA 存在时能水解核苷三磷酸。rho 因子结合在新生的 RNA 链上,借助水解 NTP 得到的能量推动其沿 RNA 链移动。RNA 聚合酶遇到终止子时发生暂停,使 rho 追上酶。rho 与酶相互作用而释放 RNA,并使 RNA 聚合酶与 rho 因子一同从 DNA 上脱落下来。最近发现 rho 还具有 RNA-DNA 解螺旋酶活力,是对该因子作用机制的进一步证明。

识别终止子也需要一些特殊的辅助因子。Nus A 因子可提高终止效率,可能是由于它能促进 RNA 聚合酶在终止子位置上停顿。

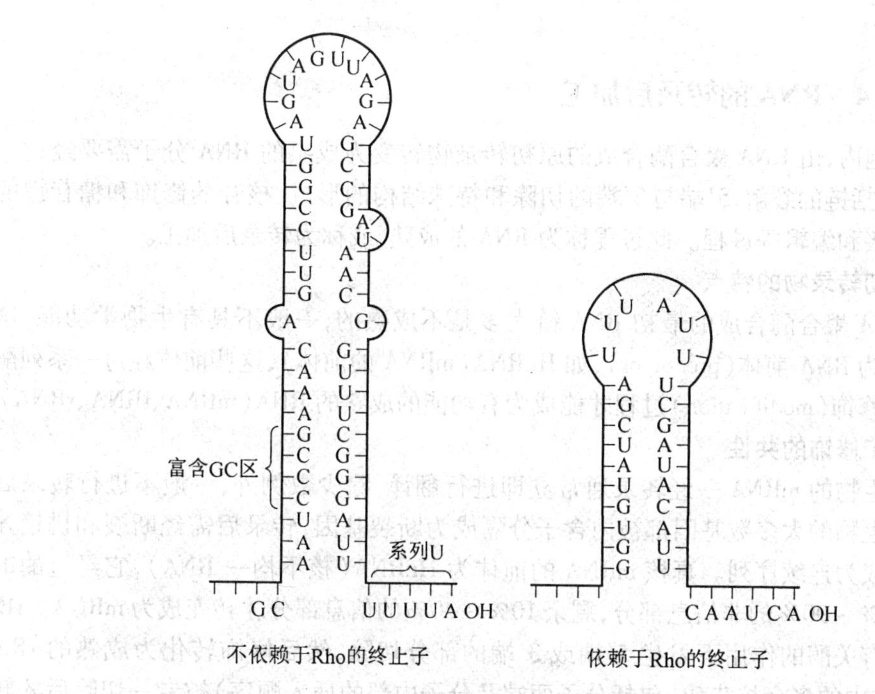

图 11.25 两类终止子的回文结构

11.3.3 基因转录的方式

根据 DNA 两条链是否都作为 RNA 合成的模板,基因转录可分为不同的方式。

(1) 对称转录

同时由许多不同的 RNA 聚合酶与互补的 DNA 两条单链识别并在每条单链 DNA 模板上按模板的 3′→5′合成 RNA 链,RNA 链延伸方向都是 5′→3′,这种转录方式称为对称转录(symmetric transcription)。这种转录方式并不是主要的。

(2) 不对称转录

DNA 两条链中常常只有一条链作为模板,转录生成 RNA,这种转录方式称为不对称转录(asymmetric transcription)。在此种转录中,作为模板的那条 DNA 链称为转录链,另一条链称为非转录链,又称信息链。非转录链具有维持 DNA 完整性和构象的作用,有利于 RNA 聚合酶不断产生 RNA。

(3) 逆转录

遗传信息可以从 DNA 传递给 RNA,还可以从 RNA 传递给 DNA,这种信息传递方式称为逆转录(inverse transcription)。其过程是由依赖于 RNA 的 DNA 聚合酶 EC2.7.7.49(逆转录酶,inverse transcriptase,RDDP)以 RNA 单链为模板催化 DNA 的生物合成,底物是4 种脱氧核苷三磷酸,所需引物是一种 tRNA,DNA 新链延伸的方向也是5′→3′,逆转录结果是形成 RNA-DNA 杂合分子。最后由依赖于 DNA 的 DNA 聚合酶催化,使杂合分子中的单链 DNA 合成为双链分子。这个过程是病毒(如 RNA 病毒)基因(为 RNA 单链片段)转变为宿主细胞 DNA 基因的感染转化过程,也是癌病毒基因在宿主细胞中形成的机理。

11.3.4 RNA 的转录后加工

在细胞内,由 RNA 聚合酶合成的原初转录物转变为成熟的 RNA 分子需要经过一系列变化,包括链的裂解、5′端与 3′端的切除和特殊结构的形成、核苷的修饰和糖苷键的改变以及拼接和编辑等过程。此过程称为 RNA 的成熟,或称为转录后加工。

1. 原初转录物的特点

由 RNA 聚合酶合成的最初 RNA 链大多是不成熟的,一般不具有生物学功能,这种 RNA 链称为 RNA 前体(precursor),如 HnRNA(mRNA 的前体),这些前体经过一系列酶促"加工"或修饰(modification)过程才能成为有功能的成熟的 RNA(mRNA、tRNA、rRNA)。

2. 加工修饰的共性

原核生物的 mRNA 一经转录通常立即进行翻译,除少数例外,一般不进行转录后加工。真核生物的大多数基因都被内含子分隔成为断裂基因,转录后需经断裂和拼接才能使编码区成为连续序列。真核 mRNA 的前体为 HnRNA(核不均一 RNA),它经过酶的作用切去 80% ~90% 的非信息部分,剩余 10% ~20% 的信息部分才转变成为 mRNA。rRNA 的前体在有关酶的作用下发生 5′端或 3′端的部分切除,然后修饰转化为成熟的 rRNA。tRNA 前体中的多余核苷酸(包括分子两端及分子内部的插入顺序)被专一切除后才转变为成熟 tRNA。可见,转录产物加工修饰的共性是切除部分核苷酸链。

3. 不同 RNA 的加工特点

(1) mRNA 的加工形成

mRNA 前体的剪接由核酸内切酶、ATP 酶、解链酶等催化完成。真核细胞 mRNA 的 5′端有一个甲基化的"帽"结构(m^7G),它的形成是由 RNA 三磷酸酯酶、RNA 鸟苷酸基转移酶(戴帽酶)、RNA 鸟嘌呤-7-甲基转移酶、RNA 核苷 2-*O*-甲基转移酶催化完成。大多数真核 mRNA 的 3′端有一个多聚腺苷酸"尾"结构(polyA),它是由特异性酶切除一段 10 ~30 个核苷酸片段后,在一个相对分子质量为 300 000 的 RNA 末端腺苷酸转移酶催化下,将 ATP 逐个加聚到 mRNA 切后的 3′端上形成的。

(2) rRNA 的转录后加工

原核生物 rRNA 30S 前体,由 RNaseⅢ、RNase P、RNase E、RNase F 在特定位点将各 rRNA 及 tRNA 分开。分开的各 rRNA 前体(中间前体)P16、P23、P5 再经过 RNase M_{16}、RNase M_{23}、RNase M_5 在 3′端和 5′端进行修剪,就成为成熟的 16S、23S、5S rRNA,如图 11.26 所示。

原核生物 rRNA 有多个甲基化修饰成分,包括甲基化碱基和甲基化核糖,尤为常见的是2′-甲基核糖。16S rRNA 约含 10 个甲基,23S rRNA 约含 20 个甲基,其中 N^4,2′-*O*-二甲基胞苷(m4Cm)是 16S rRNA 特有的成分。5SrRNA 中一般无修饰成分,不进行甲基化反应。

不同真核生物的 rRNA 前体大小不同。哺乳动物的 18S、5.8S 和 28S rRNA 基因构成一个转录单位,转录产生 45S rRNA 前体。RNaseⅢ及其他核酸内切酶在 rRNA 前体加工中起重要作用。与原核生物类似,真核生物 rRNA 前体也是先甲基化,然后被切割。真核生物 rRNA 甲基化程度比原核生物 rRNA 甲基化程度高，如哺乳动物的 18S 和 28S rRNA 分别含 43 和 74 个甲基，大约 2% 的核苷酸被甲基化，是细菌 rRNA 甲基化程度的 3 倍。主要的甲基化位置也在核糖的 2′-羟基上。真核生物 rRNA 前体的甲基化、假尿苷酸化和切割都是由核仁小 RNA（small nucleolar RNA，snoRNA）指导的。多数真核生物的 rRNA 基因无内含子。有些 rRNA 基因有内含子，但不转录。四膜虫（*Tetrahymena*）的核 rRNA 基因和酵母线粒体 rRNA 基因有内含子，它们的转录产物 rRNA 可自动切去内含子序列。

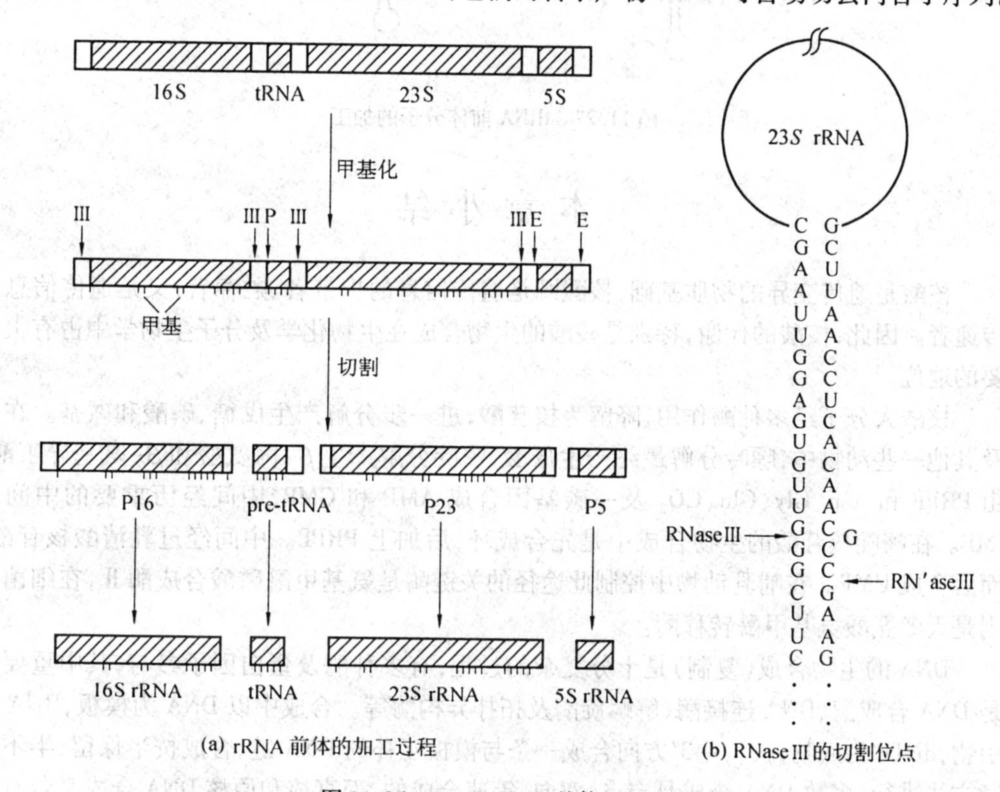

图 11.26 *E. coli* rRNA 前体的加工

（3）tRNA 的转录后加工

原核 tRNA 前体先被 RNase O 切割分开，然后在 RNAase P、RNAase F 和 RNAase D 作用下生成有活性的 tRNA（图 11.27）。

↓表示核酸内切酶的作用；←表示核酸外切酶的作用；↑表示核苷酰转移酶的作用；↘表示异构化酶的作用

每个活性 tRNA 的氨基酸接受端（3′-CCA_{OH}）是通过 tRNA 核苷酸转移酶催化生成的。另外，tRNA 是 3 种细胞质 RNA 中含有稀有组分最多的，它们由修饰特定部位碱基的修饰酶类，包括 tRNA 甲基化酶（使特定碱基甲基化）、tRNA 硫转移酶（含硫核苷）、tRNAψ 合成酶（形成假尿嘧啶核苷）等催化修饰上去的。

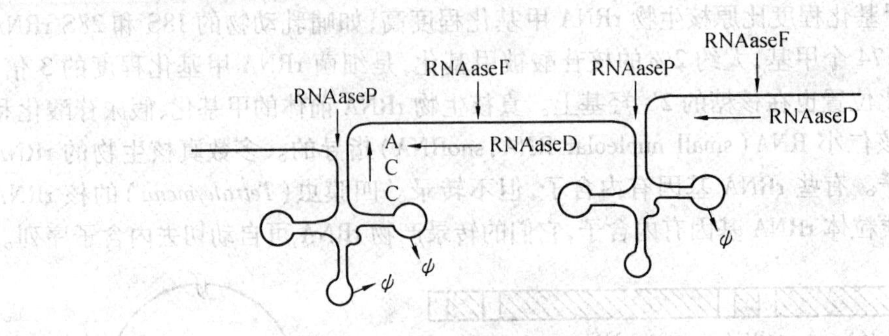

图 11.27　tRNA 前体分子的加工

本章小结

核酸是遗传变异的物质基础，核酸既是遗传信息的携带者、贮存者，又是遗传信息的传递者。因此，核酸的代谢，特别是核酸的生物合成在生物化学及分子生物学中占有很重要的地位。

核酸大分子经多种酶作用，降解为核苷酸，进一步分解产生戊糖、磷酸和碱基。在人及其他一些动物中，嘌呤分解最终产生尿酸，嘧啶分解产生β-丙氨酸和β-氨基异丁酸。由 PRPP 和 Asp、Gly、Gln、CO_2 及一碳基团合成 AMP 和 GMP，中间经历重要的中间物 IMP。在嘧啶核苷酸的生物合成中是先合成环，后加上 PRPP。中间经过乳清酸核苷酸，而后合成 UMP。在哺乳动物中控制此途径的关键酶是氨基甲酰磷酸合成酶Ⅱ，在细菌中则是天冬氨酸氨基甲酰转移酶。

DNA 的生物合成（复制）是十分复杂的过程，有多种酶及蛋白因子参与，其中重要的是 DNA 合成酶、DNA 连接酶、解螺旋酶及拓扑异构酶等。合成中以 DNA 为模板，RNA 为引物，dNTP 为底物，按 5′→3′方向合成一条与模板互补的 DNA 链，合成按半保留、半不连续方式进行，多数 DNA 合成是定点、双向、等速合成的，而真核和原核 DNA 合成又各有其特点。

在 DNA 复制中，新合成的链的碱基顺序是严格按模板碱基顺序互补掺入的，如发生错配，则造成 DNA 损伤，有几种机制来进行校正和修复。

在 DNA 合成中另有一种以 RNA 为模板的合成，称为反转录。这在一些 RNA 病毒（包括某些致癌病毒）的繁殖中占有重要地位。

RNA 的生物合成主要以 DNA 为模板，故称转录。在 RNA 聚合酶的作用下，从定点开始，以 NTP 为底物，按 5′→3′方向合成一条与模板 DNA 链互补的 RNA 新链。这种合成在 DNA 上有严格的起点和终点，分别称为启动子和终止子。转录除需 DNA 这些特定序列作为信号外，还有多种特异蛋白因子参加，称为转录因子。

转录的初级产物通常为成熟 RNA 的前体，须经过加工修饰后才转变为成熟的 RNA，这种修饰加工，不仅 3 种 RNA 有其异同点，而且原核生物和真核生物也有区别。

习 题

1. 判断对错。如果错误,请说明原因。

(1) 真核mRNA的前体为细胞核内的HnRNA。

(2) 人类嘧啶代谢的终产物尿酸过量会导致痛风。

(3) 嘧啶环中的N_1来源于合成氨甲酰磷酸的谷氨酰胺。

(4) 嘌呤核苷酸从头合成时,先形成嘌呤环,再生成嘌呤核苷酸。

(5) 5′-AUCGGUAC-3′mRNA是由5′-TAGCCATG-3′DNA转录而成。

2. 解聚核酸的酶有哪几类?举例说明它们的作用方式和特异性。

3. 比较不同生物对嘌呤分解代谢产物的差别。

4. 生物体内嘌呤环和嘧啶环是如何合成的?有哪些氨基酸直接参与核苷酸的合成?

5. 生物的遗传信息如何由亲代传递给子代?

6. 何谓DNA的半保留复制?是否所有DNA的复制过程都以半保留的方式进行?

7. 何谓DNA的半不连续复制?何谓冈崎片段?

8. DNA的复制过程可分为哪几个阶段?其主要特点是什么?

9. 试述DNA指导的RNA聚合酶的性质和作用。

10. 何谓启动子?何谓共有序列?Pribnow框与启动子之间有什么关系?

11. RNA合成中有哪两种终止机制?

12. 有下列一段DNA,写出其复制产物及转录产物。

5′ATGTCACCGT3′(非转录链)

3′TACAGTGGCA5′(转录链)

第12章 蛋白质的生物合成

12.1 遗传密码与核糖体

蛋白质生物合成是生命科学重大的研究课题之一，在细胞代谢、生物活性物质的产生和基因工程产物的表达等方面占有重要地位。蛋白质生物合成的本质是基因的表达，核心是氨基酸排列顺序的确定。基因表达涉及 DNA、RNA 和蛋白质 3 种生物大分子，DNA 分子上的结构基因（structural gene）决定 RNA 和蛋白质的结构，结构基因转录的 mRNA 作为模板指导合成蛋白质称为翻译（translation）。1958 年，DNA 结构的确立人、诺贝尔奖获得者之一——Crick 总结了遗传信息在这 3 种分子间传递的过程和相互关系，提出了遗传信息传递的中心法则（central dogma），并在后来又做了进一步说明（图 12.1）。

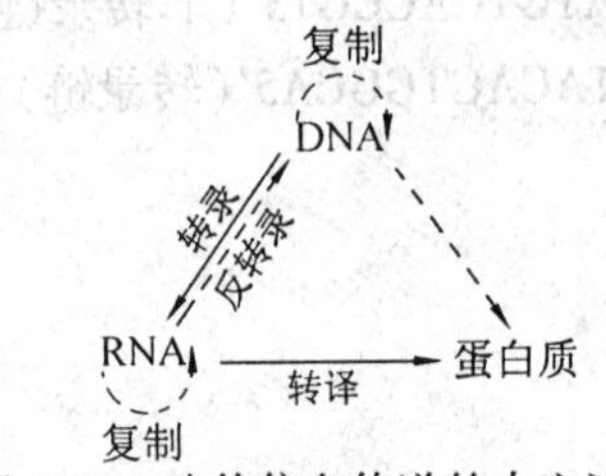

图 12.1 遗传信息传递的中心法则

1. 遗传密码

决定蛋白质肽链中的氨基酸的 mRNA 中核苷酸三联体（triplet）称为遗传密码（genetic code）。

（1）密码子

经多方面的证实，确认 mRNA 中 3 个连续的核苷酸代表 1 个氨基酸，这 3 个核苷酸组成 1 个密码子（codon），又称为三联体密码（triplet code）。

密码子有 64（4^3）个，如果仅是 1 个密码子编码 1 种氨基酸，将有较多剩余密码子，实验证明有些氨基酸有 2 个或多个密码子。

从 1961 年起，M. Nirenberg 和 H. G. Khorana 等人用人工合成的 mRNA 与核糖体、放射性同位素标记的氨基酸、ATP 和氨酰 tRNA 合成酶（aminoacyl-tRNA synthetase）共同保温 37℃，在*E. coli*的无细胞蛋白质合成系统中探讨氨基酸与三联体密码子的对应关系。

历经 5 年，于 1966 年确定了编码 20 种氨基酸的全部密码子，共计 64 个。表 12.1 是 64 个密码子的字典。

表 12.1　遗传密码子字典

<table>
<tr><th rowspan="2">第一位碱基
(5′端)</th><th colspan="4">第二位碱基(中间)</th><th rowspan="2">第三位碱基
(3′端)</th></tr>
<tr><th>U</th><th>C</th><th>A</th><th>G</th></tr>
<tr><td rowspan="4">U</td><td rowspan="2">Phe</td><td rowspan="4">Ser</td><td rowspan="2">Tyr</td><td rowspan="2">Cys</td><td>U</td></tr>
<tr><td>C</td></tr>
<tr><td rowspan="2">Leu</td><td rowspan="2">终止</td><td>终止</td><td>A</td></tr>
<tr><td>Trp</td><td>G</td></tr>
<tr><td rowspan="4">C</td><td rowspan="4">Leu</td><td rowspan="4">Pro</td><td rowspan="2">His</td><td rowspan="4">Arg</td><td>U</td></tr>
<tr><td>C</td></tr>
<tr><td rowspan="2">Gln</td><td>A</td></tr>
<tr><td>G</td></tr>
<tr><td rowspan="4">A</td><td rowspan="3">Ile</td><td rowspan="4">Thr</td><td rowspan="2">Asn</td><td rowspan="2">Ser</td><td>U</td></tr>
<tr><td>C</td></tr>
<tr><td rowspan="2">Lys</td><td rowspan="2">Arg</td><td>A</td></tr>
<tr><td>Met</td><td>G</td></tr>
<tr><td rowspan="4">G</td><td rowspan="4">Val</td><td rowspan="4">Ala</td><td rowspan="2">Asp</td><td rowspan="4">Gly</td><td>U</td></tr>
<tr><td>C</td></tr>
<tr><td rowspan="2">Glu</td><td>A</td></tr>
<tr><td>G</td></tr>
</table>

由表 12.1 可知，64 个密码子中，有 61 个密码子编码 20 种氨基酸，称为编码子（有义密码子）；UAA、UAG、UGA3 个密码子不编码任何氨基酸，又称为无义密码子（nonsense codon），是肽链合成的终止密码子（termination codon）；密码子中编码 Met 的 AUG 同时又是肽链合成的起始信号，称为起译密码子。

（2）遗传密码的基本特性

① 通用性。遗传密码在从细菌到人的各种生物中是通用的，但在不同生物中，不同密码子的使用频率不同。例外的是真核生物线粒体内蛋白质合成所用的遗传密码与通用的遗传密码表不完全相同，例如，代表亮氨酸的 CUA 和异亮氨酸的 AUA 在线粒体蛋白质合成系统中分别代表苏氨酸和甲硫氨酸。

② 简并性。同一种氨基酸有两个或多个密码子的现象称为密码子的简并性（degeneracy）。对应于同一种氨基酸的不同密码子称为同义密码子（synonymous codon）。只有色氨酸与甲硫氨酸仅有一个密码子。密码子的简并性主要表现在密码子的第三位核苷酸可以变化，如组氨酸的密码子为 CAU、CAC，丙氨酸的密码子为 GCU、GCC、GCA 和 GCG 等。这一现象为密码子的变偶性。密码子的简并性具有重要的生物学意义，它可以降低有害突变，稳定物种。

③ 不重叠性。肽链翻译时密码的阅读必须从起始密码子开始，按一定的读码框架（reading frame）连续读下去，直至终止密码子为止。

④ 连续性。密码子之间是连续的，无任何核苷酸隔开。若插入或删除一个核苷酸，

就会使以后的读码发生错位，称为移码突变。

⑤ 方向性。在翻译时，密码子的阅读方向是从 mRNA 的 5′→3′。

⑥ 起始密码子的兼职性。AUG 既是起始密码子，又是甲硫氨酸（真核生物）或甲酰甲硫氨酸（原核生物）的密码子。

在遗传密码表中，氨基酸的极性通常由密码子的第 2 位（中间）碱基决定，简并性由第 3 位碱基决定。这种分布使得密码子中一个碱基被置换，其结果或是仍然编码相同的氨基酸，或是被理化性质最接近的氨基酸取代，从而使基因突变造成的危害降至最低程度。

2. 核糖体

核糖体（ribosome）是为蛋白质的生物合成提供场所的细胞器，呈颗粒状，在蛋白质生物合成过程中，氨基酸在核糖体中加入到多肽链中。

（1）核糖体的组成

核糖体主要由 rRNA 和蛋白质组成，两者的质量分数分别占核糖体组成的 60% 和 40%。核糖体由大、小两个亚基组成，两个亚基都含有蛋白质和 rRNA，但其种类和数量各不相同。

原核生物和真核生物的核糖体也不同，主要区别见表 12.2。

表 12.2 核糖体的结构组成

细胞来源	核糖体及亚基	rRNA（碱基数量）	蛋白质分子数
原核细胞核糖体（以 *E. coli* 为例）	70S → 30S	16S(1 542)	21
	70S → 50S	5S(120) 23S(2 904)	34
真核细胞核糖体	80S → 40S	18S(1 874)	33
	80S → 60S	5S(120) 5.8S(160) 28S(4 718)	49

可将核糖体看做是一个巨大的多酶复合体，它所含的蛋白质有些在蛋白质多肽链合成过程中起酶的作用，还有一些起辅助蛋白或调节蛋白的作用。构成核糖体的所有成分都参与了蛋白质的合成。

（2）核糖体的功能

核糖体的大、小亚基结合 mRNA、tRNA 的特性不同。如 *E. coli* 的小亚基能单独与 mRNA 结合形成复合体，进而与 tRNA 专一地结合，大亚基不能单独与 mRNA 结合，但能非专一地与 tRNA 相结合。

在大亚基上有两个 tRNA 结合位点，即 A 位和 P 位。A 位即氨酰基位点（aminoacyl site），结合新掺入的氨酰-tRNA（除起始氨酰-tRNA 外）；P 位即肽酰基位点（peptidyl site），结合延伸的多肽酰-tRNA（图 12.4）。A、P 位点位于大、小亚基接触面上。核糖体上还有许多结合起始因子（initiation factor）、延伸因子（elongation factor）、释放因子（releasing factor）和转移酶（transferase）等位点（图 12.2）。

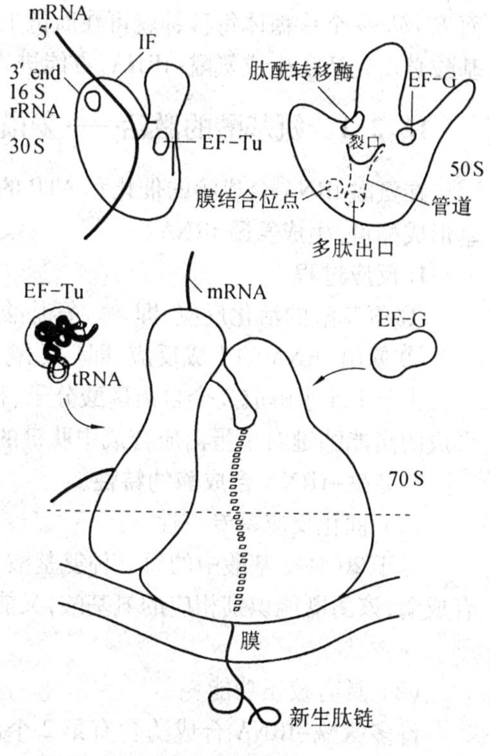

图 12.2　原核生物核糖体的功能位点

mRNA 与核糖体的结合是在小亚基靠大亚基的接触面上。在细胞内，一个 mRNA 分子常与一定数目的单个核糖体结合形成念珠状，称为多聚核糖体（polyribosome）。每个核糖体可独立进行蛋白质肽链的合成全过程，即在多聚核糖体上可以同时进行多条肽链的合成，以提高遗传信息表达的效率。图 12.3 表示原核生物 *E. coli* 中同时进行的 mRNA 转录和多肽的翻译。真核生物的转录和翻译不偶联，核糖体可以自由地存在于细胞质中，或与内质网膜结合。

每一条 mRNA 链上所“串联”的核糖体数目与生物种类有关，核糖体之间的距离也随生物种类而异。多聚核糖体形式是生物体为避免由于合成过量的同种 mRNA 而导致突变的一种适应。

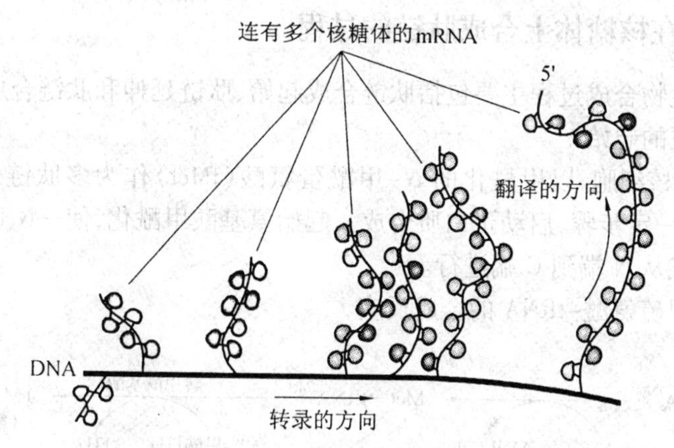

图 12.3　大肠杆菌中 mRNA 的转录与多肽的翻译是同时进行的

12.2　蛋白质合成及转运

肽链的合成是从氨基端向羧基端进行的。肽链延长的速度极快，兔网织红细胞的一个核糖体合成一条完整的血红蛋白 α 链（146 个氨基酸残基），在 37℃ 时仅需约 3 min。

而 *E. coli* 一个核糖体每秒钟就可在肽链上延伸 20 个氨基酸。作为蛋白质合成原料的氨基酸必须先活化生成氨酰-tRNA,方能进入核糖体进行肽链的合成。

12.2.1 氨基酸的激活——氨酰 tRNA 的合成

在氨酰 tRNA 合成酶的催化和 ATP 的参与下,氨基酸的羧基与 tRNA 的 3′端核糖羟基形成酯键,生成氨酰 tRNA。

1. 反应过程

① 氨基酸的活化反应,即　　氨基酸+ATP ⟶氨酰-AMP+PPi

② 氨酰 tRNA 的生成反应,即　氨酰-AMP+tRNA ⟶氨酰-tRNA+AMP

由于 PPi 水解成 2 个自由磷酸分子,推动了氨酰-tRNA 的合成。氨基酸与核糖之间形成的高能酯键对于蛋白质合成中肽键的形成十分重要。

2. 氨酰-tRNA 合成酶的特性

(1) 催化反应呈专一性

对于 20 种氨基酸中的每一种氨基酸,大多数细胞只含有一种与之对应的氨酰-tRNA 合成酶,该酶既能识别相应的氨基酸,又能识别与此氨基酸相对应的一个或多个 tRNA 分子。

(2) 具有校正功能

许多氨酰-tRNA 合成酶含有第 2 个活性部位,叫做校正部位,用于水解错误组合的氨基酸与 tRNA 之间形成的共价联系。例如,异亮氨酸与缬氨酸只有一个甲基的差异,较难区别。异亮氨酰-tRNA 合成酶偶尔也会生成缬氨酰-$tRNA^{Ile}$,这时该酶的水解活性将解除这种共价联系。

12.2.2 在核糖体上合成肽链的过程

蛋白质的生物合成过程主要包括肽链合成起始、肽链延伸和肽链合成终止 3 个阶段。

1. 肽链合成的起始

E. coli 等原核细胞,以甲酰化的 *N*-甲酰蛋氨酸(fMet)作为多肽链合成的起始氨基酸,原核细胞按一定步骤,启动蛋白质合成。起始氨基酸甲酰化,使—NH_2 基端被封闭,从而保证肽链合成从 N 端到 C 端进行。

(1) 甲酰甲硫氨酰-tRNA 的合成反应

$$\text{Met} + \text{tRNA}^{\text{fMet}} \xrightarrow[\text{ATP}\ \ \ \text{AMP}+2\text{Pi}]{} \text{Met}-\text{tRNA}^{\text{fMet}} \xrightarrow[N^{10}\text{-甲酰FH}_4\ \ \ \text{FH}_4]{\text{转甲酰基酶}} \text{fMet}-\text{tRNA}^{\text{fMet}}\ \text{(氨基甲酰化)}$$

反应过程中生成的 fMet-$tRNA^{fMet}$ 可识别 mRNA 上起始密码子 AUG,其他氨酰-tRNA 都不能识别起始密码子。

在原核细胞内存在两种与 Met 有关的 tRNA:一是转运起始 fMet 的 fMet-$tRNA^{fMet}$;二是转运肽链内 Met 的 Met-$tRNA^{Met}$,以前者为主。两种 tRNA 的反密码子相同,但碱基顺序不完全相同。真核生物细胞内也存在两种与 Met 有关的 tRNA:一是转运起始 Met 的

Met-tRNAi^{Met}；二是转运普通 Met 的 Met-tRNA^{Met}。

(2) 起始复合物(initiation complex)的形成

首先，由起始因子 IF_1、IF_2、IF_3 参与和 GTP 供能，fMet-tRNA^{fMet}识别 mRNA 并与 mRNA 30S 小亚基结合形成 30S 起始复合物。IF_3 具有双重功能，既能使已结束蛋白质合成的核糖体 30S 和 50S 亚基解离，又能与 30S 亚基结合，促进其与 mRNA 的结合。然后，50S 亚基与 30S 起始复合物结合生成 70S-mRNA-fMet-tRNA^{fMet}起始复合物，并释放出各种起始因子(图 12.4)。

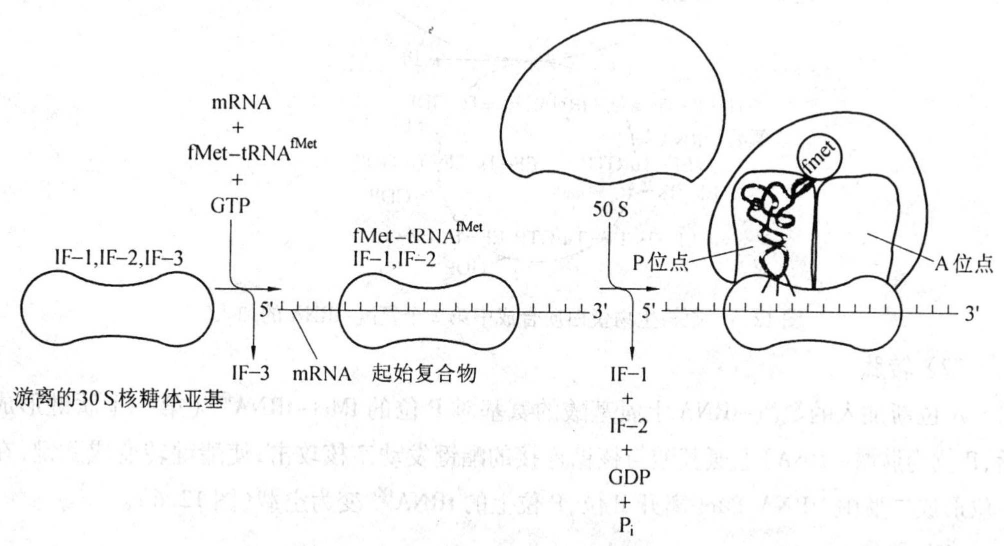

图 12.4　原核生物蛋白质合成起始复合物的形成

70S 起始复合物一旦形成，fMet-tRNA^{fMet}就进入 50S 亚基的 P 位，同时 tRNA^{fMet}的反密码子与 mRNA 的 AUG(起始密码)配对。

2. 肽链的延伸

肽链的延伸包括进位、转肽和移位 3 个步骤。当起始过程结束后，mRNA 上起始密码子之后的密码子的翻译由这 3 个反应重复进行来完成每个氨基酸的掺入。

(1) 进位

在肽链合成的起始阶段，由于 fMet-tRNA^{fMet}进入了核糖体大亚基的 P 位，而 A 位空载，此时对应 mRNA 第 2 个密码子的氨酰-tRNA 进入 A 位。进位过程需要非核糖体蛋白的延长因子(elongation factor，EF)EF-Tu、EF-Ts 及 GTP 的参与(图 12.5)。

从图 12.5 可以看出，氨酰-tRNA 的结合由氨酰-tRNA 结合因子 EF-Tu 催化，EF-Tu 还可与结合有氨酰-tRNA 和 GTP 的核糖体形成四元复合物，同时偶联 GTP 的水解。随着氨酰-tRNA 与核糖体的结合，EF-Tu 则与 GDP 形成复合物离开核糖体，第 2 个延伸因子 EF-Ts 则催化 EF-Tu-GTP 复合物的再形成，为结合下一个氨酰-tRNA 作准备。

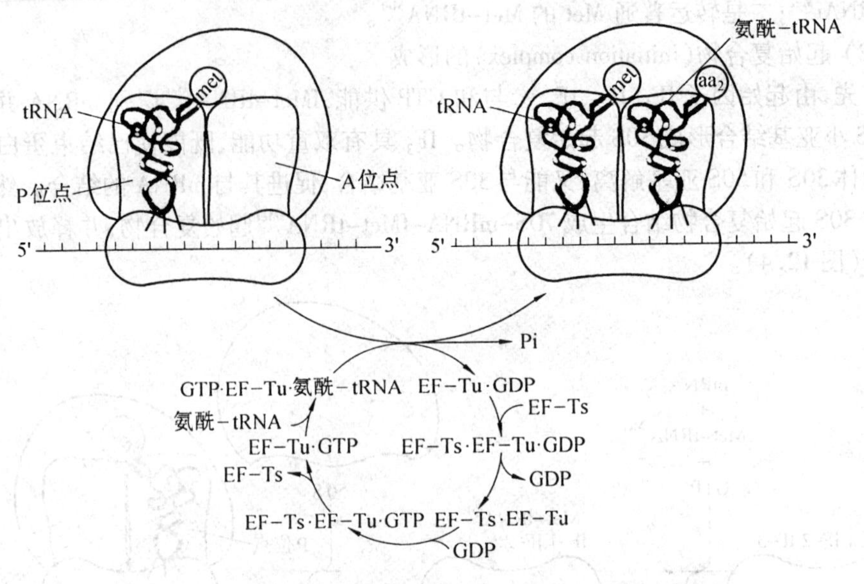

图 12.5 原核生物蛋白质合成中第 2 个氨酰-tRNA 的加入

(2) 转肽

A 位新加入的氨酰-tRNA 上氨基酸的氨基对 P 位的 $fMet-tRNA^{fMet}$(第一个肽键形成后,P 位为肽酰-tRNA)上氨基酸与核糖连接的酯键发动亲核攻击,使酯键转变成肽键,在 A 位形成二肽酰-tRNA,fMet 离开 P 位,P 位上的 $tRNA^{fMet}$变为空载(图 12.6)。

(3) 移位

带有二肽的二肽酰-tRNA 从核糖体的 A 位移到 P 位。此过程由移位因子(translocase,EF-G因子)催化,并由 GTP 供能,见图 12.7。

移位的目的是使核糖体沿 mRNA 移动,使下一个密码子暴露出来,以供继续翻译。

如此反复地进行进位、转肽和移位的"循环",肽链被延长,直至 mRNA 的终止密码子出现在核糖体的 A 位时为止。

3. 肽链合成的终止和释放

如图 12.8 所示,当肽链合成进行到 mRNA 的终止密码子出现在核糖体的 A 位时,由于 tRNA 不含有识别终止密码子的反密码子,肽链合成不再继续下去,此时,释放因子(release factors,RFs)可识别终止密码子。释放因子有 3 种,即 RF_1、RF_2、RF_3。RF_1 能识别 UAA、UAG;RF_2 可识别 UAA、UGA;RF_3 不识别终止密码子,但能刺激 RF_1、RF_2 的活性,并促进无负载的 tRNA 从核糖体释放。

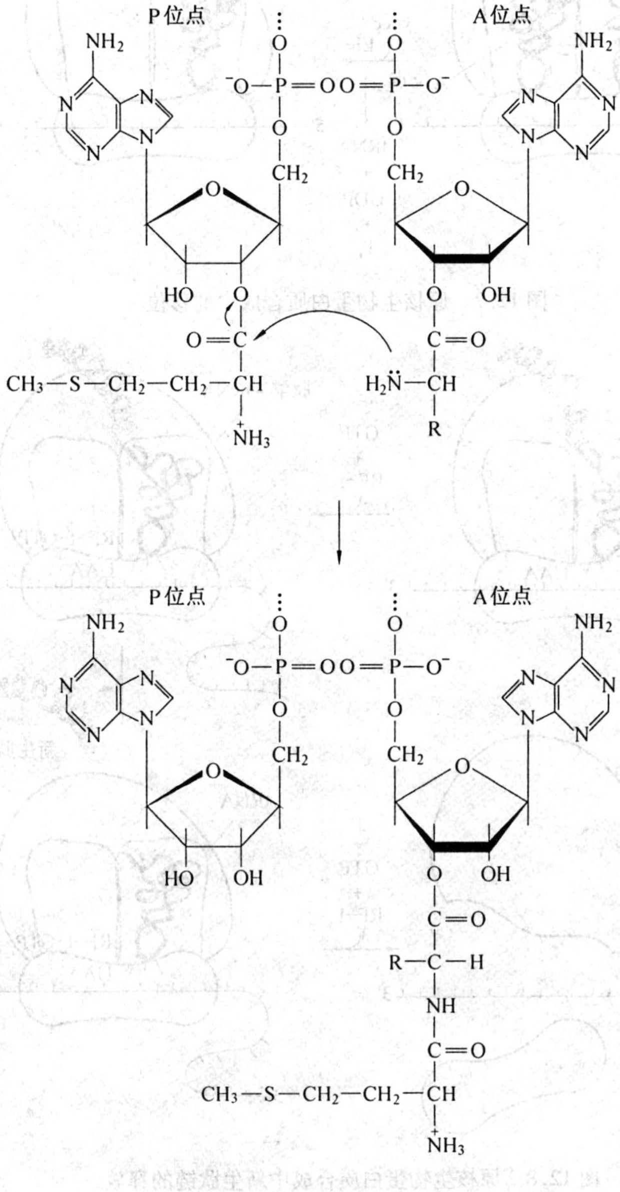

图 12.6　蛋白质合成中第一个肽键的形成

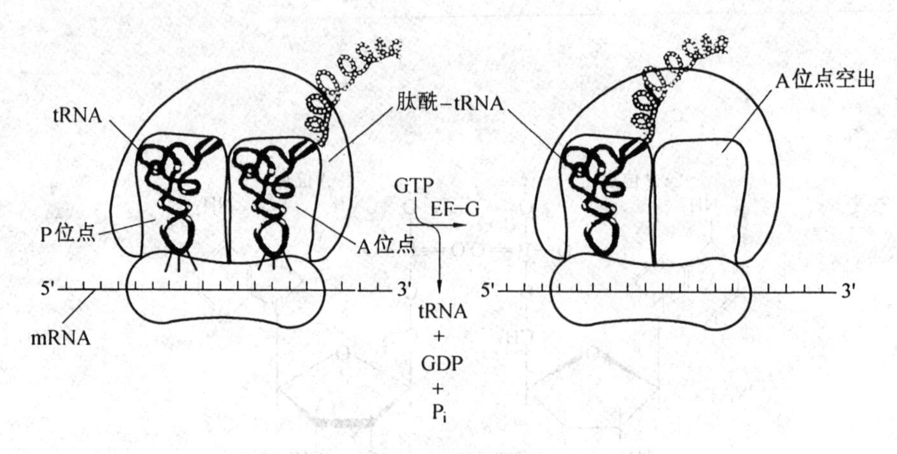

图 12.7 原核生物蛋白质合成中的移位

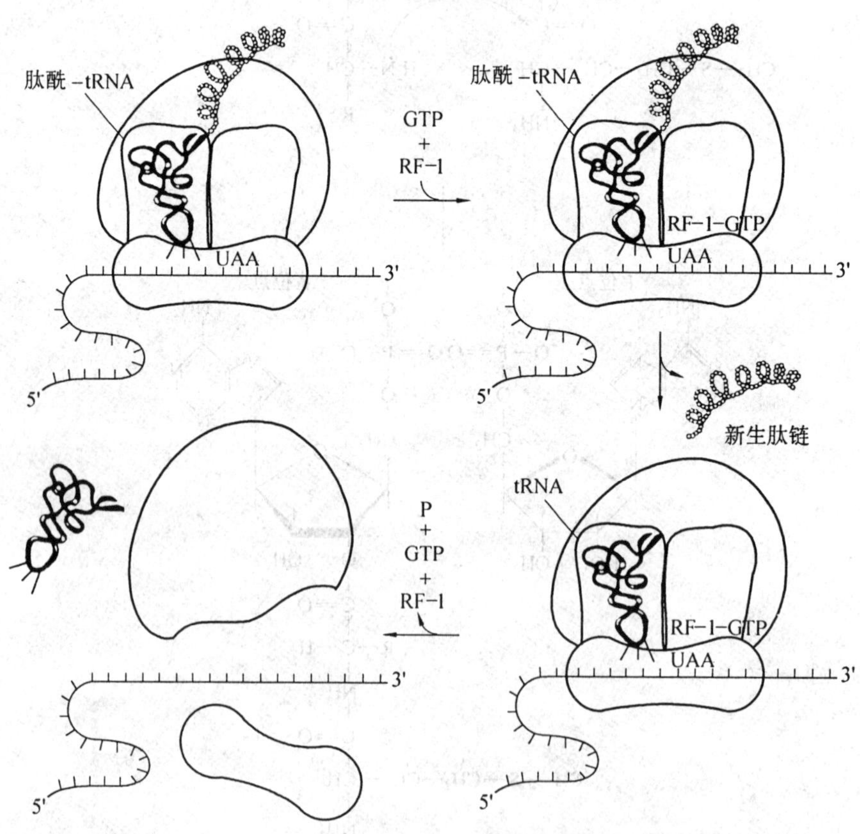

图 12.8 原核生物蛋白质合成中新生肽链的释放

当 RF 因子结合到 A 位后,将肽酰转移酶的活性转变成酯酶活性,该酶水解 P 位上的肽酰-tRNA 中 tRNA 和 C-末端氨基酸的酯键,使肽链释放;该酶还促使 tRNA 从核糖体中释放。一旦 tRNA 与核糖体脱离,核糖体的大、小亚基立即解聚,并从 mRNA 上释放出来。接着 IF_3 就与 30S 亚基结合,防止大、小亚基立刻重新结合,而 IF_3-30S 亚基又可用于新的多肽链合成的起始,这样就构成核糖体循环(ribosomal cycle)。

总之，肽链的合成是从 N 端→C 端，核糖体是从 5′→3′依次“阅读”mRNA 上的密码子。在真核细胞中蛋白质合成过程与原核细胞基本相似，但某些步骤更复杂，涉及的蛋白因子也更多。

以上介绍的蛋白质合成过程是“单核糖体代谢循环”。实际上，活细胞中进行蛋白质合成时，每条 mRNA 上并非只结合一个核糖体，而是同时结合多个核糖体，呈念珠状，这种结构形式称为多聚核糖体（图 12.3）。

每个核糖体均结合于 mRNA 的 5′端，向 3′端移动，独立地进行蛋白质的合成；多聚核糖体既提高了蛋白质的合成效率，又充分利用了 mRNA，这也是体内蛋白质种类和数量很多，而 mRNA 的量并不多（其质量分数占总 RNA 的 5%）的原因。

12.2.3　蛋白质的运输及翻译后修饰

1. 蛋白质的运输

（1）细菌中蛋白质的越膜

细胞的内膜蛋白、外膜蛋白和周质蛋白是怎样越过内膜而到其目的地的呢？绝大多数越膜蛋白的 N-端都具有大约 15～30 个以疏水氨基酸为主的 N-端信号序列或称信号肽。信号肽的疏水段能形成一段 α-螺旋结构。在信号序列之后的一段氨基酸残基也能形成一段 α-螺旋，两段 α-螺旋以反平行方式组成一个发夹结构，很容易进入内膜的脂双层结构中，一旦分泌蛋白质的 N-端锚在膜内，后续合成的其他肽段部分将顺利通过膜。疏水性信号肽对于新生肽链跨膜及把它固定到膜上起一个拐棍作用。之后位于内膜外表面的信号肽酶将信号肽序列切除。当蛋白质全部翻译出来后，羧基端穿过内膜，在周质中折叠成蛋白质的最终构象（图12.9）。

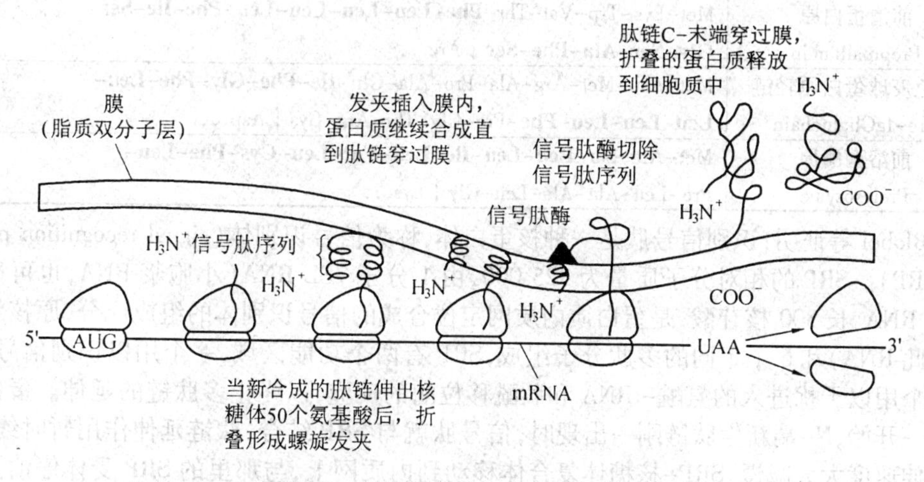

图 12.9　细菌蛋白质合成后的分泌过程

（2）真核生物蛋白质的运输

真核细胞中新合成的多肽被送往溶酶体、线粒体、叶绿体、细胞核等细胞器。新合成多肽的输送是有目的、定向进行的。在生物系统中蛋白质的运输，可用一个比较简单的模式来解释。每条需要运输的多肽都含有一段氨基酸序列，称为信号肽序列（signal or leader sequence)，引导多肽至不同的转运系统。在真核细胞中，当某一种多肽的N-端刚开始合成不久，这种多肽合成后的去向就已被决定。一部分核糖体以游离状态停留在细胞质中，它们只合成供装配线粒体及叶绿体膜的蛋白质。另一部分核糖体，受新合成的多肽N-端上的信号肽(signal peptide)所控制而进入内质网，使原来的滑面内质网(smooth ER)变成粗面内质网(rough ER)。与内质网结合的核糖体可合成3类主要蛋白质，即溶酶体蛋白、分泌到细胞外的蛋白和构成质膜骨架的蛋白。D. Sulatini 和 G. Blobel 首先提出信号肽的概念，以后 C. Milstein 和 G. Brownlee 在体外合成的免疫球蛋白肽链的N-端找到了这种信号肽。

信号肽序列通常位于被转运肽链的N-端，这些序列长度为10～40个氨基酸残基，氨基端至少含有一个带正电荷的氨基酸，在中部有一段长度为10～15个氨基酸残基的由高度疏水性的氨基酸残基组成的肽链，这些疏水氨基酸多为Ala、Leu、Val、Ile和Phe。这一疏水区极为重要，其中某一个氨基酸被非极性氨基酸置换时，信号肽即失去功能。信号肽的位置不一定都在新生肽链的N-端，有些蛋白质(如卵清蛋白)的信号肽位于多肽链的中部，但功能相同。表12.3为一些蛋白质的信号肽序列。蛋白质转入内质网合成的过程可概括如下：

信号肽与SRP结合→肽链延伸终止→SRP与受体结合→SRP脱离信号肽→肽链在内质网上继续合成，同时信号肽引导新生肽链进入内质网腔→信号肽切除→肽链延伸至终止→翻译体系解散。这种肽链边合成边向内质网腔转移的方式称为共转移(co-translocation)。

表12.3 一些蛋白质的信号肽序列

蛋白质	信 号 序 列
前清蛋白原 Preproalbumin	Met-Lys-Trp-Val-Thr-**Phe-Leu-Leu-Leu-Leu-Phe-Ile-Ser-** **Gly-Ser-Ala-Phe-Ser** ↓ Arg...
前免疫球蛋白原轻链 Pre-IgGlightchain	Met-Asp-Met-Arg-Ala-Pro-Ala-Gln-**Ile-Phe-Gly-Phe-Leu-** **Leu-Leu-Leu-Phe**-Pro-Gly-Thr-Arg-Cys ↓ Asp...
前溶菌酶原 Prelysozyme	Met-Arg-Ser-**Leu-Leu-Ile-Leu-Val-Leu-Cys-Phe-Leu-** Pro-Leu-Ala-Ala-Leu-Gly ↓ Lys...

Blobel 等证明，识别信号肽是一种核蛋白体，称为信号识别体(signal recognition particle, SRP)。SRP的相对分子质量为325 000，由1分子7SL RNA(小胞浆RNA，也可简写为sc RNA，长300核苷酸，是蛋白质内质网定位合成的信号识别体的组成成分，原核细胞不含此RNA)和6个不同的多肽分子组成，SRP有两个功能区域，一个用以识别信号肽，另一个用以干扰进入的氨酰-tRNA和肽酰移位酶的反应，以终止多肽链的延伸。蛋白质合成一开始，N-端新生肽链刚一出现时，信号肽就与SRP结合，肽链延伸作用暂时终止，或延伸速度大大减慢，SRP-核糖体复合体移动到内质网上，与那里的SRP受体停泊蛋白(docking protein)结合，一旦结合，蛋白质合成的延伸作用又重新开始。SRP是一个二聚体蛋白，由相对分子质量为69 000的α亚基与相对分子质量为30 000的β亚基组成。然后，带有新生肽链的核糖体被送入多肽移位装置(translocation machinery)，同时SRP被释放到细胞质中，新生肽链又继续延长。移位装置含有两个膜本体蛋白(integral membrane protein)，即ribophorin Ⅰ和Ⅱ。信号肽的识别过程见图12.10。

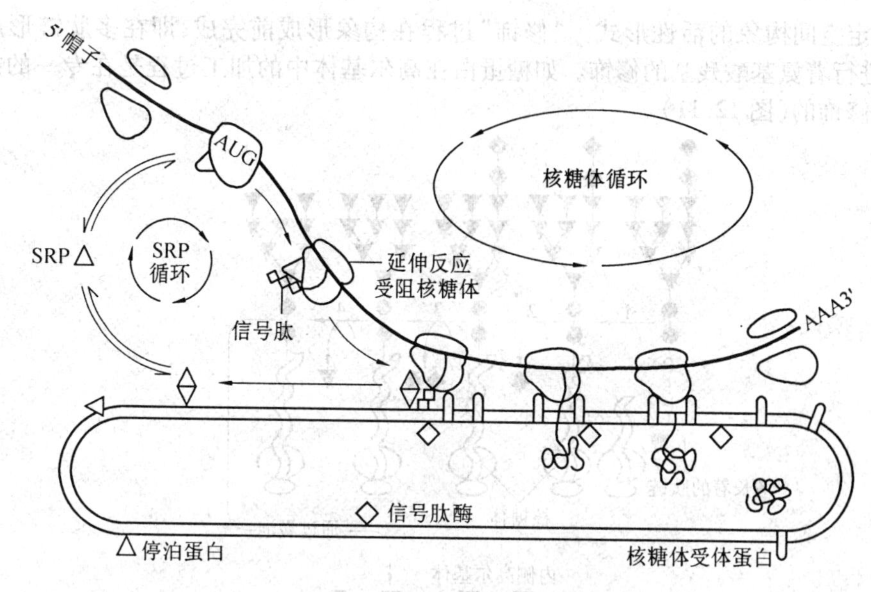

图 12.10　信号肽的识别过程

现以哺乳动物的胰岛素为例说明这种分泌过程。胰岛素由 51 个氨基酸残基组成，但胰岛素 mRNA 的翻译产物在兔网织红细胞无细胞翻译体系中为 86 个氨基酸残基，称为胰岛素原，在麦胚无细胞翻译系统中为 110 个氨基酸残基组成的前胰岛素原，后来证明，在前胰岛素原的 N-末端有一段富含疏水氨基酸的肽段作为信号肽，使前胰岛素原能穿越内质网膜进入内质网内腔，在内腔壁上信号肽被水解。所以在哺乳动物细胞内，当多肽链合成完成时，前胰岛素原已成为胰岛素原。然后胰岛素原被运到高尔基复合体中，切去 C 肽成为成熟的胰岛素，最终排出胞外。像真核细胞的前清蛋白、免疫球蛋白轻链、催乳素等都有相似的分泌方式。

2. 蛋白质的翻译后修饰

蛋白质合成后在细胞的内质网、高尔基体等处修饰。在内质网上，多肽进行糖基化修饰，形成糖蛋白。其他的修饰还有切去信号肽，形成二硫键等。多肽的进一步修饰在高尔基体中实现，并且在高尔基体中还将多肽分类运输到各处去。

不同结构功能的蛋白质，其加工修饰方式不完全相同，较重要的加工修饰方式有以下几种。

（1）N-末端甲硫氨酸的切除

原核生物中 50% 的蛋白质不含甲酰基，原有的甲酰基由脱甲酰基酶催化水解去除；另外 50% 的蛋白质不含有甲硫氨酸，原有的甲硫氨酸由氨肽酶水解去除。真核生物中蛋白质 N-端不含甲硫氨酸，其甲硫氨酸的切除可能是在 N-末端切除多个氨基酸残基时随同切掉。

（2）二硫键的形成

肽链内或肽链间的二硫键是在肽链形成后由专门的酶催化，通过氧化巯基而生成的，它在维持蛋白质分子的空间构象中起重要作用。

（3）氨基酸残基的修饰

许多蛋白质需要羧基化、磷酸化、甲基化、乙酰化、糖基化等才能由无活性的前体变成具有特定空间构象的活性形式。“修饰”过程在构象形成前完成，即在多肽链形成的同时，就进行着氨基酸残基的修饰。如糖蛋白在高尔基体中的加工过程是在专一的羟化酶催化下修饰的(图 12.11)。

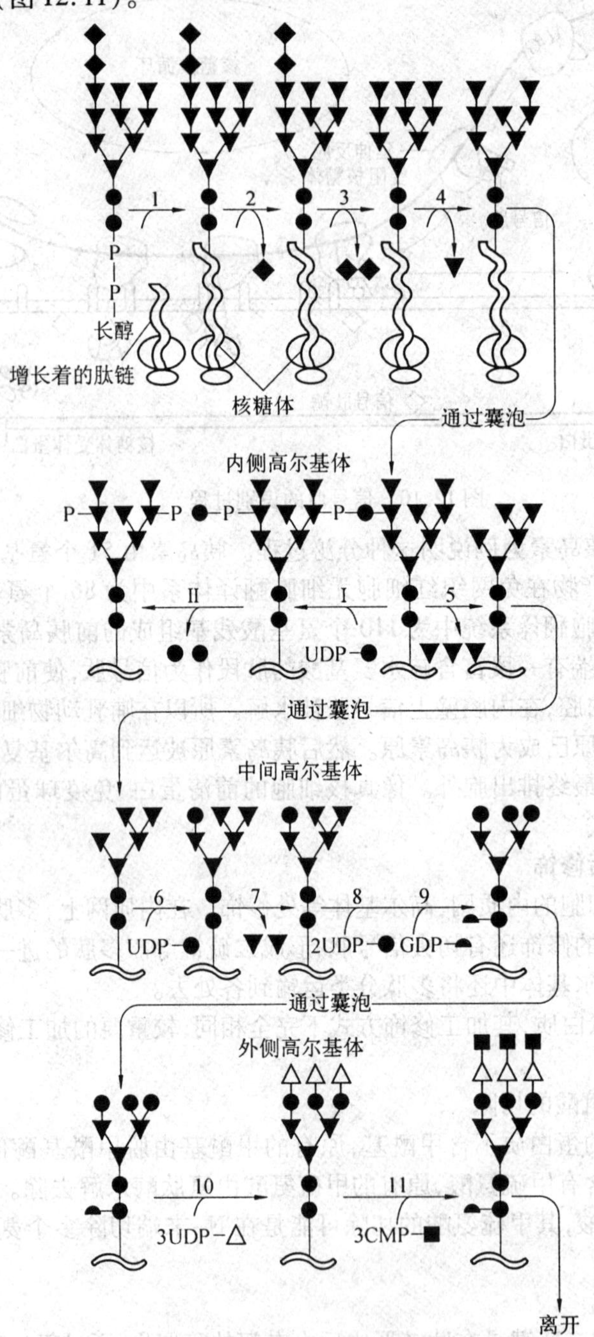

图 12.11　糖蛋白在高尔基体的加工过程

●— *N*-乙酰葡糖胺；▼— 甘露糖；◆— 葡萄糖；△— 半乳糖；

■— 唾液酸；◓— 岩藻糖；〰— 多肽

（4）肽链的部分切除

某些肽链合成后要经过特殊的酶水解切除一段肽链后才能显示出生物活性。如胰岛素刚合成出来时是一条有80多个氨基酸残基的肽链，称为胰岛素原（proinsulin），切除信号肽和C肽链后，才形成了有活性的含51个氨基酸残基，并具有A、B两条肽链的胰岛素。

（5）与辅助物结合

对需要辅助物的蛋白质，它们的辅助因子必须结合在蛋白质上，蛋白质才具有生物活性，如血红蛋白中血红素与多肽链的共价连接。

（6）亚单位的聚合

对于具有四级结构的蛋白质，还必须进行肽链合成修饰后的亚基间的聚合，如血红蛋白四聚体的形成。

12.3　蛋白质生物合成的抑制物

发现并研究蛋白质合成的抑制剂及其作用机理，对于药物设计、疾病防治等具有重要意义。

1. 抗菌素

抗菌素（antibiotics）的杀菌作用主要表现在两个方面，有的抗菌素主要破坏细菌细胞壁，引起溶菌，更多的抗菌素则干扰核酸和蛋白质的生物合成。

抑制蛋白质生物合成的抗菌素，如链霉素（streptomycin）、金霉素（chlorotetracychine）、土霉素（oxytetracycline）和卡那霉素（kanamycin）等可与细菌核糖体小亚基结合；氯霉素（chloramphenicol）、红霉素（erythromycin）和螺旋霉素（spiramycin）等可与核糖体大亚基结合。链霉素和卡那霉素还阻碍fMet-tRNA^{fMet}与30S亚基结合，使翻译不能起始。结核杆菌对这两种抗菌素特别敏感。真核生物核糖体对包括土霉素、金霉素在内的四环素族抗菌素也是敏感的，但这类抗菌素不能通过真核生物的细胞膜，因而不能抑制真核细胞的蛋白质合成。

2. 毒素

干扰素（interferon，IFN）是病毒感染宿主细胞产生的一种多功能蛋白质。人体被病毒感染后可产生3类干扰素，即α-干扰素（白细胞产生）、β-干扰素（成纤维细胞产生）、γ-干扰素（T淋巴细胞产生），每一类中又有若干亚类。干扰素干扰病毒蛋白质的合成，还对病毒的复制、转录、病毒颗粒的装配等起抑制作用。

白喉毒素（diphtheria toxin）是由白喉杆菌（*corynebacterium diphtheria*）分泌的一种外毒素，它通过钝化真核细胞蛋白质合成延伸因子-2（EF-2）抑制蛋白质合成来杀死细胞。

3. 抗代谢物

抗代谢物（antimetabolite）是指与参加反应的天然代谢物结构上相似的物质。它能竞争性地抑制代谢中的某一种酶或反应。如嘌呤霉素（pruomycin）是白色链霉菌（*streptomicesalboniger*）产生的一种抗菌素，其结构与Tyr-tRNA^{Tyr}十分相似，可替代Tyr-tRNA^{Tyr}进入核糖体的A位，它结合到肽链后，其他氨基酸不能再进入，肽链合成提前终止。

本章小结

蛋白质生物合成是生命科学重大的研究课题之一，在细胞代谢、生物活性物质的产生和基因工程产物的表达等方面占有重要地位。蛋白质生物合成的本质是基因表达，核心是氨基酸排列顺序的确定。

（1）所谓遗传密码是指编码氨基酸的 mRNA 序列。每 3 个连续的核苷酸代表一个氨基酸，组成一个密码子。密码子共有 64 个，其中，有 61 个密码子编码 20 种氨基酸，称为编码子；UAA、UAG、UGA 三个密码子不编码任何氨基酸，称为无义密码子，是肽链合成的终止密码子；密码子中编码 Met(fMet) 的 AUG 同时又是真核细胞（原核细胞）肽链合成的起始信号，称为起译密码子。遗传密码的基本特性包括通用性、简并性、不重叠性、连续性、方向性、起始密码的兼职性。

（2）核糖体由 rRNA 和蛋白质组成，是细胞中蛋白质合成的场所，它参与转译的全过程。

（3）在氨酰-tRNA 合成酶的催化下，将氨基酸活化为氨酰 tRNA 是多肽合成的前提。蛋白质合成过程包括肽链合成的起始、延伸和终止三个阶段。

（4）在核糖体上新合成的多肽经翻译后修饰形成具有生物活性的蛋白质，被送往细胞的各个部分，以行使各自的生物功能。

习　题

1. 判断对错。如果错误，请说明原因。

（1）一种生物的基本遗传信息只能贮存一种核酸，或是 DNA，或是 RNA。

（2）mRNA 中 3 个连续的核苷酸组成一个密码子，反密码子 AUG 识别的密码子是 CAU。

（3）氨基酸对 mRNA 上相应密码子的识别，是由氨基酸的结构特征决定的。

（4）遗传信息从 RNA→DNA 称为反转录，遗传信息从 DNA→蛋白质称为翻译。

（5）翻译的起始仅仅有 AUG 是不够的，还需有特定 mRNA 序列或蛋白因子参与。

2. 何谓遗传密码的简并性和变偶性？二者有何关系？简述遗传密码的基本特性。

3. 在下列各组氨基酸的互变中，哪种改变可以由一个单一核苷酸的改变而产生？

①Met⟷Arg　②Val⟷Tyr　③Cys⟷Trp　④Pro⟷Ala　⑤Glu⟷His

4. 在蛋白质分子中，通常含量较高的是 Ser 和 Leu，其次是 His 和 Cys，含量最少的是 Met 和 Trp。一种氨基酸在蛋白质分子中出现的频率与它的密码子数量有什么关系？这种关系的选择有何优点？

5. 有下列一段细菌 DNA，写出其复制、转录及翻译的产物，并注明产物的末端及合成方向。

5′GTAGGACAATGGGTGAAGTGACTTATA3′（非转录链）

3′CATCCTGTTACCCACTTCACTGAATAT5′（转录链）

6. 设有下列一段病毒DNA，用亚硝酸处理后产生一新的突变株，试写出该突变株中由此段DNA所产生的两种相应蛋白质的一级结构。

5′—GATCAGACG—3′

3′—CTAGTCTGC—5′

7. 假设反应从游离氨基酸、tRNA、氨酰tRNA合成酶、mRNA、80S核糖体以及翻译因子开始，那么翻译1分子牛胰核糖核酸酶（124个氨基酸组成）要消耗多少个高能磷酸键？翻译1分子肌红蛋白（153个氨基酸组成）需要消耗多少个高能磷酸键？[495个;611个]

8. 噬菌体 T_4 DNA的相对分子质量为 1.3×10^8（双链），假定全部核苷酸均用于编码氨基酸，请回答：

（1）T_4 DNA可为多少氨基酸编码？[70118个]

（2）T_4 DNA可为多少相对分子质量为33 000的不同蛋白质编码？（核苷酸对的相对分子质量按618计，氨基酸平均相对分子质量按120计）[255个]

9. 在蛋白质定向运输时，多肽本身有何作用？

10. 比较复制、转录和翻译的异同点。

第13章 细胞代谢和基因表达的调控

细胞是生物体结构和功能的基本单位，细胞代谢是一切生命活动的基础，包括物质代谢、能量代谢和信息代谢3个方面。前面我们分别讨论了糖、脂类、蛋白质和核酸等物质的代谢过程，以及在这些代谢过程中能量和信息的变化，虽然它们错综复杂、千变万化，但总是彼此配合、有条不紊地保持相对稳定，原因就在于生物体内存在着十分完善的代谢调节机制，其调节机制大致在3个水平上进行，即细胞水平调控、体液水平调控、整体水平调控，而且所有这些调节机制都是在基因产物——蛋白质的作用下进行的，换句话说就是与基因表达调控有关。所以，本章将讨论代谢调控的3个水平以及基因表达调控的机制。

13.1 概　　述

生物体的细胞代谢调节机制普遍存在于生物界，是生物在长期进化过程中逐步形成的一种适应能力，进化程度越高的生物，其代谢调节的机制越复杂。在正常情况下，各种代谢途径几乎全部按照生理的需求，有节奏、有规律地进行，同时，为适应体内外环境的变化，还及时地调整反应速度，保持整体的动态平衡。可见，体内物质代谢是在严密的调控下进行的，它遵循如下总原则。

(1) 物质代谢交叉形成网络

糖、脂类、蛋白质和核酸的不同代谢途径可通过交叉点上的关键的中间代谢物而相互作用和相互转化，形成经济、良好的代谢网络，其中3个最关键的中间代谢物是葡萄糖-6-磷酸、丙酮酸、乙酰辅酶A。

三羧酸循环不仅是各类物质共同的代谢途径，而且也是它们沟通的渠道，现将4类物质的主要代谢关系总结于图13.1。

(2) 分解代谢与合成代谢的单向性

虽然代谢中大量酶促反应都是可逆的，但在生物体内整个代谢过程是单向的，分解代谢和合成代谢各有其自身的途径。一些关键部位的代谢是由不同的酶催化正反应和逆反应进行的，这样可使2种反应都处于热力学的有利状态。一般情况下，α-酮酸脱羧的反应、激酶催化的反应、羧化反应等都是不可逆的，这些反应常受到严密调控，成为关键步骤或限速步骤。

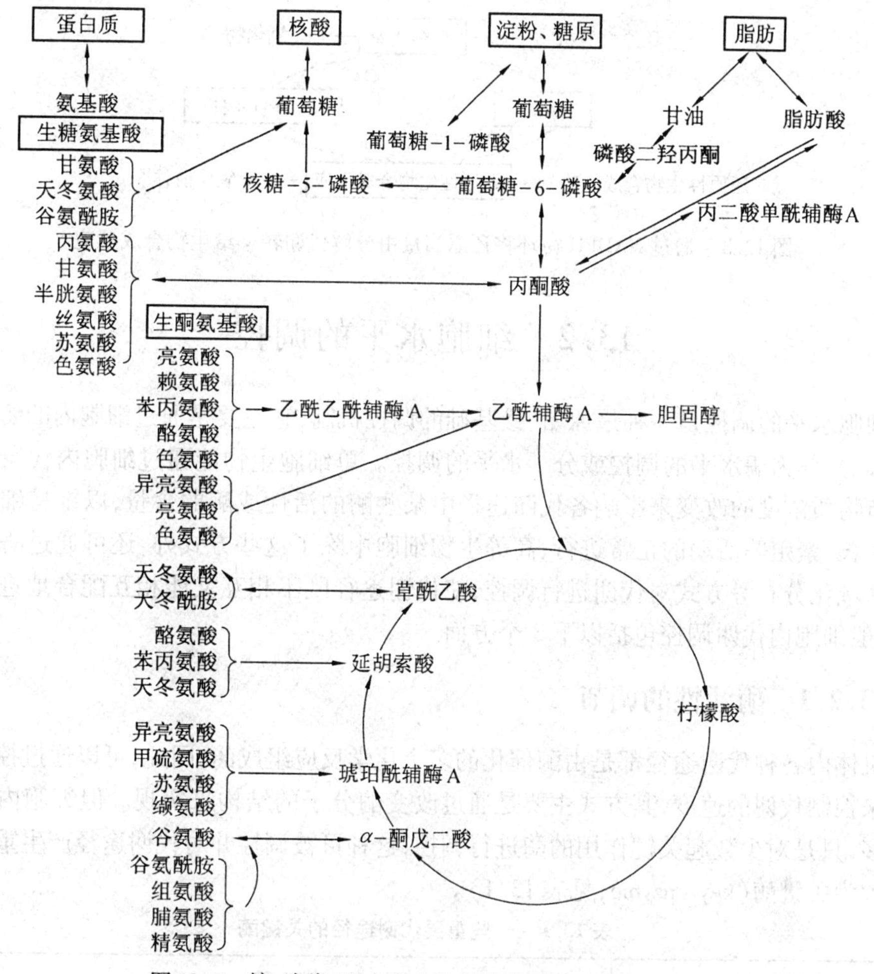

图 13.1　糖、脂类、蛋白质和核酸代谢的相互关系示意图

(3) ATP 是通用的能量载体

ATP 携带能量,并将能量传递给细胞,供生命活动需要,其过程如图 13.2 所示,内容详见第 7 章。

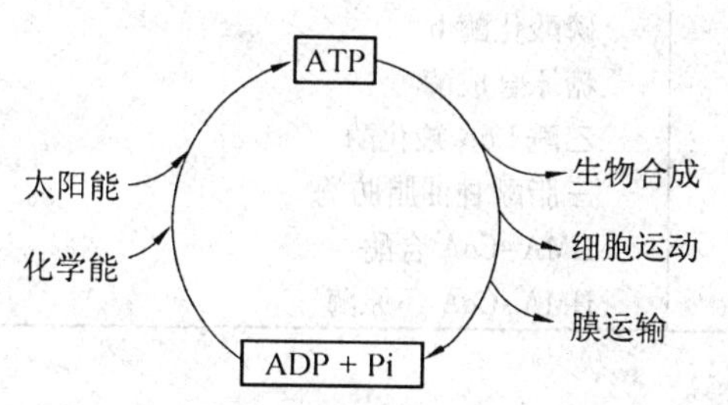

图 13.2　ATP 携带能量由能源传递给细胞的需能过程

(4) NADPH 是合成代谢所需的还原当量

通过 NADPH 循环将还原当量由分解代谢转移给生物合成(图 13.3),内容详见第 7 章。

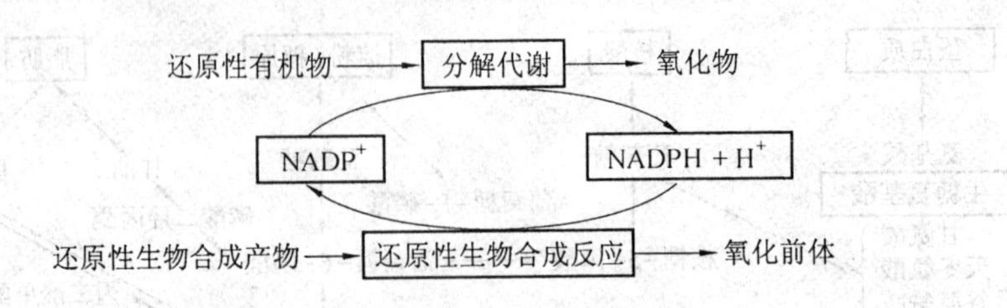

图 13.3　通过 NADPH 循环将还原当量由分解代谢转移给生物合成反应

13.2　细胞水平的调控

细胞水平的调控是一种最原始、最基础的调控机制,它主要是通过细胞内的酶来实现的,所以又称为酶水平的调控或分子水平的调控。单细胞生物能通过细胞内代谢物及其他调节物质浓度的改变来影响各代谢途径中某些酶的活性或酶的含量,以维持细胞的代谢及生长、繁殖等活动的正常进行;高等生物细胞中除了这些方式外,还可通过酶和代谢物的区域化分布等方式对代谢进行调控,使代谢途径既不相互又能相互配合地进行。所以,一般细胞内代谢调控包括以下 3 个方面。

13.2.1　酶活性的调节

机体内各种代谢途径都是由酶催化的多个化学反应组成的,因此,可以通过控制酶的活性来控制代谢的速度,其方式主要是通过改变酶分子的结构来实现。但细胞内的酶种类繁多,只是对少数起关键作用的酶进行调控,这种可被调控并对代谢途径产生重要影响的酶称为关键酶(key enzyme,见表 13.1)。

表 13.1　一些重要代谢途径的关键酶

代谢途径	关　键　酶
糖酵解	己糖激酶、磷酸果糖激酶、丙酮酸激酶
TCA	异柠檬酸脱氢酶、柠檬酸合酶、α-酮戊二酸脱氢酶系
糖异生	果糖-1,6-二磷酸酶、丙酮酸羧化酶
糖原分解	磷酸化酶 b
糖原合成	糖原合成酶
脂肪酸合成	乙酰 CoA 羧化酶
脂肪分解	三脂酰甘油脂肪酶
酮体生成	HMA-CoA 合酶
胆固醇合成	HMA-CoA 还原酶

1. 关键酶的特点

① 催化反应速率最慢,从而决定整个代谢途径的总速率,故又称为限速酶(rate-limiting enzyme)。

② 催化单向反应或非平衡反应,从而其活性决定代谢途径的方向。

③ 这类酶活性除受底物控制外,还受多种代谢物或效应剂的调节。

④ 一般是代谢途径的第一个酶以及分支代谢中分支后的第一个酶。

2. 酶活性的调节

酶活性的调节一般是指关键酶活性的调节，包括如下方式。

（1）酶原的激活（zymogen activation）

许多水解酶是以无活性的酶原形式从细胞中分泌出来的，经过切断部分肽段后变成有活性的酶。如胰蛋白酶原经肠激酶或胰蛋白酶的自身催化，切下 N-末端一个 6 肽后即变成活性的胰蛋白酶（详见第 5 章）。

（2）酶的聚合与解聚（polymerization and depolymerization）

有一些寡聚酶的调节中心通过与一些小分子调节因子非共价结合，引起酶的聚合与解聚，从而使酶发生活性态与非活性态的互变。有的酶聚合态时有活性，有的酶解聚为单体后有活性，一些常见通过聚合与解聚调节活性的酶见表 13.2。

表 13.2　酶的聚合与解聚

酶	聚合或解聚	促进聚合变为解聚的因素	酶活性变化
磷酸果糖激酶	聚合	F6P、FDP	↑
（兔骨骼肌）	解聚	ATP	↓
异柠檬酸脱氢酶	聚合	ADP	↑
（牛心）	解聚	NADH	↓
苹果酸脱氢酶（猪心）	单体→二聚体	NAD^+	↑
丙酮酸羧化酶（羊肾）	聚合	乙酰 CoA	↑
G6P 脱氢酶（人红细胞）	单体→二聚体→四聚体	$NADP^+$	↑
糖原磷酸化酶 b	四聚体→二聚体	糖原	↓
糖原合成酶（鼠肌）	聚合	UDPG+G6P	↑
	解聚	ATP 或 K^+	↓
乙酰 CoA 羧化酶（脂肪）	聚合	柠檬酸、异柠檬酸	↑
谷氨酸脱氢酶（牛肝）	聚合	ADP、Leu	↑
	解聚	GTP、NADPH	↓
谷氨酰胺酶（猪肾）	聚合	α-酮戊二酸、苹果酸、Pi	↑

（3）酶的化学修饰（chemical modification）

酶蛋白肽链上某些残基在酶的催化下发生可逆的共价修饰，从而引起酶的活性改变，这种调节称为酶的化学修饰，也称为酶的共价修饰（covalent modification）。它是体内快速调节的一种方式，其化学修饰的特点如下。

① 酶蛋白的共价修饰是可逆的酶促反应，在不同酶的作用下，酶蛋白的活性状态可互相转变。催化互变反应的酶在体内可受调节因素（如激素）的调控。

② 具有级联放大效应，提供更多调控位点，效率较高。

③ 磷酸化与脱磷酸化最为普遍、最为重要，哺乳动物酶的化学修饰是最常见的方式。磷酸化是在蛋白激酶（protein kinase）催化下由 ATP 提供磷酸基，与酶的某个丝氨酸或苏氨酸的羟基缩合成磷酸酯；脱磷酸化是在磷蛋白磷酸酶（phosphoprotein phosphatase）催化

下水解掉磷酸化的酶中的磷酸基。有的酶磷酸化后为活性态,有的酶脱磷酸化后为活性态(表13.3)。此外,酶的化学修饰还包括乙酰化和脱乙酰化、甲基化和去甲基化、腺苷化和脱腺苷化、SH与-S-S互变等多种形式,其中腺苷化和脱腺苷化是细菌酶的化学修饰的主要方式。

表13.3　常见的磷酸化与脱磷酸化修饰

酶	磷酸化后活性	脱磷酸化后活性
糖原合成酶	抑制	激活
糖原磷酸化酶	激活	抑制
糖原磷酸化酶激酶	激活	抑制
磷酸果糖激酶	抑制	激活
丙酮酸激酶	抑制	激活
丙酮酸脱氢酶	抑制	激活
乙酰CoA羧化酶	抑制	激活
三脂酰甘油脂肪酶	激活	抑制
HMA-CoA还原酶	抑制	激活
HMA-CoA还原酶激酶	激活	抑制

(4) 酶的变构调节(allosteric regulation)

小分子化合物与酶分子活性中心以外的特殊部位结合,引起酶蛋白分子构象变化,从而改变酶的活性,这种调节称为酶的变构调节,因为酶分子上具有底物结合部位和产物结合部位,两个特异部位彼此是分开的,所以又称为酶的别构调节,它是体内快速调节的另一种方式。被变构调节的酶称为变构酶或别构酶(allosteric enzyme,表13.4),它是由一个以上的亚基构成的,其中底物结合部位称为催化亚基,而产物结合部位称为调节亚基。使酶发生变构效应的物质,称为变构效应剂(allosteric effector),包括变构激活剂和变构抑制剂。

表13.4　一些代谢途径中的别构酶及其效应剂

代谢途径	变构酶	激活变构剂	抑制变构剂
糖酵解	己糖激酶		G-6-P
	磷酸果糖激酶	AMP、ADP、FDP、Pi	ATP、柠檬酸
	丙酮酸激酶	FDP	ATP、乙酸CoA
TCA	异柠檬酸脱氢酶	AMP	ATP、长链脂酰CoA
	柠檬酸合成酶	ADP、AMP	ATP
糖异生	果糖-1,6-二磷酸酶	ATP	AMP
	丙酮酸羟化酶	乙酰CoA、ATP	ADP
糖原分解	磷酸化酶b	AMP、G-1-P、Pi	ATP、G-6-P
糖原合成	糖原合成酶	G-6-P	
脂肪酸合成	乙酰CoA羟化酶	柠檬酸、异柠檬酸	长链脂酰CoA
氨基酸代谢	谷氨酸脱氢酶	ADP、亮氨酸、蛋氨酸	GTP、ATP、NADH

别构酶的变构方式包括3种:催化亚基与调节亚基分离使酶具有活性;两种亚基不分离亦可呈现活性;催化与调节部位均处在同一亚基上,经空间构象改变调节其活性。

变构调节的生理意义是:调节代谢的速度和强度;调节代谢的方向,即由分解改为合成,防止产物过剩,使多余能源合成并贮存;调节能量代谢的平衡。

13.2.2　酶量的调节

1.酶蛋白合成的诱导与阻遏

一些底物、产物、激素、药物等都可影响某些酶的合成。从转录水平改变酶合成量有增加或减少酶蛋白的合成两种方式,即能加速酶合成的化合物称为诱导剂(inducer),诱导剂诱发酶蛋白合成的作用称为诱导作用(induction);能减少酶合成的化合物称为阻遏剂(repressor),阻遏剂可与无活性的阻遏蛋白结合,调节基因的转录,从而减少酶蛋白的合成称为阻遏作用(repression)。上述调节作用是通过影响从转录到翻译的有关环节实现的,一旦酶被诱导合成之后,由于酶量增加,这时即使除去诱导剂仍可保持酶活性和调节效应。常见的诱导或阻遏方式有底物对酶合成的诱导和阻遏、产物对酶合成的阻遏、激素对酶合成的诱导、药物对酶合成的诱导。酶合成的诱导和阻遏的模型,见图13.4。

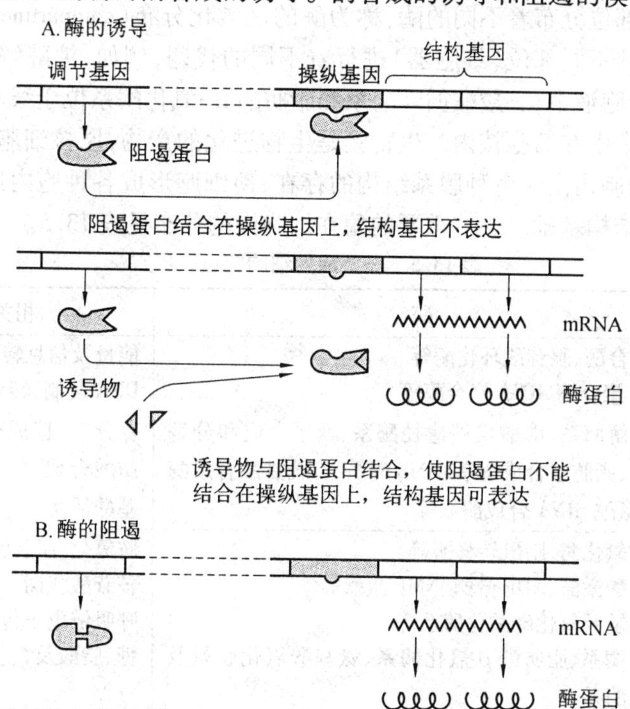

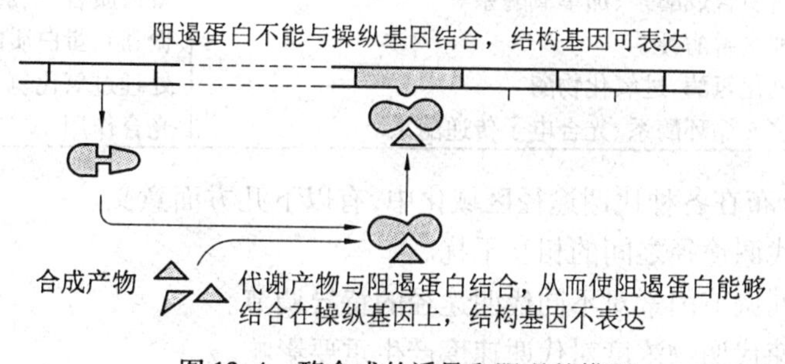

图13.4　酶合成的诱导和阻遏的模型

2. 酶蛋白降解

通过改变酶蛋白分子的降解速度，也能调节细胞内酶的含量。另外，溶酶体内的蛋白水解酶可以使细胞内的酶降解，因此影响蛋白水解酶活性的因素以及影响溶酶体酶释放的因素都可影响酶蛋白的降解速度。

细胞水平的酶活性的调节和酶量的调节从速度上区分，分别为快速调节和迟缓调节。酶活性的调节是通过改变酶分子的结构，从而改变其活性来调节酶促反应速度，而不涉及酶量的变化，对酶的激活或抑制一般在数秒或数分钟内发生，故属于快速调节方式；酶量的调节是通过改变酶的合成和降解速度来控制酶在细胞内的含量，从而影响代谢速度，这种调节是迟缓而长效的，通常经数小时才能实现，故属于迟缓调节方式。

13.2.3 区域化分布的调节

细胞内的不同部位分布着不同的酶，称为酶的区域化分布(compartmentation)。这个特性决定了细胞内的不同部位(细胞器)进行着不同的代谢，例如，糖酵解酶系和糖原合成、分解酶系存在于胞液中；三羧酸循环酶系和脂肪酸β-氧化酶系位于线粒体中；核酸合成酶系则绝大部分集中在细胞核内。生物膜是生物进化的产物，原核细胞除质膜外没有膜系结构，而真核细胞内由于各种膜系结构的存在，使细胞形成各种胞内区域，这是形成酶的区域化分布的结构基础。一些重要的酶在细胞内的分布见表13.5。

表13.5 一些酶的细胞定位

亚细胞区域		酶	相关代谢
细胞膜		ATP合酶、腺苷酸环化酶等	能量及信息转换
细胞核		DNA聚合酶、RNA聚合酶等	DNA复制、转录
细胞浆		糖酵解酶系、磷酸戊糖途径酶系、糖原合成和分解酶系、脂肪酸合成酶系、HMS酶系、谷胱甘肽合成酶系、氨酰tRNA合成酶系等	糖分解、糖原合成和分解、脂肪酸合成、谷胱甘肽合成、氨基酸活化
线粒体	外膜	单胺氧化酶、脂酰转移酶等	胺氧化、脂肪酸活化
	膜间隙	腺苷酸激酶、NDP激酶、NMP激酶等	核苷酸代谢
	内膜	呼吸链及氧化磷酸化酶系等	呼吸链电子传递
	基质	TCA酶系、脂肪酸β-氧化酶系、氨基酸氧化脱氨及转氨酶系	糖、脂酸及氨基酸的有氧氧化
内质网		蛋白质合成酶系、加单氧酶系等	蛋白质合成、加氧反应
溶酶体		各种水解酶类	糖、脂、蛋白质的水解
过氧化氢体		过氧化氢酶、过氧化物酶	处理过氧化氢
叶绿体		卡尔文循环酶系、光合电子传递酶系	光合作用

酶的区域化分布在各种代谢途径区域化中，有以下几方面意义。

① 避免各种代谢途径之间的相互干扰。

② 有利于不同调节因素对不同代谢途径的特异调节。

③ 区域分布使代谢物浓度对代谢速度产生重要影响。

13.3　体液水平的调控

细胞的物质代谢反应不仅受到局部环境的影响，即各种代谢底物及产物的正、负反馈调节，而且还受来自于机体其他组织器官的各种化学信号的控制，激素就属于这类化学信号，所以体液水平的调控主要是指激素的调控。

激素(hormone)是一类高等生物内分泌细胞合成并分泌的调节细胞生命活动的化学物质。激素在体内含量虽少，但作用大、效率高，指导细胞物质代谢沿着一定的方向进行。同一激素可以使一些代谢反应加强，而使另一些代谢反应减弱，从而适应整体的需要。

激素的作用必须通过其受体来实现。受体(receptor)是一类可以与相应的配体(ligand)特异结合的物质，激素作为一类配体与受体的结合具有高度的特异性与亲和性。细胞间激素的传递包括以下步骤：特定的内分泌细胞释放激素→激素经扩散或血液循环到达靶细胞→与靶细胞的受体特异性结合→受体对信号进行转换并启动靶细胞内信使系统→靶细胞产生生物学效应。机体的激素和受体种类繁多，故细胞的信息传递极其复杂，下面简单介绍它们的分类。

13.3.1　激素的分类

按照来源，将激素分为高等动物激素、植物激素和昆虫激素，本节主要介绍高等动物激素。按照化学本质，高等动物激素分为3类，详见表13.6。

① 含氮激素。包括氨基酸衍生物激素(如甲状腺素、肾上腺素等)、肽类激素(如加压素、催产素等)和蛋白质激素(如生长素、胰岛素等)。

② 类固醇激素。如肾上腺皮质激素、性激素等。

③ 脂肪酸衍生物激素。如前列腺素等。

表13.6　高等动物激素

分泌腺体		激　素	化学本质	主要生理功能
脑下垂体	前叶	生长激素(GH)	蛋白质(人191AA)	促进生成，促进代谢
		促甲状腺激素(TSH)	糖蛋白(约220AA)	促进甲状腺发育与分泌
		促肾上腺皮质激素(ACTH)	39肽	促进肾上腺皮质的生长与分泌
		催乳素(LTH或PRL)	蛋白质(198AA)	维持黄体水平，促进乳腺分泌乳汁
		卵泡刺激素(FSH)	糖蛋白	促进卵泡发育，促进精子产生与发育
		促黄体生成素(LH)	糖蛋白	促进卵泡分泌雌性激素
	中叶	α-促黑色细胞素(α-MSH)	13肽	促进黑色素生成和沉着
		β-促黑色细胞素(β-MSH)	人22肽，牛羊18肽	
	后叶	催产素	8肽	促进子宫收缩；利于催乳
		加压素(抗利尿激素，ADH)	8肽	促进水的重吸收；升高血压

续表 13.6

分泌腺体	激素	化学本质	主要生理功能
下丘脑	促甲状腺素释放激素(TRH)	3 肽	促进促甲状腺激素释放
	促肾上腺素释放激素(CRH)	肽类(9~11 肽)	促进 ACTH 释放
	促性腺激素释放素(Gn RH)	10 肽	促进 FSH 和 LH 释放
	生长激素释放激素(GRH)	10 肽	促进生长激素释放
	生长素释放抑制素(GRIH)	14 肽	抑制生长激素释放
	促黑激素释放激素(MRH)	5 肽	促进促黑激素释放
	促黑素释放抑制素(MRIH)	3 肽,5 肽	抑制促黑激素释放
	催乳素释放激素(PRH)	肽类	促进催乳素释放
	催乳素释放抑制激素(PRIH)	肽类	抑制催乳素释放
胰岛 α-细胞	胰高血糖素	29 肽	促进糖原分解,使血糖升高
胰岛 β-细胞	胰岛素	蛋白质	促进糖原合成和葡萄糖利用
肾上腺 皮质	皮质酮、脱氢皮质酮、羟脱氢皮质酮、羟皮质酮	类固醇	抑制糖氧化,促进蛋白质转化为糖
	脱氧皮质酮、醛固酮、羟脱氧皮质酮	类固醇	调节水盐代谢,促钠排钾
肾上腺 髓质	肾上腺素、去甲肾上腺素	酪氨酸衍生物(苯乙胺衍生物)	促进糖原分解,血糖升高,心跳加快、加强、微血管收缩等交感神经兴奋效应
甲状腺	甲状腺素,三碘甲腺原氨素	酪氨酸衍生物	促进能量代谢和基础代谢,促进智力发育
甲状旁腺	甲状旁腺素(PTH)	84 肽	升高血钙,调节钙磷代谢
	降钙素(CT)	32 肽	降低血钙,调节钙磷代谢
睾丸	睾酮、雄素酮、雄素二酮、脱氢异雄酮	类固醇	促进雄性器及第二性征发育 促进精子生成,促进蛋白质合成
卵巢 卵泡	雌素酮、雌素二醇、雌素三醇	类固醇	促进雌性器官及第二性征发育,促进卵子成熟;促进蛋白质合成
卵巢 黄体	黄体酮	类固醇	促进子宫及乳腺发育;促进组织蛋白质分解
小肠黏膜	促胰泌素	27 肽	促进胰脏分泌 HCO_3^- 液
	促肠液素	蛋白质	促进肠液增多
	肠抑胃素(GIP)	43 肽	抑制胃的收缩及分泌
	胆囊收缩素(CCK)	33 肽	促进胆囊收缩,促进胰液中酶活性增高
胃黏膜	胃泌素	17 肽	促进胃液分泌
松果腺	松果腺素等	蛋白质	降低血糖,调节睡眠
	管催产素(AVT)	8 肽	抗性腺成熟
胎盘	绒毛促性腺激素(HCG)	蛋白质	功能类似孕酮
	耻骨松弛素	蛋白质	促进耻骨松弛
精囊、肺、脑、心、肾、胃、脾、肠等	前列腺素(PG)	脂肪酸衍生物	降低血压,刺激平滑肌收缩,抑制胃酸及胃蛋白酶分泌,抑制脂肪分解,降低神经系统兴奋性等

13.3.2　受体的分类

按照受体在细胞的位置将受体分为两类:位于细胞质膜上的受体则称为膜受体,绝大部分是镶嵌糖蛋白;位于细胞浆和细胞核中的受体称为胞内受体,全部为DNA结合蛋白。不同的激素是通过与其特异的受体结合来发挥生物学功能的,所以受体在细胞信息传递过程中起着极为重要的作用,下面分别介绍不同受体介导的信息传递途径。

1. cAMP-蛋白激酶途径(PKA途径)

cAMP-蛋白激酶途径主要是以靶细胞内cAMP浓度改变和激活蛋白激酶A为主要特征,胰高血糖素、肾上腺素和促肾上腺皮质激素等通过此途径调节细胞的物质代谢和基因表达。

激素与靶细胞膜上的受体结合,激活受体,活化的受体可活化G蛋白,再进一步激活腺苷酸环化酶(adenyl cyclase,AC),AC催化ATP转化成cAMP,使细胞内cAMP浓度增高。cAMP对细胞的调节作用是通过激活cAMP依赖性蛋白激酶(cAMP蛋白激酶)或蛋白激酶A(protein kinaseA,PKA)系统来实现的。PKA是一种由四聚体(C_2R_2)组成的别构酶,其中“C”为催化亚基,R为调节亚基。每个调节亚基上有两个cAMP结合位点,催化亚基具有催化功能。调节亚基与催化亚基相结合时,PKA呈无活性状态;当4分子cAMP与两个调节亚基结合后,调节亚基脱落,游离的催化亚基具有蛋白激酶活性(图13.5)。PKA被cAMP激活后,能使许多蛋白质特定的丝氨酸残基和(或)苏氨酸残基磷酸化,从而发挥生物学活性。

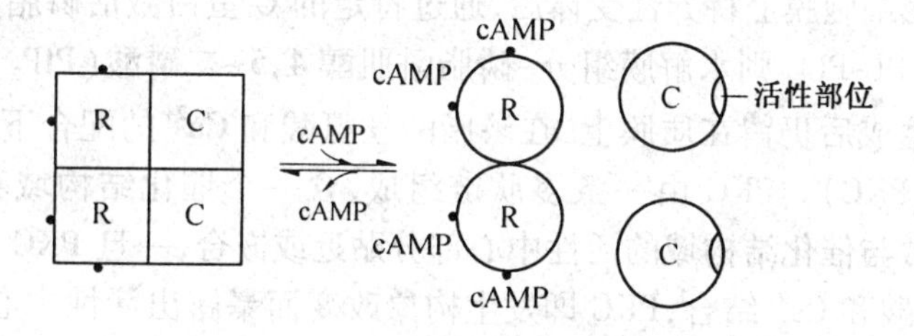

图13.5　PKA的激活

cAMP-蛋白激酶途径是激素调节物质代谢的主要途径。图13.6以肾上腺素促进糖原分解为例,其中激素胞外信号称为第一信使,cAMP等胞内信号称为第二信使。

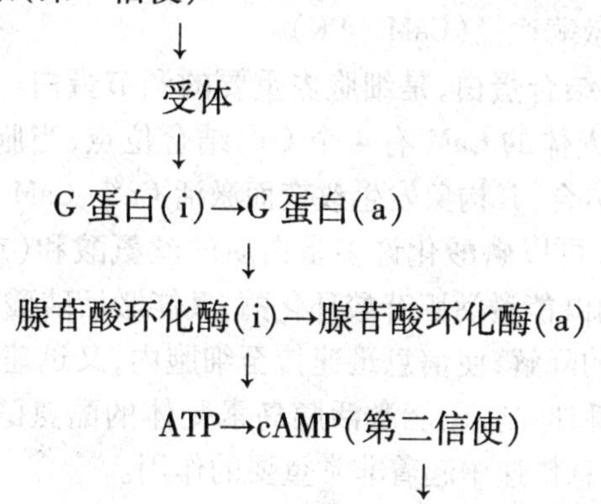

PKA(i)→PKA(a)
↓
(糖原磷酸化酶激酶 b)(i)→(糖原磷酸化酶激酶 b)(a)
↓
(糖原磷酸化酶 b)(i)→(糖原磷酸化酶 b)(a)
↓
糖原→G1P

图 13.6 糖原分解的激素调节

i—非活性型;a—活性型;↓—催化;→—反应

2. Ca^{2+}-依赖性蛋白激酶途径(CDPK 途径)

促甲状腺素释放激素、去甲肾上腺素和抗利尿激素等通过此途径调节各种生命活动。在收缩、运动、分泌和分裂等复杂的生命活动中,需有 Ca^{2+} 参与调节,当细胞外液的 Ca^{2+} 通过钙通道进入细胞,或者亚细胞器内贮存的 Ca^{2+} 释放到胞浆时,都会使胞浆内 Ca^{2+} 水平急剧升高,随之引起某些酶活性和蛋白功能的改变,因此 Ca^{2+} 也是细胞内重要的第二信使。

(1) Ca^{2+}-磷脂依赖性蛋白激酶途径

近年来的研究表明,体内的跨膜信息传递方式中还有一种以三磷酸肌醇(肌醇-1,4,5 三磷酸,IP_3)和二脂酰甘油(DAG)为第二信使的双信号途径。该系统可单独调节细胞内的许多反应,又可与 cAMP 蛋白激酶系统及酪氨酸蛋白激酶系统相偶联,组成复杂的网络,共同调节细胞的代谢和基因表达。

激素作用于靶细胞膜上特异性受体后,通过特定的 G 蛋白激活磷脂酰肌醇特异性磷脂酶 C(PI-PLC),PI-PLC 则水解膜组分-磷脂酰肌醇 4,5-二磷酸(PIP_2)而生成 DAG 和 IP_3。其中,DAG 生成后仍留在质膜上,在磷脂酰丝氨酸和 Ca^{2+} 的配合下激活蛋白激酶 C (protein kinase C,PKC)。PKC 由一条多肽链组成,含一个催化结构域和一个调节结构域。调节结构域常与催化结构域的活性中心部分贴近或嵌合,一旦 PKC 的调节结构域与 DAG、磷脂酰丝氨酸和 Ca^{2+} 结合,PKC 即发生构象改变而暴露出活性中心。IP_3 生成后从膜上扩散至胞浆中与内质网和肌浆网上的受体结合,因而促进这些钙贮库内的 Ca^{2+} 迅速释放,使胞浆内的 Ca^{2+} 浓度升高。Ca^{2+} 能与胞浆内的 PKC 结合并聚集至质膜上,在 DAG 和膜磷脂共同诱导下,PKC 被激活。PKC 广泛存在于机体的组织细胞内,目前已发现 12 种 PKC 同工酶,它们对机体的代谢、基因表达、细胞分化和增殖起作用(图 13.7)。

(2) Ca^{2+}-钙调蛋白依赖性蛋白激酶途径(CaM · PK)

钙调蛋白(calmodulin,CaM)为钙结合蛋白,是细胞内重要的调节蛋白。CaM 是一条多肽链组成的单体蛋白(图 13.8)。人体的 CaM 有 4 个 Ca^{2+} 结合位点,当胞浆的 Ca^{2+} 浓度大于 10^{-2} mmol/L 时,Ca^{2+} 与 CaM 结合,其构象发生改变而激活 Ca^{2+}-CaM 激酶。

Ca^{2+}-CaM 激酶的底物谱非常广,可以磷酸化许多蛋白质的丝氨酸和(或)苏氨酸残基,使之激活或失活。Ca^{2+}-CaM 激酶既能激活腺苷酸环化酶,又能激活磷酸二酯酶,即它既加速 cAMP 的生成,又加速 cAMP 的降解,使信息迅速传至细胞内,又迅速消失。Ca^{2+}-CaM 激酶不仅参与调节 PKA 的激活和抑制,还能激活胰岛素受体的酪氨酸蛋白激酶活性。可见 Ca^{2+}-CaM 激酶在细胞的信息传递中起着非常重要的作用。

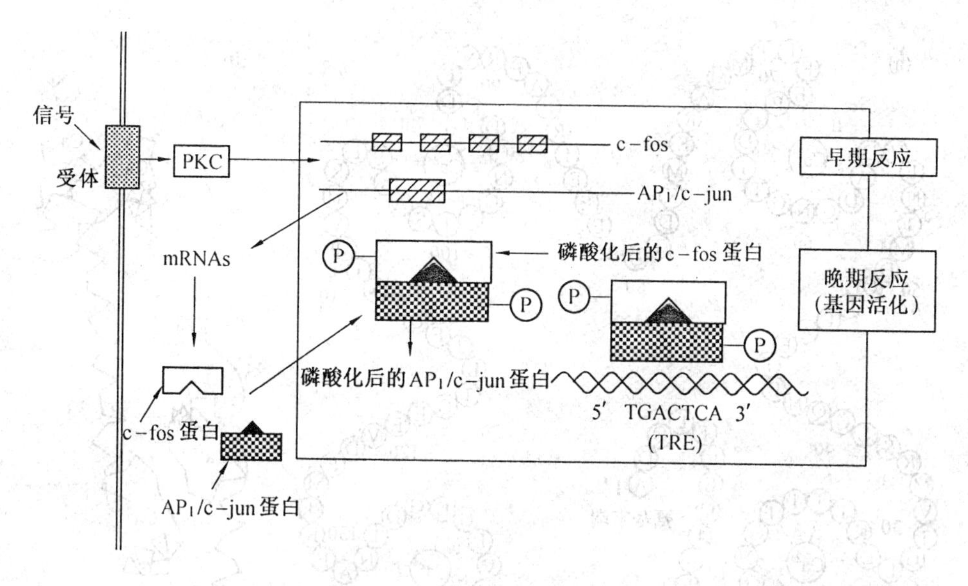

图13.7　PKC对基因的活化

3. cGMP-蛋白激酶途径(PKG途径)

cGMP广泛存在于动物各组织中,其含量约为cAMP的1/100～1/10,它由GTP在鸟苷酸环化酶(guanylate cyclase,GC)的催化下经环化而生成;经磷酸二酯酶催化而降解,也是体内重要的第二信使。GC的激活过程和AC不同,GC的激活间接地依赖Ca^{2+},Ca^{2+}通过激活磷脂酶C和磷脂酶A_2使膜磷脂水解生成花生四烯酸,花生四烯酸经氧化生成前列腺素而激活GC。通过该途径的激素主要包括心房分泌的心钠素等。

激素与靶细胞膜上的受体结合后,立即激活鸟苷酸环化酶,此酶催化GTP转变成cGMP。cGMP能激活cGMP依赖性蛋白激酶(cGMP蛋白激酶)或蛋白激酶G(protein kinase G,PKG),从而催化有关蛋白或有关酶类的丝(苏)氨酸残基磷酸化,产生生物学效应。PKG的结构与PKA完全不同,它为一单体酶,分子中有一个cGMP结合位点。一氧化氮(NO)在平滑肌细胞中可激活GC,使cGMP生成增加,激活PKG,导致血管平滑肌松弛(图13.9)。

4. 酪氨酸蛋白激酶途径

酪氨酸蛋白激酶(tyrosine-protein kinase,TPK)在细胞的生长、增殖、分化等过程中起重要的调节作用,并与肿瘤的发生有密切关系。细胞中的TPK包括两大类:一类位于细胞质膜上称为受体型TPK,属于催化型受体;另一类位于胞浆中,属于非受体型TPK。当配体与单跨膜螺旋受体结合后,催化型受体大多数发生二聚化,二聚体的TPK被激活,彼此可使对方的某些酪氨酸残基磷酸化,这一过程称为自身磷酸化(autophosphorylation);而非催化型受体的某些酪氨酸残基则被非受体型TPK磷酸化。受体型TPK和非受体型TPK虽都能使蛋白质底物的酪氨酸残基磷酸化,但它们的信息传递途径不同。

(1) 受体型TPK-Ras-MAPK途径

催化型受体与胰岛素受体、表皮生长因子受体及某些原癌基因(*erb-B*、*kit*、*fms*等)结合后,发生自身磷酸化,并磷酸化中介分子Grb2和SOS,使其活化,进而激活Ras蛋白。

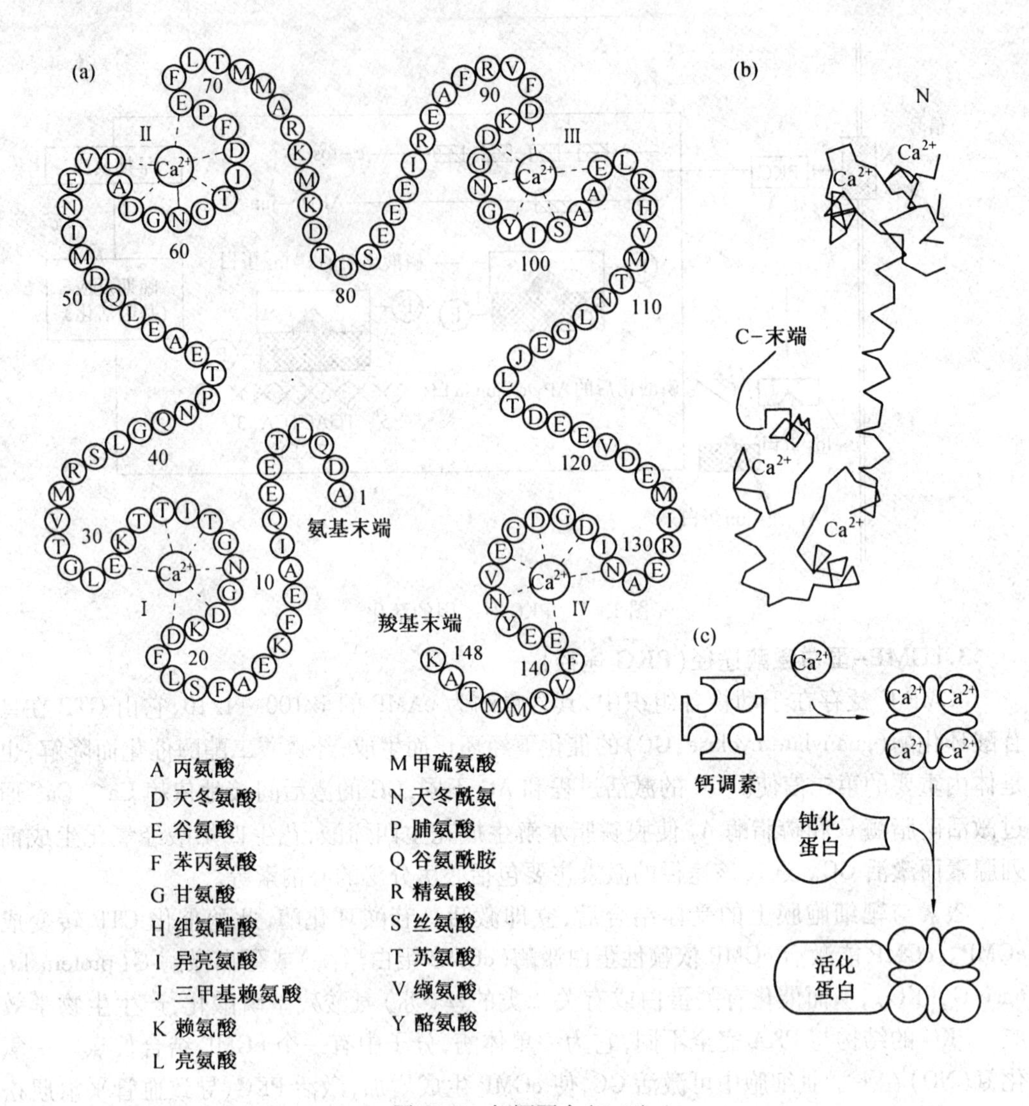

图 13.8　钙调蛋白(CaM)

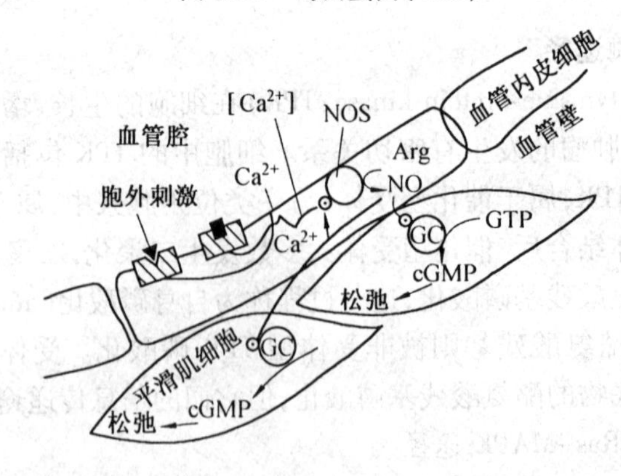

图 13.9　通过内皮细胞调节的血管松弛过程中信号传递模式

Ras 蛋白是由一条多肽链组成的单体蛋白,由原癌基因 ras 编码而得名。活化的 Ras 蛋白可进一步活化 Raf 蛋白,Raf 蛋白具有丝(苏)氨酸蛋白激酶活性,它可激活有丝分裂原激活蛋白激酶(mitogen-activated protein kinase,MAPK)系统,包括 MAPK、MAPK 激酶(MAPKK)、MAPKK 激酶(MAPKKK)。MAPK 系统是一组酶兼底物的蛋白分子,具有广泛的催化活性,其中最重要的是可催化细胞核内许多反式作用因子(如转录因子)的丝(苏)氨酸残基磷酸化,导致基因转录的开始或关闭。此外,受体型 TPK 活化后还可通过激活腺苷酸环化酶、多种磷脂酶(如 PI-PLC、磷脂酶 A 和鞘磷脂酶)等发挥调控基因表达的作用(图 13.10)。

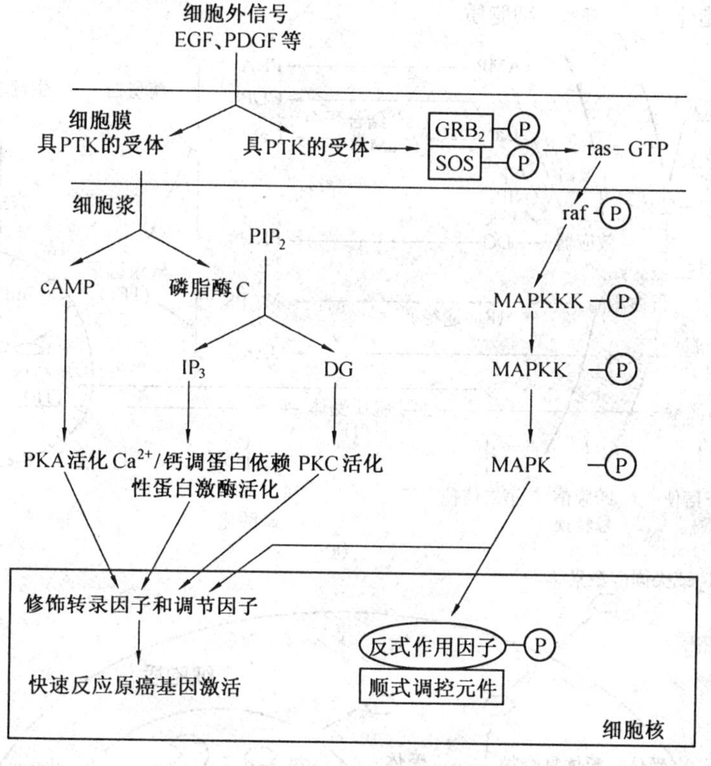

图 13.10 受体型 TPK 激活基因表达的途径

(2) JAKs-STAT 途径

一部分生长因子、大部分细胞因子和激素,如生长激素(GH)、干扰素(IFN)、红细胞生成素(EPO)、粒细胞集落刺激因子(G-CSF)和一些白细胞介素(IL-2,IL-6)等,其受体分子缺乏酪氨酸蛋白激酶活性,但它们能借助细胞内的一类具有激酶结构的连接蛋白 JAKs(janus Kinase)完成信息转导。当配体与非催化型受体结合后,能活化各自的 JAKs,JAKs 再通过激活信号转导子和转录激动子(signal transductor and activator of transcription,STAT)而最终影响到基因的转录调节。由于在 JAK-STAT 通路中,激活后的受体可与不同的 JAKs 和不同的 STAT 结合,因此该途径传递信号更具多样性和灵活性。该途径最先在干扰素信号传递研究中发现,它与 Ras 通路相互独立,但表皮生长因子等却可通过这两条途径来发挥作用。

5. 胞内受体介导的信息传递

目前已知通过细胞内受体调节的激素有糖皮质激素、盐皮质激素、雄激素、孕激素、雌激素、甲状腺素(T_3 及 T_4)和 1,25-$(OH)_2$-D_3 等,上述激素除甲状腺素外均为类固醇激素。细胞内受体又可分为核内受体和胞浆内受体,如雄激素、孕激素、雌激素和甲状腺素受体位于细胞核内,而糖皮质激素的受体位于胞浆内。

类固醇激素与核内受体结合后,可使受体的构象发生改变,暴露出 DNA 结合区。在胞浆中形成的类固醇激素-受体复合物以二聚体形式穿过核孔进入核内。在核内,激素-受体复合物作为转录因子与 DNA 特异基因的激素反应元件(hormone response element, HRE)结合,从而使特异基因转录启动或封闭。

以上介绍了 PKA、CDPK、PKC 和 TPK 途径,它们的细胞信息传递模式图见图 13.11。

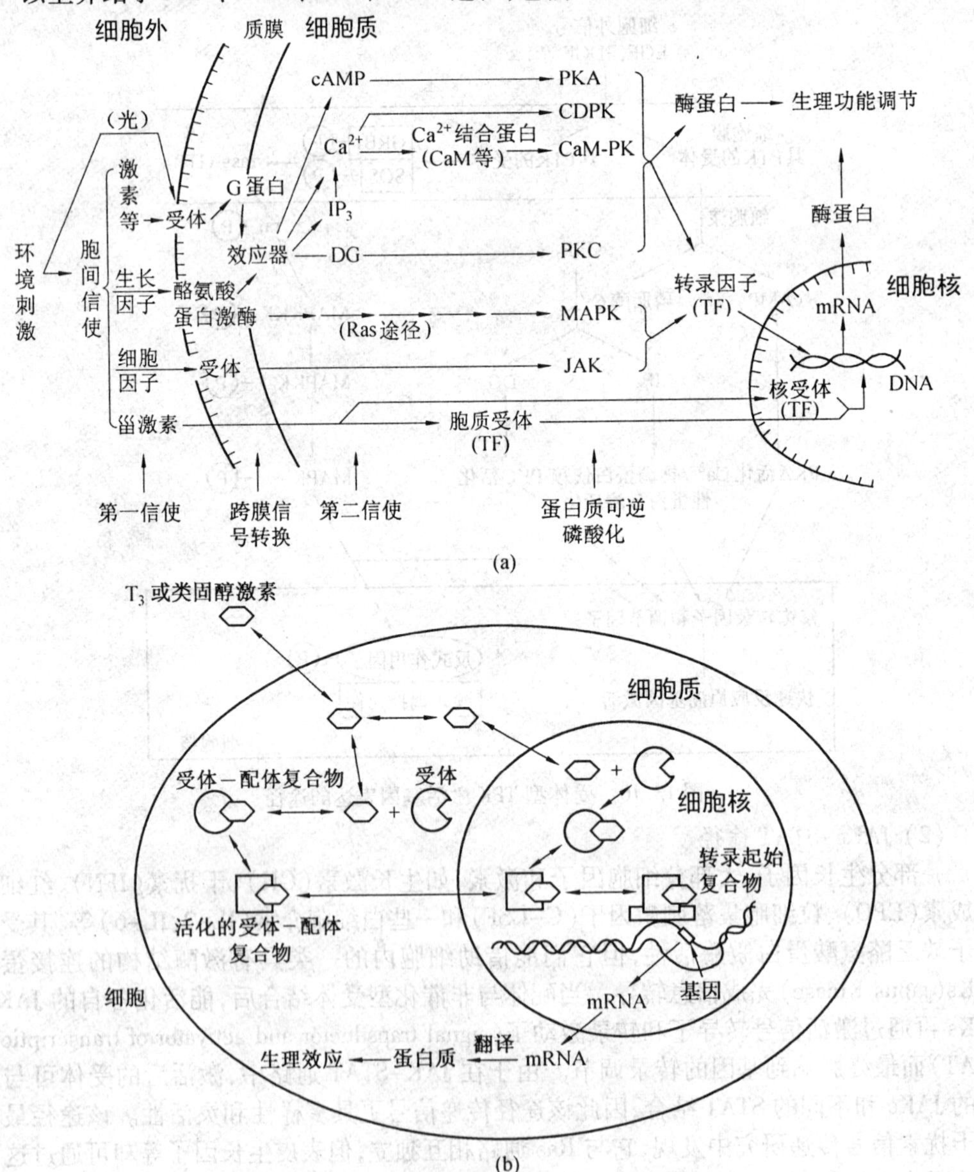

图 13.11 细胞信息传递主要途径模式图

13.4　整体水平的调控

高等动物不仅有完整的内分泌系统，而且还有功能复杂的神经系统。在中枢神经的控制下，或者通过神经递质对效应器直接发生影响，或者通过改变某些激素的分泌，调控某些酶的活性来调节某些细胞的功能状态，并通过各种激素的互相协调而对整体代谢进行综合调控，这种调控称为整体水平的调控。

神经调节与激素调节比较，神经系统的作用短而快，而激素的作用缓慢而持久；激素调节往往是局部性的，协调组织与组织间、器官与器官间的代谢，而神经系统的调节则具有整体性，协调全部代谢。由于绝大多数激素的合成和分泌是直接或间接地受神经系统支配的，因此激素调节受控于神经调节，而神经调节则通过激素调节而发挥作用。整体水平的调控方式有以下几种。

（1）直接调节

在某些特殊情况（如应激状态）下，人或动物的交感神经兴奋，由于神经细胞的电兴奋引起的动作电位或神经脉冲，可使血糖升高；刺激动物的丘脑下部和延脑的交感中枢，也能引起血糖升高，原因在于外界刺激通过神经系统促进肝细胞中糖原的分解。此外，丘脑下部的损伤可引起肥胖症，如摘除大脑两半球的实验动物，肝中的脂肪含量增加，这些是中枢神经系统调节脂代谢的例子。

（2）间接调节

神经系统对代谢的调控在更多情况下是通过交感神经和副交感神经影响各内脏系统及内分泌腺，从而改变它们的物质代谢。它包括以下两种方式。

① 神经系统直接调节下的内分泌系统，例如，肾上腺髓质受中枢-交感神经的支配而分泌肾上腺素，胰岛的 β-细胞受中枢-迷走神经的刺激而分泌胰岛素。

② 神经系统通过脑下垂体控制的内分泌系统，一般模式为中枢神经系统→丘脑下部→脑下垂体→内分泌腺→靶细胞，这是一种多元控制多级调节的机制。例如，甲状腺素、性激素、肾上腺素、肾上腺皮质激素、胰高血糖素等的分泌都是这种调节方式。

13.5　基因表达的调控

基因表达（gene expression）就是基因转录及翻译的过程。在一定调节机制控制下，大多数基因经历基因激活、转录及翻译等过程，产生具有特异生物学功能的蛋白质分子。但并非所有基因表达过程都产生蛋白质，编码 rRNA、tRNA 基因转录合成 tRNA、rRNA 的过程也属于基因表达。

基因组（genome）是指含有一个生物体生存、发育、活动和繁殖所需要的全部遗传信息的整套核酸。但是生物基因组的遗传信息并不是同时全部都表达出来的，不同组织细胞中不仅表达的基因数量不相同，而且基因表达的强度和种类也各不相同，这就是基因表达的组织特异性（tissue specificity）；细胞分化发育的不同时期，基因表达的情况是不相同的，这就是基因表达的阶段特异性（stage specificity）。

基因表达的调控(control of gene expression)是指调节基因表达所涉及的全部机制,在适应环境、维持生长和增殖、维持个体发育和分化过程中具有重要的生物学意义。不同种类的生物遗传背景不同,同种生物不同个体生活环境不完全相同,不同的基因功能和性质也不相同。因此,基因表达和调控类型存在极大差异,主要包括以下几个方面。

(1) 组成型表达

某些基因产物对生命全过程都是必不可少的,这类基因在一个生物个体的几乎所有细胞中持续表达,通常被称为管家基因(housekeeping gene)。例如,三羧酸循环是一中枢性代谢途径,催化该途径各阶段反应的酶编码基因就属于这类基因。管家基因较少受环境因素影响,而且在个体各个生长阶段的大多数、或几乎全部组织中持续表达,或变化很小。这类基因表达被视为组成型基因表达(constitutive gene expression)。事实上,组成型基因表达并非真的"一成不变",更不是"无控制"表达,所谓"不变"是相对的,它也是在一定机制控制下进行的。

(2) 诱导和阻遏

与管家基因不同,有一些基因表达极易受环境变化影响,随外界环境信号变化,这类基因表达水平可呈现升高或降低的现象。在特定环境信号刺激下,相应的基因被激活,基因表达产物增加,这种基因是可诱导的。可诱导基因在特定环境中表达增强的过程称为诱导。例如有 DNA 损伤时,修复酶基因就会在细菌内被诱导激活,使修复酶反应性增加。相反,如果基因对环境信号应答时被抑制,这种基因是可阻遏的。可阻遏基因表达产物水平降低的过程称为阻遏。例如,当培养基中色氨酸供应充分时,在细菌内与色氨酸合成有关的酶编码基因表达就会被抑制。

诱导和阻遏是同一事物的两种表现形式,在生物界普遍存在,也是生物体适应环境的基本途径。在本章第 13.1 节已经介绍过诱导剂和阻遏剂,它们都是调节基因表达的小分子物质,诱导剂介导的调节方式称为正性调节(positive regulation),阻遏剂介导的调节方式称为负性调节(negative regulation)。

(3) 协调表达

在生物体内,一个代谢途径通常由一系列生物化学反应组成,除需要多种酶分子参与以外,还需要很多蛋白质参与代谢物在细胞内、外区间的转运。这些酶或蛋白等编码基因在共同调节机制下被协调表达,从而保证代谢有条不紊地进行。在一定机制控制下,机能上相关的一组基因协调一致、互相配合、共同表达,称为协调表达(coordinate expression)。控制一组基因协调表达的共同机制称为协调调节(coordinate regulation)。协调表达和协调调节对细胞形态、机能等表型的确立、代谢的正常进行具有重要意义。

基因表达的调节可以在不同水平上进行,包括转录水平(转录前、转录中和转录后)或翻译水平(翻译中和翻译后)。下面分别介绍原核生物和真核生物基因表达的调控。

13.5.1 原核生物基因表达的调控

原核生物基因表达的调控主要是转录水平调控。

1. 原核基因转录调节的特点

(1) σ 因子决定 RNA 聚合酶识别特异性

原核生物细胞仅含有一种 RNA 聚合酶，全酶负责转录起始，核心酶参与转录延长。在转录起始阶段，σ 亚基（又称 σ 因子）识别特异启动序列，不同的 σ 因子决定特异编码基因的转录激活，也决定不同 RNA（mRNA、rRNA 和 tRNA）基因的转录。

（2）操纵子模型的普遍性

除个别基因外，原核生物绝大多数基因按功能相关性成簇地串联、密集于染色体上，共同组成一个转录单位——操纵子，如乳糖（lac）操纵子、阿拉伯糖（ara）操纵子及色氨酸（trp）操纵子等。操纵子机制在原核基因调控中具有较普遍的意义。一个操纵子只含一个启动序列及数个可转录的编码基因（通常为 2～6 个，有的多达 20 个以上）。在同一启动序列控制下，操纵子可转录出多顺反子 mRNA。原核基因的协调表达就是通过调控单个启动基因的活性来完成的。

（3）阻遏蛋白与阻遏机制的普遍性

在很多原核操纵子系统中，特异的阻遏蛋白是控制原核启动序列活性的重要因素。当阻遏蛋白与操纵序列结合或解聚时，就会发生特异基因的阻遏或去阻遏。原核基因调控普遍涉及特异阻遏蛋白参与的开、关调节机制。

2. 原核生物基因表达的调节机制

（1）操纵子模型

E. coli 的乳糖（lac）操纵子是第一个被发现的操纵子，包括 *Z*、*Y* 及 *A* 三个结构基因，分别编码半乳糖苷酶、透酶和乙酰基转移酶，此外还有一个操纵基因 *O*、一个启动子 *P* 及一个调节基因 *R*（图 13.12）。*R* 基因编码一种阻遏蛋白，后者与 *O* 序列结合，使乳糖操纵子受阻遏而处于关闭状态，乳糖等诱导物可使阻遏蛋白变构，解除抑制。

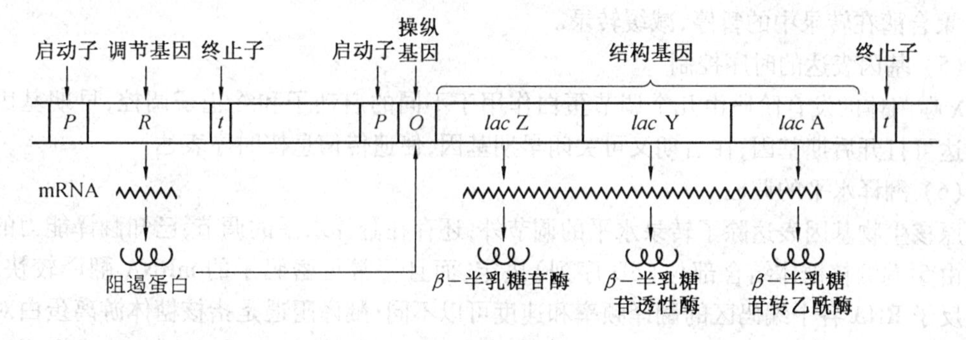

图 13.12　大肠杆菌乳糖操纵子模型

（2）降解物阻遏调节

有些调节基因起正调节作用，如腺苷酸受体蛋白，可被环腺苷酸活化，作用于启动子，促进转录。分解葡萄糖的酶是组成酶，葡萄糖的降解物对乳糖、阿拉伯糖等操纵子有阻遏作用，称为降解物阻遏。降解物可抑制腺苷酸环化酶、活化磷酸二酯酶，降低环腺苷酸浓度，抑制转录。

（3）衰减子（attenuator）

衰减子是位于结构基因上游前导区的终止子，可终止和减弱转录。衰减机制首先是从色氨酸操纵子的研究中弄清的。色氨酸 mRNA 的 5′端有 162 个核苷酸的前导序列，能编码一段 14 个氨基酸的前导肽。当缺乏色氨酸时，Trp-tRNA^{Trp}不能形成，前导肽翻译至色氨酸密码子处终止，核糖体占据序列1的位置，序列2和序列3配对，终止信号不能形成，转录可以继续；当有足量或过量的色氨酸时，前导14肽被正常合成，这时核糖体占据序列1和序列2，终止信号形成，转录终止，见图13.13。

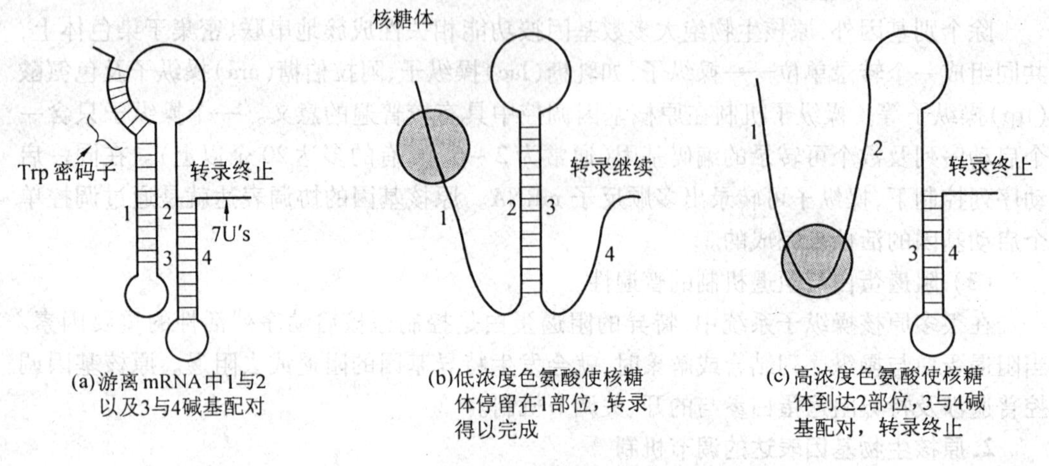

图13.13　大肠杆菌色氨酸操纵子的衰减机制

(4) 生长速度的调节

生长速度由蛋白质合成速度控制，快速生长时核糖体数量增加。缺乏氨基酸时，rRNA和tRNA的合成显著下降，关闭大部分代谢活性，称为严紧控制。未负载tRNA与核糖体结合后引起鸟苷四磷酸和鸟苷五磷酸的合成，抑制核糖体RNA的转录起始，并增加RNA聚合酶在转录中的暂停，减缓转录。

(5) 基因表达的时序控制

λ噬菌体的发育阶段由几个调节蛋白作用于不同的启动子和终止子调控，早期基因的表达可打开后期基因，在后期又可关闭早期基因，使遗传信息按时序表达。

(6) 翻译水平的调控

原核生物基因表达除了转录水平的调节外，还存在翻译水平的调节，已知翻译能力的差异由5′端的核糖体结合部位(SD序列)决定，而且用常见密码子的mRNA翻译较快。多顺反子RNA各个编码区的翻译频率和速度可以不同；翻译阻遏是指核糖体游离蛋白对自身的翻译有阻遏作用，可以使其蛋白与RNA相适应。反义RNA是指与mRNA序列互补，结合后抑制其翻译，可用于抑制有害基因的表达。

13.5.2　真核生物基因表达的调控——多级调节

原核生物与真核生物在复杂程度上有很大差别，前者结构小巧、表达高效，后者结构复杂、功能分化、调节精确。真核基因表达可随细胞内外环境条件的改变和时间程序而在不同表达水平上精确调节，因此称为多级调节系统(multistage regulation system)，见图13.14。

真核生物基因表达的调控同原核一样，转录起始仍是真核基因表达调控的最基本环节，而且某些机制是相同的。

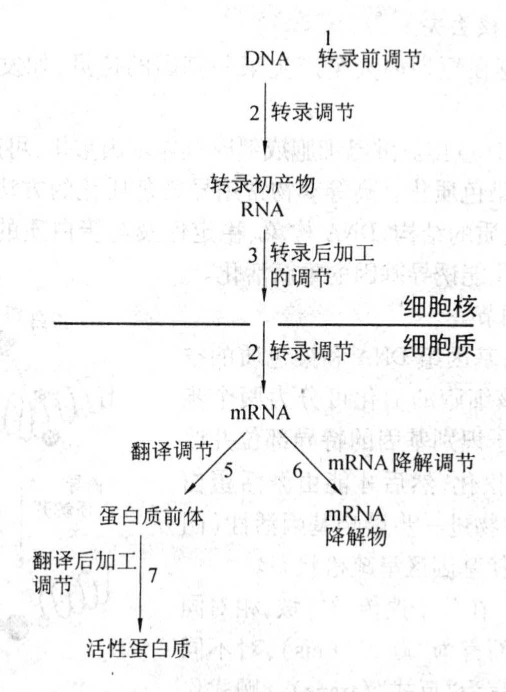

图 13.14　真核生物基因表达在不同水平上的调节

1. 真核生物基因表达区别于原核生物的特点

（1）活性染色体结构变化

当基因被激活时，可观察到染色体相应区域发生某些结构和性质变化，如活化基因对核酸酶极度敏感；当基因活化时，转录区 DNA 有拓扑结构变化；还有 DNA 碱基修饰（如甲基化）变化及组蛋白变化。

（2）正性调节占主导

真核 RNA 聚合酶对启动子的亲和力极小或根本没有实质性的亲和力，必须依赖一种或多种激活蛋白的作用。尽管已发现某些基因含有负性顺式作用元件存在，很多真核调节因子既可作为激活蛋白，又可作为阻遏蛋白发挥调节作用，但负性调节元件并不普遍存在。较大真核基因组广泛存在正性调节机制。在正性调节中，大多数基因不结合调节蛋白，所以是没有活性的，只要细胞表达一组激活蛋白时，相关靶基因才可被激活。

（3）转录与翻译分隔进行

真核细胞有细胞核及细胞质等区间分布，转录与翻译在不同细胞部位进行。

（4）转录后修饰、加工

真核基因转录后，剪接及修饰等过程比原核复杂。

2. 真核生物基因表达的调节机制

（1）转录前的调节

转录前的调节是指通过改变 DNA 序列和染色质结构而影响基因表达，主要表现在以下几方面。

① 染色质的丢失。某些低等真核生物在发育早期可丢失一半染色质，生殖细胞除

外。红细胞成熟时细胞核丢失。

② 基因扩增。细胞在短期内大量产生某一基因的拷贝,如发育时核糖体基因的扩增。

③ 染色体 DNA 序列重排。淋巴细胞成熟时抗体基因重排,可产生许多种抗体分子。

④ DNA 修饰和异染色质化。高等动物常用异染色质化的方法永久关闭不需要的基因。甲基化可改变染色质的结构、DNA 构象、稳定性及与蛋白质的作用方式。非活性区甲基化程度高,去甲基化能诱导基因的重新活化。

(2) 转录活性的调节

基因的转录活性与基因组 DNA 和染色质的空间结构状态有关。真核细胞的活化可分为两个步骤,首先由某些调节分子识别基因的特异部位并改变染色质结构,使其疏松化;然后才能由激活蛋白和阻遏蛋白或其他调节物进一步影响基因活性(图 13.15)。染色质的活化使基因区呈疏松状态。

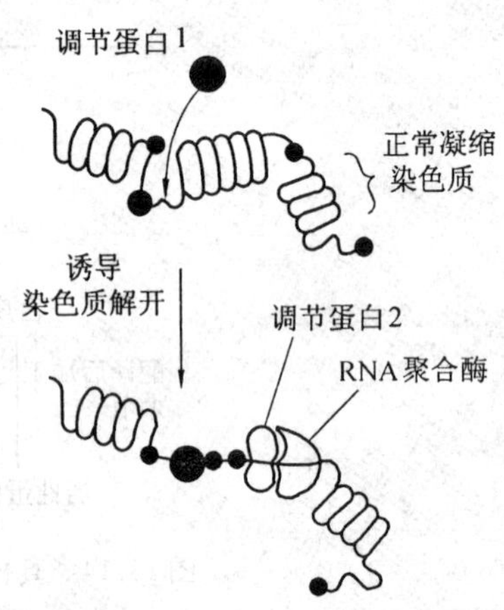

图 13.15 真核生物基因活化机制

① 顺式作用元件。在分子遗传学领域,相对同一染色体或 DNA 分子而言为"顺式"(cis),对不同染色体或 DNA 分子而言为"反式"(trans)。顺式作用元件是同一 DNA 分子中具有转录调节功能的特异 DNA 序列。按功能特性,真核基因顺式作用元件分为启动子、增强子及沉默子。

启动子(promoter)是 RNA 聚合酶结合位点周围的一组转录控制组件,每一组件含 7 ~20 bp 的 DNA 序列。启动子包括至少一个转录起始点以及一个以上的机能组件。在这些机能组件中最具典型意义的就是 TATA 盒,它的共有序列是 TATAAAA。TATA 盒通常位于转录起始点上游-25 ~ -30 bp 区域,控制转录起始的准确性及频率。TATA 盒是基本转录因子 TFIID 结合位点。除 TATA 盒外,GC 盒(GGGCGG)和 CAAT 盒(GCCAAT)也是很多基因常见的,它们通常位于转录起始点上游-30 ~ -110 bp 区域。启动子中的每个顺式作用部件都有特异蛋白质识别作用,有效的基因表达依赖于一系列 DNA 结合蛋白和相应 DNA 序列的相互作用。

增强子(enhancer)是远离转录起始点(1 ~ 30 kb)、决定基因的时间、空间特异性表达、增强启动子转录活性的 DNA 序列,其发挥作用的方式通常与方向、距离无关。增强子也是由若干机能组件组成,有些机能组件既可在增强子、也可在启动子中出现。这些机能组件是特异转录因子结合 DNA 的核心序列。从机能上讲,没有增强子存在,启动子通常不能表现活性;没有启动子时,增强子也无法发挥作用。有时,对结构密切联系而无法区分的启动子、增强子样结构统称启动子。通常描述的、具有独立转录活性和决定基因时间、空间特异性表达能力的启动子就是这类定义的启动子。在酵母基因中,有一种类似高等真核增强子样作用的序列,称为上游激活序列(UASs),其在转录激活中的作用与增强子类似。

沉默子(silencer)是某些基因含有的一种负性调节元件,当其结合特异蛋白因子时,对基因转录起阻遏作用。

② 反式作用因子。除少数顺式作用蛋白，大多数转录调节因子以反式作用调节基因转录。这些识别、结合顺式作用元件的特异性调节蛋白又称转录调节因子，简称转录因子（transcription factor，TF）。按功能特性可将其分为两类，即基本转录因子和特异转录因子。

基本转录因子是 RNA 聚合酶结合启动子所必需的一组蛋白因子，决定 3 种 RNA 转录的类别。有人将其视为 RNA 聚合酶的组成成分或亚基，故称基本转录因子。对 3 种 RNA 聚合酶来说，除个别基本转录因子成分是通用的，如 TFIID，大多数成分是不同 RNA 聚合酶所特有的。例如 TFIID、TFIIA、TFIIB、TFIIE、TFIIF 及 TFIIH 为 RNA 聚合酶 II 催化所有 mRNA 转录所必需的。

特异转录因子是个别基因转录所必需的，决定该基因的时间、空间特异性表达，故称特异转录因子。多数特异转录调节蛋白属 DNA 结合蛋白，具有 DNA 结合域、转录激活域和介导蛋白质-蛋白质相互作用的界面，如锌指蛋白（zinc finger）、螺旋-转角-螺旋蛋白（HTH）、螺旋-环-螺旋蛋白（HLH）及碱性亮氨酸拉链（bZip）等（图 13.16）。此类特异因子有的起转录激活作用，有的起转录抑制作用。前者称转录激活因子，后者称转录抑制因子。转录激活因子通常是一些增强子结合蛋白；多数转录抑制因子是沉默子结合蛋白，但也有抑制因子以不依赖 DNA 的方式起作用，而是通过蛋白质-蛋白质相互作用，降低它们在细胞内的有效浓度，抑制基因转录。因为在不同的组织或细胞中各种特异转录因子分布不同，所以基因表达的状态、方式也各不相同。

真核基因转录激活调节是复杂的、多样的。不同的 DNA 元件组合可产生多种类型的转录调节方式；多种转录因子又可结合相同或不同的 DNA 元件。结合 DNA 前，特异转录因子常需通过蛋白质-蛋白质相互作用形成二聚体复合物。组成二聚体的单体不同，所形成的二聚体结合 DNA 的能力也不同，对转录激活过程所产生的效果也各异，因此有正性调节或负性调节之分。这样，基因调节元件不同，存在于细胞内的因子种类、性质及浓度也不同，所发生的 DNA-蛋白质、蛋白质-蛋白质相互作用类型也就不同，因此产生了协同、竞争或拮抗的转录激活方式。

（3）转录后调节

加帽子和加尾可延长寿命，选择性剪接、RNA 编辑可产生不同的 mRNA。

（4）翻译水平调节

翻译水平调节主要是控制 mRNA 的稳定性和有选择地翻译。某些蛋白因子可起保护作用，翻译控制 RNA 可与之形成双链，抑制翻译。

（5）翻译后的调节

翻译后多肽链合成后通常需要经过加工和折叠才能成为有活性的蛋白质。前面已经讨论过翻译后加工的过程，这些过程在基因表达的调控上起重要作用。不同的加工方式可产生不同的蛋白。将蛋白转变为易降解的形式，促进水解也是调控手段。

以上简要介绍了真核生物基因表达的多级调控系统，这个调控网络在控制机体的代谢过程和生理功能方面起着重要作用。

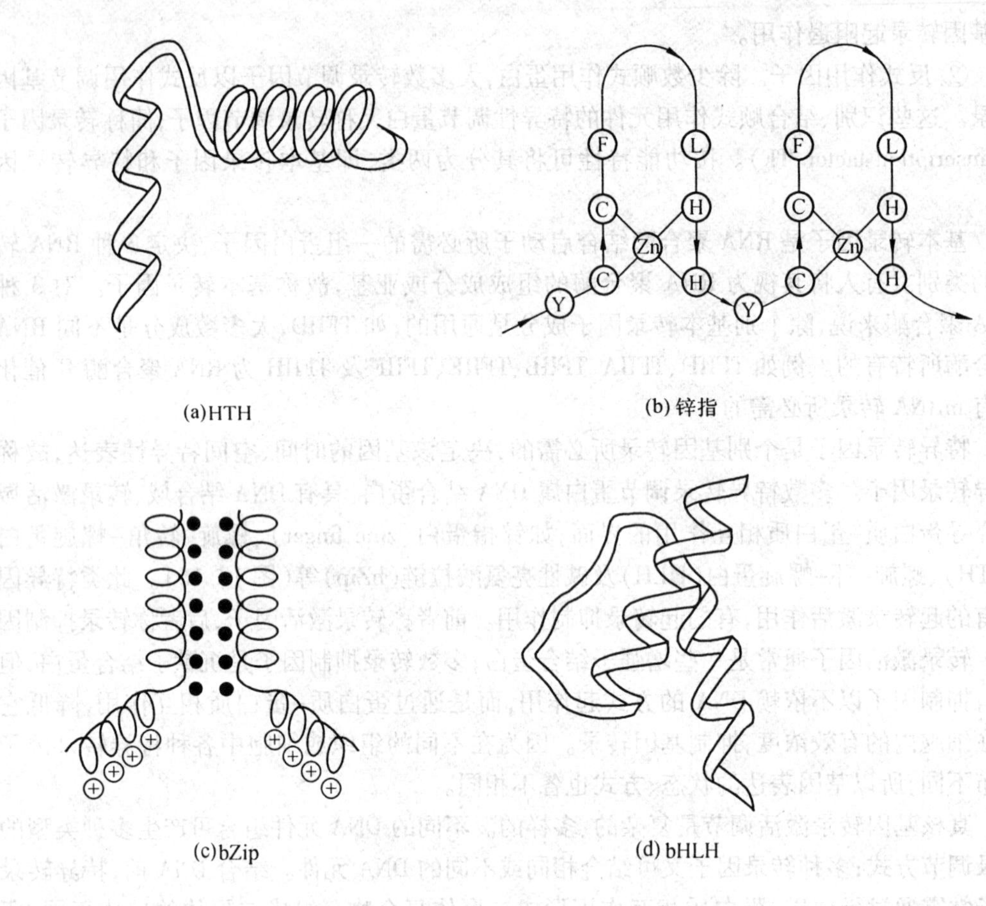

图13.16　DNA结合蛋白的几种常见结构

本章小结

细胞代谢是一切生命活动的基础，包括物质代谢、能量代谢和信息代谢三个方面，代谢调节机制大致在三个水平进行：细胞水平调控、体液水平调控、整体水平调控，而且所有这些调节机制都是在基因产物蛋白质的作用下进行的，换句话说就是与基因表达调控有关。所以，本章将讨论代谢调控的三个水平以及基因表达调控的机制。

（1）体内物质代谢是在严密的调控下进行的，它遵循的总原则包括：①物质代谢交叉形成网络；②分解代谢与合成代谢的单向性；③ATP是通用的能量载体；④NADPH是合成代谢所需的还原当量。

（2）细胞水平的调控是一种最原始、最基础的调控机制，它主要是通过细胞内的酶来实现的，所以又称为酶水平的调控或分子水平的调控。一般细胞内代谢调控包括以下三个方面：①酶活性的调节，是指对少数关键酶的调控，包括酶原的激活调节、酶的聚合与解聚调节、酶的化学修饰、酶的变构调节；②酶量的调节，包括酶蛋白合成的诱导与阻遏、酶蛋白降解；③区域化分布的调节。

（3）体液水平的调控主要是指激素的调控。激素（hormone）是一类高等生物内分泌细胞合成并分泌的调节细胞生命活动的化学物质。激素的作用必须通过其受体来实现，机体内的激素和受体种类繁多，故细胞的信息传递极其复杂。细胞间激素的传递包括以下步骤：特定的内分泌细胞释放激素→激素经扩散或血循环到达靶细胞→与靶细胞的受体特异性结合→受体对信号进行转换并启动靶细胞内信使系统→靶细胞产生生物学效应。

按照受体在细胞的位置将受体分为两类：膜受体和胞内受体。简要介绍了不同受体介导的信息传递途径：①cAMP-蛋白激酶途径（PKA途径）；② Ca^{2+} -依赖性蛋白激酶途径（CDPK途径）；③cGMP-蛋白激酶途径（PKC途径）；④酪氨酸蛋白激酶途径；⑤胞内受体介导的信息传递。

（4）整体水平的调控是对整体代谢进行的综合调控，神经调节与激素调节比较，神经系统的作用短而快，具有整体性，协调全部代谢。激素调节受控于神经调节，而神经调节发挥作用要依赖于激素调节。整体水平的调控方式包括直接调节和间接调节。

（5）基因表达就是基因转录及翻译的过程，基因表达的调控是指调节基因表达所涉及的全部机制，在适应环境、维持生长与增殖和维持个体发育与分化过程中具有重要的生物学意义。本章简要地介绍了原核生物和真核生物基因表达的调控机制，它将作为重点内容在分子生物学中详细讨论。

习　　题

1. 判断对错。如果错误，请说明原因。

（1）细胞代谢包括物质代谢和能量代谢。

（2）整体水平的调控主要是指激素的调控。

（3）蛋白质的磷酸化和脱磷酸化是可逆的，该可逆反应是由一种酶催化完成的。

（4）基因表达调控关键在于转录水平的调控。

（5）真核生物基因表达的调控单位是操纵子。

2. 简述体内物质代谢必须遵循的总原则。

3. 糖、脂肪、氨基酸三大营养物质在代谢中是怎样相互联系的？

4. 什么是关键酶，其特点是什么？

5. 酶活性的调节包括哪几种方式？

6. 比较酶的变构调节和化学修饰的异同。

7. 简述酶量的调节机制。

8. 什么是酶的区域化分布，其意义是什么？

9. 膜介导的信息传递途径主要有哪些？

10. 简述第二信使cAMP的形成及作用机制。

11. 简述肾上腺素的信息传递途径。

12. 简述胞内受体的结构特点。

13. 说明下列物质在代谢中的重要性：①腺苷酸环化酶②加单氧酶③激素受体④酮体。

14. 简述管家基因及其基因表达的特点。
15. 简述诱导和阻遏。
16. 简述原核基因转录调节的特点。
17. 原核生物基因表达的调节机制包括哪些?
18. 真核生物基因表达与原核生物基因表达的区别是什么?
19. 简述真核基因转录因子的分类及功能。
20. 真核生物基因表达的调节机制包括哪些?

英汉生化名词对照

A

absorbance　吸光度
acetylcholine esterase　乙酰胆碱酯酶
acetylcholine　乙酰胆碱
acetyl-CoA carboxylase　乙酰 CoA 羧化酶
acid value　酸值(价)
acid-base catalysis　酸碱催化
aconitase　乌头酸酶
actinomycin D　放线菌素 D
actin　肌动蛋白
activation energy　活化能
activation molecule　活化分子
activator　活化剂、激活剂
active center　活性中心
active lipid　活性脂
active peptide　活性肽
active site　活性部位
active transport　主动运输
active unit　活力单位
acyl carrier protein　酰基载体蛋白
acylglycerol　酰基甘油
adaptor protein　接头蛋白,支架蛋白
adenine deaminase　腺嘌呤脱氨酶
adenyl cyclase　腺苷酸环化酶
adrenosterone　肾上腺雄酮
aerobic respiration　有氧氧化,有氧呼吸
affinity chromatography　亲和层析
agaropectin　琼脂胶
agarose　琼脂糖
agar　琼脂
aggrecan　可聚蛋白聚糖
aglycon　配基
ajugose　筋骨草糖
A-kinase　A 激酶
alanine　丙氨酸
albumin　清蛋白
alcohol dehydrogenase　乙醇脱氢酶
alcohol dehydrogenase　酵母醇脱氢酶
alditol　糖醇
aldolase　醛缩酶
aldose　醛糖
alkaline phosphatase　碱性磷酸酶
alkaline phosphatase　细菌碱性磷酸酶
alkaloid　生物碱
allantoic acid　尿囊酸
allantoicase　尿囊酸酶
allantoinase　尿囊素酶
allosteric activator　变构促进剂
allosteric effector　变构效应剂
allosteric effect　别构效应
allosteric enzyme　变构酶,别构酶
allosteric regulation　酶的变构调节
amide plane　酰胺平面
amino acid decarboxylase　氨基酸脱羧酶
amino acid oxidase　氨基酸氧化酶
amino acid residues　氨基酸残基
amino acid　氨基酸
amino sugar　氨基糖
aminoacyl site　氨酰基位点
aminoacyl-tRNA synthetase　氨酰 tRNA 合成酶
aminopeptidase　氨肽酶
amphibolic pathway　两用代谢途径
amphipathic molecules　两性脂,两性分子
ampholyte　两性电解质
amygdalin　苦杏仁苷
amylase　糖化淀粉酶
amyloglucosidase　糖化酶
amylopectin　支链淀粉
amylose　直链淀粉
anaerobic respiration　无氧呼吸
anaplerotic reaction　添补反应
androsterone　雄酮
annealing　退火
anomeric carbon atom　异头碳原子
anomer　异头物
anthocyanin　花色素苷
anthrone　蒽酮
antibiotic　抗菌素
anticodon　反密码子
antidiuretic hormone　抗利尿激素
antigenicity　抗原性
antihemophilic globulin　抗血友病球蛋白
antimetabolite　抗代谢物
antiparallel　反平行式
apoenzyme　酶蛋白
apolipoprotein　载脂蛋白
apoprotein　脱辅基酶蛋白
apurinic acid　无嘌呤酸
arabinose　阿拉伯糖
arginase　精氨酸酶

arginine　精氨酸
argininosuccinate lyase　精氨基琥珀酸裂解酶
argininosuccinate synthetase　精氨基琥珀酸合成酶
ascorbic acid　抗坏血酸
asparaginase　天冬酰氨酶
asparagine　天冬酰胺
aspartame　天冬苯丙二肽(脂)
aspartate transcarbamylase　天冬氨酸转氨甲酰酶
aspartic acid　天冬氨酸
aspirin　阿司匹林
astacin　虾红素
astaxanthin　虾青素
asymmetric transcription　不对称转录
ATP synthase　ATP 合酶
attenuator　衰减子
autocatalysis　自动催化作用
autophosphorylation　自身磷酸化
autoradiography　放射自显影
autoxidation　自动氧化
axial bond　直立键或 a 键

B

base pair　碱基对
base stacking action　碱基堆积力
base　碱基
beeswax　蜂蜡
betaine　甜菜碱
biglycan　双糖链蛋白聚糖
binding center　结合中心
binding group　结合基团
biological oxidation　生物氧化
biomembrane　生物膜
biotin　生物素
bisalt　酸性盐
biuret reaction　双缩脲反应
blood lipid　血脂
blood sugar　血糖
blotting　印迹
boat form　船式
bromelin　菠萝蛋白酶

C

calciferol　麦角钙化醇
calmodulin　钙调蛋白
campesterol　菜油固醇
capillary electrophoresis　毛细管电泳
capsid　衣壳
caramel　焦糖
caranday wax　棕榈蜡
carbamoyl phosphate synthetase I　氨甲酰磷酸合成酶 I
carbamyl aspartate　氨甲酰天冬氨酸
carbamyl phosphate　氨甲酰磷酸
carbobenzyloxy chloride　苄氧甲酰氯
carbohydrate　碳水化合物
carbonic anhydrase　碳酸酐酶
carboxypeptidase　肽链外切酶
carboxypeptidase　羧肽酶
cardiac glycoside　强心苷
carnitine　肉毒碱
carotene　胡萝卜素
carotenoid　类胡萝卜素
carrier protein　运载蛋白
carrier　传递体
cascade amplification　级联放大
casein　酪蛋白
catalase　过氧化氢酶,触酶
catalytic center　催化中心
catalytic group　催化基团
cell coat　细胞外壳
cellobiose　纤维二糖
cellular respiration　细胞呼吸
cellulase　纤维素酶
cellulose acetate　醋酸纤维
cellulose　纤维素
central dogma　中心法则
cephalin　脑磷脂
ceramide　神经酰胺
ceptor　介体
cesium chloride density gradient centrifugation　氯化铯密度梯度离心
cetyl alcohol　鲸蜡醇
chair form　椅式
channel protein　通道蛋白
chemical modification　化学修饰
chemiosmotic hypothesis　化学渗透假说
chenodeoxycholic acid　鹅[脱氧]胆酸
chief cell　主细胞
Chinese wax　白蜡
chitin　壳多糖
chitosan　脱乙酰壳多糖
chloramphenicol　氯霉素
chlorotetracycline　金霉素
cholecalciferol　胆钙化醇
cholestanol　胆甾烷醇
cholesterol　胆固醇
cholic acid　胆酸
choline sphingomyelin　胆碱鞘磷脂

choline 胆碱
chondroitin sulfate 硫酸软骨素
chromatographic column 层析柱
chloroform 氯仿
chylomicron 乳糜微粒
chymotrypsin 糜蛋白酶,胰凝乳蛋白酶
circular double-stranded DNA 环状双链 DNA
cis configuration 顺式构型
citrate synthase 柠檬酸合酶
citric acid cycle 柠檬酸循环
clostripain 梭菌蛋白酶
cluster 结构簇
coagulation 凝固
cobalamine 钴胺素
coding region 编码区
codon 密码子
coenzyme A 辅酶 A
coenzyme 辅酶
cofactor 辅因子
coiled coil 卷曲螺旋
cold adaptation 冷适应
colligative property 依数性质
colloidal system 胶体系统
common lotting pathway 共同凝血途径
compartmentation 区域化
competitive inhibition 竞争性抑制
compound lipid 复脂
conjugated enzyme 结合酶
conjugated protein 结合蛋白质
connector 连接链
connexin 连接蛋白
consensus sequence 共有序列
constitutive gene expression 组成型基因表达
contact distance 接触距离
contact factor 接触因子
contractile and motile protein 游动蛋白
control of gene expression 基因表达的调控
cooperative effect 协同效应
coordinate expression 协调表达
coordinate regulation 协调调节
coprostanol 粪固醇
core dextrin 核心糊精
core enzyme 核心酶
core oligosaccharide 核心寡糖
core promoter 核心启动子
core protein 核心蛋白
cori cycle 可立氏循环
co-transport 协同运输
countercurrent distribution 逆流分配
coupled phosphorylation 偶联磷酸化作用
covalent catalysis 共价催化
covalent closed circular DNA 共价闭环 DNA
covalent modification 共价修饰
creatine kinase 肌酸激酶
creatine phosphate 磷酸肌酸
creatine 肌酸
cross-linked dextran 交联葡聚糖
cyanocobalamine 氰钴胺素
cyclodextrin glucosyltransferase 环糊精糖基转移酶
cyclodextrin 环糊精
cycloserine 环丝氨酸
cysteine 半胱氨酸
cytochrome C 细胞色素 C
cytochrome oxidase 细胞色素氧化酶
cytochrome 细胞色素

D

dansyl chloride 丹磺酰氯
data bank 数据库
de novo synthesis 从头合成
deactivation 去激活作用
deactivator 去激活剂
deamination 脱氨基作用
debranching enzyme 脱支酶
decarboxylation 脱羧基作用
decorin 饰胶蛋白聚糖
degree of polymerization 聚合度,重合度
dehydrating agent 脱水剂
dehydrogenase 脱氢酶
dehydroretinol 脱氢视黄醇
deletion 缺失
denaturant 变性剂
denaturation 变性作用
density gradient 密度梯度
deoxy sugar 脱氧糖
deoxycholic acid 脱氧胆酸
deoxyribonuclease DNA 酶,脱氧核糖核酸酶
deoxyribonucleic 脱氧核糖核酸
deoxyribonucleotide 脱氧核糖核苷酸
deoxyribose 脱氧核糖
destructurization 变构作用
development 展层
dextransucrase 右旋糖酐蔗糖酶
dextrin 糊精
dextrose equivalent DE 值
D-glucitol *D*-葡萄醇
diacylglycerol 二酰甘油

dialysis 透析
diethyl pyrocarbonate 焦碳酸二乙酯
diffusion coefficient 扩散系数
dihydroxyacetone 二羟丙酮
dinitrophenyl amino acid 二硝基苯基氨基酸
diphtheria toxin 白喉毒素
dipolarion 偶极离子
disaccharide 二糖
dispersive effect 分散效应
distal 远端
diterpene 双萜
dithioerythritol 二硫赤藓糖醇
dithiothreitol 二硫苏糖醇
D-mannitol *D*-甘露醇
D-mannose *D*-甘露糖
DNA dependent DNA polymerase 依赖 DNA 的 DNA 聚合酶
DNA ligase DNA 连接酶
DNA polymerase DNA 聚合酶
DNA recombinant technology DNA 重组技术
DNA-directed RNA polymerase DNA 指导的 RNA 聚合酶
docking protein 停泊蛋白
domain 微区,域
double-displacement reactions 双-置换反应
double-stranded circular molecule 双链环状分子
downstream 下游
dynein 动力蛋白

E

editosome 编辑体
Edman 法 苯异硫腈酸酯法
eicosanoid 类二十碳烷酸
elastase 弹性蛋白酶
electric double layer 双电层
electrophilic group 亲电子基团
electrophoresis 电泳
elongation factor 延伸因子,延长因子
elongation 延伸
Embden-Meyerhof-Parnas Pathway 糖酵解途径
emulsification 乳化作用
enantiomer 对映体
endocytosis 内吞
endonuclease 核酸内切酶
endorphin 内啡肽
endotoxic activity 内毒活性
endotoxin 内毒素
enediol 烯二醇
enhancer 增强子
enolase 烯醇化酶
envelope 脂蛋白被膜
enzyme activity 酶活性
Enzyme Commision 酶学委员会
enzyme engineering 酶工程
Enzyme Nomenclature 《酶命名法》
enzyme 酶
epimer 差向异构体
equatorial bond 平伏键或 e 键
ergosterol 麦角固醇
erythritol 赤藓糖醇
erythromycin 红霉素
erythrose -4-phosphate 赤藓糖-4-磷酸
essential amino acid 必需氨基酸
essential fatty acid 必需脂肪酸
essential group 必需基团
esterase isozyme 酯酶同工酶
ethanolamine 乙醇胺
ether phosphoglyceride 醚甘油磷脂
ethylethane sulfonafte 乙基乙烷磺酸
euglobulin 优球蛋白
European Molecular Biology Laboratory 欧洲分子生物学实验室
exocytosis 胞吐
exonuclease 核酸外切酶
exopeptidase 肽链外切酶
exotic protein 异常蛋白
extrinsic clotting pathway 外在凝血途径

F

facilitated diffusion 促进扩散
fat solvent 脂溶剂
fatty acid 脂肪酸
fatty acyl-CoA synthetase 脂酰 CoA 合成酶
fermentation 发酵
ferritin 铁蛋白
fibrin stabilizing factor 血纤蛋白稳定因子
fibrinogen 血纤维蛋白原
fibrinolysin 纤溶酶
fibrinolysin 纤维蛋白溶酶
fibroglycan 纤维蛋白聚糖
fibromodulin 纤调蛋白聚糖
fibrous protein 纤维状蛋白质
filter paper chromatography 滤纸层析
fine fractionation 细分级分离
finger region 指形区
flavin adenine dinucleotide 黄素腺嘌呤二核苷酸
flavin mononucleotide 黄素单核苷酸

flavo-enzyme 黄素酶
folic acid 叶酸
formol titration 甲醛滴定法
fractional salting out 分段盐析
freeze-thawing 冻融
fructose 果糖
fructose-1,6-biphosphate 果糖-1,6-二磷酸
fructose-1,6-biphosphatase 果糖-1,6-二磷酸酶
fucolipid 岩藻糖脂
fumarase 延胡索酸酶
functional domain 功能域
furaldehyde 呋喃醛
furanose 呋喃糖
furfural 糠醛
fructose-1,6-biphosphatase 果糖-1,6-二磷酸酶

G

galactan 半乳聚糖
galactitol 半乳糖醇
galactocerebroside 半乳糖脑苷脂
galactosamine 氨基半乳糖
galactose 半乳糖
galactosylceramide 乳糖基神经酰胺
ganglioside 神经节苷脂
gas chromatography 气相层析
gastrin 胃泌素
gel filtration 凝胶过滤
geminivirus 双粒病毒组
gene expression 基因表达
gene sequence data bank 基因序列数据库
genetic code 遗传密码
genome 基因组
gentianose 龙胆三糖
gliadin 麦醇溶蛋白
globular protein 球状蛋白质
globulin 球蛋白
glucanase 葡聚糖酶
glucan 葡聚糖
glucaric acid 葡萄糖二酸
glucokinase 葡萄糖激酶
gluconic acid 葡萄糖酸
glucosamine 氨基葡萄糖
glucose oxidase 葡萄糖氧化酶
glucose 葡萄糖
glucose isomerase 葡萄糖异构酶
glucose oxidase 葡萄糖氧化酶
glucose-6-phosphatase 葡萄糖-6-磷酸酶
glucosidase 葡萄糖苷酶
glucuronic acid 葡萄糖醛酸
glutamate dehydrogenase *L*-谷氨酸脱氢酶
glutamate-aspartate aminotransferase 谷氨酸天冬氨酸氨基转移酶
glutamic oxaloacetic transaminase 谷草转氨酶
glutamic acid 谷氨酸
glutamic-pyruvic transaminase 谷丙转氨酶
glutaminase 谷氨酰胺酶
glutamine synthetase 谷氨酰胺合成酶
glutamine 谷氨酰胺
glutaric acid 戊二酸
glutathion 谷胱甘肽
glutelin 谷蛋白
glutenin 麦谷蛋白
glyceraldehyde 甘油醛
glyceraldehyde-3-phosphate dehydrogenase 甘油醛-3-磷酸脱氢酶
glyceroglycolipid 甘油糖脂
glycerol kinase 甘油激酶
glycerol-α-phosphate shuttle 磷酸-α-甘油穿梭作用
glycine 甘氨酸
glycobiology 糖生物学
glycocholic acid 甘氨胆酸
glycogen branching enzyme 糖原分支酶
glycogen phosphorylase 糖原磷酸化酶
glycogen synthetase 糖原合酶
glycogenin 生糖原蛋白
glycogen 糖原
glycoglyceride 糖基甘油酯
glycolipid 糖脂
glycolysis (糖)酵解
glycone 糖基
glycophorin 血型糖蛋白
glycoprotein 糖蛋白
glycosaminoglycan 糖胺聚糖
glycosidase 糖苷酶
glycoside 糖苷,苷
glycosidic bond 糖苷键
glycosphingolipid 鞘糖脂
glycosyle 糖基
gradient elution 梯度洗脱
gramicidin S 短杆菌肽 S
granule 淀粉粒
Greek Key topology 希腊钥匙拓扑结构
growth factor 生长因子
guanidinium isothiocyanic acid 异硫氰酸
guanine deaminase 鸟嘌呤脱氨酶

guanylate cyclase　鸟苷酸环化酶
gum　树胶
gyrase　旋转酶

H

Hageman factor　哈根曼因子
hairpin structure　发夹结构
half life　半寿期
halogenation　卤化
helicase　解旋酶
helix destabilizing protein　螺旋去稳定蛋白
hemerythrin　蚯蚓血红蛋白
heme　血红素
hemiacetal　半缩醛
hemicellulase　半纤维素酶
hemicellulose　半纤维素
hemoglobin　血红蛋白
hemoprotein　血红素蛋白
heparin　肝素
heptose　庚糖
hetero multimeric　杂多聚
heteromultimeric protein　杂多聚蛋白质
heteropolysaccharide　杂聚多糖
hexasaccharide　六糖
hexokinase　已糖激酶
hexose monophosphate shunt　磷酸已糖途径
hexose　已糖
high density lipoprotein　高密度脂蛋白
high molecular weight kininogen　高分子质量激肽原(HMWK)
high performance liquid chromatography　高效液相层析
high pressure liquid chromatography　高压液相色谱
histidine　组氨酸
tissue-type　组织型
histone　组蛋白
holoenzyme　全酶
homo multimeric　同多聚
homocysteine　高半胱氨酸
homogenizer　匀浆器
homogenizing　匀浆
homopolysaccharide　同聚多糖
homoserine　高丝氨酸
hormone response element　激素反应元件
hormone　激素
housekeeping gene　管家基因
humin　腐黑物
hyaluronic acid　透明质酸
hyaluronidase　透明质酸酶
hybridization　杂交
hydration shell　水化层
hydration　水化作用
hydrindatin　还原茚三酮
hydrogen bond　氢键
hydrogenation　氢化
hydrolases　水解酶类
hydrolysis　水解
hydrophilic colloid　亲水胶体
hydrophobic interaction　疏水作用
hydroxylase　羟化酶
hyperchromic effect　增色效应
hypoxanthine oxidase　次黄嘌呤氧化酶
hypoxanthine　次黄嘌呤

I

inverse transcriptase　反转录酶
ieverse transcription　反向转录
immobilized enzyme　固定化酶
immunosuppression　免疫抑制作用
inactivation　失活作用
induced-fit theory　诱导契合学说
inducer　诱导剂
induction effect　诱导效应
induction　诱导作用
informosome　信息体
inhibition　抑制作用
inhibitor constant　抑制剂常数
inhibitor　抑制剂
initiation complex　起始复合物
initiation factor　结合起始因子
initiation　起始
insertion　插入
insulin　活性胰岛素
integral membrane protein　膜本体蛋白,整合膜蛋白
interferon　干扰素
intermediate density lipoprotein　中间密度脂蛋白
intermediate product theory　中间产物学说
intrinsic clotting pathway　内在凝血途径
inversion　转化
invert sugar　转化糖
iodine value　碘值
ion exchange chromatography　离子交换层析
ion-exchange column chromatography　离子交换柱层析
iron-sulfur protein　铁硫蛋白
irreversible inhibition　不可逆抑制
isocitrate dehydrogenase　异柠檬酸脱氢酶

isoelectric focusing electrophoresis 等电聚焦电泳
isoelectric point 等电点
isoionic point 等离子点
isoleucine 异亮氨酸
isomerases 异构酶类
isoprene unit 异戊二烯单位
isoprene 异戊二烯

K

kallikrein 激肽释放酶
kanamycin 卡那霉素
keto-enol tautomerism 酮-烯醇互变异构
ketogenic amino acid 生酮氨基酸
ketone body 酮体
ketose 酮糖
kinesin 驱动蛋白
kinetics of enzyme-catalyzed reactions 酶促反应动力学
kink 结节

L

labile factor 易变因子
lactase 乳糖酶
lactate dehydrogenase 乳酸脱氢酶
lactonase 内酯酶
lactone 内酯
lactose 乳糖
lagging strand 后续链,滞后链
lanosterol 羊毛固醇
lanthionine 羊毛硫氨酸
L-citrulline *L*-瓜氨酸
leading strand 前导链
lecithin 卵磷脂
left-handed helix 左手螺旋
leucine 亮氨酸
leukotriene 白三烯
levulinic acid 乙酰丙酸
L-glutamate dehydrogenase *L*-谷氨酸脱氢酶
L-gulose *L*-古洛糖
L-iditol *L*-艾杜糖醇
ligand 配体
ligase 连接酶
limoin 柠檬苦素
linear DNA 线型 DNA
linear double-stranded DNA 线型双链 DNA
linear molecule 线形分子
linking number 连环数
lipase 脂酶,脂肪酶
lipid A 脂质 A
lipid 脂质
lipopolysaccharide 脂多糖
lipoprotein complex 脂质复合体
lipoprotein lipase 脂蛋白脂酶
lipoprotein 脂蛋白
local hormone 局部激素
loop 环
L-ornithine *L*-鸟氨酸
low density lipoprotein 低密度脂蛋白
L-sorbose *L*-山梨糖
lumican 光蛋白聚糖
lyases 合酶类
lysine 赖氨酸
lysophosphoglyceride 溶血甘油磷脂
lysozyme 溶菌酶

M

major groove 大沟
malate dehydrogenase 苹果酸脱氢酶
malate shuttle 苹果酸穿梭作用
malonic acid 丙二酸
maltose 麦芽糖
mannan 甘露聚糖
marker protein 标准蛋白质
matrix 基质
melezitose 松三糖
melting temperature 熔解温度
metalloprotein 金属蛋白
methionine 甲硫氨酸(蛋氨酸)
methylhistidine 甲基组氨酸
micelle 微团
Michaelis constant 米氏常数
Michaelis Menten equation 米氏方程
micrococcal nuclease 核酸酶
microfibril 微纤维
microsome 微粒体
middle lamella 中层
minimum relative molecular mass 最低相对分子质量
minor groove 小沟
mitochondria 线粒体
mitogen-activated protein kinase 有丝分裂原激活蛋白激酶
mitomycin C 丝裂霉素 C
mixed function oxidase 混合功能氧化酶
mobile phase 移动相,流动相
modification 修饰
modified cellulose 改型纤维素
modular organization 组件组织
molar catalytic activity 摩尔催化活性
molecular sieve chromatography 分子筛层析

monellin 应乐果甜蛋白
monoacylglycerol 单酰甘油
monoenoic acid 单烯脂酸
monomeric enzyme 单体酶
monomer 单体
monosaccharide 单糖
monoterpene 单萜
motor protein 发动机蛋白
moving-boundary electrophoresis 移动界面电泳
mucopeptide 黏肽
mucopolysaccharide 黏多糖
multidomain 多结构域
multienzyme complex 多酶复合体
multistage regulation system 多级调节系统
muramic acid 胞壁酸
murein 胞壁质
mutarotation 变旋
myoglobin 肌红蛋白
myosin 肌球蛋白

N

N-acetylgalactosamine *N*-乙酰半乳糖胺
N-acetylglucosamine *N*-乙酰葡萄糖胺
National Biomedical Research Foundation 国家生物医学基金会
negative regulation 负性调节
nervonic peptide 神经肽
neuraminic acid 神经氨酸
neuraminidase 神经氨酸酶
neurotrans-mitter 神经递质
neutral fat 中性脂
Nicol prism 尼科尔棱镜
nicotinamide adenine dinucleotide phosphate 烟酰胺腺嘌呤二核苷磷酸
nicotinamide adenine dinucleotide 烟酰胺腺嘌呤二核苷酸
nicotinamide 尼克酰胺,烟酰胺
nicotinic acid 尼克酸,烟酸
ninhydrin 茚三酮
nisin 乳酸链球菌肽
nitrogen mustand 氮芥
nitrosoguanidine 亚硝基胍
nonasaccharide 九糖
noncompetitive inhibition 非竞争性抑制
non-essential amino acid 非必需氨基酸
nonsense codon 无义密码子
Northern blotting Northern 印迹法
nuclease 核酸酶
nucleic acid 核酸
nuclein 核素
nucleophilic addition 亲核加成
nucleophilic group 亲核基团
nucleoprotein 核蛋白
nucleosidase 核苷酶
nucleoside diphosphokinase 核苷二磷酸激酶
nucleoside hydrolase 核苷水解酶
nucleoside phosphorylase 核苷磷酸化酶
nucleoside pyrophosphorylase 核苷酸焦磷酸化酶
nucleotidase 磷酸单酯酶,核苷酸酶
nucleotide 核苷酸
number of turns of superhelix 超螺旋数 writhing number 缠绕数

O

Okazaki fragment 冈崎片段
oligomeric enzyme 寡聚酶
oligomycin-sensitivity-conferring protein 寡霉素敏感蛋白质
oligopeptide 寡肽
oligosaccharide 寡糖
open circular DNA 开环 DNA
opsin 视蛋白
optical activity 旋光性
optical density 光密度
optical isomeride 旋光异构体
optimum pH 最适 pH
optimum substrate 最适底物
optimum temperature 最适温度
orcinol 地衣酚
orientation effect 定向效应
ornithine carbamyl transferase 鸟氨酸氨甲酰基转移酶
orotic acid 乳清酸
orotidylic acid 乳清苷酸
oryzenin 米谷蛋白
osmosis 渗透
osmotic pressure 渗透压
O-specific chain *O*-特异链
outer membrane 外膜
overlapping peptide 重叠肽
overlap 重叠
oxaloacetic acid 草酰乙酸
oxidase 氧化酶
oxidative deamination 氧化脱氨基作用
oxidative phosphorylation 氧化磷酸化作用
oxido-reductases 氧化还原酶类
oxygenase 加氧酶
oxytetracycline 土霉素

P

pain　痛觉
palindromic sequence　回文序列
pancreatic deoxyribonuclease　牛胰脱氧核糖核酸酶
pancreatic ribonuclease　(牛)胰核糖核酸酶
pantothenic acid　遍多酸
papain　木瓜蛋白酶
parallel　平行式
partial specific volume　偏微比容
pectic substance　果胶物质
pectin　果胶
pectinase　果胶酶
pectinic acid　果胶酸
penicillin　青霉素
penicillinase　青霉素酶
penicillium　青霉菌属
pentosaccharide　五糖
pentose　戊糖
pepsin　胃蛋白酶
peptidase　肽酶
peptide　肽
peptide bond　肽键
peptide chain　肽链
peptide plane　肽平面
peptide unit　肽单位
peptidoglycan　肽聚糖
peptidyl site　肽酰基位点
peptidyl transferase　肽基转移酶
perhydrocyclopentanophenanthrene　环戊烷多氢菲
peripheral membrane protein　外周膜蛋白
perlecan　串珠蛋白聚糖
peroxidase　过氧化物酶,过氧化酶
peroxidation　过氧化作用
peroxisome　过氧化物酶体
phage　噬菌体
phase　相
phenol　苯酚
phenylalanine hydroxylase　苯丙氨酸羟化酶
phenylalanine　苯丙氨酸
phenylketonuria　苯丙酮尿,苯丙酮尿症
phenylosazone　苯脎
phloroglucinol　间苯三酚,根皮酚
phosphatidal choline　缩醛磷脂酰胆碱
phosphatidal ethanolamine　缩醛磷脂酰乙醇胺
phosphatidal serine　缩醛磷脂酰丝氨酸
phosphatidyl serine　磷脂酰丝氨酸
phosphodiesterase　磷酸二酯酶
phosphodiester bond　磷酸二酯键
phosphoenolpyruvate　磷酸烯醇式丙酮酸
phosphoenolpyruvate carboxykinase　磷酸烯醇式丙酮酸羧激酶
phosphofructokinase　磷酸果糖激酶
phosphoglucose isomerase　磷酸葡萄糖异构酶
phosphoglyceric kinase　磷酸甘油酸激酶
phosphoglyceride　磷酸甘油酯
phosphoglyceromutase　由磷酸甘油酸变位酶
phospholipase　磷脂酶
phospholipid　磷脂
phosphoprotein phosphatase　磷蛋白磷酸酶
phosphoprotein　磷蛋白
phosphorylase a　磷酸化酶 a
phosphorylase　磷酸化酶
phosphotriose isomerase　磷酸丙糖异构酶
phylogenetic tree　系统进化树
phytanic acid　植烷酸
phytoglycophosphosphingolipid　植物糖鞘磷脂
picric acid　苦味酸
Ping Pang reactions　乒乓反应
pitch　螺距
plasma lipoprotein　血浆脂蛋白
plasma thromboplastin antecedent　血浆促凝血酶原激酶前体
plasma thromboplastin component　血浆促凝血酶原激酶组分
plasmalogen　缩醛磷脂
plasminogen activator　纤溶酶原激活剂
plasminogen　纤溶酶原
platelet-activating factor　血小板活化因子
pmol　皮摩尔
polarity　极性
polarization plane　偏振面
Poly(A) polymerase　Poly(A)聚合酶
polyacrylamide gel electrophoresis　聚丙烯酰胺凝胶电泳
polyadenylic acid　聚腺苷酸
polymerization and depolymerization　聚合与解聚
polynucleotide　多聚核苷酸
polypeptide　多肽
polyribosome　多聚核糖体
polysaccharide　多糖
polyterpene　多萜
porin　膜孔蛋白
positive regulation　正性调节
powder　粉状物
precursor　前体

prekallikrein 前激肽释放酶
preparation 制剂,制品
preproinsulin 前胰岛素原
pretreatment of material 材料前处理
primary structure 一级结构
primase 引发酶
primer 引物
primosome 引发体
proaccelerin 前加速素
probe 探针
proconvertin 前转变素
product 产物
proenzyme 酶原
profibrinolysin 纤维蛋白溶酶原
progesterone 黄体酮
proinsulin 胰岛素原
prolamine 醇溶蛋白
proline 脯氨酸
promoter 启动子
prostacyclin 前列环素
prostaglandin 前列腺素
prosthetic group 辅基
protamine 鱼精蛋白
protease 蛋白酶
protective protein 保护蛋白
Protein Identification Resource 蛋白质鉴定库
Protein Information Resource 蛋白质信息库
protein kinase C 蛋白激酶 C
protein kinase A 蛋白激酶 A
protein kinase 蛋白激酶
protein sequenator 蛋白质序列仪
proteinase 蛋白酶
protein 蛋白质
proteoglycan 蛋白聚糖
proteoglycan aggregate 蛋白聚糖聚集体
prothrombin 凝血酶原
protomer 原体
proton pump 质子泵
protopectin 原果胶
protoplasm 原生质
provitamin A 维生素 A 原
proximate 近端
pseudoglobulin 假球蛋白
pteroyl glutamic 蝶酰谷氨酸
ptyalin 唾液淀粉酶
purification 纯化
purity 纯度
puromycin 嘌呤霉素
pyranose 吡喃糖
pyridoxal 吡哆醛
pyridoxamine 吡哆胺
pyridoxine 吡哆醇
pyrimidine nucleoside kinase 嘧啶核苷激酶
pyruvate decarboxylase 丙酮酸脱羧酶
pyruvate kinase 丙酮酸激酶
pyruvate carboxylase 丙酮酸羧化酶
pyruvate dehydrogenase complex 丙酮酸脱氢酶系

Q

quaternary structure 四级结构

R

raffinose 棉子糖
rancidity 酸败
random coil 无规卷曲
rate-limiting enzyme 限速酶
reaction rate 化学反应速度
reading frame 读码框架
receptor 受体
reduced glutathione 还原型谷胱甘肽
reducing sugar 还原糖
regulative enzyme 调节酶
regulatory protein 调节蛋白
relaxed DNA 松弛型 DNA
release factors 释放因子
renaturation 复性
rennin 凝乳酶
repair mechanism 修复机制
replicase 复制酶
replication 复制
repression 阻遏作用
repressor 阻遏剂
resilin 节肢弹性蛋白
resorcinol 间苯二酚
respiratory chain phosphorylation 呼吸链磷酸化
respiratory chain 呼吸链
restriction endonuclease 限制性内切核酸酶
reticulocyte 网织红细胞
retinal 顺视黄醛
retinol 视黄醇
reversible inhibition 可逆抑制
rhodamine 罗丹明
rhodopsin 视紫红质
ribitol 核糖醇
riboflavin 核黄素
ribonuclease RNA 酶,核糖核酸酶
ribonuclease T_1 核糖核酸酶 T_1

ribonucleoside diphosphate kinase 核苷二磷酸激酶
ribose 核糖
ribose nucleic acid 核糖核酸
(ribo)nucleotide (核糖)核苷酸
ribose-5-phosphate 核糖-5-磷酸
ribosomal cycle 核糖体循环
ribosome 核糖体
ribulose-5phosphate 核酮糖-5-磷酸
ribulose-5-phosphate epimerase 核酮糖-5-磷酸差向异构酶
ribulose-5-phosphate isomerase 核酮糖-5-磷酸异构酶
ring structure 环状结构
RNA polymerase RNA 聚合酶
rough colony 粗糙菌落
rough fractionation 粗分级分离
rubredoxin 红氧还蛋白

S

saccharic acid 糖二酸
saccharin 糖精
salmine 鲑精蛋白
salting in 盐溶
salting out 盐析
salvage pathway 补救途径
saponification value or number 皂化值(价)
saponification 皂化作用
sarcosine 肌氨酸
saturated fatty acid 饱和脂肪酸
scaffolding protein 支架蛋白
schiff' s base 希夫碱
scleroprotein 硬蛋白
secondary structure element 二级结构元件
secondary structure 二级结构
sedimentation coefficient 沉降系数
sedimentation equilibrium 沉降平衡
sedoheptulose-7-phosphate 景天庚酮糖-7-磷酸
sedimentation velocity 沉降速度
semiacetol reaction 半缩醛反应
semiconservative replication 半保留复制
semidiscontinuous replication 半不连续复制
semipermeable membrane 半透膜
separation 分离
Sephadex ion exchanger 交联葡聚糖离子交换剂
Sephadex 葡聚糖凝胶
Sepharose 琼脂搪凝胶
sequential reactions 序列机制
serglycan 丝甘蛋白聚糖
serine 丝氨酸
sesquiterpene 倍半萜
sheet structure 片层结构
sialic acid 唾液酸
sickle-cell anemia 镰刀状细胞贫血病
signal recognition particle 信号识别体,信号识别颗粒
signal or leader sequence 信号肽序列
signal peptide 信号肽
signal transductor and activator of transciption 激活信号转导子和转录激动子
silencer 沉默子
silica gel 硅胶
simple diffusion 简单扩散
simple enzyme 单纯酶
simple lipid 单脂
simple protein 单纯蛋白质
single domain 单结构域
single-strand binding protein 单链结合蛋白
sitosterol 麦固醇,谷固醇,β-谷固醇,麦固醇
sodium dodecyl sulfate 十二烷基磺酸钠
sorbitol 山梨醇
southern blotting Southern 印迹法
specific activity 比活,比活力
specific linking difference 比连环差
specific rotation 旋光率
specificity 特异性
spermaceti wax 鲸蜡
sphingomyelin 鞘磷脂
sphingosine 鞘氨醇
spiramycin 螺旋霉素
spleen deoxyribonuclease 牛脾脱氧核糖核酸酶
spleen phosphodiesterase 牛脾磷酸二酯酶
spliceosome 拼接体
stable factor 稳定因子
stachyose 水苏糖
stage specificity 阶段特异性
staphylococcal protease 葡萄球菌蛋白酶
starch 淀粉
startpoint 起点
stationary phase 固定相
stepwise elution 分段洗脱
stereospecific numbering 立体专一编号
steric overlap 空间重叠
steroid nucleus 甾核
steroid 类固醇
sterol 固醇,甾醇

stevioside　蛇菊苷
stigmasterol　豆固醇
storage lipid　贮存脂
storage protein　贮存蛋白
streptococcal deoxyribonuclease　链球菌脱氧核糖核酸酶
streptokinase　链激酶
streptomycin　链霉素
structural domain　结构域
structural gene　结构基因
structural lipid　结构脂
structural protein　结构蛋白
structure-property complementation theory　结构性质互补假说
Stuart factor　司徒因子
substrate level phosphorylation　底物水平磷酸化
substrate　底物
subtilin　枯草菌素
subtilisin　枯草杆菌蛋白酶
subunit　亚单位,亚基
succinate dehydrogenase　琥珀酸脱氢酶
succinyl thiokinase　琥珀酰硫激酶
succinyl-CoA synthetase　琥珀酰 CoA 合成酶
sucrase　蔗糖酶
sucrose　蔗糖
sugar acid　糖酸
sulfatidate　硫酸脑苷脂
sulfatide　硫苷脂
sulfhydryl buffer　巯基缓冲剂
sulfosalicylic acid　磺基水杨酸
sulfur mustard　硫芥
superhelical form　超螺旋形
superhelix DNA　超螺旋 DNA
superhelix　超螺旋
superoxide dismutase　超氧化物歧化酶
super-secondary structure　超二级结构
sweetener　增甜剂
sweetness　甜度
synonymous codon　同义密码子
synthase　合酶
synthetase　合成酶
symmetric transcription　对称转录

T

tannic acid　单宁酸
taurine　牛磺酸
taurocholic acid　牛磺胆酸
teichoic acid　磷壁酸
telomere　端粒
temperature coefficient　温度系数
template　模板
tensile strength　抗张强度
termination codon　终止密码子
termination factor　终止因子
termination　终止
terpene　萜类
testosterone　睾酮
tetrahydrofolic acid　四氢叶酸
tetrahymena　四膜虫
tetrasaccharide　四糖
tetraterpene　四萜
tetrose　丁糖
thermolysin　嗜热菌蛋白酶
thiamine　硫胺素
thin-layer chromatography　薄层层析
thiochrome　脱氢硫胺素
threonine　苏氨酸
thrombin　凝血酶
thrombinogen　凝血酶原
thromboxane　凝血噁烷
tissue specificity　组织特异性
tissue thromboplastin　组织促凝血酶原激酶
tissue-type　组织型
TMV coat protein　烟草花叶病毒外壳蛋白
tocopherol　生育酚
topoisomer　拓扑异构体
topology　拓扑学
trans configuration　反式构型
transaldolase　转醛酶
transaminase　转氨酶
transamination　转氨作用
transcription factor　转录因子
transcription　转录
transesterification　转酯基作用
transferase　转移酶
transglutaminase　转谷酰胺酶
transition　转换
transketolase　转酮酶
translation　翻译
translocation machinery　移位装置
transmittancy　透光率
transport protein　转运蛋白
transversion　颠换
triacylglycerol　三酰甘油
tricarboxylic acid cycle　三羧酸循环
triglyceride　甘油三酯
triose　丙糖

triplet code 三联体密码
triplet 三联体
trisaccharide 三糖
triterpene 三萜
true fat 真脂
trypsin 胰蛋白酶
tryptophan synthetase 色氨酸合成酶
tryptophan 色氨酸
tubulin 微管蛋白
tungstic acid 钨酸
turnover number 转换数
twisting number 扭转数
two-dimensional electrophoresis 双向电泳,2D 电泳
two-dimensional paper chromatogram 双向纸层析图谱
Tyndall effect 丁达尔效应
tyrocidine 短杆菌酪肽
tyrosine 酪氨酸
tyrosine-protein kinase 酪氨酸蛋白激酶
U
ubiquinone 泛醌
UDP-glucose pyrophosphorylase UDP-葡萄糖焦磷酸化酶
ultracentrifuge 超速离心机
ultrafiltration 超滤
ultrasonic treatment 超声波处理
uncompetitive inhibition 反竞争性抑制作用
uncoupling 氧化磷酸化解偶联作用
unsaturated fatty acid 不饱和脂肪酸
untranslated region 非翻译区
unwound circle DNA 解链环状 DNA
upstream control element 上游控制元件
upstream 上游
urea cycle 尿素循环
urease 脲酶
urea 尿素
uricase 尿酸酶
uridine diphosphate glucose 尿苷二磷酸葡萄糖
uridine-5-phosphate kinase 尿嘧啶核苷酸激酶
urokinase 尿激酶
uronic acid 糖醛酸
V
Valine 缬氨酸
Van der Waals force 范德华力
venom phosphodiesterase 蛇毒磷酸二酯酶
verbascose 毛蕊花糖
versican 多能蛋白聚糖
very low density lipoprotein 极低密度脂蛋白
violacin 紫菌素
virion 病毒颗粒
vitamin 维生素
W
wax 蜡
wool wax 羊毛蜡
X
xanthan gum 黄杆胶,黄原胶
xanthine oxidase 黄嘌呤氧化酶
xanthine 黄嘌呤
xylan 木聚糖
xylitol 木糖醇
xylulose-5-phosphate 木酮糖-5-磷酸
Z
zeaxanthin 玉米黄质,玉米黄素
zein 玉米醇溶蛋白
zinc finger protein 锌指蛋白
zone electrophoresis 区带电泳
zwitterion 兼性离子
zymogen activation 酶原激活
zymogen 酶原
zymosterol 酵母固醇

α-aminoadipic acid α-氨基己二酸
α-amino-β-clorobutyric acid α-氨基-β-氯代丁酸
α-amylase α-淀粉酶
α-helix α-螺旋
α-ketoglutarate dehydrogenase α-酮戊二酸脱氢酶
β-amylase β-淀粉酶
β-alanine β-丙氨酸
β-aminoisobutyric acid β-氨基异丁酸
β-bend β-弯曲
β-glucanase β-葡聚糖酶
β-hairpin β-发夹
β-meander β-曲折
β-oxidation β-氧化
β-pleated sheet β-折叠片
β-strand β-股
β-turn β-转角
$\beta\alpha\beta$-unit $\beta\alpha\beta$ 单元
γ-carboxyglutamic acid γ-羧基谷氨酸
γ-glutamyl cycle γ-谷氨酰循环
ε-N,N,N-trimethyllysine ε-N,N,N-三甲基赖氨酸
ε-N-methyllysine ε-N-甲基赖氨酸

1,3-bisphosphoglycerate　甘油酸-1,3-二磷酸
2,4-dinitrofluorobenzene　2,4-二硝基氟苯
3′,5′-cyclic adenylic acid　3′,5′-环化腺苷酸
3′,5′-cyclic guanylic acid　3′,5′-环化鸟苷酸
3-sn-phosphatidic acid　3-sn-磷脂酸
4-hydroxyproline　4-羟脯氨酸
5′,5′-triphosphate linkage　5′,5′-三磷酸连接
5′-adenosine triphosphate　三磷酸腺苷
5-hydroxylysine　5-羟赖氨酸
5-hydroxymethyl furfural　5-羟甲基糠醛
6-phosphogluconaic acid　6-磷酸葡萄糖酸
6-phosphogluconate dehydogenase　6-磷酸葡萄糖酸脱氢酶
6-phosphoglucono-δ-lactone　6-磷酸葡萄糖酸-δ-内酯
7-dehydrocholesterol　7-脱氢胆固醇

参 考 文 献

[1] 沈同,王镜岩.生物化学[M].2 版.北京:高等教育出版社,1990.
[2] 郑集,陈钧辉.普通生物化学[M].3 版.北京:高等教育出版社,1982.
[3] 王镜岩,朱圣庚,徐长法.生物化学:上、下册[M].3 版.北京:高等教育出版社,2002.
[4] 李建武.生物化学[M].北京:北京大学出版社,1990.
[5] 沈仁叔,顾其敏.生物化学教程[M].北京:高等教育出版社,1993.
[6] 聂剑初.生物化学简明教程[M].北京:人民教育出版社,1981.
[7] 天津轻工学院.食品生物化学[M].北京:中国轻工业出版社,1981.
[8] 张洪渊.生物化学[M].3 版.成都:四川大学出版社,2002.
[9] 张洪渊,万海清.生物化学[M].北京:化学工业出版社,2001.
[10] 陶慰孙,李惟,姜涌明.蛋白质分子基础[M].2 版.北京:高等教育出版社,1995.
[11] 阎隆飞,张玉麟.分子生物学[M].北京:北京农业大学出版社,1993.
[12] 郭勇.酶工程[M].北京:中国轻工业出版社,1994.
[13] 周晓云.酶技术[M].北京:石油工业出版社,1995.
[14] 姜锡瑞.酶制剂应用技术[M].北京:中国轻工业出版社,1996.
[15] 陈守良.动物生理学[M].2 版.北京:北京大学出版社,1996.
[16] 特怀曼 R M.高级分子生物学要义[M].陈淳,徐沁,译.北京:科学出版社,2000.
[17] 布朗 T A.基因组[M].袁建刚,周严,强伯勤,译.北京:科学出版社,2002.
[18] 科学出版社名词室.汉英生物学词汇[M].北京:科学出版社,1998.
[19] 安利佳,包永明.汉英生物技术词汇[M].北京:化学工业出版社,2003 .
[20] 科学出版社名词室.汉英化学化工词汇[M].北京:科学出版社,2002.
[21] GARRETT R H, GRISHAM C M. Biochemistry[M]. 2nd ed.北京:高等教育出版社,2002.
[22] HAMES B D,HOPPER N M,HOUGHTON J D. Instant Notes in Biochemistry[M].北京:科学出版社,1999.
[23] TRUDY MCKEE, JAMES R MCKEE. Biochemistry:An introduction[M]. 2nd ed.北京:科学出版社,2000.
[24] 杨福愉,黄芬,王金凤.膜脂-膜蛋白的相互作用(上)[J].生物化学与生物物理进展,1985(5):2-7.
[25] LEHNINGER A L. Principles of Biochemistry[M]. 2nd ed. New York: Worth Publishers Inc., 1995.

[26] STRYER L. Biochemistry[M].4th ed. New York:W. H. Freeman and Company,1995.
[27] NESON O L, COX M M. Lehninger Priniples of Biochemistry[M].3rd ed. New York: Worth Publisher,2000.
[28] LEWIN B. Genes[M].7th ed. London: Oxford University Press, 2000.
[29] 李盛贤,刘松梅,赵丹丹.生物化学[M].哈尔滨:哈尔滨工业大学出版社,2005.